高职高专"工学结合"特色教材

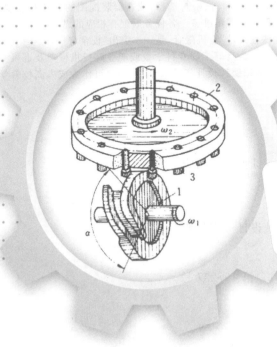

U0351402

主　编　马贵飞

副主编　戴克良　王　琦

参　编　宗存凤　于　明

主　审　肖翀宇

机械设计

江苏大学出版社
JIANGSU UNIVERSITY PRESS

镇　江

内容提要

本书是根据高职高专"机械设计基础"教学基本要求以及最新国家标准编写而成的。全书共分为两个模块,其中,模块一设有 6 个工作任务,包括:平面机构分析与运动简图的绘制,平面连杆机构的分析与设计,凸轮机构的分析与设计,间歇运动机构设计,齿轮机构设计,机械的平衡与调速;模块二设有15 个工作任务,包括:带式输送机传动方案的总体设计,带传动设计,链传动设计,轴间联接设计,齿轮传动设计,蜗杆传动设计,齿轮系设计与应用,减速器齿轮轴设计,轴-毂联接设计,滚动轴承选择设计,减速器机件联接的分析与设计,减速器的结构设计与润滑、密封选择,减速器装配图的设计和绘制,零件工作图的设计与绘制,以及编制设计计算说明书与答辩准备。各任务后配有相应的思考与练习。

本书将"机械设计基础"和"机械设计基础课程设计"有机融合,是一本突出"校企合作,工学结合"特点,适合"教、学、做"一体化教学的教材。本书可作为高等工程专科学校或职业院校机械类及近机类学生机械设计基础(含实验实训指导)及机械设计基础课程设计指导教学用书,也可作为成人高校教学用书,还可供有关工程技术人员参考。

图书在版编目(CIP)数据

机械设计 / 马贵飞主编. — 镇江 : 江苏大学出版
社,2014.8(2021.7 重印)
ISBN 978-7-81130-591-3

Ⅰ. ①机… Ⅱ. ①马… Ⅲ. ①机械设计—高等职业教
育—教材 Ⅳ. ①TH122

中国版本图书馆 CIP 数据核字(2014)第 197237 号

机械设计
JiXie SheJi

主　　编/马贵飞
责任编辑/徐　婷　郑晨晖
出版发行/江苏大学出版社
地　　址/江苏省镇江市梦溪园巷 30 号(邮编:212003)
电　　话/0511-84446464(传真)
网　　址/http://press.ujs.edu.cn
印　　刷/镇江文苑制版印刷有限责任公司
开　　本/787 mm×1 092 mm　1/16
印　　张/30.25
字　　数/736 千字
版　　次/2014 年 8 月第 1 版
印　　次/2021 年 7 月第 2 次印刷
书　　号/ISBN 978-7-81130-591-3
定　　价/62.00 元

如有印装质量问题请与本社营销部联系(电话:0511-84440882)

前　言

　　本书是以高等职业教育的培养目标为依据,根据"机械设计基础"课程教学的基本要求以及目前教学改革发展的需要编写的。本书内容针对高职高专学生的现状与未来工作的职业需求,突出了"校企合作,工学结合"的特点,以培养高技能应用型技术人才为目标,在编写中注重教材的科学性、实用性和先进性,与企业工程技术人员合作,具有较强的针对性。

　　为适应高职高专教育迅速发展的形势特点,结合编者多年的企业工作和学校教学的经验,本书有机融合了"机械设计基础"和"机械设计基础课程设计"的内容,以典型机械设备设计案例为载体,按机械设计一般步骤安排教学工作任务,以任务为导向,适应"教、学、做"一体化教学改革要求。本书内容基于最新国家标准,同时补充了来自企业一线的新知识、新技术、新工艺、新成果。

　　本书由镇江高等专科学校马贵飞副教授担任主编,戴克良高级工程师、王琦副教授担任副主编,宗存凤高级工程师和于明副教授参与了编写工作。本书编写分工:马贵飞(模块二任务 1,2,3,4,11,12,13,14,15,模块一任务 6,附录);戴克良(模块一任务 1,2,3,4,5,模块二任务 5,7);宗存凤(模块二任务 8,9);于明(模块二任务 6,10)。全书由江苏华通动力重工有限公司总工程师、教授级高级工程师肖翀宇担任主审。

　　由于编者水平有限,时间仓促,不妥之处在所难免,衷心希望广大读者批评指正。

编　者
2013 年 7 月

目 录

模块一 内燃机的机构分析与设计

📖 案例导入

图 1.0-1 所示单缸四冲程内燃机是机器中常用的动力机械,单缸内燃机作为一台机器,是由连杆机构、凸轮机构和齿轮机构等常用机构组成的。

一、机械设计研究的对象、内容与步骤

1. 机械设计研究的对象

本课程的研究对象是机械。机械是机器和机构的总称,是人类在长期生产实践中为满足自身的生活需要而创造出来的。

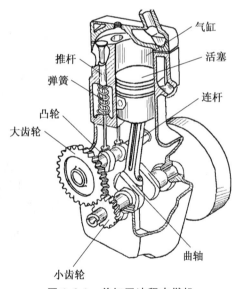

图 1.0-1 单缸四冲程内燃机

如图 1.0-1 所示,单缸四冲程内燃机由曲轴、连杆、活塞、气缸体和阀杆、凸轮、齿轮以及气阀、机座等组成。燃气在缸内通过"进气—压缩—做功—排气"的过程,使燃气燃烧产生的热能转变成曲轴转动的机械能。

由上述可知,机器具有以下共同特征:

① 它们是人为的实体组合。

② 各部分(实体)之间具有确定的相对运动。

③ 能代替或减轻人类劳动,以完成有效的机械功或能转换机械能。

仅具有前两个特征的称为机构。机器主要由机构组成,但从构成和运动的观点看,

1

机器和机构并无区别。单缸内燃机为机器,它由曲柄滑块机构(见图 1.0-2 a)、凸轮机构和齿轮机构等组成;摩托车是机器,而自行车是机构。

从功能上看,机构和机器的根本区别在于机构的主要功能是传递运动和动力,而机器的主要功能除了传递运动和动力外,还能转换机械能或做有用的机械功。因此,一部机器可以只有一种机构,也可以是数种机构的组合。

随着科学技术的发展,"机器"一词的含义已有所变化,可以定义为:机器是执行机械运动的装置,用来变换或传递能量、物料与信息,以代替或减轻人的体力和脑力劳动。

根据用途不同,现代机器可以分为动力机器(电动机、内燃机、发电机等)、加工机器(金属切削机床、轧钢机、织布机等)、运输机器(升降机、起重机、汽车等)、信息机器(机械积分仪、记账机等)等。

一般机器包含 4 个基本组成部分:原动部分(机器工作的动力源)、传动部分(机器中将原动机的动力和运动传递给工作部分的中间部分,大多为机械传动系统)、执行部分(直接完成机器预定功能的部分)和控制部分(控制机器的开动和停止,改变运动的速度和方向等)。简单的机器主要由前 3 个基本部分组成。

机械中不可拆卸的基本单元称为零件,如齿轮、轴、凸轮等,它是制造的单元。机械中的运动单元称为构件,它可以是一个零件,也可以由几个无相对运动的零件组成,如图 1.0-2 b 所示连杆由连杆盖、连杆体、螺栓和螺母等零件组成。零件是制造单元,而构件是运动单元。

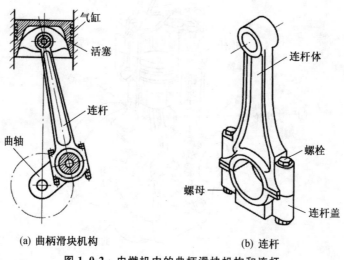

(a) 曲柄滑块机构　　　　　　　　　　(b) 连杆

图 1.0-2　内燃机中的曲柄滑块机构和连杆

根据使用范围的不同,机械零件可分为两类:一类为广泛用于各种机械的通用零件,如齿轮、轴、螺钉等;另一类则是只用在某些机械中的专用零件,如汽轮机中的叶片,起重机的吊钩等。

机械中由若干个零件装配而成能完成特定任务的一个独立组成部分叫部件,它可以是一个构件,如连杆,也可以由多个零件组成,如轴承、联轴器等。

2. 机械设计的研究内容

机械设计研究内容为机械中的常用机构、常用机械传动和通用零部件的工作原理、结构特点、基本的设计理论和计算方法,以及机械总体设计中的一些问题。本课程只研究常用机构和通用零部件的设计和选用问题,包括零件工作能力设计、结构设计和标准零部件的选用等问题,以及通用零部件的一般使用维护知识。

机械中的常用机构有平面连杆机构、凸轮机构、齿轮机构、间歇运动机构等;常用的机械传动有齿轮传动、蜗杆传动、带传动、链传动和螺旋传动等;常用的零部件有齿轮、螺纹联接件、键、轴、轴承、联轴器、离合器等。

3. 机械设计的一般步骤

① 明确设计要求(确定设计机械的预期功能、有关性能指标和限制条件)。

② 调查研究,制定设计方案,绘制机器运动简图(确定机械的工作原理,拟定几种总体布置方案,进行粗略计算,分析比较,选取最佳方案)。

③ 进行运动和动力分析,确定主要零部件的运动和动力参数。

④ 进行传动零件的设计计算,确定其主要参数。

⑤ 进行零部件结构草图设计,绘制零件工作图,绘制部件装配图和总装图,编制技术文件。

二、机械设计方法的新发展

随着科学技术迅猛发展,计算机技术渗透各个领域,机械设计方法也从传统设计方法向现代设计方法进展。传统设计方法是静态的、经验的、手工式的;而现代设计方法是动态的、科学的、计算机化的。现代设计方法是科学方法论在设计中的应用,它包含许多方面,如信息论方法,它是现代设计的依据;系统论方法,它是现代设计的前提;动态分析法,它是现代设计的深化;最优化,它是现代设计的目标;相似模拟法,它是现代设计的捷径;智能论方法,它是现代设计的核心;模糊论方法,它是现代设计的发展;创造性设计法,它是现代设计的基础等等。在具体的设计阶段中,又采用了各种相应的现代设计技术,下面介绍几种近年来发展较快、应用较广的机械设计方法。

1. 优化设计

优化设计是使某项设计在规定的限制条件下,优选设计参数,使某项或某几项设计指标获得最优值。它的具体做法是将设计问题的物理模型转变成数学模型,将设计中要确定的参数选为设计变量,将设计中必须满足的条件作为约束条件,将设计所要求的指标列为目标函数,写出目标函数、约束条件与设计变量之间的函数关系,然后选用适当的最优化方法,在计算机上求解数学模型。它可以在众多的设计方案中自动探优,从而获得理想的结果。

2. 有限单元法

有限单元法是假想把连续结构分割成有限个形状规则的在节点处连接的单元,结构原来承受的外载或约束也移置到节点,然后建立节点力与节点位移之间的关系,用计算机来求解该联立方程组。它也可以进一步求得应力、应变等物理参数。有限单元法已被公认为结构分析等数值计算的有效工具,目前国际上较大的结构分析有限元程序已有几百种,我国也正处在蓬勃发展的新时期。

3. 可靠性设计

可靠性设计是可靠性工程学的重要组成部分,它把随机方法应用于工程设计中,能有效提高产品的设计水平和质量,降低产品的成本。在可靠性设计中,将载荷、材料性能与强度、零部件的尺寸等都看成属于某种概率分布的统计量,应用概率统计理论及强度理论,求出在给定条件下零部件不产生破坏的概率公式,进而设计出满足可靠性指标的零部件的尺寸。

可靠性预测也是可靠性设计的重要内容之一,它在设计阶段即从所得的失效率数据预报零部件和系统实际可能达到的可靠度,预报这些零部件和系统在规定的条件下和规定的时间内完成规定功能的概率。

可靠性设计的另一重要内容是可靠性的分配,它将系统规定的容许失效概率合理地分配给该系统的零部件,以期获得合理的系统设计。

4. 计算机辅助设计

计算机辅助设计是利用计算机硬、软件系统辅助人们对产品或工程进行设计的一种方法和技术。它是一门多学科综合应用的新技术。它包括图形处理技术、工程分析技术、数据管理与数据交换技术、图文档案处理技术、软件设计技术等。它可以有效地与产品开发的下游工作(CAM,CAPP,CAE,CAT 等)结合形成计算机集成制造系统。

上述几种设计方法均已进入成熟期,在工程设计中已产生了很大作用,并带来了巨大的经济效益和社会效益。

5. 创新设计

在设计中是否注重创新性是区别现代设计与传统设计的重要标志。以科学原理为基础,在继承的基础上大胆创新,充分发挥设计人员的创新性思维,遵循从发散思维到收敛思维的过程,从而获得创造性的设计结果。

创新设计也有法可循,下面归纳一些人们常用的方法。

(1) 智暴法:抓住瞬时灵感而得到的想法。

(2) 集智法:集中多位专家,各抒己见,只提思路,不作评价,从而获得多种方案。

(3) 提问法:对新产品从多方面提出新的设想。

(4) 联想法:通过类比、联想提出新的设想。

(5) 反向思索法:对现有的方法从反面加以考虑。

(6) 组合创新法:把现有的技术或产品组合起来得到新的方案。

6. 绿色产品设计

绿色产品设计是以环境资源保护为核心概念的设计过程,它要求在产品的整个生命周期内把产品的基本属性和环境属性紧密结合,在进行设计决策时,除满足产品的物理目标外,还应满足环境目标以达到优化设计要求。其包括材料的选择与管理、产品的可回收性、产品的可拆卸性、产品的可维护性、可重复利用性及人身健康与安全、绿色产品成本分析、绿色产品设计数据库等。

三、本课程的性质和任务

本课程的研究对象是机械中的常用机构和通用零部件,研究它们的工作原理、结构特点、运动和动力性能、基本设计理论、计算方法以及一些零部件的选用和维护。《机械设计》是一门重要的专业技术基础课,它综合运用高等数学、工程力学、工程材料、机械制图、机械基础等基础知识,解决常用机构和通用零部件的分析和设计问题。

通过本课程的学习,要求学生掌握常用机构的结构分析、运动特性,具有设计常用机构的能力;掌握通用零部件的设计方法,初步具备设计简单机械传动装置的能力;具有查阅及运用手册、图册等资料的能力,并获得实验技能的初步训练。总之,本课程是一门理论性和实践性都很强的机械类及近机类专业的主干课之一,具有承上启下的作用,是机械工程师和机械管理工程师的必修课程。

四、本课程的学习方法特点

1. 学会综合运用知识

本课程是建立在物理、数学、力学、机械制图、机械制造基础及 Auto CAD 等课程基础之上的一门技术基础课。研究组成一般机械的常用机构、通用零部件和在机械设计中常遇到的一些基本共性问题。在学习过程中要综合应用以前所学的各有关知识，着手解决工程实际中的具体问题。在内容上虽然缺乏明显的系统性，但实践性很强。平时要多留意观察分析所遇到的各种机械，以丰富自己的感性知识，并用所学的理论知识去分析它，以加深理解。

2. 学会具体问题具体分析

任何工程实际问题都会具有一定的特殊性。一般来说，一个设计方案，即使是最优方案也不是毫无缺点、尽善尽美的，能在具体条件下满足要求、扬长避短，充分发挥其优势的就是一个好设计方案。通常在设计方案完成后，该方案的优点得到了发挥，但客观上存在于方案中的缺点也带了进来，这就需要进一步在结构设计上设法克服。在设计过程中，要从系统的观点、整体的角度出发，选择确定一个整体最佳方案。

3. 正确理解术语和符号的含义

本课程的术语、符号、公式较多，必须给以足够的注意除少数基本公式外，对大多数公式来说都不需要强记，只要能正确理解和使用即可。了解公式的适用场合，式中各符号的意义，所使用的单位及各参数的合理选用范围。在学习时应把注意力集中在掌握设计观点和设计方法上，应着重理解，要勤思考、多实践。

4. 要有工程观点

所谓工程观点就是要讲究经济、实用、高效。一个实际工程问题，一般都可通过多种途径，用不同的方法获得解决，至于最终采用哪种途径，用什么方法，这就要求设计人员具有分析、比较、判断、决策的能力。在学习时着重培养自己这方面的能力是十分重要的。

工作任务1 平面机构分析与运动简图的绘制

任务导入

图1.1-1 a 所示内燃机由多种机构组成,通过分析绘制内燃机的各组成机构,并判定机构运动的确定性。

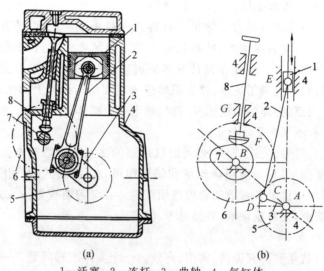

(a)　　　　　　(b)

1—活塞；2—连杆；3—曲轴；4—气缸体；
5,6—齿轮；7—凸轮；8—进气阀顶杆

图 1.1-1　内燃机及其机构运动简图

任务目标

知识目标　了解机构的特点和组成原理;理解并掌握运动副的概念、分类、特点及其表示方法。

能力目标　掌握平面机构运动简图的绘制和应用;熟练掌握平面机构自由度的计算方法及机构具有确定运动的条件;计算机构自由度时能正确处理复合铰链、局部自由度、虚约束等3个特殊问题。

知识与技能

一、平面机构的组成

构成机构的两个基本要素是构件和运动副。

通常把使两构件直接接触而又能产生一定相对运动的联接称作运动副。运动副是由两构件组成的可动联接。运动副是约束运动的,构件组成运动副后,其独立运动受到约束,自由度便随之减少。

组成运动副的两构件在相对运动中直接接触的点、线、面称为运动副元素。按运动副元素不同可以把运动副分为低副和高副两类。

凡以面接触形成的运动副称为低副;以点或线接触形成的运动副称为高副。

构件的自由度是指构件所具有的独立运动数目。在三维空间内自由运动的构件具有 6 个自由度,做平面运动的构件(见图 1.1-2)则只有 3 个自由度,这 3 个自由度可以用 3 个独立的参数 x,y 和角度 θ 表示。

约束是指对构件的独立运动所加的限制。

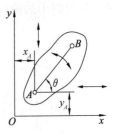

图 1.1-2 平面运动的构件

二、常见的平面运动副

1. 转动副

若组成运动副的两个构件只能在一个平面内做相对转动,这种运动副称为回转副,或称铰链。如图 1.1-3 a 轴承 1 与轴 2 组成的回转副,它有一个构件是固定的,故称为固定铰链。

图 1.1-3 b 所示构件 1 与构件 2 也组成了回转副,它的两个构件都未固定,故称为活动铰链。如图 1.0-1 中曲轴与气缸体所组成的回转副是固定铰链,活塞与连杆、连杆与曲轴所组成的回转副是活动铰链。

转动副可用图 1.1-4 所示符号表示。其中图 1.1-4 a 所示符号为转动轴线垂直于纸面,轴线位于小圆圈的中心。图 1.1-4 b 表示轴线位于纸平面内。图中有剖面线的构件表示固定构件,也即机架。

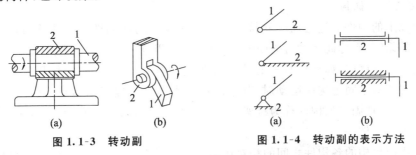

图 1.1-3 转动副   图 1.1-4 转动副的表示方法

2. 移动副

组成运动副的两个构件只能沿某一轴线相对移动,这种运动副称为移动副。图 1.1-5 中构件 1 与构件 2 组成的是移动副。图 1.0-1 所示活塞和气缸体所组成的运动副是移动副。转动副可用图 1.1-6 所示符号表示。

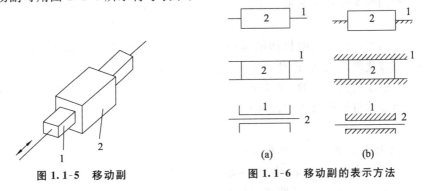

图 1.1-5 移动副   图 1.1-6 移动副的表示方法

3. 高副

两构件通过点或线接触组成的运动副称为高副。它们的相对运动是转动和沿切线 t-t 方向的移动。

图 1.1-7 a 中的车轮 1 与钢轨 2,图 1.1-7 b 凸轮副中的凸轮 1 与从动件 2,图 1.1-7 c 齿轮副中的轮齿 1 与轮齿 2,分别在其接触处 A 组成高副。

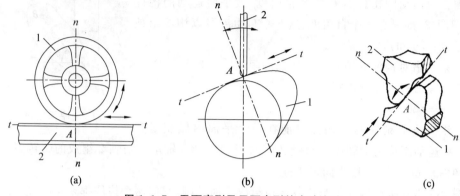

(a)　　　　　　　　　　(b)　　　　　　　　　　(c)

图 1.1-7　平面高副及平面高副的表达方法

由以上分析可知,对于平面低副(不论是转动副还是移动副),两构件之间的相对运动只能是转动或移动,故它是具有 1 个自由度和 2 个约束条件的运动副。对于平面高副,其相对运动为转动兼移动,所以,它是具有 2 个自由度和 1 个约束条件的运动副。

二、平面机构运动简图

1. 运动链和机构

两个以上的构件通过运动副联接所构成的系统称为运动链。运动链的各构件构成首末封闭的系统,则称此运动链为闭式运动链,简称闭链。一般机械中都采用闭链。

在闭式运动链中,如果将其中的某一构件加以固定,另一个或少数几个构件按给定的运动规律相对于固定构件运动时,其余的构件也随之做确定的运动,这种运动链便成为机构。其中,被固定的构件称为机架,运动规律已知的构件称为主动件或原动件,其余的构件称为从动件。

根据组成机构的各构件之间的相对运动是平面运动还是空间运动,可把机构分为平面机构和空间机构两类,其中平面机构应用最为广泛。

2. 机构运动简图

根据机构的运动尺寸,按一定的比例尺定出各运动副的位置,再用规定的运动副代表符号和简单的线条或几何图形表示机构各构件间相对运动关系的一种简化图形称为机构运动简图。

有时只是为了定性地表明机构的运动状况,不需要借助简图求解机构的运动参数,也可以不严格按比例来绘制,这种简图称为机构示意图。

绘制机构运动简图的目的:机构运动简图与真实机构具有完全相同的运动特性,主要用于简明地表达机构的组成情况和运动情况,进行运动分析,作为运动设计的目标和构造设计的依据。

3. 机构运动简图中运动副的表示方法

机构运动简图中运动副(转动副、移动副等)的表示方法如图 1.1-8 及图 1.1-9 所示。需要注意的是,移动副的导路必须与相对移动方向一致。表示机架的构件需画上阴影线。

4. 机构运动简图中构件的表示方法

机构中构件的相对运动是由运动副的类型及同一构件上各运动副的相对位置决定的。因此,在绘制机构运动简图时,要表示参与构成不同类型的若干运动副的构件,应按其运动副的类别,用规定的符号画在相应的位置上,再用简单的线条将这些符号联成一体即可。

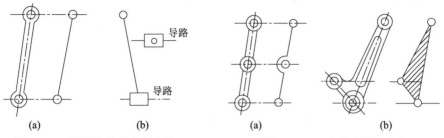

图 1.1-8 低副构件的表示方法   图 1.1-9 3 个转动副的构件

三、平面机构自由度的计算

机构具有确定运动时所给定的独立运动参数的数目称为机构的自由度。

如果一个平面机构有 N 个构件,其中必有一个构件是机架(固定件),该构件受到 3 个约束而自由度自然为 0。此时,机构的活动构件数为 $n=N-1$。

设某平面机构由 n 个活动构件、P_l 个低副和 P_h 个高副组成,因为每个平面构件的自由度为 3,所以由活动构件带入的自由度应为 $3n$ 个。每个低副带入 2 个约束,每个高副带入 1 个约束。机构的自由度 F 应等于活动构件的自由度数减去运动副引入的约束数,即

$$F=3n-2P_l-P_h \tag{1.1-1}$$

例 1 计算图 1.1-1 b 所示的内燃机机构的自由度。

解 由于曲轴 3 与齿轮 5,6 及凸轮 7 皆固连在一起,因而可分别视为一个构件。$N=6$,因此,$n=5$,$P_l=6$(其中包括 2 个移动副、4 个转动副),$P_h=2$。所以该机构自由度为

$$F=3n-2P_l-P_h=3\times5-2\times6-2=1$$

机构的自由度为机构所具有的独立运动的数目,也是该机构可能接受外部输入的独立运动的数目。在机构中原动件按给定的运动规律做独立的运动,一般一个原动件只能给定一个独立的运动参数,因此,机构的自由度也就是机构应当具有的原动件的数目。

机构具有确定相对运动的条件是机构的自由度大于等于 1,并且原动件的数目应等于机构的自由度数。

举例说明:图 1.1-10 所示为一铰链四杆机构。其活动构件数 $n=3$,低副数 $P_l=4$,高副数 $P_h=0$。所以,机构的自由度 $F=3n-2P_l-P_h=3\times3-2\times4-0=1$

图 1.1-11 所示为一铰链五杆机构,自由度

$$F=3n-2P_l-P_h=3\times4-2\times5-0=2$$

如图 1.1-12 所示静定的桁架(见图 1.1-12 a)和超静定的桁架(见图 1.1-12 b),自由度分别为 0 和 −1,即各构件之间不可能运动。

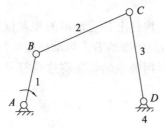

图 1.1-10 铰链四杆机构

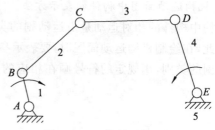

图 1.1-11 铰链五杆机构

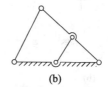

(a)   (b)

图1.1-12 桁架

 任务实施

——绘制如图 1.1-1 a 所示内燃机的机构运动简图

1. 观察和分析机构的结构组成和运动传递情况

首先认清机构的机架、原动件,按传动路线逐个分清各从动件,并依次标上数字编号;然后循着传动路线仔细分析各构件之间的相对运动性质,各构件间形成的运动副类别和数目,对各运动副标上字母 $A,B,C,\cdots$,并测出每个构件上各运动副之间的运动特性尺寸。

图 1-1a 所示的内燃机是由活塞 1、连杆 2、曲轴 3 与气缸体 4 组成的曲柄滑块机构;曲轴 3 固联的齿轮 5、齿轮 6 与气虹体 4 组成的齿轮机构;凸轮 7、进气阀顶杆 8 与气缸体 4 组成的凸轮机构(排气阀在图中未画出)共同组成的。气缸体 4 对整个机构而言是相对静止的,即为机架;燃气推动下的活塞 1 是原动件;其余构件都是从动件。

各构件之间的联接方式如下:5 和 6,7 和 8 之间构成高副 C,F;1 和 4,8 和 4 之间构成移动副 E,G;7 和 4,2 和 1,2 和 3,3 和 4 之间均为相对转动,构成回转副 B,E,D,A。

2. 恰当地选择投影面

选择时应以能简单、清楚地把机构的运动情况表示出来为原则。一般选取与构件运动平面相平行的平面作为投影面。

3. 把原动件固定在某一合适位置,选取适当的比例尺 μ

根据各构件的运动特征尺寸,定出各运动副的位置:转动副中心位置、移动副导路方向、平面滚动、滑动副轮廓形状等。

$$\mu = \frac{\text{实际尺寸(mm)}}{\text{图上尺寸(mm)}}$$

4. 绘制机构运动简图

用规定的符号画出运动副,并用简单的线条或几何图形联接起来,标出构件号数字及运动副的代号字母,以及原动件的转向箭头,并且注明绘图时的尺寸比例尺或在图纸上列表说明各构件的运动特征尺寸,即得机构运动简图。从活塞开始,依次绘出机构运动简图,如图 1.1-1 b 所示。

知识拓展

——计算自由度时应注意的问题

1. 复合铰链

两个以上的构件同在一处以铰链相联接，这种铰链称为复合铰链。当用 K 个构件组成复合铰链时，其回转副数应为 $(K-1)$ 个。图 1.1-13 a 所示为 3 个构件以转动副相联接而成的复合铰链，其转动副数目为 2。

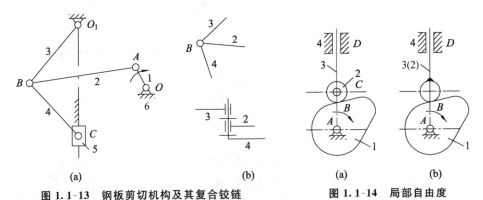

| (a) | (b) | (a) | (b) |

图 1.1-13　钢板剪切机构及其复合铰链 　　　　图 1.1-14　局部自由度

2. 局部自由度

如图 1.1-14 a 所示的凸轮机构，为了减小接触面间的摩擦和磨损，在从动件端部安装了圆柱形滚子。滚子绕其自身轴线的转动不影响其他构件的运动，这种运动称为局部运动，与局部运动所对应的自由度称局部自由度。图 1.1-14 a 所示的凸轮机构中，局部自由度

$$F=3n-2P_1-P_h=3\times2-2\times2-1=1$$

3. 虚约束

虚约束是指机构运动分析中不产生约束效果的重复约束。在计算机构的自由度时，应将虚约束去除。

① 轨迹重合。在机构中，若将两构件在联接点处拆开，两构件上联接点处的运动轨迹重合，则该联接带入虚约束，如图 1.1-15 所示。

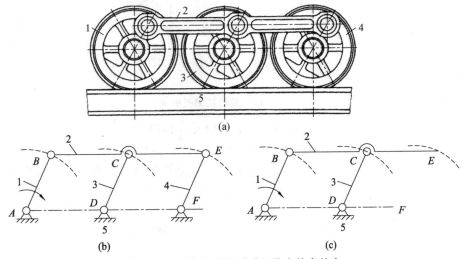

图 1.1-15　机车车轮联动机构中的虚约束

② 两构件组成多个重复运动副。如图 1.1-16 所示两构件组成多个移动副,且其导路互相平行。如图 1.1-17 所示两构件构成多个转动副,其轴线互相重合,只有一个起约束作用,其余都是虚约束。

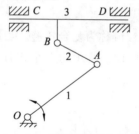

图 1.1-16　机构中的重复移动副

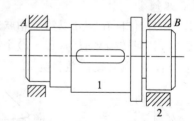

图 1.1-17　机构中的重复转动副

③ 机构中对运动不起约束作用的对称部分。如图 1.1-18 所示的行星轮机构,3 个行星轮 2,2′,2″对称布置,且作用相同,故计算时只取其一,其余为虚约束。

应当指出的是,虚约束是在特定的几何条件下形成的,它的存在虽然对机构的运动没有影响,但是它可以改善机构的受力状况,增强机构工作的稳定性。如果这些特定的几何条件不能满足,则虚约束将会变成实际约束,使机构不能运动。因此,在采用虚约束的机构对其制造和装配精度都有严格的要求。

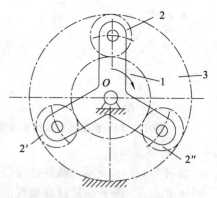

图 1.1-18　行星轮机构

例 2　计算如图 1.1-19 所示的发动机配气机构的自由度,并判断其运动是否确定。

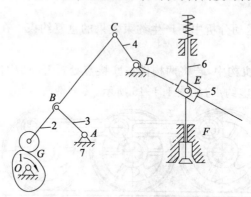

图 1.1-19　发动机配气机构

解　在此机构中,$n=6$,$P_l=8$,$P_h=1$,由式(1.1-1)得
$$F=3n-P_l-P_h=3\times6-2\times8-1=1$$

由机构运动简图可知,该机构有一原动件 1,原动件数目与自由度数目相等,所以该机构的运动是确定的。

思考与练习

1. 平面高副与平面低副有何区别？在机构中为何广泛用到的是低副？

2. 何谓运动副？其作用是什么？常见的平面运动副有哪些？其约束数各为多少？

3. 何为运动链？它与机构的关系如何？

4. 试判别下述结论是否正确，并说明理由：

(1) 机构中每个可动构件都应该至少有一个自由度。

(2) 只要机构的自由度大于1，机构的每一个构件就都有确定的运动。

(3) 两个构件间不论有多少个转动副，都只有一个转动副对运动起约束作用，其余的都是虚约束。

5. 何谓机构的自由度？计算平面机构自由度有何实用意义？

6. 试绘出下列机构的运动简图，并计算其自由度。

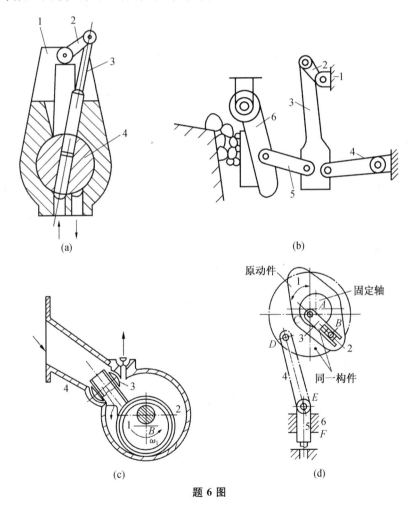

题 6 图

7. 计算图示机构的自由度（若含有复合铰链、局部自由度或虚约束，应明确指出），并说明原动件数应为多少合适。

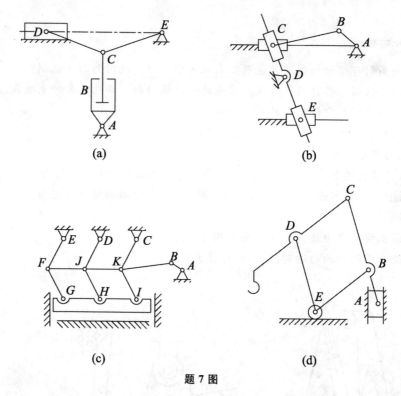

题 7 图

8. 初拟机构运动方案如题 8 图所示。欲将构件 1 的连续转动转变为构件 4 的往复移动,试:

(1) 计算其自由度,并分析该设计方案是否合理。

(2) 如不合理,如何改进? 提出修改措施并用简图表示。

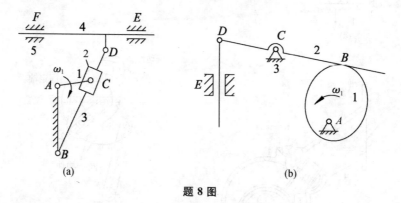

题 8 图

9. 试计算下列各图示机构的自由度,并指出机构中存在的复合铰链、局部自由度或虚约束。

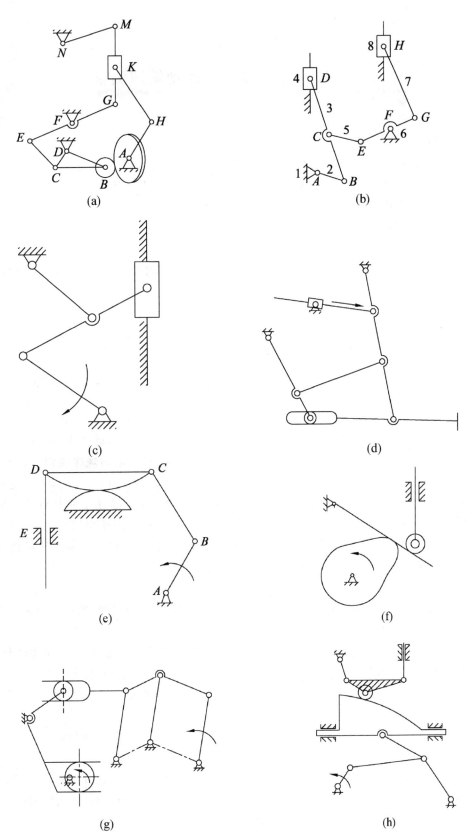

题 9 图

实训1　平面机构运动简图测绘

一、实训目的

1. 掌握根据各种机械实物或模型测绘机构运动简图的方法。

2. 运用并熟悉一些常用的构件及运动副的运动简图符号。

3. 掌握平面机构自由度的计算和机构运动确定性的判别方法。

二、实训内容

1. 选择一二种机械或模型进行分析,绘制机构示意图。

2. 另选一二种机械或模型进行分析,测量各运动副间的相对位置,绘制机构运动简图。

三、实验设备及工具

1. 若干机械实物或机构模型。

2. 游标卡尺、钢直尺。

3. 卡钳。

4. 直尺、圆规、草稿纸、铅笔和橡皮(自备)。

四、实训原理

机构运动简图表示机构中各构件间的相对运动关系。机构的运动由机构中连接各构件的运动副类型、各运动副的相对位置尺寸和原动件的相对运动规律决定,与构件的外形、截面尺寸及运动副的具体结构和形状无关。在绘制机构运动简图时,为了使问题简化便于分析研究,不必考虑构件和运动副的具体形状和结构。首先分析构件之间的相对运动性质,确定各运动副的类型,用运动副的符号构件的简单线条绘制机构示意图,再测量出各运动副间的相对位置尺寸,然后选取合适的比例尺,按比例绘制表达机构中各构件相对运动关系的机构运动简图。

五、实训步骤

1. 了解测绘机械实物或机构模型的名称、用途和结构,找出机架、原动件和活动构件数目。

2. 使被测的机械或机构模型缓慢运动,仔细观察该机构的运动特点,从原动件开始,沿着运动的传递路线仔细观察分析各个运动构件,确定组成机构的构件数目。

3. 根据各相互连接的两构件间的接触情况(点、线或面接触),以及相对运动的性质,确定各个运动副的种类。

4. 选取适当的绘图平面(一般为运动平面或相垂直平面),并选定机构运动的合适位置。

5. 在草稿纸上按规定符号和构件连接的次序徒手绘制机构运动示意图。从原动件开始,用数字 1,2,3,… 分别标注各构件,用英文字母 $A,B,C,…$ 分别标注各运动副。

6. 根据以下条件判断该运动示意图的正确性:

(1) 机构运动示意图的构件数必须对应于原机构的构件数。

（2）机构运动示意图的各构件间的运动副必须对应于实际构件间联接的运动副。

7．细心测量机构的运动学尺寸（如转动副间的中心距，移动副导路间的夹角等），选择合适的比例尺，按比例将草图绘制成标准的机构运动简图，其比例尺

$$\mu = 实际尺寸(mm)/图示尺寸(mm)$$

8．计算机构的自由度，判定机构运动是否确定。

六、思考题

1．机构运动简图有何用途？一个正确的机构运动简图能说明哪些问题？

2．绘制机构运动简图时，如选择机构不同的瞬时位置，是否会影响机构运动简图的正确性？为什么？

3．如何判断机构运动简图绘制得是否正确？

工作任务 2 平面连杆机构的分析与设计

 任务导入

对图 1.2-1 所示缝纫机踏板机构及图 1.0-2 所示内燃机曲柄滑块机构进行分析,研究平面连杆机构的工作原理、特点与演化。

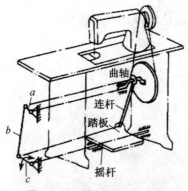

曲轴
连杆
踏板
摇杆

图 1.2-1 缝纫机踏板机构

 任务目标

知识目标 了解平面连杆机构的特点和应用;了解铰链四杆机构的各种演化形式及演化途径,理解并掌握铰链四杆机构的曲柄存在条件、压力角(传动角)、死点位置、从动件急回特性等基本特性的概念及其应用。

能力目标 掌握铰链四杆机构的基本类型、特性和应用;掌握曲柄滑块机构和导杆机构这两种常用演化机构的构成条件、运动形式、特性和应用;了解平面连杆机构设计的基本问题与方法,掌握平面四杆机构的图解设计法。

 知识与技能

一、平面四杆机构的基本形式

由 4 个构件通过转动副联接而成的四杆机构称为铰链四杆机构,如图 1.2-2 所示。其中 *AD* 杆是机架,与机架相对的 *BC* 杆称为连杆,与机架相连的 *AB* 杆和 *CD* 杆称为连架杆。凡能做整周回转的连架杆称为曲柄,只能在小于 360°范围内摆动的连架杆称为摇杆。

通常按两连架杆的运动形式将铰链四杆机构分成 3 类。

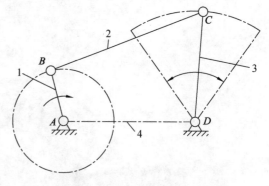

1—曲柄;2—连杆;3—摇杆;4—机架。

图 1.2-2 曲柄摇杆机构

1. 曲柄摇杆机构

　　两连架杆中,一个为曲柄、一个为摇杆的四杆机构,称为曲柄摇杆机构。图 1.2-3 a 所示的卫星天线、图 1.2-3 b 所示的缝纫机脚踏机构及图 1.2-3 c 所示的搅拌机均属于曲柄摇杆机构。

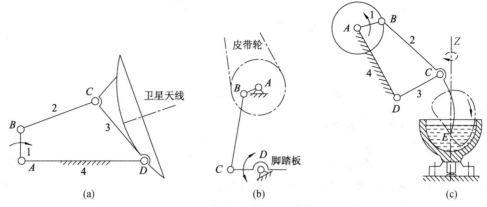

图 1.2-3　曲柄摇杆机构的应用

2. 双曲柄机构

　　两连架杆均为曲柄的四杆机构称为双曲柄机构,如图 1.2-4 a 所示的惯性筛及图 1.2-4 b 所示的机车车辆机构均为双曲柄机构。在惯性筛机构中,主动曲柄 AB 等速回转一周时,曲柄 CD 变速回转一周,使筛子获得加速度,从而将被筛选的材料分离。机车车辆机构是平行四边形机构,它使各车轮与主动轮具有相同的速度,其中含有一个虚约束以防止在曲柄与机架共线时运动不确定。图 1.2-5 所示为天平中应用的平行四边形机构,图 1.2-6 所示为公交车车门启闭时应用的反平行四边形机构。

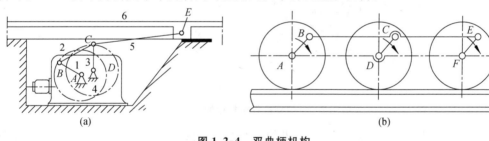

图 1.2-4　双曲柄机构

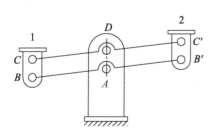

图 1.2-5　天平中的平行四边形机构

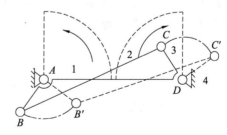

图 1.2-6　反平行四边形机构

3. 双摇杆机构

　　当两连架杆均为摇杆时的四杆机构称为双摇杆机构,如图 1.2-7 所示的起重机均是双摇杆机构。在起重机中,CD 杆摆动时,连杆 CB 上悬挂重物 W 在近似的水平线上移动。

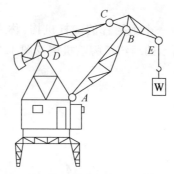

图 1.2-7　鹤式起重机中的双摇杆机构

二、平面四杆机构的基本特性

1. 四铰链机构中构件具有整转副的条件

在机构中,具有整转副的构件占有重要的地位,因为只有这种构件才能用电机等连续转动装置来带动。如果这种构件与机架相铰接(亦即是连架杆),则该构件就是一般所指的曲柄。机构中具有整转副的构件是关键性的构件。

在图 1.2-8 所示的曲柄摇杆机构中,假设各个构件的长度分别为 a,b,c 和 d,而且 $a<d$。在曲柄 AB 转动一周的过程中,曲柄 AB 必定与连杆 BC 有两个共线的位置(曲柄转至 B_1,B_2 处)。

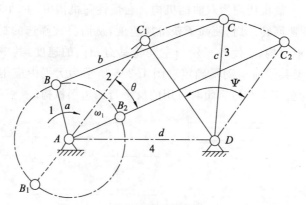

图 1.2-8　曲柄摇杆机构中的几何关系

根据三角形两边之和大于第三边的几何定理,在 $\triangle AC_2D$ 中有 $c+d>a+b$,在 $\triangle AC_1D$ 中有 $b-a+d>c$ 和 $b-a+c>d$。将以上三式进行整理,并且考虑可能存在四杆共线时取等号的情况,得

$$a+b\leqslant c+d$$
$$a+c\leqslant b+d$$
$$a+d\leqslant b+c$$

将以上三式两两相加,经过化简后得

$$a\leqslant b$$
$$a\leqslant c$$
$$a\leqslant d$$

可见,曲柄 1 是机构中的最短杆,并且最短杆与最长杆的长度之和小于或等于其余两杆长度之和,把这种杆长之和的关系简称为杆长和条件。

可以证明曲柄存在的条件是：

（1）最长杆加最短杆长度之和小于或等于其余两杆长度之和。

（2）最短杆或相邻杆应为机架。

根据曲柄存在条件可知：

（1）当最长杆加最短杆长度之和大于其余两杆长度之和时，只能得到双摇杆机构。

（2）当最长杆加最短杆长度之和小于或等于其余两杆长度之和时：

① 当最短杆为机架时，得到双曲柄机构；

② 当最短杆的相邻杆为机架时，得到曲柄摇杆机构；

③ 当最短杆的对面杆为机架时，得到双摇杆机构。

2．曲柄滑块机构具有整转副的条件

图 1.2-9 a 所示为一偏置曲柄滑块机构（$e\neq0$）。如果构件 1 为曲柄，则点 B 应能通过曲柄与连杆两次共线的位置，即当曲柄位于 AB_1 时，它与连杆重叠共线。此时在直角三角形 AC_1E 中，得 $AC_1>AE$，$b-a>e$，即 $b>a+e$。

当 $e=0$ 时，$b>a$，这是对心曲柄滑块机构有曲柄的条件，参见图 1.2-9 b。

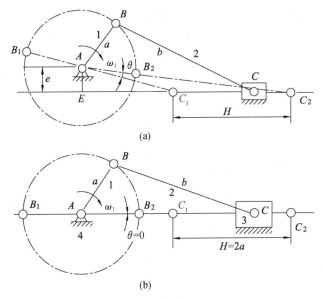

(a)

(b)

图 1.2-9　曲柄滑块机构中的几何关系

3．压力角和传动角

图 1.2-10 所示的曲柄摇杆机构中，如果不考虑连杆的重力、惯性力和摩擦力的影响，则连杆 2 是二力构件。连杆 2 作用在从动件 3 上的驱动力 F 将沿着连杆 2 的中心线 BC 方向传递。将驱动力 F 分解为互相垂直的两个力：沿着受力点 C 的速度 v_C 方向的分力 F_t 和垂直于 v_C 方向的分力 F_n。不计摩擦时的力 F 与着力点的速度 v_C 方向之间所夹的锐角为 α，称为压力角。则有

$$\begin{cases} F_t=F\cos\alpha \\ F_n=F\sin\alpha \end{cases} \tag{1.2-1}$$

式中，F_t 是使从动件转动的有效分力，对从动件产生有效回转力矩；而 F_n 则仅是在转动副 D 中产生附加径向压力的分力，它只增加摩擦力矩，加大摩擦损耗，因而是有害分力。

21

显然,当 α 愈大时,径向压力 F_n 愈大,而切向作用力 F_t 愈小,当 $\alpha=90°$ 时,切向作用力 $F_t=0$,从动件 CD 所得到的驱动力矩将为 0。

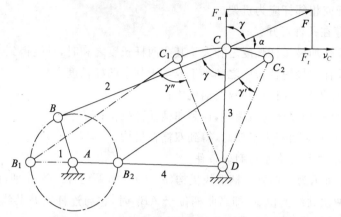

图 1.2-10　曲柄摇杆机构中的压力角和传动角

如图 1.2-10 所示,在机构设计中,为了度量方便,习惯用压力角 α 的余角 γ(即连杆和从动摇杆之间所夹的锐角)来判断传力性能,γ 称为传动角。因 $\gamma=90°-\alpha$,所以 α 越小,γ 越大,则 F 的有效分力 $F\cos\alpha$ 亦越大,机构传力性能越好;反之,α 越大,γ 越小,机构传力越困难,当 γ 小到一定程度时,会由于摩擦力的作用而发生自锁现象。自锁现象是由于作用力的方向不合适,即使增加作用力也不能克服摩擦阻力使机构运动的现象。因此,传动角 r 的理想值应保持在接近最大值 90° 附近。为了保证机构传动性能良好,设计时通常应使最小传动角 $\gamma_{min}\geqslant40°$,传递大功率时,$\gamma_{min}\geqslant50°$。

在机构的运动过程中,压力角和传动角的大小是随着从动件的位置的变化而变化的,曲柄 AB 转到与机架 AD 共线的两个位置 AB_1 和 AB_2 时,传动角将出现极值 γ' 和 γ''。比较这两个位置的传动角,其值较小者即为最小传动角。

4. 急回特性

在图 1.2-11a 所示的曲柄摇杆机构中,设曲柄为原动件,以等角速度逆时针转动,曲杆转一周,摇杆 CD 往复摆动一次。曲柄 AB 在回转一周的过程中,有两次与连杆 BC 共线,使从动件 CD 相应地处于两个极限位置 C_1D 和 C_2D,从动件摇杆在两个极限位置的夹角称为摆角 ψ(见图 1.2-11 a,b),对于从动件滑块的两个极限距离称为行程 H(见图 1.2-11 c 中的 C_1C_2)。此时原动件曲柄 AB 相应的两个位置之间所夹的锐角 θ 称为极位夹角。

当曲柄等速回转时,摇杆来回摆动的平均速度不同,由 C_1D 摆至 C_2D 时平均速度 v_1 较小,一般作工作行程;由 C_2D 摆至 C_1D 时,平均速度 v_2 较大,作返回行程。这种特性称为机构的急回特性。

$$k=\frac{v_1}{v_2}=\frac{空回行程平均速度}{工作行程平均速度}$$

k 称为行程速比系数,进一步分析可得

$$k=\frac{v_1}{v_2}=\frac{C_1C_2/t_2}{C_1C_2/t_1}=\frac{t_1}{t_2}=\frac{\varphi_1}{\varphi_2}=\frac{180°+\theta}{180°-\theta}\qquad(1.2-2)$$

连杆机构有无急回作用取决于极位夹角。不论曲柄摇杆机构或者是其他类型的连杆机构,只要机构在运动过程中具有极位夹角 $\theta(\neq0°)$,则该机构就具有急回作用。极位

夹角愈大,行程速比系数是也愈大,机构急回作用愈明显,反之亦然。若极位夹角 $\theta=0°$,则 $k=1$,机构无急回特性。偏置曲柄滑块机构,其极位夹角 $\theta>0°$,故 $k>1$,机构有急回作用。对心曲柄滑块机构,其极位夹角 $\theta=0°$,故 $k=1$,机构无急回特性。

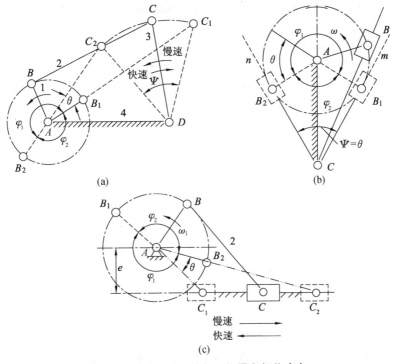

图 1.2-11　机构中的极限位置和极位夹角

在机构设计中,通常根据工作要求预先选定行程速比系数 k,再由下式确定机构的极位夹角 θ,即

$$\theta=\frac{k-1}{k+1}\times180° \tag{1.2-3}$$

5. 死点

当机构的连杆与从动杆件构成一条直线或重叠时,从动件上的传动 $\gamma=0°$(或压力角 $\alpha=90°$),这样的位置称为机构的死点位置。如果从动件是做整周转动的曲柄,则在它的每一个整周转动中将出现两个死点位置。

缝纫机中的曲柄摇杆机构(见图 1.2-1),踏板(摇杆)是主动件,曲柄皮带轮的曲轴是从动件。当主动踏板位于两个极限位置时,从动曲柄上的传动角 $\gamma=0$,机构处于死点位置。工程上常借用飞轮使机构越过死点。缝纫机曲柄摇杆机构中的曲柄与大皮带轮为同一构件,利用皮带轮的惯性使机构越过死点。也可利用机构错位排列的方法,如图 1.2-12 所示的机车车轮联动机构,当一个机构处于死点时,可借助另一个机构来越过死点。

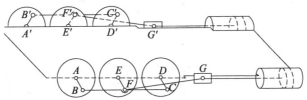

图 1.2-12　机车车轮联动机构

工程上也有利用死点来实现一定的工作要求的。如图 1.2-13 a,b 所示的夹具,工件夹紧后,B,C,D 成一条线,即使工件反力 F_N 很大,也不能使机构反转,因此夹紧牢固可靠。又如图 1.2-13 c 所示的飞机起落架,当机轮放下时,BC 杆与 CD 杆共线,机构处在死点位置,地面对机轮的力不会使 CD 杆转动,可使降落可靠。

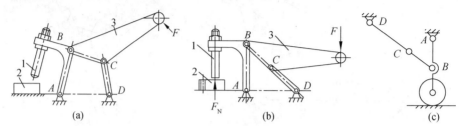

图 1.2-13　机构死点的应用

任务实施

——设计缝纫机踏板机构

在图 1.2-1 所示缝纫机踏板机构中,踏板 $C=160$ mm,摆角 $\psi=20°$,行程速比系数 $k=1.2$,试确定连杆 b 和曲柄 a 的长度。

一、设计的基本问题

(1) 实现所给的运动规律

① 实现连杆占有若干指定的位置。

② 实现主动连架杆转角 ϕ 与从动连架杆转角 ψ 之间指定的对应关系。

③ 使具有急回作用的从动件实现指定的行程速度变化系数 k。

(2) 实现给定的运动轨迹

(3) 连杆机构的运动设计方法

连杆机构的运动设计方法有图解法、实验法和解析法 3 种。

① 图解法具有简单易行和几何概念清晰的优点,但精确程度较低。

② 实验法是利用一些简单的工具,按所给的运动要求来试找所需的机构尺寸,这种方法简单易行,直观性较强,而且可以免去大量的作图工作量,但是精确程度比较低。

③ 解析法是根据机构的几何、运动关系建立数学模型,利用计算机进行机构的设计、分析和仿真的方法,目前已经成为机械设计的重要的方法。

二、图解法设计平面四杆机构

1. 按给定连杆的位置设计四杆机构

图 1.2-14 所示铰链四杆机构 ABCD,其连杆 BC 能实现预定的 3 个位置 B_1C_1,B_2C_2,B_3C_3。因为活动铰链 B 是绕 A 做圆周运动,故 A 在 B_1,B_2,B_3 两两连线中垂线的交点处。只要利用这些中垂线求出铰链 A 的位置,则连架杆 AB 就可以确定了。同理可确定铰链 D 及杆 CD 和 AD 的长度。这时有唯一解。

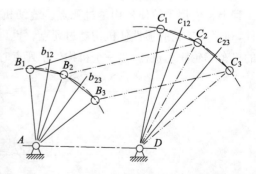

图 1.2-14　给定连杆动铰链 3 个位置的设计

在作图求解的过程中,选一长度比例尺作出连杆已知的 3 个位置 B_1C_1,B_2C_2 和 B_3C_3。作 B_1B_2 和 B_2B_3 的中垂线 b_{12} 和 b_{23} 交于固定铰链 A。作 C_1C_2 和 C_2C_3 的中垂线 c_{12} 和 c_{23} 交于固定铰链 D,则 AB_1C_1D 就是要求的铰链四杆机构。

如果只给定连杆的两个位置 B_1C_1 和 B_2C_2,则 B_1B_2 只有一条中垂线 b_{12},固定铰链 A 可在该中垂线上任意选定。同理,铰链 D 可在 C_1C_2 的中垂线 c_{12} 上任意选定。这时,有无穷多解,一般 A,D 可根据其他附加条件来确定。如果 C_1,C_2 和 C_3 成一条直线,如图 1.2-15 所示,c_{12},c_{23} 交于无限远处,这时可将 CD 杆改为以 C_1,C_2,C_3 为导路的滑块,就获得曲柄(摇杆)滑块机构。

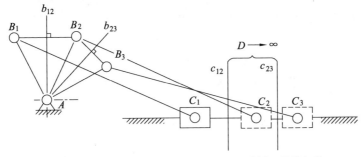

图 1.2-15　给定连杆 3 个位置设计曲柄(摇杆)滑块机构

2. 按给定的行程速比系数 K 设计四杆机构

设已知摇杆 CD 的长度 l_{CD},摆角 ψ,行程速比系数 k,试设计该机构。

假设该机构已经设计出来了,如图 1.2-16 a 所示。当摇杆处于两极限位置时,曲柄和连杆两次共线,$\angle C_1AC_2$ 即为极位夹角 θ。若过点 C_1,C_2 以及曲柄回转中心 A 作一个辅助圆 K,则该圆上的弦 C_1C_2 所对的圆周角为 θ。因此圆弧 C_1AC_2 上的任意点均可作为曲柄的回转中心。

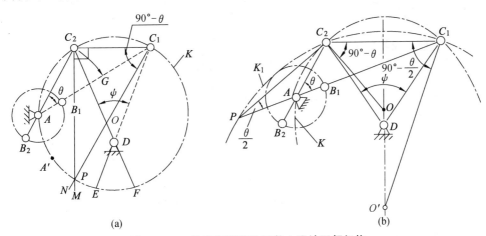

图 1.2-16　给定行程速比系数 k 设计四杆机构

根据以上分析其设计如下:

由给定的行程速比系数 k 按公式 $\theta=180°(k-1)/(k+1)$ 算出极位夹角 θ,然后,任选一点 D,并按摇杆 CD 的长度 l_{CD} 和摆角 ψ 画出摇杆的两个极限位置 DC_1 和 DC_2。连 C_1,C_2,并作 $\angle C_2C_1N=90°-\theta$;作 $C_2M \perp C_1C_2$,得 C_1N 与 C_2M 之交点 P;作 C_1C_2P 的外接圆。

圆弧 C_1C_2P 上任一点 A 与 C_1 和 C_2 的连线夹角都等于 θ。把两极限位置摇杆线延长,与圆交于 E 和 F 两点,则曲柄的回转中心 A 可在 C_2PE 上任选(如在 EF 上选取无运动意义)。设曲柄长度为 a,连杆长度为 b,则 $AC_1=b+a$,$AC_2=b-a$,故 $AC_1-AC_2=2a$ 或 $a=(AC_1-AC_2)/2$,于是,以 A 为圆心,以 AC_2 为半径作弧交 AC_1 于 G,则得

$$a=\frac{GC_1}{2}$$

$$b=AC_1-\frac{GC_1}{2}$$

由于曲柄回转中心 A 可在圆弧 C_2PE 或 C_1F 上任意选取,因而有无穷多解。

若给定连杆长度 b,则以 C_1C_2 为底边,以 $90°-\theta/2$ 为底角,作等腰三角形(见图 1.2-16 b),得顶点 O',再以 O' 为圆心,$O'C_1$ 为半径,作圆 K_1,显然,在 K_1 上 C_1C_2 弧所对应的圆周角应为 $\theta/2$。

以 C_1 为圆心,$2b$ 为半径,画弧交圆 K_1 于 P,连接 C_1P,C_1P 与圆 K 的交点即为所求的关键点 A。

由作图的过程可知:$\triangle APC_2$ 为等腰三角形,$AP=AC_2$,得

$$C_1P=AP+AC_1=AC_1+AC_2$$

因为
$$AC_1=b+a,AC_2=b-a$$

所以
$$C_1P=2b$$

3. 导杆机构

已知条件:机架长度 l_4,行程速比系数 k。

由图 1.2-17 可知,导杆机构的极位夹角 θ 等于导杆的摆角 ψ,所需确定的尺寸是曲柄长度 l_1。

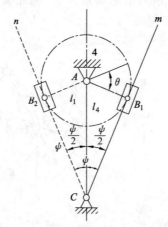

图 1.2-17 给定行程速比系数 k 设计导杆

由给定的行程速比系数 k,因为 $\psi=\theta=180°\dfrac{k-1}{k+1}$,所以 $l_1=l_4\sin\dfrac{\psi}{2}$。作 $AC=l_4$,

$\angle ACB_1=\angle ACB_2=\dfrac{\theta}{2}$,作 AB_1 垂直 CB_1 于 B_1,作 $AB_2\perp CB_2$ 于 B_2,则 AB_1(或 AB_2)就是曲柄,其长度为 $l_4\sin\dfrac{\psi}{2}$。

知识拓展

——平面四杆机构的演化

1. 扩大转动副，使转动副变成移动副

移动副可以认为是由转动副演化而来的。在图 1.2-18 a 所示的曲柄摇杆机构中，将转动副 D 的半径扩大，使其超过杆 3 的长度，将转动副 C 包含在内，如图 1.2-18 b 所示，如果在机架 4 上装设一个同样轨迹的圆弧槽，而把摇杆 3 做成滑块的形式置于槽中滑动，如图 1.2-18 c 所示。它们的相对运动性质没有变，杆 2 和杆 3 仍是转动副联接，转动中心在点 C，而杆 3 仍是绕着固定点 D 转动。将环形槽的半径增加到无穷大，转动副中心 D 移到无穷远处，则转动副变成移动副，如图 1.2-18d 所示。此时机构演化成偏置曲柄滑块机构。

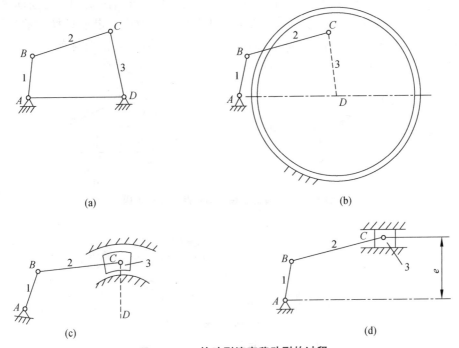

图 1.2-18　转动副演变移动副的过程

2. 取不同的构件为机架

对于对心曲柄滑块机构，如图 1.2-19 所示，选取不同构件为机架，同样可以得到不同类型的机构。

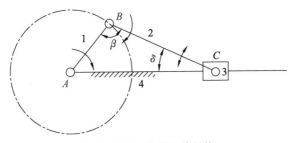

图 1.2-19　曲柄滑块机构

如图 1.2-20 a 所示,取杆 1 为机架,当 $l_{AB}<l_{BC}$ 时,为转动导杆机构。图 1.2-20 b 为转动导杆机构在刨床机构中的应用。

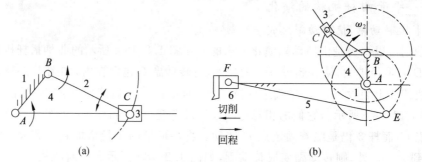

图 1.2-20 转动导杆机构以及刨床机构

如图 1.2-21 a 所示,取杆 2 为机架,为曲柄摇块机构。当 $l_{AB}<l_{BC}$ 时,为摆动导杆机构。图 1.2-22 所示为自卸卡车的翻斗机构。其中摇块 3 做成绕定轴 C 摆动的油缸,导杆 4 的一端固结着活塞。油缸下端进油,推动活塞 4 上移,从而推动与车斗固结的构件 1,使之绕点 B 转动,达到自动卸料的目的。

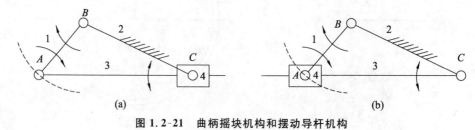

图 1.2-21 曲柄摇块机构和摆动导杆机构

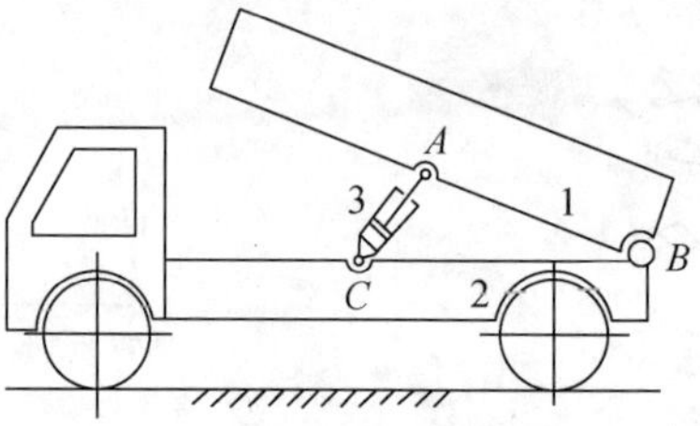

图 1.2-22 自卸卡车中的摇块机构

图 1.2-23 所示牛头刨床中的主运动机构的构件 1,2,3 和 4 组成摆动导杆机构,用来把曲柄 2 的连续转动变为导杆 4 的往复摆动,再通过构件 5 使滑块 6 做往复移动,从而带动刨床的刨刀进行刨切。

如图 1.2-24 a 所示,把曲柄滑块机构中的滑块作为机架,则得到移动导杆 4 在固定滑块 3 中往复移动的定块机构。

在图 1.2-24 b 中,固定滑块 3 成为唧筒外壳,移动导杆 4 的下端固结着汲水活塞,在唧筒 3 的内部上下移动,实现汲水的目的。

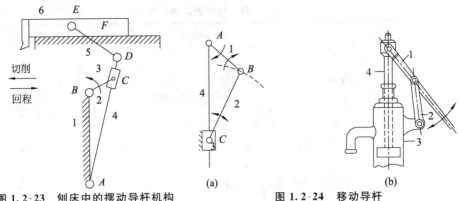

图 1.2-23　刨床中的摆动导杆机构　　　　图 1.2-24　移动导杆

如以两个移动副代替铰链四杆机构中的两个转动副,便可得到不同型式的四杆机构,如图 1.2-25 所示。在曲柄摇杆、曲柄滑块或其他带有曲柄的机构中,如果曲柄很短,当在曲柄两端各有一个轴承时,则加工和装配工艺困难,同时还影响构件的强度。在这种情况下,往往采用偏心轮机构。其中构件 1 为圆盘,它的回转中心 A 与几何中心 B 有一偏距,其大小就是曲柄的长度 l_{AB},该圆盘称为偏心轮。显然,偏心轮机构的运动性质与原来的曲柄摇杆机构或曲柄滑块机构一样。偏心轮机构是转动副 B 的销钉半径逐渐扩大直至超过了曲柄长度 l_{AB} 演化而成的,如图 1.2-26 a,b,c 所示。偏心轮机构中偏心轮的两支承距离较小而偏心部分粗大,刚度和强度均较好,可承受较大的力和冲击载荷。

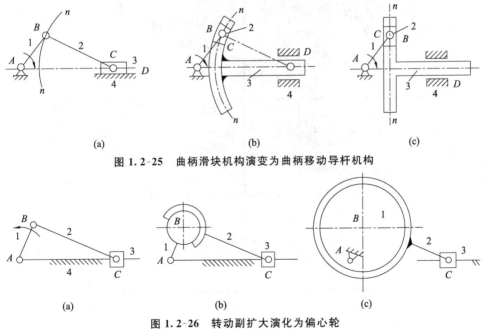

图 1.2-25　曲柄滑块机构演变为曲柄移动导杆机构

图 1.2-26　转动副扩大演化为偏心轮

四杆机构的几种形式见表 1.2-1。

表 1.2-1　四杆机构的几种形式

机构形式	图示	机构形式	图示
曲柄摇杆机构	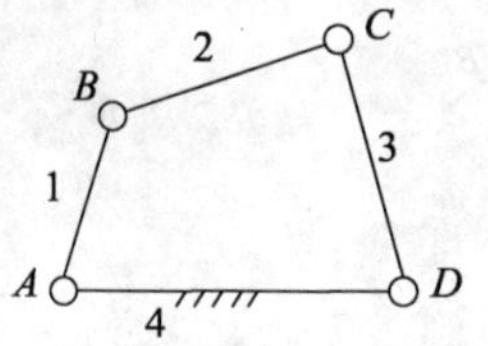	曲柄滑块机构	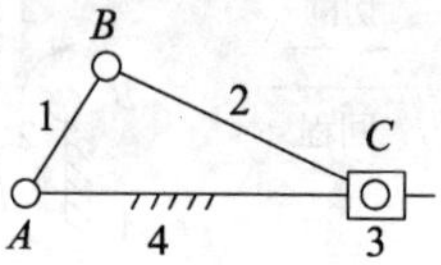
正弦机构，正切机构	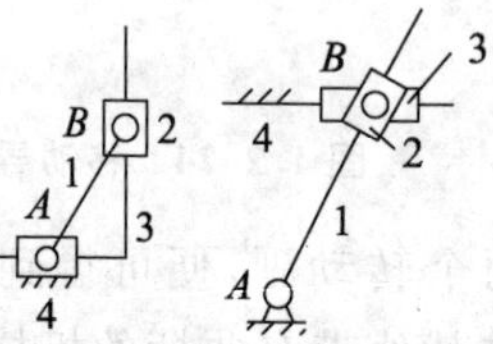	双曲柄机构	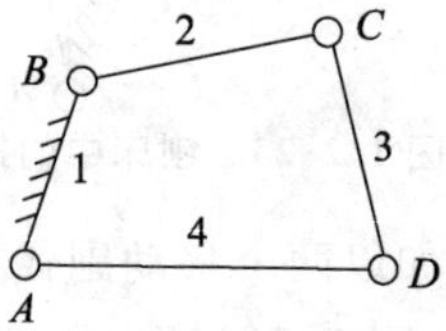
转动导杆机构	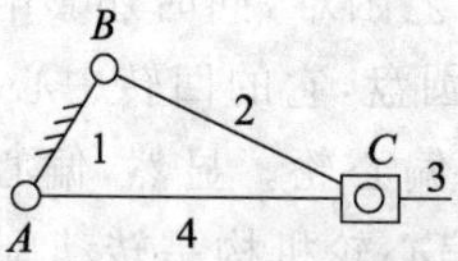	双转块机构	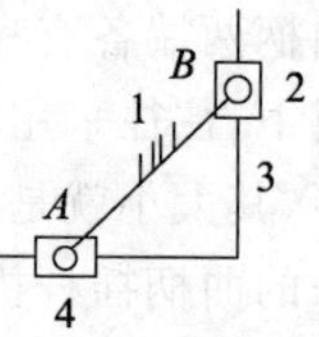
曲柄摇杆机构	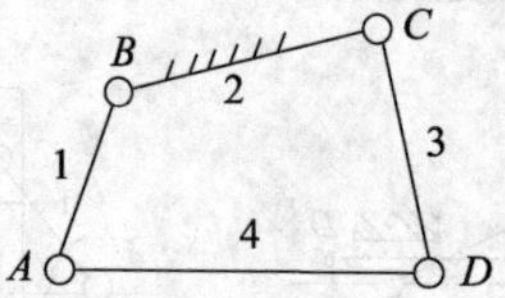	摆动导杆机构，摆动摇块机构	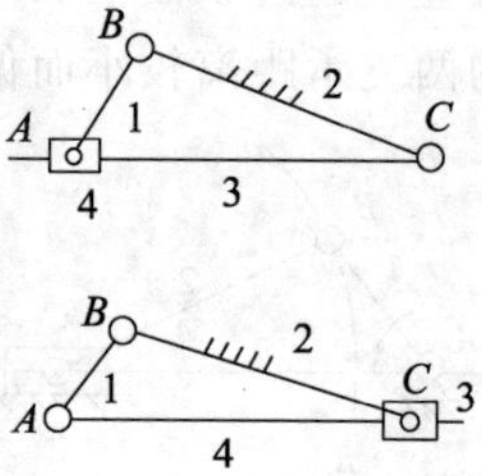
正弦机构	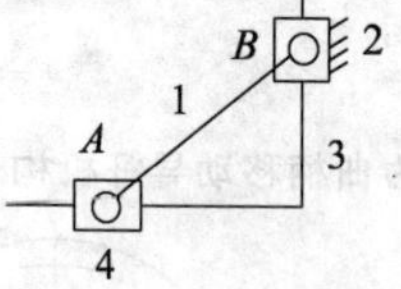	双摇杆机构	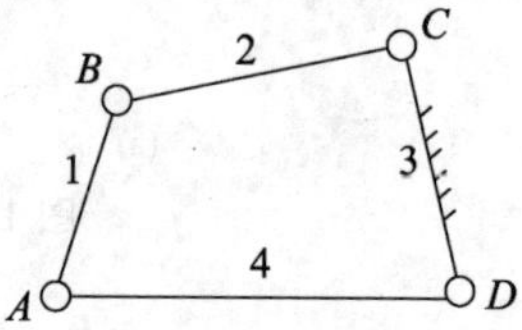
移动导杆机构	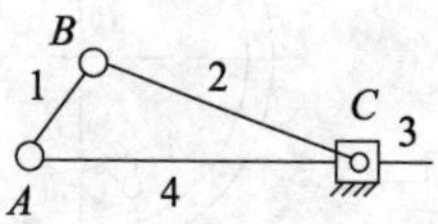	双滑块机构	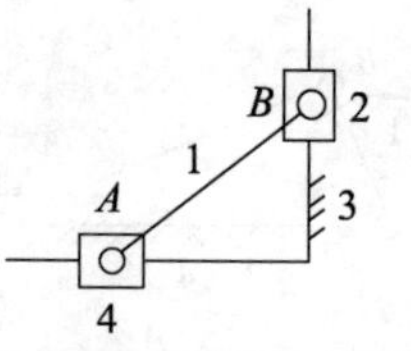

思考与练习

1. 铰链四杆机构中曲柄存在的条件是什么？它是否一定是最短杆？

2. 什么是压力角和传动角？为什么要检验最小传动角？其大小对四杆机构的工作有何影响？

3. 连杆机构中的急回特性是什么含义？在什么条件下，机构才具有急回特性？

4. 何谓连杆机构的死点？举出避免死点和利用死点的例子。

5. 机构在死点位置时,推动力任意增大也不能使机构产生运动,这与机构的自锁现象有何不同?

6. 根据下图中的尺寸(mm),判断下列各机构分别属于铰链四杆机构的哪种基本类型。

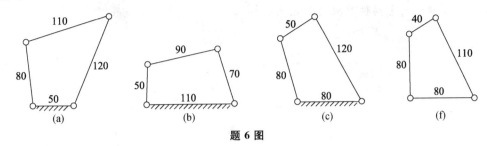

(a)　　　　　　(b)　　　　　　(c)　　　　　　(f)

题 6 图

7. 已知四杆机构各构件的长度为:$a=240$ mm,$b=600$ mm,$c=400$ mm,$d=500$ mm,试问:(1) 当以杆 4 为机构架时,有无曲柄存在?(2) 能否以选不同构件为机架的方法,获得双曲柄与双摇杆机构? 如何获得?

8. 在图示铰链四杆机构中,已知各杆长度 $l_{AB}=20$ mm,$l_{BC}=60$ mm,$l_{CD}=85$ mm,$l_{AD}=50$ mm。要求:(1) 试确定该机构是否有曲柄;(2) 判断此机构是否存在急回运动,若存在试确定其极位夹角,并计算行程速比系数;(3) 若以构件 AB 为原动件,画出机构最小传动角的位置;(4) 在什么情况下,机构有死点位置?

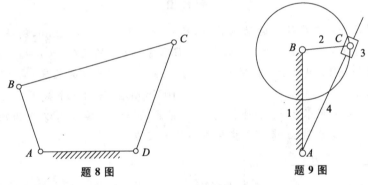

题 8 图　　　　　　　　　　　题 9 图

9. 在图示导杆机构中,已知 $l_2=40$ mm。问:(1) 若机构成为摆动导杆机构时 l_1 的最小值为多少? (2) 若 $l_1=50$ mm 且此机构成为转动导杆机构时 l_2 的最小值为多少?

10. 图示各四杆机构中,标箭头的构件为主动件,试标出各机构在图示位置时的压力角和传动角,并判定有无死点位置。

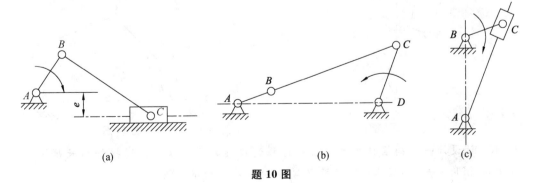

(a)　　　　　　(b)　　　　　　(c)

题 10 图

11. 已知一偏置曲柄滑块机构,其中偏心距 $e=10$ mm,曲柄长度 $L_{AB}=20$ mm,连杆长度 $L_{BC}=70$ mm,试求:

(1) 用图解法求滑块的行程长度 H;

(2) 曲柄作为原动件时的最大压力角 α_{max};

(3) 滑块作为原动件时机构的死点位置。

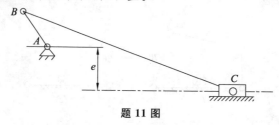

题 11 图

12. 设计一个曲柄滑块机构,已知连杆 l_{BC} 比曲柄 l_{AB} 长 24 mm,偏心距 $e=20$ mm,滑块的行程速比系数 $k=1.4$,求曲柄及连杆的杆长和滑块的行程 H。

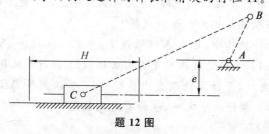

题 12 图

13. 在图示牛头刨床的主运动机构中,已知中心距 $l_{AC}=300$ mm,刨头的冲程 $H=450$ mm,行程速度变化系数 $k=2$,试求曲柄 AB 和导杆 CD 的长度(取 $\mu=10$ mm/mm)。

14. 设计如题 14 图所示的铰链四杆机构,已知其摇杆 CD 的长度 $l_{CD}=75$ mm,行程速度变化系数 $k=1.5$,机架 AD 的长度 $l_{AD}=100$ mm,摇杆的一个极限位置以及机架的夹角 $\varphi=45°$,求曲柄的长度 l_{AB} 和连杆的长度 l_{BC}。(提示:连接 AC,以 A 为顶点作极位夹角,过 D 作 $r=C_1D$ 的圆弧,考察与极位夹角边的交点并分析。)

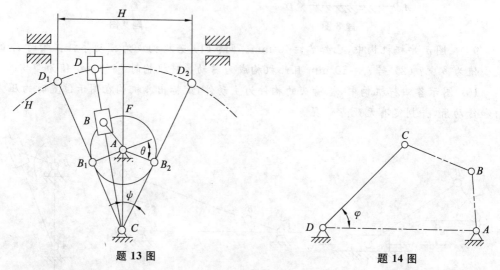

题 13 图　　　　　　　　　　　题 14 图

15. 试设计一曲柄摇杆机构。已知行程速度速比系数 $k=1.4$,摇杆的长度 $l_{CD}=100$ mm,摆角 $\psi=45°$,要求固定铰链中心 A 和 D 在同一水平线上。

实训 2　脚踏扎棉机设计

一、实训目的

1. 了解平面连杆机构的应用。

2. 巩固平面机构结构分析的知识。

3. 培养创新意识和机构创新设计能力。

二、实训内容

拟设计一脚踏扎棉机的曲柄摇杆机构,踏板 CD 在水平位置上下各摆 $10°$,如图 1.2-27 所示,机架 $l_{AD}=1\,000$ mm,摇杆 $l_{CD}=500$ mm,试用作图法求曲柄 l_{AB} 和 l_{BC} 的长度。

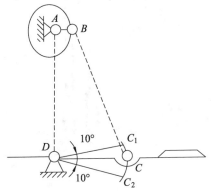

图 1.2-27　脚踏扎棉机

三、实验设备及工具

1. 若干机械实物或机构模型。

2. 游标卡尺、钢直尺。

3. 卡钳。

4. 直尺、圆规、草稿纸、铅笔和橡皮(自备)。

四、实训原理

参见工作任务 2 的平面四杆机构的运动设计,图解法之按给定的行程速比系数 k 设计四杆机构。

五、实训步骤

参见工作任务 2 的平面四杆机构的运动设计,图解法之按给定的行程速比系数 k 设计四杆机构。

工作任务 3　凸轮机构的分析与设计

 任务导入

图 1.3-1 所示内燃机配气机构采用的是凸轮机构,根据发动机的工作要求,在凸轮机构控制下,定时开启和关闭进气门和排气门,使可燃混合气或空气进入气缸,并使燃烧后的废气从气缸内排出,实现换气过程。

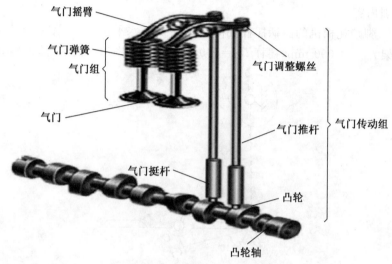

图 1.3-1　内燃机配气机构

 任务目标

知识目标　了解凸轮机构的基本类型、特点和应用;理解掌握图解法设计盘形凸轮轮廓的"反转法"原理,以及应用"反转法"绘制盘形凸轮轮廓曲线的方法和步骤;了解用解析法进行计算机辅助设计凸轮轮廓;了解滚子半径与凸轮轮廓曲率半径之间的关系及基圆半径的确定。

能力目标　掌握凸轮机构从动件的常用运动规律的特点和应用场合;掌握凸轮机构从动件的常用运动规律的位移曲线的绘制方法;掌握凸轮机构的压力角概念;掌握压力角与作用力、压力角与机构尺寸之间的关系及压力角的度量;理解运动失真的概念。

 知识与技能

一、内燃机配气机构中的分析

1. 内燃机配气机构的工作过程

常用的四冲程内燃机的配气机构如图 1.3-1 所示。四冲程是指在进气、压缩、做功和排气 4 个行程内完成一个工作循环,此间曲轴旋转两圈。进气行程时,此时进气门开启,排气门关闭,流过空气滤清器的空气或经化油器与汽油混合形成的可燃混合气,经进气管道、进气门进入气缸;压缩行程时,气缸内气体受到压缩,压力增高,温度上升;膨胀行程是在压缩上止点前喷油或点火,使混合气燃烧,产生高温、高压,推动活塞下行并做功;排气行程时,活塞推挤气缸内废气经排气门排出。此后再由进气行程开始,进行下一个工作循环。

2. 配气机构的功用

配气机构的功用是根据发动机的工作顺序和工作过程,定时开启和关闭进气门和排气门,使可燃混合气或空气进入气缸,并使废气从气缸内排出,实现换气过程。配气机构大多采用顶置气门式配气机构,如图 1.3-2 所示。

气门的开启和关闭由凸轮轴控制,每一个进、排气门分别有相应的进气凸轮和排气凸轮;凸轮的形状影响气门的开闭时刻和开启高度,凸轮的相对位置应符合发动机的点火顺序;推杆的作用是将从凸轮轴传来的推力传给摇臂;摇臂实际上是一个双臂杠杆,将推杆传来的力改变方向,作用到气门杆端打开气门。

图 1.3-2　顶置气门式配气机构

二、凸轮机构的应用和分类

1. 凸轮机构的应用和分类

(1) 凸轮机构的组成和应用

图 1.3-3 所示的凸轮机构是由凸轮、从动件和机架 3 个构件组成的高副机构,它的应用相当广泛。

凸轮机构是机械中的一种常用机构,其最显著的优点是,只要恰当地设计出凸轮轮廓曲线就可使从动件实现任意预定的运动规律。此外,凸轮机构结构简单、紧凑,因而被广泛应用于各种机械的操纵控制装置中。但由于凸轮与从动件之间是高副接触,易于磨损,所以凸轮机构多用于传动力不大的场合;又由于受凸轮尺寸限制,也不适用于要求从动件行程较大的装置中。

(2) 凸轮机构的分类

① 按凸轮的形状分。

a. 盘形凸轮:如图 1.3-3 所示,这种凸轮是绕固定轴转动并且具有变化向径的盘形构件,它是凸轮的基本形式。

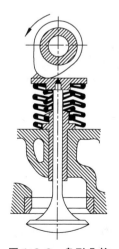

图 1.3-3　盘形凸轮

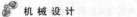

　　b. 移动凸轮:这种凸轮外形通常呈平板状,如图1.3-4及图1.3-5所示的凸轮,可视作回转中心位于无穷远时的盘形凸轮。它相对于机架做直线移动。

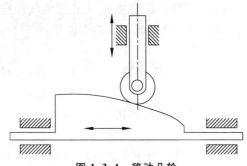

图 1.3-4　移动凸轮

　　c. 圆柱凸轮:如图1.3-6所示,凸轮是一个具有曲线凹槽的圆柱形构件。它可以看成是将移动凸轮卷成圆柱演化而成的。

　　盘形凸轮和移动凸轮与其从动件之间的相对运动是平面运动,所以它们属于平面凸轮机构;圆柱凸轮(含曲线凸轮)与从动件的相对运动为空间运动,故它属于空间凸轮机构。

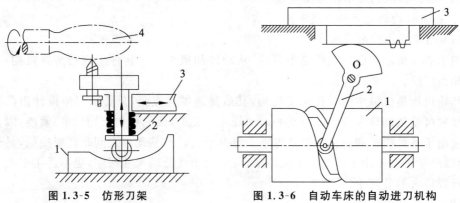

图 1.3-5　仿形刀架　　　　　　图 1.3-6　自动车床的自动进刀机构

　　② 按从动件的结构形式分。

　　从动件仅指与凸轮相接触的从动的构件。图1.3-7所示为常用的几种形式:尖顶移动从动件、滚子从动件、平底从动件、球面底从动件。

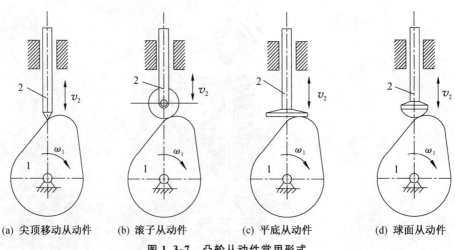

(a) 尖顶移动从动件　　(b) 滚子从动件　　(c) 平底从动件　　(d) 球面底从动件

图 1.3-7　凸轮从动件常用形式

③ 按凸轮与从动件保持接触的方式分。

凸轮机构是一种高副机构,它与低副机构不同,需要采取一定的措施来保持凸轮与从动件的接触,这种保持接触的方式称为封闭(锁合)。常见的封闭方式有:

a. 力封闭。利用从动件的重量、弹簧力或其他外力使从动件与凸轮保持接触。

b. 形封闭。依靠凸轮和从动件所构成高副的特殊几何形状,使其彼此始终保持接触,如图 1.3-8 所示。

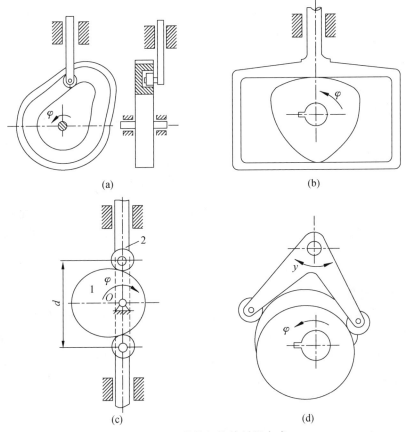

图 1.3-8　凸轮机构的封闭方式

2. 从动件常用运动规律

从动件运动规律,就是从动件位移或角位移与凸轮转角间的关系,可以用线图表示,也可以用运用方程表示,还可以用表格表示。

从动件常用运动规律有等速运动规律,等加速等减速运动规律,余弦加速度运动规律(又称简谐运动规律)和正弦加速度运动规律(又称摆线运动规律)。

(1) 等速运动规律

图 1.3-9 所示的等速运动,从加速度线上可以看出,在从动件运动的始末两点,理论上加速度值由零突变为无穷大,致使从动件受的惯性力也由零变为无穷大。而实际上材料有弹性,加速度和推力不致无穷大,但仍将造成巨大的冲击,这种冲击称为刚性冲击。因此只能用于低速轻载场合。

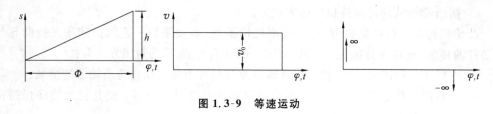

图 1.3-9　等速运动

（2）等加速等减速运动规律

图 1.3-10 所示的等加速等减速运动规律，通常在整个行程中令前半行程做等加速运动，后半行程做等减速运动，其加速度和减速度的绝对值相等。

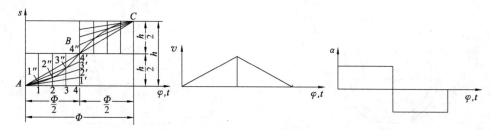

图 1.3-10　等加速等减速运动规律

从动件的加速度分别在 A,B 和 C 位置有突变，但其变化为有限值，由此而产生的惯性力变化也为有限值。这种由加速度和惯性力的有限变化对机构所造成的冲击、振动和噪声要较刚性冲击小，称之为柔性冲击。因此，等加速等减速运动规律也只适用于中速、轻载的场合。

（3）简谐运动规律

当从动件按简谐运动规律运动时，如图 1.3-11 所示，其加速度曲线为余弦曲线，故又称为余弦加速度运动规律。由加速度线图可知，这种运动规律在开始和终止两点处加速度有突变，也会产生柔性冲击，只适用于中速场合。只有当加速度曲线保持连续（如图 1.3-11 中的虚线所示）时，才能避免柔性冲击。

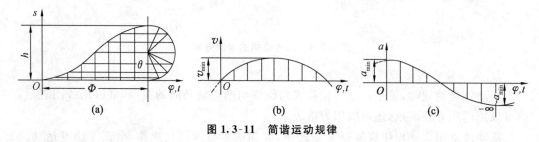

图 1.3-11　简谐运动规律

（4）摆线运动规律

由图 1.3-12 所示的运动曲线图可知，当从动件按摆线运动规律运动时，其加速度按正弦曲线变化，故又称为正弦加速度运动规律。从动件在行程的始点和终点处加速度皆为 0，且加速度曲线均匀连续而无突变，因此在运动中既无刚性冲击，又无柔性冲击，常用于较高速度的凸轮机构。

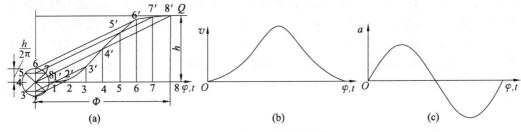

图 1.3-12　摆线运动规律

3. 从动件运动规律的选择

当只要求从动件实现一定的工作行程,而对其运动规律无特殊要求时,应考虑所选的运动规律使凸轮机构具有较好的动力特性和是否便于加工。对于低速轻载的凸轮机构,可主要考虑凸轮廓线便于加工来选择运动规律,因为这时其动力特性不是主要的;而对于高速轻载的凸轮机构,则应首先从使凸轮机构具有良好的动力特性考虑来选择运动规律,以避免产生过大的冲击。对从动件的运动规律有特殊要求,而凸轮转速又不高时,应首先从满足工作需要出发来选择从动件的运动规律,其次考虑其动力特性和是否便于加工。

采用多种运动规律组合可以改善其运动特性。如在工作过程中要求从动件作等速运动,然而等速运动规律有刚性冲击,这时可在行程始末端拼接正弦加速度运动规律,使其动力性能得到改善。

在选择从动件运动规律时,除了考虑刚性冲击与柔性冲击外,还应考虑各种运动规律的最大速度 $v_{\max}$ 和最大加速度 $a_{\max}$ 对机构动力性能的影响,从动件常用运动规律特性比较见表 1.3-1。

表 1.3-1　从动件常用运动规律特性比较

运动规律	最大速度 $\left(\dfrac{h\omega}{\Phi}\right)/$ (m/s)	最大加速度 $\left(\dfrac{h\omega^2}{\Phi^2}\right)/$ (m/s²)	冲击特性	使用场合
等速运动	1.00	∞	刚性	低速轻载
等加速等减速	2.00	4.00	柔性	中速轻载
简谐运动	1.57	4.93	柔性	中速中载
摆线运动	2.00	6.28	无	高速轻载

 任务实施

——凸轮轮廓曲线的设计

一、从动件基本的运动循环

如图 1.3-13 所示,尖端对心直动从动件盘形凸轮机构,以凸轮轮廓的最小向径 r_b 为半径,以凸轮轴心为圆心所作的圆称为基圆,凸轮以等角速度 ω 顺时针转动。点 B 是基圆与开始上升的轮廓曲线的交点,这时从动件离凸轮轴心最近。凸轮转动,向径增大,从动件按一定规律被推向远方,到向径最大的点 D 与尖端接触时,从动件被推向最远处,这一过程叫推程,所对应的转角($\angle BOD$)叫推程运动角,用 Φ 表示。从动件移动的距离叫行程,用 h 表示。圆弧 DD_0 与尖端接触,从动件在最远处停止不动,对应的转角叫远休止角,用 Φ_s 表示。凸轮继续转动,尖端与向径逐渐变小的 D_0B_0 段接触,从动件返回,这一过程叫回程,对应的转角叫回程运动角 Φ'。当圆弧 B_0B 与尖端接触时,从动件在最近处停止不动,对应的转角叫近休止角 Φ_s'。当凸轮继续回转时,从动件重复上述的"升—停—降—停"的运动循环。

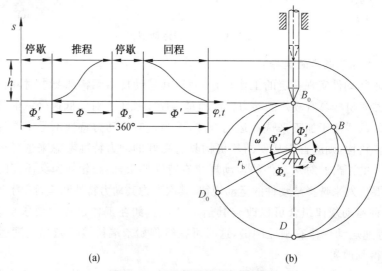

图 1.3-13　凸轮机构的运动过程

根据从动件的运动规律设计凸轮轮廓曲线的常用方法是"反转法"。

"反转法"的原理是:给整个凸轮机构加上一个绕凸轮轴心 O 的与凸轮角速度等值反向的公共角速度 $-w$,根据相对运动原理,这时凸轮与从动件间的相对运动保持不变,但凸轮相对静止不动,而从动件一方面随机架和导路一起以 $-w$ 绕点 O 转动,另一方面又以原有运动规律相对于机架导路做往复直线运动。由于尖顶始终与凸轮轮廓曲线相接触,所以反转时其尖顶描出的轨迹就是凸轮轮廓曲线。

二、用图解法设计凸轮轮廓

1. 对心直动尖顶从动件盘形凸轮轮廓

设凸轮的基圆半径为 r_b,凸轮以等角速度 ω 逆时针方向回转,从动件的运动规律已知。试设计凸轮的轮廓曲线。

根据"反转法"原理,具体设计步骤如下:

(1) 选取位移比例尺 μ_s 和凸轮转角比例尺 μ_Φ,位移曲线图 s-Φ,如图 1.3-14 a 所示,然后将 Φ 及 Φ' 分成若干等份(图中为 4 等份),并自各点作垂线与位移曲线交于 $1',2'$,…,$8'$。

(2) 选取长度比例尺 μ_l(为作图方便,最好取 $\mu_l=\mu_s$)。以任意点 O 为圆心,r_b 为半径作基圆(图中用虚线表示)。再以从动件最低(起始)位置 B_0 起沿 $-w$ 方向量取角度 Φ,Φ_s,Φ' 及 Φ_s',并将 Φ 和 Φ' 按位移线图中的等份数分成相应的等份。再自点 O 引一系列径向线 $O1$,$O2,O3$,…,$O9$。各径向线即代表凸轮在各转角时从动件导路所依次占有的位置。

(3) 自各径向线与基圆的交点 B_1',B_2',B_3'… 向外量取各个位移量 $B_1'B_1=11'$,$B_2'B_2=22'$,$B_3'B_3=33'$,…得 B_1,B_2,B_3,…,B_9 等点。这些点就是反转后从动件尖顶的一系列位置。

40

（4）将 B_0，B_1，B_2，B_3，B_4，…，B_9 各点连成光滑曲线（图中 B_4，B_5 间和 B_9，B_0 间均为以点 O 为圆心的圆弧），即得所求的凸轮轮廓曲线，如图 1.3-14 b 所示。

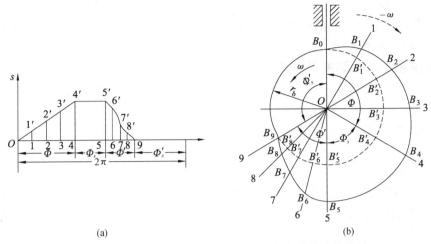

(a)　　　　　　　　　　　　　　　　　(b)

图 1.3-14　对心直动尖顶从动件盘形凸轮轮廓曲线的绘制

2. 对心直动滚子从动件盘形凸轮轮廓设计

将滚子中心看作从动件的尖端，按上述方法作出轮廓曲线 3，称为凸轮的理论轮廓曲线，然后以理论轮廓曲线上各点为圆心、以滚子半径 r_T 为半径作一系列圆，最后作这些圆的包络曲线 η'，就是滚子从动件盘形凸轮轮廓曲线，如图 1.3-15 所示。

应当指出，滚子从动件盘形凸轮的基圆指的是理论轮廓的基圆。凸轮的实际轮廓与理论轮廓曲线间的法向距离始终等于滚子半径，它们互为等距曲线。

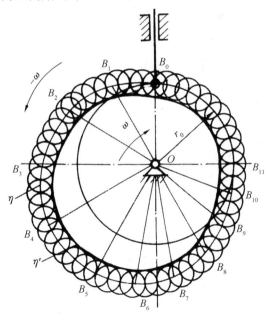

图 1.3-15　对心直动滚子从动件盘形凸轮机构

3. 偏置直动尖端从动件盘形凸轮轮廓设计

如图 1.3-16 所示，尖端偏置直动从动件盘形凸轮轮廓曲线的绘制方法也与前述相似。但由于从动件导路的轴线不通过凸轮的转动轴心 O，其偏距为 e，所以从动件在反转

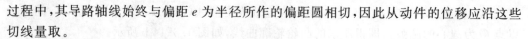

过程中,其导路轴线始终与偏距 e 为半径所作的偏距圆相切,因此从动件的位移应沿这些切线量取。

设计步骤如下:

(1) 根据已知从动件的运动规律,按适当比例作出位移曲线,并将横坐标分段等分,如图 1.3-16 b 所示。

(2) 取相同比例尺,并以 O 为圆心,作偏距圆和基圆。

(3) 在基圆上,任取一点 B_0 作为从动件升程的起始点,并过 B_0 作偏距圆的切线,该切线即是从动件导路线的起始位置。

(4) 由 B_0 点开始,沿 ω 相反方向将基圆分成与位移线图相同的等份,得各等分点 $C_1,C_2,C_3,\cdots$。过 $C_1,C_2,C_3,\cdots$ 各点作偏距圆的切线并且延长,则这些切线即为从动件在反转过程依次占据的位置。

(5) 在各条切线上自 $C_1,C_2,C_3,\cdots$ 截取 $C_1B_1=11',C_2B_2=22',C_3B_3=33',\cdots$ 得 B_1,B_2,B_3,$\cdots$ 各点。将 B_0,B_1,B_2,$\cdots$ 各点连成光滑曲线,即为所要求的凸轮轮廓曲线。

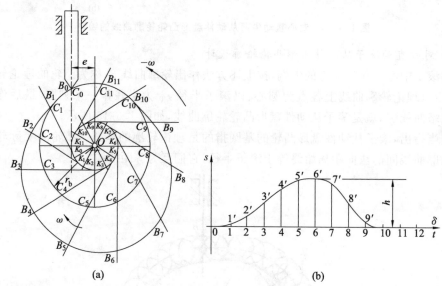

图 1.3-16 偏置直动尖端从动件盘形凸轮机构

4. 对心直动平底从动件盘形凸轮轮廓设计(见图 1.3-17)

(1) 把平底与导路的交点 B_0 看作尖顶从动件的尖顶,按照尖顶从动件凸轮轮廓的绘制方法,求出理论轮廓上一系列点 $B_1,B_2,B_3,\cdots$。

(2) 过这些点画平底的各个位置。

(3) 作这些平底的包络线,便得到平底从动件凸轮的轮廓曲线。

由作图过程可知,图中位置 1,6 是平底分别与凸轮轮廓相切的最左及最右位置。为保证平底始终与凸轮轮廓相接触,平底的左右侧长度应大于导路与最远接触点的垂直距离,如图 1.3-17 中的 m 和 l。

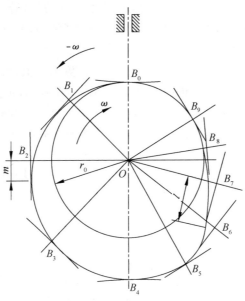

图 1.3-17 对心直动平底从动件盘形凸轮轮廓设计

5. 摆动从动件盘形凸轮轮廓的绘制

已知从动件的角位移线图(见图 1.3-18 b),凸轮与摆动从动件的中心距 l_{OA},摆杆长度 l_{AB},凸轮基圆半径 r_b,凸轮以 ω 逆时针转动。

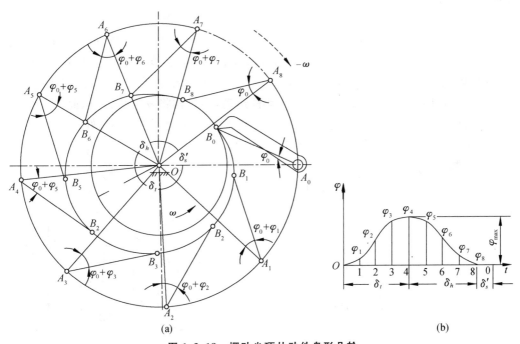

$$(a) \qquad\qquad\qquad (b)$$

图 1.3-18 摆动尖顶从动件盘形凸轮

绘制该凸轮轮廓的步骤如下:

(1) 根据 l_{OA} 定出点 O 与点 A_0 的位置,以点 O 为圆心,r_b 为半径作基圆。再以 A_0 为中心,l_{AB} 为半径作圆弧交基圆于点 B_0,该点即为从动件尖顶的起始位置。φ_0 为从动件的初位角。

(2) 以点 O 为圆心，以 OA_0 为半径画圆，并由 OA_0 开始沿 $-\omega$ 方向取角 δ_t，δ_h，$\delta_{s'}$。再将 δ_t，δ_h 分为与图 1.3-8a 对应的若干等份，连线得 OA_1，OA_2，$\cdots$，这些线就是机架 OA_0 在反转过程中所处的各个位置。

(3) 由图 1.3-8 b 求出从动件摆角 δ_2 在不同位置的数值，再加上初位角 φ_0，然后画出摆动从动件相对于机架摆动后的一系列位置 A_1B_1，A_2B_2，A_3B_3，$\cdots$，使 $\angle OA_1B_1 = \varphi_0 + \varphi_1$，$\angle OA_2B_2 = \varphi_0 + \varphi_2$，$\angle OA_3B_3 = \varphi_0 + \varphi_3$，$\cdots$。

(4) 以点 A_1，A_2，A_3，$\cdots$ 为圆心，l_{AB} 为半径画圆弧分别截取 A_1B_1，A_2B_2，A_3B_3，$\cdots$ 得点 B_1，B_2，B_3，$\cdots$。

(5) 将点 B_0，B_1，B_2，$\cdots$ 连成光滑曲线，便得到摆动尖顶从动件的凸轮轮廓。

知识拓展

一、凸轮

1. 凸轮机构基本尺寸的确定

设计凸轮机构不仅要保证从动件实现预期的运动规律，还要求传力性能良好，结构紧凑，这些要求与凸轮机构的压力角、基圆半径、滚子半径有关。

(1) 凸轮机构的压力角

从动件在接触点所受的力的方向与该点的速度方向所夹的锐角 α 称为压力角，凸轮对从动件的作用力 F 可以分解成两个分力，即沿着从动件运动方向的分力 F_t 和垂直于运动方向的分力 F_n。

$$F_t = F\cos\alpha, \quad F_n = F\sin\alpha \qquad (1.3\text{-}1)$$

F_t 是推动从动件克服载荷的有效分力，而 F_n 将增大从动件与导路间的侧向压力，它是一种有害分力。压力角 α 越大，有害分力越大，由此而引起的摩擦阻力也越大；当压力角 α 增加到某一数值时，有害分力所引起的摩擦阻力将大于有效分力 F_t，这时无论凸轮给从动件的作用力有多大，都不能推动从动件运动，即机构将发生自锁，因此，从减小推力、避免自锁使机构具有良好的受力状况的观点来看，压力角 α 应越小越好。

图 1.3-19 可以证明点 P 为凸轮与导杆在此刻的速度瞬心（或同速点），即凸轮在点 P 速度的大小和方向等于移动从动件在此刻速度的大小和方向。

$$v_2 = \omega \times OP$$

$$OP = \frac{v_2}{\omega} = \frac{\mathrm{d}s/\mathrm{d}t}{\mathrm{d}\varphi/\mathrm{d}t} = \frac{\mathrm{d}s}{\mathrm{d}\varphi}$$

在 $\triangle DPB$ 中

$$\tan\alpha = \frac{PD}{BD} = \frac{OP - OD}{BD}$$

凸轮机构的压力角计算公式为

$$\alpha = \arctan\frac{|\mathrm{d}s/\mathrm{d}\varphi - e|}{s + \sqrt{r_b^2 - e^2}} \qquad (1.3\text{-}2)$$

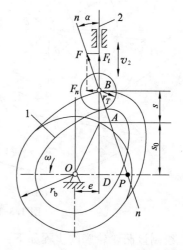

图 1.3-19 凸轮机构压力角的几何关系

式中，偏距 e 当凸轮逆时针转动，导路右偏时，e 为正，导路左偏时，e 为负；当凸轮顺时针转动时，则相反；α 为任意位置时的压力角；r_b 为理论轮廓线的基圆半径;s 为从动件位移。

压力角的大小反映了机构传力性能的好坏,是机构设计的重要参数。为使凸轮机构工作可靠,受力情况良好,必须对压力角加以限制。在设计凸轮机构时,应使最大压力角 α_{max} 不超过许用值 $[\alpha]$。根据工程实践的经验,许用压力角 $[\alpha]$ 的数值推荐如下:

推程时,对移动从动件,$[\alpha]=30°\sim38°$;对摆动从动件,$[\alpha]=45°\sim50°$。回程时,由于通常受力较小且一般无自锁问题,故许用压力角可取的大一些,通常取 $[\alpha]=70°\sim80°$。当采用滚子从动件、润滑良好及支撑刚度较大或受力不大而要求结构紧凑时,可取上述数据较大值,否则取较小值。

（2）基圆半径的确定

凸轮轮廓上各点处的压力角是不同的。设计凸轮机构时,基圆半径 r_b 选得越小,所设计的机构越紧凑。但基圆半径的减小会使压力角增大,对机构运动不利。

在工程上现已制备了从动件几种常用运动规律许用压力角和基圆半径关系的诺模图,供近似地确定基圆半径或校核凸轮机构压力角使用。

一对心移动滚子从动件盘形凸轮机构,要求当凸轮转过推程运动角 $\Phi=45°$ 时,从动件以简谐运动规律上升 $h=14$ mm,并限定凸轮机构的最大压力角为 $\alpha_{max}=30°$。从图 1.3-20 b 所示的诺模图中找出 $\Phi=45°$ 和 $\alpha_{max}=30°$ 的两点,然后用直线将其相连,交简谐运动标尺于 0.33 处,即 $\frac{h}{r_b}=0.33$。将 $h=14$ mm 带入上式,可得 $r_b=\frac{14}{0.33}\approx42$ mm。

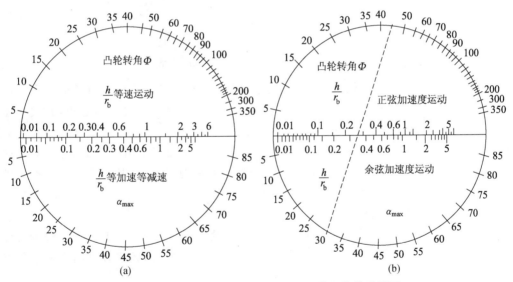

图 1.3-20 对心移动滚子从动件盘形凸轮机构的诺模图

在实际设计工作中,凸轮基圆半径的最后确定,还必须考虑到机构的具体结构条件。通常在设计凸轮时,先根据结构条件初定基圆半径 r_0,当凸轮与轴做成一体时,r_0 略大于轴的半径,当凸轮单独制造然后装配到轴上时,$r_0=(1.6\sim2)r$（r 为轴的半径）。在用解析法设计凸轮廓线时,可借助计算机计算出各点的压力角,若 $\alpha>[\alpha]$ 时,则增大基圆半径 r_0,重新设计。平底从动件凸轮机构的压力角始终等于常数,其基圆半径是根据全部轮廓外凸来确定的,若不满足时则放大基圆半径。

（3）滚子半径的确定

从接触强度观点出发,滚子半径大一些为好,但有些情况下,滚子半径不能任意增大。设滚子半径为 r_T,凸轮理论廓线曲率最小半径为 ρ_{min},实际廓线曲率半径为 ρ_a,当理论廓线内凹时,有 $\rho_a = \rho_{min} + r_T$,实际廓线始终为平滑曲线(见图 1.3-21 a)。当 $\rho_{min} > r_T$ 时,外凸的凸轮廓线实际廓线为一条平滑曲线(见图 1.3-21 b)。当 $\rho_{min} = r_T$ 时,实际廓线上产生尖点(见图 1.3-21 c),尖点极易磨损,磨损后会破坏原有的运动规律,这是工程设计中所不允许的。当 $\rho_{min} < r_T$ 时,凸轮实际廓线已相交(见图 1.3-21 d),交点以外的廓线在凸轮加工过程中被刀具切除,导致实际廓线变形,从动件不能实现预期的运动规律。这种从动件失掉真实运动规律的现象称为"运动失真"。

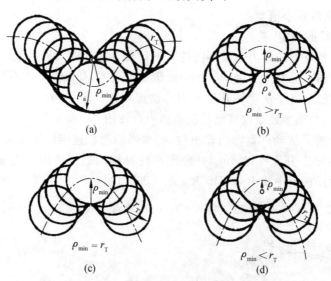

图 1.3-21 滚子半径与凸轮廓线的关系

设计时,对于外凸的凸轮廓线,应使滚子半径 r_T 小于理论廓线上的最小曲率半径 ρ_{min},通常可取滚子半径为 $r_T < 0.8\rho_{min}$。另一方面,滚子半径又不能取得过小,其大小还受到结构和强度方面的限制。根据经验,可取滚子半径为 $r_T = (0.1 \sim 0.5)r_b$。凸轮实际廓线的最小曲率半径 ρ_{amin} 一般不应小于 $3 \sim 5$ mm。过小会给滚子结构设计带来困难。如果不能满足此要求,可适当放大凸轮的基圆半径。必要时,还需对从动件的运动规律进行修改。

2. 解析法设计凸轮轮廓

由于计算机的普及与数控机床的发展,解析法设计凸轮轮廓已日趋广泛。解析法设计凸轮轮廓实际上是建立凸轮理论轮廓线、实际轮廓线的方程,精确计算出廓线上各点的坐标。

(1) 偏置直动滚子从动件盘形凸轮轮廓

已知从动件运动规律 $s = f(\phi)$,凸轮基圆半径 r_b,滚子半径 r_T,从动件偏置在凸轮的右侧,凸轮以等角速度 ω 逆时针转动。如图 1.3-22 所示,取凸轮转动中心 O 为原点,建立直角坐标系 xOy。

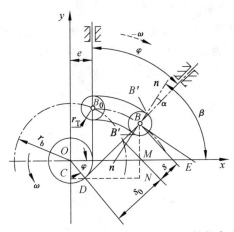

图 1.3-22　偏置直动滚子从动件盘形凸轮轮廓设计

根据反转法,当凸轮顺时针转过角 φ 时,从动件的滚子中心则由点 B_0 反转到点 B,此时理论廓线上点 B 的直角坐标方程为

$$\begin{cases} x = DN + CD = (s_0 + s)\sin\varphi + e\cos\varphi \\ y = DN - MN = (s_0 + s)\cos\varphi - e\sin\varphi \end{cases} \tag{1.3-3}$$

式中,e 为偏距,如果 $e = 0$,式(1.3-3)即对心直动滚子从动件盘形凸轮理论廓线方程;s 为从动件位移,$s_0 = \sqrt{r_b^2 - e^2}$。凸轮实际廓线与理论廓线是等距曲线(在法线上相距滚子半径 r_T),它们的对应点具有公共的曲率中心和法线。与理论轮廓上点 B 向内对应的实际廓线上的点 B' 的直角坐标为

$$\begin{cases} x' = x - r_T\cos\beta \\ y' = y - r_T\sin\beta \end{cases} \tag{1.3-4}$$

$\tan\beta$ 是理论轮廓线上点 B 法线 nn 的斜率,它与点 B 切线 BE 的斜率互为负倒数,所以

$$\tan\beta = \frac{ME}{BM} = -\frac{dx}{dy} = -\frac{dx/d\varphi}{dy/d\varphi} \tag{1.3-5}$$

根据式(1.3-3)有

$$\begin{cases} \dfrac{dx}{d\varphi} = \left(\dfrac{ds}{d\varphi} - e\right)\sin\varphi + (s_0 + s)\cos\varphi \\ \dfrac{dy}{d\varphi} = \left(\dfrac{ds}{d\varphi} - e\right)\cos\varphi - (s_0 + s)\sin\varphi \end{cases} \tag{1.3-6}$$

由此可得

$$\begin{cases} \dfrac{dx}{d\varphi} = \left(\dfrac{ds}{d\varphi} - e\right)\sin\varphi + (s_0 + s)\cos\varphi \\ \dfrac{dy}{d\varphi} = \left(\dfrac{ds}{d\varphi} - e\right)\cos\varphi - (s_0 + s)\sin\varphi \end{cases} \tag{1.3-7}$$

将上式代入式(1.3-4)得到凸轮实际廓线的直角坐标方程

$$\begin{cases} x' = x + r_T \dfrac{dy/d\varphi}{\sqrt{(dx/d\varphi)^2 + (dy/d\varphi)^2}} \\ y' = y - r_T \dfrac{dy/d\varphi}{\sqrt{(dx/d\varphi)^2 + (dy/d\varphi)^2}} \end{cases} \tag{1.3-8}$$

（2）摆动滚子从动件盘形凸轮廓线的设计

如图 1.3-23 所示，取摆动件的轴心 A_0 与凸轮轴心 O 之连线为坐标系的 y 轴，摆杆轴心到凸轮轴中心的距离为 a，摆杆长为 l，凸轮基圆半径为 r_b。A_0B_0 是摆杆的初始位置，摆杆与两轴心连线的夹角 Ψ_0 为初始角。

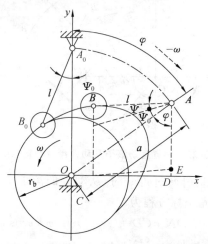

图 1.3-23　摆动滚子从动件盘形凸轮廓线的设计

当凸轮逆时针转过 φ 角时，根据反转原理，相当摆杆及摆杆轴心顺时针转过 φ 角，此时摆杆处在图示 AB 位置，其角位移为 Ψ，理论廓线上点 B 的坐标为

$$\begin{cases} x = OD - CD = a\sin\varphi - l\sin(\varphi + \Psi_0 + \Psi) \\ y = AD - ED = a\cos\varphi - l\cos(\varphi + \Psi_0 + \Psi) \end{cases} \tag{1.3-9}$$

式中，Ψ_0 为摆杆初始位置角，$\Psi_0 = \arccos\left(\dfrac{a^2 + l^2 - r_b^2}{2al}\right)$。

3. 凸轮机构常用材料、结构和加工

凸轮机构的主要失效形式为磨损和疲劳点蚀，这就要求凸轮和滚子的工作表面硬度高、耐磨并且有足够的表面接触强度。对于经常受到冲击的凸轮机构还要求凸轮心部有较强的韧性。

一般凸轮的材料常用 40Cr 钢，经表面淬火，硬度为 40～50 HRC，也可用 20CrMnTi，经表面渗碳淬火，表面硬度为 56～62 HRC。从动件一般可采用 45 钢，接触端经表面淬火，表面硬度达 40～45 HRC。针对高速重载或使用靠模凸轮时，可采用碳素工具钢 T8，T10 等制造，表面硬度 58～62 HRC，或者采用 20Cr，经渗碳淬火，表面硬度 56～62 HRC。

滚子材料可采用 20Cr 钢，经渗碳淬火，表面硬度为 56～62 HRC，也可用滚动轴承直接作为滚子。

当凸轮的基圆较小时，可以将凸轮与轴构成一体，称为凸轮轴，如图 1.3-24 所示。当凸轮尺寸较小，无特殊要求或不经常装拆时，一般采用整体式凸轮，如图 1.3-25 所示。

经常更换凸轮时，可使用镶块式凸轮，如图 1.3-26 所示。

对于大型低速凸轮机构的凸轮或经常调整轮廓形状的凸轮，常用凸轮与轮毂分开的组合式结构，如图 1.3-27 所示。

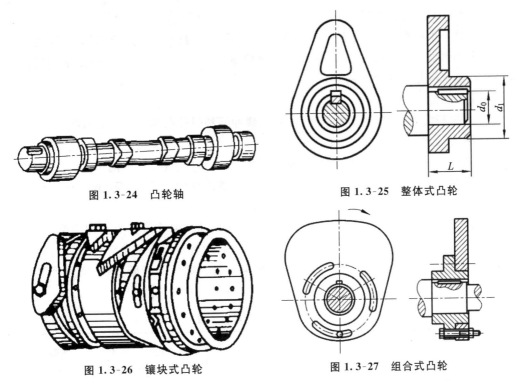

图 1.3-24　凸轮轴

图 1.3-25　整体式凸轮

图 1.3-26　镶块式凸轮

图 1.3-27　组合式凸轮

除了用键联接将凸轮固定在轴上外,也可用紧定螺钉和锥面固定,如图 1.3-28 所示。

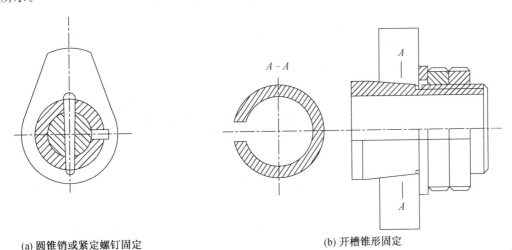

(a) 圆锥销或紧定螺钉固定

(b) 开槽锥形固定

图 1.3-28　凸轮与轴的联接

凸轮轮廓加工的方式很多:片状凸轮可用凸轮车、凸轮磨、立式加工中心、线切割等;凸轮轴加工凸轮车、凸轮磨、数控凸轮车、数控凸轮磨等。

二、弹性联接

内燃机配气机构中气门弹簧的作用是使气门迅速回位,紧密闭合,防止气门在发动机振动时发生跳动,还可使各传动件之间因惯性力而产生间隙,保证气门按凸轮轴轮廓曲线的规律关闭,要求气门弹簧应具有足够的刚度和安装预紧力。因此,弹簧也是机械中常用的重要零件。

（1）弹簧的功用和类型

弹簧是一种弹性元件,由于材料的弹性和弹簧的结构特点,它具有多次重复地随外载荷的大小而做相应的弹性变形,卸载后立即恢复原状的特性。很多机械正是利用弹簧的这一特点来满足特殊要求的。

其主要功能有:

① 减振和缓冲,如车辆的悬挂弹簧,各种缓冲器和弹性联轴器中的弹簧等。

② 测力,如测力器和弹簧秤的弹簧等。

③ 储存及输出能量,如钟表弹簧,枪栓弹簧,仪表和自动控制机构上的原动弹簧等。

④ 控制运动,如控制弹簧门关闭的弹簧,离合器、制动器上的弹簧,控制内燃机气缸阀门开启的弹簧等。

大部分弹簧用金属材料制成。按照承受载荷的不同,弹簧可分为拉伸弹簧、压缩弹簧、扭转弹簧和弯曲弹簧4种;按照弹簧形状的不同,弹簧可分为螺旋弹簧、蝶形弹簧、环形弹簧、板弹簧、平面涡卷弹簧等;此外还有非金属材料制作的橡胶弹簧、空气弹簧。在一般机械中最常应用的是金属丝圆柱螺旋弹簧。弹簧的基本类型见表 1.3-2。

表 1.3-2 弹簧的基本类型

按形状分 ＼ 按载荷分	拉伸	压缩		扭转	弯曲
螺旋形	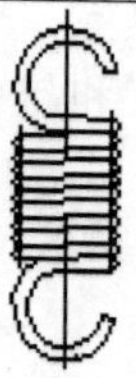 圆柱螺旋拉伸弹簧	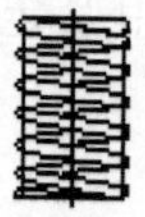 圆柱螺旋压缩弹簧	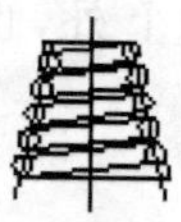 圆锥螺旋压缩弹簧	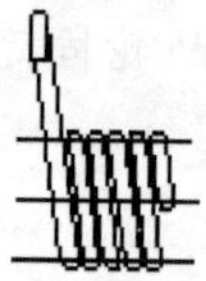 圆柱螺旋扭转弹簧	
其他形		 环形弹簧	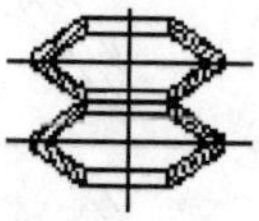 碟形弹簧	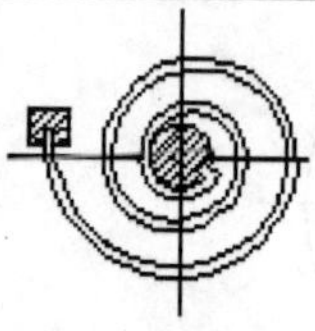 涡卷形弹簧	 板弹簧

（2）弹簧的材料和制造

为使弹簧可靠地工作,弹簧材料应具有高的弹性极限、疲劳极限、冲击韧度和良好的热处理性能。

各种弹簧钢是最常用的弹簧材料。若弹簧受力较小同时又要求具有耐腐蚀、防磁、导电性好的特性,则可采用锡青铜、硅青铜等铜合金。非金属弹簧材料主要是橡胶,近年来正发展用塑料制造弹簧。此外,空气也可用作弹簧材料。

我国弹簧钢主要有以下几种:

① 碳素弹簧钢。其优点是价格便宜,来源方便;缺点是弹性极限较低,淬透性差,可用作尺寸较小(钢丝直径 $d \leqslant 8$ mm)的螺旋弹簧材料,工作温度低于 120 ℃。

② 低锰弹簧钢(如 65Mn)与碳素弹簧钢相比,低锰弹簧钢的强度较高,淬透性好,但淬火后容易产生裂纹并具有热脆性,常用作一般机械中尺寸不大的弹簧材料,如离合器

中的弹簧。

③ 硅锰弹簧钢(如 60Si2MnA)硅锰弹簧钢中由于加入了硅,显著地提高了弹性极限,并提高了回火稳定性,可以在更高的温度下回火而得到良好的力学性能。硅锰弹簧钢在工业中应用广泛,一般用作制造汽车、拖拉机中所需的螺旋弹簧。

④ 50 铬钒钢 50 铬钒钢中加入钒后晶粒细化,提高了强度和冲击韧度,具有较高的耐疲劳性能和良好的抗冲击性能,淬透性和回火稳定性好,能在 $-40\sim350\ ℃$ 的温度下工作,但价格较贵。常用于重要场合,如航空发动机调节系统中柱塞油泵的柱塞弹簧。

此外,一些不锈钢具有良好的耐腐蚀、耐高温、耐低温性能,常用于制造化工设备中的弹簧。由于其不容易热处理,一般机械中很少采用。

在选择弹簧材料时,应考虑弹簧的功用、重要程度、工作条件(载荷的大小、性质、工作温度、周围介质情况等),以及加工、热处理、经济性等因素,同时参考现有设备中的弹簧,选择比较合适的材料。

螺旋弹簧的制造工艺包括卷绕、两端面加工(压缩弹簧)或制作挂钩(拉伸弹簧和扭转弹簧)、热处理工艺实验,必要时还需进行强压处理或喷丸处理。

卷制是把合乎技术条件规定的弹簧丝卷绕在芯棒上。大量生产时,是在万能自动卷簧机上卷制;单件小批生产时,则在普通车床上或在手动卷绕机上卷制。

弹簧的卷绕方法有冷卷和热卷两种。弹簧丝直径小于 $8\sim10\ mm$ 时用冷卷法,反之,则用热卷法。冷卷法是用已经过热处理的冷拉碳素弹簧钢丝在常温下卷绕,卷成后一般不再经淬火处理,只经低温回火以消除内应力。热卷需先加热(通常为 $800\sim1\ 000\ ℃$,按弹簧丝直径大小选定),卷成后再经淬火和回火处理。

由于弹簧的疲劳强度和抗冲击强度在很大程度上取决于弹簧丝的表面状况,因此弹簧丝表面必须光洁,无裂纹和伤痕等表面缺陷。此外,表面脱碳会严重影响材料的疲劳强度和抗冲击性能,所以在验收弹簧的技术条件中应详细规定脱碳层深度和其他表面缺陷。重要用途的弹簧还需进行表面保护处理(如镀锌),普通的弹簧一般涂油或漆。

(3)圆柱螺旋压缩弹簧和拉伸弹簧的结构形式

① 圆柱螺旋压缩弹簧。

圆柱螺旋弹簧的端部结构形式很多,压缩弹簧的两端各有 $3/4\sim5/4$ 圈与邻圈并紧,只起支撑作用,不参与变形,故称支撑圈(或死圈)。支撑圈端面与弹簧座接触,常见的端部结构有并紧磨平的 YⅠ 型和并紧不磨平的 YⅡ 型两种,如图 1.3-29所示。在重要场合应采用 YⅠ 型以保证两支承端面与弹簧的轴线垂直,从而使弹簧受压时不致歪斜。两端磨平部分的长度不少于 $3/4$ 圈,弹簧丝末端厚度一般为 $d/4$。

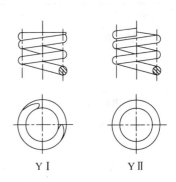

图 1.3-29 圆柱螺旋压缩弹簧的端面圈

圆柱螺旋拉伸弹簧的端部制出挂钩,以便安装和加载。常用的端部结构形式如图1.3-30所示。其中,LⅠ型和LⅡ型制造方便,应用广泛,但因在挂钩过渡处产生很大的弯曲应力,故只宜用于弹簧丝直径 $d\leqslant10\ mm$ 的弹簧,LⅦ型和 LⅧ型挂钩受力情况较好,且可转向任何位置,便于安装。对受力较大的重要弹簧,最好采用 LⅧ型挂钩,但其制造成本较高。

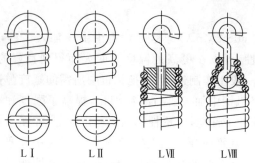

图 1.3-30 圆柱螺旋拉伸弹簧的端部结构

（4）圆柱螺旋弹簧的基本参数（见图 1.3-31）和几何尺寸（见表 1.3-3）

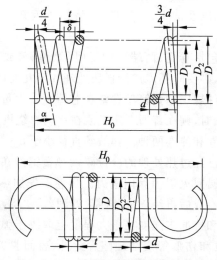

图 1.3-31 圆柱螺旋弹簧的几何参数

表 1.3-3 圆柱螺旋弹簧的结构尺寸计算公式

参数和尺寸名称及代号	压缩弹簧	拉伸弹簧
弹簧丝直径 d	由强度计算决定	
弹簧丝中径 D_2	$D_2 = Cd$（C 为弹簧指数）	
弹簧外径 D	$D = D_2 + d = (C+1)d$	
弹簧内径 D_1	$D_1 = D_2 - d = (C-1)d$	
工作圈数 n	由刚度计算决定	
支撑圈数 n_2	$1.5 \sim 2.5$	0
总圈数 n_1	$n_1 = n + n_2$	$n_1 = n$
节距 t	$t = d + \dfrac{\lambda_{max}}{n} + \delta^*$	$t = d$
螺旋升角 α	$\alpha = \arctan \dfrac{t}{\pi D_2}$，一般不超过 $5° \sim 9°$	
自由高度 H_0	YⅠ型 $H_0 = nt + (n_2 - 0.5)d$ YⅡ型 $H_0 = nt + (n_2 + 1)d$	$H_0 = nd +$ 挂钩尺寸
弹簧丝展开长度 L	$L = \dfrac{\pi D_2 n_1}{\cos \alpha}$	$L \approx \pi D_2 n +$ 钩环展开长度

当压缩弹簧的高细比 $b = H_0/D_2$ 比较大时,受力后容易失去稳定性(见图1.3-32),从而影响弹簧的正常工作。为了避免失稳现象,应控制弹簧的高细比不能太大。当弹簧两端为固定支承时(见图1.3-33b),$b < 5.3$;当一端为固定端,另一端为回转端支承时,$b < 3.7$;当两端均为回转端支承时(见图1.3-33a),$b < 2.6$。如弹簧不满足稳定性条件,应设置导杆或导套(见图1.3-34)。

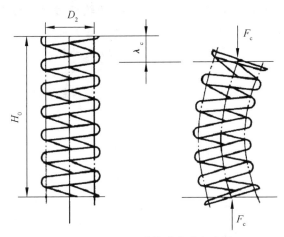

图 1.3-32　压缩弹簧的失稳与支承

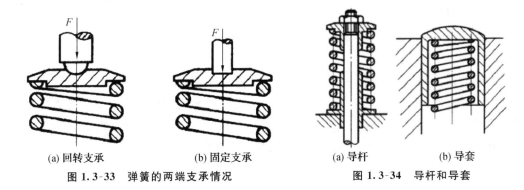

(a) 回转支承　　　　(b) 固定支承　　　　(a) 导杆　　　(b) 导套

图 1.3-33　弹簧的两端支承情况　　　图 1.3-34　导杆和导套

 思考与练习

1. 滚子从动件盘形凸轮的基圆半径如何度量?工程上设计凸轮机构的基圆半径一般如何选取?

2. 平底垂直于导路的直动从动件盘形凸轮机构的压力角等于多大?设计凸轮机构时,对压力角有什么要求?

3. 在凸轮机构常用的从动件4种运动规律中,哪个运动规律有刚性冲击?哪个运动规律有柔性冲击?哪个运动规律没有冲击?如何选择从动件的运动规律?

4. 一个滚子从动件盘形凸轮机构的滚子已磨损,能否改用另一个直径比它大或小的滚子来代替,为什么?

5. 试以位移线图分析说明凸轮机构的哪种常用的运动规律在何种情况可避免冲击?

6. 凸轮的基圆指的是哪个圆?滚子从动件盘形凸轮的基圆在何处度量?

7. 设计一个对心直动滚子从动件盘形凸轮,凸轮逆时针等速转动,基圆半径 $r_0 =$

40 mm,滚子半径 $r_T = 15$ mm,从动件运动规律为 $\Phi = 180°$ 做简谐运动,$\Phi_s = 30°$,$\Phi' = 120°$ 做等加速等减速运动,$\Phi'_s = 30°$,行程 $h = 30$ mm,试作出从动件位移线图及凸轮轮廓曲线。

8. 设计一个平底直动从动件盘形凸轮,凸轮顺时针等速转动,基圆半径 $r_0 = 50$ mm,从动件运动规律同题 7,行程 $h = 35$ mm,试作出凸轮轮廓曲线,并求出平底长度。

9. 一个对心直动滚子从动件盘形凸轮机构,凸轮顺时针匀速转动,基圆半径 $r_0 = 40$ mm,行程 $h = 20$ mm,滚子半径 $r_T = 10$ mm,推程运动角 $\Phi = 120°$,从动件按正弦加速度规律运动,试用解析法求凸轮转角 $\phi = 30°,60°,90°$ 时凸轮理论轮廓与实际轮廓上对应点的坐标。

10. 用作图法求出下列各凸轮从图示位置转过 $45°$ 后机构的压力角 α(在图上标出)。

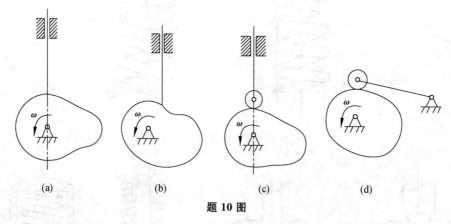

(a)	(b)	(c)	(d)

题 10 图

11. 已知:一偏置移动滚子动件盘形凸轮机构的初始位置如图所示,

(1)当凸轮从图示位置转过 $150°$ 时,求滚子与凸轮轮廓线的接触点 D_1 及从动件相应的位移 s_1。

(2)当滚子中心位于点 B_2 时,求凸轮机构的压力角 α_2。

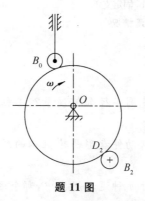

题 11 图

12. 已知:图示偏心圆盘 $R = 40$ mm,滚子半径 $r_T = 10$ mm,$L_{OA} = 90$ mm,$L_{AB} = 70$ mm,转轴 O 到圆盘中心 C 的距离 $L_{CC} = 20$ mm,圆盘逆时针转动。

(1)指出该凸轮机构在图示位置时的压力角 α,画出基圆,求基圆半径 r_0 值。

(2)作出摆杆由初始位置摆动到图示位置时,摆杆摆过的角度 δ 及相应的凸轮转角 ϕ。

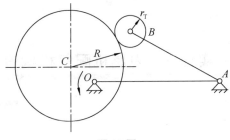

题 12 图

13. 已知从动件的行程 $h = 50$ mm，

(1) 推程运动角 $\Phi = 120°$，试用图解法分别画出从动件在推程时，按正弦加速度和余弦加速度运动的位移曲线。

(2) 回程运动角 $\Phi' = 120°$，试用图解法分别画出从动件在回程时，按等加速等减速和正弦加速度运动的位移曲线。

14. 在图示凸轮机构中，已知：$R = 40$ mm，$a = 20$ mm，偏心距 $e = 15$ mm，$R_T = 20$ mm，试用反转法求从动件的位移曲线 $s - t(\varphi)$，并比较之。（要求选用同一比例尺，画在同一坐标系中，均以从动件最低位置为起始点）

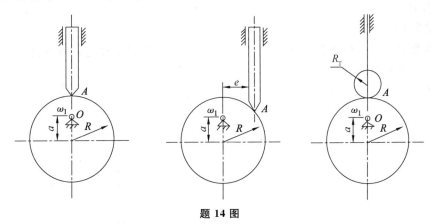

题 14 图

15. 试简述常用弹簧的类型、功能和特点及在不同使用条件和要求下弹簧材料的选择。

16. 冷卷和热卷在制造上有什么不同？简述强压处理的目的与方法，许用应力与什么因素有关？如何确定？

17. 为什么要考虑弹簧的稳定性？稳定性与哪些因素有关？为了保证其稳定性，可采取什么措施？

18. 弹簧的特性曲线表示弹簧的什么性能？它在设计中起什么作用？为什么有的弹簧具有消振作用？

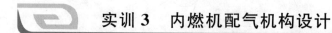

实训 3　内燃机配气机构设计

一、实训目的

1. 理解图解法设计盘形凸轮轮廓的"反转法"原理。

2. 掌握应用"反转法"绘制盘形凸轮轮廓曲线的方法和步骤。

二、实训内容

设计一个平底直动从动件盘形凸轮,凸轮顺时针等速转动,基圆半径 $r_0 = 40$ mm,从动件运动规律为 $\Phi = 180°$,做简谐运动,$\Phi_s = 30°$,$\Phi' = 120°$,做等加速等减速运动,$\Phi'_s = 30°$,行程 $h = 30$ mm,试作出凸轮轮廓曲线,并求出平底长度。

三、实验设备及工具

1. 若干机械实物或机构模型。

2. 绘图纸(A4)。

3. 绘图工具(自备)。

四、实训原理

见内燃机配气机构凸轮轮廓曲线的设计之平底从动件盘形凸轮轮廓设计。

五、实训步骤

见内燃机配气机构凸轮轮廓曲线的设计之平底从动件盘形凸轮轮廓设计。

工作任务4　间隙运动机构设计

任务导入

牛头刨床是一种用于平面切削加工的机床,如图1.4-1所示。电动机经皮带和齿轮传动,带动齿轮。刨床工作时,刨头和刨刀做往复运动。刨刀每切削完一次,利用空回行程的时间,齿轮通过四杆机构与棘轮带动螺旋机构,使工作台连同工件做一次进给运动,以便刨刀继续切削。因此,工作台需要做时动时停的间隙运动。

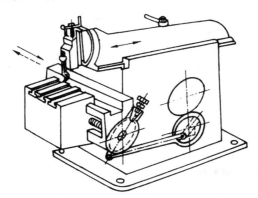

图1.4-1　牛头刨床工作台进给机构

任务目标

了解棘轮机构的工作原理、特点和应用;了解棘轮转角的大小及调节方法;了解槽轮机构工作原理、特点和应用;了解不完全齿轮机构和凸轮式间隙机构的工作原理、特点和应用;了解螺旋传动机构的工作原理、特点和应用。

知识与技能

一、牛头刨床进给机构

工作台横向进给运动是间歇运动。

图1.4-2所示的牛头刨床工作台进给机构,由齿轮1带动与齿轮2同轴的销盘做等速转动,通过连杆带动摇杆往复摆动,从而使摇杆上的棘爪驱动棘轮做单向间歇运动。此时,与棘轮固接的丝杆便带动工作台做横向进给运动。可通过调整曲柄销A的位置来改变摇杆的摆角,以达到改变棘轮转角的目的。

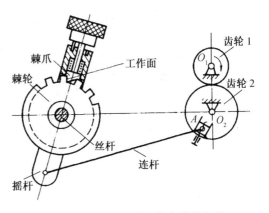

图1.4-2　牛头刨床工作台进给机构

二、棘轮机构

1. 棘轮机构的工作原理

如图 1.4-3 所示，棘轮机构主要由棘轮、棘爪和机架组成。棘轮固联在轴上，其轮齿分布在轮的外缘(也可分布于内缘或端面，如图 1.4-4 所示)，原动件空套在轴上。当原动件逆时针方向摆动时，与它相联的驱动棘爪便借助弹簧或自重的作用插入棘轮的齿槽内，使棘轮随着转过一定的角度。

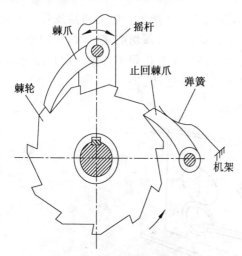

图 1.4-3　外啮合棘轮机构

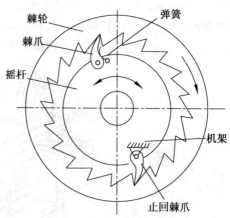

图 1.4-4　内啮合棘轮机构

当原动件顺时针方向摆动时，驱动棘爪便在棘轮齿背上滑过。这时，簧片迫使制动棘爪插入棘轮的齿槽，阻止棘轮顺时针方向转动，故棘轮静止不动。当原动件连续地往复摆动时，棘轮做单向的间歇运动。

2. 轮齿式棘轮机构

（1）单向式棘轮机构

图 1.4-3 所示为单向单动式棘轮机构。该机构的特点是：当摇杆向某一方向摆动时，棘爪推动棘轮转过某一角度；当摇杆反向摆动时，棘轮静止不动。改变摇杆的结构形状，可以得到如图 1.4-5 所示的单向双动式棘轮机构。当摇杆来回摆动时，都能使棘轮沿单向转动。

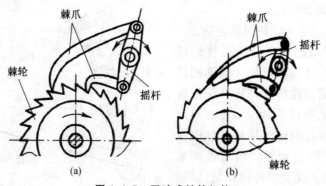

(a)　　　　　　　(b)

图 1.4-5　双动式棘轮机构

（2）双向式棘轮机构

双向式棘轮机构的棘轮采用矩形齿，棘爪做有两个对称的爪端，如图 1.4-6 a 所示，其特点是当棘爪处于实线位置,摇杆往复摆动时,棘轮沿逆时针方向做间歇运动;当棘爪转到虚线位置,摇杆往复摆动时,棘轮将沿顺时针方向做间歇运动。图 1.4-6 b 为另一种可变向棘轮机构,当棘爪提起并绕自身轴线转 180°后再放下,则可依靠棘爪端部结构两面不同的特点,实现棘轮沿相反方向单向间歇转动。

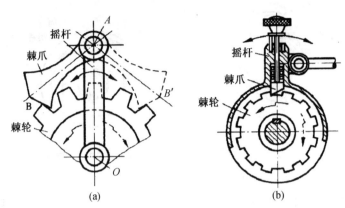

图 1.4-6　可变向棘轮机构

（3）摩擦式棘轮机构

图 1.4-7 所示的摩擦式棘轮机构由摇杆、驱动摩擦爪、摩擦棘轮、止动摩擦爪和机架组成。其工作原理与齿式棘轮机构类似,只不过其运动与动力是靠摩擦爪与摩擦轮间接触产生的摩擦来传递的。为了增加摩擦力,一般将摩擦轮轮缘表面做成槽形。

上述各种棘轮机构,在原动件摇杆摆角一定的条件下,棘轮每次的转角是不能改变的,若要调节棘轮的转角,可通过改变曲柄长度控制摇杆的摆角（见图 1.4-2）或在棘轮外表罩一位置可调的遮板（见图 1.4-8）,来改变棘爪拨过棘轮齿数的多少,从而改变棘轮的转角。

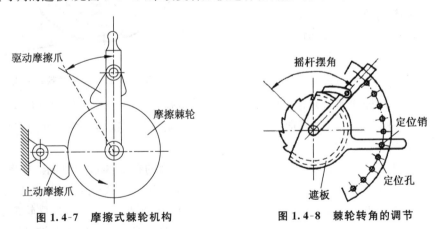

图 1.4-7　摩擦式棘轮机构　　　　图 1.4-8　棘轮转角的调节

3. 棘轮机构的特点和应用

棘轮机构的特点是结构简单、制造方便、工作可靠、转角大小可以进行有级调节,但传动时,棘爪与轮齿啮合时会发生冲击,产生振动和噪声,轮齿易磨损。因此,棘轮机构常用于低速、轻载、要求转角不大或需要经常改变转角的场合,实现间歇运动。

图 1.4-9 所示为使用棘轮机构防止机构反转的制动器,这种棘轮制动器广泛应用于卷扬机、提升机,以及运输机等设备中。

图 1.4-10 所示为一种单向离合器,是棘轮机构的一个典型的应用。当主动爪轮逆

时针回转时,滚柱借摩擦力而滚向空隙的收缩部分,并将套筒楔紧,使其随爪轮一同回转;而当爪轮顺时针回转时,滚柱即被滚到空隙的宽敞部分,而将套筒松开,这时套筒静止不动。

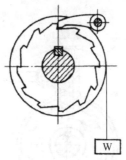

图 1.4-9　棘轮制动器

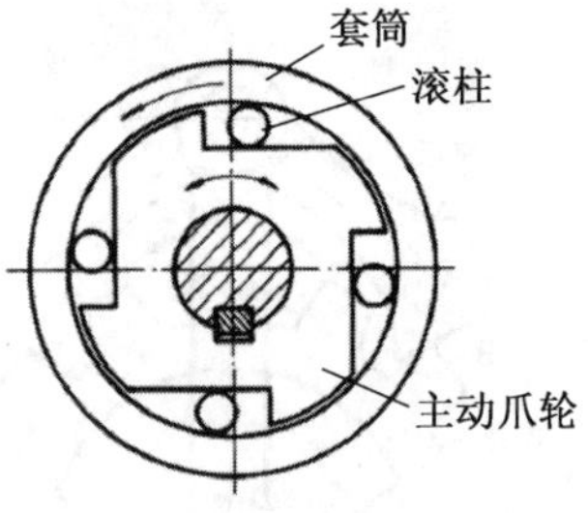

图 1.4-10　单向离合器

棘轮机构除了常用于实现间歇运动外,还能用于实现超越运动,如自行车后轮轴上的棘轮机构。如图 1.4-11 所示,当脚蹬踏板时,经链轮和链条带动内圈具有棘齿的链轮顺时针转动,再通过棘爪的作用,使后轮轴顺时针转动,从而驱使自行车前进。自行车前进时,如果令踏板不动,后轮轴便会超越链轮而转动,让棘爪在棘轮齿背上滑过,从而实现不蹬踏板的自由滑行。

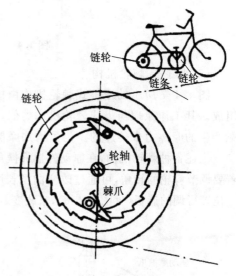

图 1.4-11　超越式棘轮机构

 任务实施

——分析设计牛头刨床工作台进给机构

某牛头刨床工作台的横向进给螺杆的导程为 4 mm,与螺杆联动的棘轮齿数为 40,此牛头刨床工作台的最小横向进给量是多少?若要求此牛头刨床工作台的横向进给量为0.5 mm,则棘轮每次转过的角度为多少?

一、槽轮机构

槽轮机构又称马尔他机构,它是由槽轮、装有圆销的拨盘和机架组成。如图 1.4-12 所示,拨盘做匀速转动时,驱使槽轮做时转时停的间歇运动。拨盘上的圆销 A 尚未进入槽轮的径向槽时,由于槽轮的内凹锁住弧 β 被拨盘的外凸圆弧 α 卡住,故槽轮静止不动。图中所示位置是当圆销 A 开始进入槽轮的径向槽时的情况。这时锁住弧被松开,因此槽轮受圆销 A 驱使沿逆时针转动。当圆销 A 开始脱出槽轮的径向槽时,槽轮的另一内凹锁住弧又被拨盘的外凸圆弧卡住,致使槽轮又静止不动,直到圆销 A 再进入槽轮的另一径向槽时,两者又重复上述的运动循环。为了防止槽轮在工作过程中位置发生偏移,除上述锁住弧之外也可以采用其他专门的定位装置。

图 1.4-13 所示为内啮合槽轮机构,其从动槽轮与主动拨盘的转向相同。一般常用外啮合槽轮机构。

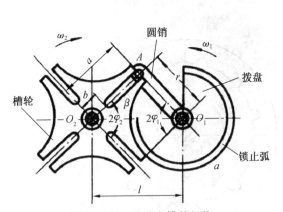

图 1.4-12　外啮合槽轮机构

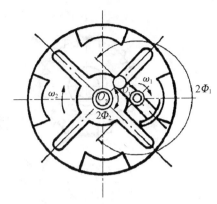

图 1.4-13　内啮合槽轮机构

　　槽轮机构的特点是结构简单、工作可靠、机械效率高,在进入和脱离接触时,槽轮的运动比棘轮的运动更平稳,但槽轮的转角不可调节,所以槽轮机构多用于转角不需调整、速度较低、转角较大的间歇运动中,如自动机械中工作台或刀架的转位机构、电影机械、包装机械等。

　　图 1.4-14 所示为六角车床刀架的转位槽轮机构。刀架上可装 6 把刀具并与具有相应的径向槽的槽轮固联,拨盘上装有一个圆销 A,拨盘每转 1 周,圆销 A 进入槽轮径向槽一次,驱使槽轮(即刀架)转过 60°,从而将下一道工序的刀具转换到工作位置上。

　　图 1.4-15 所示为电影放映机中用于卷片的槽轮机构。槽轮上有 4 个径向槽,拨盘上装有一个圆销 A,拨盘转一周,圆销 A 拨动槽轮转过 1/4 周,胶片移动一个画格,并停留一定时间(以适应人眼的视觉暂留现象)。拨盘继续转动,胶片将被间歇地投影到银幕上去。

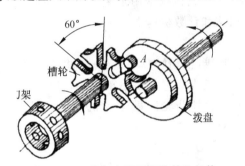

图 1.4-14　六角车床刀架的转位机构

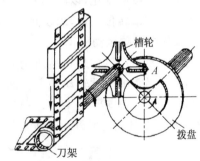

图 1.4-15　电影机的送片机构

二、不完全齿轮机构

　　不完全齿轮机构是由普通齿轮机构演变而成的一种间歇运动机构,在图 1.4-16 所示的不完全齿轮机构中,主动轮的轮齿没有布满整个圆周,所以当主动轮做连续转动时,从动轮做间歇转动。当从动轮停歇时,靠主动轮的锁住弧(外凸圆弧 g)与从动轮的边锁住弧(内凹圆弧 f)相互配合,将从动轮锁住,使其停歇在预定的位置上,以保证主动轮的首齿 S 下次再与从动轮相应的轮齿啮合传动。

　　图 1.4-16 a 所示为外啮合不完全齿轮机构,主动轮只有一段锁住弧,从动轮有四段锁住弧,当主动轮转一周时,从动轮转 1/4 周,两轮转向相反;图 1.4-16 b 为内啮合不完全齿轮机构,主动轮只有一段锁住弧,从动轮有 12 段锁住弧,当主动轮转一周时,从动轮转 1/12 周,两轮的转向相同。

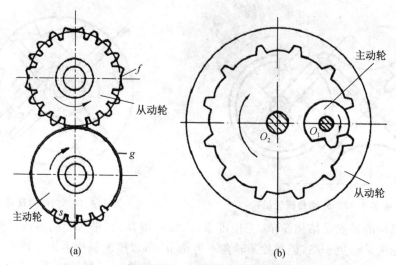

(a)   (b)

图 1.4-16　不完全齿轮机构

不完全齿轮机构与其他间歇运动机构相比,其结构简单,制造方便,从动轮的运动时间和静止时间的比例不受机构结构的限制,主动轮和从动轮的分度圆直径,锁止弧的段数及锁止弧之间的齿数可在较大范围内选取,故当主动轮等速转动一周时,从动轮停歇次数,每次停歇的时间及每次转过的角度,其变化范围要比槽轮机构大得多。但是不完全齿轮机构的制造工艺较复杂,且从动轮在运动开始和终止时有较大的冲击,故一般只用于低速、轻载场合;如果用于高速场合,则可安装瞬心线附加杆来降低从动轮运动开始和终止时的角速度的变化,以减小冲击。不完全齿轮机构常用于多工位自动机和半自动机中的工作台间歇转位机构,以及间歇进给机构和计数机构中。

三、凸轮式间歇运动机构

凸轮式间歇运动机构是利用凸轮的轮廓曲线,推动转盘上的滚子,将凸轮的连续转动变换为从动转盘的间歇转动的一种间歇运动机构。它主要用于传递轴线互相垂直交错的两部件间的间歇转动。图 1.4-17 所示为圆柱凸轮间歇运动机构的一种型式,图1.4-18 所示为蜗杆凸轮间歇运动机构的一种型式。

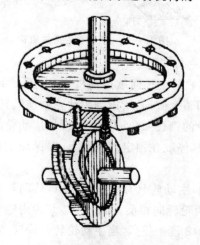   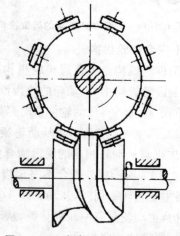

图 1.4-17　圆柱凸轮间歇运动机构   图 1.4-18　蜗杆凸轮间歇运动机构

 思考与练习

1. 什么是间歇运动? 有哪些机构能实现间歇运动?

2. 棘轮机构与槽轮机构都是间歇运动机构,它们各有什么特点? 为了避免槽轮在开始和终止转动时产生刚性冲击,设计时应注意什么问题?

3. 不完全齿轮机构各有何运动特点?

4. 凸轮式间歇运动机构的特点及应用场合。

工作任务5 齿轮机构设计

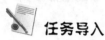 **任务导入**

齿轮机构是机械中应用最广泛的一种机构,本任务主要包括齿轮机构的啮合原理及啮合特点、基本参数和几何尺寸计算等内容。

 任务目标

知识目标 掌握齿廓啮合基本定律,弄清节点与节圆概念;掌握渐开线形成原理及其特点,掌握渐开线齿廓啮合的特点;了解仿形法加工齿轮的方法,掌握范成法加工齿轮的基本原理,了解根切现象;了解变位齿轮及变位齿轮传动;

能力目标 熟练掌握正常齿制渐开线标准直齿圆柱齿轮的基本参数和几何尺寸的计算;理解避免根切现象的条件,掌握标准齿轮不发生根切现象的原因及最少齿数。

 知识与技能

一、齿轮机构的特点

齿轮机构由主动齿轮、从动齿轮和机架组成。由于两个齿轮以高副相联,所以齿轮机构属于高副机构。齿轮机构的功能是将主动轴的运动和转矩,传递给从动轴,使从动轴获得所要求的转速和转矩。

齿轮机构是目前机械中应用最广的一种传动机构。其主要优点是:能保证两齿轮间精确的瞬时传动比;传动效率高,一般可达 $0.95\sim0.98$;工作可靠,传动平稳,使用寿命长;适用的圆周速度和功率范围广,圆周速度可以从接近零一直到 $300\ \mathrm{m/s}$,功率可以从很小到 $1.0\times10^5\ \mathrm{kW}$。齿轮机构的主要缺点是:制造精度和安装精度要求较高,成本高;中心距有限制,不宜用于两轴间距离较大的传动。

二、齿轮机构的类型

1. 平面齿轮机构

(1) 平行轴直齿圆柱齿轮传动

直齿圆柱齿轮机构又分为:外啮合齿轮机构、内啮合齿轮机构和齿轮齿条机构。

外啮合齿轮机构为两个外齿轮互相啮合,两齿轮的转动方向相反,如图 1.5-1 a 所示。

内啮合齿轮机构一个外齿轮与一个内齿轮互相啮合,两齿轮的转动方向相同,如图 1.5-1 b 所示。

齿轮齿条机构为一个外齿轮与齿条互相啮合,可将齿轮的圆周运动变为齿条的直线移动,或将直线运动变为圆周运动,如图 1.5-1 c 所示。

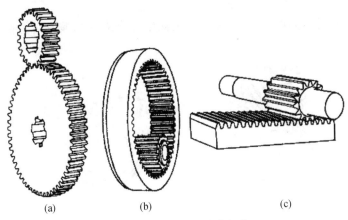

图 1.5-1 直齿圆柱齿轮机构

（2）平行轴斜齿圆柱齿轮机构

齿廓曲面切线相对于齿轮轴线偏斜一定角度的齿轮，称为斜齿圆柱齿轮，简称斜齿轮。斜齿轮也有外啮合机构、内啮合机构和齿轮齿条机构三种。一对轴线相平行的斜齿轮相啮合，构成平行轴斜齿轮传动机构，如图 1.5-2 a 所示。

（3）人字齿轮机构

轮齿倾斜成人字形的齿轮机构称为人字齿轮机构，如图 1.5-2 b 所示。

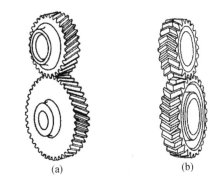

图 1.5-2 平行轴斜齿轮机构和人字齿轮机构

2．空间齿轮机构

（1）传递两相交轴转动的齿轮机构

这种齿轮的轮齿排列在轴线相交的两个圆锥体的表面上，故称为锥齿轮或伞齿轮。按其轮齿的形状，可分为如下 3 种：

① 直齿锥齿轮机构，如图 1.5-3 a 所示。这种锥齿轮应用最为广泛。

② 斜齿锥齿轮机构。因不易制造，故很少应用。

③ 圆弧齿锥齿轮机构，如图 1.5-3 b 所示。这种齿轮可用在高速、重载的场合，但需用专门的机床加工。

图 1.5-3 直齿锥齿轮和圆弧齿锥齿轮机构

（2）传递两交错轴传动的齿轮机构

常见的有两种：

① 交错轴斜齿轮机构，如图 1.5-4 a 所示。其单个齿轮为斜齿圆柱齿轮，但两齿轮的

轴线既不相交也不平行，而是相互交错的。

② 蜗杆传动机构，如图 1.5-4 b 所示。其两轴交错成 90°，兼有齿轮传动和螺旋传动的特点。

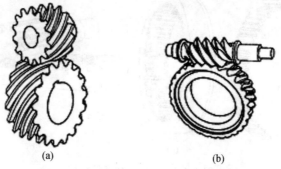

(a)   (b)

图 1.5-4　交错轴斜齿轮传动和蜗杆传动机构

齿轮机构的类型见表 1.5-1。

表 1.5-1　齿轮机构的类型

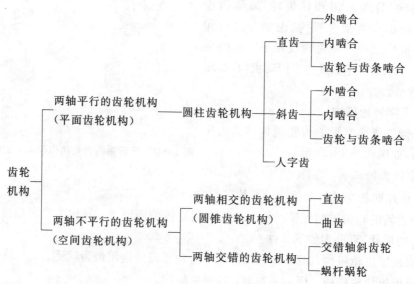

三、渐开线齿廓及其啮合特性

1. 渐开线的形成及其特性

如图 1.5-5 所示，当一直线 NK 沿着一半径为 r_b 的圆周做纯滚动时，其上任一点 K 的轨迹曲线 AK 称为该圆的渐开线。这个圆称为渐开线的基圆，半径 r_b 称为基圆半径；该直线称为渐开线的发生线。从基圆圆心 O 到点 K 的射线长称为渐开线上点 K 的向径，用 r_k 表示，点 A 为渐开线的起点，θ_k 称为 AK 段渐开线的展开角。

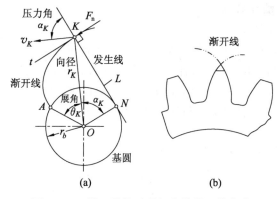

$$(a) \qquad\qquad (b)$$

图 1.5-5　渐开线的形成与齿轮渐开线齿廓

2．渐开线的性质

① 发生线上沿基圆滚过的长度等于基圆上被滚过的弧长，即 $KN = \overset{\frown}{AN}$。

② 渐开线上任意点的法线与基圆相切。切点 N 是渐开线上点 K 的曲率中心，线段 NK 是渐开线上点 K 的曲率半径。

③ 作用于渐开线上点 K 的正压力 F_N 方向（法线方向）与点 K 的速度 v_K 方向所夹的锐角 α_K 称为渐开线在点 K 的压力角，由图 1.5-6 可知

$$\cos \alpha_K = \frac{r_b}{r_K} \qquad\qquad (1.5\text{-}1)$$

因基圆半径 r_b 为定值，所以渐开线齿廓上各点的压力角不相等，离中心愈远（即 r_K 愈大），压力角愈大，基圆上的压力角 $\alpha_b = 0$。

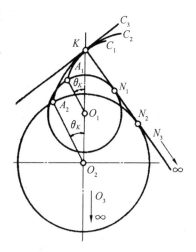

图 1.5-6　不同基圆所得到的渐开线

④ 渐开线的弯曲程度取决于基圆的大小（见图 1.5-6）。基圆越大，渐开线越平直，当基圆半径趋于无穷大时，渐开线变成直线。齿条的齿廓就是这种直线齿廓。

⑤ 基圆内无渐开线。

3．渐开线方程

从基圆起点 A 到任一点 K 的渐开线所对应的圆心角，称为渐开线的展角 θ_K。由于 $KN = \overset{\frown}{AN}$，由图 1.5-5 a 知

$$\theta_K = \angle AON - \alpha_K = \frac{\overset{\frown}{KN}}{ON} - \alpha_K = \tan \alpha_K - \alpha_K$$

可见，渐开线上任一点的展角 θ_K 是压力角 α_K 的函数，称为渐开线函数，用 $\mathrm{inv}\alpha_K$ 来表示，即

$$\theta_K = \mathrm{inv}\alpha_K = \tan \alpha_K - \alpha_K \qquad\qquad (1.5\text{-}2)$$

式中，θ_K 和 α_K 的单位为弧度。

4．渐开线齿廓的啮合特性

（1）瞬时传动比为常数

如图 1.5-7 所示，设两渐开线齿廓某一瞬时在点 K 接触，主动轮以角速度 ω_1 顺时针转动并推动从动轮以角速度 ω_2 逆时针转动，两轮齿廓上点 K 的速度分别为

$$v_{K1} = \omega_1 O_1 K, \quad v_{K2} = \omega_2 O_2 K$$

过点 K 作两齿廓的公法线 nn，与两基圆分别切于 N_1，N_2。由图 1.5-8 可知，两基圆半径分别为

$$r_{b1} = O_1 N_1 = O_1 K \cos \alpha_{K_1}, \quad r_{b2} = O_2 N_2 = O_2 K \cos \alpha_{K_2}$$

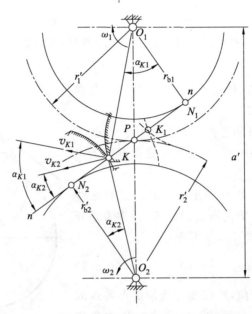

图 1.5-7 渐开线齿廓的瞬时传动比恒定

为使两轮连续且平稳地工作，v_{K_1} 和 v_{K_2} 在公法线 nn 上的速度分量应相等，否则两齿廓将互相压入或分离，因而

$$v_{K_1} \cos \alpha_{K_1} = v_{K_2} \cos \alpha_{K_2}$$

即

$$\omega_1 O_1 K \cos \alpha_{K_1} = \omega_2 O_2 K \cos \alpha_{K_2}$$

所以，齿轮传动的瞬时转动比为

$$i = \frac{\omega_1}{\omega_2} = \frac{O_2 K \cos \alpha_{K_2}}{O_1 K \cos \alpha_{K_1}} = \frac{r_{b2}}{r_{b1}} \tag{1.5-3}$$

由于渐开线齿轮的两基圆半径 r_{b1}，r_{b2} 不变，所以渐开线齿廓在任意点接触（如图 1.5-7 中的 K_1 位置），两齿轮的瞬时传动比恒定，且与基圆半径成反比。

公法线 nn 与两齿轮的连心线 $O_1 O_2$ 的交点 P 称为节点。分别以 O_1，O_2 为圆心，$O_1 P$，$O_2 P$ 为半径所作的两个相切的圆称为节圆。节圆半径分别用 r_1'，r_2' 表示。因为 $O_1 N_1 P \sim O_2 N_2 P$，所以有

$$i = \frac{\omega_1}{\omega_2} = \frac{r_{b2}}{r_{b1}} = \frac{O_2 N_2}{O_1 N_1} = \frac{r_2'}{r_1'} \tag{1.5-4}$$

即瞬时传动比与节圆半径也成反比。显然，两节圆的圆周速度相等，因此在齿轮传动中，两个节圆做纯滚动。两轮的切向分速度除在节点处外，都不相等，所以沿着两个齿

廓的切向有滑动,且啮合点 K 离节点越远,滑动速度越大,齿面越容易磨损。

（2）渐开线齿轮中心距的可分性

两轮中心 O_1,O_2 的距离,称为中心距,用 a' 表示,由图 1.5-8 可知

$$a' = r_1' + r_2' \tag{1.5-5}$$

渐开线齿轮的传动比与两个齿轮的基圆半径成反比。一对渐开线齿轮制成后,基圆半径就确定了,其传动比也随之确定了。

由于制造、安装和轴承磨损等原因会造成齿轮中心距的微小变化,节圆半径也随之改变。因两轮基圆半径不变,所以传动比仍保持不变。这种中心距稍有变化并不改变传动比的性质,称为中心距可分性。这一性质为齿轮的制造和安装等带来方便。中心距可分性是渐开线齿轮传动的一个重要优点。

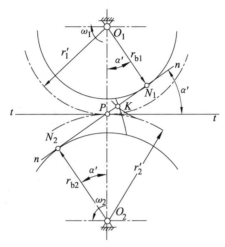

图 1.5-8　渐开线齿廓传力方向不变

（3）齿廓啮合线、压力线方向不变

两轮齿廓啮合点的轨迹,称为啮合线。由渐开线性质（2）可知,两齿廓在任意点 K 啮合时,过点 K 的公法线 $nn(N_1N_2)$,也是两轮基圆一侧的内公切线,它只有一条,且方向不变,故啮合线与公法线重合。啮合线 N_1N_2 与过节点 P 所作的两节圆的公切线 tt 的夹角 α',称为啮合角。啮合角的大小表示了啮合线的倾斜程度。由图 1.5-8 可知,啮合角等于渐开线在节圆上的压力角。两齿廓啮合时,如不计摩擦,则压力沿法线方向传递,这时法线也就是压力线。由此可见,两渐开线齿廓啮合,其啮合线、压力线、法线和基圆的内公切线四线重合,它们的方向不变,啮合角也不变。由于压力线方向不变,故当齿轮传递的转矩一定时,齿廓之间作用力的大小也不变,这对传动的平稳性很有利,是渐开线齿轮传动的又一大优点。

 任务实施

已知:一对标准直齿圆柱齿轮传动机构,$m = 10$ mm,$z_1 = 17$,$z_2 = 22$,中心距 $a = 200$ mm,要求:① 计算齿轮机构的几何尺寸,绘制两轮的齿顶圆、分度圆、节圆、齿根圆和基圆;② 作出理论啮合线、实际啮合线和啮合角;③ 检查是否满足连续传动条件。

一、渐开线标准直齿圆柱齿轮的主要参数和几何尺寸

① 齿数:在齿轮整个圆周上轮齿的总数称为该齿轮的齿数,用 z 表示。

② 齿顶圆:过齿轮所有轮齿顶端的圆称为齿顶圆,用 r_a 和 d_a 分别表示其半径和直径。

③ 齿槽宽:齿轮相邻两齿之间的空间称为齿槽,在任意圆周上所量得齿槽的弧长称为该圆周上的齿槽宽,以 e 表示。

④ 齿厚:沿任意圆周上所量得的同一轮齿两侧齿廓之间的弧长称为该圆周上的齿厚,以 s 表示。

⑤ 齿根圆:过齿轮所有齿槽底的圆称为齿根圆,用 r_f 和 d_f 分别表示其半径和直径。

⑥ 齿距:沿任意圆周上所量得相邻两齿同侧齿廓之间的弧长称为该圆周上的齿距,以 p 表示。由图 1.5-9 可知,在同一圆周上的齿距等于齿厚与齿槽宽之和,即

$$p = s + e$$

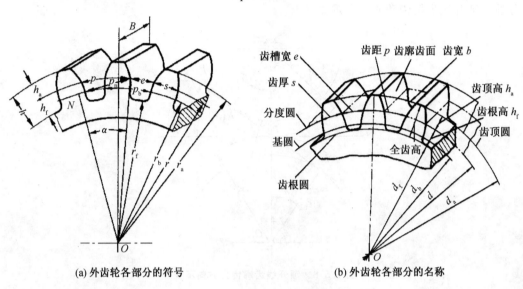

(a) 外齿轮各部分的符号　　　　　(b) 外齿轮各部分的名称

图 1.5-9　外齿轮各部分名称和符号

⑦ 分度圆、模数和压力角。

在齿顶圆和齿根圆之间,规定一直径为 d(半径为 r)的圆,作为计算齿轮各部分尺寸的基准,并把这个圆称为分度圆。在分度圆上的齿厚、齿槽和齿距即为通常所称的齿厚、齿槽和齿距,并分别用 s,e 和 p 表示,且 $p = s + e$,对于标准齿轮有 $s = e$。

分度圆的大小是由齿距和齿数所决定的,因分度圆的周长 $= \pi d = zp$,于是得

$$d = \frac{p}{\pi} z$$

式中的 π 是无理数,给齿轮的计量和制造带来麻烦,为了便于确定齿轮的几何尺寸,人们有意识地把 p 与 π 的比值制定为一个简单的有理数列,并把这个比值称为模数,以 m 表示,即

$$m = \frac{p}{\pi} \tag{1.5-6}$$

于是得分度圆的直径

$$d = mz \tag{1.5-7}$$

模数单位为 mm,是齿轮的一个重要参数,齿数相同的齿轮,模数大则齿轮的尺寸也大。标准模数见表 1.5-2。

mm

系数	m
第一系列	0.1,0.12,0.15,0.2,0.25,0.3,0.4,0.5,0.6,0.8,1,1.25,1.5,2,1.5,3,4,5,6,8,10,12,16,20,25,32,40,50
第二系列	0.5,0.7,0.9,1.75,2.25,2.75,(3.25),3.5,(3.75),4.5,5.5,(6.5),7,9,(11),14,18,22,28,(30),36,45

注:选用模数时,应优先采用第一系列,其次是第二系列,括号内的模数尽可能不用。

不同模数齿轮的比较如图 1.5-10 所示。

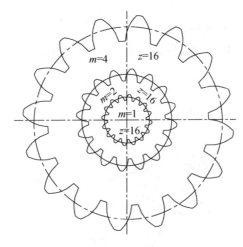

图 1.5-10 不同模数齿轮的比较

齿轮齿廓在不同圆周上的压力角不同,渐开线齿廓与分度圆交点处的压力角称为齿轮的压力角,用 α 表示。国家标准规定压力角 $\alpha=20°$(此外,在某些场合也采用 14.5°,15°,21.5°及 25°)。

所谓分度圆,就是齿轮上具有标准模数和标准压力角的圆。

⑧ 齿顶高、齿根高、全齿高、齿顶圆直径和齿根圆直径。

如图 1.5-9 所示,轮齿被分度圆分为两部分,轮齿在分度圆和齿顶圆之间的部分称为齿顶,其径向高度称为齿顶高,以 h_a 表示。介于分度圆和齿根圆之间的部分称为齿根,其径向高度称为齿根高,以 h_f 表示,轮齿在齿顶圆和齿根圆之间的径向高度称为全齿高,以 h 表示。标准齿轮的尺寸与模数 m 成正比,如:

齿顶高 $h_a=h_a^* m$ (1.5-8)

齿根高 $h_f=(h_a^* +c^*)m$ (1.5-9)

全齿高 $h=(2h_a^* +c^*)m$ (1.5-10)

过齿轮的齿顶所作的圆称为齿顶圆,其直径和半径分别用 d_a,r_a 表示;过齿轮的齿根所作的圆称为齿根圆,其直径和半径分别用 d_f,r_f 表示。

齿顶圆直径 $d_a=d+2h_a=(z+2h_a^*)m$ (1.5-11)

齿根圆直径 $d_f=d-2h_f=(z-2h_a^* -2c^*)m$ (1.5-12)

式中,h_a^* 称为齿顶高系数;c^* 称为顶隙系数。这两个系数我国已规定了标准值,圆柱齿轮标准齿顶高系数及顶隙系数:正常齿,$h_a^*=1,c^*=0.25$;短齿,$h_a^*=0.8,c^*=0.3$。

顶隙 $c=c^* m$,它是指一对齿轮啮合时,一个齿轮的齿顶圆到另一个齿轮的齿根圆之间的径向距离。在齿轮传动中,为避免齿轮的齿顶端与另一齿轮的齿槽底相抵触,留有顶隙以利于贮存润滑油以便于润滑,补偿在制造和安装中造成的齿轮中心距的误差以及齿轮变形等。

标准齿轮是指模数 m、压力角 α、齿顶高系数 h_a^* 和顶隙系数 c^* 均为标准值,且其齿厚等于齿槽宽,这样的齿轮称其为标准齿轮。

渐开线直齿圆柱标准齿轮有 5 个基本参数:齿数 z(为正整数)、模数 m(为标准值)、压力角 α(我国标准为 $\alpha = 20°$)、齿顶高系数 h_a^* 和顶隙系数 c^*。

标准齿轮无侧隙啮合时,两齿轮的分度圆是相切的,所以齿轮传动的标准中心距为

$$a = r_1 + r_2 \qquad (1.5\text{-}13)$$

⑨ 基圆半径、基圆齿距、法向齿矩和公法线长度。

当标准齿轮的基本参数(模数、齿数和压力角)确定以后(见图 1.5-11),在 $\triangle OPN$ 中确定基圆半径 r_b,即

$$r_b = r\cos\alpha = \frac{zm}{2}\cos\alpha \qquad (1.5\text{-}14)$$

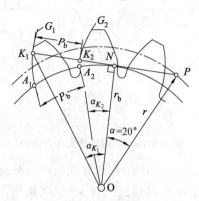

图 1.5-11 基圆齿距

故基圆齿距为

$$p_b = \frac{2\pi r_b}{z} = \pi m\cos\alpha = p\cos\alpha \qquad (1.5\text{-}15)$$

根据齿距定义,该数值对应图中 $\overset{\frown}{A_1 A_2}$ 弧长。同侧相邻渐开线齿廓 G_1,G_2 与公法线的交点分别为 K_1,K_2,由渐开线性质($KN = \overset{\frown}{AN}$)可知

$$NK_1 = \overset{\frown}{NA_1}, NK_2 = \overset{\frown}{NA_2}$$

所以

$$K_1 K_2 = \overset{\frown}{A_1 A_2} = p_b$$

$K_1 K_2$ 称为同侧相邻齿廓的法向齿距(用 p_n 表示),显然,渐开线齿轮的法向齿距等于其基圆齿距。

如图 1.5-12 所示,用卡尺的两脚跨过齿轮的 k 个齿,两卡脚分别与两条反向的渐开线相切,两切点 A,B 的连线 AB 就是这两条渐开线在切点处的公法线。由渐开线的性质可知,该公法线必与基圆相切,其长度 AB 则称为公法线长度,用 W_k 表示。运用基圆齿距和基圆齿厚的概念可得

$$W_k = (k-1)p_b + s_b$$

式中,s_b 为基圆齿厚。

标准齿轮的公法线长度的具体计算公式为

$$W_k = m[2.9521(k-0.5)+0.014z] \tag{1.5-16}$$

式中,跨齿数 k 由下式计算为 $k=\dfrac{z}{9}+0.5 \approx 0.111z+0.5$ 计算出的跨齿数 k 应四舍五入取整数,再代入式(1.5-16)计算 W_k 值。

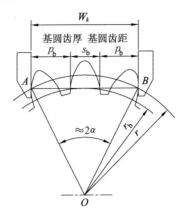

图 1.5-12　齿轮的公法线长度

⑩ 渐开线标准直齿圆柱齿轮几何尺寸计算。

渐开线标准直齿圆柱齿轮几何尺寸可按表 1.5-3 中公式计算。

表 1.5-3　渐开线外啮合标准直齿圆柱齿轮几何尺寸的计算公式

序号	名称	符号	公式
1	模数	m	根据轮齿承受载荷、结构条件等定出,选用标准值
2	压力角	α	选用标准值
3	分度圆直径	d	$d=mz$
4	齿顶高	h_a	$h_a=h_a^* m$
5	齿根高	h_f	$h_f=(h_a^*+c^*)m$
6	全齿高	h	$h=(2h_a^*+c^*)m$
7	齿顶圆直径	d_a	$d_a=d+2h_a=(z+2h_a^*)m$
8	齿根圆直径	d_f	$d_f=d-2h_f=(z-2h_a^*-2c^*)m$
10	齿距	p	$p=\pi m$
11	齿厚	s	$s=\pi m/2$
12	齿槽宽	e	$e=s=\pi m/2$
13	基圆齿距	p_b	$p_b=\pi m\cos\alpha$
14	顶隙	c	$c=c^* m$
15	中心距	a	$a=m(z_1+z_2)/2$

⑪ 内齿轮。

如图 1.5-13 所示,内齿轮的轮齿分布于空心圆柱的内表面上,与外齿轮相比有下列不同点:

a. 外齿轮的轮齿是外凸的,而内齿轮的轮齿是内凹的。所以内齿轮的齿厚相当于外齿轮的齿槽宽,内齿轮的齿槽宽相当于外齿轮的齿厚。

　　b. 内齿轮的齿顶圆小于分度圆,齿根圆大于分度圆。

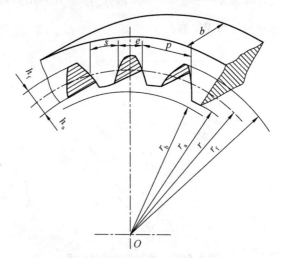

图 1.5-13　内齿轮各部分的尺寸

　　c. 为了使齿顶部分的齿廓全部都为渐开线,内齿轮的齿顶圆必须大于基圆。

　　d. 内齿轮的几何尺寸。

$$\begin{cases} d_a=(z-2h_a^*)m \\ d_f=(z+2h_a^*+2c^*)m \\ a=\dfrac{d_2-d_1}{2}=\dfrac{m(z_2-z_1)}{2} \end{cases} \tag{1.5-17}$$

　　⑫ 齿条。

　　当齿轮的轮齿为无穷多时,其圆心将位于无穷远处,则齿轮的各圆都变成相互平行的直线,渐开线齿廓也变成直线齿廓。如图 1.5-14 所示,齿条齿形有如下特点:

　　a. 齿条两侧齿廓是由对称的斜直线组成的,因此与齿顶线平行的各条直线上具有相同的齿距,但是只有齿条分度线上的齿厚等于齿槽宽。

　　b. 齿条齿廓上各点的法线互相平行,齿廓上各点的压力角相等,都等于齿廓斜角 α(齿形角 20°)。

　　c. 标准齿条的齿顶高 $h_a=h_a^* m$ 和齿根高 $h_f=(h_a^*+c^*)m$ 与标准直齿圆柱齿轮的相同。

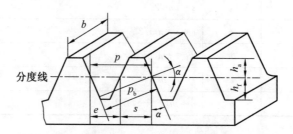

图 1.5-14　齿条各部分的尺寸和符号

二、渐开线标准直齿圆柱齿轮的啮合传动

1. 正确啮合条件

尽管一对渐开线齿廓是能够保证定传动比传动的,但这并不意味着任意两个渐开线齿轮都能搭配起来正确地传动。因此,必须要研究一对渐开线齿轮正确啮合的条件。

一对渐开线齿轮正确啮合时(见图 1.5-15),齿廓的啮合点必定在啮合线上,并且各对轮齿都可能同时啮合,其相邻两齿同向齿廓在啮合线上的长度(法向齿距 p_n)必须相等,否则,就会出现两轮齿廓分离或重叠的情况。由此可以得出结论:要使两齿轮能正确啮合,它们的基圆齿距必须相等,即

$$p_{b1} = \pi m_1 \cos \alpha_1 , \quad p_{b2} = \pi m_2 \cos \alpha_2$$

所以

$$\pi m_1 \cos \alpha_1 = \pi m_2 \cos \alpha_2$$

由于齿轮副的模数 m 和压力角 α 都是标准值,故有

$$\begin{cases} m_1 = m_2 = m \\ \alpha_1 = \alpha_2 = \alpha \end{cases} \tag{1.5-18}$$

所以,渐开线标准直齿圆柱齿轮的正确啮合条件是:两轮的模数 m 和压力角 α 应该分别相等。

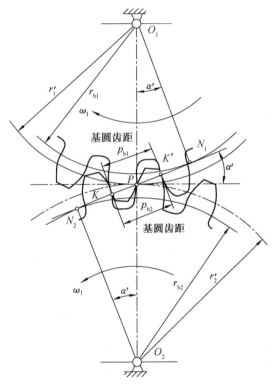

图 1.5-15 齿轮副的正确啮合条件

2. 标准中心距

因为标准齿轮在分度圆上的齿厚和齿槽宽相等,所以安装时可如图 1.5-16 a 所示,使两个齿轮的分度圆相切,亦即齿轮的分度圆和节圆重合。齿轮的这种安装,称为标准安装。

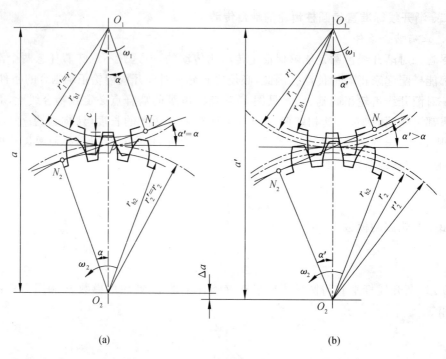

(a)   (b)

图 1.5-16 外啮合标准直齿轮的啮合传动

标准安装时,有如下关系:

$$r_1' = r_1, r_2' = r_2, \alpha' = \alpha$$

标准安装时的中心距称为标准中心距,用 a 表示,显然

$$a = r_1' + r_2' = r_1 + r_2 = \frac{m(z_1 + z_2)}{2} \tag{1.5-19}$$

可以证明,非标准安装时,如图 1.5-16 b 所示,有如下关系:

$$a\cos\alpha = a'\cos\alpha' \tag{1.5-20}$$

分度圆与节圆是两个易混淆的概念,其区别见表 1.5-4。

表 1.5-4 分度圆与节圆的区别

	分 度 圆	节 圆
定义	模数和压力角为标准值的一个特定圆,为计算方便所取的基准圆	传动过程中作纯滚动的圆,节点相对齿轮的运动轨迹
性质	一个齿轮有一个分度圆	一对齿轮啮合时才有
大小	$d = mz$,固定不变	随中心距变化而变化
位置	标准安装时两分度圆相切,非标准安装时相交或分离	两节圆始终相切
压力角	标准值 $\alpha = 20°$	随节圆直径变化而变化

3. 渐开线齿轮的连续传动条件

图 1.5-17 所示为一对渐开线齿轮的啮合情况。其中轮 1 为主动轮,轮 2 为从动轮,角速度分别为 ω_1 和 ω_2,两轮的转向如图所示。

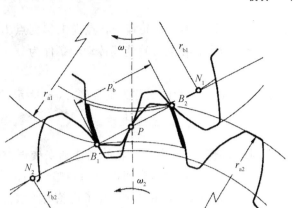

图 1.5-17 齿轮连续传动条件

一对轮齿啮合时,是从主动轮的齿根推动从动轮的齿顶开始的,同时啮合点又应在啮合线 N_1N_2 上,故一对轮齿的开始啮合点是从动轮的齿顶圆与啮合线的交点 B_2。随着齿轮的转动,啮合点将沿着线段 N_1N_2 向 N_2 方向移动。同时,在主动轮齿廓上啮合点将由齿根向齿顶移动,在从动轮齿廓上啮合点将由齿顶向齿根移动。当啮合进行到主动轮的齿顶圆和啮合线的交点 B_1 时,两轮齿即将脱离啮合,故将点 B_1 称为啮合终止点。从一对齿轮的啮合过程来看,啮合点实际走过的轨迹只是啮合线 N_1N_2 上的一段 B_1B_2,故称 B_1B_2 为实际啮合线段。若将两齿轮的齿顶圆加大,则点 B_2,B_1 将分别趋向于啮合线与两基圆的切点 N_1,N_2,因而实际啮合线段加长。但因基圆内无渐开线,所以两轮的齿顶圆与啮合线 N_1N_2 的交点不会超过点 N_1 和 N_2。因此,啮合线 N_1N_2 是理论上可能的最长啮合线段,称为理论啮合线段,而点 N_1,N_2 则称为啮合极限点。同时根据上述分析可知,在两轮轮齿的啮合过程中,轮齿的齿廓并非全部都能接触,而只限于从齿顶到齿根的一段齿廓接触。齿廓上实际参加啮合的一段齿廓称为齿廓的实际工作段,如图 1.5-17 中的影线部分。

图 1.5-18 表示了一对外啮合直齿圆柱齿轮相互啮合的情况,齿轮 1 为主动轮,推动从动轮 2 转动。图 1.5-18 a 为当前一对轮齿在点 B_1 分离时,后一对轮齿正好在点 B_2 进入啮合,即 $B_1B_2 = p_b$,传动能连续进行;图 1.5-18 b 为前一对轮齿在点 B_1 分离时,后一对轮齿已在点 K 啮合,即 $B_1B_2 > p_b$,传动能连续进行,图 1.5-18 c 为当前一对轮齿在点 B_1 分离时,后一对轮齿还没有进入啮合,即 $B_1B_2 < p_b$,这样使传动中断,从而引起冲击。

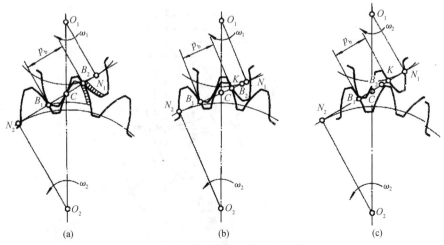

(a)　　　　　　　　(b)　　　　　　　　(c)

图 1.5-18 渐开线直齿轮的连续传动

要使齿轮连续传动,必须保证在前一对轮齿啮合点尚未移到点 B_1 脱离啮合前,第二对轮齿能及时到达点 B_2 进入啮合。显然两轮连续传动的条件为

$$B_1 B_2 > p_b$$

通常把实际啮合线长度与基圆齿距的比称为重合度,以 ε_a 表示,即

$$\varepsilon_a = \frac{B_1 B_2}{p_b} \tag{1.5-21}$$

理论上,$\varepsilon = 1$ 就能保证连续传动,但由于齿轮的制造和安装误差以及传动中轮齿的变形等因素,必须使 $\varepsilon_a > 1$。重合度的大小,表明同时参与啮合的齿对数的多少,其值大则传动平稳,每对轮齿承受的载荷也小,相对地提高了齿轮的承载能力。

可以推导出重合度的计算公式为

$$\varepsilon_a = \frac{1}{2\pi}\left[z_1(\tan\alpha_{a1} - \tan\alpha') + z_2(\tan\alpha_{a2} - \tan\alpha')\right] \tag{1.5-22}$$

由式(1.5-22)可知,ε_a 与模数无关,而随着齿数的增大而增大,同时随着 α' 的增大而减小。因 $a'\cos\alpha' = a\cos\alpha$,亦即当中心距增大时,$\alpha'$ 增大,ε_a 减小,但 ε_a 的最小值应等于1,否则不能连续传动,故可分性有一定限制。

因 ε_a 随齿数的增大而增大,假想当两齿轮的齿数都增大到无穷多时,ε_a 将趋于最大值 $\varepsilon_{a\max}$,这时

$$\varepsilon_{a\max} = \frac{4h_a^*}{\pi\sin^2 2\alpha}$$

当 $\alpha = 20°$,$h_a^* = 1$ 时,$\varepsilon_{a\max} = 1.982$。

重合度的大小反映了同时啮合的轮齿的对数。如果 $\varepsilon_a = 1$,则表示齿轮在传动过程中,仅有一对轮齿啮合;如果 $\varepsilon_a = 2$,则表示始终有两对轮齿啮合。如果 ε_a 不是整数,例如 $\varepsilon_a = 1.3$,则如图 1.5-19 所示,在 $B_2 A_1$ 和 $A_2 B_1$ 两段各 $0.3p_b$ 的长度上,有两对齿同时啮合,而在 $A_1 A_2$ 段 $0.7p_b$ 的长度上,只有一对轮齿啮合。显然,随着 ε_a 的增大,单齿啮合段变短,双齿啮合段变长。而同时啮合的轮齿对数越多,每对齿所受的载荷越小,齿轮的承载能力也就越高,传动也越加平稳。所以重合度不仅是齿轮连续传动的条件,也是衡量齿轮承载能力和传动平稳性的重要指标。

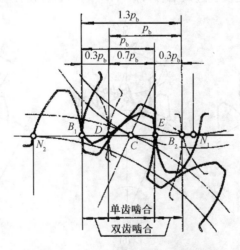

图 1.5-19 单齿啮合区与双齿啮合区

三、渐开线齿廓的切削加工及根切现象

1. 渐开线齿廓的切削加工

齿轮的加工方法很多,有铸造法、热轧法、切削法等,但在一般机械中,目前最常用的还是切削加工法。切削加工方法根据原理不同,又分为仿形法和范成法两种。

（1）仿形法

仿形法是将切齿刀具的轴向剖面做成渐开线齿轮齿槽的形状,加工时先切出一个齿槽,然后用分度头将齿坯转过 $\dfrac{360°}{z}$,再加工第二个齿槽,依次进行,直到加工完全部齿槽。常用的刀具有盘形铣刀、指形铣刀等。图 1.5-20 a 所示为用盘形铣刀切制轮齿,常用于 $m<10$ mm 的中小模数的齿轮加工。对于 $m\geqslant10$ mm 的大模数齿轮,则用图如 1.5-20 b 所示的指形铣刀加工。

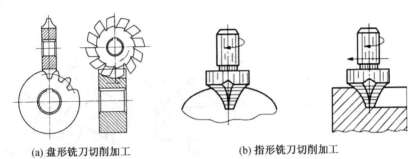

(a) 盘形铣刀切削加工　　　　　　(b) 指形铣刀切削加工

图 1.5-20　仿形法加工齿轮

仿形法加工时,齿形由刀刃的形状来保证,分齿均匀靠分度头来保证。由于渐开线的形状取决于基圆半径 r_b 的大小,即

$$r_b=\frac{d}{2}\cos\alpha=\frac{mz}{2}\cos\alpha \tag{1.5-23}$$

所以,对于 $\alpha=20°$ 的标准齿轮,其齿廓形状不仅与模数有关,还与齿数有关。为了保证加工出来的齿形准确,就必须对同一模数不同齿数的齿轮用不同的刀具,这样既不方便又不经济。为了减少刀具数量,齿数在一定范围内的齿轮,用同一把刀加工。常用的仿型铣刀加工齿数范围见表 1.5-5。

表 1.5-5　仿型铣刀加工齿数范围

刀号	加工齿数范围	刀号	加工齿数范围
1	12～13	5	26～34
2	14～16	6	35～54
3	17～20	7	35～134
4	21～25	8	≥135

仿形法加工不需要专用机床,设备简单,成本低,但加工精度不高,效率低,所以在修配或单件生产精度较低的齿轮时采用。

（2）范成法

范成法又称展成法或包络法,它是利用齿轮啮合的原理来切制齿廓的。设想将一对相互啮合传动的齿轮之一变为刀具,而另一轮作为轮坯,并使两者仍按原来的传动比转

动。这样刀具的齿廓便将在轮坯上包络出与其共轭的齿廓,这就是范成法切齿的基本原理。常见的范成法加工有插齿、滚齿、剃齿、磨齿等。其中最常用的是插齿和滚齿,剃齿和磨齿用于精度和光洁度要求较高的场合。

图 1.5-21 a 所示为用齿轮插刀加工齿轮的情况。齿轮插刀是一个齿廓为刀刃的外齿轮,但刀刃顶部比正常齿高出 $c^* m$,以便切出顶隙部分。当用一把齿数为 z_1 的齿轮插刀,去加工一个模数、压力角均与该插刀相同、而齿数为 z 的齿轮时,将插刀和轮坯装在专用的插齿机床上,通过机床的传动系统使插刀和轮坯按恒定的传动比 $i = \dfrac{\omega_1}{\omega} = \dfrac{z}{z_1}$ 回转,就像一对真正的齿轮互相啮合传动一样,这种运动称为范成运动。同时齿轮插刀沿齿坯的轴线方向作迅速的往复进刀和退刀运动,即切削运动。此外,为了切出全齿高,刀具还有沿轮坯径向的进刀运动,以及退刀时的让刀运动。插齿刀相对于轮坯的各个位置的包络线,如图 1.5-21 b 所示,即为被加工齿轮的齿廓。

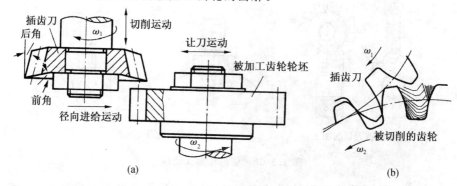

图 1.5-21 齿轮插刀范成加工

当齿轮插刀的齿数增至无穷多时,其基圆半径趋于无穷大,齿轮插刀就变成了齿条插刀,如图 1.5-22 所示,加工时,轮坯以角速度 ω 转动,齿条插刀以速度 $v = r\omega$ 移动,这就是范成运动。齿条插刀的刀刃相对于轮坯各个位置所组成的包络线,如图 1.5-22 b 所示,就是被加工齿轮的齿廓。

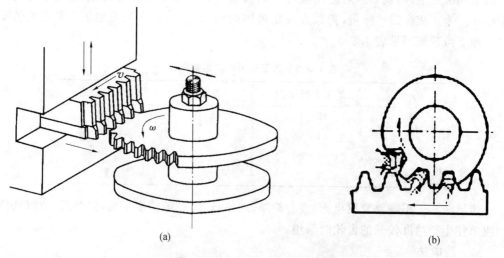

图 1.5-22 齿条插刀范成加工

图 1.5-23 所示为滚刀和滚刀加工齿轮的情形,滚刀在轮坯回转面内的投影就是一

把齿条插刀的齿形。滚刀通常是单线的,故当滚刀转一周时,其螺旋移动一个螺距,相当于齿条移动一个齿距。因此,滚刀连续转动就相当于一根无限长的齿条作连续移动,而转动的轮坯则成了与其啮合的齿轮。所以滚齿加工原理与插齿加工实际上是一样的,只是它将插齿的断续切削变为连续切削,提高了效率。

范成法加工的主要优点是:加工同一模数不同齿数的齿轮时,只要用一把刀具,并且加工出来的齿轮精度较高,生产率较高。其缺点是必须在专用机床上加工,因而加工成本较高。范成法是目前广泛使用的切齿方法。

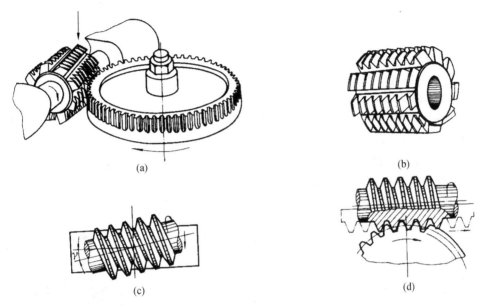

图 1.5-23 齿轮滚刀切削加工

2. 根切现象和不产生根切的最少齿数

用范成法加工时,有时刀具的顶部会切入轮齿的根部,从而使齿根的渐开线齿廓被切掉一部分,如图 1.5-24 所示,这种现象称为轮齿的根切现象。

产生根切后,一方面削弱了轮齿的抗弯强度,另一方面由于齿廓渐开线的工作长度缩短,导致实际啮合线长度缩短,重合度下降,从而影响齿轮传动的平稳性。因此,应尽量避免根切现象。经研究发现,当被加工标准齿轮的齿数少到一定程度时,齿条型刀具的齿顶线就会超出被加工齿轮的啮合线与基圆的切点,即极限啮合点 N_1,如图 1.5-25 所示,这时就会发生根切现象。

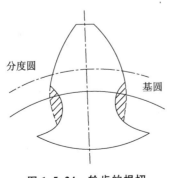

图 1.5-24 轮齿的根切

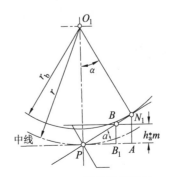

图 1.5-25 避免轮齿根切

机械设计

用齿条型刀具切削齿轮,要不产生根切,必须使刀具齿顶线与啮合线的交点 B 不超过啮合极限点 N_1,如图 1.5-25 所示。即应使 $N_1A \geqslant BB_1$。

因为

$$N_1A = PN_1\sin\alpha = r\sin^2\alpha = \frac{1}{2}mz\sin^2\alpha$$

$$BB_1 = h_a^* m$$

所以

$$\frac{1}{2}mz\sin^2\alpha \geqslant h_a^* m$$

则不根切的最少齿数

$$z_{\min} = \frac{2h_a^*}{\sin^2\alpha} \qquad\qquad (1.5\text{-}24)$$

当 $\alpha = 20°$,$h_a^* = 1$ 时,$z_{\min} = 17$(标准正常齿);而 $h_a^* = 0.8$ 时,$z_{\min} = 14$(短齿制)。

四、平行轴斜齿圆柱齿轮机构

1. 斜齿圆柱齿轮传动齿廓曲面的形成及啮合特点

(1) 齿廓曲面的形成

齿轮具有宽度,因此直齿齿廓的形成应如图 1.5-26 a 所示。前述的基圆应是基圆柱,发生线应是发生面。当发生面沿基圆柱作纯滚动时,发生面上与基圆柱母线 NN' 平行的任一直线 KK' 的轨迹,即为渐开线曲面。斜齿圆柱齿轮(简称斜齿轮)齿廓的形成原理与直齿圆柱齿轮相似,所不同的是发生面上的直线 KK' 与基圆柱母线 NN' 成一夹角 β_b,如图 1.5-26 b,c 所示。

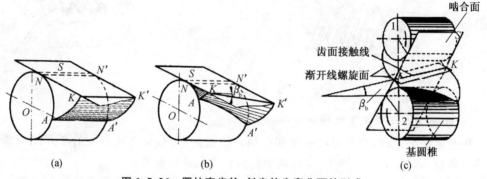

图 1.5-26 圆柱直齿轮、斜齿轮齿廓曲面的形成

(2) 圆柱齿轮传动啮合特点

直齿圆柱齿轮啮合时,轮齿接触线是一条平行于轴线的直线,并沿齿面移动,如图 1.5-27 a 所示,在传动过程中,两轮齿将沿着整个齿宽同时进入啮合或同时退出啮合,因而轮齿上所受载荷也是突然加上或突然卸下,传动平稳性差,易产生冲击和噪声。斜齿圆柱齿轮啮合时,其瞬时接触线是斜直线,且长度变化(见图 1.5-27 b)。一对轮齿从开始啮合起,接触线的长度从零逐渐增加到最大,然后又由长变短,直至脱离啮合。轮齿上的载荷也是逐渐由小到大,再由大到小,所以传动平稳,冲击和噪声较小。此外,一对轮齿从进入到退出,总接触线较长,重合度大,同时参与啮合的齿对多,故承载能力高。

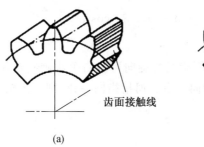 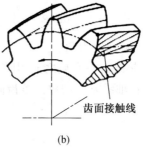

齿面接触线   齿面接触线

(a)   (b)

图 1.5-27 圆柱直齿轮、斜齿轮接触线比较

2. 斜齿圆柱齿轮的基本参数和几何尺寸

斜齿圆柱齿轮(以下简称斜齿轮)的轮齿呈螺旋形,所以它有两种基本齿形,一种是在垂直于齿轮轴线的平面,即端面内的齿形;一种是在垂直于齿面的平面,即法面内的齿形。因而它有端面参数和法面参数两种参数,分别用下标 t 和 n 来区别。

斜齿轮的端面齿形和法面齿形是不相同的。因而斜齿轮的端面参数与法面参数也不相同。斜齿轮法面上的参数(m_n,α_n、法向齿顶高系数及法向顶隙系数)为标准值,是选择刀具的依据。端面参数是计算斜齿轮的主要几何尺寸的依据。斜齿轮的基本参数比直齿轮多一个螺旋角。

(1)螺旋角

设想将斜齿轮沿分度圆柱面展开,得到如图 1.5-28 a 所示的矩形,矩形的高就是斜齿轮的齿宽 b,其长为分度圆周长 πd。这时分度圆上的轮齿的螺旋线便展开成一条斜线,其与轴线的夹角 β,称为斜齿轮分度圆上的螺旋角,简称斜齿轮的螺旋角。

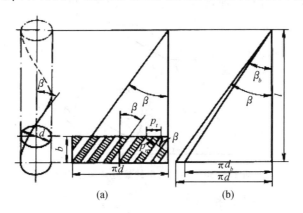

(a)   (b)

图 1.5-28 斜齿轮的螺旋角与基圆螺旋角

$$\tan\beta=\frac{\pi d}{l}$$

式中,l 为螺旋线绕分度圆柱一周后上升的高度,称为导程。

对于同一斜齿轮,各个圆柱上的螺旋线的导程 l 都相同,因此如图 1.5-28 b 所示,基圆柱上的螺旋角 β_b 有

$$\tan\beta_b=\frac{\pi d_b}{l}$$

综上两式可得

$$\tan \beta_b = \frac{d_b}{d} \cdot \tan \beta = \tan \beta \cdot \cos \alpha_t \qquad (1.5\text{-}25)$$

式中,α_t 为斜齿轮端面压力角。

斜齿轮的螺旋线有左右旋之分,其螺旋线的旋向可用右手法则判定:手心对着自己,4 个指头顺着齿轮轴线方向摆放。若齿向与右手拇指指向一致,则该齿轮为右旋齿轮,反之为左旋,如图 1.5-29 所示。

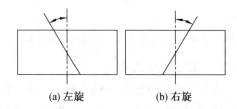

(a) 左旋　　　　　(b) 右旋

图 1.5-29　斜齿轮旋向确定

（2）齿距和模数

法向齿距 p_n 和端面齿距 p_t 的关系为

$$p_n = p_t \cdot \cos \beta$$

因 $p_n = \pi m_n, p_t = \pi m_t$. 故得

$$m_n = m_t \cdot \cos \beta \qquad (1.5\text{-}26)$$

式中,m_n, m_t 分别为法向模数和端面模数。

（3）压力角

斜齿轮的法面压力角 α_n 和端面压力角 α_t 的关系,可用图 1.5-30 所示的斜齿条来分析。图中平面 ABB' 为端面,平面 ACC' 为法面,$\angle ACB = 90°$。

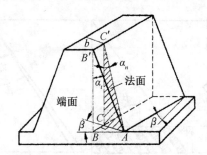

图 1.5-30　斜齿条中的螺旋角和压力角

在直角三角形 ABB', ACC' 和 ACB 中

$$\cos \beta = \frac{AC}{AB} = \frac{CC' \tan \alpha_n}{BB' \tan \alpha_t}$$

又因 $BB' = CC'$,故得

$$\tan \alpha_t = \frac{\tan \alpha_n}{\cos \beta} \qquad (1.5\text{-}27)$$

（4）齿顶高系数和顶隙系数

法面上的齿顶高和顶隙与端面上的齿顶高和顶隙是一样的,即

$$h_a = h_{an}^* m_n = h_{at}^* m_t, c = c_n^* m_n = c_t^* m_t$$

可得

$$h_{an}^* = \frac{h_{at}^*}{\cos \beta}, c_n^* = \frac{c_t^*}{\cos \beta} \qquad (1.5\text{-}28)$$

规定斜齿轮的法向基本参数为标准值,即 m_n,α_n,h_{an}^*、c_n^* 取标准值。斜齿轮的端面参数虽然不是标准值,但端面是圆形的,法面是椭圆形的,所以斜齿轮的几何尺寸还都要在端面中来计算。若在斜齿轮的端面上取无限薄的一片来看,则可以认为它是一个极薄的直齿轮。因而如果将直齿轮公式中的齿形参数(m,α,h_a^*,c^* 等)改为斜齿轮的端面参数(m_t,α_t,h_{at}^*,c_t^* 等)就可以直接应用直齿圆柱齿轮的公式计算斜齿圆柱齿轮端面各几何尺寸。

　　标准斜齿圆柱齿轮的基本参数包括:法面模数 m_n、齿数 z、法面压力角 α_n、法面齿顶高系数 h_{an}^*、法面顶隙系数 c_n^* 和螺旋角 β。

　　(5)几何尺寸计算

　　外啮合标准斜齿圆柱齿轮的基本尺寸计算见表1.5-6。

表 1.5-6　外啮合标准斜齿圆柱齿轮的基本尺寸计算

序号	名　称	符号	计算公式
1	分度圆直径	d	$d = m_t z = \dfrac{m_n z}{\cos \beta}$
2	基圆直径	d_b	$d_b = m_t z \cos \alpha_t = \dfrac{m_n z \cos \alpha_n}{\cos \beta}$
3	齿顶圆直径	d_a	$d_a = m_t (z + 2h_{a1}^*) = m_t \left(\dfrac{z}{\cos \beta} + 2h_m^* \right)$
4	齿根圆直径	d_t	$d_t = m_t (z - 2h_{a2}^* - 2c_t^*) = m_n \left(\dfrac{z}{\cos \beta} - 2h_m^* - 2c_n^* \right)$
5	齿顶高	h_a	$h_a = h_{at}^* m_t = h_{an}^* m_a$
6	齿根高	h_f	$h_f = (h_t^* + c_t^*) m_t = (h_{ab}^* + c_b^*) m_n$
7	全齿高	h	$h = (2h_{ac}^* + c_t^*) m_t = (2h_{ab}^* + c_a^*) m_b$
8	端面齿厚	s_t	$s_t = \dfrac{\pi m_t}{2} = \dfrac{\pi m_2}{\cos \beta}$
9	端面齿距	p_t	$p_t = \pi m_t = \dfrac{\pi m_2}{\cos \beta}$
10	端面基圆齿距	p_{ab}	$p_{ab} = \pi m_t \cos \alpha_t = \dfrac{\pi m_n \cos \alpha_1}{\cos \beta}$
11	中心距	a	$a = \dfrac{m_t (z_1 + z_2)}{2} = \dfrac{m_n (z_1 + z_2)}{2 \cos \beta}$

　　3.平行轴斜齿轮传动的正确啮合条件和重合度

　　(1)正确啮合条件

　　平行轴斜齿轮在端面内的啮合相当于直齿轮的啮合,由直齿轮的正确啮合条件得

$$m_{t1} = m_{t2}, \alpha_{t1} = \alpha_{t2}$$

　　一对外啮合斜齿圆柱齿轮的正确啮合条件是:齿轮副的法面模数和法面压力角分别相等,而且螺旋角大小相等,旋向相反,即

$$\begin{cases} m_{n1} = m_{n2} = m_n \\ \alpha_{n1} = \alpha_{n2} = \alpha \\ \beta_1 = -\beta_2 \text{(内啮合时,} \beta_1 = \beta_2 \text{)} \end{cases} \qquad (1.5\text{-}29)$$

(2)重合度

为便于分析斜齿轮传动的重合度,现以端面尺寸和齿宽均相同的一对直齿轮传动与一对斜齿轮传动进行对比。

图 1.5-31 所示为斜齿圆柱齿轮传动的啮合线图,由于螺旋齿面的原因,从进入啮合点 A 到退出啮合点 A',比直齿轮传动的 B 至 B' 要长出 f。分析表明,斜齿圆柱齿轮传动的重合度可表达为

$$\varepsilon = \varepsilon_a + \varepsilon_\beta \tag{1.5-30}$$

式(1.5-30)表明平行轴斜齿轮传动的总重合度由两部分组成,其中 ε_a 为端面重合度,ε_β 为纵向重合度(也称轴面重合度)。

ε_a 可用直齿轮传动的重合度公式求得,但应用端面参数代入,即

$$\varepsilon_a = \frac{1}{2\pi} \left[z_1 (\tan \alpha_{at1} - \tan \alpha_t') + z_2 (\tan \alpha_{at2} - \tan \alpha_t') \right]$$

标准安装时,$\alpha_t' = \alpha_t$,α_t 可由式(1.5-27)求得。端面齿顶圆压力角 α_{at1} 和 α_{at2} 为

$$\cos \alpha_{at1} = \frac{z_1 \cos \alpha_t}{z_1 + 2h_{at}^*} = \frac{z_1 \cos \alpha_t}{z_1 + 2h_{an}^* \cos \beta} \quad , \quad \cos \alpha_{at2} = \frac{z_2 \cos \alpha_t}{z_2 + 2h_{at}^*} = \frac{z_2 \cos \alpha_t}{z_2 + 2h_{an}^* \cos \beta}$$

纵向重合度为

$$\varepsilon_\beta = \frac{f}{p_{bt}} = \frac{b \tan \beta_b}{p_{bt}} = \frac{b \tan \beta \cos \alpha_t}{p_t \cos \alpha_t} = \frac{b \tan \beta}{\dfrac{p_n}{\cos \beta}} = \frac{b \sin \beta}{\pi m_n} \tag{1.5-31}$$

由此可知,斜齿轮传动的重合度随齿宽 b 和螺旋角 β 的增大而增大,故比直齿轮承载能力高,传动平稳,适用于高速重载的场合。

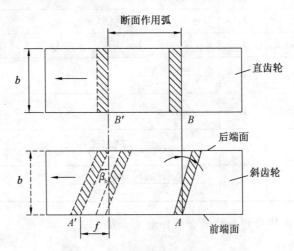

图 1.5-31 斜齿条传动的啮合线

4. 斜齿圆柱齿轮的当量齿数

由于加工斜齿轮的刀具参数与斜齿轮法面参数相同。另外,在计算斜齿轮的强度时,斜齿轮副的作用力是作用在轮齿的法面上。因而,斜齿轮的设计和制造都是以轮齿的法面齿形为依据。这就要研究具有 z 个齿的斜齿轮,其法向的齿形应与多少个齿的直齿轮的齿形相同或最相接近。如图 1.5-32 所示,过斜齿轮分度圆柱上齿廓的任一点 C 作轮齿螺旋线的法平面 nn,该法平面与分度圆柱的交线为一椭圆,其长半轴为 $a =$

$\dfrac{d}{2\cos\beta}$，短半轴为 $b=\dfrac{d}{2}$，椭圆上点 C 的曲率半径为

$$\rho=\frac{a^2}{b}=\left(\frac{d}{2\cos\beta}\right)^2\Big/\frac{d}{2}=\frac{d}{2\cos^2\beta} \tag{1.5-32}$$

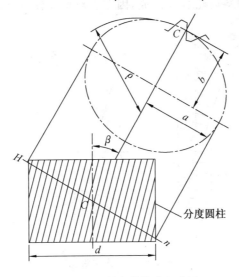

图 1.5-32 斜齿轮的法向齿形

由图可见，在点 C 附近一段椭圆弧与以 ρ 为半径过 C 点的一段圆弧非常接近，因此，以 ρ 为分度圆半径，以斜齿轮的法向模数 m_n 和法向压力角 α_n 作一虚拟的直齿圆柱齿轮，其齿形即可认为最接近于斜齿轮的法向齿形。该虚拟的直齿圆柱齿轮称为斜齿轮的当量齿轮，其齿数称为当量齿数，用 z_v 表示，故

$$z_v=\frac{2\rho}{m_n}=\frac{d}{m_n\cos^2\beta}=\frac{m_t z}{m_n\cos^2\beta}=\frac{z}{\cos^3\beta}$$

所以

$$z_v=\frac{z}{\cos^3\beta} \tag{1.5-33}$$

当量齿数 z_v 是虚拟的，一般不为整数。z_v 不仅在选择铣刀及计算轮齿弯曲强度时作为依据，而且在确定标准斜齿轮不产生根切的最少齿数时，也可以以此作为依据。设螺旋角为 β 的斜齿轮不产生根切的最少齿数为 $z_{\min}$，当量齿轮用齿条形刀具范成时不产生根切的最少齿数为 $z_{v\min}$，在 $\alpha_n=20°$，$h_{an}^*=1$ 时 $z_{v\min}=17$，故由式(1.5-33)得

$$z_{\min}=z_{v\min}\cdot\cos^3\beta=17\cdot\cos^3\beta \tag{1.5-34}$$

由上式可知，斜齿轮不产生根切的最少齿数可能小于 17。

5. 平行轴斜齿轮传动的要优缺点

综上所述，与直齿圆柱齿轮相比，平行轴斜齿圆柱齿轮传动的主要优点为：

① 齿面接触情况良好。由于一对齿是逐渐进入啮合和逐渐脱离啮合的，所以运转平稳、噪音小，尤其适合高速传动。

② 重合度大，并随着齿宽和螺旋角的增大而增大，因此同时啮合的齿数多，承载能力强。

③ 斜齿轮的最少齿数可小于 17，能使机构更紧凑。

④ 制造成本与直齿圆柱齿轮相同。

斜齿轮的主要缺点是轮齿受法向力作用时会产生轴向分力，如图 1.5-33 a 所示，这

对传动和支承都不利。因为轴向分力随螺旋角 β 的增大而增大,所以为了限制轴向分力,设计时一般取 $\beta=8°\sim20°$。

为了抵消轴向力,也可以采用如图 1.5-33 b 所示的人字齿轮。人字齿轮是两个螺旋角大小相等、旋向相反的斜齿轮合并而成,因左右对称而使轴向分力抵消。采用人字齿轮时可取 $\beta=27°\sim45°$。

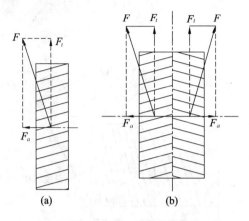

图 1.5-33　人字齿轮

 知识拓展

——齿轮机构

一、变位齿轮和变位齿轮传动机构

1. 变位齿轮

标准齿轮具有设计计算简单、互换性好等优点,但也有不少缺点,主要是:

① 标准齿轮的齿数必须大于或等于最少齿数 z_{min},否则会产生根切。这使得要求结构紧凑、小齿轮齿数小于 z_{min} 的场合无法应用标准齿轮。

② 标准齿轮不适用于实际中心距 a' 不等于标准中心距 a 的场合。当 $a'>a$ 时,会出现过大的齿侧间隙,重合度也减小,严重时会无法连续传动。当 $a'<a$ 时,标准齿轮无法安装。

③ 一对互相啮合的标准齿轮,小齿轮齿根厚度小于大齿轮的齿根厚度,因而小齿轮的抗弯强度小于大齿轮。

采用变位齿轮可以弥补上述标准齿轮的不足。

如图 1.5-35 所示,当刀具在虚线位置时,因刀具的齿顶线超过啮合线和基圆的切点 N_1,被加工出来的齿轮必然产生根切。但若将刀具向远离轮坯中心的方向移动一段距离 xm,使刀具处于图中实线的位置。这时齿顶线不超过 N_1 点,这样加工出来的齿轮就不再根切。这种用改变刀具与轮坯相对位置来切制齿轮的方法,称为变位修正法,采用这种方法切制出来的齿轮就称为变位齿轮。以切制标准齿轮的位置为基准,在变位齿轮的加工过程中,刀具的移动距离 xm 称为变位量或移距,x 称为变位系数或移距系数,并规定刀具离开轮坯中心为正变位,变位系数为正,即 $x>0$,这样加工出来的齿轮称为正变位齿轮,反之刀具移近轮坯中心为负变位,$x<0$,这样加工出来的齿轮称负变位齿轮,而 $x=0$,称为零变位。

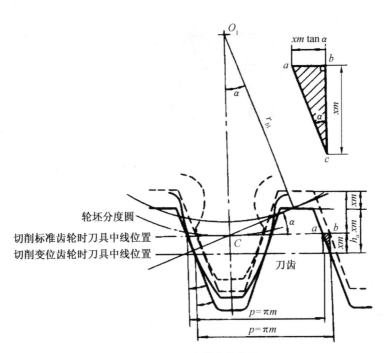

图 1.5-34 齿轮变位修正

如图 1.5-35 所示,用标准齿条型刀具加工变位齿轮时,不论是正变位还是负变位,刀具变位以后刀具上总有一条与分度线平行的直线作为节线与齿轮的分度圆相切并保持纯滚动。因标准齿条刀具上任何一条与分度线平行的直线上的齿距 p、模数 m 和压力角 α 均相等,故切制出来的变位齿轮的齿距 p、模数 m 和压力角 α 仍等于刀具上的齿距、模数和压力角。由此可知,变位齿轮的分度圆不变,基圆也不变,而其他形法几何尺寸有的有所变化。正变位后,齿轮的齿顶高变大,齿根高变小,齿顶变尖。负变位后齿轮的齿顶高减小,齿根高增大,同时,分度圆齿厚和齿根圆齿厚都减小。

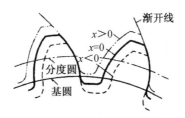

图 1.5-35 变位齿轮的齿廓比较

变位齿轮分度圆上的齿厚和齿槽宽与标准齿轮相比就发生了变化(见图 1.5-36),计算公式为

$$
\begin{cases}
s = \dfrac{\pi m}{2} + 2xm\tan\alpha \\[2mm]
e = \dfrac{\pi m}{2} - 2xm\tan\alpha
\end{cases}
\tag{1.5-35}
$$

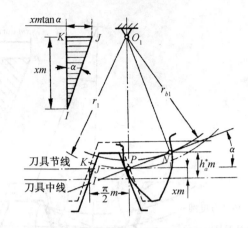

图 1.5-36 变位齿轮几何尺寸的变化

可以证明,不产生根切的变位系数 x 满足

$$x \geqslant h_a^* \frac{z_{\min} - z}{z_{\min}}$$

当 $\alpha = 20°, h_a^* = 1$ 时，$z_{\min} = 17$ 时，最小变位系数为

$$x_{\min} = \frac{17 - z}{17} \tag{1.5-36}$$

2. 变位齿轮传动

按照一对齿轮的变位系数之和 $x_1 + x_2$ 的不同情况,可将变位齿轮传动分为零传动 $(x_\Sigma = 0)$、正传动 $(x_\Sigma > 0)$ 和负传动 $(x_\Sigma < 0)$ 3 种类型。

(1) 零传动

若一对齿轮的变位系数之和为零 $(x_1 + x_2 = 0)$,则称为零传动。零传动又可分为两种情况。

① 两轮的变位系数都等于零 $(x_1 = x_2 = 0)$,这种齿轮传动就是标准齿轮传动。为了避免根切,两轮齿数均需大于 $z_{\min}$。

② 两轮的变位系数一正一负,且绝对值相等,这种齿轮传动称为等变位齿轮传动。为了防止小齿轮的根切和增大小齿轮的齿厚,显然,小齿轮应用正变位,而大齿轮采用负变位。为了使大小两轮都不产生根切,两轮齿数和必须大于或等于最少齿数的两倍,即 $z_1 + z_2 \geqslant 2z_{\min}$。在这种传动中,小齿轮正变位后的分度圆齿厚增量正好等于大齿轮分度圆齿槽宽的增量,故两轮的分度圆仍然相切,且无齿侧间隙。因此等变位齿轮的实际中心距 a' 仍为标准中心距 a,即 $a' = a$。

因这种传动的齿顶高和齿根高都发生了变化,故又称为高度变位齿轮传动。

等变位齿轮传动的主要优点为:

① 由于小齿轮采用正变位,其齿数 z_1 小于 $z_{\min}$ 而不发生根切,所以当传动比一定时,两轮的齿数和可以相应减少,从而使机构的尺寸和重量也减小。

② 可以相对地提高齿轮的弯曲强度。由于小齿轮正变位后齿根变厚,大齿轮负变位后齿根变薄,所以,只要适当地选择变位系数,就能使大、小两齿轮的抗弯强度大致相等,相对地提高了齿轮的弯曲强度。

③ 因其中心距仍为标准中心距,从而可以成对地替换标准齿轮。

等变位齿轮传动的主要缺点是,必须成对地设计、制造和使用。

（2）正传动

因 $x_1 + x_2 > 0$，两轮的齿数和可以小于或大于 $2z_{min}$。正传动的啮合特点为：$a' > a$，$\alpha' > \alpha$。

正传动的主要优点是：可以使齿轮机构的体积和质量比等变位齿轮传动的更小，不仅可相对地提高齿轮的弯曲强度，还提高了齿轮的接触强度。在实际中心距大于标准中心距时，只有采用正传动来凑中心距。

正传动的主要缺点是：必须成对地设计、制造和使用，齿轮为正变位，齿顶易变尖，重合度减小。

（3）负传动

因为 $x_1 + x_2 < 0$，两轮的齿数和必须大于 $2z_{min}$。负传动的啮合特点为：$a' < a$，$\alpha' < \alpha$。

负传动的主要特点是：齿轮的弯曲强度和接触强度都降低，可用于实际中心距小于标准中心距时凑中心距；也必须成对设计、制造和使用。负传动除了凑中心距外，一般很少采用。

正传动和负传动的啮合角都不等于压力角，即啮合角发生了变化，故称这两种传动为角度变位传动。

直齿轮传动的几何尺寸计算公式见表 1.5-7。

表 1.5-7 直齿轮传动计算公式

序号	名 称	符号	标准齿轮传动	高度变位齿轮传动	角度变位齿轮传动
1	变位系数	x	$x_1 = x_2 = 0$ $x_\Sigma = x_1 + x_2 = 0$	$x_1 = -x_2 \neq 0$ $x_\Sigma = x_1 + x_2 = 0$	$x_\Sigma = x_1 + x_2 \neq 0$
2	齿顶高	h_a	$h_a = h_a^* m$	$h_a = (h_a^* + x)m$	$h_a = (h_a^* + x - \sigma)m$
3	齿根高	h_f	$h_f = (h_a^* + c^*)m$	$h_f = (h_a^* + c^* - x)m$	$h_f = (h_a^* + c^* - x)m$
4	全齿高	h	$h = (2h_a^* + c^*)m$		$h = (2h_a^* + c^* - \sigma)m$
5	齿顶圆直径	d_a	$d_a = (z + 2h_a^*)m$	$d_a = (z + 2h_a^* + 2x)m$	$d_a = (z + 2h_a^* + 2x)m$
6	齿根圆直径	d_f	$d_f = (z - 2h_a^* - 2c^*)m$	$d_f = (z - 2h_a^* - 2c^* + 2x)m$	$d_f = (z - 2h_a^* - 2c^* + 2x)m$
7	公法线长度	W	$W = m\cos\alpha[(k-0.5)\pi + zinv_\alpha]$	$W = m\cos\alpha[(k-0.5)\pi + zinv_\alpha] + 2m\sin\alpha$	
8	分度圆直径	d	$d = mz$		
9	啮合角	α'	$\alpha = \alpha'$	$inv\alpha' = inv_\alpha + \dfrac{2(x_1+x_2)}{z_1+z_2}\tan\alpha$	
10	节圆直径	d'	$d = d'$	$d' = d\dfrac{\cos\alpha}{\cos\alpha'}$	
11	中心距	a'	$a = (d_1 + d_2)/2$	$a' = (d_1' + d_2')/2 = a + ym$	
12	分度圆分离系数	y	$y = 0$	$y = \dfrac{a' - a}{m}$	
13	齿顶降低系数	σ	$\sigma = 0$	$\sigma = x_1 + x_2 - y$	

二、直齿圆锥齿轮机构

1. 圆锥齿轮机构的特点和类型

如图 1.5-37 所示，圆锥齿轮机构用来实现相交轴之间的传动，轴线间夹角即轴交角

Σ可为任意值,但一般机械中大多Σ＝90°。圆锥齿轮的齿排列在截圆锥体上,轮齿由齿轮的大端到小端逐渐收缩变小。与圆柱齿轮的各圆柱相对应,圆锥齿轮有分度圆锥、齿顶圆锥、齿根圆锥、基圆锥和节圆锥。

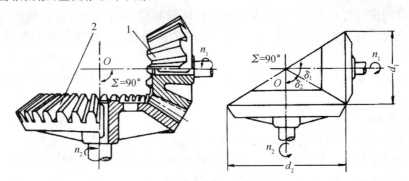

图 1.5-37　直齿圆锥齿轮机构

圆锥齿轮按其齿廓形状,可分为直齿、斜齿和曲齿三类。其中直齿圆锥齿轮机构的设计、制造和安装比较容易,而且是研究其他圆锥齿轮的基础,本节只讨论直齿圆锥齿轮机构。

2.直齿圆锥齿轮齿廓曲面的形成

圆柱齿轮的齿廓曲面是发生面在基圆柱上做纯滚动而形成的,圆锥齿轮的齿廓曲面则是发生面在基圆锥上做纯滚动时形成的。如图 1.5-38 所示,圆平面 S 与一基圆锥切于 OP,且圆的半径 R' 等于基圆锥的锥距 R,同时圆心 O 与锥顶重合。当 S 面沿基圆锥表面做纯滚动时,其任一半径线 OB 在空间形成一曲面,该曲面即为直齿圆锥齿轮的齿廓曲面。因为在齿廓曲面的生成过程中 OB 线上任一点到点 O 的距离不变,故所生成的渐开线必在以 O 为球心的球面上,所以将 OB 线上任一点所生成的渐开线称为球面渐开线,而将 OB 线生成的曲面称为球面渐开线曲面。

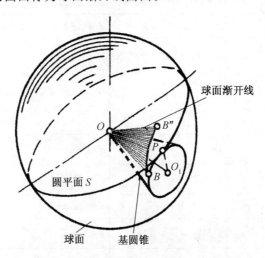

图 1.5-38　直齿圆锥齿轮齿廓曲面的形成

3.直齿圆锥齿轮的背锥和当量齿数

如上所述,直齿圆锥齿轮的齿廓曲线是球面渐开线。由于球面无法展开成平面,这给圆锥齿轮的设计和制造带来了很大困难,所以工程上采用下述近似的方法来研究圆锥齿轮的齿廓曲线。

图 1.5-39 a 所示为一个圆锥齿轮的轴向半剖面图,三角形 OAB 代表分度圆锥,$\overset{\frown}{Ab}$ 和 $\overset{\frown}{Aa}$ 为齿轮大端球面上齿形的齿顶高和齿根高。过点 A 作 $AO_1 \perp AO$ 交圆锥齿轮的轴线于 O_1 点,再以 OO_1 为轴线,以 O_1A 为母线作圆锥 O_1AB 称为背锥,以 O 为投射中心将球面齿形向背锥投影,得齿顶高点 b' 和齿根高点 a'。在点 A 和 B 附近背锥面和球面非常接近,锥距 R 与大端模数的比值愈大,两者愈接近,即背锥齿形和大端球面上的齿形愈接近,因此可用背锥上的齿形来近似地代替球面上的理论齿形。将背锥及其上的齿形展开成一扇形齿轮,并将此扇形齿轮的模数、压力角、齿顶高系数、顶隙系数取自圆锥齿轮的相应参数。将此扇形齿轮补足成圆柱齿轮,则此虚拟的圆柱齿轮称为该圆锥齿轮的当量齿轮。当量齿轮的齿数称为该圆锥齿轮的当量齿数,用 z_v 表示。

由图 1.5-39 可得,当量齿轮的分度圆半径 r_v 为

$$r_v = AB/2 / \cos \delta = r / \cos \delta$$

设圆锥齿轮的齿数为 z,模数为 m,则圆锥齿轮的分度圆半径 $r = mz/2$,又 $r_v = mz_v/2$,将此两式代入上式得 $mz_v/2 = mz/2\cos\delta$

故

$$z_v = z / \cos \delta \qquad (1.5\text{-}37)$$

式中,δ 为圆锥齿轮的分度圆锥角。由上式知,z_v 一般不是整数。

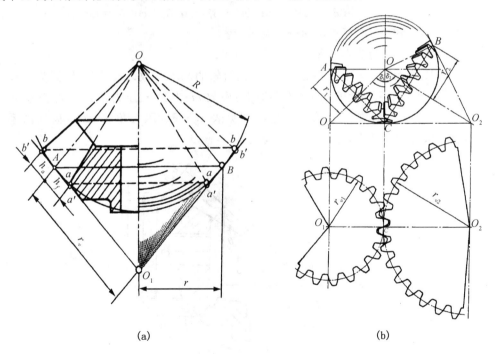

(a)   (b)

图 1.5-39 直齿圆锥齿轮的背锥和当量齿轮

在研究圆锥齿轮的啮合传动和加工中,当量齿轮有极其重要的作用,如:

① 采用仿形法加工直齿圆锥齿轮时,需根据当量齿数来选择铣刀。

② 直齿圆锥齿轮传动的重合度,可按当量齿轮的重合度计算。

③ 用范成法加工时,可根据当量齿数来计算直齿圆锥齿轮不发生根切的最少齿数 z_{min},$z_{min} = z_{vmin} \cdot \cos\delta$。

当 $\alpha = 20°$,$h_a^* = 1$ 时,$z_{vmin} = 17$,

故
$$z_{min} = 17 \cdot \cos \delta$$

④ 在直齿圆锥齿轮的强度计算中,也要用到当量齿数。

4. 直齿圆锥齿轮的正确啮合条件和传动比

(1) 正确啮合条件

一对直齿圆锥齿轮的啮合,相当于一对当量齿轮的啮合。因为当量齿轮的模数、压力角分别与圆锥齿轮大端的模数、压力角相等,故直齿圆锥齿轮的正确啮合条件为:两齿轮的模数、压力角分别相等,即

$$\begin{cases} m_1 = m_2 = m \\ \alpha_1 = \alpha_2 = \alpha \end{cases} \tag{1.5-38}$$

(2) 传动比

如图 1.5-40 所示,两圆锥齿轮的分度圆直径分别为

$$d_1 = 2R\sin \delta_1, d_2 = 2R\sin \delta_2$$

故两轮的传动比为

$$i_{12} = \omega_1/\omega_2 = z_2/z_1 = d_2/d_1 = \sin \delta_2/\sin \delta_1$$

式中,δ_1,δ_2 分别为两圆锥齿轮的分度圆锥角。

当轴交角 $\Sigma = \delta_1 + \delta_2 = 90°$ 时,上式可写成:

$$i_{12} = \omega_1/\omega_2 = \sin \delta_2/\sin \delta_1 = \sin(90° - \delta_1)/\sin \delta_1 = \cot \delta_1 = \tan \delta_2 \tag{1.5-39}$$

由上式可知,若已知 i_{12},即可求出两分度圆锥角。

5. 直齿圆锥齿轮的基本参数和几何尺寸计算

图 1.5-40 所示为一对直齿圆锥齿轮,圆锥齿轮的基本参数以大端为准,因为大尺寸在测量时,相对误差小。锥齿轮的基本参数有:模数 m、齿数 z、压力角 α、分度圆锥角 δ、齿顶高系数 h_a^*、顶隙系数 c^*。模数的标准值见表 1.5-8。压力角 $\alpha = 20°$,齿顶高系数 $h_a^* = 1$,顶隙系数 $c^* = 0.2$。

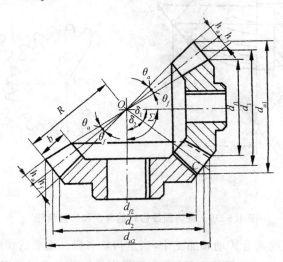

图 1.5-40 直齿圆锥齿轮传动的基本尺寸

表 1.5-8　锥齿轮的标准模数 m（GB 12368—90）

表 1.5-8　锥齿轮的标准模数 m（GB 12368—90）　　　　　　　mm

参数	数值									
m	1	1.125	1.25	1.375	1.5	1.75	2	2.25	1.5	2.75
	3	3.25	3.5	3.75	4	4.5	5	5.5	6.0	6.5
	7	8	9	10	12	14	16	18	20	

注：$m<1,m>20$ 的值未列入表中。

通常直齿圆锥齿轮的齿高变化形式有两种，即不等顶隙收缩齿和等顶隙收缩齿。不等顶隙收缩齿也称正常收缩齿，其顶锥、根锥和分度圆锥的顶点相重合，齿轮副的顶隙由大端到小端逐渐减小，两齿轮的顶锥角分别为

$$\delta_{a1}=\delta_1+\theta_{a1},\delta_{a2}=\delta_2+\theta_{a2}$$

等顶隙收缩齿，其根圆锥和分度圆锥的顶点不重合，为保证顶隙不变，其一轮的顶锥母线与另一轮的根锥母线平行，所以两轮的顶锥角分别为

$$\delta_{a1}=\delta_1+\theta_{f2},\delta_{a2}=\delta_2+\theta_{f1}$$

相比较而言，在强度和润滑性能方面，等顶隙收缩齿优于不等顶隙收缩齿。

标准直齿圆锥齿轮的几何尺寸计算公式见表 1.5-9。

表 1.5-9　标准直齿圆锥齿轮的几何尺寸计算公式（$\Sigma=90°$）

序号	名　称	符号	计算公式和参数选择
1	模数	m	以大端模数为标准
2	传动比	i	$i_{12}=z_2/z_1=\cot\delta_1=\tan\delta_2$
3	分度圆锥角	δ_1,δ_2	$\delta_2=\arctan\dfrac{z_2}{z_1},\delta_1=90°-\delta_2$
4	分度圆直径	d_1,d_2	$d=mz$
5	齿顶高	h_a	$h_a=m$
6	齿根高	h_f	$h_f=1.2m$
7	全齿高	h	$h=2.2m$
8	齿顶间隙	c	$c=0.2m$
9	齿顶圆直径	d_a	$d_{a1}=d_1+2m\cos\delta_1,d_{a2}=d_2+2m\cos\delta_2$
10	齿根圆直径	d_f	$d_{f1}=d_1-2.4m\cos\delta_1,d_{f2}=d_2-2.4m\cos\delta_2$
11	锥距	R	$R=\sqrt{r_1^2+r_2^2}=\dfrac{m}{2}\sqrt{z_1^2+z_2^2}=\dfrac{d_1}{2\sin\delta_1}=\dfrac{d_2}{2\sin\delta_2}$
12	齿宽	b	$b=(0.25\sim0.3)R$
13	齿顶角	θ_a	$\theta_a=\arctan\dfrac{h_a}{R}$
14	齿根角	θ_f	$\theta_f=\arctan\dfrac{h_f}{R}$
15	根锥角	δ_{f1},δ_{f2}	$\delta_{f1}=\delta_1-\theta_f,\delta_{f2}=\delta_2-\theta_1$
16	顶锥角	δ_{a1},δ_{a2}	$\delta_{a1}=\delta_1+\theta_a,\delta_{a2}=\delta_2+\theta_a$

思考与练习

1. 渐开线的性质有哪些？什么叫渐开线齿轮中心距可分性？

2. 一对标准齿轮,安装时中心距比标准中心距稍大些,试定性说明齿侧间隙、顶隙、节圆直径、啮合角的变化。

3. 分别说明直齿轮、斜齿轮、锥齿轮的正确啮合条件,为什么要满足这些条件？

4. 何谓重合度？如果 $\varepsilon_a < 1$ 将发生什么现象？试说明 $\varepsilon_a = 1.4$ 的含义。

5. 试说明仿形法和范成法切齿的原理和特点。

6. 有两对标准齿轮, $m_A = 5$ mm, $\alpha = 20°$, $h_a^* = 1$, $z_{A1} = 24$, $z_{A2} = 45$ 和 $m_B = 2$ mm, $\alpha = 20°$, $h_a^* = 1$, $z_{B1} = 24$, $z_{B2} = 45$, 标准安装时,哪一对重合度大？

7. 有 3 个标准齿轮, $m_1 = 2$ mm, $z_1 = 20$; $m_2 = 2$ mm, $z_2 = 50$; $m_3 = 5$ mm, $z_3 = 24$。问这三个齿轮的齿形有何不同？可以用同一把成形铣刀加工吗？可以用同一把滚刀加工吗？

8. 试判断下列结论是否正确,并说明理由。

(1) 节圆就是分度圆。

(2) 压力角和啮合角总是相等的。

(3) 渐开线齿轮的齿廓曲线肯定都是渐开线。

(4) 不论用何种方法加工标准齿轮,当齿数小于 17 时,将发生根切现象。

9. 什么是变位齿轮？有哪些变位方法？在哪些情况政需要采用变位齿轮？

10. 斜齿圆柱齿轮和圆锥齿轮均有当量齿轮,当量齿轮与实际齿轮有哪些参数是相同的？研究当量齿轮有何意义？

11. 平行轴斜齿圆柱齿轮机构的螺旋角对传动有什么影响？其常用取值范围是多少？为什么？

12. 什么叫斜齿轮的当量齿轮和当量齿数？它们有哪些用处？

13. 测得一标准直齿圆柱齿轮的齿顶圆直径 $d_a = 208$ mm,齿根圆直径 $d_f = 172$ mm,齿数 $z = 24$,试确定该齿轮的模数和齿顶高系数。

14. 已知一对外啮合标准直齿圆柱齿轮传动,传动比 $i_{12} = 1.5$, $z_1 = 40$, $h_a^* = 1$, $m = 10$ mm, $\alpha = 20°$。试计算这对齿轮的几何尺寸。

15. 有一对外啮合直齿圆柱齿轮,实测两轮轴孔中心距 $a = 111.5$ mm,小齿轮齿数 $z_1 = 38$,齿顶圆直径 $d_{a1} = 100$ mm,试配一大齿轮,确定大齿轮的齿数 z_2,模数 m 及尺寸。

16. 已知一对外啮合标准直齿圆柱齿轮的参数为: $z_1 = 24$, $z_2 = 58$, $m = 2$ mm,当其标准安装时,试计算其重合度 ε_a;当其非标准安装时,试求能连续传动的最大中心距 a_{max}。

17. 已知一对斜齿轮传动, $z_1 = 24$, $z_2 = 56$, $m_n = 3$ mm, $\alpha_n = 20°$, $h_{an}^* = 1$, $c_n^* = 0.25$, $\beta = 18°$,试计算该对齿轮的主要尺寸和当量齿数。

18. 已知一对斜齿轮传动, $z_1 = 30$, $z_2 = 100$, $m_n = 6$ mm,试问其螺旋角为多少时才能满足标准中心距 400 mm？

19. 已知一对正常收缩齿直齿圆锥齿轮传动, $m = 5$ mm, $\alpha = 20°$, $z_1 = 21$, $z_2 = 35$, $h_a^* = 1$, $c^* = 0.2$,两轴夹角 $\Sigma = 90°$,试求:(1) 两轮的主要尺寸;(2) 两轮的当量齿数。

20. 在技术革新中,拟使用现有的两个标准直齿圆柱齿轮,已测得齿数 $Z_1 = 22$, $Z_2 = $

98，小齿轮齿顶圆直径 $d_{a1}=240$ mm，大齿轮的全齿高 $h=21.5$ mm，试判定这两个齿轮能否正确啮合传动？

21．已知一对正确安装的标准渐开线直齿圆柱齿轮传动，其中心距 $a=175$ mm，模数 $m=5$ mm，压力角 $\alpha=20°$，传动比 $i_{12}=1.5$。试求这对齿轮的齿数各是多少？并计算小齿轮的分度圆直径、齿顶圆直径、齿根圆直径和基圆直径。

22．已知一标准渐开线直齿圆柱齿轮，其顶圆直径 $d_{a1}=77.5$，齿数 $Z_1=29$，要求设计一个大齿轮与其相啮合，传动的安装中心距 $a=145$ mm，试计算这对齿轮的主要参数及主要几何尺寸。

23．在现场测得直齿圆柱齿轮传动的安装中心距 $a=700$ mm，齿顶圆直径 $d_{a1}=420$，$d_{a2}=1\,020$，齿根圆直径 $d_{f1}=375$ mm，$d_{f2}=975$ mm，齿数 $z_1=40$，$z_2=100$，试计算这对齿轮的模数 m，齿顶高系数 h^* 和顶隙系数 c^*。

24．设有一对齿轮的重合度 $\varepsilon=1.30$，试说明这对齿轮在啮合过程中一对轮齿和两对轮齿啮合的比例关系，并用图标出单齿及双齿啮合区。

25．一标准直齿圆柱齿轮，$h_a^*=1$，当齿根圆与基圆重合时，其齿数为多少？又当齿大于以上求出的数值时，其齿根圆与基圆哪个大？

26．已知一对标准直齿圆柱齿轮传动，小齿轮齿数 $Z_1=24$，两齿轮传动比 $i_{12}=1.5$，模数 $m=6$ mm，试求：

（1）标准安装时的中心距 a 和啮合角 α'。

（2）实际安装时中心距 a' 比标准安装时的中心距大 2 mm 时，其啮合角有何变化？

27．用范成法滚刀切制一斜齿轮，已知 $z=16$，$\alpha_n=20°$，$h_{an}^*=1$，当其 $\beta=15°$ 时，是否会产生根切？仍用此滚刀切制 $z=15$ 的斜齿轮螺旋角至少应为多少时才能避免根切？

28．有一齿条刀具，$m=2$ mm，$\alpha=20°$，$h_n^*=1$，刀具在切制齿轮时的移动速度 $v_n=1$ mm/s，试求：

（1）用这把刀具切制 $z=14$ 的标准齿轮时，刀具中线离轮坯中心的距离 L 为多少？轮坯转动的角速度应为多少？

（2）若用这把刀具切制 $z=14$ 的变位齿轮，共变位系数 $x=0.5$，则刀具中线离轮坯中心的距离 L 应为多少？轮坯转动的角速度应为多少？

29．某牛头刨床中，有一对渐开线外啮合标准齿轮传动，已知 $z_1=17$，$z_2=118$，$m=5$ mm，$h_a^*=1$，$a'=337.5$ mm。检修时发现小齿轮严重磨损，必须报废，大齿轮磨损较轻，其分度圆齿厚共需磨去 0.91 mm，可获得新的渐开线齿面，拟将大齿轮修理后使用，仍用原来的箱体，试设计这对齿轮。

实训4　渐开线齿轮基本参数的测定

一、实训目的

1. 掌握用简单量具测量渐开线标准直齿圆柱齿轮基本参数的方法。

2. 加深理解渐开线的性质,熟悉齿轮各部分几何尺寸与基本参数之间的相互关系。

二、实训工具

1. 待测齿轮两个:选用两个模数制正常齿制的渐开线标准直齿圆柱齿轮,其中一个齿轮的齿数为偶数,另一个齿轮的齿数为奇数。

2. 量具:精度为 0.02 mm 的游标卡尺及公法线千分尺。

3. 自备草稿纸、笔、计算器等文具。

三、实训步骤

1. 确定齿轮的齿数 z。

2. 确定齿轮的齿顶圆直径 d_a 和齿根圆直径 d_f。

齿轮的齿顶圆直径 d_a 和齿根圆直径 d_f 可用游标卡尺测出。为了减少测量误差,同一测量值应在不同位置上测量 3 次,然后取其算术平均值。

当齿轮齿数为偶数时,齿顶圆直径 d_a 和齿根圆直径 d_f 可用游标卡尺在待测齿轮上直接测出。当待测齿轮齿数为奇数时,齿顶圆直径 d_a 和齿根圆直径 d_f 必须采用间接测量的方法,如图 1.5-41 所示。先测出齿轮轴孔直径 D,然后分别测量出孔壁到任一齿顶的距离 H_1 和孔壁到任一齿根的距离 H_2。

由此,可按下式计算 d_a 和 d_f:

$$d_a = D + 2H_1$$
$$d_f = D + 2H_2$$

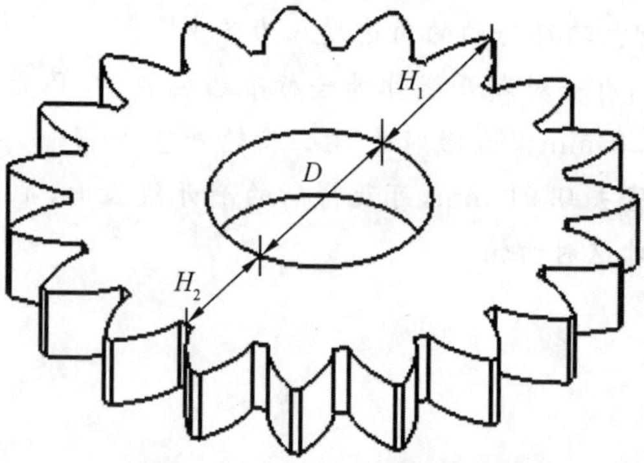

图 1.5-41　齿数为奇数齿轮参数测量

3. 计算全齿高 h。

偶数齿轮: $\qquad\qquad\qquad h = (d_a - d_f)/2$

奇数齿轮: $\qquad\qquad\qquad h = H_1 - H_2$

4. 计算齿轮模数 m。

由

$$h=(2h_a^*+c^*)m$$

得

$$m=h/(2h_a^*+c^*)$$

5. 用测量公法线长度的确定齿轮的基本参数。

当被测齿轮齿顶圆的精度较低时,可采用测量公法线长度的办法确定齿轮的基本参数,如模数 m 及压力角 α 等,测量时,一般应先按齿轮的齿数确定跨测齿 k,$k=z/9+0.5$(四舍五入为整数)

测出公法线长度 W_k 和 W_{k+1} 后,先求出基圆齿距 $p_b=W_{k+1}-W_k$,再根据 $p_b=\pi m\cos\alpha$ 确定该齿轮的模数 m 和压力角 α。

由于齿轮制造时有误差,加之量具及测量时均有误差,所以根据上述公式计算出来的模数,应将其与标准模数表对照,确定出齿轮的实际模数。

实训 5　渐开线直齿圆柱齿轮范成

一、实训目的

1. 掌握用范成法切削加工渐开线齿轮齿廓的基本原理。
2. 了解渐开线齿轮产生根切现象的原因和避免根切的方法。

二、实训内容

1. 模拟范成法切制一少齿数标准齿轮,观察分析根切现象及其产生的原因。
2. 模拟范成法变位切制上述齿轮而不发生根切现象。
3. 分析比较标准齿轮和变位齿轮的异同点。

三、实训设备和工具

1. 渐开线齿轮范成仪。
2. 钢直尺、剪刀。
3. 圆规、绘图纸(A4)、三角尺及两支不同颜色的笔(自备)。

四、实训原理

范成法是利用一对齿轮(或齿轮与齿条)互相啮合时,其共轭齿廓互为包络线的原理来加工齿轮的一种方法。加工时,其中一齿轮(或齿条)为刀具,另一轮为待加工轮坯,二者按范成原理对滚,同时刀具还沿轮坯的轴向做切削运动,刀具刀刃在每一次切削位置的包络线就是被加工齿轮的齿廓线,其过程好像一对齿轮(或齿条)做无侧隙啮合传动一样。为了看清楚渐开线齿廓的形成过程,实训时,用图纸代替被加工齿轮轮坯,在不考虑进刀和让刀运动的情况下(齿条刀具中线与图纸轮坯的分度圆相切,即标准安装),在图纸上画出每一次刀具切削的位置线,其包络线即是被加工齿轮的齿廓线。

图 1.5-42 所示为渐开线齿轮范成仪,半圆盘 1(图纸固定其上,相当于被加工齿轮轮坯)绕固定于机架 4 上的轴心 O 转动,在半圆盘 1 周缘有凹槽,槽内绕有钢丝 2,两根分别固定在半圆盘及纵拖板 3 上的 a,b 和 c 处。通过两根钢丝 2 带动装在拖板 3 上的齿条刀具 6 同步运动,即模拟齿轮切削加工时的范成运动。

转动螺杆 8 可使拖板 3 上的横拖板 5 带动齿条刀具 6 相对于拖板 3 垂直移动,从而可调节齿条刀具中线至轮坯中心 O 的距离。

在齿轮范成仪中,已知齿条刀具的参数为:压力角、齿顶高系数、顶隙系数、模数及被加工齿轮的分度圆直径。

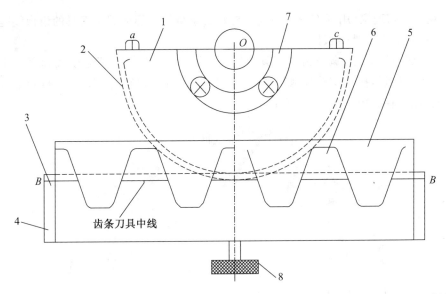

1—半圆盘；2—钢丝；3—纵拖板；4—机架；5—横拖板；6—齿条刀具；7—压板；8—螺杆

图 1.5-42　渐开线齿轮范成仪

五、实训步骤

1. 根据已知的刀具参数和被加工齿轮分度圆直径,计算被加工齿轮的基圆、不发生根切的最小变位系数与最小变位量、被加工标准齿轮的齿顶圆直径与齿根圆直径,以及变位齿轮的齿顶圆直径与齿根圆直径。然后根据计算数据将上述 6 个圆画在图纸上(A4纸画半圆),并沿最大圆的圆周将多余的边角剪掉,作为本实训用的被加工"轮坯"。

2. 将剪好的被加工"轮坯"安装到齿轮范成仪的圆盘 1 上(注意:"轮坯"圆心对准圆盘 1 的中心 O)。

3. 转动螺杆 8,调节齿条刀具中线,使其与被加工"轮坯"分度圆相切,此时刀具处于切制标准齿轮时的安装位置上。

4. 移动拖板 3,先将刀具移向一端,使刀具的齿廓退出"轮坯"中标准齿轮的齿顶圆;然后将刀具移向另一端,每移动 2~4 mm 距离时,用较浅颜色的笔沿齿条刀具刀刃描出刀刃在图纸轮坯上的位置线,并注意观察这些刀刃位置线的包络线即齿轮齿廓的形成过程,如图 1.5-43 所示。

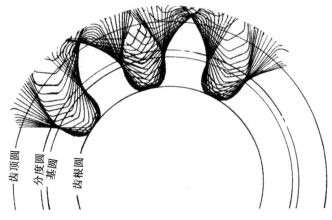

图 1.5-43　范成法绘制出的标准齿轮齿廓曲线

101

5. 观察根切现象(用标准渐开线齿廓检验所绘得的齿廓或观察刀具的齿顶线是否超过被加工齿轮的理论啮合极限点)。

6. 转动螺杆 8,重新调节齿条刀具中线,使其与被加工"轮坯"分度圆远离一个避免根切的最小变位量,换一支较深颜色的笔,重复步骤 4 再"切制"齿廓,即可得到部分正变位齿轮的齿廓曲线,如图 1.5-44 所示。

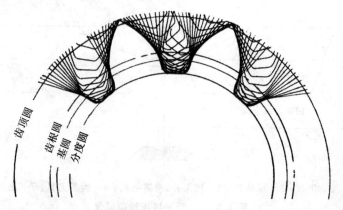

图 1.5-44 范成法绘制出的正变位齿轮齿廓曲线

7. 分析比较两次切得的标准齿轮的齿廓曲线和正变位齿轮的齿廓曲线。

六、思考题

1. 通过实训,你所观察到的根切现象发生在基圆之内还是在基圆之外?是什么原因引起的?加工齿轮时如何避免根切?

2. 通过实训对范成齿廓和变位齿廓的创意有何体会?

工作任务6 机械的平衡与调速

 任务导入

如图1.6-1所示的内燃机曲轴,由于相对于转动轴线不对称,即质量重心不在旋转轴线上,在运转的过程中,将不同程度地产生惯性力(或惯性力矩),随着运转过程中的动能变化,还将引起运转速度的波动,对机器有很大的影响。

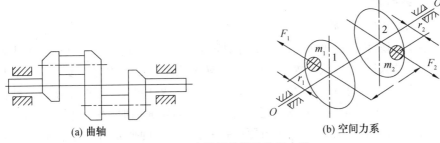

(a) 曲轴   (b) 空间力系

图1.6-1 内燃机曲轴及空间力系

 任务目标

知识目标 了解机械平衡的目的分类及方法;掌握回转件平衡分类与计算;了解机械速度波动的调节目的和原理。

能力目标 了解回转件的平衡试验的原理与方法;了解机械速度波动调节的方法。

 知识与技能

机械动力学中的两个重要的问题就是机械的平衡和调速。

一、机械平衡的目的

机械运转时运动构件的惯性力将对运动副产生附加动压力。这种动压力会增加运动副中的摩擦,降低机械效率,使零件的磨损和疲劳加剧。附加动压力还会传到机架上,使整个机器产生振动和噪音,使得其运转精度及可靠性下降,甚至引起共振使机器破坏。

机械平衡的目的就是消除或减少惯性力的不良影响。通过调整机械构件的质量分布,使机器各运动构件的惯性力互相抵消,尽可能减小和消除这些附加动压力,避免其引发不良后果,提高机械的运行质量和延长其使用寿命。

二、机械平衡的分类

机械的平衡通常分为转子的平衡和机构的平衡两类。

1. 转子的平衡

由于转子质量分布不均,致使其中心惯性主轴与回转轴线不重合而产生的离心惯性力系不平衡。离心惯性力的方向随转子的运动做周期性变化。

当转子速度较低、变形不大时,可认为它是刚体,故称刚性转子。随着工作转速与转子本身临界转速之比值的提高,转子在回转过程中随速度的上升将产生明显变形,故称挠性转子。

这两类转子的平衡问题,分别称为刚性转子的平衡和挠性转子的平衡。

2. 机构的平衡

机构在机架上的平衡除转子不平衡引起机械振动外,一般机构中做往复或平面复合运动的构件也将产生惯性力。这些惯性力(或惯性力矩)不可能像转子一样在其内部得到平衡。为消除由此而来的机械振动,则要通过重新分配整个机构质量使机构在机架上得到平衡。

对机械不平衡进行平衡设计和试验;对机械速度的波动进行计算和调节。

任务实施

——刚性回转件的平衡设计

绕固定轴回转构件的平衡回转件即所谓转子,其惯性力的平衡简称转子的平衡。由于转子的结构、材料、工作状态等因素的不同,转子质量分布不均匀程度及不平衡形式具有很大的不同。这类问题的实质是消除附加动压力达到平衡,因此可分成两种情况考虑:一种是当转子的质量可以被认为是分布在同一回转面内时(宽径比 $L/D \leqslant 1/5$,如齿轮、带轮、盘型凸轮等),又称静平衡问题;另一种是转子的质量分布不在同一回转面内(宽径比 $L/D > 1/5$,如电机转子、曲轴、车床主轴等),又称动平衡问题。

一、回转件的静平衡

1. 回转件的静平衡设计

如图 1.6-2 a 所示,转子上有不平衡质量 m_1, m_2, m_3,其质心为 c_1, c_2, c_3,在同一转动平面内,向径分别为 r_1, r_2, r_3。当转子以角速度 ω 转动时,3 个质量所产生的离心惯性力 F_1, F_2, F_3 之和不为 0,则构件为静不平衡转子。欲使之达到静平衡,应在转子上加上(或减去)产生惯性力 $F = m_b \omega^2 r_b$ 的一个平衡质量 m_b,其质心为 c,向径为 r_b,使之能平衡原有的力系,如图 1.6-2 b 所示,即

$$F + F_1 + F_2 + F_3 = 0 \tag{1.6-1}$$

或 $m_b \omega^2 r_b + m_1 \omega^2 r_1 + m_2 \omega^2 r_2 + m_3 \omega^2 r_3 = 0$,即

$$m_b r_b + m_1 r_1 + m_2 r_2 + m_3 r_3 = 0 \tag{1.6-2}$$

式(1.6-2)中的质量与向径的乘积称为质径积。同理,对任何静不平衡转子,无论有多少个偏心质量,只要所加(或减)的平衡质量所产生的离心惯性力与原有的质量所产生的离心惯性力构成平衡力系,则可达到静平衡的目的。通过矢量多边形可求得所需加的平衡质径积。

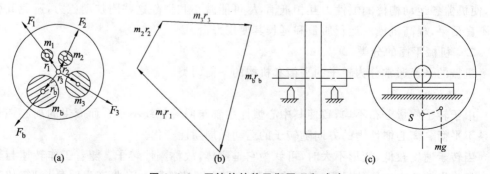

图 1.6-2　回转件的静平衡原理和试验

2. 回转件的静平衡试验

由于转子的质量分布情况（如材料分布不匀、制造误差等）是很难知道的,故通常用静平衡试验来确定所要求的平衡质量的大小和方位。

图 1.6-2 c 所示为静平衡试验方法。互相平行的钢制刀口导轨水平放置,将欲平衡的转子支承在预先调好水平的导轨上,转子不平衡时其质心必在重力矩作用下偏离回转轴线,转子将在导轨上滚动直到质心转到铅垂下方。显然应将平衡质量置于转子质心的相反方向,不断调整平衡质量的大小和向径,直到转子在任意位置均可静止不动。此法简单可靠,精度也可满足一般生产要求,但效率较低。

二、回转件的动平衡

1. 回转件的动平衡设计

图 1.6-1a 所示为长度较大的曲轴,各不平衡质量所产生的离心惯性力系是一个空间力系。其受力简图如图 1.6-1b 所示。要使该转子得以平衡,就必须使各质量产生的惯性力之和等于 $0(\Sigma F = 0)$,即这些惯性力所构成的惯性力偶之和等于 $0(\Sigma M = 0)$。

下面用图 1.6-3 讨论构件的动平衡原理。如图 1.6-3 a 所示,设有 m_1, m_2, m_3 为 1,2,3 三个不同回转平面内的质量,r_1, r_2, r_3 分别是各质量质心到回转轴线的距离,当转轴以角速度 ω 回转时,各质量产生的离心惯性力为:$F_1 = m_1 \omega^2 r_1$,$F_2 = m_2 \omega^2 r_2$,$F_3 = m_3 \omega^2 r_3$ 若将 F_1, F_2, F_3 分解到选定的平衡平面 T' 和 T'' 内,只要保证

$$\begin{cases} F_1 = F_1' + F_1'' \\ F_2 = F_2' + F_2'' \\ F_3 = F_3' + F_3'' \end{cases} \qquad (1.6\text{-}3)$$

$$\begin{cases} F_1' l_1' = F_1'' l_1 \\ F_2' l_2' = F_2'' l_2'' \\ F_3' l_3' = F_3'' l_3'' \end{cases} \qquad (1.6\text{-}4)$$

则 6 个力 $F_1', F_1'', F_2', F_2'', F_3', F_3''$ 和原惯性力 F_1, F_2, F_3 所产生的不平衡效应相同。这样一来,就把空间力系转化成了两个平面力系,即把动平衡问题转换成了两个平面内的静平衡问题。

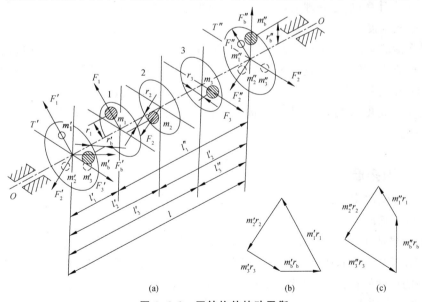

图 1.6-3 回转构件的动平衡

在平衡平面 T' 和 T'' 内分别加平衡质量 m'_b 和 m''_b，其质心的向径分别为 r'_b，r''_b，它们所产生的离心惯性力为 F'_b 和 F''_b。将 m'_b，m''_b，r'_b，r''_b 这些未知量适当取值，可满足平衡条件（见图 1.6-3 b 和图 1.6-3 c），即

T' 平面内：
$$m'_1r_1+m'_2r_2+m'_3r_3+m'_br'_b=0 \tag{1.6-5}$$

T'' 平面内：
$$m''_1r_1+m''_2r_2+m''_3r_3+m''_br''_b=0 \tag{1.6-6}$$

由上述可知，对任何不平衡的构件，无论有多少个质量分布平面，也无论每个质量分布平面内有多少个偏心质量，都只需要任选两个平衡平面 T' 和 T''，并在各平衡平面内加上（当然也可减去）适当的平衡质量按静平衡问题解决。显然，动平衡的构件一定是静平衡的，而静平衡的构件却不一定是动平衡的。

2. 回转件的动平衡试验

与静平衡问题一样，一般也是用试验方法在动平衡机上来完成动平衡的。图 1.6-4 所示为带微机系统的硬支承动平衡机的原理示意图，该动平衡机由驱动系统、预处理电路和计算机 3 个主要部分组成。

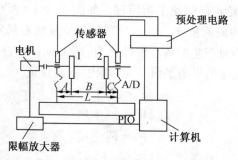

图 1.6-4 带微机系统的硬支承动平衡机的原理示意图

一般用变速电机经联轴器与试验转子相连，振动信号预处理电路把不平衡量引起的支承系统的振动参数，通过传感器 1，2 得到信号送到预处理电路进行处理，再经计算机放大计算后，由显示器显示不平衡量的大小。另外，由限幅放大器放大后的信号与基准信号一同送入计算机，经处理后由显示器示出不平衡量的相位。

三、平衡精度

经过平衡试验的构件由于试验精度等问题，并不能完全消除不平衡惯性力所造成的影响。工程上将转子平衡效果的优良程度称为转子平衡精度。ISO 组织以 $G=e\omega/1\,000$（mm/s）作为平衡精度等级，其中，e 为偏心距，μm；ω 为转子的工作转速，rad/s。

选定平衡精度 G 后，可根据转子的工作转速 ω 和质量 m，求得许用偏心距 $[e]$ 或许用质径积 $[me]$。

 知识拓展

——机械运转速度波动的调节

一、运动不均匀系数

由于机械是在驱动力的作用下克服各种不同类型的阻力运转的，由能量守恒定律可知，在任意时间间隔内，驱动功与阻力功的差值即为该时间间隔内的机械动能变化。对于机械中的运动构件而言，当驱动功大于阻力功时，则构件速度增大；当驱动功小于阻力功时，构件速度减小。

可见,机械动能的变化引起了机械速度的变化,这就是速度的波动。对于大多数机械,在稳定运动阶段速度的波动是周期性的,如图 1.6-5 所示,机械主轴的角速度 ω 在一个运动周期 T 中的变化范围在 $\omega_{min} \sim \omega_{max}$ 之间,但实际的平均角速度计算是较繁复的,故常用算术平均角速度,即机械的"名义转速"来表示机械运转时的速度,即

$$\omega_m = (\omega_{max} + \omega_{min})/2 \tag{1.6-7}$$

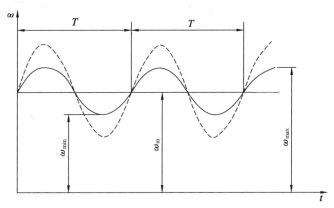

图 1.6-5　机械的周期性速度波动

但由于 ω_{max} 和 ω_{min} 仅是一个运动循环中主轴的最大和最小的角速度,它们的反差也只反映机械主轴角速度波动的绝对量,而相同的速度波动量对于不同速度的机械的影响程度将是不同的。为反映机械运转的不均匀程度,故引入机械运转不均匀系数

$$\delta = (\omega_{max} - \omega_{min})/\omega_m \tag{1.6-8}$$

表 1.6-1 列出了几种常用机械的许用运动不均匀系数。

表 1.6-1　几种常用机械的许用运动不均匀系数

机械名称	破碎机	冲床和剪床	船用发动机	减速器	直流发电机	航空发动机
[δ]	0.1~0.2	0.05~0.15	0.02~0.05	0.015~0.02	0.005~0.01	0.005 或更小

当机械的名义转速和其许用的速度不均匀系数确定后,机械在一个运动循环中许用的最高和最低角速度值可由下式求得:

$$\begin{cases} \omega_{max} = \omega_m(1 + \delta/2) \\ \omega_{min} = \omega_m(1 - \delta/2) \end{cases} \tag{1.6-9}$$

二、速度波动的调节原理和方法

为了使机械的运转更加平稳,减少速度的波动,提高机械的运行质量,通常要对机械的运转速度波动予以调节。

1. 周期性的速度波动调节

当机械的速度波动遵循一定的运动规律呈周期性变化时,属于周期性速度波动调节问题。周期性的速度波动会在运动副中产生附加动压力,加速轴承的损坏,降低机械效率,引起机械振动,从而降低机械的使用寿命和工作精度,使产品质量下降。一般可用安装飞轮的方法进行周期性速度波动的调节。

当机械的主轴装上飞轮后,当驱动功超过阻力功时,飞轮就把多余的能量积蓄起来而只使主轴的角速度略增;反之,当阻力功超过驱动功时,飞轮就放出能量而使主轴的角速度略降。这样就使机械的速度波动不会太大。合理的飞轮转动惯量值,能把速度的波

动限制在允许范围内,但并不能彻底消除。

此外,由于飞轮能用积蓄的能量来弥补运转周期中短时内因阻力功(载荷)的增加而不足的能量,所以安装飞轮后,原动机的功率可比不用飞轮时选得小些。

2. 非周期性的速度波动调节

无论是匀速或是做周期性速度波动的机械,若在运转时其驱动力或工作阻力突然变化,又不能及时恢复原状,致使主轴速度向一个方向发展,这种驱动功与阻力功一直不能相等而引起的主轴速度变化,称非周期性速度波动。

非周期性速度波动的调节,一般采用调速器装置。其原理是通过该装置自动控制和调节输入功和载荷所消耗功以达到平衡,保持速度稳定。

调速器的类型很多,图 1.6-6 为机械式离心调速器的工作原理图。当工作机的负荷减小时,动力机械的输出转速增大,经传动齿轮使调速器的转速也增

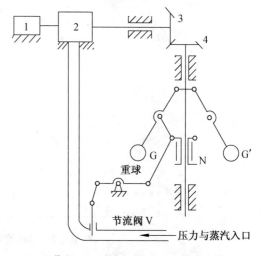

1—工作机;2—动力机械;3,4—传动齿轮

图 1.6-6　机械式离心调速器的工作原理

大,在离心力的作用下,重球 G,G' 将绕轴转动而向外扩张,使套筒 N 向上移动,从而带动连杆将节流阀门 V 关小,减少动力机械的原料供给量以减小其速度。反之,当动力机械的输出转速减小时,阀门 V 将开大,增大动力机械的原料供给量以增大其速度。

思考与练习

1. 机械平衡的目的是什么?

2. 机械的平衡有哪些类型?

3. 回转件的静平衡和动平衡有什么区别?

4. 如何衡量平衡的精度?

5. 机械运转时为什么存在速度波动? 对于速度波动的调节,将起什么作用?

6. 周期性速度波动如何衡量? 如何调节?

7. 什么是非周期性速度波动? 应该如何调节?

实训 6　刚性转子的平衡试验

刚性转子的静平衡试验

一、试验目的

1. 加深理解刚性回转件平衡的基本理论知识。

2. 掌握刚性回转静平衡试验方法。

二、试验原理

回转件的平衡是回转件绕固定轴线旋转时惯性力系的平衡。由于回转件的质量分布不均匀,安装误差等原因,使其质心偏离自身旋转轴线而产生的离心惯性力系不平衡。

静平衡试验测出刚性回转不平衡质径积的大小和方位,并在相反方向加一个适当的量,即可实现静平衡。

三 试验设备和用具

1. 导轨式静平衡架。

2. 静平衡回转试件。

3. 静平衡配重(橡皮泥)。

4. 天平。

5. 水平仪。

6. 钢尺、扳手、游标卡尺、量角器等。

四、试验步骤

1. 用水平仪分别沿纵向、横向校正静平衡架导轨的水平度,达到说明书的要求。

2. 将回转试件放在平衡架导轨上,使之自由转动,如图 1.6-7 所示,等试件静止后,试件质心 H 位于轴心 O 的铅垂下方为止,画一条通过轴心的铅垂线。

3. 在铅垂线相反方向上选适当半径处加一平衡质量(如橡皮泥),再使回转试件在平衡架导轨上自由转动,观察转动方向,判断所加平衡质量过大或过小,不断调整平衡质量大小及所在的径向位置,直至试件在任意位置均能静止不转为止。

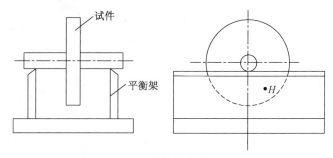

图 1.6-7　刚性转子的静平衡试验

4. 用天平称出配重质量,用钢尺和量角器分别测出配重位置的半径和相位角(校正面内预先确定的径向基准线为 0°,逆时针方向为正)。

五、思考题

1. 静平衡试验法适用于哪类回转试件？为什么？

2. 若考虑试件与平衡架导轨之间的滚动摩擦力的影响,该试验应怎样进行？

刚性转子的动平衡试验

一、试验目的

1. 巩固刚性转子动平衡的有关基本知识。

2. 了解用动平衡机对刚性转子进行动平衡试验的基本工作原理,并掌握其基本试验方法。

二、试验内容及要求

1. 试验前预习试验指导书,熟悉动平衡试验机的工作原理及操作方法。

2. 在动平衡试验机上对刚性转子试件进行动平衡试验。

三、试验设备

1. 动平衡试验机及其附件。

2. 试验用转子。

3. 平衡配件。

四、试验原理及步骤

(详见产品说明书)

模块二　　常用机械传动装置设计

📖 **案例导入**

图 2.0-1 所示带式输送机是一种输送量大、运转费用低、适用范围广的机械传动装置。其特点是:电机驱动,连续单向运转,空载启动,通过输送带来运送物料。带式输送机按其支架结构可分为固定式和移动式两种;按输送带材料有胶带、塑料带和钢带之分。目前以胶带输送机使用最广。

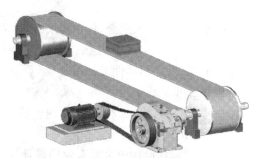

图 2.0-1　带式输送机

一、机械传动装置设计工作的主要任务

一般机械传动装置设计通常包括以下主要环节和内容:确定传动装置的总体设计方案;选择电动机;计算传动装置的运动和动力参数;传动零件及轴的设计计算和强度校核;轴承、联接件、润滑密封和联轴器的选择及校验计算;机体结构及其附件的设计;绘制装配图和零件工作图;编写设计计算说明书等。

机械传动装置设计一般要完成以下工作:

(1) 机械传动装置总体方案图设计。

(2) 机械传动装置装配图设计(A0 或 A1 图)。

(3) 机械传动装置零件工作图设计。

(4) 机械传动装置设计计算说明书 1 份。

二、机械传动装置设计工作的一般过程

机械传动装置设计工作大体分为以下几个阶段进行。

1. 设计准备

(1) 认真阅读研究设计任务书,明确设计要求、工作条件、设计内容及设计步骤。

(2) 通过查阅有关资料、图纸、参观实物或模型、观看电视教学片,并进行减速器拆装实验等,加深对设计任务的了解。

111

(3) 复习有关课程内容,熟悉零部件的设计方法和步骤;准备好设计需要的图书、资料和用具;拟定设计计划等。

2. 传动装置的总体方案设计

(1) 根据设计要求,拟定传动装置的总体布置方案。

(2) 计算电动机所需功率,选择电动机额定转速,确定电动机型号。

(3) 确定总传动比和分配各级分传动比。

(4) 计算传动装置的运动和动力参数。

3. 传动零件的设计计算

设计计算各级传动件的参数和尺寸,例如,减速器的外传动零件(带、链等)和减速器的内传动零件(齿轮、蜗杆传动等),以及选择联轴器的类型和型号等。

4. 装配图设计

(1) 装配图草图绘制。

(2) 箱体结构设计和有关尺寸确定。

(3) 轴的结构设计以及轴毂联接强度计算。

(4) 选择轴承和进行支承结构设计以及轴承的寿命计算。

(5) 减速器附件结构的设计。

(6) 完成装配图的其他要求(标注尺寸、配合、技术要求、零件明细表和标题栏等)。

5. 零件工作图设计

(1) 从装配图中拆出指定的零件,绘制零件工作图。

(2) 确定零件的细部结构和尺寸。

(3) 完成零件图的其他要求(标注尺寸、技术要求、标题栏等)。

6. 整理和编写设计计算说明书

按计算说明书的格式要求整理课程设计中全部有效的设计计算参数,说明设计计算采用的方法、过程和结果,并注明设计计算的依据、来源。

三、机械传动装置设计的要求和注意事项

(1) 独立完成全部的设计任务。开始时应该明确设计任务和要求,并拟定设计计划,设计过程中注意掌握进度,按时完成。

(2) 必须发挥自己的主观能动性,积极主动地思考问题、分析问题、解决问题。

(3) 参考和创新的关系。设计是一项复杂、细致的工作,任何设计都不可能是设计者脱离前人长期经验积累的资料而凭空想象出来。熟悉和利用已有的资料,既可避免许多重复工作,加快设计进程,同时也是提高设计质量的重要保证。善于掌握和使用各种资料正是设计工作能力的重要体现。任何新的设计任务,都是根据特定设计要求和具体工作条件提出的,因此必须具体分析,创造性地进行设计,而不能盲目地抄袭现有资料,而应具体地分析,吸收新的技术成果创造性地进行设计。

(4) 标准和规范的采用。采用和遵守标准和规范,有利于零件的互换性和加工工艺性,是降低成本的首要原则,也是评价设计质量的一项指标,熟悉标准和熟练使用标准是设计的重要任务之一。由于标准件多为专业厂家大批量产生,往往价格低而且质量好,所以,标准件无须自己设计制造,只要选购就可以了,例如,电动机、滚动轴承、传动胶带、链、橡胶油封和紧固件等。对于非标零件一般需自行设计制造,但也常要求圆整为标准数或优先数,以方便制造和测量。例如,轴的直径、减速器的机体尺寸等,都应适当圆整为优先数(一般圆整为 0 或 5 的尾数)。但也有一些尺寸不能圆整,例如,圆柱齿轮分度圆直径 $d=81.65$ mm,就不能圆整为 82 mm 或 81 mm。设计中应尽量减少选用的材料牌号和规格,减少标准件的品种、规格,尽可能选用市场上能充分供应的通用品种,这样能降低成本,并能方便使用和维修。例如,减少螺栓的尺寸规格,不仅便于采购和保管,装拆时也可减少扳手数目。

(5) 计算和结构要求的关系。设计时的设计计算只是提供一个零件的最小尺寸或提供一个方面的依据,还应根据结构和工艺的要求确定尺寸,然后再校核强度,或者直接根据经验公式计算尺寸。

(6) 强度计算与零件的结构工艺性。任何机械零件的尺寸,都不可能完全由理论计算确定,而应该综合考虑对零件本身及整个部件结构方面的要求,如加工和装配工艺、经济性和使用条件等。不能把设计片面理解为就是理论计算(如强度计算),或者把这些计算结果看成是不可更改的,而应认为这种计算只是为确定零件尺寸提供了一个方面(如强度)的依据。在设计中还可以根据结构和工艺的要求确定尺寸,然后校核强度。而在有些场合,则利用一些经验公式确定尺寸,这种经验公式是综合考虑了结构、工艺和强度、刚度等要求,由经验得出的。例如,减速器机体的壁厚、齿轮轮缘和轮毂的厚度等。经验公式不是严格的等式,只是在一定条件下的近似关系,由此计算得到的数值,有时还应该根据具体情况作适当调整。总之,确定零件尺寸时,必须全面考虑强度、结构和工艺的要求。

(7) 正确处理计算与画图的关系。有些零件可以由计算得到尺寸后,画草图决定结构;而有些零件则需要先画草图,以取得计算所需的条件。例如,设计轴时,常由画草图来确定支点、力点的位置,才能作出弯矩图,然后进行轴的强度计算;而由计算结果又可能需要修改草图,计算和画图并非截然分开。因此,设计一般要通过边计算、边画图、边修改,亦即计算与画图交叉进行逐步完成。

零件的尺寸,以图纸上最后确定的为准,对尺寸作出修改后,并不一定要求再对零件进行强度计算,可以根据修改的幅度、原强度裕度以及计算准确程度等,来判断是否有必要再行计算。

工作任务 1　带式输送机传动方案的总体设计

 任务导入

带式输送机往往需要通过传动装置将电动机的运动和动力传到工作机,带式输送机总体传动方案设计,就是要通过分析选择,确定带式输送机从原动机到工作机之间的传动方案,从而选定电动机型号,合理分配各级传动比,计算传动装置的运动和动力参数。

主要技术参数:带式运输机通过传送带传送物料,电机驱动,连续单向运转,空载启动。运输带工作速度为 1.5 m/s,运输带速允许误差为±5%,运输带工作拉力为 5 000 N,卷筒直径为 400 mm,卷筒效率 $\eta=0.96$。双班制工作,载荷平稳,室内工作,使用寿命为10 年,大修周期为 3 年,一般机械厂生产。小批量生产。

 任务目标

了解一般机械传动装置总体方案的选择及确定;掌握电动机型号的选择;合理分配传动系统各级传动比;计算传动装置的运动和动力参数。

 知识与技能

一、选择电动机

选择电动机主要是根据工作载荷、工作机的特性和工作环境等条件,选择电动机的类型、结构、容量(功率)、转速和安装结构形式等,并确定电动机的具体型号。

1. 选择电动机的类型和结构形式

电动机的类型主要应根据电源种类、载荷性质及大小、工作情况及空间位置尺寸、启动性能和启动、制动、反转的频繁程度、转速高低和调速性能等要求来确定。

无特殊要求时一般应选用三相交流异步电动机。附表 9-1 所列的 Y 系列三相笼型异步电动机属于一般用途的全封闭自扇冷鼠笼式三相交流异步电动机,其结构简单、工作可靠、价格低廉、维护方便,适用于不易燃、不易爆、无腐蚀性气体和无特殊要求的机械上,如金属切削机床、运输机、风机、农业机械、食品机械等。在经常启动、制动和反转的场合(如起重机等),要求电动机转动惯量小和过载能力大,则应选用起重及冶金用三相异步电动机 YZ 型(鼠笼型)或 YZR 型(绕线型)。

为适应不同的输出轴要求和安装需要,电动机机体又有多种安装结构形式。根据不同防护要求,电动机结构有开启式、防护式、封闭式和防爆式等。电动机的额定电压一般为 380 V。

2. 选择电动机的容量

电动机的容量主要根据电动机运行时的发热条件来决定。电动机的发热与其运行状态有关。运行状态有 3 类,即长期连续运行、短时运行和重复短时运行。电动机的容量(功率)选得合适与否,对电动机的工作和经济性都有影响。容量小于工作要求,则不能保证工作机的正常工作,或使电动机长期过载而过早损坏;容量过大则电动机价格高,能力又不能充分发挥,由于经常不满载运行,效率和功率因数都较低,增加电能消耗,造成很大浪费。

传动装置的工作条件一般为不变(或变化很小)载荷下长期连续运行,要求所选电动机的负载不超过额定值,电动机就不会过热,通常无须校验发热和启动力矩。

所需电动机功率为

$$P_d = \frac{P_w}{\eta} \tag{2.1-1}$$

式中:P_d——工作机实际所需电动机的输出功率,kW;

P_w——工作机所需输入功率,kW;

η——电动机至工作机之间传动装置的总效率。

工作机所需工作功率 P_w,应由机器工作阻力和运动参数计算求得。在设计中,应按设计任务书给定的工作机参数,由下式计算:

$$P_w = \frac{Fv}{1\,000} \tag{2.1-2}$$

或

$$P_w = \frac{Tn}{9\,550} \tag{2.1-3}$$

式中:F——工作机的工作阻力,N;

v——工作机的线速度,m/s;

T——工作机的阻力矩,N·m;

n——工作机的转速,r/min。

传动装置的总效率应为组成传动装置的各部分效率之乘积,即

$$\eta = \eta_1 \eta_2 \eta_3 \cdots \eta_n \tag{2.1-4}$$

式中,$\eta_1,\eta_2,\eta_3\cdots,\eta_n$ 分别为每个传动副(齿轮传动、蜗杆传动、带传动或链传动)、每对轴承或每个联轴器的效率。其数值可按表 2.1-1 选取。选用表中数值时,一般可取中间值,如工作条件差、加工精度低、采用脂润滑或维护不良时应取低值;反之,可取高值。

3. 确定电动机的转速

额定功率相同的同类电动机可以有不同的转速。一般三相异步电动机常用有 3 000,1 500,1 000,750 r/min 等多种同步转速。当选用低转速电动机时,因极数较多而外廓尺寸及重量较大,故价格较高,但可使传动装置的总传动比及外形尺寸减少;当选用高转速电动机时,则相反。因此,确定电动机的转速时,应进行综合分析和比较。

为使传动装置设计合理,可根据工作机的转速要求和传动装置中各级传动的合理传动比范围推算出电动机转速的可选范围,推算公式如下:

$$n = i_1 i_2 i_3 \cdots i_n n_w \tag{2.1-5}$$

式中:n——电动机可选转速范围,r/min;

$i_1,i_2,i_3,\cdots,i_n$——各传动副合理传动比范围(按表 2.1-2 选取);

n_w——工作机的转速,r/min。

对于 Y 系列电动机,一般多选用同步转速为 1 500 r/min 或 1 000 r/min 的电动机,如无特殊需要,一般不选低于 750 r/min 的电动机。选定电动机的转速和容量后,即可在电动机产品目录中查出其型号、性能参数和主要尺寸。记下电动机的型号、额定功率、满载转速、外形尺寸、电动机中心高、轴伸尺寸和键联接尺寸等。

传动装置的设计功率通常按工作机实际需要的电动机输出功率 P_d 计算,转速则按

电动机额定功率时的转速（满载转速 n_m）计算。

表 2.1-1　机械传动和摩擦副的效率略值

种类		效率	种类		效率
圆柱齿轮传动	很好跑合的 6 级和 7 级精度齿轮传动（油润滑）	0.98～0.99	摩擦传动	平摩擦轮传动	0.85～0.92
	8 级精度的一般齿轮传动（油润滑）	0.97		槽摩擦轮传动	0.88～0.90
	9 级精度的齿轮传动（油润滑）	0.9.6		卷绳轮	0.95
	加工齿的开式齿轮传动（脂润滑）	0.94～9.6	联轴器	十字滑块联轴器	0.97～0.95
	铸造齿的开式齿轮传动	0.90～0.93		齿式联轴器	0.99
圆锥齿轮传动	很好跑合的 6 级和 7 级精度的齿轮的传动（油润滑）	0.97～0.98		弹性联轴器	0.99～0.995
	8 级精度的一般齿轮传动（油润滑）	0.94～0.97		万向联轴器	0.97～0.98
	加工齿的开式齿轮传动（油润滑）	0.92～0.95		万向联轴器	0.95～0.97
	铸造齿的开式齿轮传动	0.88～0.92	滑动轴承	滑润不良	0.94（一对）
蜗杆传动	自锁蜗杆（油润滑）	0.40～0.45		润滑正常	0.97（一对）
	单头蜗杆（油润滑）	0.70～0.75		润滑特好（压力润滑）	0.98（一对）
	双头蜗杆（油润滑）	0.75～0.82		液体摩擦	0.99（一对）
	三头和四头蜗杆（油润滑）	0.80～0.92	轴滚承动	球轴承（稀油润滑）	0.99（一对）
	环面蜗杆传动（油润滑）	0.85～0.95		滚子润滑（稀油润滑）	0.98（一对）
传动带	平面无压紧轮的开式传动	0.98		卷筒	0.96
	平面有压紧轮的开式传动	0.97	减（变）速器	单级圆柱齿轮减速器	0.97～0.98
	平带交叉传动	0.90		双级圆柱齿轮减速器	0.95～0.96
	V 带传动	0.96		行星圆柱齿轮减速器	0.95～0.98
链传动	焊接链	0.93		单级锥齿轮减速器	0.95～0.96
	片式关节链	0.95		双级圆锥—圆柱齿轮减速器	0.94～0.95
	滚子链	0.96		无级变速器	0.92～0.95
	齿形链	0.97		摆线—针轮减速器	0.90～0.97
复滑轮组	滑动轴承（$i=2\sim6$）	0.90～0.98	丝杆传动	滑动丝杠	0.30～0.60
	滚动轴承（$i=2\sim6$）	0.95～0.99		滚动丝杠	0.85～0.95

表 2.1-2　各种传动的传动比

传动类型	传动比	传动类型	传动比
平带传动	≤5	锥齿轮传动：(1) 开式	≤5
V 带传动	≤7	(2) 单级减速器	≤3

续表

传动类型	传动比	传动类型	传动比
圆柱齿轮传动:(1)开式	≤8	蜗杆传动:(1)开式	15~16
(2)单级减速器	≤4~6	(2)单级减速器	8~40
(3)单级外啮合和内啮合行星减速器	3~9	链传动	≤6
		摩擦轮传动	≤5

二、确定传动装置的总传动比和分配各级传动比

由选定的电动机满载转速 n_m 和工作机转速 n_w,可得传动装置总传动比为

$$i = n/n_w$$

总传动比为各级传动比 $i_1, i_2, i_3, \cdots, i_n$ 的连乘积,即

$$i = i_1 i_2 i_3 \cdots i_n \tag{2.1-6}$$

将总传动比合理分配给各级传动机构,可使传动装置得到较小的外廓尺寸或较轻的重量,实现降低成本和结构紧凑的目的,也可以达到使转动零件获得较低的圆周速度以减小齿轮动载荷和降低传动精度等级的要求,还可以得到较好的齿轮润滑条件。但这几方面的要求不可能同时满足,因此在分配传动比时,应根据设计要求考虑不同的分配方式。

具体分配传动比时,主要考虑以下几点:

(1)各级传动比都在各自的合理范围内,以保证符合各种传动形式的工作特点和结构紧凑。

(2)应注意使各传动件的尺寸协调,结构匀称合理。例如,带传动的传动比过大,大带轮半径大于减速器输入轴中心高度而与底架相碰,如图2.1-1所示。由带传动和单级齿轮减速器组成的传动装置中,一般应使带传动的传动比小于齿轮的传动比。

(3)要考虑传动零件结构上不会造成互相干涉碰撞。如图2.1-2所示的二级齿轮减速器,由于高速级传动比过大,致使高速级大齿轮直径过大而与低速轴相碰。

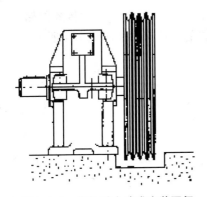

图 2.1-1　带轮过大造成安装不便

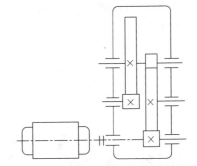

图 2.1-2　高速级大齿轮与低速轴干涉

(4)应使传动装置的总体尺寸紧凑,重量最轻。如图2.1-3所示,二级圆柱齿轮减速器的总中心距和总传动比相同时,传动比分配方案不同,减速器的外廓尺寸也不相同。

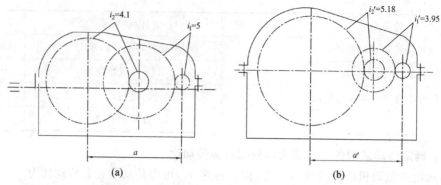

图 2.1-3 不同传动比分配对外廓尺寸的影响

（5）为使各级大齿轮浸油深度合理（低速级大齿轮浸油稍深），减速器内各级大齿轮直径应相近，以使各级齿轮得到充分浸油润滑，避免某级大齿轮浸油过深而增加搅油损失。

根据以上几种情况，对各类减速器给出了如下一些传动比分配的参考数据：

① 对展开式二级圆柱齿轮减速器，考虑润滑条件，应使两个大齿轮直径相近，低速级大齿轮略大些，推荐高速级传动比 $i_1 \approx (1.3 \sim 1.4)i_2$；对同轴线式则取 $i_1 \approx i_2$（i 为减速器的总传动比）。这些关系只适用于两级齿轮的配对材料相同，齿宽系数选取同样数值的情况。当要求获得一最小外形尺寸或最小重量时，可参看有关资料中传动比分配的计算公式。

② 对于圆锥—圆柱齿轮减速器，可取圆锥齿轮传动比为 $i_1 \approx 0.25i$，并应使 $i_1 \leqslant 3$，最大允许 $i_1 \leqslant 4$。

③ 蜗杆—齿轮减速器，可取齿轮传动比为 $i_1 \approx (0.03 \sim 0.06)i$。

④ 齿轮—蜗杆减速器，可取齿轮传动比 $i_1 \leqslant 2 \sim 2.5$。

三、传动装置运动参数和动力参数的计算

传动装置运动参数和动力参数是指各轴的转速、功率和转矩。在选定电动机型号、分配各轴传动比之后，应计算出各轴的运动参数和动力参数，为传动零件的设计计算以及轴和轴承的设计计算提供依据。一般按电动机至工作机之间运动传递的路线推算各轴的运动参数和动力参数。带式输送机传动装置的运动简图如图 2.1-4 所示。

1. 各轴的转速

$$n_i = \frac{n_m}{i_0}$$

$$n_2 = \frac{n_1}{i_1} = \frac{n_m}{i_0 i_1}$$

$$n_3 = \frac{n_2}{i_2} = \frac{n_m}{i_0 i_1 i_2}$$

式中：n_m——电动机的满载功率，r/min；

n_1, n_2, n_3——Ⅰ，Ⅱ，Ⅲ轴的转速，r/min，Ⅰ轴为高速轴，Ⅱ轴为中间轴，Ⅲ轴为低速轴；

i_0——电动机至Ⅰ轴的传动比；

i_1——Ⅰ轴至Ⅱ轴的传动比；

i_2——Ⅱ轴至Ⅲ轴的传动比。

2. 各轴的输入功率

$$P_1 = P_d \cdot \eta_{01}$$

$$P_2 = P_1 \cdot \eta_{12} = P_d \cdot \eta_{01} \cdot \eta_{12}$$

$$P_3 = P_2 \cdot \eta_{23} = P_d \cdot \eta_{01} \cdot \eta_{12} \cdot \eta_{23}$$

式中：P_d——电动机的输出功率，kW；

　　P_1, P_2, P_3——Ⅰ，Ⅱ，Ⅲ轴的输入功率，kW；

　　$\eta_{01}, \eta_{12}, \eta_{23}$——电动机与Ⅰ轴、Ⅰ轴与Ⅱ轴、Ⅱ轴与Ⅲ轴间的传动效率。

3. 各轴的转矩

$$T_1 = T_d \cdot i_0 \cdot \eta_{01} = 9\,550\,\frac{P_1}{n_1}$$

$$T_2 = T_1 \cdot i_1 \cdot \eta_{12} = 9\,550\,\frac{P_2}{n_2}$$

$$T_3 = T_2 \cdot i_2 \cdot \eta_{23} = 9\,550\,\frac{P_3}{n_3}$$

式中：T_d——电动机的输出转矩，N·m；

　　T_1, T_2, T_3——Ⅰ，Ⅱ，Ⅲ轴的输入转矩，N·m。

$$T_d = 9\,550\,\frac{P_d}{n}$$

最后，将计算结果填入表 2.1-3 中，供设计传动零件时使用。

表 2.1-3　运动参数和动力参数

参　数	轴　　名				
	电动机轴	Ⅰ轴	Ⅱ轴	Ⅲ轴	工作机轴
转速 $n/(\text{r/min})$					
功率 P/kW					
转矩 $T/(\text{N}\cdot\text{m})$					
传动比 i					
效率 η					

 任务实施

——带式输送机传动装置总体设计

图 2.1-4 为一带式输送机传动装置的运动简图,已知输送带的有效拉力 $F_w = 2\,500$ N,输送带速度 $v_w = 1.6$ m/s,滚筒直径 $D = 400$ mm,连续工作,载荷平稳,单向运转,按所给运动简图和条件,试：

(1) 选择合适的电动机；

(2) 计算传动装置的总传动比,并分配各级传动比；

(3) 计算传动装置的运动和动力参数。

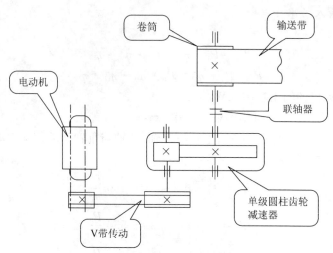

图 2.1-4 带式输送机传动装置的运动简图

1. 选择电动机

① 选择电动机类型。按工作要求和条件选取 Y 系列一般用途的全封闭自扇冷鼠笼型三相异步电动机。

② 选择电动机容量。工作机所需的功率

$$P_w = \frac{F_w v_w}{1\ 000 \eta_w} = \frac{2\ 500 \times 1.6}{1\ 000 \times 0.94} = 4.25\ \text{kW}$$

其中,带式输送机的效率 $\eta_w = 0.94$(查表 2.1-1)。

电动机的输出功率

$$P_d = \frac{P_w}{\eta}$$

其中,η 为电动机至滚筒主动轴传动装置的总效率,包括 V 带传动、一对齿轮传动、两对滚动轴承及联轴器等的效率,即

$$\eta = \eta_1 \cdot \eta_2 \cdot \eta_3^2 \cdot \eta_4$$

由表 2.1-1 查得 V 带传动效率 $\eta_1 = 0.95$,一对齿轮传动效率 $\eta_2 = 0.97$,一对滚动球轴承效率 $\eta_3 = 0.99$,联轴器效率 $\eta_4 = 0.98$,则

$$\eta = 0.95 \times 0.97 \times 0.99^2 \times 0.98 = 0.885$$

所以

$$P_d = \frac{P_w}{\eta} = \frac{4.25}{0.885} = 4.8\ \text{kW}$$

根据 P_d 选取电动机的额定功率 P_m,使 $P_m = (1 \sim 1.2)P_d = 4.8 \sim 5.76\ \text{kW}$,并由附表 9-1 查得电动机的额定功率为 $P_d = 5.5\ \text{kW}$。

③ 选择电动机的转速。先计算工作装置主轴的转速,也就是滚筒的转速,即

$$n_w = \frac{60 v_w}{\pi D} = \frac{60 \times 1.6 \times 10^3}{\pi \times 400} = 76.4\ \text{r/min}$$

根据表 2.1-3 确定传动比的范围,取 V 带传动比 $i_1 = 2 \sim 4$,单级圆柱齿轮传动比 $i_2 = 3 \sim 5$,则总传动比 i 的范围为

$$i = (2 \sim 4) \times (3 \sim 5) = 6 \sim 20$$

电动机的转速范围应为

$$n' = i \cdot n_w = (6 \sim 20) \times 76.4 = 458.4 \sim 1\ 528\ \text{r/min}$$

在这个范围内的电动机的同步转速有 750,1 000 和 1 500 r/min 三种,综合考虑电动机和传动装置的情况再确定最后的转速。为降低电动机的重量和成本,可选择同步转速为 1 000 r/min。根据同步转速查附表 9-1 确定电动机的型号为 Y132M2-6,其满载转速 n_{m} = 960 r/min。此外,电动机的中心高、外形尺寸、轴伸尺寸等均可查表得出。

2. 计算总传动比并分配各级传动比

① 计算总传动比。

$$i = \frac{n_{m}}{n_{w}} = \frac{960}{76.4} = 12.56$$

② 分配各级传动比。

为了使带传动的尺寸不至过大,满足齿轮传动的传动比大于带传动的传动比,可取带传动的传动比 $i_1 = 3$,则齿轮传动的传动比 $i_2 = \dfrac{i}{i_1} = \dfrac{12.56}{3} = 4.19$。

3. 计算传动装置的运动和动力参数

① 计算各轴的转速。

$$n_1 = \frac{n_m}{i_1} = \frac{960}{3} = 320 \text{ r/min}$$

$$n_2 = \frac{n_1}{i_2} = \frac{320}{4.19} = 76.4 \text{ r/min}$$

$$n_w = n_2 = 76.4 \text{ r/min}$$

② 计算各轴的功率。

$$P_1 = P_d \cdot \eta_{01} = 4.8 \times 0.95 = 4.56 \text{ kW}$$

$$P_2 = P_1 \cdot \eta_{12} = 4.56 \times 0.99 \times 0.97 = 4.38 \text{ kW}$$

$$P_w = P_2 \cdot \eta_{23} = 4.38 \times 0.99 \times 0.98 = 4.25 \text{ kW}$$

③ 计算各轴的转矩。

$$T_d = 9\ 550 \frac{P_d}{n_m} = 9\ 550 \times \frac{4.8}{960} = 47.75 \text{ N} \cdot \text{m}$$

$$T_1 = 9\ 550 \frac{P_1}{n_1} = 9\ 550 \times \frac{4.56}{320} = 137 \text{ N} \cdot \text{m}$$

$$T_2 = 9\ 550 \frac{P_2}{n_2} = 9\ 550 \times \frac{4.38}{76.4} = 547.5 \text{ N} \cdot \text{m}$$

$$T_w = 9\ 550 \frac{P_w}{n_n} = 9\ 550 \times \frac{4.25}{76.4} = 556.3 \text{ N} \cdot \text{m}$$

最后,将计算的结果填入表 2-1-4。

表 2-1-4 各轴的参数

参 数	轴 名			
	电动机轴	Ⅰ轴	Ⅱ轴	Ⅲ轴
转速 n/(r/min)	960	320	76.4	76.4
功率 P/kW	4.8	4.56	4.38	4.25
转矩 T/(N·m)	47.75	137	547.5	556.3
传动比 i	3		4.19	1
效率 η	0.95		0.96	0.97

一、总体传动方案的分析与确定

机器通常由原动件、传动装置和工作装置 3 部分组成。传动装置用来传递原动机的运动和动力、变换其运动形式以满足工作装置的需要,是机器的重要组成部分。传动装置的传动方案是否合理将直接影响机器的工作性能、重量和成本。

满足工作装置的功能需要是拟订合理传动方案的基本要求,如传递功率的大小、转速和运动形式等。此外,还要适应工作条件和环境要求,也就是应保证工作可靠,满足结构简单、尺寸紧凑、加工方便、成本低廉、传动效率高、使用维护方便、工艺性和经济性合理等多方面要求。一般来说,要同时满足上述全部要求往往是不可能的。因此,要通过对多个可行方案进行分析、综合比较,最终选择各项主要技术指标较优且其他各项技术指标也较好的传动方案。

图 2.1-5 所示为 4 种带式输送机的传动方案。其中图 2.1-5 a 方案中的带传动不适用于繁重的工作要求和恶劣的工作环境;图 2.1-5 b 所示方案虽然结构紧凑,但由于蜗杆的传动效率低,功率损失大,不适用于长期连续运转的传动;图 2.1-5 c 所示方案与图 2.1-5 d 所示方案主要性能相近,但图 2.1-5 d 所示方案的宽度尺寸明显小于图 2.1-5 c 所示方案。评价传动方案的优劣应从多方面进行,在课程设计时可从传动装置的外形尺寸和机械性能等方面入手进行评价。

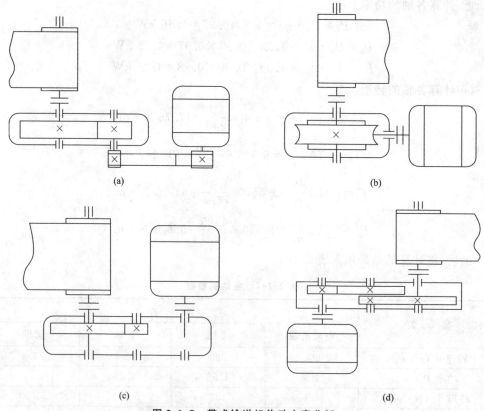

(a)　　　　　　　　　　　　　　　　(b)

(c)　　　　　　　　　　　　　　　　(d)

图 2.1-5　带式输送机传动方案分析

在传动装置设计时,应熟悉各种传动机构的特点,以便选择一个合适的机构。以下几方面内容供选择传动机构。

1. 带传动的特点

① 带传动与齿轮传动相比具有以下优点：由于传动带有弹性，能缓冲吸振，故传动平稳，噪音小；带与带轮间在过载时打滑，能防止其他零件的损坏；结构简单，维护方便，易于制造、安装，故成本低；能传递较远距离的运动，改变带长可适应不同的中心距。

② 带传动也有如下缺点：外廓尺寸较大，效率较低；除同步带外，由于有弹性滑动，故不能保证准确的传动比；由于带必须张紧在带轮上，故对轴的压力大；带的寿命较短，带与带轮间可能由于摩擦而产生静电放电，故不宜用于易燃易爆场合。

带传动多应用于功率不大（40～50 kW），速度适中（5～25 m/s），要求传动平稳，传动比不要求准确的远距离传动。在多级传动中，通常将它布置于传动系统的高速级（电机与减速机之间），以降低传递的转矩，减小带传动的结构尺寸。

2. 链传动的特点

① 链传动的主要优点：平均传动比准确，无相对滑动，工作可靠；传动效率较高；工作情况相同时结构更为紧凑；链轮轴上所受压力较小；能在高温、低速、多尘、油污及有腐蚀性介质等恶劣条件下工作。

② 链传动的主要缺点：由于多边形效应而导致瞬时传动比不恒定，传动平稳性差，工作时不可避免地产生振动、冲击和噪音；磨损后易发生跳齿和脱链现象，影响正常工作；不适合高速传动、载荷变化大和急速反转的场合，宜布置在传动系统的低速级。

通常链传动传递功率 $P \leqslant 100$ kW，传动比 $i \leqslant 8$，链速 $v \leqslant 15$ m/s，效率 η 约为 0.95～0.98。

3. 齿轮机构的特点

① 齿轮机构的主要优点是：能保证两齿轮间精确的瞬时传动比；传动效率高，一般可达 0.95～0.98；工作可靠，传动平稳，使用寿命长；适用的圆周速度和功率范围广，圆周速度可以从接近 0 到 300 m/s，功率可以从很小到 10^5 kW。

② 齿轮机构的主要缺点是：制造精度和安装精度要求较高，因而成本高；中心距有限制，不宜用于两轴间距离较大的传动。

斜齿轮传动的平稳性较直齿轮传动好，承载能力大，常用在要求结构尺寸小或要求传动平稳的场合。

圆锥齿轮加工较困难，大直径、大模数的圆锥齿轮加工更为困难，所以只有在需改变轴的布置方向时才采用。此外，圆锥齿轮传动尽量放在高速级，并限制传动比，以减小圆锥齿轮的直径和模数。

开式齿轮传动的工作环境较差、润滑条件不好、磨损较严重、寿命较短，应布置在低速级或用于不重要的场合。

4. 蜗杆传动的特点

① 蜗杆传动的优点：传动比大、机构紧凑；用于动力传动时传动比可达 8～80，一般传动比为 10～40，若只传递运动（如分度运动），其传动比可达 1 000；传动平稳、无噪音、振动较小；反向行程时可自锁，安全保护。

② 蜗杆传动的缺点：齿面相对滑动速度大，易磨损，当蜗杆为主动件时，效率一般为 0.7～0.8，当传动设计成具有自锁性能时，效率小于 0.5；为了散热和减少磨损，蜗轮要采用价格较贵的有色金属制造，如青铜等。

由于以上特点，蜗杆传动适用于中、小功率且间歇运转的场合。当与齿轮传动组合应用时，最好布置在高速级，使其传递的扭矩较小，以减小蜗轮尺寸。对于传递动力且连续工作的场合，应选择多级齿轮传动来实现大传动比。

二、分析减速器的类型和构造

进行减速器设计以前，应初步了解减速器的组成和结构，可以结合参观模型和实物、进行拆装减速器实验以及阅读典型的减速器装配图来达到这一要求。读图步骤大体如下：

① 配合标题栏和零件明细表，了解每个零件的名称、位置、用途、特点、规格、数量和材料等。

② 以一个视图为重点（对圆柱齿轮减速器为俯视图，对蜗杆减速器为主视图），分析传动零件、轴系零件相互位置、装配调整关系和润滑密封方法，分析滚动轴承类型、特点和支承结构。

③ 分析机体结构，并结合各个局部剖视分析附件结构、作用和特点。

④ 了解减速器的技术特性和技术要求相关内容。读图时为了深入了解零件结构，可以查对零件工作图。还应注意建立尺寸概念，即了解各零件尺寸与总体尺寸之间的联系。

三、确定传动方案

在了解减速器结构的基础上，根据工作条件，确定以下内容。

1. 选定减速器传动级数

传动级数由传动件类型、传动比和空间位置要求而定。对于圆柱齿轮传动，减速器传动比 $i>8$ 时，采用二级传动可以得到较小的结构尺寸和重量。

2. 确定传动件布置形式

没有特殊要求时，尽量采用卧式（轴线水平布置）。对二级圆柱齿轮减速器，由传递功率的大小和轴线布置要求来决定采用展开式、分流式、同轴线式或中心驱动式；蜗杆减速器的蜗杆位置是上置还是下置，通常由蜗杆圆周速度大小来决定。

3. 决定减速器机体结构

通常在没有特殊要求时，齿轮减速器机体都采用沿齿轮轴线水平剖分的结构，以利于加工和装配。对于蜗杆减速器，也有用整体式机体的结构。减速器一般采用铸造箱体，对于单件、小批量产品或有特殊要求的产品，也可以采用焊接箱体。

4. 初定轴承类型

一般减速器都用滚动轴承。滚动轴承的类型由载荷和速度等要求而定。对于直齿轮圆柱齿轮传动，可采用深沟球轴承；对于斜齿圆柱齿轮传动，轴向力较小时可采用深沟球轴承、轴向力较大时可采角接触球轴承或圆锥滚子轴承；对于圆锥齿轮传动，轴向力较小时可采用深沟球轴承、轴向力较大时可采角接触球轴承或圆锥滚子轴承；对于蜗杆减速器，由于蜗杆轴受较大轴向力，选择轴承类型及布置形式时应满足轴向力要求。此外，选择轴承时还要考虑轴承的固定、润滑、密封、调整以及决定轴承端盖的结构形式。蜗杆轴受轴向力较大，其轴承类型及布置形式要考虑轴向力的大小。此外，对各种轴承都要考虑轴承的调整和密封方法，并确定端盖结构。

5. 选择联轴器的类型

高速轴常用弹性联轴器，低速轴常用可移式刚性联轴器或弹性联轴器。

工作任务 2　带传动设计

任务导入

设计传动装置时，必须先确定各级传动零件的尺寸、参数、材料和结构。由传动装置运动及动力参数计算得出的数据及设计任务书给定的工作条件，即为传动零件设计的原始数据。一般应先进行减速器外传动零件的计算（如带传动、链传动、联轴器和开式齿轮传动等），使随后设计减速器时的原始条件比较准确。

对如图 2.1-5 所示的带式输送机，进行总体方案设计后即可接着设计电动机和减速器之间的带传动了。

任务目标

知识目标　了解带传动的工作原理类型、特点及其应用；掌握 V 带与 V 带轮的结构、材料及相应的标准；了解 V 带与 V 带轮的标记的含义；理解带传动的受力分析、应力分析及带传动的弹性滑动与打滑的区别及滑动率的意义；掌握带传动的传动比的计算。

能力目标　理解掌握带传动的失效形式和设计准则；掌握单根 V 带传递功率的确定和主要参数的合理选择；了解带传动的一般设计步骤；掌握带传动的张紧、安装与维护。

知识与技能

根据给定的技术参数确定 V 带型号、根数 z 和长度 L_d，选定中心距 a，确定初拉力 F_0 及对轴的压力 F_Q，确定带轮的直径、材料、结构形式和尺寸等。

一、带传动的类型

带传动是机械传动系统中用以传递运动和动力的常用传动之一。带传动通常是由主动轮、从动轮和张紧在两轮上的挠性传动带所组成，如图 2.2-1 所示。

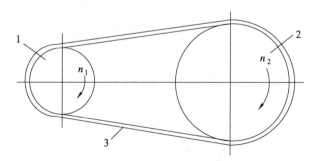

1—主动轮；2—从动轮；3—挠性传动带
图 2.2-1　带传动的组成

根据工作原理的不同，带传动可分为摩擦带传动和啮合带传动两类。

摩擦带传动中，传动带呈环形，并以一定的张紧力 F_0 紧套在两轮上，从而使带与带轮接触面间产生一定的正压力 F_N。当主动轮 1 转动时，依靠带与带轮间的摩擦力 F_f，将主动轮的运动和动力传递到从动轮上。

按照带的截面形状,传动带可分为平带、V带(俗称三角带)、多楔带与圆形带等,如图 2.2-2 所示。平带的横截面为扁平矩形,其工作面是与轮面接触的内表面(见图 2.2-2a),其传动结构最简单,多用于中心距较大的传动。近年来平带传动应用已大为减少,但在高速带传动中,多采用薄而轻的平带。V 带的横截面为等腰梯形,其两侧面为工作表面,即靠带的两侧面与轮槽两侧面相接触产生的摩擦力进行工作(见图 2.2-2b)。当张紧力相同时,由于 V 带传动利用楔形槽摩擦原理,V 带传动较平带传动能产生更大的摩擦力,如图 2.2-2a 和图 2.2-2b 所示。故其传动能力也较平带传动为大,在传递同样功率的情况下,V 带传动的结构更为紧凑。因此,在一般机械传动中,V 带传动应用较平带传动广泛。

多楔带是在其扁平胶带基体下有若干条等距纵向楔形凸起,带轮上有相应的环形轮槽,靠楔面摩擦工作(见图 2.2-2c),有平带和 V 带的优点,而弥补其不足。适用于要求结构紧凑,传递功率较大及速度较高的场合。特别适用于要求 V 带根数较多或轮轴垂直于地面的传动。

圆形带的横截面为圆形(见图 2.2-2d),只用于小功率传动中,如缝纫机、真空泵和磁带盘等的机械传动和一些仪器中。

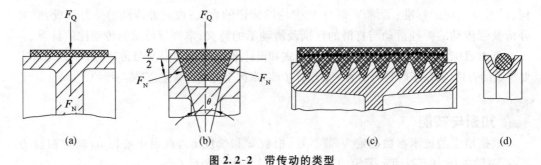

图 2.2-2　带传动的类型

啮合带传动只有同步齿形带一种,如图 2.2-3 所示。它是靠带的内表面上的凸齿与带轮外缘上的轮齿相啮合来传动的带和带轮面间无相对滑动,因而主、从动轮线速度相等,能保持准确的传动比,但价格较高,常用于要求传动比准确的中小功率传动。

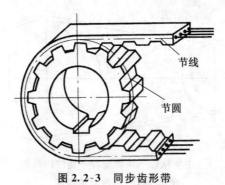

图 2.2-3　同步齿形带

二、V 带和带轮

1. V 带的结构和标准

(1) 普通 V 带

普通 V 带的截面结构如图 2.2-4 所示,由包布、顶胶、抗拉体和底胶 4 部分构成。包布由胶帆布构成,形成 V 带保护外壳;顶胶和底胶主要由橡胶构成;抗拉体有帘布芯结构(见图 2.2-4a)和绳芯结构(见图 2.2-4b)两种。帘布芯 V 带抗拉强度较高,制造方便,型号齐全,应用较广。绳芯 V 带柔韧性好,抗弯强度高,适用于转速较高,载荷不大和带轮直径较小的场合。

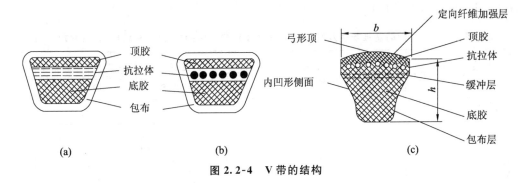

图 2.2-4　V 带的结构

普通 V 带制成无接头的环形,当垂直其底边弯曲时,在带中保持原长度不变的任一条周线称为节线;由全部节线构成的面称为节面(中性面),如图 2.2-5 所示。带中节面长度和宽度均不变,其宽度 b_p 称为节宽。截面高度 h 和节宽 b_p 的比值约为 0.7,楔角 θ (带两侧面间的夹角)为 40°的 V 带称为普通 V 带,已标准化。

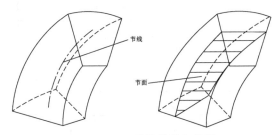

图 2.2-5　V 带的节线和节面

V 带装在带轮上,和节宽相对应的带轮直径称为基准直径 d_d,V 带在规定张紧力下,位于测量带轮基准直径上的周线长度称为带的基准长度 L_d,它用于带传动的几何计算。普通 V 带按截面尺寸分为 Y,Z,A,B,C,D,E 七种型号。其基本尺寸列于表 2.2-1。其中 Y 型尺寸最小,只用于不传递动力的仪器等机构中。目前国产绳芯 V 带仅有 Z,A,B,C 四种型号。

表 2.2-1　普通 V 带的截型与截面基本尺寸(摘自 GB/T 11544—1997)

V 带截型 (窄 V 带)	Y	Z (SPZ)	A (SPA)	B (SPB)	C (SPC)	D	E
节宽 b_p	5.3	8	11.0	14.0	19.0	27.0	32.0
顶宽 b	6.0	10.0	13.0	17.0	22.0	32.0	38.0
高度 h	4.0	6.0 (8)	8.0 (10)	11.0 (14)	14.0 (18)	19.0	23.0
楔角 θ	40°						
$m/(\text{kg} \cdot \text{m})$	0.02	0.06 (0.07)	0.10 (0.12)	0.17 (0.20)	0.30 (0.37)	0.62	0.90

普通 V 带基准长度及配组公差见表 2.2-2。表中配组公差范围内的多根同组 V 带称为配组带,采用配组带可使各带承载不均匀程度减小。普通 V 带的标记:截型 基准长度 标准编号。

标记示例:按 GB/T 11544—97 制造的基准长度为 1 600 mm 的 B 型普通 V 带标记为:B 1 600 GB/T 11544—97。

表 2.2-2　V 带的基准长度及配组公差(GB/T 13575.1—92,参照 ISO 11544－1997)　mm

基准长度 L_d		200	224	250	280	315	355	400	450	500	560	630	710	800	900	1000	1120	1250	1400	1600	1800	2000	2240	2500	2800	3150	3550	4000	4500	5000	5600	6300	7100	8000	9000	10000
普通 V 带截型	Y	*	*	*	*	*	*	*	*	*																										
	Z							*	*	*	*	*	*	*	*	*	*	*	*	*																
	A											*	*	*	*	*	*	*	*	*	*	*	*	*	*											
	B														*	*	*	*	*	*	*	*	*	*	*	*	*	*	*	*	*					
	C																							*	*	*	*	*	*	*	*	*	*	*	*	*
	D																												*	*	*	*	*	*	*	*
	E																															*	*	*	*	*
配组公差						2														4					8				12				20			32	
窄 V 带截型												*	*	*	*	*	*	*	*	*	*	*	*	*	*	*	*									
																*	*	*	*	*	*	*	*	*	*	*	*	*	*							
																			*	*	*	*	*	*	*	*	*	*	*	*						
																						*	*	*	*	*	*	*	*	*	*	*	*	*	*	*
配组公差													2											4			6				10				16	

注:＊表示各截型 V 带的基准长度。

(2) 窄 V 带

窄 V 带是一种新型 V 带,如图 2.2-4 c 所示。普通 V 带的相对高度(截面高 h 与节宽 b_p 之比)为 0.7,而窄 V 带为 0.9,其顶宽约为同高度的普通 V 带的 3/4。其顶面呈拱形,使受载后抗拉层仍处于同一面内,受力均匀。其抗拉层与节线位置较普通 V 带略有上移,而两侧面呈内凹,使其在带轮上弯曲变形后能与槽面贴接良好,增大摩擦力。窄 V 带能传递的功率较同级普通 V 带可提高 0.5～1.5 倍,可达 1 200 kW,且适用于高速传动(20～25 m/s),带速可达 40～50 m/s。其相对高度虽然增大,但由于包布层材料的改进,却具有更好的柔顺性,可适应较小的带轮和中心距,且由于带轮的槽宽与槽距小,故轮宽较窄,结构较紧凑。

公制 SP 系列的窄 V 带有 SPZ,SPA,SPB,SPC 四种截型,其截面基本尺寸及基准长度见表 2.2-2 和表 2.2-3,其带轮最小基准直径 d_{dmin} 分别为 63,90,140,224,其余 d_d 值与相应截型的普通 V 带轮的 d_d 值相同。其他参数可查阅有关手册。

(3) 其他 V 带

大楔角 V 带的楔角则为 60°。这种带材料的摩擦系数大($f=0.48$),重量轻,故弯曲应力及离心应力均较小,工作时,其抗拉层受力均匀是这种 V 带的特点。

将内周制成齿形的齿形 V 带能适应较小的带轮,与槽面贴合良好。

在有冲击载荷或振动很大的场合下,V 带可能由于抖动而从槽中脱出,甚至侧转。为避免这些现象发生,可在各单根 V 带的顶面加一帘布与橡胶的连接层,而构成联组 V 带。

在必须调节带长时,可采用活络 V 带或接头 V 带,但只适用于低速轻载场合。需要带两面工作的场合,可用双面 V 带。

其中,普通 V 带传动应用最广泛。

2．V 带轮的材料和结构

V 带轮常用材料为灰铸铁,当 $v<25$ m/s 时,可用 HT150;当 $v=25\sim30$ m/s 时,可用 HT200;高速带轮可用铸钢;小功率传动时可用铝合金和工程塑料。单件小批量生产时,可将钢板冲压成形后焊接。

带轮由轮缘、轮毂和轮辐 3 部分组成。轮缘是带轮外圈部分,其上制有与 V 带相应的轮槽。普通 V 带轮槽形尺寸见表 2.2-3。表中带轮槽角 φ 规定为 32°,34°,36° 和 38°,而 V 带楔角 θ 为 40°。这是考虑到带在带轮上弯曲时,其截面形状的变化使楔角减小,从而使带和带轮槽面接触良好,轮毂是带轮的内圈与轴相联接的部分,连接轮缘和轮毂的中间部分为轮辐。带轮按轮辐结构不同,分为实心式、辐板式、孔板式和椭圆轮辐式。通常根据带轮基准直径 d_d 选用:当 $d_d\leqslant(2.5\sim3)d$(d 为带轮轴的直径,mm)时,可采用实心式带轮;当 $d_d\leqslant300$ mm 时,可采用辐板式带轮;当 $d_d-d_1\geqslant100$ mm 时,可采用孔板式带轮;当 $d_d>300$ mm 时,可采用椭圆轮辐式带轮,如图 2.2-6 所示。普通 V 带轮的基准直径系列,见表 2.2-4。

表 2.2-3　普通 V 带轮轮槽尺寸(摘自 GB/T 13575.1—92,等效 ISO 4183—1989)　　mm

	型号		Y	Z	A	B	C	D	E
	b_p		5.3	8.5	11.0	14.0	19.0	27.0	32.0
	h_a		1.6	2.0	2.75	3.5	4.8	8.1	9.6
	h_{fmin}		6.3	9.5	12	15	20	28	33
	e		8	12	15	19	25.5	37	44.5
	f_{min}		6	7	9	11.5	16	23	28
	δ_{min}		5	5.5	6	7.5	10	12	15
	B		$B=(z-1)l+2f$　(z 为轮槽数)					
φ	32°	d_d	≤60	—	—	—	—	—	—
	34°		—	≤80	≤118	≤190	≤315	—	—
	36°		>60	—	—	—	—	≤475	≤600
	38°		—	>80	>118	>190	>315	>475	>600

V 带轮的结构设计主要是根据带轮的基准直径选择结构形式,再根据 V 带的型号按表 2.2-3 确定轮槽尺寸,带轮的其他结构尺寸,可参照图 2.2-6 中的经验公式确定。

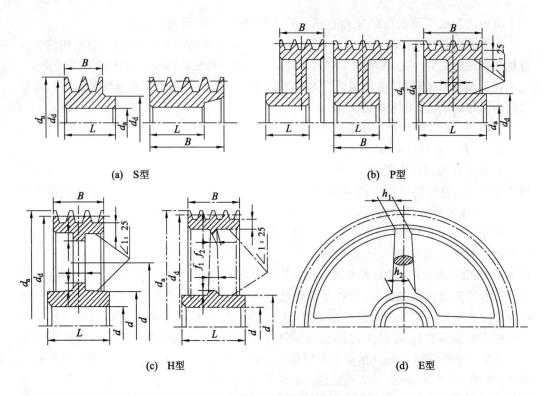

(a) S型   (b) P型

(c) H型   (d) E型

结构尺寸	计 算 公 式						
d_1	$d_1 = (1.8 \sim 2)d_0$，d_0 为轴的直径						
d_2	$d_2 = d_d - 2(h_f + \delta)$						
d_k	$d_k = 0.5(d_1 + d_2)$						
d_0	$d_0 = (0.2 \sim 0.3)(d_2 - d_1)$						
L	$L = (1.5 \sim 2)d_0$，当 $B < 1.5d_0$ 时，$L = B$						
S	型号	Y	Z	A	B	C	D	E
	S_{min}	6	8	10	14	18	22	28
h_1	$h_1 = (F \cdot d_0 / 0.8z_0)^{1/3}$ f——有效拉力，N d_d——带轮基准直径，mm z_0——轮辐数						
h_2	$0.8h_1$						
a_1	$0.8h_1$						
a_2	$0.4h_1$						
f_1	$0.2h_1$						
f_2	$0.2h_2$						

图 2.2-6 普通 V 带带轮结构

表 2.2-4　普通 V 带轮的基准直径 d_d（摘自 GB/T 13575.1—92，等效 ISO 4183—1989）

基准直径公称值/mm	Y	Z	A	B	C	基准直径公称值/mm	Z	A	B	C	D	E
28	*					265				+		
31.5	*					280	*	*	*	*		
35.5	*					300				*		
40	*					315	*	*	*	*		
45	*					335				+		
50	*	*				355					*	
56	*	*				375	*	*	*	*	+	
63	*	*				400				*	*	
71	*	*				425				*	*	
75		*	*			450				*	*	
80	*	*	*			475					+	
85			+			500		*				*
90	*	*	*			530					*	*
95			+			560	*	*	*	*	*	*
100	*	*	*			600		*	+	*	+	*
106			+			630	*	*	*	*	*	*
112	*	*	*			670						
118			+			710			*	*	*	*
125	*	*	*	*		750		*	+	*	*	*
132	*		+	+		800		*	*	*	*	*
140		*	*	*		900			+	*	*	*
150		*	*	*		1 000				*	*	*
160		*	*	*		1 060					*	
170				+		1 120			*	*	*	*
180		*	*	*		1 250			*	*	*	*
200		*	*	*	*	1 400				*	*	*
212					*	1 500					*	
224		*	*	*	*	1 600				*	*	*
236					*	1 800				*	*	*
250		*	*	*	*	2 000				*	*	*

注:(1) 标号 * 的带轮基准直径为推荐值,其对应的每种截型中的最小值为该截型带轮的最小基准直径 d_{dmin};

(2) 标号＋的带轮基准直径尽量不选用;

(3) 无记号的带轮基准直径不推荐选用。

三、带传动的失效形式和设计准则及单根 V 带的额定功率

1. 带传动的失效形式和设计准则

摩擦带传动的主要失效形式是带在带轮上打滑和带的疲劳破坏(带在变应力作用下,局部出现脱层、撕裂或拉断)。因此,带传动的设计准则是:在保证带传动时不打滑的条件下,同时具有足够的疲劳强度和一定的使用寿命。

要保证在变应力作用下的传动带有一定的疲劳寿命,必须满足

$$\sigma_{max} = \sigma_1 + \sigma_c + \sigma_{b1} \leqslant [\sigma] \tag{2.2-1}$$

131

式中，$[\sigma]$ 为根据疲劳寿命决定的带的许用应力，MPa；σ_1 为带的紧边拉应力；σ_L 为带的离心拉应力；σ_{L1} 为带在小带轮上的弯曲应力。

要保证带不打滑，由式(2.2-17)可得带的极限有效拉力

$$F_{\max} = F_1\left(1 - \frac{1}{e^{f_v\alpha_1}}\right) \tag{2.2-2}$$

2. 单根 V 带的额定功率

在传动装置正确安装和维护的条件下，按规定的几何尺寸和环境条件，在规定的寿命期限内，单根 V 带所能传递的功率，称为单根 V 带的额定功率。在满足设计准则的前提下，单根 V 带所能传递的额定功率 P，可由式(2.2-17)、式(2.2-1)和式(2.2-2)推导得

$$P = \frac{Fv}{1\,000} = \frac{F_1\left(1 - \dfrac{1}{e^{f_v\alpha_1}}\right)}{1\,000}v = ([\sigma] - \sigma_{b1} - \sigma_c)\left(1 - \frac{1}{e^{f_v\alpha_1}}\right)\frac{Av}{1\,000} \tag{2.2-3}$$

为了设计方便，将包角 $\alpha_1 = \alpha_2 = 180°$，特定基准长度，载荷平稳时，单根普通 V 带所能传递的额定功率 P_1，称为单根 V 带的基本额定功率。由式(2.2-3)计算得的 P_1 值列于表 2.2-5。但是带传动的实际工作条件往往与上述特定条件不同，其所能传递的功率也就有所不同，应对由表 2.2-5 查得的 P_1 值加以修正。因此，实际工作条件下，单根 V 带的额定功率

$$P' = (P_1 + \Delta P_1)K_\alpha K_L \tag{2.2-4}$$

式中：ΔP_1——额定功率增量，当 $i \neq 1$ 时，带在大带轮上的弯曲应力较小，在同样寿命下，带传动传递的功率可以增大些。其值查表 2.2-6。

K_α——包角修正系数，考虑 $\alpha \neq 180°$ 时，对传动能力影响的修正系数，见表 2.2-7；

K_L——带长修正系数，考虑带的实际长度不为特定长度时，对传动能力影响的修正系数，见表 2.2-8。

表 2.2-5　特定条件下单根 V 带的基本额定功率值 P_1 (摘自 GB/T 13575—1992)　　kW

型号	小带轮基准直径 d_{d1}/mm	小带轮转速 n_i/(r·min^{-1})											
		200	400	730	800	980	1200	1460	1600	1800	2000	2400	2800
Y	20					0.02	0.02	0.02	0.03	0.03	0.03	0.04	0.04
	25			0.03	0.03	0.03	0.04	0.05	0.05	0.05	0.06	0.07	
	28			0.03	0.04	0.04	0.05	0.05	0.06	0.06	0.07	0.08	
	31.5		0.03	0.04	0.04	0.05	0.06	0.06	0.07	0.07	0.90	0.10	
	35.5		0.04	0.05	0.05	0.06	0.06	0.07	0.07	0.08	0.09	0.10	
	40		0.04	0.05	0.06	0.07	0.08	0.09	0.10	0.11	0.12	0.14	
	45	0.04	0.05	0.06	0.07	0.07	0.09	0.11	0.11	0.12	0.14	0.16	
	50	0.05	0.06	0.07	0.08	0.09	0.11	0.12	0.13	0.14	0.16	0.18	
Z	50	0.06	0.09	0.10	0.12	0.14	0.16	0.17	0.18	0.20	0.22	0.26	
	56	0.06	0.11	0.12	0.14	0.17	0.19	0.20	0.22	0.25	0.30	0.33	
	63	0.08	0.13	0.15	0.18	0.22	0.25	0.27	0.30	0.32	0.37	0.41	
	70	0.09	0.17	0.20	0.23	0.27	0.31	0.33	0.36	0.39	0.46	0.50	
	80	0.14	0.20	0.22	0.26	0.30	0.36	0.39	0.41	0.44	0.50	0.56	
	90	0.14	0.22	0.24	0.28	0.33	0.37	0.40	0.44	0.48	0.54	0.60	

型号	小带轮基准直径 d_{d1}/mm	小带轮转速 n_i/(r·min⁻¹)											
		200	400	730	800	980	1200	1460	1600	1800	2000	2400	2800
A	75	0.16	0.27	0.42	0.45	0.52	0.60	0.68	0.73	0.78	0.84	0.92	1.00
	80	0.18	031	0.49	0.52	0.61	0.71	0.81	0.87	0.94	1.01	1.12	1.22
	90	0.22	0.39	0.63	0.68	0.79	0.93	1.07	1.15	1.24	1.34	1.50	1.64
	100	0.26	0.47	0.77	0.83	0.97	1.14	1.32	1.42	1.54	1.66	1.87	2.05
	112	0.31	0.56	0.93	1.00	1.18	1.39	1.62	1.74	1.89	2.04	2.30	2.51
	125	0.37	0.67	1.11	1.19	1.40	1.66	1.93	2.07	2.25	2.44	2.74	2.98
	140	0.43	0.78	1.31	1.41	1.66	1.96	2.29	2.45	2.66	2.87	3.22	3.48
	160	0.51	0.94	1.56	1.69	2.00	2.36	2.74	2.94	3.17	3.42	3.80	4.06
B	125	0.48	0.84	1.34	1.44	1.67	1.93	2.20	2.33	2.50	2.64	2.85	2.96
	140	0.59	1.05	1.69	1.82	2.13	2.47	2.83	3.00	3.23	3.42	3.70	3.85
	160	0.74	1.32	2.16	2.32	2.72	3.17	3.64	3.86	4.15	4.40	4.75	4.89
	180	0.88	1.59	2.61	2.81	3.30	3.85	4.41	4.68	5.02	5.30	5.67	5.76
	200	1.02	1.85	3.06	3.30	3.86	4.50	5.15	5.46	5.83	6.13	6.47	6.43
	224	1.19	2.17	3.59	3.86	4.50	5.26	5.99	6.33	6.73	7.02	7.25	6.95
	250	1.37	2.50	4.14	4.46	5.22	6.04	6.85	7.20	7.63	7.87	7.89	7.14
	280	1.58	2.89	4.77	5.13	5.93	6.90	7.78	8.13	8.46	8.60	8.22	6.80
C	200	1.39	2.41	3.80	4.07	4.66	5.29	5.86	6.07	6.28	6.34	6.02	5.01
	224	1.70	2.99	4.78	5.12	5.89	6.71	7.47	7.75	8.00	8.06	7.57	6.08
	250	2.03	3.62	5.82	6.23	7.18	8.21	9.06	9.38	9.63	9.62	8.75	6.56
	280	2.42	4.32	6.99	7.52	8.65	9.81	10.47	11.06	11.22	11.04	9.50	6.13
	315	2.86	5.14	8.34	8.92	10.23	11.53	12.48	12.72	12.67	12.14	9.43	4.16
	355	3.36	6.05	9.79	10.46	11.92	13.31	14.12	14.19	13.73	12.59	7.98	—

表 2.2-6 考虑 $i \neq 1$ 时,单根普通 V 带的基本额定功率增量 ΔP_1(摘自 GB/T 13575—1992) kW

型号	传动比 i	小带轮转速 n_i/(r·min⁻¹)											
		200	400	730	800	980	1200	1460	1600	1800	2000	2400	2800
Y	1.19~1.24	0.00	0.00	0.00	0.00	0.00	0.00	0.01	0.01	0.01	0.01	0.01	0.01
	1.25~1.34	0.00	0.00	0.00	0.00	0.01	0.01	0.01	0.01	0.01	0.01	0.01	0.01
	1.35~1.51	0.00	0.00	0.00	0.00	0.01	0.01	0.01	0.01	0.01	0.01	0.01	0.02
	1.52~1.99	0.00	0.00	0.00	0.00	0.01	0.01	0.01	0.01	0.01	0.01	0.02	0.02
	≥2	0.00	0.00	0.00	0.00	0.01	0.01	0.01	0.01	0.01	0.02	0.02	0.02
Z	1.19~1.24	0.00	0.00	0.00	0.01	0.01	0.01	0.02	0.02	0.02	0.02	0.03	0.03
	1.25~1.34	0.00	0.00	0.01	0.01	0.01	0.02	0.02	0.02	0.02	0.03	0.03	0.03
	1.35~1.51	0.00	0.00	0.01	0.01	0.02	0.02	0.02	0.02	0.03	0.03	0.03	0.04
	1.52~1.99	0.01	0.01	0.01	0.02	0.02	0.02	0.02	0.03	0.03	0.03	0.04	0.04
	≥2	0.01	0.01	0.02	0.02	0.02	0.03	0.03	0.03	0.04	0.04	0.04	0.04
A	1.19~1.24	0.01	0.03	0.05	0.05	0.06	0.08	0.09	0.11	0.12	0.13	0.16	0.19
	1.25~1.34	0.02	0.03	0.06	0.06	0.07	0.10	0.11	0.13	0.14	0.16	0.19	0.23
	1.35~1.51	0.02	0.04	0.07	0.08	0.08	0.11	0.13	0.15	0.17	0.19	0.23	0.26
	1.52~1.99	0.02	0.04	0.08	0.09	0.10	0.13	0.15	0.17	0.19	0.22	0.26	0.30
	≥2	0.03	0.05	0.09	0.10	0.11	0.15	0.17	0.19	0.21	0.24	0.29	0.34

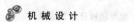

机械设计

续表

型号	传动比i	小带轮转速 n_i/(r·min⁻¹)											
		200	400	730	800	980	1200	1460	1600	1800	2000	2400	2800
B	1.19~1.24	0.04	0.07	0.12	0.14	0.17	0.21	0.25	0.28	0.32	0.35	0.42	0.49
	1.25~1.34	0.02	0.03	0.06	0.06	0.07	0.10	0.11	0.13	0.14	0.16	0.19	0.23
	1.35~1.51	0.05	0.10	0.17	0.20	0.23	0.30	0.36	0.39	0.44	0.49	0.59	0.69
	1.52~1.99	0.06	0.11	0.20	0.23	0.26	0.34	0.40	0.45	0.51	0.56	0.68	0.79
	≥2	0.06	0.13	0.22	0.25	0.30	0.38	0.46	0.51	0.57	0.63	0.76	0.89
C	1.19~1.24	0.10	0.20	0.34	0.39	0.47	0.59	0.71	0.78	0.88	0.98	1.18	1.37
	1.25~1.34	0.12	0.23	0.41	0.47	0.56	0.70	0.85	0.94	1.06	1.17	1.41	1.64
	1.35~1.51	0.14	0.27	0.48	0.55	0.65	0.82	0.99	1.10	1.23	1.37	1.65	1.92
	1.52~1.99	0.16	0.31	0.55	0.63	0.74	0.94	1.14	1.25	1.41	1.57	1.88	2.19
	≥2	0.18	0.35	0.62	0.71	0.83	1.06	1.27	1.41	1.59	1.76	2.12	2.47

表 2.2-7　包角修正系数 K_α（摘自 GB/T 13575—1992）

小轮包角 α_1	180°	175°	170°	165°	160°	155°	150°	145°	140°	135°	130°	125°	120°
K_α	1	0.99	0.98	0.96	0.95	0.93	0.92	0.91	0.89	0.88	0.86	0.84	0.82

表 2.2-8　带长修正系数 K_L（摘自 GB/T 13575—1992）

基准长度 L_d/mm	带长系数 K_L					基准长度 L_d/mm	带长系数 K_L				
	Y	Z	A	B	C		A	B	C	D	E
200	0.81					2 000	1.03	0.98	0.88		
224	0.82					2 240	1.06	1.00	0.91		
250	0.84					2 500	1.09	1.03	0.93		
280	0.87					2 800	1.11	1.05	0.95	0.83	
315	0.89					3 150	1.13	1.07	0.97	0.86	
355	0.92					3 550	1.17	1.09	0.99	0.89	
400	0.96	0.87				4 000	1.19	1.13	1.02	0.91	
450	1.00	0.89				4 500		1.15	1.04	0.93	0.90
500	1.02	0.91				5 000		1.18	1.07	0.96	0.92
560		0.94				5 600			1.09	0.98	0.95
630		0.96	0.81			6 300			1.12	1.00	0.97
710		0.99	0.83			7 100			1.15	1.03	1.00
800		1.00	0.85			8 000			1.18	1.06	1.02
900		1.03	0.87	0.82		9 000			1.21	1.08	1.05
1 000		1.06	0.89	0.84		10 000			1.23	1.11	1.07
1 120		1.08	0.91	0.86		11 200				1.14	1.10
1 250		1.11	0.92	0.88		12 500				1.17	1.12
1 400		1.14	0.96	0.90		14 000				1.20	1.15
1 600		1.16	0.99	0.92	0.83	16 000				1.22	1.18
1 800		1.18	1.01	0.95	0.86						

任务实施

——带式输送机普通 V 带传动设计

带式运输机普通 V 带传动设计,根据给定的技术参数(由任务一减速器传动装置总体设计求得)和带式运输机工作要求,确定 V 带型号、根数 Z 和长度 L_d;选定中心距 a;确定初拉力 F_0 及对轴的压力 F_Q;确定带轮的直径、材料、结构形式和尺寸等。

一、普通 V 带传动设计的一般步骤及传动参数的选择

1. 确定设计功率 P_d

考虑载荷的性质、原动机和工作机的种类及每天工作的时间等因素,设计功率 P_d 应比要求传递的功率 P 略大,即

$$P_d = K_A P \tag{2.2-5}$$

式中,K_A 为工作情况系数(查表 2.2-9)。

表 2.2-9 工作情况系数 K_A(摘自 GB/T 13575—1992)

载荷性质	工作机	原动机					
		空、轻载启动			重载启动		
		每天工作小时/h					
		<10	10~16	>16	<10	10~16	>16
载荷变动微小	液体搅拌机、通风机和鼓风机(≤7.5 kW)、离心式水泵和压缩机、轻型输送机	1.0	1.1	1.2	1.1	1.2	1.3
载荷变动小	带式输送机(不均匀负荷)、通风机(>7.5 kW)、旋转式水泵和压缩机(非离心式)、发电机、金属切削机床、旋转筛、锯木机和木工机械	1.1	1.2	1.3	1.2	1.3	1.4
载荷变动较大	制砖机、斗式提升机、往复式水泵和压缩机、起重机、磨粉机、冲剪机床、橡胶机械、振动筛、纺织机械、重载输送机	1.2	1.3	1.4	1.4	1.5	1.6
载荷变化很大	破碎机(旋转式、颚式等)、磨碎机(球磨、棒磨、管磨)	1.3	1.4	1.5	1.5	1.6	1.8

注:1. 空、轻载启动——电动机(交流启动、三角启动、直流并励)、四缸以上的内燃机、装有离心式离合器、液力联轴器的动力机;

2. 重载启动——电动机(联机交流启动、直流复励或串联)、四缸以下的内燃机;

3. 反复启动、正反转频繁、工作条件恶劣等场合,K_A 应乘以 1.2。

2. 选择带的型号

根据设计功率 P_d 和小带轮转速 n_1,由图 2.2-7 选择带的型号。当坐标点位于图中型号分界线附近时,可初选两种相邻的型号,作为两个方案进行设计计算,最后比较两种方案的设计结果,择优选用。

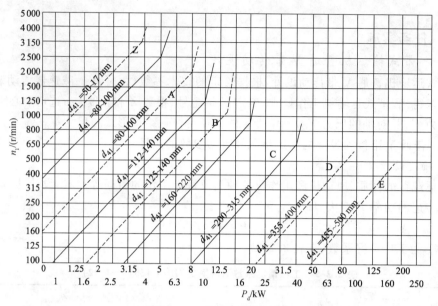

图 2.2-7　普通 V 带选型图

3. 确定带轮的基准直径 d_d

带轮直径愈小,结构愈紧凑,但带的弯曲应力愈大,使带的寿命降低;带轮直径选的大,则使带速增加,当带传递功率 P 一定时,有效拉力减小,所需带的根数减小,但传动的外廓尺寸增大,故应按实际情况综合考虑,通常应在满足 $d_{d1} \geqslant d_{dmin}$ 的前提下尽量取较小的 d_{d1} 值。d_{dmin} 由表 2.2-5 查取。大带轮基准直径 $d_{d2} = i d_{d1}$。d_{d1} 和 d_{d2} 应尽量符合表 2.2-4 规定的标准值。

4. 验算带速 v

$$v = \frac{\pi d_{d1} n_1}{60 \times 1\,000} \quad \text{m/s} \tag{2.2-6}$$

当传递功率一定时,带速越高,所需圆周力越小,可减少带的根数;但同时单位时间内绕过带轮的次数也就过多,这将降低带的使用寿命,且会因离心力过大,而降低带传动的工作能力;若带速过低,传递的圆周力增大,所需 V 带根数增多。因此设计时,带速应在 5~25 m/s 范围内,带速为 10~15 m/s 时效果最好。若带速超越上述许可范围,应重选小带轮直径 d_{d1}。

5. 确定中心距 a 和带的基准长度 L_d

传动中心距小,结构紧凑,但带短,单位时间内带绕转次数增多,将缩短带的工作寿命,同时会使小带轮包角减小,从而导致传动能力降低;反之,中心距过大,则带较长,结构尺寸较大,当带速较高时,带会引起带的颤动。设计时应按具体情况参考下式初定中心距 a_0:

$$0.7(d_{d1} + d_{d2}) \leqslant a_0 \leqslant 2(d_{d1} + d_{d2}) \tag{2.2-7}$$

V 带的基准长度可通过带传动的几何关系(见图 2.2-1)求得,即

$$L_{d0} \approx 2a_0 + \frac{\pi}{2}(d_{d1} + d_{d2}) + \frac{(d_{d2} - d_{d1})^2}{4a_0} \tag{2.2-8}$$

根据 L,按表 2.2-3 选取接近的标准基准长度 L_d。

$a \approx a_0 + \dfrac{L_d - L_{d0}}{2}$ 带传动的中心距一般设计成可调的,故胶带长度确定后,实际中心

距可按下式近似计算：

$$a \approx a_0 + \frac{L_d - L_{d0}}{2} \qquad (2.2\text{-}9)$$

考虑到安装、调整和补偿张紧力的需要，中心距应有一定的调整范围，即

$$\begin{cases} a_{min} = a - 0.015L_d \\ a_{max} = a + 0.03L_d \end{cases} \qquad (2.2\text{-}10)$$

6. 验算小带轮包角 α_1

小带轮的包角 α_1 不宜过小，以免影响传动能力。一般要求 $\alpha_1 \geqslant 120°$（至少大于 $90°$），开口传动中小带轮可按下式计算：

$$\alpha_1 \approx 180° - \frac{d_{d2} - d_{d1}}{a} \times 57.3° \qquad (2.2\text{-}11)$$

如果不满足要求，可加大中心距，减小传动比。

7. 确定 V 带根数 z

普通 V 带的根数可按下式计算：

$$z \geqslant \frac{P_d}{P'} = \frac{P_d}{(P_1 + \Delta P_1)K_a K_L} \qquad (2.2\text{-}12)$$

式中 P' 的计算详见式（2.2-4）。

为使每根带受力比较均匀，带的根数不宜过多，通常取 $z=3\sim6$，$z_{max}<10$。否则应改选 V 带型号或加大带轮直径后重新计算。

8. 确定带的初拉力 F_0

由前述可知，适当的初拉力是保证带传动正常工作的重要因素，单根 V 带合适的初拉力 F_0 可按下式计算：

$$F_0 = \frac{500P_d}{zv}\left(\frac{2.5}{K_a} - 1\right) + mv^2 \qquad (2.2\text{-}13)$$

合适的初拉力，通常由试验确定：在带与两轮切点的跨度中点处，加一规定的垂直于带边的力 F_G（F_G 值可从有关设计手册中查取），使带沿跨距每 100 mm 处产生的挠度 $y=1.6$ mm 时，带的初拉力即符合要求。

9. 计算带对轴的压力 F_Q

为了设计安装带轮的轴和轴承的需要，应计算带传动对轴的压力 F_Q。若不考虑带两边的拉力差，可近似按两边拉力均为初拉力 zF_0 计算，即

$$F_Q \approx 2zF_0 \sin\frac{\alpha_1}{2} \qquad (2.2\text{-}14)$$

设计带传动时应注意如下问题：

(1) 应检查带轮尺寸与传动装置外廓尺寸的相互关系。例如，装在电动机轴上的小带轮直径与电动机中心高是否相称；其轴孔直径与电动机轴径是否一致，大带轮是否过大与机架相碰等，如图 2.2-8 所示。

(2) 画出带轮结构草图，标明主要尺寸备用。在确定带轮毂孔直径时，应根据带轮的安装情况分别考虑。当带轮直接装在电动机轴或减速器轴上时，则应取毂孔直径等于电动机或减速器的轴伸直径；当带轮装在其他轴上时，则应根据轴端直径来确定。无论按哪种情况确定的毂孔直径一般应符合《标准尺寸》(GB/T 2822—1981)的规定。要注意大带轮宽度与减速器输入轴的伸出尺寸有关，带轮轮毂宽度与带轮的宽度不一定相同，一

般轮毂宽度 B 按轴孔直径 d 的大小确定,常取 $B=(1.5\sim2)d$。

(3) 应求出带的初拉力,以便安装时检查,并依具体条件考虑张紧方案。

(4) 由带轮直径及滑动率计算实际传动比和大带轮转速,并以此修正减速器传动比和输入转矩。

(5) 求出作用在轴上力的大小和方向,以供设计轴和轴承时使用。

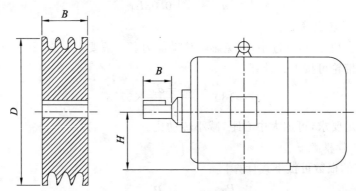

图 2.2-8 小带轮与电动机配合

二、带式输送机 V 带传动设计

设计一带式输送机传动系统中的高速级普通 V 带传动。传动水平布置,驱动电机为 Y 系列三相异步电动机,额定功率 $P=5.5\text{ kW}$,电动机转速 $n_1=1\,440\text{ r/min}$,从动带轮转速 $n_2=550\text{ r/min}$,每天工作 8 h。

解 列表给出本设计的计算过程和结果。

设计项目	计算与说明	结果
1. 确定设计功率 P_d	(1) 由表 2.2-9 查得工作情况系数 $k_A=1.1$ (2) 据式(2.2-1)得 $P_d=k_A P=1.1\times5.5=6.05\text{ kW}$	$P_d=6.05\text{ kW}$
2. 选择 V 带型号	查图 2.2-7,选 A 型 V 带	A 型
3. 确定带轮直径 d_{d1}, d_{d2}	(1) 参考图 2.2-7 及表 2.2-5,选取小带轮直径 $d_{d1}=112\text{ mm}$ (2) 验算带速。由式(2.2-6)得 $$v_1=\frac{\pi d_{d1} n_1}{60\times1\,000}=\frac{\pi\times112\times1\,440}{60\times1\,000}\approx8.44\text{ m/s}$$ (3) 从动带轮直径 $d_{d2}=i d_{d1}=\dfrac{n_1}{n_2}d_{d1}=\dfrac{1440}{550}\times112=293.24\text{ mm}$ 查表 2.2-4,取 $d_{d2}=280\text{ mm}$ (4) 传动比 $i=\dfrac{d_{d2}}{d_{d1}}=\dfrac{280}{112}=2.5$ (5) 从动轮转速 $$n_2=\frac{n_1}{i}=\frac{1\,440}{2.5}\approx576\text{ r/min}$$ $$\frac{576-550}{550}\times100\%=4.7\%<5\%$$	$d_{d1}=112\text{ mm}$ v_1 在 5~25 m/s 内,合适 $d_{d2}=280\text{ mm}$ $i=2.5$ $n_2=576\text{ r/min}$ 允许

设计项目	计算与说明	结果
4. 确定中心距 a 和带长 L_d	(1) 按式(2.2-7)初选中心距 a_0 $0.7(112+280) \leqslant a_0 \leqslant 2(112+280)$ $274.4 \text{ mm} \leqslant a_0 \leqslant 784 \text{ mm}$，取 $a_0 = 500 \text{ mm}$ (2) 按式(2.2-8)求带的计算基准长度 L_{d0} $L_{d0} = 2a_0 + \dfrac{\pi}{2}(d_{d1}+d_{d2}) + \dfrac{(d_{d2}-d_{d1})^2}{4a_0}$ $= 2 \times 500 + \dfrac{\pi}{2}(112+280) + \dfrac{(280-112)^2}{4 \times 500}$ $\approx 1\,630 \text{ mm}$ (3) 查表 2.2-2，取带的基准长度 $L_d = 1\,600 \text{ mm}$ (4) 按式(2.2-9)计算实际中心距 $a = a_0 + \dfrac{L_d - L_0}{2} = 500 + \dfrac{1\,600 - 1\,630}{2}$ $= 485 \text{ mm}$ 按式(2.2-10)确定中心距调整范围 $a_{\max} = a + 0.03L_d = 485 + 0.03 \times 1600 \approx 533 \text{ mm}$ $a_{\min} = a - 0.015L_d = 485 - 0.015 \times 1600 \approx 461 \text{ mm}$	$L_{d0} = 1\,600 \text{ m}$ $a = 485 \text{ mm}$ $a_{\max} = 533 \text{ mm}$ $a_{\min} = 461 \text{ mm}$
5. 验算小带轮包角 α_1	由式(2.2-11) $\alpha_1 \approx 180° - \dfrac{d_{d2} - d_{d1}}{a} \times 57.3°$ $= 180° - \dfrac{280 - 112}{485} \times 57.3° \approx 159.94° > 120°$	$\alpha_1 = 159.94° > 120°$，合适
6. 确定 V 带根数 z	(1) 由表 2.2-5 查 $d_{d1} = 112 \text{ mm}$，$n_1 = 1\,200 \text{ r/min}$ 及 $n_1 = 1\,450 \text{ r/min}$ 时单根 A 型 V 带的额定功率分别为 1.39 kW 和 1.61 kW，用线性插值法求 $n_1 = 1\,440 \text{ r/min}$ 时的额定功率值 $P_1 = 1.39 + \dfrac{1.61 - 1.39}{450 - 1\,200} \times (1\,440 - 1\,200) = 1.601\,2 \text{ kW}$ 由表 2.2-6 查得 $\Delta P_0 = 0.11 \text{ kW}$ (2) 由表 2.2-7 查得包角修正系数 $K_a = 0.95$ (3) 由表 2.2-8 查得带长修正系数 $K_L = 0.99$ (4) 计算 V 带根数 z，由式(2.2-12) $z \geqslant \dfrac{P_d}{(P_1 + \Delta P_1)K_a K_L}$ $= \dfrac{6.05}{(1.601\,2 + 0.11) \times 0.95 \times 0.99} \approx 3.76$ 取 $z = 4$ 根	$z = 4$ 根
7. 计算单根 V 带初拉力 F_0	由表 2.2-1 查得 $m = 0.1 \text{ kg/m}$ 由式(2.2-13) $F_0 = 500 \dfrac{P_d}{vz}\left(\dfrac{2.5}{K_a} - 1\right) + mv^2$ $= 500 \times \dfrac{6.05}{8.44 \times 4} \times \left(\dfrac{2.5}{0.95} - 1\right) + 0.1 \times 8.44^2$ $\approx 153 \text{ N}$	$F_0 \approx 153 \text{ N}$
8. 计算对轴的压力 F_Q	由式(2.2-14) $F_Q \approx 2zF_0 \sin\dfrac{\alpha_1}{2} = 2 \times 4 \times 153 \times \sin\dfrac{159.94°}{2}$ $\approx 1\,204 \text{ N}$	$F_Q \approx 1\,204 \text{ N}$
9. 带轮的结构设计	小带轮基准直径 $d_{d1} = 112 \text{ mm}$，采用实心式结构。大带轮基准直径 $d_{d2} = 280 \text{ mm}$，采用孔板式结构。带轮的结构尺寸计算(略)	工作图绘制(略)

知识拓展

一、带传动的工作情况分析

1. 带传动的受力分析

由摩擦传动原理可知:为保证带传动正常工作,传动带必须以一定张紧力张紧在两带轮上,即带工作前两边已承受了相等的拉力,如图 2.2-9a 所示,称为初拉力 F_0。工作时,带与带轮之间产生摩擦力,主动带轮对带的摩擦力 F_f 与带的运动方向一致,从动带轮对带的摩擦力 F_f 与带的运动方向相反。于是带绕入主动轮的一边被拉紧,称为紧边,拉力由 F_0 增加到 F_1;带表绕入从动轮的一边被略微放松,称为松边,拉力由 F_0 减少到 F_2,如图 2.2-9b 所示。由力矩平衡条件可得

$$\sum F_f = F_1 - F_2 \qquad (2.2\text{-}15)$$

紧边拉力与松边拉力的差值($F_1 - F_2$)是带传动中起传递功率作用的拉力,称为带传动的有效拉力,以 F 表示。有效拉力不是作用在一固定点的集中力,它等于带和带轮整个接触面上各点摩擦力的总和 $\sum F_f$,即

$$F = \sum F_f = F_1 - F_2 \qquad (2.2\text{-}16)$$

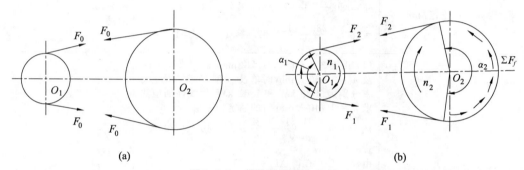

图 2.2-9 带传动的受力分析

经推导得带传动的有效拉力

$$F = 2F_0 \frac{e^{f_v \alpha} - 1}{e^{f_v \alpha} + 1} \qquad (2.2\text{-}17)$$

式中:e——自然对数的底,e = 2.718…;

f_v——当量摩擦因数,$f_v = f / \sin \dfrac{\varphi}{2}$;

α——带轮包角(rad),即带与带轮接触弧所对应的中心角。

上式表明,带所能传递的有效拉力 F 与下列因素有关:

① 初拉力 F_0。由式(2.2-17)知,F 与 F_0 成正比。但带中初拉应力过大时,会使带的磨损加剧和带的拉应力增大,导致带的疲劳寿命降低,轴和轴承受力亦增大;如果 F_0 过小,则带的传动能力得不到充分发挥,运转时容易发生跳动和打滑,因此张紧力 F_0 的大小要适当。

② 包角 α。通常大带轮包角 α_2 总是大于小带轮包角 α_1,故取 $\alpha = \alpha_1$。带的有效拉力 F 随 α_1 增大而增大,这是因为 α_1 越大,带与带轮接触弧长增加,接触面上所产生的总摩擦力就越大,传动能力就越高。因此带处于水平位置传动时,通常将松边置于上方以增加包角。

③ 摩擦因数 f。f 越大,摩擦力亦越大,传动能力也就越高。摩擦因数与带和带轮的材料、表面状况及工作环境条件等有关。

(2) 带传动的应力分析

传动带工作时,其横截面内将产生 3 种不同的应力。

① 拉应力 σ ——由紧边拉力 F_1 和松边拉力 F_2 产生的拉应力分别为 σ_1 和 σ_2($\sigma_1 > \sigma_2$)。

② 离心拉应力 σ_c ——传动时,带随带轮做圆周运动,因本身质量而产生离心力,由此引起的拉力为 mv_2,作用于带全长,使带各横截面都产生相等的拉应力 σ_c。

③ 弯曲应力 σ_b ——带绕过带轮时,将产生弯应力。带轮直径 d_d 越小,带越厚,带弯曲应力越大,故 $\sigma_{b1} > \sigma_{b2}$。为了防止产生过大的弯曲应力,对各种型号的 V 带都规定了最小带轮直径 d_{dmin}。d_{dmin} 值可由表 2.2-5 查取。

带工作时的应力分布如图 2.2-10 所示,各截面的应力大小 由该处引出的带的法线长短表示,从图上可看出,最大应力发生在紧边绕上小带轮处,其值为

$$\sigma_{max} = \sigma_1 + \sigma_c + \sigma_{b1} \tag{2.2-18}$$

带运行时,作用在带上某点的应力是随它运行的位置变化而不断变化的,带在变应力状态下工作,容易产生疲劳破坏,影响带的使用寿命。

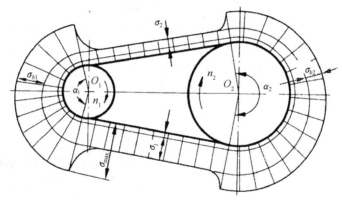

图 2.2-10　带传动的应力分析

(3) 带传动的弹性滑动与打滑

带是弹性体,受到拉力作用后将产生弹性变形。由于带工作时,紧边拉力 F_1 和松边拉力 F_2 不同,因此,带中紧边和松边的弹性变形也不相同,如图 2.2-11 所示,带的紧边刚绕上轮 1 时(点 A),带速与轮 1 的圆周速度 v_1 相等,当带随着轮 1 由点 A 转至点 B 的过程中带所受的拉力由 F_1 逐渐降至 F_2,因此其弹性变形将随之逐渐减小,即出现带逐渐回缩现象,使带的速度逐渐落后于轮子的圆周速度。带在点 B 处的速度已降为 v_2,$v_2 < v_1$;同样,带从松边点 C 转向紧边点 D 时,带的拉力由 F_2 逐渐增至 F_1 其弹性变形将随之逐渐增大。带在从动轮的表面将产生逐渐向前爬伸现象,带速则由点 C 的 v_2 增至点 D 的 v_1。这种由于带的拉力差和带的弹性变形而引起的带与带轮间的局部相对滑动称为带的弹性滑动。

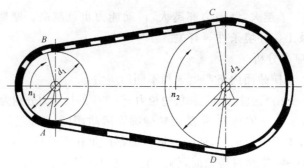

图 2.2-11 带的弹性滑动

当传递的工作载荷增大时,要求有效拉力 F 随之增大,在张紧力 F_0 一定的条件下,带与带轮接触面间的摩擦力总和 F_f 有一极限值。如果工作载荷所要求的有效拉力 F 超过这个极限摩擦力总和 F_f 时,带将沿整个接触弧全面滑动,这种现象称为打滑。带传动一旦出现打滑,从动轮转速急剧下降,带磨损加剧,即失去正常工作能力。

弹性滑动和打滑是两个截然不同的概念。弹性滑动是不可避免的,因为带传动工作时,要传递圆周力,带两边的拉力必然不等,产生的变形量也不同,所以必然会发生弹性滑动,而打滑是由于过载引起的,是可以且必须避免的。

带的弹性滑动导致从动轮圆周速度 v_2 低于主动轮圆周速度 v_1,产生了速度损失,其损失程度用相对滑动率 ε 表示,即

$$\varepsilon = \frac{v_1 - v_2}{v_1} = \frac{\pi d_{d1} n_1 - \pi d_{d2} n_2}{\pi d_{d1} n_1} = 1 - \frac{d_{d2} n_2}{d_{d1} n_1} \qquad (2.2\text{-}19)$$

由此得带传动的传动比为

$$i = \frac{n_1}{n_2} = \frac{d_{d2}}{d_{d1}(1 - \varepsilon)} \qquad (2.2\text{-}20)$$

滑动率 ε 的数值与弹性滑动的大小有关,亦即与带的材料和受力大小有关,不能得到准确的恒定值。因此,由式(2.2-20)可知,在摩擦带传动中,即使在正常使用条件下,也不能得到准确的传动比。但带传动的滑动率通常仅为 0.01~0.02,故在一般计算中可不予考虑。

二、带传动的张紧与维护

由于 V 带不是完全的弹性体,工作一定时间后,就会因塑性变形而松弛,使初拉力 F_0 减小。为了保证带传动正常工作,应定期检查带的初拉力,当发现初拉力 F_0 小于允许范围时,必须重新张紧。常见张紧装置有三类:

① 定期张紧装置。常见的有滑道式(见图 2.2-12 a)和摆架式(见图 2.2-12 b)两种。均靠调节螺钉来调节传动中心距,以达到张紧的目的。

② 自动张紧装置。利用电机自重(见图 2.2-12 c),使带始终在一定张紧力下工作。

③ 张紧轮张紧装置。当中心距不可调节时,可采用张紧轮张紧(见图 2.2-12 d,e)。张紧轮应放在松边内侧,并尽量靠近大带轮处。张紧轮直径应小于小带轮直径。

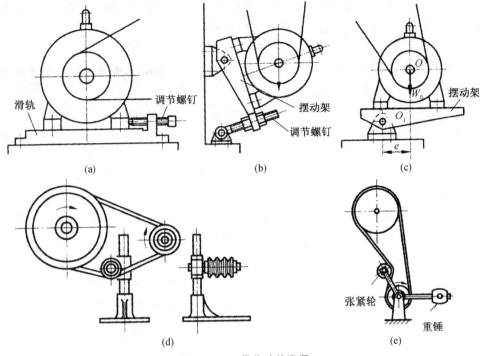

图 2.2-12　带传动的张紧

V 带传动的安装和维护应注意以下几点：

（1）安装时，两带轮的轴线应平行，两轮轮槽对称平面应重合，否则将加剧带侧面的磨损，甚至使带从带轮上脱落。

（2）安装 V 带时，应检查 V 带的型号和长度是否正确，并按规定的初拉力张紧，也可凭经验张紧。

（3）带传动装置应加防护罩，即可保证安全，又可防止油、酸、碱等腐蚀传动带。

（4）定期检查 V 带，如发现有的 V 带出现过度松弛或疲劳破坏，应及时更换全部 V 带，如果旧 V 带仍可使用，应测量其长度，选长度相同的带组合使用。

（5）V 带工作温度不应超过 $60°$。

（6）装拆时不能硬撬，应先缩小中心距，然后再装拆胶带。

 思考与练习

1. 带传动的工作原理是什么？它有哪些特点？带速愈大，带的离心力也愈大，可是在多级传动中，却常将带传动置于高速级，这是为什么？

2. 带传动为什么要张紧？初拉力过大或过小会引起什么后果？如何保证带传动必需的初拉力？

3. 何谓有效工作拉力？带传动的最大有效工作拉力与哪些因素有关？其与带轮的工作表面粗糙度有何关系？

4. V 带传动在工作时，带中有哪些应力？影响这些应力大小的因素有哪些？作图说明其应力分布和最大应力点的位置。

5. 带传动中的弹性滑动和打滑有什么区别？为什么说弹性滑动是不可避免的？

6. 各截型 V 带的楔角均为 40°, 但 V 带轮的槽角却有 32, 34, 36, 38 等 4 种, 而且 V 带轮的直径越小, 规定使用的槽角也越小, 这是为什么?

7. 带传动的失效形式和设计准则是什么?

8. 某 V 带传动, 传递的功率 $P = 10$ kW, 带速 $v = 12.5$ m/s, 紧边拉力是松边拉力的 3 倍, 求该带传动的有效拉力 F 及紧边拉力 F_1。

9. 普通 V 带传动由电动机驱动, 电机转速 $n_1 = 1\,450$ r/min, 小带轮基准直径 $d_{d1} = 100$ mm, 大带轮基准直径 $d_{d2} = 280$ mm, 中心距 $a = 350$ mm, 传动用 2 根 A 型 V 带, 两班制工作, 载荷平稳。试求此传动所能传递的最大功率。

10. 设计搅拌机的普通 V 带传动, 已知电机额定功率为 3 kW, 转速 $n_1 = 1140$ r/min, 要求从动轮转速 $n_2 = 575$ r/min, 工作情况系数 $K_A = 1.1$。

11. 设计轻型输送机的普通 V 带传动, 已知电动机的额定功率为 3 kW, 转速 $n_1 = 1\,420$ r/min, 传动比 $i = 2.5$, 传动中心距 $a = 400$ mm, 两班制工作。

12. 某机床上的 V 带传动, 用三相交流异步电动机 Y160M-4 驱动, 其额定功率为 11 kW, 转速 $n_1 = 1\,460$ r/min, 传动比 $i = 2.5$, 传动中心距 $a = 1\,000$ mm, 两班制工作, 载荷平稳, 从动带轮的孔径 $d_2 = 70$ mm, 试设计此 V 带传动, 并绘制从动带轮的工作图。

实训 7 带传动实验

一、实验目的

1. 观察带传动中主动轮和从动轮上的弹性滑动和打滑现象。

2. 了解预紧力及从动轮负载的改变对带传动的影响,测绘出弹性滑动曲线和效率曲线。

3. 了解试验机的工作原理与测试方法。

二、实验设备

DJ - 2M 带传动实验机,如图 2.2-13 所示。

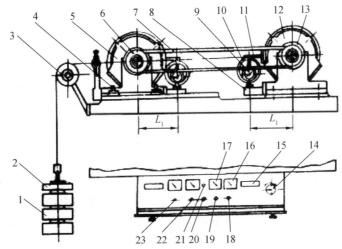

1—100 N 砝码;2—50 N 砝码;3—滑轮;4—发电机紧固螺栓;5—发电机;6—发电机带轮;7—实验带;8—测力环支座;9—百分表;10—测力环;11—杠杆;12—电动机;13—电支机带轮;14—加载旋钮;15—数码管;16—电压表;17—电流表;18—启动开关;19—给定旋钮;20—复零按钮;21—电源指示灯;22—数显开关;23—停止开关

图 2.2-13 DJ - 2M 带传动实验机原理图

主动带轮装在摇摆式电动机的转子轴上,从动带轮装在发电机的转子轴上,实验用的传动带(三角带或平型带)套装在主动带轮与从动带轮上。利用砝码对带产生拉力,砝码的重力经过导向滑轮,拖动发电机支座沿滚动导轨水平移动,以实现传动带的张紧。

整流、启动、调速、加载以及控制系统等电气部分都装在机身内,由试验机操纵面板上的相应旋钮进行操纵。

三、带传动试验基本工作原理

1. **无级调速与加载**

无级调速与稳速是由可控硅半控桥式整流,触发电路及速度、电流两个调整环节组成。转动面板上的"给定"旋钮,即可实现无级调速,电动机的转速值大约是"给定"电压值的 10 倍,其数值由数码管显示。待转速稳定后,按一次复零按钮数码管复零,然后按一次数显按钮,数码管就显示转速。在电动机轴的后端,装有检测元件与测速发电机,它不断检测转速,反馈到输入端,与给定值比较,并有自动调节,以保证恒转速。

加载与控制负载大小,是通过改变发电机激磁电压实现的。本试验机设有变阻器和调压器,用来调节发电机的激磁电压。电动机的主动轮,通过传动带使从动轮转动,接通发电机电枢电阻,旋转加载旋钮,就改变电阻器的电阻值,逐步加大发电机激磁电压,使电枢电流增大,随之电磁扭矩增大。由于电动机与发电机产生相反的电磁转矩,发电机的电磁转矩对电动机而言,即为负载转矩。所以改变发电机的激磁电压,也就实现了负载的改变。使用时,通过观察面板上的发电机电压表与电流表的读数,即知负载的大小。

2. 转矩的测量

由于电动机转子与定子之间,发电机转子与定子之间都存在着磁场相互作用,固定于定子上的杠杆,受到转子力矩反作用,迫使杠杆压向测力环。测力环的支反力对定子的反力矩作用,使定子处于平衡状态。

测力环的支反力为

$$R_1 = K_1 \cdot \Delta_1$$
$$R_2 = K_2 \cdot \Delta_2$$

式中:K_1,K_2——测力环的标定值,N/格;

Δ_1,Δ_2——百分表的读数(格)。

根据力学原理可得主动轮上的转矩为

$$T_1 = R_1 \cdot L_1 = K_1 \Delta_1 \cdot L_1$$

从动轮上的转矩为

$$T_2 = R_2 \cdot L_2 = K_2 \cdot \Delta_2 \cdot L_2$$

式中:L_1,L_2——杠杆力臂长,m。

3. 滑动系数的测量

主动轮转速 n_1 和从动轮转速 n_2 的测量,是分别通过装在电机轴后端的光电传感器获得电脉冲信号,由面板上的数码显示窗口直接读出。实验测出了转数 n_1 和 n_2 后,可代入滑动系数的计算公式。

滑动系数为

$$\varepsilon = \frac{n_1 - n_2}{n_1} \times 100\%$$

4. 绘制滑动曲线和效率曲线

根据测得的扭矩 T_2(或有效圆周力 $F_{t2} = 2T_2/D_2$)和滑动系数 ε,可绘出滑动曲线(见图 2.2-14)。再根据扭矩 T_2(或有效园周力 F_{t2})和带传动效率,可绘出效率曲线(见图 2.2-14)。

带传动效率为

$$\eta = \frac{P_2}{P_1} \times 100\% = \frac{T_2 n_2}{T_1 n_1} \times 100\%$$

式中:P_1——电动机输出功率;

P_2——发电机输出功率。

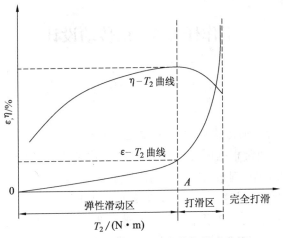

图 2.2-14　带传动的滑动曲线和效率曲线

通过试验结果从图上可以看出,在临界点 A 以内,传递载荷越大,滑差(n_1-n_2)越大,滑动系数 ε 越大,在弹性滑动区滑动曲线几乎是直线。带传动的效率 η 与负载的关系,由图 2.2-14 所示,在临界点 A 处,η 最高。

四、实验内容及步骤

1. 观察弹性滑动和打滑现象

首先将试验机检查一下。开车后,调节给定电压,当转数达到某一值时,在空载下,由于有弹性滑动存在、主动轮转速 n_1 略大于 n_2、逐渐加载,可见滑差(n_1-n_2)值越来越大,用闪光测速仪可明显的观察到弹性滑动现象的存在。当载荷加大到某一值后,可以听到带从轮上滑过的摩擦声,松边明显下垂,这就产生了打滑。打滑后,如果增加预紧力(加砝码重量)可以减轻和消除打滑。

2. 测量数值并绘制滑动曲线及效率曲线

(1) 做好试验准备:检查试验机,使其处于正常状态。根据预紧力的大小选挂砝码;将各种显示表对准零位;试验机应处于游动状态,如进行固定中心距试验时,应锁紧发电机支座。

(2) 按下"启动"按钮:顺时针缓慢旋动"给定"旋钮,将转速调到给定值;记下发电机与电动机转数 n_1 和 n_2,记下百分表的读数 Δ_1 和 Δ_2。

(3) 逐级加载:每次加载,都要记下电机相应的转速和百分表相应的读数,直到做到带在轮上打滑为止。

(4) 整理数据,绘制滑动曲线及效率曲线。

(5) 实验条件。

各实验组可在不同的实验条件下进行实验,实验条件建议如下:

① 不同预紧力(加不同重量的砝码)$2F_0$ 为 $200,250,300$ N。

② 不同的带速,即主动带轮转速 n_1 为 $800,1\ 000$ r/min。

③ 做游动中心距或固定中心距的实验。

各组的具体实验条件由指导教师给定。

工作任务 3　链传动设计

 任务导入

设计如图 2.3-1 所示的链式运输机,链式运输机链传动通过输送链传送物料,设计计算链式运输机链传动,通常根据所传递的功率 P、工作条件、链轮转速 n_1,n_2 等,选定链轮齿数 z_1,z_2,确定链的节距、列数、传动中心距、链轮结构、材料、润滑方式等。

技术参数(具体数据由任务 1 传动装置总体设计求得):输送链的工作速度(输送链速允许误差为 $\pm 5\%$)、输送链工作拉力、输送链轮齿数、输送链节距、工作时间、载荷平稳,工作环境、使用寿命、大修周期、生产企业规模及生产批量等。

图 2.3-1　网链刮板输送机

 任务目标

知识目标　要求了解链传动的类型、特点及其应用;掌握滚子链的结构和规格及链轮的结构;了解套筒滚子链传动的主要失效形式。

能力目标　了解套筒滚子链传动的设计计算方法及主要参数的合理选择;了解链传动的布置、张紧和润滑。

 知识与技能

一、链传动的类型、特点与应用

链传动是由主动链轮、从动链轮和绕在两链轮上的链条组成。如图 2.3-2 所示,链传动是靠链条链节与链齿的不断啮合来传递运动和动力。

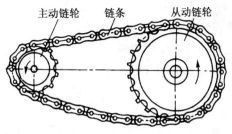

图 2.3-2　链传动

　　链传动由刚性链节组成的链条绕在两链轮上,相当于两多边形轮子(多边形边长为链节距 p,边数为链轮齿数 z)间的带传动。

　　链的瞬时速度都是变化的。如图 2.3-3 所示,设链条的紧边在传动时始终处于水平位置,主动轮以角速度 ω_1 等速回转,其圆周速度 $v_1 = d_1\omega_1/2$,则其在链条前进方向的速度即为链速 v,$v = v_1 \cdot \cos\beta$,β 为 O_1A 与过点 O_1 垂线间的夹角,在某一链节啮合传动过程中,β 在 $\pm 180^\circ/z$ 范围内变化,则链条瞬时速度 v 也是作周期性变化。这种由于多边形啮合传动而引起的传动速度不均匀性称为多边形效应。

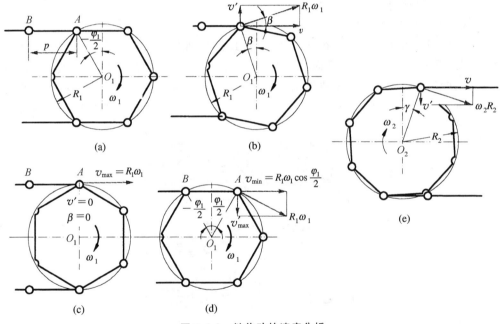

图 2.3-3　链传动的速度分析

　　1. 链传动的主要优点

　　(1) 平均传动比准确,无相对滑动,工作可靠。

　　(2) 传动效率较高。

　　(3) 工作情况相同时结构更为紧凑。

　　(4) 链轮轴上所受压力较小。

　　(5) 能在高温、低速、多尘、油污及有腐蚀性介质等恶劣条件下工作。

　　2. 链传动的主要缺点

　　(1) 由于多边形效应而导致瞬时传动比不恒定,传动平稳性差,工作时不可避免地产生振动、冲击和噪音。

（2）磨损后易发生跳齿和脱链现象，影响正常工作。

（3）不适合载荷变化大和急速反转的场合。

通常链传动传递功率 $P \leqslant 100$ kW，传动比 $i \leqslant 8$，链速 $v \leqslant 15$ m/s，效率约为 0.95～0.98。

按用途不同，链条可分为传动链、起重链和输送链。一般机械中常用传动链。传动链按其结构不同，有滚子链和齿形链（见图 2.3-4）两种，齿形链又称无声链，由一组带有两个齿的链板左右交错并列铰接而成。每个齿的两个侧面为工作面，齿形为

图 2.3-4　齿形链

直线，工作时链齿外侧边与链轮轮齿相啮合来实现传动。工作平稳，噪音小，允许的链速大，可达40 m/s。承受冲击能力好，传动效率一般为 0.95～0.98，润滑良好的传动可达0.98～0.99。但价格较高，重量较大，对安装、维护要求较高。本任务主要介绍应用广泛的滚子链传动。

二、滚子链与链轮

1. 滚子链结构和规格

滚子链由内链板、外链板、销轴、套筒及滚子组成，如图 2.3-5 所示。内链板与套筒，外链板与销轴均为过盈配合；套筒与销轴，滚子与套筒均为间隙配合，使链与链轮啮合时均为滚动摩擦。链板按等强度要求均制成∞形，链条各零件材料为碳素钢或合金钢，可经热处理提高其强度和耐磨性。链条相邻两销轴中心间的距离称为链节距，用 p 表示。

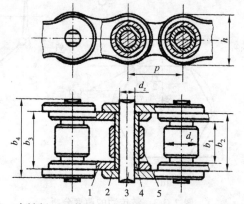

1—内链板；2—外链板；3—销轴；4—套筒；5—滚子

图 2.3-5　滚子链结构

滚子链使用时为封闭环形，当链节数为偶数时，链条一端的外链板正好与另一端的内链板相联，接头处可用开口销（见图 2.3-6 a，用于大节距）或弹簧卡片（见图 2.3-6 b，用于小节距）来锁紧。当链节数为奇数时，需采用过渡链节（见图 2.3-6 c）联接。由于传动时过渡链节的弯链板将承受附加的弯矩作用，所以应尽量避免采用奇数链节。滚子链有单排链和多排链（见图 2.3-7 所示双排链）。多排链用于传递较大功率，但排数过多时各排受载难以均匀，因此，一般不超过 4 排。

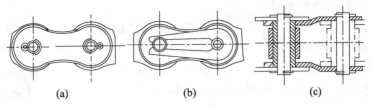

图 2.3-6 滚子链接头形式

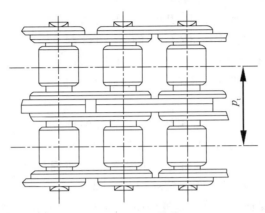

图 2.3-7 双排链

滚子链已标准化,分为 A,B 两个系列,A 系列用于重载、较高速度和重要的传动;B 系列用于一般传动。国标(GB 12431—83)规定的 A 系列滚子链的主要参数和尺寸见表 2.3-1。表中链号数乘以 25.4/16 mm 即为节距值。滚子链的标记为"链号—排数—链节数—标准编号",例如,标记 11A-1-86GB/T1243—1997 表示:A 系列,节距为 15.875 mm,单排,86 节滚子链。

表 2.3-1　A 系列滚子链的主要参数和尺寸(GB/T 1243—1997)

链号	节距 p/mm	排距 p_t/mm	滚子外径 d_r/mm	内链节内宽 b_1/mm	销轴直径 d_2/mm	内链板高度 h_2/mm	极限拉伸载荷(单排) Q_{lim}/N	每米质量(单排) q/(kg·m^{-1})
08A	12.70	14.38	7.92	7.85	3.96	12.07	13 800	0.60
10A	15.875	18.11	10.16	9.40	5.08	15.09	21 800	1.00
12A	19.05	22.78	11.91	12.57	5.94	18.08	31 111	1.50
16A	25.40	29.29	15.88	15.75	7.92	24.13	55 600	2.60
20A	31.75	35.76	19.05	18.90	9.53	30.18	86 700	3.80
24A	38.11	45.44	22.23	25.22	11.11	36.20	124 600	5.60
28A	44.45	48.87	25.40	25.22	12.70	42.24	169 000	7.50
32A	50.80	58.55	28.58	31.55	14.27	48.26	222 400	11.11
40A	63.50	71.55	39.68	37.85	19.84	60.33	347 000	16.11
48A	76.20	87.83	47.63	47.35	23.80	72.39	500 400	22.60

注:(1)多排链极限拉伸载荷按表列 Q 值乘以排数计算;
　　(2)使用过渡链节时,其极限拉伸载荷按表列数值 80% 计算。

2. 链轮齿形、结构和材料

链轮的齿形应易于加工,不易脱链,链节进入和退出啮合顺利、平稳,冲击和磨损尽可能小,并使链条受力均匀。

链轮齿形已标准化,国家标准 GB 1244—1985 规定链轮端面齿廓可在最大和最小齿槽形状之间,图 2.3-8 所示为规定的滚子链链轮端面齿形,由 aa,ab 和 cd 三段圆弧和一段直线 bc 构成,简称"三圆弧一直线"齿形。这种齿形可用标准刀具以范成法加工,其断面齿形无需在工作图上画出,只需注明"齿形按 3R GB 1244−1985 制造"即可。这种齿形具有接触应力小、磨损轻、冲击小、齿顶较高不易跳齿和脱链等特点。链轮的主要几何尺寸的计算可参阅有关资料。

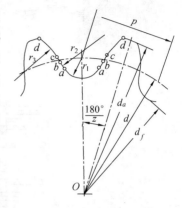

图 2.3-8　链轮齿形

图 2.3-9 所示为链轮的几种常用结构。小直径的链轮制成整体实心式(见图 2.3-9 a),中等直径的链轮可制成孔板式(见图 2.3-9 b),大直径的链轮常用组合式,即齿圈与轮芯采用不同材料制成,用螺栓联接(见图 2.3-9 c)或焊接(见图 2.3-9 d)成一体。

链轮的材料应能保证轮齿具有足够的耐磨性和强度,常用材料有碳素钢(如 20,35,45,ZG311—570),灰铸铁(如 HT200),重要的场合采用合金钢(如 20Cr,40Cr,35SiMn)。齿面多经热处理,小链轮材料应优于大链轮。

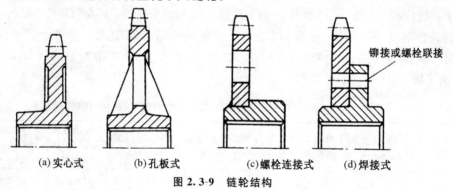

(a)实心式　　(b)孔板式　　(c)螺栓连接式　　(d)焊接式

图 2.3-9　链轮结构

任务实施

——链式运输机链传动设计

一、链传动主要参数的选择

1. 传动比 i

传动比过大,链条在小链轮上包角过小,啮合齿数过少,这将加速链轮轮齿的磨损。通常传动比 $i \leqslant 7$,推荐 $i=2\sim3.5$。

2. 链轮齿数 z

小链轮齿数 z_1 过小,传动不平稳性及链条的磨损均加剧,故小链轮齿数 z_1 不宜过小。z_1 值可根据链速 v 参照表 2.3-2 选取,或根据传动比参照表 2.3-3 选取。对链速很小,且要求结构紧凑时,可取 $z_{min}=9$。但是,当传动比一定时,若 z_1 过大,则 z_2 将更大,不仅增大了传动结构,而且铰链磨损后,更易发生跳齿和脱链现象。这是由于铰链磨损后,销轴、套筒、滚子均因磨损变薄而发生中心偏移,节距 p 将增大,啮合圆外移,如图2.3-10所示。链节距的增量 Δp 和啮合圆外移量 Δd 间的关系为 $\Delta d = \Delta p / \sin(180^\circ/z)$。分析该式可知,当 Δp 一定时,则链轮齿数 z 越多, Δd 就越大,从而发生跳齿和脱链的可能性就越大。大链轮齿数 z_2 由 $z_2 = iz_1$ 求得(取整数),一般应使 $z_2 \leqslant 120$。由于链节数常取为偶数,为了使链条及链轮轮齿磨损均匀,链轮齿数一般应取与链节数互为质数的奇数,并应优先选用以下数列:17,19,21,23,25,38,57,76,95,114。

表 2.3-2　不同链速时的小链轮齿数 $z_{\min}$

链速 $v/(\mathrm{m/s})$	$z_{\min}$
0.6~3	17
3~8	21
>8	25

表 2.3-3　小链轮齿数推荐值

传动比 i	z_1	传动比 i	z_1
1~2	37~31	4~5	23~21
2~3	27~25	5~6	21~17
3~4	25~23	6~7	17~15

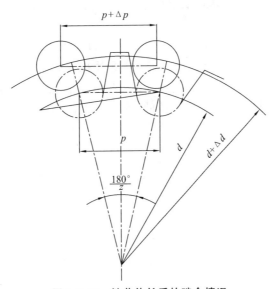

图 2.3-10　链节伸长后的啮合情况

3. 链节距和排数

链传动设计计算的承载能力条件式为

$$P_{\mathrm{d}} = \frac{K_{\mathrm{A}}P}{K_z K_L K_m} \leqslant P_0 \tag{2.3-1}$$

式中, P_{d} 为计算功率,kW; P 为传递的功率,kW; K_{A} 为工作情况系数,见表2.3-4; K_z 为小链轮齿数修正系数,见表2.3-4; K_L 为链长修正系数,见表2.3-5; K_m 为多排链排数修正系数,见表2.3-6; P_0 为单排链的额定功率,kW。

表 2.3-4　工作情况系数 K_A

工作机特性	原动机特性		
	内燃机—液力传动（≥6 缸）	电动机或汽轮机	内燃机—机械传动（<6 缸）
转动平稳	1.1	1.0	1.3
中等振动	1.5	1.4	1.7
严重振动	1.9	1.8	2.1

表 2.3-5　小链轮齿数修正系数 K_z 和链长修正系数 K_L

修正系数	链工作点在图 2.3-11 中的位置	
	位于曲线顶点左侧	位于曲线顶点右侧
K_z	[19]	[19]
K_L	[100]	[100]

表 2.3-6　多排链排数修正系数 K_m

排数 m	1	2	3	4
K_m	1.0	1.7	2.5	3.3

图 2.3-11 所示为国产 A 系列滚子链传动在特定的实验条件下，测得的链传动不失效所能传递的额定功率。

根据小链轮转速 n_1 和 $P_d \leqslant P_0$ 条件，由图 2.3-11 查出相应的链号和链节距，链传动按图 2.3-12 推荐的润滑方式进行润滑。若不能采用推荐的润滑方式润滑，则应将图中查得的 P_0 值降低到下列数值：当 $v \leqslant 1.5$ m/s，润滑不良时，取图值的 $30\% \sim 50\%$；当 1.5 m/s $< v \leqslant 7$ m/s，润滑不良时，取图值的 $15\% \sim 30\%$；当 $v > 7$ m/s，润滑不良时，则传动不可靠，不宜采用链传动。

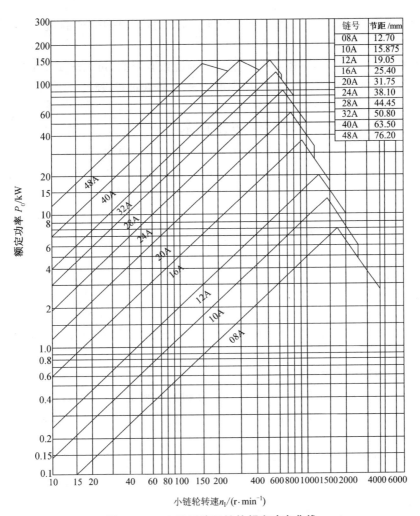

图 2.3-11　A 系列滚子链的额定功率曲线

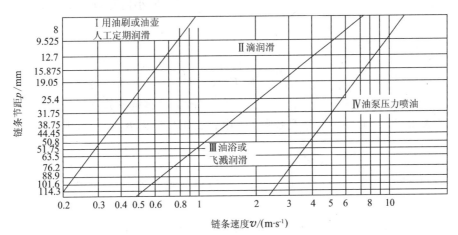

Ⅰ—人工定期润滑；Ⅱ—滴油润滑；Ⅲ—油浴或飞溅润滑；Ⅳ—压力喷油润

图 2.3-12　推荐的润滑方式

　　链节距越大,承载能力越强,但传动中产生的冲击、振动、噪声越严重。因此,设计时,在满足传动功率的情况下,应优先选用较小的节距。高速、大功率、大传动比时,宜选

用小节距多排链;低速、大中心距、小传动比时,可选用较大节距的单排链。

4. 链速 v

一般链速 $v \leqslant 15$ m/s,链速对小链轮的最少齿数有限制,可按表 2.3-1 进行核对,如果链速过高相应的小链轮齿数过少,均应重选 z_1 并重新进行设计。

5. 中心距 a 和链节数 L_p

中心距小,传动装置紧凑,但中心距过小,单位时间内每一链节参与啮合的次数过多,传动寿命缩短;中心距过大,易因链条松边下垂量太大而产生抖动。一般初定中心距 $a_0 = (30 \sim 50)p$,最大中心距 $a_{\max} = 80p$。链的长度以链节数 L_p 表示,可由下式计算:

$$L_p = \frac{2a_0}{p} + \frac{z_1 + z_2}{2} + \frac{p}{a_0}\left(\frac{z_2 - z_1}{2\pi}\right)^2 \tag{2.3-2}$$

由上式算得的链节数 L_p 应圆整为整数,且最好取偶数。再由 L_p 按下式计算实际中心距 a:

$$a = \frac{p}{4}\left[\left(L_p - \frac{z_1 + z_2}{2}\right) + \sqrt{\left(L_p - \frac{z_1 + z_2}{2}\right)^2 - 8\left(\frac{z_2 - z_1}{2\pi}\right)^2}\right] \tag{2.3-3}$$

实际使用时,应保证链条松边有一定的下垂度,故实际安装中心距应比计算中心距小 $2 \sim 5$ mm。链传动往往做成中心距可调整的,以便使链节磨损伸长后可定期调整其张紧程度。

二、链式输送机的滚子链传动设计

试设计一链式输送机上的滚子链传动。已知电机额定功率 $P = 7.5$ kW,主动链轮转速 $n_1 = 960$ r/min,从动链轮转速 $n_2 = 320$ r/min,载荷平稳,中心距可以调整。要求设计此链传动。

解 选择链轮的齿数设计步骤和方法如下:

(1) 确定链轮齿数 z_1,z_2。

传动比:$i = \dfrac{n_1}{n_2} = \dfrac{960}{320} = 3$

假定链速 $v = 3 \sim 8$ m/s,并参考 $i = 3$,由表 2.3-3 选取小链轮齿数 $z_1 = 23$;大链轮齿数 $z_2 = iz_1 = 3 \times 23 = 69$。

(2) 确定链条节距 p。

由式(2.3-1)可知 $\qquad P_d = \dfrac{K_A P}{K_z K_L K_m} \leqslant P_0$

式中,小链轮齿数系数 K_z 由表 2.3-5 查得,$K_z = 1.23$;多排链系数 K_m(按双排链考虑)由表 2.3-6 查得,$K_m = 1.7$;工作情况系数 K_A 由表 2.3-4 查得,$K_A = 1.3$,则

$$P_d = \frac{PK_A}{K_z K_L K_m} = \frac{7.5 \times 1.3}{1.23 \times 1.7 \times 1.3} = 3.59 \text{ kW}$$

根据 $P_d = 3.59$ kW,$n_1 = 960$ r/min,由图 2.3-11 选定链号为 10A,节距 $p = 15.875$ mm。

(3) 验算链速 v。

$$v = \frac{z_1 p n_1}{60 \times 1\,000} = \frac{23 \times 15.875 \times 960}{60 \times 1\,000} = 5.84 \text{ m/s}$$

一般链速 $v \leqslant 15$ m/s,故链速合适;按图 2.3-12,传动采用油浴润滑。

(4) 确定中心距 a 和链条节数 L_p。

① 初选中心距 a_0,取 $a_0 = 40p = 635$ mm。

② 确定链条节数 L_p。

$$L_p = \frac{2a_0}{p} + \frac{z_1 + z_2}{2} + \frac{p}{a_0}\left(\frac{z_2 - z_1}{2\pi}\right)^2$$

$$= \frac{2 \times 635}{15.875} + \frac{23 + 69}{2} + \frac{15.875}{635}\left(\frac{69 - 23}{2\pi}\right)^2 = 127.3$$

圆整后取链节数 $L_p = 126$。

③ 计算实际中心距 a。

$$a = \frac{p}{4}\left[\left(L_p - \frac{z_1 + z_2}{2}\right) + \sqrt{\left(L_p - \frac{z_1 + z_2}{2}\right)^2 - 8\left(\frac{z_2 - z_1}{2\pi}\right)^2}\right]$$

$$= \frac{15.875}{4}\left[\left(126 - \frac{23 + 69}{2}\right) + \sqrt{\left(126 - \frac{23 + 69}{2}\right)^2 - 8\left(\frac{69 - 23}{2\pi}\right)^2}\right]$$

考虑安装垂度,取 $a = 625$ mm。

（5）计算压轴力 F_Q。

考虑链的工作情况系数 $K_A = 1.3$,链的实际拉力为

$$F = \frac{1\,000P_d}{v} = \frac{1\,000 \times 7.5 \times 1.3}{5.84} = 1\,669.5 \text{ N}$$

压轴力为

$$F_Q = 1.3\,F = 1.3 \times 1\,669.5 = 2\,170.4 \text{ N}$$

（6）链轮的材料及热处理。

链轮材料选用 45 钢,经热处理后硬度为 40～50 HRC。

（7）链轮的结构和技术设计(略)。

 **知识拓展**

一、链传动的主要失效形式

1. 链的疲劳破坏

链在工作时,链轮两边的链条一边张紧,一边松弛。链条不断由松边到紧边周而复始地运动着,所以它的各个元件都在变应力作用下工作,经过一定循环次数后,链板将会出现疲劳断裂,或套筒、滚子表面会出现疲劳点蚀(多边形效应引起的冲击疲劳)。因此,在正常润滑条件下,链条的疲劳强度成为决定链传动承载能力的主要因素。试验表明:在润滑良好的中等速度下工作的链条,在链板上首先出现疲劳断裂。链条越短,速度越高,循环快时,疲劳损坏越严重。

2. 链条铰链的磨损

链条在工作时,铰链与套筒间承受较大的压力,传动时彼此又发生相对转动,导致铰链磨损,铰链节距伸长,而轮齿节距几乎不受磨损影响,结果将导致啮合点外移,严重时,产生跳链、脱链现象。铰链磨损是开式或润滑不良的链传动的主要失效形式。

3. 多次冲击破断

若链传动处于经常启动、制动、反转或受反复冲击载荷时,滚子、套筒和销轴经多次冲击载荷作用,将产生多次冲击破断。

4. 销轴和套筒的胶合

当链速过高或润滑不良时,会因工作温度过高,润滑油膜被破坏,使销轴和套筒的工作表面发生胶合破坏。胶合失效在一定程度上限制了链传动的极限转速。

5. 链条过载拉断

低速($v \leqslant 0.6$ m/s)、重载或严重过载时,链条因静强度不够而被拉断。

二、链传动的布置、张紧和润滑

1. 链传动的布置

链传动两轮轴线应平行,两轮端面应共面。两轮轴线连线为水平布置或倾斜布置时,均应使紧边在上,松边在下,以避免松边下垂量增大后,链条和链轮卡死。倾斜布置时应使倾角小于 $45°$。当传动作铅垂布置时,链下垂量增大后,下链轮与链的啮合齿数减少,使传动能力降低,此时应调整中心距或采用张紧装置,如表 2.3-7 所示。

表 2.3-7 链传动的布置和张紧

传动参数	正确布置	不正确布置	说　明
$i<1.5$, $a>60p$	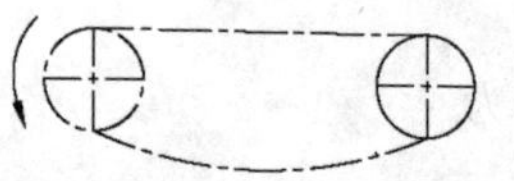	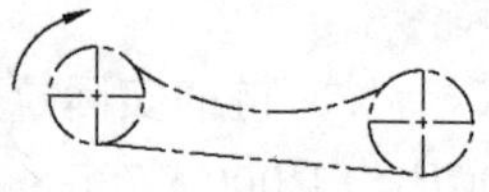	两轴在同一水平面,松边应在下面,否则下垂量增大后,松边会与紧边相碰,需经常调整中心距
i,a 为任意值	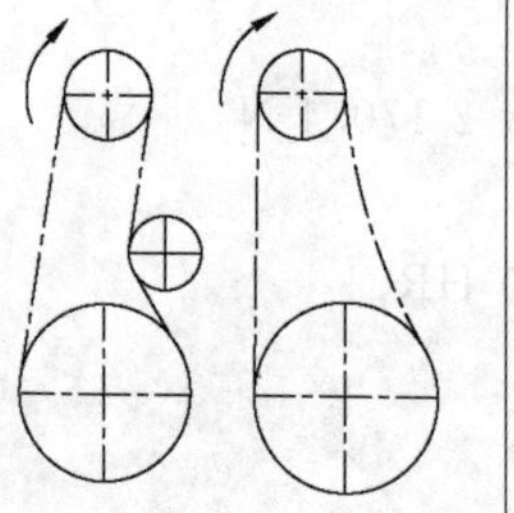	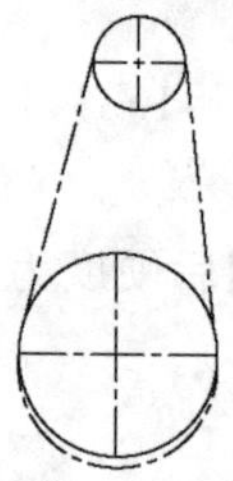	两轮轴线在同一铅垂面内,下垂量增大,会减少下链轮有效啮合齿数,降低传动能力,为此应采用:① 中心距可调;② 张紧装置;③ 上下两轮错开,使其不在同一铅垂直内
$i>2$, $a=(30\sim 50)p$	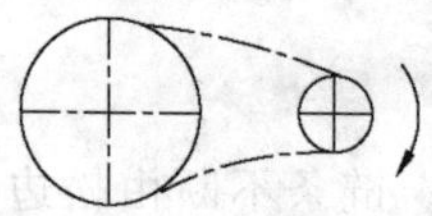	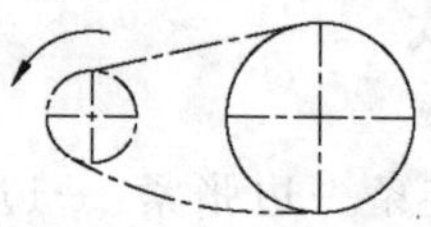	两轮轴线在同一水平面,紧边在上或下均不影响工作
$i>2$, $a<30p$	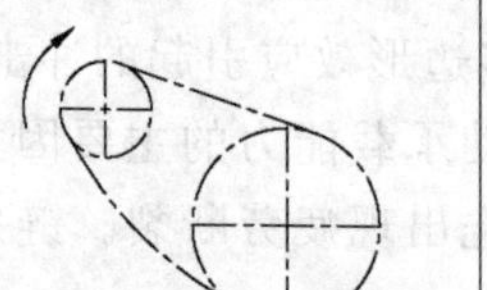	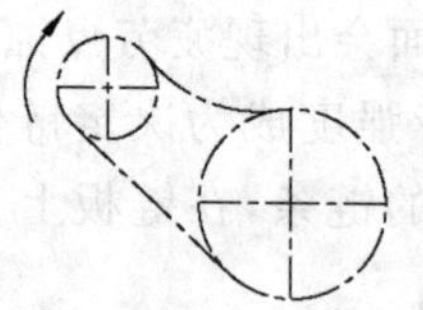	两轮轴线不在同一水平面,松边应在下面,否则松边下垂量增大后,链条易与链轮卡死

2. 链传动的张紧

链传动靠链条和链轮的啮合传递动力,不需要很大的张紧力。

张紧的目的:避免在链条的垂度过大时产生啮合不良和链条的振动现象;同时增加链条和链轮的包角。当两轮中心连线倾斜角大于 $60°$ 时,通常设有张紧装置。

张紧的方法:链传动中心距可调时,可通过调节中心距以控制张紧程度;中心距不可调时,可设置张紧轮或在链条磨损变长后取掉 $1\sim 2$ 个链节,以恢复原来的长度。张紧轮一般设置在链条松边靠小链轮外侧,或设置在靠大链轮内侧。张紧轮可以是链轮,也可以是无齿的滚轮,其直径与小链轮的直径接近。张紧轮有自动张紧(用弹簧、吊重等自动张紧装置)及定期调整(用螺旋、偏心等调整装置)。另外还可用压板和托板张紧,如图 2.3-13 所示。

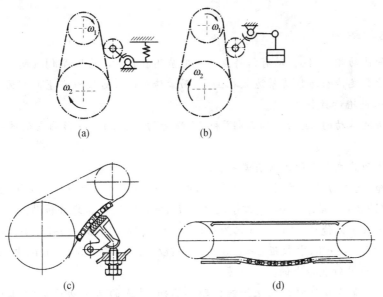

(a)　　　　　　(b)

(c)　　　　　　(d)

图 2.3-13　链传动的张紧

3. 链传动的润滑

链传动的润滑十分重要,对高速、重载的链传动更为重要。良好的润滑可缓和冲击,减少链条铰链磨损,延长使用寿命。链传动的润滑方式有人工定期润滑、滴油润滑、油浴润滑、飞溅润滑和压力喷油润滑,如图 2.3-14 所示。闭式链传动的润滑方式由图 2.3-12 确定。

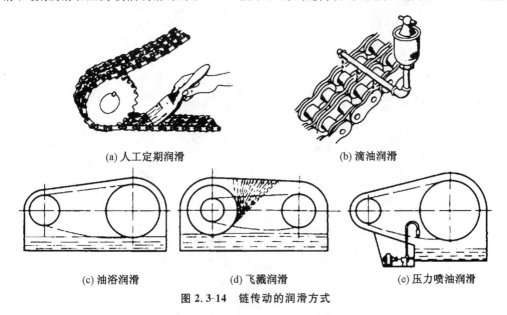

(a) 人工定期润滑　　　　(b) 滴油润滑

(c) 油浴润滑　　　(d) 飞溅润滑　　　(e) 压力喷油润滑

图 2.3-14　链传动的润滑方式

对于开式链传动和不易润滑的链传动可定期拆下用煤油清洗,干燥后将链浸入 70~80 ℃的润滑油中,待铰链间隙充满油后使用。润滑油推荐采用 32,46,68 号机械油,温度低时取前者。对开式链传动及重载低速链传动,可在油中加入 MoS2,WS2 等固体润滑剂。为了安全与防尘,链传动应装防护罩。

对用润滑油不便的场合,允许涂抹润滑脂,但应定期清洗与涂抹。

 思考与练习

1. 与带传动相比,链传动有何特点? 一般应用在何种场合? 举例说明。

2. 为什么链传动通常将紧边放在上面,而带传动的紧边则放在下面? 为什么链节数一般取偶数,链轮齿数取奇数?

3. 分析链传动的"运动不均匀性"和"动载荷"产生的原因;影响它们的主要参数有哪些?

4. 链传动的主要失效形式有哪些?

5. 已知:链传动传递的功率 $P=1.2$ kW,主动轮转速 $n_1=140$ r/min,主动轮齿数 $z_1=19$,采用 08A 单排滚子链,工作情况系数 $K_A=1.3$,试验算此链传动。

6. 有一滚子链传动,传动链标记为:11A1−144GB/T1243−1997。小链轮齿数 $z_1=24$,大链轮齿数 $z_2=85$,中心距 $a\approx693$ mm,小链轮转速 $n_1=730$ r/min,电动机驱动,载荷平稳,求该传动所能传递的最大功率。

7. 设计一带式输送机用的滚子链传动。已知:传递的名义功率 $P=11$ kW,主动链轮转速 $n_1=970$ r/min,从动链轮转速 $n_2=320$ r/min,电动机驱动,载荷平稳,链传动近于水平布置,中心距不小于 550 mm。

工作任务 4　轴间联接设计

 任务导入

带式运输机减速器输出轴与传动滚筒轴之间、电动机与减速器输入轴之间必须联接起来,以传递运动和动力(不采用带传动时);需要设计轴与轴之间的联接。

 任务目标

知识目标　了解联轴器及离合器的类型、结构、特点及其应用。

能力目标　了解联轴器及离合器的选择计算与使用维护。

 知识与技能

联轴器与离合器是机械传动中常用的部件,它们主要用来联接轴与轴(或联接轴与其他回转零件),以传递运动与转矩,有时也用作安全装置。而联轴器把两轴联接在一起,机器运转时两轴不能分离,只有在机器停车并将联接拆开后,被联接轴才能分离。离合器是一种在机器运转过程中,可使两轴随时接合或分离的装置,可以实现机器的起停、主、从动间的同步运动和相互超越运动,实现变速及换向,以及控制传递转矩大小,满足要求的接合时间等。

用联轴器联接的两轴,由于制造和安装误差,受载后的变形以及温度变化等因素的影响,往往不能保证严格地对中,两轴间会产生一定程度的相对位移或偏斜,称为偏移。偏移的形式有轴偏移、径向偏移、角偏移和综合偏移,如图 2.4-1 所示。因此,联轴器除了能传递所需的转矩外,还应在一定程度上具有补偿两轴间偏移的性能。

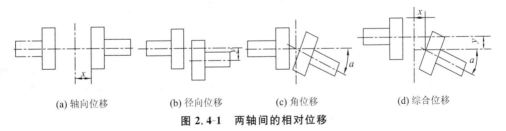

(a) 轴向位移　　　(b) 径向位移　　　(c) 角位移　　　(d) 综合位移

图 2.4-1　两轴间的相对位移

联轴器和离合器的种类繁多,不同的类型可以满足不同的工况要求,以适应机器的工作性能、工作特点及应用场合的需求。常用的联轴器和离合器都已经标准化或系列化,一般情况下,设计者可以根据主、从动机械传动特点和要求选择合适的联轴器和离合器,必要时可以进行专门设计。本任务仅对少数典型的结构和相关的知识作些介绍,以便为设计者选择标准件和进行自主创新设计时提供理论基础。

联轴器的型式、品种较多,主要分为三大类,即机械式联轴器、液力联轴器和特种联轴器。其中对于机械式联轴器国家标准又有规定的分类,根据联轴器对所联接的两轴存在的相对位移有没有补偿的能力,又可以分为刚性联轴器和挠性联轴器,以及起安全保护作用的安全联轴器。而挠性联轴器又可按是否有弹性元件分为有弹性元件的挠性联轴器和无弹性元件的挠性联轴器两个类别。

1. 刚性联轴器

刚性联轴器不具有补偿被连两轴轴线相对偏移的能力,也不具有缓冲减振性能;但结构简单,价格便宜。只有在载荷平稳,转速稳定,能保证被连两轴轴线相对偏移极小的情况下,才可选用刚性联轴器。在先进工业国家中,刚性联轴器已淘汰不用。这类联轴器有套筒联轴器、夹壳联轴器和凸缘联轴器等。

(1)套筒联轴器

套筒联轴器由整体公用套筒借用锥销或键等联接件实现两轴的联接。当采用键联接时,应采用锥端紧定螺钉做轴向固定。采用圆锥销联接时,不需采用紧定螺钉,两圆锥销可成 90°,如图 2.4-2 所示。

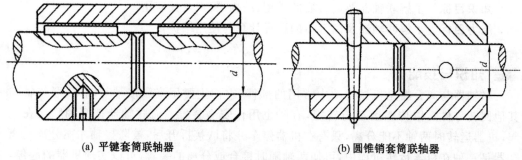

(a) 平键套筒联轴器   (b) 圆锥销套筒联轴器

图 2.4-2　套筒联轴器

套筒联轴器结构简单,制造方便,径向尺寸小,成本低,但要求两轴安装精度高,装拆时需将轴沿轴向移动,因此套筒与轴的配合不宜采用过盈配合。由于配合较松,连接中会有微小位移,产生微动磨损。两轴的许用相对径向位移不超过 0.05 mm,许用相对角位移在 1 m 长度上不超过 0.05 mm。

套筒联轴器用于等轴径,要求两轴对中性好;轻载、工作平稳、无冲击载荷;经常正反转,且最高转速不超过 250 r/min 的联接中,如普通车床、龙门刨床等。

(2)夹壳联轴器

如图 2.4-3 所示,夹壳联轴器由两个沿轴向剖分的夹壳通过螺栓拧紧后产生的夹紧力压在两轴的表面上,从而实现两轴的联接。转矩的传递是靠夹壳与轴表面间的摩擦力来进行,通常还利用平键来加以辅助。为使旋转平衡,相邻螺栓在装配时其头部应方向相反。

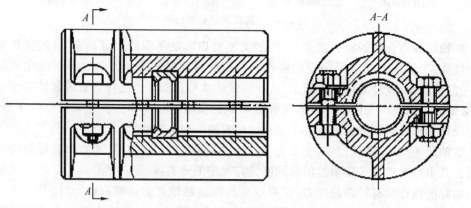

图 2.4-3　夹壳联轴器

夹壳联轴器装拆方便,不需要使轴做轴向移动,但两轴的轴线对中精度低,结构和形状较复杂,平衡精度低,制造成本高。通常用于等轴径联接,低速、轻载、平稳、无冲击、长传动轴的联接,如搅拌器、立式泵等。

（3）凸缘联轴器

凸缘联轴器由两个凸缘盘式半联轴器组成,利用键和螺栓实现两轴的联接,如图2.4-4所示。当采用普通螺栓联接时,转矩是依靠凸缘间摩擦力来传递的;当采用铰制孔用螺栓联接时,转矩是靠联接螺栓所承受的剪切力和挤压力来传递的。

图2.4-4 a表示用铰制孔用螺栓联接的联轴器,螺栓孔与螺栓为过渡配合,能保证一定的对中精度,装拆时轴不需要做轴向运动。图2.4-4 b表示用普通螺栓联接的联轴器,螺栓孔与螺栓有间隙,为保证对中精度,在联轴器端面上加工出榫槽,装配时靠一个半联轴器上的凸肩与另一个半联轴器上的凹槽相配合而对中,但装拆时需使轴做轴向的移动。图2.4-4 c表示带防护缘的联轴器,具有安全防护作用。

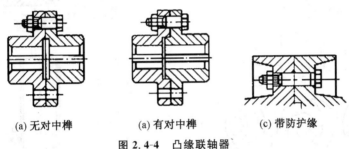

(a) 无对中榫　　　　(a) 有对中榫　　　　(c) 带防护缘

图 2.4-4　凸缘联轴器

凸缘联轴器结构简单,制造成本低,装拆方便,能保证两轴具有较高的对中精度,传递转矩大,但不能吸收振动与冲击,当两轴有相对位移时,就会在机件内引起附加载荷。通常用于等轴径联接,低速、轻载、平稳、无冲击力、长传动轴的联接,如搅拌器、立式泵中轴的联接。

2. 挠性联轴器

（1）无弹性元件挠性联轴器

无弹性元件的挠性联轴器,具有依靠零件之间的相对运动来自动补偿被联接两轴线相对位置误差的能力,但因无弹性元件,故不能缓冲减振。常用的有以下几种。

① 十字滑块联轴器。

图2.4-5所示为十字滑块联轴器,主要由两个在端面上通过中心开有凹槽的半联轴器和一个两侧有相互垂直的十字形凸榫的中间滑块组成。装配时凸榫嵌入凹槽中,工作时凸榫在凹槽内滑动,可以补偿被联接两轴轴线的相对径向位移,同时也可补偿一定的相对角位移。工作时十字滑块的中心做圆周运动,圆周运动的直径等于轴线偏移量,会产生很大的离心力,引起较大的动载荷及磨损。因此应尽量减少中间滑块的重量,限制轴线偏移量和工作转速。一般用于转速不大于 250 r/min,两轴许用相对径向位移为 $0.04d$（d 为轴径）,许用相对角位移为 30。联轴器的材料可用 45 钢,为提高耐磨性,其工作表面需经高频淬火,硬度为 $46\sim50$ HRC,也可采用铸铁 HT200。这种联轴器结构简单,径向尺寸小,制造较复杂,适用两轴线相对径向位移较小、转速不高、无剧烈冲击和刚度较大的两轴联接。

与十字滑块联轴器相似的一种联轴器是滑块联轴器,其两边的半联轴器上的凹槽很

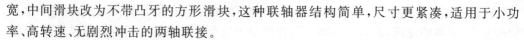

宽,中间滑块改为不带凸牙的方形滑块,这种联轴器结构简单,尺寸更紧凑,适用于小功率、高转速、无剧烈冲击的两轴联接。

② 齿式联轴器。

如图 2.4-6 所示,这种联轴器由两个具有外齿的半联轴器和两个具有内齿的外壳组成,外壳与半联轴器通过内、外齿的相互啮合而相联,轮齿留有较大的侧隙和顶隙,廓线为渐开线,压力角通常为 20°,齿数相同,模数相等。两个半联轴器分别通过键与轴相联,两个外壳通过螺栓联接起来。外齿轮的齿顶做成球面,球面中心位于轴线上,转矩靠啮合的齿轮传递。工作时有较大轴向和径向位移以及角位移,相啮合的齿面间不断做轴向的相对滑动,必须保证这种联轴器具有良好的润滑。

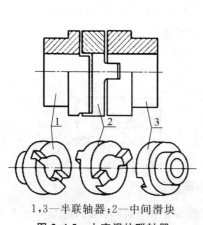

1,3—半联轴器;2—中间滑块

图 2.4-5　十字滑块联轴器

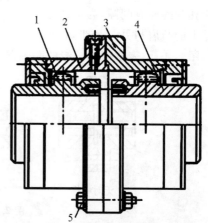

1,4—半联轴器;2,3—外壳;5—螺栓

图 2.4-6　齿式联轴器

由于鼓形齿较之直齿,能够改善轮齿沿齿宽方向的接触状态,现已将外齿的轮齿由直齿改成鼓形齿,鼓形齿联轴器比直齿器联轴器具有更大的补偿能力和承载能力,提高了使用寿命,但加工复杂,制造成本高。适用于传递大转矩,有较大相对位移,安装精度要求不高的两轴联接,在重型机器和起重设备中应用较广。

③ 十字轴万向联轴器。

万向联轴器属于空间连杆机构,联接空间同一平面上相交的两轴,传递运动和转矩,不但允许有相当大的轴间夹角,还允许轴间夹角在限定的范围内随工作需要而变动。万向联轴器种类很多,一般可分为非等速型、准等速型和等速型。

图 2.4-7a 中为单十字轴万向联轴器,属于非等速型万向联轴器,由两个分别固定在主、从动轴上的叉形接头和一个十字形零件(称十字轴)组成,叉形接头和十字轴是铰接的,形成转动副。当主动轴等速转动时,从动轴不等速转动,相对十字轴中心摆动,引起附加冲击载荷,影响传动效率,两轴间的夹角最大可达 45°。这种联轴器一般需自行设计,通常轴径为 10～40 mm,许用转矩为 12.5～1 280 N·mm,各元件的材料多选用合金钢,以获得较高的耐磨性和较小的尺寸。它适用于小轴径,传递转矩不大,两轴线相交的传动,如汽车、钻床等的辅助传动中,不宜用于转速高的场合。

图 2.4-7b 中为双十字轴万向联轴器,属于准等速型万向联轴器,它实际是由两个十字轴单万向联轴器按等角速度条件串联组合而成。安装时应注意保证两轴与中间轴之间的夹角相等,并且中间轴两端的叉形接头应在同一平面内,这样可以使输出轴获得与

输入轴相等的角转速。这种联轴器的主、从动轴之间允许较大的夹角,一般达50°,由于两轴的角速度相等,传递载荷平稳,但结构复杂,适用于要求两轴有较大角位移,对轴向尺寸又有一定限制的场合,目前主要用于中小型车辆中。

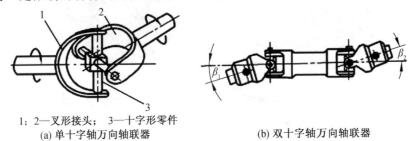

1:2—叉形接头; 3—十字形零件

(a) 单十字轴万向轴联器   (b) 双十字轴万向轴联器

图 2.4-7 十字轴万向联轴器

(2)金属弹性元件挠性联轴器

有弹性元件的挠性联轴器,具有依靠弹性元件的变形来自动补偿被连接两轴线相对位置误差的能力;还具有不同程度的减振、缓冲作用,改善传动系统的工作性能。金属弹性元件挠性联轴器是指制造弹性元件的材料为金属,因此联轴器具有强度高、尺寸小、寿命长的特点。

图 2.4-8 所示为膜片联轴器,其弹性元件为一定数量的很薄的多边环形(或圆环形)金属膜片叠合而成的膜片组,两组膜片通过短螺栓与各自的半联轴器相连,两组膜片之间加中间短节,用长螺栓相连,长短螺栓交错布置,以传递转矩。靠膜片的弹性变形来补偿相连两轴的相对位置误差,每组膜片通常 12 片,每片厚约 0.4 mm。

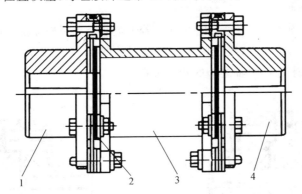

1—左半联轴器;2—膜片组;3—中间短节;4—右半联轴器

图 2.4-8 膜片联轴器

这种联轴器结构比较简单,对中性好,不需润滑,维护方便,但受金属膜片强度限制传递功率不大,缓冲吸振能力较差。在一定范围内,一般可取代齿式联轴器,多用于载荷平稳的泵和压缩机及发电机等轴间的联接。

金属弹性元件挠性联轴器,除膜片联轴器外,还有多种形式,如蛇形弹簧联轴器(见图 2.4-9)、径向弹簧片联轴器(见图 2.4-10)等。

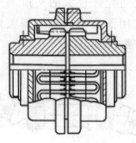
图 2.4-9 蛇形弹簧联轴器

图 2.4-10 径向弹簧片联轴器

（3）非金属弹性元件挠性联轴器

非金属弹性元件挠性联轴器是指制造弹性元件的材料为非金属,常用的非金属材料为橡胶、塑料等。

① 弹性套柱销联轴器。

图 2.4-11 所示为弹性套柱销联轴器,它是通过装在两个半联轴器凸缘孔中的柱销和套在它上面的梯形截面环状整体弹性套来实现两轴的联接并传递转矩。弹性套材料常用耐油橡胶,与半联轴器的圆柱孔有间隙配合。且易发生弹性变形,能补偿两轴的相对位移,缓冲吸振。

这种联轴器结构简单,制造容易,更换方便,不需润滑。但由于弹性套厚度较小,变形量有限,弹性较差,且弹性套容易磨损,寿命短。适用于对中精度要求较高,正反转变化较多、中小功率、运转平稳的两轴联接,如水泵、鼓风机等。

② 弹性柱销联轴器。

这种联轴器如图 2.4-12 所示,它是利用若干个非金属材料制成（通常为尼龙）的柱销置于两个半联轴器的凸缘中,实现两个半联轴器的联接,主要靠尼龙的弹性以及柱销与柱销孔的配合间隙来补偿两轴之间的相对位移。

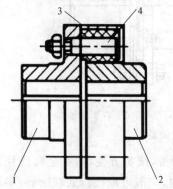

1—半联轴器;2—半联轴器;3—弹性套;4—柱销
图 2.4-11 弹性套柱销联轴器

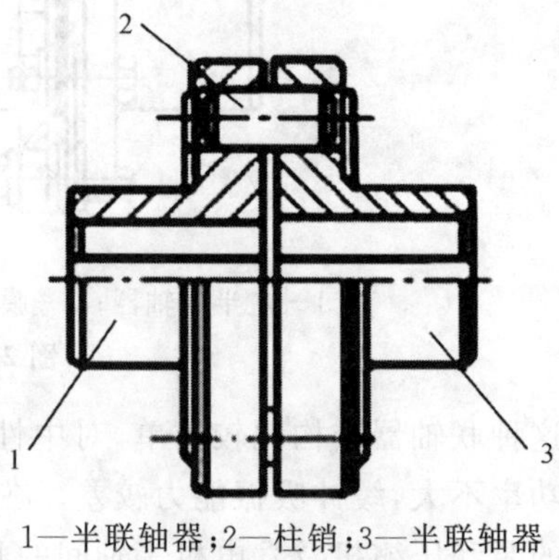

1—半联轴器;2—柱销;3—半联轴器
图 2.4-12 弹性柱销联轴器

弹性柱销联轴器耐磨性好,结构简单,拆拆、更换方便。用于联接两轴有一定相对位移和一般减振要求、中等载荷、启动频繁的场合,如离心泵、鼓风机等。

③ 梅花形弹性联轴器。

图 2.4-13 所示为梅花形弹性联轴器,它是利用梅花形弹性元件放置于两个联轴器凸爪之间,实现两个半联轴器的联接。梅花形弹性元件的形式有圆形（见图 2.4-13）、矩形

和长弧形凸部,而圆形凸部可改善载荷分布的不均匀性,能传递较大的转矩。弹性元件常用的材料为橡胶、聚氨酯工程塑料等。

这种联轴器零件数量少,外形尺寸小,装拆方便,承载能力较高,具有良好的减振、缓冲性能,适用于对两轴补偿性能,缓冲减振要求不高的中小功率传动。

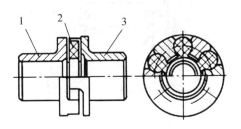

1—联轴器;2—梅花形弹性元件;3—联轴器

图 2.4-13 梅花形弹性联轴器

④ 轮胎式联轴器。

图 2.4-14 所示为轮胎式联轴器,它由一个无骨架的轮胎环、两个半联轴器、压板、螺钉及垫圈组成,靠摩擦力来传递转矩。这种联轴器弹性好,能有效降低动载荷和补偿较大的轴向位移,工作时无噪声,当转矩较大时,会产生附加轴向载荷,因此不适用于载荷较大,转速较高的场合,且轮胎环的装配比较困难。

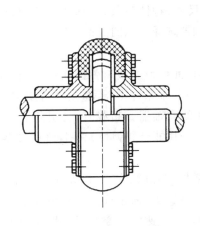

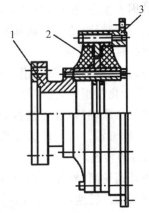

1—半联轴器;2—橡胶组合件;3—半联轴器

图 2.4-14 轮胎式联轴器　　**图 2.4-15 橡胶金属环联轴器**

⑤ 橡胶金属环联轴器。

图 2.4-15 所示为橡胶金属环联轴器,它是利用橡胶硫化黏结在内、外金属环上形成的橡胶组合件,用螺栓与两个半联轴器联接,工作时靠橡胶元件的扭转变形来补偿两轴的相对位移。

这种联轴器弹性好,防振性能好,阻尼性能好,能缓冲吸振。但它外形尺寸大,结构复杂。

3. 安全联轴器

安全联轴器工作时,当传递的工作转矩超过联轴器所允许的极限转矩时,联接件会发生折断、脱开或打滑,以使重要零件不致破坏。

安全联轴器的种类也很多,图 2.4-16 所示为一种销式安全联轴器。剪切销钉安装在

167

组合式淬火套筒内,套筒被压入联轴器中,销钉有时在预定剪切处做成 V 形槽,材料一般为 45 钢,可以做成单剪式或双剪式。这种安全联轴器结构简单,但限定的安全转矩准确性不高,销钉安全联轴器没有自动恢复工作的能力,更换销钉时,必须停机,使用不便。

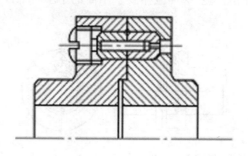

图 2.4-16 销式安全联轴器

 任务实施

——带式输送机减速器输出轴与传动滚筒轴之间的联轴器的选择

一、联轴器类型的选择

大多联轴器已标准化或系列化,一般设计者的任务是选用,而不是设计。正确选择联轴器考虑的因素很多,如连接件本身的结构、几何尺寸、特性参数、传动系统的动力特性、载荷情况、安装维修、使用寿命和价格等,现就联轴器选择考虑的因素分述如下。

(1)联轴器的传递载荷

一般来说,传递载荷大,则选用刚性联轴器、无弹性元件或有金属弹性元件的挠性联轴器;传递载荷变化范围大,使联接轴发生扭转振动,引起轴系冲击振动,则可选用缓冲、减振性能好的簧片联轴器,也可选择具有变刚度特性的联轴器。超载时,会引起安全事故,需选用安全联轴器。对于传递轻载荷的联接轴,常选用非金属弹性元件挠性联轴器。

(2)联轴器的转速

联轴器的转速越高,外缘离心力越大,导致磨损增加、润滑恶化、材料失效。因此,每种联轴器都对其最高转速或外缘线速度进行了限制。高速下,通常选用平衡精度较高的联轴器,如齿式联轴器、膜片联轴器。在变速下工作时,由于速度突变会引起惯性冲击和振动,应选用对这种冲击和振动有较好适应能力的联轴器,如金属或非金属弹性元件的挠性联轴器。

(3)联接两轴的相对位移

由于制造和安装误差、材料磨损、工作时的受载变形和热变形等原因,联轴器所联接的两轴会产生相对位移。如果相对位移量较小,可选用刚性联轴器;相对位移量较大,可选用无弹性元件挠性联轴器或有弹性元件挠性联轴器。无弹性元件挠性联轴器补偿能力大,但有滑动摩擦,引起磨损、发热,需进行润滑,有弹性元件挠性联轴器补偿能力小,但可以缓冲和吸振,多数不需润滑。对于不在同一轴线的两轴,可选用万向联轴器。

(4)联轴器的传动精度

对于精密传动和伺服传动,往往要求两轴转动必须同步,包括瞬间和启动时均需同步。由于挠性联轴器零件之间存在间隙或因弹性元件扭转刚度低,不能满足同步的要求,不能选用。因此,对于传动精度要求高的传动装置应选用刚性联轴器。

(5)联轴器的加工、安装及使用、维护

在满足性能要求的前提下,应选用制造工艺性较好、安装方便、使用维护简单的联轴器。对于安装空间较小,不便于移动的场合,尽量选用装拆时沿径向移动的联轴器。对于长期连续工作的轴系,应选用经久耐用,无需维护的联轴器,如膜片联轴器。对于立式传动的机械,为便于装拆,宜选用夹壳联轴器等。

(6)联轴器的工作环境

选用联轴器时还应考虑环境对它的影响,如温度、腐蚀性介质等。高温对橡胶、塑料弹性元件影响较大,易引起老化,不同类型的橡胶和塑料使用的温度也不同,应选用与温度相适应的橡胶或塑料作为弹性元件。对于在腐蚀性介质环境中工作的联轴器,应选用耐腐蚀性材料制成的联轴器。

二、联轴器计算转矩的确定

联轴器大多已标准化或系列化,设计时只需参考手册,根据工作要求选择合适的类型,并按轴的直径、工作转矩和转速选定具体尺寸,使它们在允许范围内即可。必要时对其易损零件作强度校核。

在计算联轴器所需传递的转矩时,通常引入一个工作情况系数 K 来考虑由于机器启动产生的动载荷和运转中可能出现的过载现象等因素的影响,因此其计算转矩 T_{ca} 按式(2.4-1)计算,即

$$T_{ca}=KT \tag{2.4-1}$$

式中:T——公称转矩(由总体设计求得),N·m;

K——工作情况系数,见表2.4-1。

表 2.4-1 工作情况系数 K

工作机		K			
		原 动 机			
转矩变化及冲击载荷	举 例	电动机汽轮机	四缸和四缸以上内燃机	双缸内燃机	单缸内燃机
变化很小	小型的发动机、通风机和离心泵	1~1.3	1.5	1.8	2.2
变化小	透平压缩机、木工机床、运输机	1.5	1.7	2.0	2.4
变化中等	搅拌机、增压泵、压缩机、冲床	1.7	1.9	2.2	2.6
变化中等有中等冲击	水泥搅拌器、织布机、拖拉机	1.9	2.1	2.4	2.8
变化较大有较大冲击	造纸机、挖掘机、起重机、碎石机	2.3	2.5	2.8	3.2
变化大有强烈冲击	压延机、重型初轧机	3.1	3.3	3.6	4.0

根据计算转矩 T_{ca} 及所选的联轴器类型,按照式(2.4-2)的条件即可以由标准中选定该联轴器型号。式(2.4-2)中[T]为该型号联轴器的许用转矩,即

$$T_{ca}\leqslant[T] \tag{2.4-2}$$

知识拓展
——离合器

1. 常用离合器的类型及应用

离合器是用于原动机与工作机之间或机器内部主动轴与从动轴之间,实现运动和动力传递与分离功能的重要组件,在各类机器中得到广泛的应用。一个好的离合器在工作时应接合平稳、分离迅速;操作省力,修理方便;具有好的耐磨性和散热能力。离合器的种类繁多,大多数都已实现标准化或系列化,

离合器在各类机器中得到广泛应用,离合器主要分为操纵离合器和自控离合器两大类。操纵离合器又分为机械离合器、电磁离合器、液压离合器和气压离合器4类;自控离合器又分为超越离合器、离心离合器、安全离合器和液体黏性离合器4类。

下面仅就常用的离合器的类型与应用加以介绍。

(1) 牙嵌离合器

带辊子接合机构的牙嵌离合器,当左端接合子向右滑移,通过辊子推动从动牙嵌盘向右移动,弹簧被压缩,此时主从动牙嵌盘啮合,离合器实现接合。当接合子向左滑移时,在弹簧恢复力的作用下,主从动牙嵌盘脱离,实现离合器的分离。这种离合器在接合时牙面上存在轴向分力,因此要求其接合机构在离合器接合后具有自锁功能。

牙嵌离合器常用的牙形有三角形、矩形、梯形、锯齿形等。三角形牙用于传递小转矩的低速离合器;矩形牙无轴向分力,但不便于接合与分离,磨损后不能补偿,使用较少;梯形牙强度高,能自动补偿牙的磨损与间隙,传递较大的转矩,应用较广;锯齿形牙的强度高,但只能传递单向转矩,用于特定的工作场合。

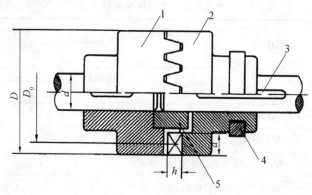

1,2—半离合器;3—导向平键;4—滑环;5—对中环
图 2.4-17 牙嵌离合器

(2) 圆盘摩擦离合器

圆盘摩擦离合器是依靠主从动盘的接触面间产生的摩擦力矩来传递转矩的,有单盘式和多盘式两种。

图 2.4-18 所示为一种单盘式圆盘摩擦离合器,工作时通过压紧力将安装在主动轴上的摩擦盘压紧在安装在从动轴上的摩擦盘上,依靠两盘接触面间产生的摩擦力来传递转矩。

图 2.4-19 所示为一种多盘式摩擦离合器,它拥有两组摩擦盘,一组外摩擦盘,安装

在主动轴上,可做轴向移动;另一组为内摩擦盘,安装在从动轴上,也可做轴向移动。工作时在推力作用下,接合子向左移动通过曲臂压杆压紧摩擦片,实现离合器接合。当操纵接合子向右移动时,压紧力消失,离合器分离。显然,多盘摩擦离合器比单盘摩擦离合器能传递更大的转矩。

牙嵌式离合器和摩擦式离合器的操纵方法有机械的、电磁的、液压的、气动的等数种。

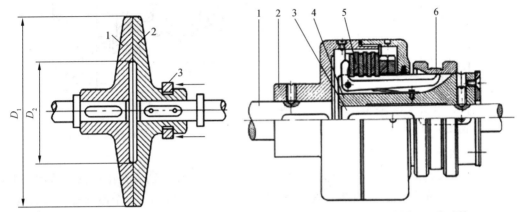

1—主动摩擦盘;2—从动摩擦盘;3—操纵环

图 2.4-18 单盘式摩擦离合器

1—主动轴;2—左半离合器;3—从动轴;
4—右半离合器;5—内,外摩擦盘;6—曲臂压杆

图 2.4-19 多盘式摩擦离合器

机械式多用杠杆机构操纵离合器。电磁式通过激磁线圈的电流所产生的磁力来操纵离合器,图 2.4-20 所示为一种牙嵌式电磁离合器,图 2.4-21 所示为一种多盘摩擦电磁离合器,它们都是通过电磁线圈导电后产生的电磁力来实现离合器的接合和分离。而液压式和气动式的分别通过油缸和气缸所提供的压力来操纵离合器。

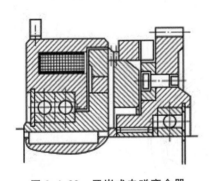

图 2.4-20 牙嵌式电磁离合器

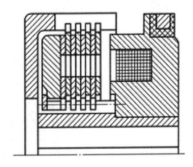

图 2.4-21 带滑环多盘摩擦电磁离合器

(3) 安全离合器

安全离合器工作时,当传递的工作转矩超过离合器所限定的转矩,会产生短暂的永久性脱开,起到过载保护的作用。

图 2.4-22 所示为一种摩擦式安全离合器,内外摩擦盘通过弹簧力被压紧,将动力传递给外套筒,并通过半联轴器输出,螺钉用来调整弹簧以改变弹簧压紧力,起到过载保护的作用。

图 2.4-23 所示为一种牙嵌式安全离合器,端面有牙的两个半离合器安装在同一轴

上,通过调节螺母来改变弹簧的压紧力,起到过载保护的作用。

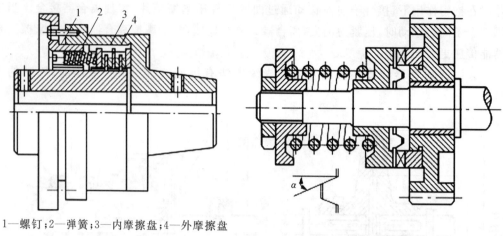

1—螺钉;2—弹簧;3—内摩擦盘;4—外摩擦盘

图 2.4-22　摩擦式安全离合器

图 2.4-23　牙嵌式安全离合器

(4) 超越离合器

图 2.4-24 所示为滚柱式定向离合器,图中星轮和外环分别装在主动件和从动件上,星轮和外环间的楔形空腔内装有滚柱,滚柱数目一般为 3~8 个,每个滚柱都被弹簧推杆以不大的推力向前推进而处于半楔紧状态。

星轮和外环均可作为主动件。现以外环为主动件来分析,当外环逆时针方向回转时,以摩擦力带动滚柱向前滚动,进一步楔紧内外接触面,从而驱动星轮一起转动,离合器处于接合状态。反之,当外环顺时针方向回转时,则带动滚柱克服弹簧力而滚到楔形空腔的宽敞部分,离合器处于分离状态,所以称为定向离合器。当星轮与外环均按顺时针方向做同向回转时,根据相对运动原理,若外环转速小于星轮转速,则离合器处于接合状态。反之,如外环转速大于星轮转速,则离合器处于分离状态,因此又称为超越离合器。定向离合器常用于汽车、机床等的传动装置中。

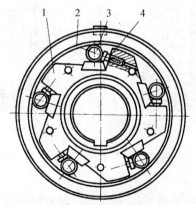

1—星轮;2—外环;3—滚柱;4—弹簧推杆

图 2.4-24　超越离合器

还有一些其他种类的离合器,这里就不作过多介绍,涉及时可以查阅相关的手册和技术资料。

2.离合器类型的选择

离合器的种类繁多,大多数已经实现了标准化和系列化,不同种类的离合器适合不同的场合,满足不同的要求。现将几种不同种类离合器在选用时应注意的情况分述如下。

（1）机械离合器

机械刚性离合器适用于不需要经常离合的场合,只允许在静止或转速很低的状态下接合,为减少磨损,使用时应把滑动的半离合器放在从动轴上。

机械摩擦离合器可以实现转差率很高情况下的平稳接合,由于是靠摩擦来传递转矩,因此必须有良好的散热措施。过载后,出现打滑,起到安全保护作用。适用于工作机需要经常离合,传动要求平稳,工作时一端转动惯量很大或启动要快,且不要求传动比准确的场合。

（2）电磁离合器

摩擦式电磁离合器,能吸收冲击,防止过载,能在短时间内准确接合,由于会产生剩磁,必须采取消磁措施。对于需要长期打滑,要求转速差,或需要自动控制,远距离操纵,防止过载的场合,可以选用这种离合器。

牙嵌电磁离合器,没有空转力矩,发热和磨损小,能保证接合重复精度要求,适用于各种机械上作控制操纵作用,或用于要求定传动比的场合。

（3）液压离合器

液压离合器传递转矩大,调整油压可控制输出转矩大小,离合平稳无冲击,但反应较慢。对于频繁离合,传递转矩大,需要远距离控制和自动控制的场合,可选用这种离合器。

（4）气动离合器

气动离合器操纵力大,离合迅速,允许频繁操作,无污染,可远距离控制,并允许在易燃易爆的环境中工作。对于需要传递大转矩、离合频繁、工作环境有特别要求的场合,可以选用这种离合器。

（5）超越离合器

超越离合器能够随着速度的变化或回转方向的变换而实现自动接合或脱离。啮合式超越离合器只能传递单向的转矩,由于啮合时有冲击,接合位置受角度限制,适用于低速传动装置。摩擦式超越离合器也只能单向运动和转矩,接合平稳,无噪声,能够在较高的转速差下实现接合,对于高速且要求接合平稳的场合,可以选用这种离合器。

3.离合器计算转矩的确定

离合器大多已标准化或系列化,设计时只需参考手册,根据工作要求选择合适的类型,并按轴的直径、工作转矩和转速选定具体尺寸,使它们在允许范围内即可。必要时对其易损零件作强度校核。离合器的转矩计算与联轴器相同。

思考与练习

1.联轴器和离合器有什么共同点？又有何不同？

2.在套筒式联轴器、齿式联轴器、凸缘联轴器、十字滑块联轴器、弹性套柱销联轴器等5种联轴器中,能补偿综合位移的联轴器有哪些？

3. 某刚性凸缘联轴器采用在 $D=120$ mm 的圆周上均布 4 个 M12(小径 $d_1=10.106$ mm,配合直径 $d_0=13$ mm)铰制孔用螺栓联接,螺栓与半联轴器孔相配合的最小长度 $L_{min}=d$ (螺栓公称尺寸);螺栓材料的许用应力为:$[\tau]=100$ MPa,$[p]=200$ MPa,$[\sigma]=120$ MPa;联轴器为铸铁,许用挤压应力 $[p]=100$ MPa,试:

(1) 求此联轴器所能传递的最大扭矩 T;

(2) 若联轴器的结构尺寸和材料均不变,而将铰制孔用螺栓改用普通螺栓联接,并设轴器结合面间的摩擦系数 $f=0.15$,试问联轴器所能传递的最大扭矩是多大?

工作任务5　齿轮传动设计

 任务导入

带式输送机减速器外传动零件的设计完成后,即可开始设计减速器内传动零件。减速器内最常用的传动零件就是齿轮机构传动,把根据总体设计及带传动设计得到的数据作为已知条件,即可设计单级圆柱齿轮减速器中的齿轮传动机构。

 任务目标

知识目标　掌握齿轮轮齿的主要失效形式及相应的预防措施;理解对齿轮材料的基本要求;了解齿轮的常用材料和热处理方法及其应用;了解齿轮传动的精度选择;掌握斜齿轮传动的受力分析(各分力的方向的判定)及旋向的判定;了解斜齿轮传动强度计算及设计计算方法和步骤;了解齿轮常用的结构形式与齿轮传动的润滑方式。

能力目标　掌握直齿轮传动的受力分析及强度设计计算准则;掌握直齿圆柱齿轮传动齿面接触强度和齿根弯曲强度计算公式的正确应用;熟练掌握影响齿轮传动强度的主要因素、各系数的意义和主要参数的选取;了解圆柱齿轮传动的设计方法和步骤,能熟练查阅有关图表。

 知识与技能

按照工作条件,齿轮传动可分为闭式传动和开式传动两种。将齿轮封闭在刚性箱体内,并保证良好润滑的传动称为闭式齿轮传动。重要的齿轮传动都采用闭式传动。开式齿轮传动是敞开的,不能保证良好的润滑,外界的灰尘、杂质等极易落入啮合齿面间,从而引起齿面磨损,故只宜用于低速传动。按照齿面硬度,齿轮传动又可分为软齿面(HBS≤350)齿轮传动和硬齿面(HBS>350)齿轮传动两种。

一、齿轮传动的失效形式和常用齿轮材料

1. 齿轮传动的主要失效形式

机械零件由于强度、刚度、耐磨性和振动稳定性等因素不能正常工作时,称为失效。齿轮传动的失效,主要是指轮齿的失效,轮齿失效使齿轮丧失了工作能力,故在使用期限内,防止轮齿失效是齿轮设计的依据。齿轮轮齿的失效,随着工作条件、材料性能及热处理工艺不同而不同。在正常工作条件下,常见的轮齿失效形式有以下5种。

(1) 轮齿的折断

齿轮在工作时,轮齿像悬臂梁一样承受弯曲,在其齿根部分的弯曲应力最大,而且在齿根的过渡圆角处有应力集中,当交变的齿根弯曲应力超过材料的弯曲疲劳极限应力时,在齿根处受拉一侧就会产生疲劳裂纹,随着裂纹的逐渐扩展,致使轮齿发生疲劳折断。轮齿因短时意外的严重过载而引起的突然折断,称为过载折断。而用脆性材料(如铸铁、整体淬火钢等)制成的齿轮,当受到严重过载或很大冲击时,轮齿容易发生突然折断。

直齿轮轮齿的折断一般是全齿折断,如图2.5-1a所示,斜齿轮和人字齿齿轮,由于接

机 械 设 计

触线倾斜,一般是局部齿折断,如图 2.5-1 b 所示。

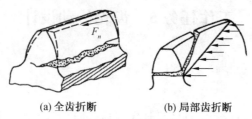

(a) 全齿折断   (b) 局部齿折断

图 2.5-1　轮齿折断

为防止轮齿过早折断,可采取一些适当的工艺措施,适当增大齿根部分过渡圆角半径,提高齿面加工精度,降低齿面表面粗糙度值,以及采用齿面强化措施(如喷丸)等,以降低齿根处的应力集中,消除产生疲劳裂纹的因素,从而提高轮齿抗折断的能力。

(2) 齿面点蚀

齿轮传动中,由于参加啮合的两轮齿齿面的弹性变形,形成微小的接触面,在其接触表层上产生很大的接触应力。轮齿齿面的接触应力是按脉动循环变化的,当齿面接触应力值超过齿轮材料的接触疲劳极限时,齿面表层将产生细微疲劳裂纹,而润滑油的渗入,使裂纹中产生很大的油压,从而加速了裂纹的扩展,导致齿面金属微粒剥落下来,形成麻点状凹坑,这种现象称为齿面点蚀,简称点蚀。点蚀的继续扩展,破坏了渐开线齿廓,严重影响传动的平稳性,并产生振动和噪

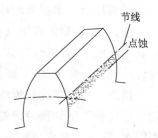

图 2.5-2　齿面点蚀

声,以致齿轮不能正常工作。实践表明,点蚀常先发生在闭式齿轮传动中,靠近节线附近的齿根表面上(见图 2.5-2)。发生点蚀后,齿廓形状遭破坏,齿轮在啮合过程中会产生剧烈的振动,噪音增大,以至于齿轮不能正常工作而使传动失效。

在开式传动中,由于齿面磨损较快,点蚀还来不及出现或扩展,即被磨掉,所以一般看不到点蚀现象。

采用提高齿面硬度(齿面硬度越高,抗点蚀能力越强),降低表面粗糙度数值,增大润滑油黏度,采用正变位齿轮传动等措施,都能提高齿面抗点蚀能力。

(3) 齿面胶合

在高速重载齿轮传动中(如航空齿轮传动),由于齿面间压力大,相对滑动速度大,摩擦发热多,使啮合点处瞬时温度过高,润滑失效,致使相啮合两齿面金属尖峰直接接触并相互粘连在一起,当两齿面相对运动时,粘连的地方即被撕开,在齿面上沿相对滑动方向形成条状伤痕,这种现象称为齿面胶合,如图 2.5-3 所示。在低速重载齿轮传动中,由于齿面间润滑油膜难以形成,或由于局部偏载使油膜破坏,也可能发生胶合。胶合发生在齿面相对滑动速度大的齿顶或齿根部位。齿面一旦出现胶合,不但齿面温度升高,而且齿轮的振动和噪声也增大,导致失效。

提高齿面抗胶合能力的方法有:减小模数,降低齿高,降低滑动系数;提高齿面硬度和降低齿面粗糙度;采用齿廓修形,提高传动平稳性;采用抗胶合能力强的齿轮材料和加入极压添加剂的润滑油等。

(4) 齿面磨损

由于相对滑动,特别是当密封不良有外界的灰尘、金属屑等杂质落入啮合面上时,这

176

些杂质便成为磨料,使齿面产生磨粒磨损,齿面将逐渐失去正确的齿形,造成齿侧间隙不断加大,从而导致传动失效(见图 2.5-4)。齿面磨损是开式齿轮传动的主要失效形式。

提高齿面硬度,减少齿面粗糙度数值,注意润滑油的清洁和更换,保持良好的润滑,采用闭式齿轮传动等,均可以减轻或防止齿面磨粒磨损。

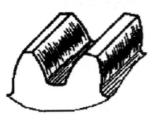

图 2.5-3　齿面胶合

图 2.5-4　齿面磨损

（5）塑性变形

齿面较软的轮齿在过载严重和启动频繁的传动中,齿面表层的材料在摩擦力作用下,容易沿着滑动方向产生局部的齿面塑性变形,由于在主动轮齿面的节线两侧,齿顶和齿根的摩擦力方向相背,因此在节线附近形成凹沟;从动轮则相反,由于摩擦力方向相对,因此在节线附近形成凸脊。从而使轮齿失去正确的齿形(见图 2.5-5 a)。适当提高齿面硬度,采用黏度较大的润滑油,尽量避免频繁启动和超载,均可以减轻或防止齿面塑性变形。由高塑性材料制成的齿轮承受载荷过大时,将会出现齿体弯曲塑性变形(见图 2.5-5 b)。

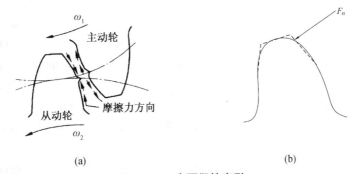

图 2.5-5　齿面塑性变形

2. 渐开线圆柱齿轮传动的设计原则

齿轮传动的 5 种常见的失效形式是相互影响的,但是在一定条件下,可能有一二种失效形式是主要的。因此,设计齿轮传动时,应根据实际工作条件,分析其可能发生的主要失效形式,选择相应的齿轮强度设计准则,进行设计计算。

对于软齿面(HBS≤350)闭式齿轮传动,由于主要失效形式是齿面点蚀,故应按齿面接触疲劳强度进行设计计算,再校核齿根弯曲疲劳强度。对于硬齿面(HBS＞350)闭式齿轮传动,由于主要失效形式是轮齿折断,故应按齿根弯曲疲劳强度进行设计计算,然后校核齿面接触疲劳强度。

开式齿轮传动或铸铁齿轮,仅按齿根弯曲疲劳强度设计计算,考虑磨损的影响可将模数增大 10％～20％。

3. 齿轮常用材料及其热处理

（1）对齿轮材料的基本要求

根据轮齿的主要失效形式，设计齿轮传动时，应使齿面有较高的抗点蚀、抗胶合、抗磨损和抗齿面塑性变形的能力，齿根应有较高的抗冲击和抗疲劳折断的能力。因此，对齿轮材料性能的基本要求是：齿面要硬，齿芯要韧，并具有良好的切削加工性能和热处理性能，价格较低。

（2）齿轮常用材料

制造齿轮多采用优质碳素结构钢和合金结构钢。重要的齿轮通常采用锻造毛坯制造，因为钢材经锻造后内部形成了有利的纤维方向，从而改善了材料的力学性能，一般的齿轮可直接采用轧制原钢制造；对于直径较大（$d > 400 \sim 600$ mm）或形状复杂的齿轮，由于受设备的限制不便锻造时，可采用铸钢制造，常用铸钢材料有 ZG310 - 507，ZG340 - 640 等；含有少量稀土元素的球墨铸铁，具有成本低、切削性能好、耐磨性好、噪声低及可锻性等特点，可用来代替铸钢，常用球墨铸铁材料有 QT500 - 7，QT600 - 3 等；开式、低速齿轮传动等不重要的或大型的齿轮可用灰铸铁制造，常用灰铸铁材料有 HT150～350；粉末冶金齿轮仅用于传力较小的传动中；对于高速、轻载及精度要求不高的齿轮传动，为了降低噪声，常用工程塑料（如夹布胶木、尼龙等）制造，塑料齿轮的材质和力学性能正在开发研究之中。

（3）钢制齿轮常用热处理方法

钢制齿轮制造时必须进行热处理，以改善其机械性能。常用的热处理方法有以下几种：

① 表面淬火一般用于中碳钢和中碳合金钢，例如，45 钢、40Cr 等。表面淬火后轮齿变形不大，对精度要求不很高的齿轮传动可不磨齿，齿面硬度可达 50～55HRC。由于轮齿表面硬，芯部韧，故接触强度较高，耐磨性也较好，并能承受一定的冲击载荷。

② 渗碳淬火渗碳钢为含碳量 0.15%～0.25% 的低碳钢和低碳合金钢，例如，20 钢、20Cr 等，经表面渗碳淬火后齿面硬度可达 56～62 HRC，齿面接触强度高，耐磨性好，而芯部仍保持较高的韧性，常用于受冲击载荷的重要齿轮传动。渗碳淬火后，变形较大，常需磨齿。

③ 氮化渗氮是一种化学处理方法，温度低，轮齿变形小，无需磨齿，齿面硬度可达 60～62 HRC，适用于难以磨齿的场合（如内齿轮）。但因渗氮层较薄，不宜用于受冲击载荷的场合。常用的渗氮钢为 38CrMoAlA。

④ 碳氮共渗将齿轮加热并渗入气态的碳与氮元素，齿面硬度可达 62～67HRC，轮齿变形小，对中等精度要求的齿轮传动可不再磨齿。试验表明，其抗接触疲劳和抗胶合的性能较渗碳淬火的齿轮为好。碳氮共渗适宜处理各类中碳钢和中碳合金钢。

⑤ 表面激光硬化用激光束扫齿面，可使齿面组织细硬起来，硬度可达 950HV 以上。其特点是处理后的轮齿变形极小，适宜处理各类中碳钢和中碳合金钢大尺寸齿轮。

⑥ 调质一般用于中碳钢和中碳合金钢，如 45 钢，40Cr，35SiMn 等，调质后齿面硬度一般为 220～260HBS，综合力学性能较好，热处理后可以精切齿形，且在使用中容易跑合，适用于中速、中等平稳载荷下工作的软齿面齿轮。

⑦ 正火能消除内应力，细化晶粒，改善力学性能和切削性能。机械强度要求不高的齿轮可用中碳钢正火处理，大直径的齿轮可用铸钢正火处理。

齿轮常用材料、热处理方法及其力学性能列于表 2.5-1。

配对齿轮中的小齿轮齿根较薄,弯曲强度较低,且受载次数较多,故在选择材料和热处理时,一般应使小齿轮材料比大齿轮好一些,硬度也应高一些。对进行调质和正火处理的软齿面齿轮,一般使小齿轮齿面硬度比大齿轮高 30～50HBS,传动比愈大,硬度也应愈高;对采用其他几种方法进行热处理得到的硬齿面齿轮,小齿轮的齿面硬度应略高,也可以和大齿轮相等。齿面硬度差也有利于提高齿轮抗胶合能力。

表 2.5-1　齿轮常用材料、热处理方法及其力学性能

材料牌号	热处理方法	机械性能			应用范围
		强度极限 σ_B/MPa	屈服极限 σ_S/MPa	硬度 HBS,HRC 或 HV	
45 钢	正火	580	290	162～217HBS	低中速、中载的非重要齿轮
	调质	640	350	217～255HBS	低中速、中载的重要齿轮
	调质-表面淬火			40～50HRC(齿面)	高速、中载而冲击较小的齿轮
40Cr	调质	700	500	241～286HBS	低中速、中载的重要齿轮
	调质-表面淬火			48～55HRC(齿面)	高速、中载、无剧烈冲击的齿轮
38SiMnMo	调质	700	550	217～269HBS	低中速、中载的重要齿轮
	调质-表面淬火			45～55HRC(齿面)	高速、中载、无剧烈冲击的齿轮
20Cr	渗碳-淬火	650	400	56～62HRC(齿面)	高速、中载并承受冲击的重要齿轮
20CrMnTi	渗碳-淬火	1 100	850	54～62HRC(齿面)	
16MnCr5	渗碳-淬火	780～1 080	590	54～62HRC(齿面)	
17CrNiMo6	渗碳-淬火	1 080～1 320	785	54～62HRC(齿面)	
38CrMoAlA	调质-渗氮	1 000	850	＞850HV	耐磨性强、载荷平稳、润滑良好的传动
ZG310—70	正火	570	310	163～197HBS	低中速、中载的大直径齿轮
ZG340—40		640	340	179～207HBS	
HT250	人工时效	250		170～240HBS	低中速、轻载、冲击较小的齿轮
HT300		300		187～255HBS	
HT350		350		179～269HBS	
QT500—5	正火	500	350	170～230HBS	低中速、轻载、有冲击的齿轮
QT600—2		600	420	190～270HBS	
QT700—2		700	490	225～305HBS	
布基酚醛层压板		100		30～50HBS	高速、轻载、要求声响小的齿轮
MC 尼龙		90		21HBS	

二、齿轮传动的精度

1. 圆柱齿轮传动的精度要求

制造和安装齿轮传动装置时,不可避免地会产生误差。误差对传动带来以下 3 方面的影响。

(1) 传动的准确性

一对传动齿轮,当主动齿轮转过一个角度时,从动齿轮应按传动比关系,准确地转过相应角度。由于存在加工误差,所以齿轮不可避免地会出现转角误差,即实际转角与理论转角的差值。在不同的场合,对齿轮传动的转角误差有不同的限制要求,因而在制造齿轮时,对影响齿轮转角误差的项目应提出精度要求,以限制齿轮传动的转角误差,从而保证齿轮传动的准确性。

(2) 工作的平稳性

由于齿轮不可避免地存在加工误差,因而一对齿轮啮合时的瞬时传动比经常变化,引起冲击、振动及噪音,特别是当齿轮在较高速度下运转时,这些现象会影响齿轮的寿命和机器精度及性能。这就使齿轮在每一转中的转角误差多次反复变化的数值要小,以限制齿轮传动的冲击、振动及噪音,从而使齿轮传动有较高的工作平稳性。

(3) 接触精度

齿轮在传动时,希望齿面接触良好,使齿面受力均匀,以提高齿面的接触强度和耐磨性,从而延长齿轮的使用寿命。由于存在加工误差,所以一对齿轮啮合时不可能达到全部齿面接触。为了保证齿轮能够一定的扭矩,并有较长的使用寿命,要求在制造齿轮时,应对影响齿轮传动接触误差的项目提出精度要求,以使齿面有一定的接触面积,保证齿轮传动的接触精度。

2. 圆柱齿轮传动的精度等级

国家新标准 GB/T10095—2008 规定了圆柱齿轮的精度和公差。新标准齿轮传动精度等级为 0～12 级,共 13 级,其中 0～2 级精度非常高,属于未来发展级;3～5 级精度为高精度等级;6～9 级精度为最常用中等精度等级;10～12 级精度为低精度等级。类似的国家标准还规定了圆锥齿轮传动的精度和公差及齿轮齿条传动的精度和公差。

按照误差的特性及它们对传动性能的主要影响,将齿轮的各项公差分成第 Ⅰ、第 Ⅱ、第 Ⅲ 3 个公差组,分别反映传递运动的准确性、工作的平稳性和反映载荷分布均匀性的接触精度。根据使用要求的不同,允许各公差组选用不同的精度等级,但一般不超过 1 级;在同一公差组内,各项公差与极限偏差应保持相同的精度等级。

齿轮精度等级的选择应根据齿轮传动的用途、使用条件、传递的圆周速度和功率大小,以及其他技术、经济指标等要求来确定,一对齿轮一般取相同的精度等级。表 2.5-2 列出了几种常用齿轮精度等级的应用范围。

表 2.5-2 常用精度等级圆柱齿轮的应用范围和加工方法

	齿轮的精度等级			
	6 级(高精度)	7 级(较高精度)	8 级(普通)	9 级(低精度)
加工方法	用展成法在精密机床上精磨或精剃	用展成法在精密机床上精插或精滚,对淬火齿轮需磨齿或研齿等	用展成法插齿或滚齿	用展成法或仿形法粗滚或铣削

续表

	齿轮的精度等级			
	6级（高精度）	7级（较高精度）	8级（普通）	9级（低精度）
齿面粗糙度 $Ra/\mu m(\leqslant)$	0.80～1.60	1.60～3.20	3.2～6.3	6.3
用途	用于分度机构或高速重载的齿轮，如机床、精密仪器、汽车、船舶、飞机中的重要齿轮	用于高、中速重载齿轮，如机床、汽车、内燃机中的较重要齿轮，标准系列减速器中的齿轮	一般机械中的齿轮，有属于分度系统的机床齿轮，飞机、拖拉机中不重要的齿轮，纺织机械、农业机械中的重要齿轮	轻载传动的不重要齿轮，低速传动、对精度要求低的齿轮
圆周速度 $v/(m \cdot s^{-1})$　圆柱齿轮　直齿	≤15	≤10	≤5	≤3
圆柱齿轮　斜齿	≤25	≤17	≤10	≤3.5
圆锥齿轮　直齿	≤9	≤6	≤3	≤2.5

3. 极限应力和许用应力

（1）许用接触应力

$$[\sigma_H] = \frac{\sigma_{Hlim} Z_{NT}}{S_{Hmin}} \tag{2.5-1}$$

式中：σ_{Hlim}——齿轮的接触疲劳极限，MPa；

　　　S_{Hmin}——齿面接触疲劳强度的最小安全系数，一般取 $S_{Hmin} \geqslant 1.1$；

　　　Z_{NT} 值可查图 2.5-6。

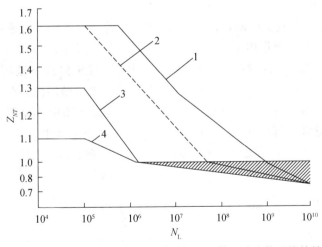

1—允许一定点蚀时的结构钢，调质钢，球墨铸铁（珠光体、贝氏体），珠光体可锻铸铁，渗碳淬火钢的渗碳钢；2—材料同 1，不允许出现点蚀；火焰或感应淬火的钢；3—灰铸铁、球墨铸铁（铁素体），渗氮的渗氮钢、调质钢、渗碳钢；4—碳氮共渗的调质钢、渗碳钢

图 2.5-6　接触强度寿命系数 Z_{NT}（摘自 GB/T 3480—1997）

（2）许用弯曲应力

$$[\sigma_F] = \frac{\sigma_{Flim} Y_{NT}}{S_{Fmin}} \tag{2.5-2}$$

式中：σ_{Flim}——齿轮的弯曲疲劳极限，MPa；

S_{Fmin}——齿面疲劳弯曲强度的最小安全系数，一般取 $S_{Fmin} \geqslant 1.25$；

Y_{NT} 值可查图 2.5-7。

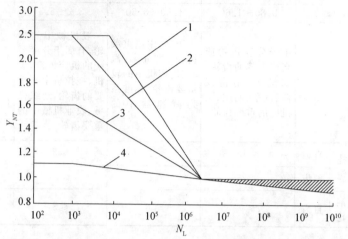

1—调质钢，球墨铸铁（珠光体、贝氏体），珠光体可锻铸铁；2—渗碳淬火的渗碳钢，火焰或感应表面淬火的钢、球墨铸铁；3—渗氮的渗氮钢，球墨铸铁（铁素体），结构钢，灰铸铁；4—碳氮共渗的调质钢、渗碳钢

图 2.5-7 弯曲强度寿命系数 Y_{NT}（摘自 GB/T 3480—1997）

齿轮的工作应力循环次数 N_L 按下式计算：

$$N_L = 60njL_w \tag{2.5-3}$$

式中：n——齿轮的转速，r/min；

j——齿轮每转动一周时，同一齿面参与啮合的次数；

L_w——齿轮的工作寿命，h。

σ_{Hlim}，σ_{Flim} 为齿轮的疲劳极限，MPa。齿面接触疲劳强度极限 σ_{Hlim} 是指某种材料的齿轮经长期持续的重复载荷作用后，齿面保持不破坏时的极限应力；齿根弯曲疲劳极限 σ_{Flim} 是指某种材料的齿轮经长期持续的重复载荷作用后，齿根保持不破坏时的极限应力。σ_{Hlim} 和 σ_{Flim} 可分别查图 2.5-8 和图 2.5-9。图中所示为脉动循环应力时的极限应力。对称循环应力时的极限应力值仅为脉动循环应力时的 70%。图中 MQ 线表示可以由有经验的工业齿轮制造者，以合理的生产成本来达到的中等质量要求。对工业齿轮，通常按 MQ 线选取极限应力，若硬度超出区域图范围时，可将图向右适当线性延伸。

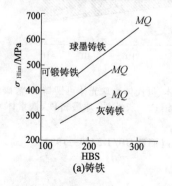

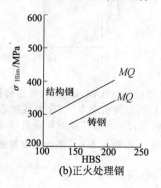

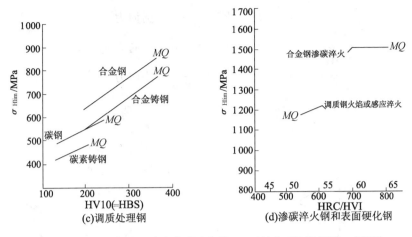

图 2.5-8　试验齿轮接触疲劳强度极限 σ_{Hlim}（摘自 GB/T 8539—2000）

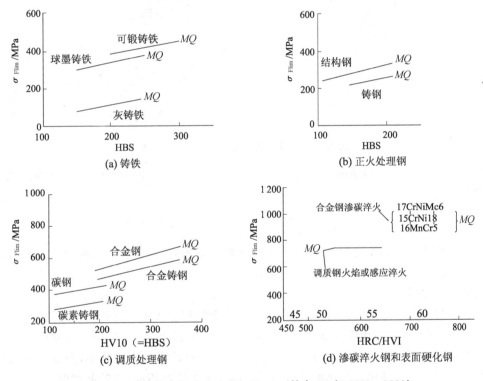

图 2.5-9　试验齿轮的弯曲疲劳极限 σ_{Flim}（摘自 GB/T 8539—2000）

三、渐开线标准直齿圆柱齿轮传动的强度计算

1. 齿轮的受力分析

一对标准直齿圆柱齿轮按标准中心距安装，其齿廓在节点 C 接触。若接触面的摩擦力忽略不计，则主动轮齿沿啮合线 N_1N_2 方向（法向）作用于从动轮齿有一法向力 F_{n2}（从动轮齿也以 F_{n1} 反作用于主动轮齿），可将 $F_{n1}(F_{n2})$ 沿圆周方向和半径方向分解为互相垂直的圆周力 $F_{t1}(F_{t2})$ 和径向力 $F_{r1}(F_{r2})$。其受力分析如图 2.5-10 所示，各力大小分别为

$$\begin{cases} F_{t1}=F_{t2}=F_t=\dfrac{2T_1}{d_1} & \text{圆周力} \\[2mm] F_{r1}=F_{r2}=F_r=F_t\tan\alpha & \text{径向力} \\[2mm] F_{n1}=F_{n2}=F_n=\dfrac{F_t}{\cos\alpha} & \text{法向力} \end{cases} \tag{2.5-4}$$

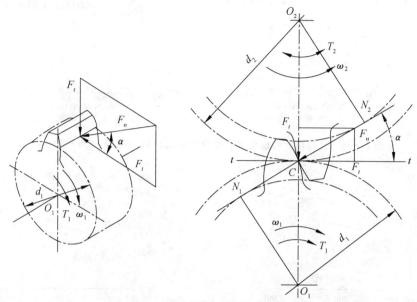

图 2.5-10 直齿圆柱齿轮传动的受力分析

若 P 为小齿轮轴传递的名义功率(kW)，n_1 为小齿轮的转速(r/min)，则小齿轮传递的名义转矩为

$$T_1=9.55\times10^6\frac{P}{n_1} \tag{2.5-5}$$

从动轮上的圆周力是驱动力，其方向与回转方向相同；主动轮上的圆周力是阻力，其方向与回转方向相反；径向力分别指向各轮轮心。

2. 计算载荷

上述受力分析中的法向力 F_n 为作用在轮齿上的理想状况下的名义载荷。理论上 F_n 应沿齿宽均匀分布，但由于轴和轴承的变形，传动装置的制造、安装误差等原因，载荷沿齿宽的分布并不是均匀的，而出现载荷集中现象，轴和轴承的刚度越小，齿宽越宽，则载荷集中越严重。此外由于各种原动机和工作机的工作特性不同，齿轮制造误差以及轮齿变形等原因，会引起附加动载荷。精度越低，圆周速度越高，附加动载荷就越大，从而使实际载荷比名义载荷大。因此，计算齿轮强度时，需引用载荷系数来考虑上述各种因素影响，即以计算载荷 F_{nc} 代替名义载荷 F_n，使之尽可能符合作用在轮齿上的实际载荷。

$$F_{nc}=KF_n \tag{2.5-6}$$

式中，K 为载荷系数，在 GB/T 19406—2003 中有详细的阐述和精确的计算方法。但是一般设计时，K 值可由表 2.5-3 直接选取。

表 2.5-3　载荷系数 K

工作机械	载荷特性	原动机		
		电动机	多缸内燃机	单缸内燃机
均匀加料的运输机和加料机、轻型卷扬机、发电机、机床辅助传动	均匀、轻微冲击	1.0~1.2	1.2~1.6	1.6~1.8
不均匀加料的运输机和加料机、重型卷扬机、球磨机、机床主传动	中等冲击	1.2~1.6	1.6~1.8	1.8~2.0
冲床、钻机、轧机、破碎机、挖掘机	大的冲击	1.6~1.8	1.9~2.1	2.2~2.4

注：（1）当齿轮相对轴承为对称布置时，K 应取小值，而齿轮相对轴承为非对称布置或悬臂布置时，K 应取大值。

（2）斜齿轮、圆周速度低、精度高、齿宽系数小时应取小值；直齿轮、圆周速度高、精度低、齿宽系数大时应取大值。

（3）软齿面时取小值，硬齿面时取大值。

3. 齿面接触疲劳强度的计算

为了防止齿面出现疲劳点蚀，齿面接触疲劳强度设计准则为

$$\sigma_H \leqslant [\sigma_H] \tag{2.5-7}$$

进行齿面接触强度计算的力学模型，是将相啮合的两个齿廓表面用两个相接触的平行圆柱体来代替（考虑到齿面疲劳点蚀多发生在节点附近，因此取该圆柱体的半径等于轮齿在节点处的曲率半径，其宽度等于齿宽），它们之间的作用力为法向力 F_n，轮齿的接触应力如图 2.5-11 所示，并运用弹性力学的赫兹公式进行分析计算。

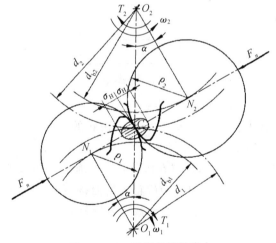

图 2.5-11　轮齿的接触应力

$$\sigma_H = \sqrt{\dfrac{F_n}{\pi b} \cdot \dfrac{\dfrac{1}{\rho_1} \pm \dfrac{1}{\rho_2}}{\dfrac{1-\mu_1^2}{E_1} + \dfrac{1-\mu_2^2}{E_2}}} \tag{2.5-8}$$

式中，F_n 为作用在轮齿上的法向力，N；b 为轮齿的宽度，mm；ρ_1，ρ_2 为两轮齿廓在节点处的曲率半径，mm，正号用于外啮合，负号用于内啮合；μ_1，μ_2 为两轮材料的泊松比；E_1，E_2 为两轮材料的弹性模量，MPa。

$$\rho_1 = \overline{N_1 C} = \frac{d_1}{2}\sin\alpha, \quad \rho_2 = \overline{N_2 C} = \frac{d_2}{2}\sin\alpha$$

设 u 为大齿轮齿数 z_2 和小齿轮齿数 z_1 之比,即 $u = z_2/z_1$,则

$$\frac{1}{\rho_1} \pm \frac{1}{\rho_2} = \frac{\rho_2 \pm \rho_1}{\rho_1 \rho_2} = \frac{2(d_2 \pm d_1)}{d_1 d_2 \sin \alpha} = \frac{u \pm 1}{u} \cdot \frac{2}{d_1 \sin \alpha}$$

计入计算载荷后一起代入式(2.5-8)可得

校核公式
$$\sigma_H = Z_H Z_E \sqrt{\frac{2KT_1(u \pm 1)}{\psi_d d_1^3 \, u}} \leqslant [\sigma_H] \qquad (2.5\text{-}9)$$

设计公式
$$d_1 \geqslant \sqrt[3]{\frac{2KT_1}{\psi_d} \cdot \left(\frac{Z_H Z_E}{[\sigma_H]}\right)^2 \cdot \frac{(u \pm 1)}{u}} \qquad (2.5\text{-}10)$$

式中,Z_H 为节点区域系数,$Z_H = \sqrt{4/\sin 2\alpha}$,反映了节点处齿廓曲率半径对接触应力的影响,对标准直齿轮 $Z_H \approx 2.5$;Z_E 为配对齿轮材料的弹性系数,$Z_E = \sqrt{\dfrac{1}{\pi\left(\dfrac{1-\mu_1^2}{E_1} + \dfrac{1-\mu_2^2}{E_2}\right)}}$,它反映了一对齿轮材料的弹性模量 E 和泊松比 μ 对接触应力的影响,其值查表 2.5-4;ψ_d 为齿宽系数,$\psi_d = b/d_1$。

表 2.5-4 弹性系数 Z_E $\sqrt{\text{MPa}}$

小齿轮材料	大齿轮材料			
	钢	铸钢	球墨铸铁	铸铁
钢	—	188.9	181.4	162.0
铸钢	189.8	188.0	180.5	161.4
球墨铸铁			173.9	156.9
铸铁				143.7

注:计算 Z_E 值时,钢、铁材料的泊松比均取 $\mu = 0.3$。

应用上述公式计算时应注意以下两点:

① 两轮齿面接触应力 σ_{H1} 与 σ_{H2} 大小相同,而两轮的齿面许用接触应力 $[\sigma_{H1}]$ 与 $[\sigma_{H2}]$ 往往不相同,应将其中较小值代入公式进行计算。

② 当齿轮材料、传递转矩 T_1、齿宽 b 和齿数比 u 确定后,两轮的接触应力 σ_H 随小齿轮分度圆直径 d_1(或中心距 a)而变化,即齿轮的齿面接触疲劳强度取决于小齿轮直径或中心距(齿数与模数的乘积)的大小,而与模数不直接相关。

4. 齿根弯曲疲劳强度计算

齿根弯曲疲劳强度计算的目的,是为了防止齿轮根部的疲劳折断。当载荷 F_n 作用在齿顶时,此时弯曲力臂 h_F 最长,齿根部分所产生的弯曲应力最大,但其前对齿尚未脱离啮合(因重合度 $\varepsilon_a > 1$),载荷由两对齿来承受。考虑到加工和安装误差的影响,为了安全起见,对精度不很高的齿轮传动,进行强度计算时,仍假设载荷全部作用在单对齿上。

在计算单对齿的齿根弯曲应力时,如图 2.5-12 所示,将轮齿看作宽度为 b 的悬臂梁。根据光弹性应力实验分析,确定危险截面的简便方法为:作与轮齿对称中心线成 30° 夹角并与齿根过渡曲线相切的两条斜线,此两切点的连线即为危险截面的位置。设齿根危险截面处齿厚为 S_F。当不计摩擦力时,将作用于齿顶的法向力 F_n 分解为两个互相垂直的分力,即径向力 $F_n \sin \alpha_{Fa}$ 和圆周力 $F_n \cos \alpha_{Fa}$,α_{Fa} 为法向力与圆周力之夹角。

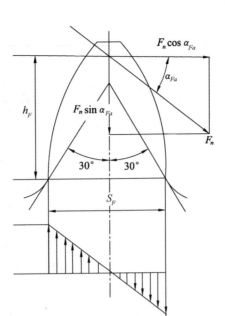

图 2.5-12　齿根弯曲应力

在齿根危险截面上,圆周力 $F_n \cos \alpha_{Fa}$ 将引起弯曲应力和剪切应力,径向力 $F_n \sin \alpha_{Fa}$ 将引起压应力,因为压应力和剪切应力相对于弯曲应力小得多,为简化计算可略去不计。因此,起主要作用的是弯曲应力,所以防止齿根弯曲疲劳折断的强度条件为:齿根危险截面处的最大计算弯曲应力应小于或等于轮齿材料的许用弯曲应力,即 $\sigma_F \leqslant [\sigma_F]$。齿根最大弯曲应力 σ_F,可由材料力学的弯曲应力公式得

$$\sigma_F = \frac{M}{W} = \frac{KF_n h_F \cos \alpha_{Fa}}{\frac{bS_F^2}{6}} = \frac{6KF_t h_F \cos \alpha_{Fa}}{bS_F^2 \cos \alpha} = \frac{KF_t}{bm} \cdot \frac{6\frac{h_F}{m}\cos \alpha_{Fa}}{\left(\frac{S_F}{m}\right)^2 \cos \alpha} = \frac{KF_t}{bm} \cdot Y_F \qquad (2.5\text{-}11)$$

式中:M——轮齿根部承受的弯距,N·mm;

　　　W——齿根危险截面的抗弯剖面模量,mm³;

　　　Y_F——载荷作用于齿顶时的齿形系数。

$$Y_F = \frac{6\frac{h_F}{m}\cos \alpha_{Fa}}{\left(\frac{S_F}{m}\right)^2 \cos \alpha} \qquad (2.5\text{-}12)$$

由于 h_F,S_F 都与模数 m 成正比,故 Y_F 只与齿廓形状有关,而与模数大小无关。由渐开线特性可知,对标准齿轮而言,Y_F 仅与齿数 z 有关。齿数越少,Y_F 越大,若其他条件不变时,则齿根的弯曲应力也越大。Y_F 由表 2.5-5 查取。

表 2.5-5　标准外齿轮的齿形系数 Y_F 与应力修正系数 Y_S

参数	数值								
$z(z_v)$	17	18	19	20	21	22	23	24	25
Y_F	2.97	2.91	2.85	2.80	2.76	2.72	2.69	2.65	2.62
Y_S	1.52	1.53	1.54	1.55	1.56	1.57	1.575	1.58	1.59

参数	数值								
$z(z_v)$	26	27	28	29	30	30	40	45	50
Y_F	2.60	2.57	2.55	2.53	2.52	2.45	2.40	2.35	2.32
Y_S	1.595	1.60	1.61	1.62	1.625	1.65	1.67	1.68	1.70
$z(z_v)$	60	70	80	90	100	150	200	∞	
Y_F	2.28	2.24	2.22	2.20	2.18	2.14	2.12	2.06	
Y_S	1.73	1.75	1.77	1.78	1.79	1.83	1.865	1.97	

注：(1) 基准齿形的参数为 $\alpha=20°$，$h^*a=1$，$c^*=0.25$，$\rho=0.38m$（ρ 为齿根圆角曲率半径，m 为齿轮模数）；

(2) 内齿轮的齿形系数及应力修正系数可近似地取为 $z=\infty$ 时的齿形系数和应力修正系数。

考虑到由于齿根过渡曲线引起的应力集中，以及齿根危险截面上的压应力、剪切应力等的影响。引入应力修正系数 Y_S（Y_S 由表 2.5-5 查取），并计入载荷系数 K 得齿根弯曲疲劳强度的校核公式为

$$\sigma_F=\frac{2KT_1Y_FY_S}{bd_1m}=\frac{2KT_1Y_FY_S}{bm^2z_1}\leqslant[\sigma_F]\quad \text{MPa} \qquad (2.5\text{-}13)$$

应当注意的是，通常两轮的齿数不相同，故两轮的齿形系数 Y_F 和应力修正系数 Y_S 都不相等；两齿轮材料的许用弯曲应力 $[\sigma_F]_1$，$[\sigma_F]_2$ 也不一定相等。因此必须分别校核两齿轮的齿根弯曲强度。

引入齿宽系数 $\psi_d=b/d_1$，并代入式（2.5-13），则可得齿根弯曲疲劳强度的设计公式为

$$m\geqslant\sqrt[3]{\frac{2KT_1Y_FY_S}{\psi_dz_1^2[\sigma_F]}}\quad \text{mm} \qquad (2.5\text{-}14)$$

计算时应将 $Y_{F1}Y_{S1}/[\sigma_F]_1$ 和 $Y_{F2}Y_{S2}/[\sigma_F]_2$ 两比值中的大值代入上式，并将计算得的模数按表 2.5-1 选取标准值。

5. 齿轮主要参数的选择

（1）齿数和模数

对于软齿面闭式齿轮传动，其承载能力主要由齿面接触疲劳强度决定，而齿面接触应力 σ_H 的大小与齿轮分度圆直径 d 有关。当 d 的大小不变时，由于 $d=mz$，在满足齿根弯曲疲劳强度的条件下，宜采用较小的模数和较多的齿数，从而可使重合度增大，改善传动的平稳性和轮齿上的载荷分配。一般取小齿轮齿数 $z_1=20\sim40$；对高速齿轮传动，z_1 不宜小于 $25\sim27$。

对于硬齿面闭式齿轮传动和开式齿轮传动，其承载能力主要由齿根弯曲疲劳强度决定。齿轮模数越大，轮齿的弯曲疲劳强度也越高。因此，为了保证轮齿具有足够的弯曲疲劳强度和结紧凑，宜采用较大的模数而齿数不宜过多，但要避免发生根切，一般可取小齿轮齿数 $z_1=17\sim20$。对于传递动力的齿轮传动，为防止轮齿过载折断，一般应使模数 $m\geqslant1.5\sim2$ mm。

（2）齿数比 u

设计时，齿数比 u 不宜选取过大，为了使结构紧凑，通常应取 $u\leqslant7$。当 $u>7$ 时，一般采用二级或多级传动。开式传动或手动传动时可取 $u=8\sim12$。注意：齿数比 $u=$ 大齿轮

齿数/小齿轮齿数,因此,传动比 i 与齿数比 u 不一定相等。

(3) 齿宽系数 ψ_d

齿宽系数 $\psi_d = b/d_1$。在其他条件相同时,增大 ψ_d,可以增大齿宽,减小齿轮直径和中心距,使齿轮传动结构紧凑。但齿宽越大,载荷沿齿宽分布越不均匀,故应考虑各方面的影响因素,参考表 2.5-6 选取。

表 2.5-6　齿宽系数 ψ_d

齿轮相对于轴承的位置	齿面硬度	
	软齿面(HBS≤350)	硬齿面(HBS>350)
对称布置	0.8～1.4	0.4～0.9
不对称布置	0.6～1.2	0.3～0.6
悬壁布置	0.3～0.4	0.2～0.25

注:(1) 对于直齿圆柱齿轮,取较小值;斜齿轮可取较大值;人字齿轮可取更大值。

(2) 载荷平稳、轴的刚性较大时,取值应大一些;变载荷、轴的刚性较小时,取值应小一些。

为了便于装配和调整,设计时通常使小齿轮的齿宽 b_1 比大齿轮的齿宽 b_2 大 5～10 mm,但设计计算时按大齿轮齿宽 b_2 代入公式计算。

设计标准圆柱齿轮减速器时,齿宽系数常取 $\psi_a = b/a$,$\psi_a = 2\psi_d/(1+u)$。系数 ψ_a 标准值为:0.2,0.25,0.3,0.4,0.5,0.6,0.8,1.0,1.2 等。对于一般用途的减速器可取 $\psi_a = 0.4$;对于中载、中速减速器可取 $\psi_a = 0.4 \sim 0.6$;对于重型减速器可取 $\psi_a = 0.8$;对于开式传动,由于精度低,齿宽系数可取小些,常取 $\psi_a = 0.1 \sim 0.3$。

四、平行轴标准斜齿圆柱齿轮传动的强度计算

1. 斜齿圆柱齿轮传动的受力分析

图 2.5-13 所示为斜齿圆柱齿轮传动中的主动轮轮齿的受力情况。当轮齿上作用转矩 T_1 时,若接触面的摩擦力忽略不计,则在轮齿的法面内作用有法向力 F_n,将 F_n 分解为相互垂直的 3 个分力,即圆周力 F_t、径向力 F_r 和轴向力 F_a,由力矩平衡条件可得各分力的大小为

圆周力 $$F_t = 2T_1/d_1 \tag{2.5-15}$$

径向力 $$F_r = F'\tan \alpha_n = Ft\tan \alpha_n/\cos \beta \tag{2.5-16}$$

轴向力 $$F_a = F_t \tan \beta \tag{2.5-17}$$

法向力 $$F_n = \frac{F'}{\cos \alpha} = \frac{F_t}{\cos \alpha_n \cos \beta} = \frac{F_t}{\cos \alpha_t \cos \beta_b} \tag{2.5-18}$$

式中: β——分度圆螺旋角;

β_b——基圆螺旋角;

α_n——法向压力角,对标准斜齿轮, $\alpha_n = 20°$;

α_t——端面压力角。

圆周力和径向力方向的判断与直齿圆柱齿轮相同,轴向力的方向取决于齿轮回转方向和轮齿的螺旋线方向。轴向力方向的判断可以应用"主动轮左、右手定则"来判断,即当主动轮是右旋时用右手,当主动轮是左旋时用左手,握住主动轮轴线,握紧的四指表示主动轮转向,则大拇指的指向即为主动轮所受轴向力的方向,从动轮轴向力与其大小相等,方向相反,如图 2.5-13 b 所示。

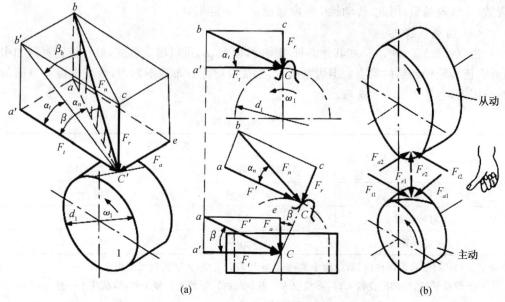

(a)

(b)

图 2.5-13　斜齿轮的轮齿受力分析

2. 斜齿圆柱齿轮的强度计算

斜齿圆柱齿轮的失效形式、设计准则及强度计算与直齿圆柱齿轮相似。由于斜齿轮的受力情况是按轮齿法面进行分析的,从法面上看斜齿圆柱齿轮传动相当于一对当量直齿圆柱齿轮传动,考虑到斜齿轮传动轮齿啮合时,齿面上的接触线是倾斜的,且重合度相对较大,及载荷作用位置的变化等因素的影响,使接触应力和弯曲应力降低,承载能力相对较高。因此引入螺旋角系数和重合度系数加以修正,其强度计算公式如下。

（1）齿轮齿面接触疲劳强度计算

校核公式

$$\sigma_H = Z_E Z_H Z_\beta Z_\varepsilon \sqrt{\frac{2KT_1}{bd_1^2} \cdot \frac{u \pm 1}{u}} \leqslant [\sigma_H] \qquad (2.5\text{-}19)$$

设计公式

$$d_1 \geqslant \sqrt[3]{\frac{2KT_1}{\psi_d} \left(\frac{Z_E Z_H Z_\beta Z_\varepsilon}{[\sigma_H]} \right)^2 \cdot \frac{u \pm 1}{u}} \qquad (2.5\text{-}20)$$

式中：Z_E——弹性系数,查表 2.5-4；

Z_H——节点区域系数,查图 2.5-14；

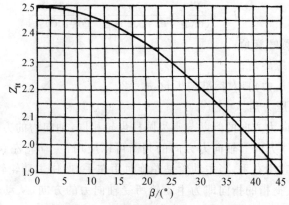

图 2.5-14　节点区域系数 $Z_H (\alpha_n = 20°)$

Z_β——螺旋角系数,$Z_\beta = \sqrt{\cos\beta}$;

Z_ε——重合度系数,$Z_\varepsilon = \sqrt{\dfrac{4-\varepsilon_a}{3}(1-\varepsilon_\beta)+\dfrac{\varepsilon_\beta}{\varepsilon_a}}$,其中,端面重合度 $\varepsilon_a = \Big[1.88-3.2\times$

$\Big(\dfrac{1}{z_1}+\dfrac{1}{z_2}\Big)\Big]\cos\beta$,纵向重合度 $\varepsilon_\beta = \dfrac{b\sin\beta}{\pi m_n} = 0.318\psi_d z_1 \tan\beta$,当 $\varepsilon_\beta \geqslant 1$ 时,按

$\varepsilon_\beta = 1$ 代入计算。

斜齿轮接触疲劳许用应力$[\sigma_H]_1$的确定与直齿轮相同,应以$[\sigma_H]_1$和$[\sigma_H]_2$中较小者代入。

（2）齿轮齿根弯曲疲劳强度计算

校核公式 $$\sigma_F = \frac{2KT_1}{bd_1 m_n}Y_F Y_S Y_\beta Y_\varepsilon \leqslant [\sigma_F] \tag{2.5-21}$$

将 $b = \psi_d d_1 = \psi_d \dfrac{m_n Z_1}{\cos\beta}$ 代入上式得设计公式

$$m_n \geqslant \sqrt[3]{\frac{2KT_1\cos^2\beta}{\psi_d z_1^2 [\sigma_F]}Y_F Y_S Y_\beta Y_\varepsilon} \tag{2.5-22}$$

式中:Y_{Fa}——齿形系数,按当量齿数 $z_v = z/\cos^3\beta$ 由表 2.5-7 查取;

Y_{Sa}——应力修正系数,按当量齿数 z_v 由表 2.5-7 查取;

Y_β——螺旋角系数,$Y_\beta = 1-\varepsilon_\beta \cdot \dfrac{\beta}{120°}$(当 $\varepsilon_\beta \geqslant 1$ 时,按 $\varepsilon_\beta = 1$ 代入计算;当 $\beta \geqslant 30°$ 时,

按 $\beta = 30°$ 代入计算;当 $Y_\beta \leqslant 0.75$ 时,取 $Y_\beta = 0.75$);

Y_ε——重合度系数,$Y_\varepsilon = 0.25 + \dfrac{0.75}{\varepsilon_{an}}$,当量齿轮的端面重合度 $\varepsilon_{an} = \dfrac{\varepsilon_a}{\cos^2\beta_b}$。

斜齿轮弯曲疲劳许用应力的计算与直齿圆柱齿轮相同,设计计算时应注意的事项,可参阅直齿圆柱齿轮设计计算时的有关阐述。

设计斜齿圆柱齿轮传动选择主要参数时,比直齿圆柱齿轮需多考虑一个螺旋角 β。增大螺旋角 β,可增大重合度,提高传动的平稳性和承载能力,但轴向力随之增大,影响轴承结构;螺旋角 β 过小,则不能显示出斜齿轮传动的优越性。因此,一般取 $\beta = 8°\sim20°$,常用 $\beta = 8°\sim15°$ 近年来为增大重合度,增加传动的平稳性和降低噪声,在螺旋角参数选择上,有大螺旋角倾向。对于人字齿轮,因其轴向力可以内部抵消,常取 $\beta = 25°\sim45°$,但其加工较困难,精度较低,一般只用于重型机械的齿轮传动中。

 任务实施

——渐开线圆柱齿轮传动设计

1. 设计一带式输送机的二级直齿圆柱齿轮减速器的高速级齿轮传动(见图 2.5-15)

已知:输入功率 $P_1 = 10$ kW,$n_1 = 750$ r/min,传动比 $i = 3.8$,输送机的原动机为电动机,工作平稳,单向运转,每天两班工作,每班 8 小时,每年工作 300 天,预期使用寿命为 10 年。

设计步骤如下表:

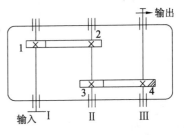

图 2.5-15　二级齿轮减速器

设计项目	计算与说明	结　果
1. 选择齿轮材料、热处理方法及精度等级	(1) 减速器为闭式传动,无特殊要求,为制造方便,采用软齿面钢制齿轮。查表 2.5-1,并考虑 $HBS_1 = HBS_2 + 30 \sim 50$ 的要求,小齿轮选用 45 钢,调质处理,齿面硬度 217~255 HBS;大齿轮选用 45 钢,正火处理,齿面硬度 162~217,计算时取 $HBS_1 = 240$ HBS,$HBS_2 = 200$ HBS。 (2) 该减速器为一般传动装置,转速不高,根据表 2.5-2,初选 8 级精度。	小齿轮:45 钢,调质,$HBS_1 = 240$; 大齿轮:45 钢,正火,$HBS_2 = 200$;8 级精度
2. 按齿面接触疲劳强度设计 (1) 载荷系数 K; (2) 小齿轮传递的转矩 T_1 (3) 齿数 z 和齿宽系数 ψ_d; (4) 许用接触应力 $[\sigma_H]$; (5) 节点区域系数 Z_H; (6) 弹性系数 Z_E	由于是闭式软齿面齿轮传动,齿轮承载能力应由齿面接触疲劳强度决定,由式(2.5-10) $$d_1 \geqslant \sqrt[3]{\frac{2KT_1}{\psi_d}\left(\frac{Z_H Z_E}{[\sigma_H]}\right)^2 \cdot \frac{(u \pm 1)}{u}}$$ 有关参数的选取与转矩的确定: 由于工作平稳,精度不高,且齿轮为不对称布置,查表 2.5-3,取 $K = 1.2$ $$T_1 = 9.55 \times 10^6 \frac{P_1}{n_1} = 9.55 \times 10^6 \frac{10}{750} = 127\ 333 \text{ N} \cdot \text{mm}$$ 取小齿轮齿数 $z_1 = 27$,则大齿轮齿数 $z_2 = iz_1 = 3.8 \times 27 = 102.6$ 实际传动比 $i_{12} = \dfrac{z_2}{z_1} = \dfrac{103}{27} = 3.815$ 误差 $\Delta i = \dfrac{i_{12} - i}{i} = \dfrac{3.815 - 3.8}{3.8} \times 100\% = 0.4\% \leqslant 2.5\%$ 齿数比 $u = i_{12} = 3.815$ 查表 2.5-6,取 $\psi_d = 0.9$ $$[\sigma_H] = \frac{\sigma_{H\lim} Z_{NT}}{S_{H\min}}$$ 由图 2.5-8 c 查得:$\sigma_{H\lim 1} = 580$ MPa(框图线适当延伸) 由图 2.5-8 b 查得:$\sigma_{H\lim 2} = 400$ MPa 取 $S_H = 1$,计算应力循环次数 $N_1 = 60 n_1 j L_h = 60 \times 750 \times 1 \times (2 \times 8 \times 300 \times 10)$ $\qquad = 2.16 \times 10^9$ $N_2 = N_1 / u = 5.66 \times 10^8$ 由图 2.5-6 得 $Z_{NT1} = 1$,$Z_{NT2} = 1.1$(允许齿面有一定量点蚀) $[\sigma_H]_1 = 580 \times 1 = 580$ MPa $[\sigma_H]_2 = 400 \times 1.1 = 440$ MPa 取小值代入 故取 $[\sigma_H] = 440$ MPa 标准齿轮 $\alpha = 20°$,则 $$z_H = \sqrt{\frac{4}{\sin 2\alpha}} = \sqrt{\frac{4}{\sin 40°}} = 2.49$$ 两轮材料均为钢,查表 2.5-4,$Z_E = 189.8$ 将上述各参数代入公式得 $$d_1 \geqslant \sqrt[3]{\frac{2KT_1}{\psi_d}\left(\frac{Z_H Z_E}{[\sigma]_H}\right)^2 \frac{(u \pm 1)}{u}}$$ $$= \sqrt[3]{\frac{2 \times 1.2 \times 127333}{0.9} \cdot \left(\frac{2.49 \times 189.8}{440}\right)^2 \cdot \frac{3.815 + 1}{3.815}}$$ $= 79.08 \text{ mm}$ $$m = \frac{d_1}{z_1} = \frac{79.08}{27} \geqslant 2.93 \text{ mm}$$ 模数 由表 1.5-1 取 $m = 3$ mm	取 $z_2 = 103$ 适合 $u = 3.815$ $\psi_d = 0.9$ $[\sigma_H] = 440$ MPa $Z_H = 2.49$ $Z_E = 189.8$ $m = 3$ mm
3. 主要尺寸计算 (1) 分度圆直径 d; (2) 齿宽 b; (3) 中心距 a	$d_1 = mz_1 = 3 \times 27 = 81$ mm $d_2 = mz_2 = 3 \times 103 = 309$ mm $b = \psi_d d_1 = 0.9 \times 81 = 72.9$ mm 取 $b_2 = 73$ mm;$b_1 = 78$ mm $a = m(z_1 + z_2)/2 = 12 \times 3 \times (27 + 103) = 195$ mm	$d_1 = 81$ mm $d_2 = 309$ mm $b_1 = 78$ mm $b_2 = 73$ mm $a = 195$ mm

设计项目	计算与说明	结　果
4. 校核齿根弯曲疲劳强度 (1) 齿形系数 Y_{Fa} 与齿根应力修正系数 Y_{sa}； (2) 许用弯曲应力 $[\sigma_F]$	由式(2.5-13)$\sigma_F = \dfrac{2KT_1}{bm^2 z_1} Y_{Fa} Y_{Sa} \leqslant [\sigma_F]$ 查表 2.5-5 得 $Y_{Fa1}=2.57$；$Y_{Fa2}=2.18$ $Y_{sa1}=1.6$；$Y_{sa2}=1.79$ $[\sigma_F] = \dfrac{\sigma_{Flim} Y_{NT}}{S_{Fmin}}$ 查图 2.5-8c 得 $\sigma_{Flim1}=440$ MPa 查图 2.5-9b 得 $\sigma_{Flim2}=330$ MPa 查图 2.5-7 得 $Y_{NT1}=1$；$Y_{NT2}=1$ 取 $S_F=1.4$ $[\sigma_F]_1 = \dfrac{\sigma_{Flim1} Y_{NT1}}{S_F} = \dfrac{440 \times 1}{1.4} = 314.3$ MPa $[\sigma_F]_2 = \dfrac{\sigma_{Flim2} Y_{NT2}}{S_F} = \dfrac{330 \times 1}{1.4} = 235.7$ MPa $\sigma_{F1} = \dfrac{2KT_1}{bm^2 z_1} Y_{Fa1} Y_{sa1} = \dfrac{2 \times 1.2 \times 127\,333}{73 \times 3^2 \times 27} \times 2.57 \times 1.6$ $\quad = 70.84$ MPa$\leqslant [\sigma_F]_1$ $\sigma_{F2} = \sigma_{F1} \dfrac{Y_{Fa2} Y_{sa2}}{Y_{Fa1} Y_{sa1}} = \dfrac{70.84 \times 2.18 \times 1.79}{2.57 \times 1.6}$ $\quad = 67.239$ MPa$\leqslant [\sigma_F]_2$	$[\sigma_F]_1 = 314.3$ MPa $[\sigma_F]_2 = 235.7$ MPa 弯曲强度足够
5. 齿轮的圆周速度	$v = \dfrac{\pi d_1 n_1}{60 \times 1\,000} = \dfrac{3.14 \times 81 \times 750}{60 \times 1\,000} = 3.18$ m/s$\leqslant 5$ m/s	取 8 级精度合适
6. 齿轮结构设计	齿轮的结构设计(略)	

2. 设计由电动机驱动的矿山用卷扬机的闭式标准斜齿圆柱齿轮传动

已知：传递功率 $P=40$ kW，小齿轮转速 $n_1=970$ r/min，传动比 $i=2.5$，使用寿命 $L_h=2\,600$ h，载荷有中等冲击，单向运转，齿轮相对于轴承为对称布置。

设计步骤如下表：

设计项目	计算与说明	结　果
1. 选择齿轮材料、热处理方法及精度等级	为了使传动结构紧凑，选用硬齿面的齿轮传动。 小齿轮用 20CrMnTi 渗碳淬火，$HRC_1=58$(查表 2.5-1)；大齿轮用 40Cr，表面淬火，$HRC_2=54$(查表 2.5-1)。 由于是矿山卷扬机齿轮，由表 2.5-2 选 8 级精度。	小齿轮：20CrMnTi 渗碳淬火； 大齿轮：40Cr 表面淬火；8 级精度
2. 齿根弯曲疲劳强度设计 (1) 齿数 z_1、螺旋角 β； (2) 系数； (3) 转矩； (4) 载荷系数 K； (5) 许用弯曲应力 $[\sigma_F]$	由式(2.5-22)$m_n \geqslant \sqrt[3]{\dfrac{2kT_1 \cos^3 \beta}{\psi_d z_1^2 [\sigma_F]} Y_{Fa} Y_{Sa} Y_\rho Y_\varepsilon}$ 确定有关参数与系数如下： 取小齿轮齿数 $z_1=20$，则 $z_2=iz_1=2.5 \times 20=50$ 初选螺旋角 $\beta=15°$ 当量齿数 $z_{v1} = \dfrac{z_1}{\cos^3 \beta} = \dfrac{20}{\cos^3 15°} = 22.19$ $\qquad z_{v2} = \dfrac{z_2}{\cos^3 \beta} = \dfrac{50}{\cos^3 15°} = 55.48$ 由表 2.5-6 选取 $\psi_d = \dfrac{b}{d_1} = 0.7$ $\varepsilon_\beta = 0.318 \psi_d z_1 \tan \beta = 0.318 \times 0.7 \times 20 \tan 15°$ $\quad = 1.193 > 1$ 螺旋角系数 $Y_\varepsilon = 1 - \varepsilon_\beta \dfrac{\beta}{120°} = 1 - \dfrac{15°}{120°} = 0.875$	

设计项目	计算与说明	结　果
	$\varepsilon_a = \left[1.88 - 3.2 \times \left(\dfrac{1}{z_1} + \dfrac{1}{z_2} \right) \right] \cos \beta$ $= \left[1.88 - 3.2 \times \left(\dfrac{1}{20} + \dfrac{1}{50} \right) \right] \cos 15° = 1.60$ $\tan \alpha_n = \tan \alpha_t \cos \beta, \tan 20° = \tan \alpha_t \cos 15° t, \alpha_t = 20.65°$ $\tan \beta_b = \tan \beta \cos \alpha_t = \tan 15° \cos 20.65°$ $\beta_b = 14.08°$ $\varepsilon_{an} = \dfrac{\varepsilon_a}{\cos^2 \beta_b} = \dfrac{1.60}{\cos^2 14.08} = 1.70$ 重合度系数 $Y_\varepsilon = 0.25 + \dfrac{0.75}{\varepsilon_{an}} = 0.25 + \dfrac{0.75}{1.70} = 0.69$ 齿形系数 $Y_{Fa1} = 2.71 ; Y_{Fa2} = 2.30$(线性插值法) 应力修正系数 $Y_{Sa1} = 1.571 ; Y_{Sa2} = 1.716$(线性插值法) $T_1 = 9.55 \times 10^6 \dfrac{P_1}{n_1} = 9.55 \times 10^6 \dfrac{40}{970} = 3.94 \times 10^5 (\text{N} \cdot \text{mm})$ 由表 2.5-3 取 $K = 1.4$ 由式 (2.5-68)，$[\sigma_F] = \dfrac{\sigma_{\text{Flim}} Y_{NT}}{S_F}$ 由图 2.5-9d，小齿轮(20CrMnTi)按渗碳淬火钢中硬度最小值线段查取；大齿轮(40Cr)按表面硬化钢查取。近似得 $\sigma_{\text{Flim1}} = 880$ MPa，$\sigma_{\text{Flim2}} = 740$ MPa 应力循环次数 $N = 60 n_1 j L_h = 60 \times 970 \times 1 \times 2600 = 1.5 \times 10^8$ 由图 2.5-7 查得 $Y_{NT} = 1$；取 $S_F = 1.25$。所以 $[\sigma_F]_1 = \dfrac{\sigma_{\text{Flim1}} Y_{NT1}}{S_F} = \dfrac{880 \times 1}{1.25} = 704$ MPa $[\sigma_F]_2 = \dfrac{\sigma_{\text{Flim2}} Y_{NT2}}{S_F} = \dfrac{740 \times 1}{1.25} = 592$ MPa $\dfrac{Y_{Fa1} Y_{Sa1}}{[\sigma_F]_1} = \dfrac{2.71 \times 1.571}{704} = 0.006\,050$ $\dfrac{Y_{Fa2} Y_{Sa2}}{[\sigma_F]_2} = \dfrac{2.30 \times 1.716}{592} = 0.006\,7$ 故比较 $\dfrac{Y_{Fa1} Y_{Sa1}}{[\sigma_F]_1}$ 与 $\dfrac{Y_{Fa2} Y_{Sa2}}{[\sigma_F]_2}$，$Y$ 的值取大值。 $m_n \geqslant \sqrt[3]{\dfrac{2 K T_1 \cos \beta}{\psi_d z_1^2} \cdot \dfrac{Y_{Fa2} Y_{Sa2}}{[\sigma_F]_2} \cdot Y_\beta \cdot Y_\varepsilon}$ $= \sqrt[3]{\dfrac{2 \times 1.4 \times 3.94 \times 10^5 \cos^2 15°}{0.7 \times 20^2} \times 0.006\,7 \times 0.875 \times 0.69}$ $= 2.46$ mm 由表 1.5-1，取标准值 $m_n = 2.5$ mm	$z_1 = 20, z_2 = 50,$ $\beta = 15°$ $\psi_d = 0.7$ $Y_\beta = 0.875$ $Y_\varepsilon = 0.69$ $Y_{Fa1} = 2.71$ $Y_{Fa2} = 2.30$ $Y_{Sa1} = 1.571$ $Y_{Sa2} = 1.716$ $T_1 = 3.94 \times 10^5$ N·mm $K = 1.4$ $[\sigma_F]_1 = 704$ MPa $[\sigma_F]_2 = 592$ MPa $m_n = 2.5$ mm
3. 主要几何尺寸计算 (1) 传动中心距 a； (2) 确定螺旋角 β； (3) 分度圆直径 d； (4) 齿宽 b； (5) 齿数比 u	$a = \dfrac{m_n(z_1 + z_2)}{2 \cos \beta} = \dfrac{2.5(20 + 50)}{2 \cos 15°} = 90.59$ mm 取 $a = 91$ mm $\beta = \arccos \dfrac{m_n(z_1 + z_2)}{2a} = \arccos \dfrac{2.5 \times (20 + 50)}{2 \times 91} = 15.94°$ $d_1 = \dfrac{m_n z_1}{\cos \beta} = \dfrac{2.5 \times 20}{\cos 15.94°}$ mm $= 52.0$ mm $d_2 = \dfrac{m_n z_2}{\cos \beta} = \dfrac{2.5 \times 50}{\cos 15.94°}$ mm $= 130.0$ mm $b = \psi_d \times d_1 = 0.7 \times 52.0$ mm $= 36.4$ mm 取 $b_1 = 40$ mm，$\quad b_2 = 36$ mm 对于减速传动 $u = i = 2.5$	$a = 91$ mm $\beta = 15.94°$ $d_1 = 52.0$ mm $d_2 = 130.0$ mm $b_1 = 40$ mm $b_2 = 36$ mm $u = 2.5$

续表

设计项目	计算与说明	结　果
4. 校核齿面接触疲劳强度 (1) 系数;	由式(2.5-40) $\sigma_H = Z_E Z_H Z_\beta Z_\epsilon \sqrt{\dfrac{2KT_1}{bd_1^2} \cdot \dfrac{u+1}{u}} \leqslant [\sigma_H]$ 由表 2.5-4 查得 $Z_E = 189.8$ 由图 2.5-14 查得 $Z_H = 2.42$ $Z_\beta = \sqrt{\cos\beta} = \sqrt{\cos 15.94°} = 0.98$ $\varepsilon_a = \left[1.88 - 3.2 \times \left(\dfrac{1}{z_1} + \dfrac{1}{z_2}\right)\right]\cos\beta$ $\quad = \left[1.88 - 3.2 \times \left(\dfrac{1}{20} + \dfrac{1}{50}\right)\right]\cos 15.94° = 1.59$ $\varepsilon_\beta = 0.318\psi_d z_1 \tan\beta = 0.318 \times 0.7 \times 20\tan 15.94° =$ $1.27 > 1$ 取 $\varepsilon_\beta = 1$ $Z_\epsilon = \sqrt{\dfrac{4-\varepsilon_a}{3}(1-\varepsilon_\beta) + \dfrac{\varepsilon_\beta}{\varepsilon_a}} = \sqrt{\dfrac{1}{\varepsilon_a}} = \sqrt{\dfrac{1}{1.59}} = 0.79$	
(2) 许用接触应力 $[\sigma_H]$;	由式(2.5-1) $[\sigma_H] = \dfrac{\sigma_{Hlim} Z_{NT}}{S_{Hmin}}$ 由图 2.5-8 查得 $\sigma_{Hlim1} = 1\,500$ MPa $\sigma_{Hlim2} = 1\,200$ MPa 计算应力循环次数 $N_1 = 1.5 \times 10^8$; $N_2 = N_1/i = 6 \times 10^7$ 再由图 2.5-6 查得寿命系数 $Z_{NT1} = 1.1$, $Z_{NT2} = 1.2$。 取 $S_H = 1.0$, 所以 $[\sigma_H]_1 = \dfrac{\sigma_{Hlim1} Z_{NT1}}{S_H} = \dfrac{1\,500 \times 1.1}{1} = 1\,650$ MPa $[\sigma_H]_2 = \dfrac{\sigma_{Hlim2} Z_{NT2}}{S_H} = \dfrac{1\,200 \times 1.2}{1} = 1\,440$ MPa 故 $\sigma_H = 189.8 \times 2.42 \times 0.98 \times 0.79 \sqrt{\dfrac{2 \times 1.4 \times 3.94 \times 10^5 \times (2.5+1)}{36 \times 52.0^2 \times 2.5}}$ $= 1\,416.45$ MPa $\leqslant [\sigma_H]$	$[\sigma_H] = 1\,440$ MPa 接触强度足够
5. 齿轮的圆周速度	$v = \dfrac{\pi d_1 n_1}{60 \times 1000} = \dfrac{3.14 \times 52.0 \times 970}{60 \times 1\,000} = 2.64$ m/s 由表 2.5-2,可知选用 8 级精度是合适的。	8 级精度合适
6. 几何尺寸计算及结构设计	几何尺寸计算及齿轮结构设计(略)	

知识拓展

一、标准直齿圆锥齿轮传动的强度计算

1. 受力分析

由于直齿圆锥齿轮的齿形从大端至小端按正比函数缩小,各部分刚度不同,因此载荷沿齿宽分布是不均匀的。为了便于计算,略去齿面摩擦力,假想垂直于齿面的法向力 F_n 集中作用于分度圆锥上齿宽中点处的平面内,如图 2.5-16 所示。法向力 F_n 可分解为切于分度圆锥的圆周力 F_t 和垂直于分度圆锥母线的分力 F',再将 F' 分解为径向力 F_r 和轴向力 F_a,由力矩平衡条件可得各力大小分别为

圆周力 $\qquad\qquad\qquad F_t = \dfrac{2T_1}{d_{m1}}$ $\qquad\qquad\qquad$ (2.5-23)

径向力 $\qquad\qquad\qquad F_{r1} = F'\cos\delta = F_{t1}\tan\alpha\cos\delta_1$ $\qquad\qquad$ (2.5-24)

195

轴向力 $$F_{a1}=F'\sin\delta_1=F_{t1}\tan\alpha\sin\delta_1 \qquad (2.5\text{-}25)$$

式中，d_{m1} 为小齿轮齿宽中点处分度圆直径，可根据分度圆直径 d_1、锥距 R 和齿宽 b 由下式确定，即

$$d_{m1}=\frac{R-0.5b}{R}d_1=\left(1-0.5\,\frac{b}{R}\right)d_1 \qquad (2.5\text{-}26)$$

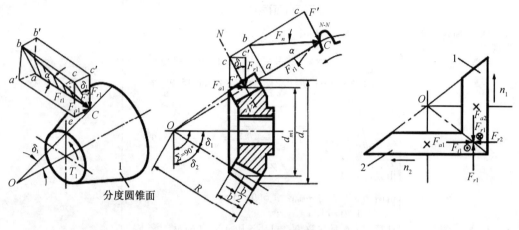

图 2.5-16　直齿圆锥齿轮的轮齿受力分析

圆周力的方向在主动轮上对其轴之矩与转动方向相反，在从动轮上对其轴之矩与转向相同；径向力的方向分别指向各自的轮心；轴向力的方向分别沿各自的轴线指向轮齿大端，且两轮各分力间有下列关系：$F_{r1}=-F_{a2}$；$F_{a1}=-F_{r2}$；$F_{t1}=-F_{t2}$。

2. 齿面接触疲劳强度计算

为简化计算，直齿圆锥齿轮传动的强度计算，可按齿宽中点处当量直齿圆柱齿轮传动进行。将当量直齿圆柱齿轮传动有关参数代入直齿圆柱齿轮传动齿面接触疲劳强度计算公式即可得两轴交角 $\Sigma=90°$ 的直齿圆锥齿轮传动齿面接触疲劳强度计算公式。

校核公式为 $$\sigma_H=Z_E Z_H\sqrt[3]{\frac{4.7KT_1}{\psi_R(1-0.5\psi_R)^2 u d_1^3}}\leqslant[\sigma_H] \qquad (2.5\text{-}27)$$

设计公式为 $$d_1\geqslant\sqrt[3]{\frac{4.7KT_1}{\psi_R(1-0.5\psi_R)^2 u}\left(\frac{Z_E Z_H}{[\sigma_H]}\right)^2} \qquad (2.5\text{-}28)$$

式中：Z_H——当量直齿轮的节点区域系数，对于标准直齿圆锥齿轮传动，$Z_H=2.5$；

　　　Ψ_R——齿宽系数，$\Psi_R=b/R$，一般取 $\Psi_R=0.25\sim0.3$。

其余符号的含义、单位和确定方法与直齿圆柱齿轮相同。

3. 齿根弯曲疲劳强度计算

将当量直齿圆柱齿轮传动的有关参数，代入直齿圆柱齿轮传动轮齿弯曲疲劳强度计算公式，即可得到两轴交角 $\Sigma=90°$ 的直齿圆锥齿轮传动轮齿弯曲疲劳强度计算公式。

校核公式为 $$\sigma_F=\frac{4KT_1 Y_F Y_S}{\psi_R(1-0.5\psi_R)^2 z_1^2 m^3\sqrt{u^2+1}}\leqslant[\sigma_F] \qquad (2.5\text{-}29)$$

设计公式为 $$m\geqslant\sqrt[3]{\frac{4KT_1 Y_F Y_S}{\psi_R(1-0.5\psi_R)^2 z_1^2[\sigma_F]\sqrt{u^2+1}}} \qquad (2.5\text{-}30)$$

式中：m——大端模数，mm。按表 1.5-7 取标准值；

Y_F——齿形系数。按当量齿数 $z_v = z/\cos\delta$，查表 2.5-5；

Y_S——应力修正系数。按当量齿数 z_v，查表 2.5-5。

其余符号的含义、单位和确定方法与直齿圆柱齿轮相同。

二、齿轮的结构和齿轮传动润滑

1. 齿轮的结构设计

通过齿轮传动的强度计算和几何尺寸计算后，已确定了齿轮的主要参数和尺寸，齿轮的结构形式和齿轮的轮毂、轮辐、轮缘等部分的尺寸，则通常由齿轮的结构设计来确定。

齿轮的结构形式主要由齿轮的尺寸大小、毛坯材料、加工工艺、生产批量等因素确定。一般先按齿轮直径大小选定合适的结构形式，再由经验公式确定有关尺寸，绘制零件工作图。

齿轮常用的结构形式有以下几种。

（1）齿轮轴

对于直径较小的钢制圆柱齿轮，若齿根圆至键槽底部距离 $x \leqslant 2.5m_t$ 或 $d_a < 2d$ 时，对于圆锥齿轮，若小端齿根圆至键槽底部距离 $x \leqslant 1.6m$（m 为大端模数）时，皆应将齿轮与轴制成一体，称为齿轮轴。如图 2.5-17 所示，此种齿轮轴常用锻造毛坯。当 x 值超过上述尺寸时，为节约材料便于制造，应将齿轮与轴分开制造。

（2）实心式齿轮

当齿轮圆直径 $d_a \leqslant 200$ mm 时，可采用实心式结构，如图 2.5-18 所示，此种齿轮常用锻钢制造。

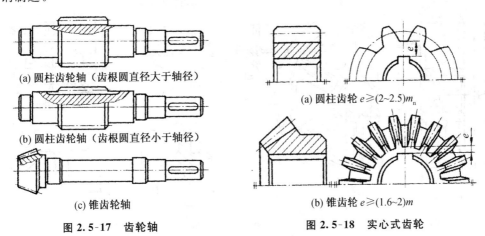

(a) 圆柱齿轮轴（齿根圆直径大于轴径）

(b) 圆柱齿轮轴（齿根圆直径小于轴径）

(c) 锥齿轮轴

图 2.5-17　齿轮轴

(a) 圆柱齿轮 $e \geqslant (2\sim2.5)m_n$

(b) 锥齿轮 $e \geqslant (1.6\sim2)m$

图 2.5-18　实心式齿轮

（3）辐板式齿轮

当 $200 < d_a \leqslant 500$ mm 时，为了减轻重量，节约材料常采用辐板式结构。通常用锻钢制造（重要齿轮）或采用铸造毛坯。锻造辐板式齿轮如图 2.5-19 所示。齿轮各部分尺寸由图中经验公式确定。

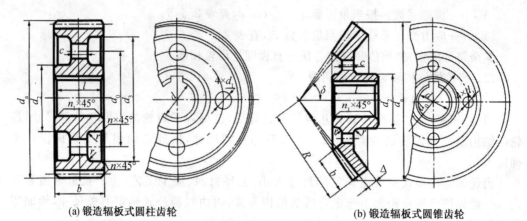

(a) 锻造辐板式圆柱齿轮　　　　　　　　　　　　　(b) 锻造辐板式圆锥齿轮

注：$d_2 \approx 1.6\,d$（钢材）；$d_2 \approx 1.7\,d$（铸铁）；n_1 根据轴的过程圆角确定。圆柱齿轮：$d_0 \approx 0.5(d_2 + d_3)$；$d_1 \approx 0.25(d_3 - d_2) \geqslant 10$ mm；$d_3 \approx d_a - (10 \sim 14)\,m_n$；$c \approx (0.2 \sim 0.3)b$；$n \approx 0.5\,m_n$；$r \approx 5$ mm；$l \approx (1.2 \sim 1.5)d \geqslant b$；圆锥齿轮：$\approx (3 \sim 4)\,m \geqslant 10$ mm；$l \approx (1 \sim 1.2)\,d$；$c \approx (0.1 \sim 0.7)\,R \geqslant 10$ mm；d_0，d_1，r 由结构定。

图 2.5-19　锻造辐板式齿轮

（4）轮辐式齿轮

当 $d_a > 500$ mm 时，可采用轮辐式结构，如图 2.5-20 所示。此种齿轮因受锻造设备能力限制，常用铸钢或铸铁制造。轮辐剖面形状可采用椭圆形（轻载）、十字形（中载）、工字形（重载）等。各部分尺寸由图中经验公式确定。

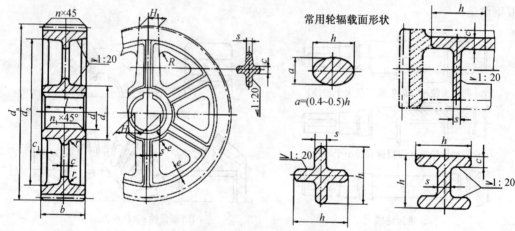

常用轮辐载面形状

$a = (0.4 \sim 0.5)h$

注：$C \approx 0.2H$；$H \approx 0.8d$；$s \approx H/6 \geqslant 10$ mm；$e \approx 0.2d$；$H_1 \approx 0.8H$；$d_1 \approx (1.6 \sim 1.8)d$；$l \approx (1.2 \sim 1.5)d \geqslant b$；$R \approx 0.5H$；$r \approx$ mm；$C_1 \approx 0.8C$；$n \approx 0.5\,m_n$；n_1 根据轴的过渡圆角确定。

图 2.5-20　铸造轮辐式圆柱齿轮

为了节约优质钢材，大型齿轮可采用镶套式结构。如用优质锻钢做轮缘，用铸钢或铸铁做轮芯，两者用过盈联接，再在配合接缝上用 4～8 个紧定螺钉联接起来（见图 2.5-21）。

单件生产的大型齿轮，不便于铸造时，可采用焊接式结构（见图 2.5-22）。

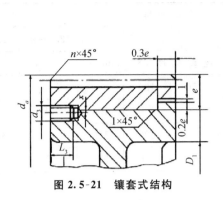

图 2.5-21　镶套式结构

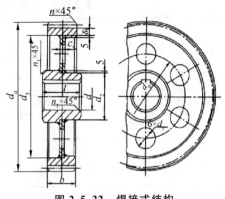

图 2.5-22　焊接式结构

2. 齿轮传动的润滑

轮传动由于啮合齿面间有相对滑动,会发生摩擦和磨损,因而造成动力消耗、发热。这些情况在高速重载时尤为突出。因此,齿轮传动必须考虑润滑。良好的润滑不仅能提高使用效率、减少磨损,还能散热、防锈和降低噪声,从而改善工作条件,延长齿轮的使用寿命。

（1）润滑方式

对于闭式齿轮传动的润滑方式,一般根据齿轮的圆周速度确定。当齿轮的圆周速度 $v<12$ m/s 时,常采用浸油（又称油浴或油池）润滑,即将大齿轮浸入油池（见图 2.5-23 a）,转动时就把润滑油带到啮合区。浸油深度约为一个齿高,但不小于 10 mm,浸入过深则增大了齿轮的运动阻力,并使油温升高。在多级齿轮传动中,可采用带油轮将油带到未浸入油池内的轮齿齿面上（见图 2.5-23 b）,同时可将油甩到齿轮箱壁上散热,以降低油温。

当 $v>12$ m/s 时,由于圆周速度大,齿轮搅油剧烈,增加损耗;搅起箱底沉淀的杂质,加速磨损;还会因离心力较大,使沾附在齿面上的润滑油被甩掉。故不宜采用浸油润滑,而应采用喷油润滑,即用油泵将具有一定压力的润滑油,经油嘴喷到啮合齿面上,如图 2.5-23 c 所示。

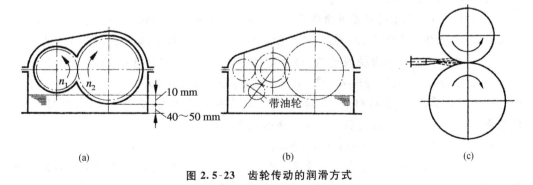

(a)　　　　　　　　　　(b)　　　　　　　　　　(c)

图 2.5-23　齿轮传动的润滑方式

对于开式齿轮传动,由于速度较低,通常采用人工定期加油或润滑脂润滑。

（2）润滑剂的选择

齿轮传动滑剂多采用润滑油。润滑油的黏度通常根据齿轮材料和圆周速度选取,并由选定的黏度再确定润滑油的牌号。润滑油的黏度可参考表 2.5-7 选用。

表 2.5-7　齿轮传动润滑油黏度荐用值

齿 轮 材 料	强度极限 σ_b/MPa	圆 周 速 度 v/(m/s)						
		<0.5	0.5~1	1~2.5	2.5~5	5~12.5	12.5~25	>25
		运 动 黏 度 $\nu_{40℃}$/(mm²/s)						
塑料、青铜、铸铁	—	320	220	150	100	68	46	—
钢	450~1 000	460	320	220	150	100	68	46
	1 000~1 250	460	460	320	220	150	100	68
渗碳或表面淬火钢	1 250~1 580	1 000	460	460	320	220	150	100

思考与练习

1. 分析说明一般使用的闭式软齿面、闭式硬齿面和开式齿轮传动的主要失效形式和相应的设计计算准则,齿轮齿数 z 和模数的选择原则。

2. 作为齿轮的材料应具有哪些特性? 如何选择齿轮的材料和热处理方法?

3. 齿形系数 Y_F 和哪些因素有关? 齿数相同的直齿圆柱齿轮、斜齿圆柱齿轮和直齿圆锥齿轮的齿形系数 Y_F 是否相同,为什么?

4. 一对圆柱齿轮啮合时,大、小齿轮在啮合处的接触应力是否相等? 若两轮的材料和热处理方法都相同,其接触疲劳许用应力是否相等? 若其接触疲劳许用应力相等,大、小齿轮的接触疲劳强度是否相等?

5. 一对圆柱齿轮啮合时,大、小齿轮齿根处的弯曲应力是否相等? 若两轮的材料和热处理方法都相同,其弯曲疲劳许用应力是否相等? 若其弯曲疲劳许用应力相等,大、小齿轮的弯曲疲劳强度是否相等?

6. 采取什么措施可以提高齿轮传动的齿面接触疲劳强度和齿根弯曲疲劳强度?

7. 在两级圆柱齿轮传动中,如其中有一级为斜齿圆柱齿轮传动,它一般是安排在高速级还是低速级? 为什么? 在布置锥齿轮-圆柱齿轮减速器的方案时,锥齿轮传动是布置在高速级还是低速级? 为什么?

8. 某专用铣床的主传动是直齿圆柱齿轮传动,已知:$P=7.5$ kW,$n_1=1$ 440 r/min,$z_1=26$,$z_2=54$,要求使用寿命为 12 000 h,齿轮相对轴承为不对称布置,试设计该齿轮传动。

9. 一单级直齿圆柱齿轮减速器,由电动机驱动。已知:中心距 $a=250$ mm,传动比 $i=3$,小齿轮齿数 $z_1=25$,转速 $n_1=1$ 440 r/min,齿轮宽度 $b_1=100$ mm,$b_2=94$ mm,小齿轮材料 45 钢,调质;大齿轮材料 45 钢,正火。载荷有中等冲击,单向运转,两班制工作,使用寿命为 5 年,试计算这对齿轮所能传递的最大功率。

10. 题 10 图所示斜齿圆柱齿轮减速器。

(1) 已知:主动轮 1 的转向及螺旋角旋向。为了使轮 2 和轮 3 所在中间轴的轴向力最小,试确定轮 2、轮 3 和轮 4 的螺旋角旋向和各轮产生的轴向力方向。

(2) 已知:$m_{n2}=3$ mm,$z_2=57$,$\beta_2=18°$,$m_{n3}=4$ mm,$z_3=20$,试求 β_3 为多少时,才能使中间轴上两齿轮产生的轴向力相互抵消?

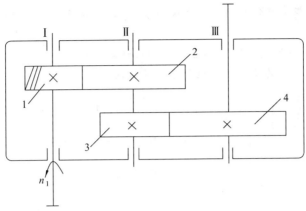

题 10 图

11. 设计由电动机驱动的闭式斜齿圆柱齿轮传动。已知：传递功率 $P=22$ kW，小齿轮转速 $n_1=960$ r/min，传动比 $i=3$，单向运转，载荷有中等冲击，齿轮相对于轴承对称布置，使用寿命为 20 000 h。

12. 一单级斜齿圆柱齿轮减速器。其参数为：$b=40$ mm，$\beta=13°49'11''$，$z_1=22$，$z_2=101$，$m_n=3$ mm。小齿轮材料为 40Cr，调质，硬度为 270HBS；大齿轮为 45 钢，调质，硬度为 220HBS。电机驱动，小齿轮转速 $n_1=1$ 470 r/min，精度为 8 级，载荷平稳，单向运转，每天两班制，使用寿命为 10 年。试求该对齿轮所能传递的功率。

13. 已知一对正常标准直齿圆锥齿轮传动，$\Sigma=90°$，齿数 $z_1=25$，传动比 $i=2$，模数 $m=5$ mm，齿宽 $b=50$ mm，传递功率 $P_1=3.2$ kW，转速 $n_1=400$ r/min，试计算两齿轮上所受的各力大小，并绘出受力简图。

14. 已知闭式直齿圆锥齿轮传动的 $\Sigma=90°$，$i=2.7$，$z_1=16$，$P_1=7.5$ kW，$n_1=840$ r/min，用电机驱动，载荷有中等冲击。要求结构紧凑，故大小齿轮的材料均选为 40Cr，表面淬火，试计算此传动。

15. 图示圆锥-斜齿轮传动，已知 $z_1=20$，$z_2=50$，$m_{12}=5$ mm，齿宽 $b_{12}=40$ mm，$z_3=23$，$z_4=92$，$m_{34}=6$ mm，试求：

(1) 要使 Ⅱ 轴上轴向力为 0 时，斜齿轮螺旋角 β 的数值。

(2) 标出斜齿轮转向及旋向。

(3) 标出各轮所受各分力的方向。

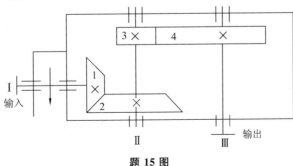

题 15 图

16. 图示手动提升装置，由两对开式斜齿圆柱齿轮传动组成，已知：$z_1=z_3=30$，$z_2=z_4=60$，模数 $m_n=5$ mm，螺旋角 $\beta=10°$，z_4 齿轮为右旋，卷筒直径 $D=360$ mm，提升重量

$Q=300$ N,手柄长度 $L=250$ mm,齿轮效率 $\eta_1=0.96$,滚动轴承效率 $\eta_2=0.99$,在提升重物时,试求:

(1) 当中间轴上轴间力最小时,各轮旋向及轴向力方向。

(2) 提升重物所需的推力的数值和手轮的转向。

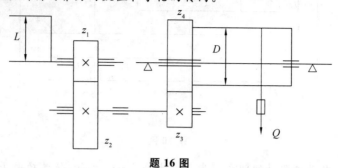

题 16 图

工作任务 6 蜗杆传动设计

 任务导入

电动机与工作机之间的传动当用齿轮减速器不能实现时,还有一种蜗杆传动减速器可供选择。

 任务目标

知识目标 通过教学,要求了解蜗杆传动特点、类型;熟悉普通圆柱蜗杆传动的正确啮合条件;了解蜗杆传动的精度等选择。

能力目标 掌握蜗杆传动的主要参数及几何尺寸计算、强度计算及热平衡计算;了解蜗杆传动的安装及维护。

 知识与技能

一、蜗杆传动的特点和类型

1. 蜗杆传动的特点

蜗杆传动由蜗杆和蜗轮组成(见图 2.6-1)。用来传递两空间交错轴之间的运动和动力,通常两轴交错角 $\Sigma=90°$。蜗杆传动一般用作减速传动,蜗杆为主动件而蜗轮为从动件。

与齿轮机构相比较,蜗杆蜗轮机构主要有以下特点。

优点:

(1) 传动比大、机构紧凑;用于动力传动时传动比可达 8～80,一般传动比 10～40,若只传递运动(如分度运动),其传动比可达 1 000。

(2) 传动平稳、无噪音、振动较小。

(3) 反向行程时可自锁,安全保护。

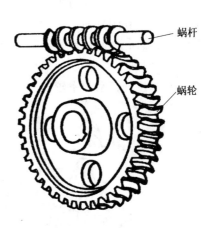

图 2.6-1 圆柱蜗杆传动

缺点:

(1) 齿面相对滑动速度大,易磨损,当蜗杆为主动件时,效率一般为 0.7～0.8,当传动设计成具有自锁性能时,效率小于 0.5。

(2) 为了散热和减少磨损,蜗轮要采用价格较贵的有色金属制造,如青铜等。

由于蜗杆传动的以上特点,蜗杆传动被广泛应用于机床、冶金与矿山机械、起重机械、船舶和仪器设备中。

2. 蜗杆传动的分类

根据蜗杆的形状不同,蜗杆传动可分为圆柱蜗杆传动(见图 2.6-2 a)、环面蜗杆传动

（见图 2.6-2 b)和锥蜗杆传动(见图 2.6-2 c)。其中应用最多的是圆柱蜗杆传动。

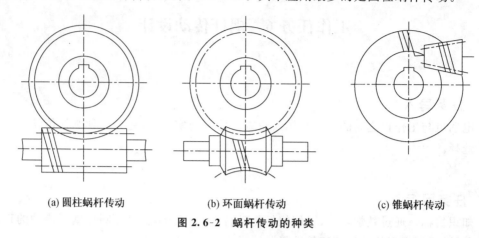

（a)圆柱蜗杆传动　　　　(b)环面蜗杆传动　　　　(c)锥蜗杆传动

图 2.6-2　蜗杆传动的种类

圆柱蜗杆传动最为常用的是普通圆柱蜗杆传动,这主要因为制造简便。普通圆柱蜗杆多用直母线刀刃加工,由于切制蜗杆时刀具安装位置的不同,可获得不同形状的螺旋齿面,有阿基米德蜗杆(ZA 型)、渐开线蜗杆(ZI 型)、法向直廓蜗杆(ZN 型)等多种。其中应用最多的是阿基米德蜗杆。

如图 2.6-3 所示,阿基米德蜗杆一般是在车床上用成型车刀切制的。车阿基米德蜗杆与车梯形螺纹相似,用梯形车刀在车床上加工。两刀刃的夹角 $2\alpha=40°$,加工时将车刀的刀刃放于水平位置,并与蜗杆轴线在同一水平面内。这样加工出来的蜗杆其齿面为阿基米德螺旋面,在轴剖面 I-I 内的齿形为直线;在法向剖面 N-N 内的齿形为曲线;在垂直轴线的端面上,其齿形为阿基米德螺线。这种蜗杆加工工艺性好,应用最广泛,但导程角 γ 过大时加工困难,磨削蜗杆及蜗轮滚刀时有理论误差,难以用砂轮磨削出精确齿形,故传动精度和传动效率较低。

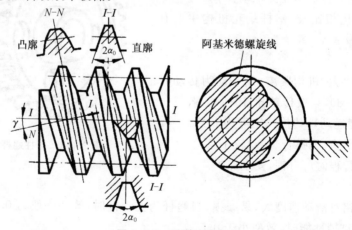

图 2.6-3　阿基米德蜗杆

蜗轮是用与蜗杆相似的蜗轮滚刀按范成原理切制而成。

二、蜗杆传动的主要参数确定和几何尺寸计算

1. 蜗杆传动及其正确啮合条件

（1）蜗杆传动的形成

常用的阿基米德蜗杆同普通螺旋相似,有左、右旋之分,且通常以右旋为多。蜗杆的

螺旋线有单头和多头之分,实际上螺旋线的头数相当于齿数 z_1。蜗轮就像一个螺旋角为 β_2 的斜齿轮(见图 2.6-4),但为改善与蜗杆的啮合而沿齿宽方向做成圆弧形。

(2) 蜗杆传动正确啮合的条件

如图 2.6-4 所示,过蜗杆轴线并垂直于蜗轮轴线作一截面,该平面称为中间平面。在中间平面内蜗杆与蜗轮的啮合相当于齿条与齿轮的啮合。故蜗杆与蜗轮正确啮合的条件为:在中间平面内,蜗轮的端面模数 m_t 应等于蜗杆的轴面模数 m_x,且为标准值;蜗轮的端面压力角 α_t 应等于蜗杆的轴面压力角 α_x,且为标准值,即

$$\begin{cases} m_t = m_x = m \\ \alpha_t = \alpha_x = \alpha \end{cases} \tag{2.6-1}$$

同时还应保证两轴交错角 $\Sigma = \beta_1 + \beta_2 = 90°$(或蜗杆的导程角 γ 等于蜗轮的螺旋角 β_2,且旋向相同)。

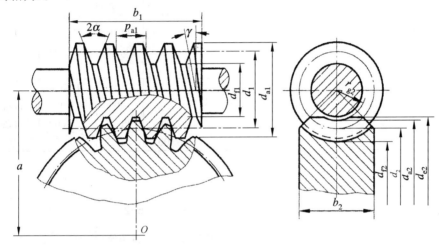

图 2.6-4　圆柱蜗杆与蜗轮的啮合传动

2. 圆柱蜗杆传动的主要参数及几何尺寸计算

(1) 模数 m 和压力角 α

与齿轮传动相同,蜗杆传动的几何尺寸也以模数为主要计算参数。表 2.6-1 为动力圆柱蜗杆传动的模数系列,压力角 α 为标准值(20°)。

表 2.6-1　动力蜗杆传动蜗杆基本参数(两轴交错角 90°)(摘自 GB 10085—1988)

模数 m/mm	分度圆直径 d_1/mm	直径系数 q	$m^2 d_1$/mm³	蜗杆头数/z_1	模数 m/mm	分度圆直径 d_1/mm	直径系数 q	$m^2 d_1$/mm³	蜗杆头数 z_1
2	(18)	9	72	1,2,4	8	(63)	7.875	4 032	1,2,4
	22.4	11.2	90	1,2,4,6		80	10	5 376	1,2,4,6
	(28)	14	112	1,2,4		(100)	12.5	6 400	1,2,4
	35.5	17.75	142	1		140	17.5	8 960	1
2.5	(22.4)	8.96	140	1,2,4	10	(71)	7.1	7 100	1,2,4
	28	11.2	175	1,2,4,6		90	9	9 000	1,2,4,6
	(35.5)	14.2	222	1,2,4		(112)	11.2	11 200	1,2,4
	45	18	281	1		160	16	16 000	1

模数 m/mm	分度圆直径 d_1/mm	直径系数 q	$m^2 d_1$ /mm³	蜗杆头数 z_1	模数 m/mm	分度圆直径 d_1/mm	直径系数 q	$m^2 d_1$ /mm³	蜗杆头数 z_1
3.15	(28)	8.89	278	1,2,4	12.5	(90)	7.2	14 062	1,2,4
	35.5	11.27	353	1,2,4,6		112	8.96	17 500	1,2,4,6
	(45)	14.29	447	1,2,4		(140)	11.2	21 875	1,2,4
	56	17.778	556	1		200	16	31 250	1
4	(31.5)	7.875	504	1,2,4	16	(112)	7	28 672	1,2,4
	40	10	640	1,2,4,6		140	8.75	35 840	1,2,4,6
	(50)	12.5	800	1,2,4		(180)	11.25	46 080	1,2,4
	71	17.75	1 136	1		250	15.625	64 000	1
5	(40)	8	1 000	1,2,4	20	(140)	7	56 000	1,2,4
	50	10	1 250	1,2,4,6		160	8	64 000	1,2,4,6
	(63)	12.6	1 575	1,2,4		(224)	11.2	89 000	1,2,4
	90	18	2	1		315	15.75	126 000	1
			250						
6.3	(50)	7.936	1 984	1,2,4	25	(180)	7.2	112 500	1,2,4
	63	10	2 500	1,2,4,6		200	8	125 000	1,2,4,6
	(80)	12.698	3 175	1,2,4		(280)	11.2	175 000	1,2,4
	112	17.778	4 445	1		400	16	250 000	1

注：表中括号内数值为第二系列，尽可能不用。

（2）蜗杆蜗轮的齿数 z_1，z_2 和传动比 i

蜗轮的齿数 $z_2 = 32 \sim 80$。z_1，z_2 值的选取可参见表 2.6-2。

表 2.6-2　蜗杆头数 z_1 与蜗轮齿数 z_2 的推荐值

传动比 i	5~6	7~8	9~13	14~24	25~27	28~40	>40
蜗杆头数 z_1	6	4	3~4	2~3	2~3	1~2	1
蜗轮齿数 z_2	29~36	28~32	27~52	28~72	50~81	28~80	>40

当蜗杆转过一周时，蜗轮将转过 z_1 个齿数，故传动比为

$$i_{12} = n_1/n_2 = z_2/z_1 \tag{2.6-2}$$

式中，n_1，n_2 分别为蜗杆与蜗轮的转速，单位为 r/min。

（3）蜗杆的直径 d_1 和直径系数 q

由于蜗轮是用相当于蜗杆尺寸的滚刀来切制的，为了限制滚刀数量，使滚刀规格标准化，对每一种模数的蜗杆，将其分度圆直径 d_1 规定为标准值（见表 2.6-1），也即规定了相应的比值 $q = d_1/m$。比值 q 称为蜗杆的直径系数，它为导出值，不一定是整数，对于动力蜗杆传动，q 值约为 $7 \sim 18$。对于分度蜗杆传动，q 值约为 $16 \sim 30$。

（4）蜗杆的导程角 γ

图 2.6-5 所示为蜗杆分度圆柱的展开图。当蜗杆的直径系数 q 和蜗杆的头数 z_1 确定后，蜗杆分度圆柱上的导程角 γ 也就确定了，由图可见（图中 p_{a1} 为轴向齿距）：

$$\tan \gamma = \frac{z_1 p_{a1}}{\pi d_1} = \frac{z_1 m}{d_1} = \frac{z_1}{q} \tag{2.6-3}$$

导程角 γ 大,效率高。要求高效率的蜗杆传动,一般 $\gamma=15^\circ\sim30^\circ$,过大的导程角将使蜗杆齿变尖和出现根切。

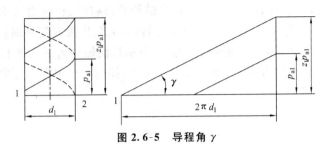

图 2.6-5　导程角 γ

(5)标准中心距 a

由图 2.6-4 可知,蜗杆蜗轮传动的标准中心距为

$$a=\frac{d_1+d_2}{2}=\frac{m(q+z_2)}{2} \tag{2.6-4}$$

阿基米德蜗杆传动的几何尺寸计算公式见图 2.6-5 及表 2.6-3 中的各计算公式。

表 2.6-3　阿基米德蜗杆传动的主要几何尺寸计算公式

名称与代号	计算公式
中心距 a	$a=m/2\cdot(q+z_2)$
蜗杆螺旋线导程 p_z	$p_z=\pi m z_1$
蜗杆直径系数 q	$q=d_1/m$
蜗杆轴向齿距 p_{a1}	$p_{a1}=\pi m$
蜗杆分度圆直径 d_1	$d_1=mq$
齿顶高系数 h_a^*	一般取 $h_a^*=1$
蜗杆齿顶圆直径 d_{a1}	$d_{a1}=d_1+2h_a^* m$
顶隙系数 c^*	一般 $c^*=0.2$
顶隙 c	$c=0.2m$
蜗杆齿根圆直径 d_{f1}	$d_{f1}=d_1-2h_a^* m-2c$
蜗杆导程角 γ	$\tan\gamma=z_1/q$
蜗杆齿宽 b_1	$b_1\approx2.5m\sqrt{z_2+1}$
蜗轮齿宽 b_2	$b_2\approx2m(0.5+\sqrt{q+1})$
蜗轮分度圆直径 d_2	$d_2=z_2 m$
蜗轮齿顶圆(喉圆)直径 d_{a2}	$d_{a2}=(z_2+2h_a^*)m$
蜗轮齿根圆直径 d_{f2}	$d_{f2}=d_2-2m(h_a^*+c^*)$
蜗轮外圆直径 d_{e2}	$d_{e2}\approx d_{a2}+m$
蜗轮咽喉母圆半径 r_{g2}	$r_{g2}=a-1/2\cdot d_{a2}$
蜗轮齿宽(包容)角 θ	$\sin\theta/2=b_2/d_1$

三、蜗杆传动的承载能力计算

1.受力分析

与斜齿圆柱齿轮传动的受力分析相似,蜗杆传动的受力分析也以一对齿轮啮合时节点受力分析为承载能力计算的依据。同样不考虑齿面间摩擦力的影响。蜗杆传动受力如图 2.6-6 所示,主动件蜗杆所受转矩为 T_1。作用于节点处的法向力 F_n,可分解为 3 个相互垂直的分力:圆周力 F_t,径向力 F_r 和轴向力 F_a。其中蜗杆上的圆周力与转向相反,蜗轮上的圆周力与转向相同;径向力指向各自的轮心;蜗杆的轴向力可用左、右手法则判定:右旋用右手,左旋用左手,即四指握着蜗杆转向,大拇指指向就是蜗杆的轴向力方向。由于蜗杆与蜗轮轴线垂直交错,蜗杆圆周力 F_{t1} 与蜗轮的轴向力 F_{a2},蜗杆径向力 F_{r1} 和蜗轮的径向力 F_{r2},蜗杆轴向力 F_{a1} 与蜗轮的圆周力 F_{t2} 都是大小相等而方向相反的,这 6 个力的关系可用式(2.6-5)表示:

$$F_{t1} = F_{a2} = 2T_1/d_1$$
$$F_{a1} = F_{t2} = 2T_2/d_2 \qquad\qquad (2.6\text{-}5)$$
$$F_{r1} = F_{r2} = F_{t2}\tan\alpha$$

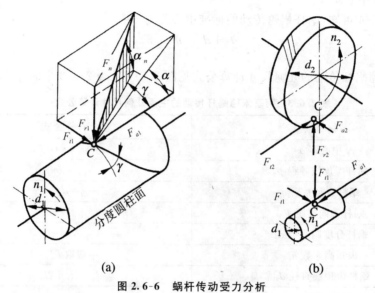

$$(a) \qquad\qquad\qquad\qquad (b)$$

图 2.6-6 蜗杆传动受力分析

2. 承载能力计算

由于蜗轮轮齿的形状复杂,本书仅按斜齿圆柱齿轮传动做近似计算,并直接给出推导结果。

(1) 齿面接触强度计算

基于赫兹公式,钢制蜗杆与青铜蜗轮或铸铁蜗轮啮合时,蜗杆传动的齿面接触强度校核式(2.6-6)与设计式(2.6-7)如下:

$$\sigma_H = 480\sqrt{\frac{KT_2}{d_1 d_2^2}} = 480\sqrt{\frac{KT_2}{m^2 d_1 z_2^2}} \leqslant [\sigma_H] \qquad\qquad (2.6\text{-}6)$$

$$m^2 d_1 \geqslant KT_2\left(\frac{480}{z_2[\sigma_H]}\right)^2 \qquad\qquad (2.6\text{-}7)$$

式中,T_2 为蜗轮轴传递的扭矩,N·mm($T_2 = T_1 \cdot i \cdot \eta_1$,$\eta_1$ 为啮合效率);K 为载荷系数,与传动的工况、速度的大小、载荷的分布等有关,一般取 $K = 1 \sim 1.25$,载荷变化大时 $K = 1.2 \sim 1.4$;$[\sigma_H]$ 为蜗轮材料的许用接触应力,MPa。当蜗轮材料为铸铁或用无锡青铜时,其主要的失效形式为胶合,所进行的接触强度计算是条件性计算,许用应力应根据材料的滑动速度由表 2.6-4 确定;当蜗轮材料为锡青铜时,其主要失效形式为疲劳点蚀,许用接触应力值与循环次数有关,$[\sigma_H] = Z_N[\sigma_{OH}]$,其中,$[\sigma_{OH}]$ 为基本许用接触应力,见表

2.6-5,寿命系数 $Z_N = \sqrt[8]{\dfrac{10^7}{N}}$,应力循环次数 N 的计算方法与齿轮相同,当 $N > 25 \times 10^7$ 时,取 $N = 25 \times 10^7$;当 $N < 2.6 \times 10^5$ 时,取 $N = 2.6 \times 10^5$。

由设计式(2.6-7)计算出的 $m^2 d_1$ 值,直接查表 2.6-1 找到相适应的 m 和 d_1 值。

表 2.6-4　蜗轮材料的许用接触应力 $[\sigma_H]$　　　　　　MPa

材料		滑动速度 $v_s/$（m/s）				
蜗杆	蜗轮	0.25	0.5	1	2	3
钢经淬火	ZcuA19Fe3	—	250	230	210	180
	ZcuZn38Mn2Pb2	—	215	200	180	150
渗碳钢	HT150,HT200 (120～150 HBS)	160	130	115	90	
调质或淬火钢	HT150 (120～150 HBS)	140	110	90	70	—

（2）轮齿弯曲强度计算

蜗轮齿根弯曲疲劳强度的计算一般按斜齿轮公式做近似计算。蜗轮轮齿弯曲强度校核式(2.6-8)与设计式(2.6-9)如下:

$$\sigma_F = \frac{1.53 K T_2 \cos \gamma}{d_1 z_2 m^2} Y_F \leqslant [\sigma_F] \tag{2.6-8}$$

$$m^2 d_1 \geqslant \frac{1.53 K T_2 \cos \gamma}{z_2 [\sigma_F]} Y_F \tag{2.6-9}$$

式中,Y_F 为蜗轮齿形系数,可按当量齿数 $z_{v2} = z_2/\cos^3 \gamma$ 由表 2.6-6 查得;Y_β 为螺旋角影响系数,$Y_\beta = 1 - (\gamma/120°)$;$[\sigma_F]$ 为蜗轮的许用弯曲应力 $[\sigma_F] = Y_N [\sigma_{OF}]$;$Y_N$ 为寿命系数,$Y_N = \sqrt[9]{\dfrac{10^6}{N}}$,其中,$N$ 的计算方法同前,当 $N > 25 \times 10^7$ 时取 $N = 25 \times 10^7$,当 $N < 10^5$ 时取 $N = 10^5$;$[\sigma_{OF}]$ 为计入齿根应力校正系数后蜗轮的基本许用弯曲应力,由表 2.6-7 查取。

同理,由设计式(2.6-9)计算出的 $m^2 d_1$ 值后,查表 2.6-1 找到相适应的 m 和 d_1 值。

表 2.6-5　蜗轮材料的基本许用接触应力 $[\sigma_{OH}]$　　　　　MPa

蜗轮材料	铸造方法	蜗杆螺旋面硬度 不低于 350 HBS	蜗杆螺旋面硬度 大于 45 HRC
铸锡磷青铜 ZCuSn10P1	砂模铸造	180	180
	金属模铸造	200	268
铸锡锌铅青铜 ZCuSn5Pb5Zn5	砂模铸造	110	135
	金属模铸造	135	140

注:蜗杆未经淬火时,表中 $[\sigma_{OH}]$ 值应降低 20%。

表 2.6-6　蜗轮齿形系数 Y_{F2}

z_{v2}	19	20	22	25	30	40	50	60	80	100	200
Y_{F2}	2.94	2.87	2.78	2.70	2.58	2.44	2.35	2.30	2.25	2.20	2.16

表 2.6-7　（计入齿根应力校正系数后）蜗轮材料的基本许用弯曲应力$[\sigma_{OF}]$　　MPa

蜗轮材料	铸造方法	蜗杆螺旋面硬度不低于 45 HRC	蜗杆螺旋面硬度大于 45 HRC 且磨光
铸锡磷青铜 ZCuSn10P1	砂模铸造	46(32)	58(40)
	金属模铸造	58(42)	73(52)
铸锡锌铅青铜 ZCuSn5Pb5Zn5	砂模铸造	32(24)	40(30)
	金属模铸造	41(32)	51(40)

注：表中括号中的数值适用于双向传动的情况。

（3）蜗杆的刚度计算

当蜗杆轴在啮合部位受力后，将产生挠曲，挠度过大将影响正常的啮合与传动，由于蜗杆轴挠曲是由其圆周力 F_t 和径向力 F_r 引起，故刚度校核式为

$$y=\frac{\sqrt{F_{t1}^2+F_{r2}^2}}{48EI}L^3\leqslant[y]\text{ mm} \tag{2.6-10}$$

式中，E 为蜗杆材料的弹性模量，钢质蜗杆 $E=2.07\times10^5\text{ MPa}$；$I$ 为蜗杆危险截面的惯性矩，$I=\pi d_{f1}^4/64$，mm^4，d_{f1} 为蜗杆齿根圆直径；L 为蜗杆两支承间距离，mm，初步计算时可取 $L=0.9d_2$，d_2 是蜗轮分度圆直径；$[y]$ 为许用最大挠度，$[y]=d_1/1\,000$，d_1 是蜗杆分度圆直径。

（4）蜗杆传动的效率、润滑和热平衡计算

① 蜗杆传动的效率。

蜗杆传动的效率较齿轮传动的效率要低。其功率损耗主要有啮合摩擦、轴承摩擦和搅油功率损耗。总效率为

$$\eta=\eta_1\eta_2\eta_3 \tag{2.6-11}$$

式中 η_1，η_2，η_3 分别为啮合效率、轴承效率、搅油损耗时的效率。其中主要取决于 η_1，一般取 η_2，$\eta_3=0.95\sim0.96$，当蜗杆主动时，则有

$$\eta_1=\tan\gamma/\tan(\gamma+\phi_v) \tag{2.6-12}$$

式中，γ 为普通圆柱蜗杆分度圆上的导程角；ϕ_v 为当量摩擦角。对于青铜蜗轮与钢制普通圆柱蜗杆，查表 2.6-8。当蜗杆经过渗碳或抛光，蜗轮为锡磷青铜且润滑油中有减磨剂时，ϕ_v 可取小值，反之则取大些。在设计之初，由于诸多因素未定，可按表 2.6-9 估取。

表 2.6-8　蜗杆与蜗轮的当量摩擦角 ϕ_v 值

滑动速度/(m/s)	ϕ_v	滑动速度/(m/s)	ϕ_v
0.01	5°40′~6°50′	2.0	2°00′~2°30′
0.10	4°30′~5°10′	2.5	1°40′~2°20′
0.25	3°40′~4°20′	3.0	1°30′~2°00′
0.50	3°10′~3°40′	4.0	1°20′~1°40′
1.00	2°30′~3°10′	7.0	1°00′~1°30′
1.50	2°20′~2°50′	10.0	0°55′~1°20′

表 2.6-9　蜗杆总传动效率的取值

参数	数　值			
蜗杆头数 z_1	1	2	3	4
总传动效率 η	0.7	0.8	0.9	0.95

② 蜗杆传动的热平衡计算。

蜗杆的效率较低,发热量较大。对闭式传动,如果散热不充分,温升过高,就会使润滑油黏度降低,减小润滑作用,导致齿面磨损加剧,甚至引起齿面胶合。所以,对于连续工作的闭式蜗杆传动,应进行热平衡计算。所谓热平衡计算就是由摩擦力产生的热量应小于或等于箱体表面散发的热量,以保证温升不超过许用值。

对于一个传递功率为 $P(\text{kW})$,总效率为 η 的蜗杆传动,转化为热量的摩擦耗损功率为

$$P_s = 1\,000 P(1-\eta)$$

经箱体表面散发热量的相当功率为

$$P_c = KA(t_1 - t_2)$$

达到热平衡时,$P_s = P_c$,则蜗杆传动的热平衡条件是

$$t_1 = t_0 + \frac{1\,000 P(1-\eta)}{K_t A} \tag{2.6-13}$$

式中,A 为内表面能被润滑油飞溅到,而外表面又能被空气所冷却的箱体表面积;K_t 为散热系数,$K_t = (9\sim17)\ \text{W}/(\text{m}^2 \cdot \text{℃})$,通风良好时可取值大些;$t_1$ 为油的工作温度,通常限制在小于 $60\sim70\text{℃}$,最高不超过 $80\ \text{℃}$;t_0 为周围空气的温度,一般取 $20\ \text{℃}$。

如 $t_1 > 80\ \text{℃}$ 时,可采取以下方法提高散热能力:

a. 在壳体外增加散热片,但散热片和凸缘的面积按其实际面积的 50% 计算。

b. 在蜗杆轴上装风扇(见图 2.6-7 a)。

c. 在箱体内装蛇形冷却水管(见图 2.6-7 b)。

d. 采用压力喷油循环润滑(见图 2.6-7 c)。

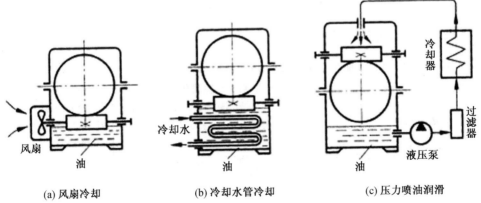

(a) 风扇冷却　　　　　(b) 冷却水管冷却　　　　　(c) 压力喷油润滑

图 2.6-7　蜗杆传动的散热方式

任务实施

——蜗杆传动的设计计算

设计一混料机用的闭式蜗杆传动所传递的功率 $P=8.5$ kW,蜗杆的转速 $n_1=1\,460$ r/min,传动比 $i=20$,载荷平稳,单向运转,每日工作 16 h,设计寿命为 5 年,散热面积 $A=1.8$ m²。

设计步骤如下表:

设计项目	计算及说明	结果
选择材料	(1) 蜗杆选用 45 钢,淬火,齿面硬度＞45HRC 蜗轮选铸锡磷青铜 ZCuSn10P1,金属模铸造。 由于传动失效主要是蜗轮的失效,此时其主要破坏形式是疲劳点蚀 (2) 从表 2.6-5 可知金属模铸造的 ZCuSn10P1 的 $[\sigma_{OH}]=268$ MPa (3) 应力循环次数 $N=60n_2jL_h=60\times1460\div20\times1\times16\times360\times5=12.6\times10^7$ (4) 蜗轮的许用应力 由于 $Z_N=\sqrt[8]{\dfrac{10^7}{N}}$,则 $[\sigma_H]=Z_N[\sigma_{OH}]=\sqrt[8]{\dfrac{10^7}{N}}[\sigma_{OH}]=$ $\sqrt[8]{\dfrac{10^7}{12.6\times10^7}}\times268=195$ MPa $[\sigma_F]=Y_N[\sigma_{OF}]$,寿命系数 $Y_N=\sqrt[9]{\dfrac{10^6}{N}}=\sqrt[9]{\dfrac{10^6}{12.6\times10^7}}=$ 0.58;由表 2.6-7 知 $[\sigma_{OF}]=73$ MPa。同理得 $[\sigma_F]=$ 42.34 MPa	蜗杆选用 45 钢,淬火,齿面硬度＞45HRC 蜗轮选铸锡磷青铜 ZCuSn10P1 $[\sigma_H]=195$ MPa $[\sigma_F]=42.34$ MPa
确定 z_1,z_2 值	根据表 2.6-2,取 $z_1=2$,则 $z_2=iz_1=20\times2=40$	$z_1=2,z_2=40$
确定 m^2d_1	闭式传动按接触疲劳强度设计,即式(2.6-7) $m^2d_1\geqslant\left(\dfrac{480}{z_2[\sigma_{OF}]}\right)^2 KT_2$ (1) K 按推荐范围 $K=1\sim1.25$,取 $K=1.1$ (2) 当 $z_1=2$ 时,估算 $\eta=0.8$,则蜗轮传递功率 $T_2=T_1\cdot i\cdot\eta=\dfrac{9\,550P}{n_1}i\cdot\eta=\dfrac{9\,550\times8.5\times20\times0.8}{1\,460}=$ 889.6 N·m $m^2d_1\geqslant\left(\dfrac{480}{z_2[\sigma_{OF}]}\right)^2KT_2=\left(\dfrac{480^2}{40\times195}\right)^2\times1.1\times889.6\times$ $10^3=3\,706$ mm³ 由表 2.6-1 查得 $m^2d_1=5\,376$ mm³ 符合要求,得 $d_1=80$ mm,$m=8$ mm,$q=10$	$K=1.1$ $T_2=889.6$ N·m $d_1=80$ mm $m=8$ mm $q=10$
几何尺寸计算	参见表 2.6-3 中各式计算(从略)	

设计项目	计算及说明	结果
校核蜗轮轮齿的弯曲强度	根据校核公式(2.6-8) $$\sigma_F = \frac{1.53KT_2}{d_1 d_2 m\cos\gamma} Y_F Y_\beta \leqslant [\sigma_F]\,\mathrm{MPa}$$ (1) 求蜗轮的当量齿数 由 $\tan\gamma = z_1/q$，即 $\gamma = \beta_2 = 11°18'35''$ 得 $z_{v2} = z_2\cos^3\gamma = \dfrac{40}{\cos^3 11°18'35''} = 42.42$ (2) 蜗轮的齿形系数 $Y_F = 2.42$ (3) 校核 $$\sigma_F = \frac{1.53KT_2}{d_1 d_2 m\cos\gamma} Y_{Fa2} Y_\beta = \frac{1.53 \times 1.1 \times 889.6 \times 10^3}{80 \times 320 \times 8 \times \cos 11°18'35''}2.42 \times$$ $(1 - \cos\ 11°\ 18'\ 35''/120°) = 16.34\ (\mathrm{MPa}) \leqslant [\sigma_F] =$ 42.34 MPa	弯曲强度满足
蜗杆轴刚度校核	根据刚度校核式(2.6-11)，$y = \dfrac{\sqrt{F_{t1}^2 + F_{r2}^2}}{48EI} L^3 \leqslant [y]$ (1) 根据推荐取 $[y] = d_1/1\,000 = 0.08$ (2) 根据式(2.6-5)可求得切向力 $F_{t1} = 1\,390$ N；径向力 $F_{r1} = 2\,024$ N (3) $I = \pi d_{f1}^4/64$，d_{f1} 根据表 2.6-3 中公式计算得 $d_{f1} = 63.6$ mm $I = 803\,153$ mm^4 根据推荐取 $L = 0.9d_2 = 0.9 \times 8 \times 40 = 288$ mm (4) $y = \dfrac{\sqrt{F_{t1}^2 + F_{r2}^2}}{48EI}L^3 = \dfrac{\sqrt{1\,390^2 + 2\,024^2}}{48 \times 2.07 \times 10^5 \times 803\,153} \times 288^3$ $\qquad = 7.35 \times 10^{-3}$ mm	刚度校核满足
热平衡计算	(1) 根据式(2.6-14)得 $$v_s = \frac{\pi d_1 n_1}{60 \times 1\,000\cos\gamma} = \frac{\pi \times 80 \times 1\,460}{60 \times 1\,000\,\cos 11°18'35''} = 6.24\ \mathrm{m/s}$$ (2) 由表 2.6-8，若 ϕ_v 按最小值取定并经线性插值可得当相对滑动速度为 6.24 m/s 时，$\phi_v = 1°5'2''$，由式(2.6-11)、式(2.6-12)得 $$\eta = 0.955 \times \frac{\tan\gamma}{\tan(\gamma + \phi_v)}$$ $$\quad = 0.955 \times \frac{\tan 11°18'35''}{\tan(11°18'35'' + 1°5'2'')} = 0.868$$ (3) 根据推荐取散热系数 $K_t = 15\ \mathrm{W/(m^2 \cdot ℃)}$ (4) 根据式(2.6-13) $$t_1 = t_0 + \frac{1\,000P(1-\eta)}{K_t A} = 20 + \frac{1\,000 \times 8.5 \times (1-0.868)}{15 \times 1.8}$$ $$\quad = 61.5\ ℃ < 70\ ℃$$	热平衡计算合格
蜗杆传动润滑的选定	(略)	
蜗杆、蜗轮的结构形式选择	(略)	

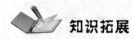 **知识拓展**

一、杆传动的失效形式和常用材料

1. 失效形式和计算准则

由于蜗杆传动齿面间的相对滑动速度大，磨损和功率损耗大，所以发热量大。蜗杆螺旋部分的强度又比蜗轮轮齿的强度高，故蜗杆传动的失效形式主要是蜗轮齿面的磨损、胶合和点蚀。

在目前尚无适宜的齿面胶合强度和磨损强度的计算方法，因而通常采用齿面接触疲劳强度计算代替齿面胶合强度计算，有时要通过热平衡计算来间接控制胶合的产生；用齿根弯曲疲劳强度计算代替齿面磨损强度计算。但在许用应力的选取时考虑胶合和磨损的影响。实践证明这种条件性的计算是符合工程要求的。

接触和弯曲强度计算都是针对蜗轮的，蜗杆轴的刚度不足也会引起蜗杆传动的失效，此外，传动因磨损功耗发热，还需进行热平衡计算。

蜗杆传动的设计计算准则是：对闭式蜗杆传动按齿面接触疲劳强度计算，按齿根弯曲疲劳强度校核，再作热平衡核算；对开式蜗杆传动只按齿根弯曲疲劳强度设计。在蜗杆直径较小而跨距较大时，还应作蜗杆轴的刚度验算。

2. 材料的选择

由于蜗杆传动有较大的相对滑动速度，选用的材料除要有足够的强度外，更重要的是要求有良好的减磨性、耐磨性和抗胶合性能。为了有好的减磨性，蜗杆、蜗轮配对材料应该一硬、一软。比较好的是淬硬后磨削的钢制蜗杆与离心铸造青铜 ZCuSn10P1 蜗轮配对。蜗杆蜗轮常用材料可以参见表 2.6-5，大致选用原则如下。

（1）蜗杆材料

一般用优质碳素钢或合金钢制造，并进行热处理。对于低速、轻载的传动，可采用 45 钢，经调质处理，硬度为 250～350 HBS；对于中速、中载传动，可采用 45 钢、35SiMn，40Cr 和 40CrNi 钢等，并对齿面进行淬火，硬度为 45～50 HRC；对于高速、重载的传动，可采用 15Cr，20 钢，20Cr 钢等，经表面渗碳和淬火，硬度为 56～62 HRC。

（2）蜗轮材料

通常是指蜗轮齿冠部分的材料，主要有以下几种：

① 铸锡青铜：适用于 $v_s \geqslant 12 \sim 26$ m/s 和持续运转的工况，离心铸造可得到致密的细晶粒组织，可取大值，砂型铸造的取小值。

② 铸铝青铜：适用于 $v_s \leqslant 10$ m/s 的工况，抗胶合能力差，与其配合的蜗杆硬度应不低于 45 HRC。

③ 铸铝黄铜：抗点蚀强度高，但耐磨性差，宜用于低滑动速度场合。

④ 灰铸铁和球墨铸铁：适用于 $v_s \leqslant 2$ m/s 的工况，前者表面经硫化处理有利于减少磨损，后者若与淬火蜗杆配对能用于重载场合。直径较大的蜗轮常用铸铁。

3. 齿面滑动速度及蜗轮转向的判别

蜗杆和蜗轮啮合时，齿面间有较大的相对滑动，由图 2.6-8 可知，相对滑动速度 v_s 的大小和方向取决于蜗杆和蜗轮的圆周速度 v_1 和 v_2。

$$v_s = \frac{v_1}{\cos \gamma} = \frac{\pi d_1 n_1}{60 \times 1\,000 \cos \gamma} \tag{2.6-14}$$

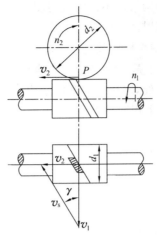

图 2.6-8 蜗杆传动的相对滑动速度与蜗轮转向

相对滑动速度的大小直接影响着蜗杆传动的效率、齿面的润滑状况及齿面的失效。

二、蜗杆和蜗轮的结构

1. 蜗杆的结构形式

蜗杆的结构形式如图 2.6-9 所示,由于其螺旋部分直径不大,通常与轴做成一体。图 2.6-9 a 中蜗杆无退刀槽,其螺旋部分只能铣制;图 2.6-9 b 所示结构中螺旋部分设有退刀槽,可以车制、铣制;图 2.6-9 c 的结构,由于齿根圆直径小于相邻轴段直径,因此只能铣制;图 2.6-9 b 所示的结构,刚度较其他两种差。当蜗杆直径较大时,可将蜗杆做成套筒形式,然后套装在轴上。

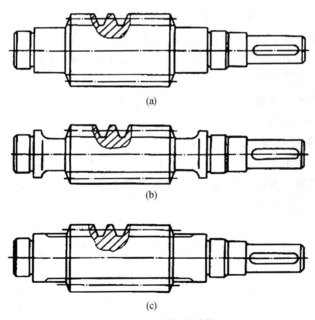

(a)

(b)

(c)

图 2.6-9 蜗杆的结构

2. 蜗轮的结构形式

蜗轮常用的结构形式有以下几种:

① 齿圈式。齿圈与轮芯采用配合并辅以紧定螺钉(见图 2.6-10 b)。此种结构应留

有一些防热胀的余量,多用于结构尺寸不太大且温度变化也不大的情况。

② 螺栓联结式。青铜齿圈与铸铁轮芯可采用过渡配合或间隙配合,如 H7/j6 或 H7/h6。用普通螺栓或铰制孔用螺栓联接(见图 2.6-10 d),蜗轮圆周力由螺栓传递。螺栓的尺寸和数目必须经过强度计算。铰制孔用螺栓与螺栓孔常用过盈配合 H7/r6。螺栓联接式蜗轮工作可靠,拆卸方便,多用于易磨损结构尺寸较大的蜗轮。

③ 整体浇铸式。此种结构采用同种材料,多用于铸铁蜗轮或小尺寸的青铜蜗轮(见图 2.6-10 a)。

④ 拼铸式。即在铸铁轮芯上加铸青铜齿圈后切齿而成(见图 2.6-10 c)。多用于批量生产的情况。

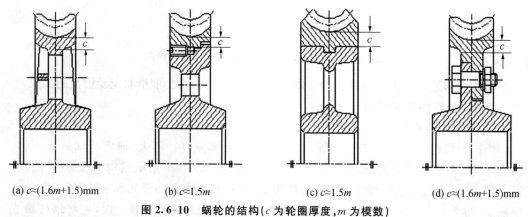

(a) $c≈(1.6m+1.5)$mm   (b) $c≈1.5m$ (c) $c≈1.5m$ (d) $c≈(1.6m+1.5)$mm

图 2.6-10 蜗轮的结构(c 为轮圈厚度,m 为模数)

3. 蜗杆传动的布置与润滑方式

由于蜗杆传动的主要失效形式是胶合与磨损,因而良好的润滑就十分重要。润滑的方法及润滑油的黏度,主要取决于滑动速度的大小和载荷的类型。

在闭式蜗杆传动中,润滑方式可分为油池润滑和压力喷油润滑。采用油池润滑时,蜗杆最好布置在下方。

蜗杆浸入油中的深度至少能浸入螺旋的牙高,且油面不应超过滚动轴承最低滚动体的中心。油池容量宜适当大些,以免蜗杆工作时泛起箱底沉淀物和油很快老化。只有在不得以的情况下(如受结构上的限制),蜗杆才布置在上方。这时,浸入油池的蜗轮深度允许达到蜗轮半径的 $1/6～1/3$。若速度高于 10 m/s,必须采用压力喷油润滑,由喷油嘴向传动的啮合区供油。为增强冷却效果,喷油嘴宜放在啮出侧,双向转动的应布置在外侧。具体选择可参见表 2.6-10。

表 2.6-10 蜗杆润滑方式选择

滑动速度 v_s/(m·s⁻¹)	<1	<2.5	<5	>5~10	>10~15	>15~25	>25
工作条件	重载	重载	中载				
黏度,$v_{40℃}$/(m²·s⁻¹)	1 000	680	320		150	100	68
润滑方法	油浴			油浴或喷油	压力喷油润滑及其压力/(N·mm²)		
					0.07	0.2	0.3

1. 蜗杆传动的主要特点和应用场合是什么？

2. 蜗杆传动的主要参数有哪些？

3. 蜗杆传动的主要破坏形式有哪些？

4. 常用的蜗杆和蜗轮材料是什么？

5. 为什么要对蜗杆传动进行热平衡计算？

6. 标出下图中未注明的蜗轮或蜗杆的螺旋方向或转动方向(均系蜗杆为主动件),并画出蜗轮和蜗杆的受力作用点和相应的各力方向。

题 6 图

7. 设计一个带式输送机中的蜗杆传动。闭式蜗杆传动由电机直接驱动,不计联轴器损耗,载荷平稳,单向传动,每日单班工作,预期寿命为 10 年。若电机功率 $P = 5.5$ kW,转速 $n_1 = 1\,450$ r/min,要求蜗杆传动的输出转速 $n_2 = 50$ r/min,散热面积为 1.2 m²。

8. 如图所示为斜齿圆柱齿轮传动和蜗杆传动组成的双级减速装置,已知输入轴上的主动齿轮 1 的转向为 n_1 方向,蜗杆的旋向为右旋。为了使中间轴上的轴向力为最小,试:

(1) 确定斜齿轮 1 和 2 的旋向;

(2) 确定蜗轮的转向;

(3) 画出各轮的轴向力的作用位置及方向。

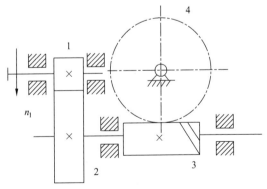

题 8 图　蜗杆传动

9. 如图所示斜齿圆柱齿轮—蜗杆传动。已知:在斜齿圆柱齿轮传动中,齿数 $z_1 = 23$, $z_2 = 42$,模数 $m_n = 3$ mm;在蜗杆传动中,模数 $m = 5$ mm,蜗杆分度圆直径 $d_3 = 50$ mm,蜗杆头数 $z_3 = 2$,右旋,蜗轮齿数 $z_4 = 30$,啮合效率 $\eta_1 = 0.8$,两级传动的中心距相等,输入功率 $P_1 = 3$ kW,输入轴转速 $n_1 = 1\,430$ r/min,转向如图所示。不计斜齿轮传动

及轴承的功率损失,欲使Ⅱ轴上2轮和3轮的轴向力互相抵消一部分,要求:

(1) 确定轮1和轮2的螺旋线方向及轮4的转动方向;

(2) 在图中画出轮2各分力的方向;

(3) 求斜齿轮的螺旋角β、蜗杆导程角γ及作用在蜗轮上的转矩T_4。

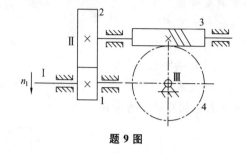

题 9 图

工作任务7　齿轮系设计

任务导入

图2.7-1所示汽车五速手动变速器是由多对齿轮机构组成的齿轮传动系统,如何设计各对齿轮机构才能满足汽车相应的速度要求,是本任务所要解决的问题。

任务目标

知识目标　了解齿轮系的分类、特点及其应用;掌握用"反转法"原理计算简单行星轮系传动比的方法——转化轮系法;了解齿轮系的功用。

能力目标　掌握定轴齿轮系传动比的计算方法;掌握组合行星轮系中划分各单级行星齿轮系的方法及其传动比的计算方法。

知识与技能

一、齿轮系的分析

图2.7-1所示为汽车上常用的五速手动变速器。

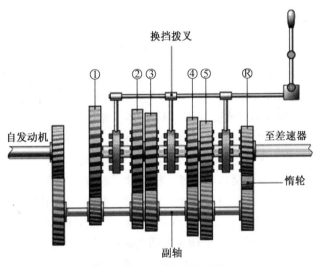

图2.7-1　五速手动变速器

五速手动变速器有3个拨叉,由换挡杆接合的3个杆控制。俯看换挡叉轴,它们在空挡、倒挡、一挡和二挡中的情形如图2.7-1所示。

变速器换挡杆中部有一个旋转点。在将旋钮前推接合一挡齿轮时,实际上是在推动杆和拨叉,以便将一挡齿轮拉回来。可以看到,左右移动变速杆也是在接合不同的拨叉(从而接合不同的轴环)。将旋钮前后移动也就移动了轴环,使它们接合一个齿轮,从而换挡得到一种速度,如图2.7-2所示。

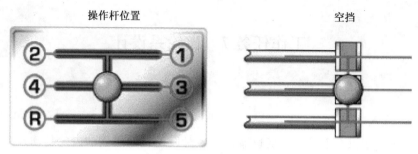

操作杆位置　　　　　　　　　　空挡

图 2.7-2　五速手动变速器挡位

图 2.7-3 所示汽车差速器是一个差速传动机构,用来保证各驱动轮在各种运动条件下的动力传递,避免轮胎与地面间打滑。

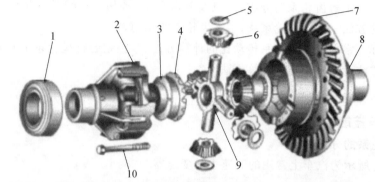

1—轴承;2—左外壳;3—垫片;4—半轴齿轮;5—垫圈;6—行星齿轮;7—从动齿轮;
8—右外壳;9—十字轴;10—螺栓

图 2.7-3　对称式锥齿轮普通差速器

当汽车转弯行驶时,外侧车轮比内侧车轮所走过的路程长;汽车在不平路面上直线行驶时,两侧车轮走过的曲线长短也不相等。即使路面非常平直,但由于轮胎制造尺寸误差、磨损程度不同,承受的载荷不同或充气压力不等,各个轮胎的滚动半径实际上不可能相等,若两侧车轮都固定在同一刚性转轴上,两轮角速度相等,则车轮必然出现边滚动边滑动的现象。车轮对路面的滑动不仅会加速轮胎磨损,增加汽车的动力消耗,而且可能导致转向和制动性能的恶化。若主减速器从动齿轮通过一根整轴同时带动两侧驱动轮,则两侧车轮只能同样的转速转动。为了保证两侧驱动轮处于纯滚动状态,就必须改用两根半轴分别连接两侧车轮,而由主减速器从动齿轮通过差速器分别驱动两侧半轴和车轮,使它们可用不同角速度旋转。这种装在同一驱动桥两侧驱动轮之间的差速器称为轮间差速器。在多轴驱动汽车的各驱动桥之间,也存在类似问题。为了适应各驱动桥所处的不同路面情况,使各驱动桥有可能具有不同的输入角速度,可以在各驱动桥之间装设轴间差速器。

目前国产轿车及其他类汽车基本都采用了对称式锥齿轮普通差速器。对称式锥齿轮差速器由行星齿轮、半轴齿轮、行星齿轮轴(十字轴或一根直销轴)和差速器壳等组成(见图 2.7-3)。(从前向后看)左半差速器壳和右半差速器壳用螺栓固紧在一起。主减速器的从动齿轮 7 用螺栓(或铆钉)固定在差速器壳右半部的凸缘上。十字形行星齿轮轴安装在差速器壳接合面处所对出的圆孔内,每个轴颈上套有一个带有滑动轴承(衬套)的直齿圆锥行星齿轮,4 个行星齿轮的左右两侧各与一个直齿圆锥半轴齿轮相啮合。半轴齿轮的轴颈支承在差速器壳左右相应的孔中,其内花键与半轴相连。与差速器壳一起转动(公转)的行星齿轮拨动两侧的半轴齿轮转动,当两侧车轮所受阻力不同时,行星齿轮还要绕自身轴线转动——自转,实现对两侧车轮的差速驱动。行星齿轮的背面和差速器壳相应位置的内表面,均做成球面,这样做能增加行星齿轮轴孔长度,有利于和两个半轴齿轮正确地啮合。

在传力过程中,行星齿轮和半轴齿轮这两个锥齿轮间作用着很大的轴向力,为减少齿轮和差速器壳之间的磨损,在半轴齿轮和行星齿轮背面分别装有平垫片和球面垫片。垫片通常用软钢、铜或者聚甲醛塑料制成。

对称式锥齿轮差速器中的运动特性关系式如图 2.7-4 所示为普通对称式锥齿轮差速器简图。差速器壳作为差速器中的主动件,与主减速器的从动齿轮和行星齿轮轴连成一体。半轴齿轮为差速器中的从动件。行星齿轮即可随行星齿轮轴一起绕差速器旋转轴线公转,又可以绕行星齿轮轴轴线自转。设在一段时间内,差速器壳转了 N_0 圈,半轴齿轮分别转了 N_1 圈和 N_2 圈,则当行星齿轮只绕差速器旋转轴线公转而不自转时,行星齿轮拨动半轴齿轮同步转动,则有

$$n_1 = n_2 = n_0 \qquad\qquad (2.7\text{-}1)$$

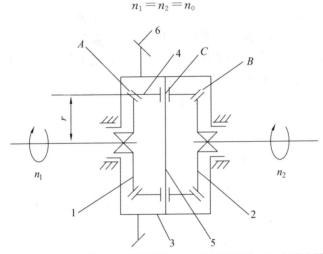

1,2—半轴齿轮;3—差速器壳;4—行星齿轮;5—行星齿轮轴;6—主减速器从动齿轮

图 2.7-4 差速器运动原理示意图

当行星齿轮在公转的同时,又绕行星齿轮轴轴线自转时,由于行星齿轮自转所引起一侧半轴齿轮 1 比差速器壳多转的圈数(n_4)必然等于另一侧半轴齿轮 2 比差速器壳少转的圈数,于是有:$n_1 = n_0 + n_4$ 和 $n_2 = n_0 - n_4$,所以

$$n_1 + n_2 = 2n_0 \qquad\qquad (2.7\text{-}2)$$

上式表明,左右两侧半轴齿轮的转速之和等于差速器壳转速的 2 倍,是两半轴齿轮直径相等的对称式锥齿轮差速器的运动特性关系式。

在以上差速器中,设输入差速器壳的转矩为 M_0,输出给左、右两半轴齿轮的转矩为 M_1 和 M_2。当与差速器壳连在一起的行星齿轮轴带动行星齿轮转动时,行星齿轮相当于一根横向杆,其中点被行星齿轮轴推动,左右两端带动半轴齿轮转动,作用在行星齿轮上的推动力必然平均分配到两个半轴齿轮之上。又因为两个半轴齿轮半径也是相等的,所以当行星齿轮没有自转趋势时,差速器总是将转矩 M_0 平均分配给左、右两半轴齿轮,即

$$M_1 = M_2 = 0.5\,M_0 \qquad\qquad (2.7\text{-}3)$$

差速器中折合到半轴齿轮上总的的内摩擦力矩 M_f 与输入差速器壳的转矩 M_0 之比叫作差速器的锁紧系数 K,即 $K=M_f/M_0$ 输出给转得快慢不同的左右两侧半轴齿轮的转矩可以写成

$$M_1=0.5\,M_0(1-K)\,,\quad M_2=0.5\,M_0(1+K) \qquad (2.7\text{-}4)$$

输出到低速半轴的转矩与输出到高速半轴的转矩之比 K_b 可以表示为

$$K_b=M_2/M_1=(1+K)/(1-K) \qquad (2.7\text{-}5)$$

锁紧系数 K 可以用来衡量差速器内摩擦力矩的大小及转矩分配特性,目前广泛使用的对称式锥齿轮差速器,其内摩擦力矩很小,锁紧系数 K 为 $0.05\sim0.15$,输出到两半轴的最大转矩之比 $K_b=1.11\sim1.35$。

可以认为无论左右驱动轮转速是否相等,对称式锥齿轮差速器总是将转矩近似平均分配给左右驱动轮的。差速器转矩分配示意图如图 2.7-5 所示。这样的转矩分配特性对于汽车在良好路面上行驶是完全可以的,但当汽车在坏路面行驶时,却会严重影响其通过能力。例如当汽车的一侧驱动车轮驶入泥泞路面,由于附着力很小而打滑时,即使另一车轮是在好路面上,汽车也不能前进。这是因为对称式锥齿轮差速器平均分配转矩的特点,使在好路面上车轮分配到的转矩只能与传到另一侧打滑驱动轮上很小的转矩相等,以致使汽车总的牵引力不足以克服行驶阻力而不能前进。为了提高汽车在坏路上的通过能力,可采用各种形式的抗滑差速器。抗滑差速器的共同特点是在一侧驱动轮打滑时,能使大部分甚至全部转矩传给不打滑的驱动轮,充分利用另一侧不打滑驱动轮的附着力而产生足够的牵引力,使汽车继续行驶。

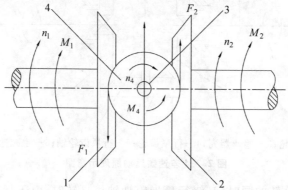

1—半轴齿轮;2—半轴齿轮;3—行星齿轮轴;4—行星齿轮

图 2.7-5 差速器转矩分配示意图

二、定轴齿轮系传动比的计算

上述的汽车五速手动变速器及差速器都是由一系列齿轮传动机构组成的传动系统,这种由一系列齿轮传动机构组成的传动系统称为齿轮系。

齿轮系传动比——轮系中首、末两构件的角速度(或转速)之比。轮系传动比计算,一是要确定其传动比的大小,二是要确定首末两构件的转向关系。

若齿轮系首轮为 1 轮,角速度为 ω_1(或转速为 n_1)、末轮为 K 轮角速度为 ω_K(或转速为 n_K),则

$$i_{1K}=\frac{\omega_1}{\omega_K}\left(\text{或 }\; i_{1K}=\frac{n_1}{n_K}\right) \qquad (2.7\text{-}6)$$

i_{1K} 称为该齿轮系的传动比。

1. 平面定轴齿轮系传动比的计算

各齿轮几何轴线都固定的齿轮系称为定轴齿轮系,齿轮各运动都在同一平面或相互平行的平面的齿轮系称为平面定轴齿轮系,如图 2.7-6 a 所示。设轮 1 为首轮,轮 5 为末轮,各轮齿数为 $z_1,z_2,z_{2'},\cdots$,各轮的角速度为 $n_1,n_2,n_{2'},\cdots$,求传动比 i_{15}。

一对齿轮的传动比大小等于齿数的反比,考虑到齿轮的转向关系,一对外啮合齿轮,两轮的转向相反取"－"号,一对内啮合齿轮,两轮的转向相同取"＋"号,则各对齿轮的传动比为

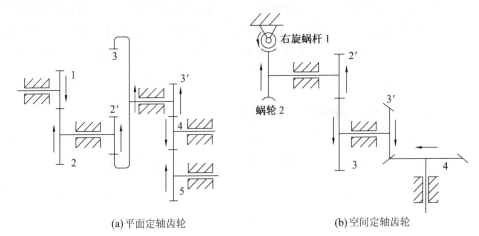

(a) 平面定轴齿轮   (b) 空间定轴齿轮

图 2.7-6　定轴齿轮系

$$i_{12}=\frac{n_1}{n_2}=-\frac{z_2}{z_1}$$

$$i_{2'3}=\frac{n_{2'}}{n_3}=\frac{z_3}{z_{2'}}$$

$$i_{3'4}=\frac{n_{3'}}{n_4}=-\frac{z_4}{z_{3'}}$$

$$i_{45}=\frac{n_4}{n_5}=-\frac{z_5}{z_4}$$

其中,$n_{2'}＝n_2$,$n_{3'}＝n_3$,将以上各式两边连乘,得

$$i_{12}i_{2'3}i_{3'4}i_{45}=\frac{n_1 n_2 n_3 n_4}{n_2 n_3 n_4 n_5}=(-1)^3\,\frac{z_2 z_3 z_4 z_5}{z_1 z_{2'} z_{3'} z_4}$$

所以

$$i_{15}=\frac{n_1}{n_5}=-\frac{z_2 z_3 z_5}{z_1 z_{2'} z_{3'}}$$

由上可知,定轴轮系首、末两轮的传动比等于组成轮系的各对齿轮传动比的连乘积,其大小等于所有从动轮齿数的连乘积与所有主动轮齿数的连乘积之比,其正负号则取决于外啮合的次数。传动比为正号时表示首、末两轮的转向相同,为负号时表示首、末两轮的转向相反。

在齿轮系中还可以用画箭头的方法来确定首、末两轮的转向。遇外啮合,从动轮的箭头反向,遇内啮合则箭头方向不变。从图 2.7-6 a 中可见,轮 1 和轮 5 转向相反。

在该齿轮系中,齿轮 4 既作为从动轮与齿轮 3' 啮合,又作为主动轮与齿轮 5 啮合。因此齿轮 4 的齿数不影响该齿轮系传动比的大小,但改变了首末两轮的转向,这种齿轮称为惰轮。

假设定轴轮系首轮为 G 轮,转速分别为 n_G、末轮为 K 轮,转速为 n_K,则平面定轴齿轮系的传动比为

$$i_{GK}=\frac{n_G}{n_K}=(-1)^m\frac{\text{从 G 到 K 之间所有从动轮齿数连乘积}}{\text{从 G 到 K 之间所有主动轮齿数连乘积}} \qquad (2.7\text{-}7)$$

用 $(-1)^m$ 来判别转向,m 为齿轮系中外啮合齿轮的对数。

2. 空间定轴轮系传动比的计算

齿轮的运动有不在同一平面或相互平行的平面的齿轮系称为空间定轴齿轮系(见图 2.7-6 b)。一对空间齿轮传动比的大小也等于两轮齿数的反比,仍可以用式(2.7-7)来计算其大小。由于空间定轴轮系可能包含有圆锥齿轮或蜗杆传动,各齿轮的轴线并不都互相平行,只能用画箭头的方法在图上标出相对转向,不能用 $(-1)^m$ 来确定转向,如图 2.7-6 b 所示。

例 1 在图 2.7-7 所示的轮系中,已知各齿轮的齿数 $z_1=15$,$z_2=25$,$z_{2'}=15$,$z_3=30$,$z_{2'}=15$,$z_4=30$,$z_{4'}=2$(左旋),$z_5=60$,模数 $m=3$ mm。齿轮 1 为主动轮,转向如图所示,转速 $n_1=600$ r/min,试求齿条 6 的移动速度的大小和方向。

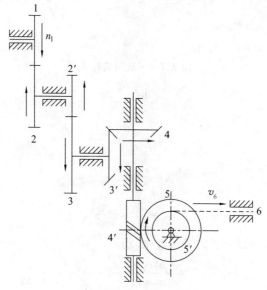

图 2.7-7 例 1 图

解 (1)转向(齿条 6 的移动方向)

此题为空间定轴齿轮系,只能用画箭头方法判断齿条 6 的移动方向向右,如图 2.7-7 所示。其中蜗轮的转向要用"蜗杆左右手法则"判断。

(2)计算传动比

由公式(2.7-7)计算

$$i_{15}=\frac{n_1}{n_5}=\frac{z_2z_3z_4z_5}{z_1z_{2'}z_{3'}z_{4'}}=\frac{25\times30\times30\times60}{15\times15\times15\times2}=200$$

故

$$n_5=\frac{n_1}{i_{15}}=\frac{600}{200}=3 \text{ r/min}$$

由于轮 5′ 和轮 5 同轴,所以 $n_5'=n_5=3$ r/min。

齿条 6 的移动速度为轮 5′ 的圆周速度。

$$v_6 = v_5' = \frac{\pi d n_5'}{60 \times 1\,000} = \frac{\pi m z_5' n_5'}{60 \times 1\,000} = \frac{3.14 \times 3 \times 20 \times 3}{60 \times 1\,000} = 9.42 \text{ mm/s}$$

故齿条 6 的移动速度为 9.42 mm/s,方向向右。

三、行星齿轮系及其传动比计算

1. 行星齿轮系

（1）行星轮系的组成

轮系运转时,其齿轮中有一个或几个齿轮轴线的位置并不固定,而是绕着其他齿轮的固定轴旋转,则这种轮系称为行星轮系(或周转轮系)。如图 2.7-8 所示。1,3 齿轮绕固定轴旋转 所以称为太阳轮(又称中心轮),齿轮 2 既做自转有又做公转,称行星轮,H 称为行星架(又称系杆、转臂)。

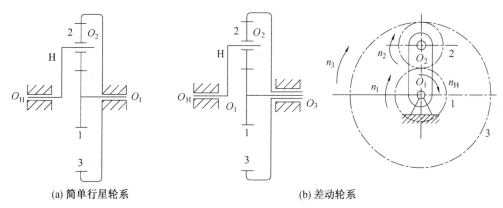

(a) 简单行星轮系　　　　　　　(b) 差动轮系

图 2.7-8　行星轮系

（2）行星轮系的分类

① 按自由度分类。

通常将具有 1 个自由度的行星轮系称为简单行星齿轮系(见图 2.7-8 a),为了确定该轮系的运动,只需要给定轮系中一个基本构件以独立的运动规律即可。具有 2 个自由度的行星轮系称为差动齿轮系(见图 2.7-8 b),为了使其具有确定的运动,需要在基本构件中给定两个原动件。

② 行星轮系按中心轮个数分类。

设中心轮用 K 表示,H 表示行星架,V 表示输出构件,则行星轮系常见的类型有以下 3 种类型,如图 2.7-9 所示。

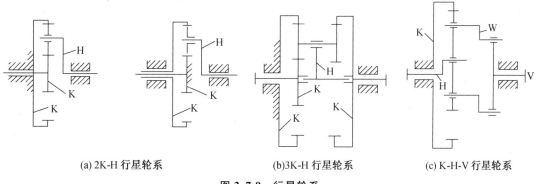

(a) 2K-H 行星轮系　　　　(b)3K-H 行星轮系　　　　(c) K-H-V 行星轮系

图 2.7-9　行星轮系

2K-H 型:由两个中心轮(2K)和一个行星架(H)组成的行星齿轮传动机构。2K-H 型传动方案很多。由于 2K-H 型具有构件数量少,传动功率和传动比变化范围大,设计较容易等优点,因此应用最广泛。

3K 型:有 3 个中心轮(3K),其行星架不传递转矩,只起支承行星轮的作用。

K-H-V 型:由一个中心轮(K)、一个行星架(H)和一个输出机构组成,输出轴用 V 表示。

③ 按结构复杂程度不同分类。

根据结构复杂程度不同,行星齿轮系可分为以下 3 类:

a. 单级行星齿轮系:它是由一级行星齿轮传动机构构成的轮系,称为单级行星齿轮系。即它是由一个行星架及其上的行星轮和与之相啮合的中心轮所构成的齿轮系,如图 2.7-8 所示。

b. 多级行星齿轮系:它是由两级或两级以上同类型单级行星齿轮传动机构构成的轮系,如图 2.7-10 a 所示。

c. 组合行星齿轮系:在工程实际中,除了采用单一的定轴轮系和单一的行星轮系外,还经常采用既包含定轴轮系又包含单级或多级行星轮系组成的复杂轮系,称为组合行星轮系。如图 2.7-10 b 所示。

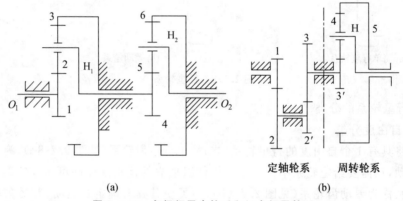

(a)　　　　　　　　　　　(b)

图 2.7-10　多级行星齿轮系和组合行星轮系

2. 行星齿轮系传动比的计算

不能直接用定轴轮系传动比的公式计算行星轮系的传动比。可应用转化轮系法,即根据相对运动原理,假想对整个行星轮系加上一个与行星架转速 n_H 大小相等而方向相反的公共转速 $-n_H$,则行星架被固定,而原构件之间的相对运动关系保持不变。这样,原来的行星轮系就变成了假想的定轴轮系。这个经过一定条件转化得到的假想定轴轮系,称为原行星轮系的转化轮系,如图 2.7-11 所示。

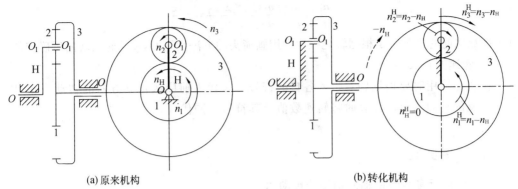

(a)原来机构　　　　　(b)转化机构

图 2.7-11　行星齿轮系转化机构

表 2.7-1　各构件转化前后的转速

构件	绝对转速	转化轮系中的转速
中心轮 1	n_1	$n_1^H = n_1 - n_H$
行星轮 2	n_2	$n_2^H = n_2 - n_H$
中心轮 3	n_3	$n_3^H = n_3 - n_H$
转臂 H	n_H	$n_H^H = n_H - n_H = 0$

转化机构是定轴齿轮系,其传动比可以用式(2.7-8)计算。

转化机构中构件 1、构件 3 的传动比为

$$i_{13}^H = \frac{n_1^H}{n_3^H} = \frac{n_1 - n_H}{n_3 - n_H} = -\frac{z_3}{z_1}$$

式中,"一"表示在转化轮系中齿轮 1,3 转向相反。真实轮系中的齿轮 1,3 转向并非一定相反。将上式推广到一般情况,设行星齿轮系中任意两轮 G,K 的角速度分别为 n_G, n_K,则两轮在转化机构中的传动比

$$i_{GK}^H = \frac{n_G^H}{n_K^H} = \frac{n_G - n_H}{n_K - n_H} = (-1)^m \frac{\text{从 G 至 K 所有从动轮齿数乘积}}{\text{从 G 至 K 所有主动轮齿数乘积}} \quad (2.7\text{-}8)$$

式中,m 为齿轮 G 至 K 转之间外啮合的次数。

在应用上式解题时特别要注意以下几点:

① 区分 i_{GK} 和 i_{GK}^H。

i_{GK} 是 G,K 两轮的实际传动比,而 i_{GK}^H 是转化机构中两轮的传动比。

i_{GK}^H 的符号为正(或负),表示轮 G 和轮 K 在转化轮系中转向相同(或相反),n_G^H 与 n_K^H 的转向相同(或相反),并非指其绝对转速 n_G, n_K 的转向相同(或相反)。

② 齿轮 G、齿轮 K 和构件 H 的轴线必须要平行。

因为只有当 n_G^H,n_K^H 和 n_H 为平行矢量时才能代数相加,所以式(2.7-8)只适用于齿轮 G、齿轮 K 和构件 H 的轴线互相平行的场合。图 2.7-12 所示的空间行星齿轮系中,轮 1、轮 3 和构件 H 的轴线互相平行,仍可以用式(2.7-8)来求解。

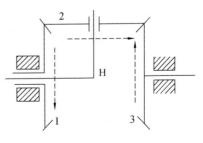

图 2.7-12　空间行星齿轮系

227

$$i_{13}^{H} = \frac{n_{1}^{H}}{n_{3}^{H}} = \frac{n_{1} - n_{H}}{n_{3} - n_{H}} = -\frac{z_{2} z_{3}}{z_{1} z_{2}} = -\frac{z_{3}}{z_{1}}$$

其中齿数比前的正负号是根据转化机构中用画箭头的方法判别 G，K 两轮的转向后确定的。

③ 转速的正、负号。

在实际使用时要根据题意带入各自的符号。在代入前应假定某方向的转动为正，则与其相反的转向为负。计算时将转速数值及其符号一同代入。

任务实施

一、计算行星齿轮系输入输出的传动比

例 2 在图 2.7-13 所示轮系中，已知 $z_1 = z_3$，$n_1 = 100$ r/min，$n_3 = 500$ r/min，分别求下列两种情况下行星架 H 的转速 n_H 的大小和方向。

（1）n_1 和 n_3 的转动方向相反；

（2）n_1 和 n_3 的转动方向相同。

解 这是一个以 2 为行星轮，H 为行星架，1,3 为中心轮的差动轮系，其传动比为

$$i_{13}^{H} = \frac{n_{1}^{H}}{n_{3}^{H}} = \frac{n_{1} - n_{H}}{n_{3} - n_{H}} = -\frac{z_{2} z_{3}}{z_{1} z_{2}} = -\frac{z_{3}}{z_{1}}$$

（1）当 n_1 和 n_3 的转动方向相反时，设 n_1 为正，则 $n_1 = 100$ r/min，$n_3 = -500$ r/min，代入数值，得

$$\frac{100 - n_{H}}{-500 - n_{H}} = -1, n_{H} = -200 \text{ r/min}$$

结果表明行星架 H 的转向与轮 1 的转向相反。

（2）当 n_1 和 n_3 的转动方向相同时，设 n_1 为正，则 $n_1 = 100$ r/min，$n_3 = 500$ r/min，代入数值，得

$$\frac{100 - n_{H}}{500 - n_{H}} = -1, n_{H} = 300 \text{ r/min}$$

结果表明行星架 H 的转向与轮 1 的转向相同。

例 3 行星轮系如图 2.7-13 所示，已知 $z_1 = 32$，$z_2 = 24$，$z_3 = 64$，试计算：

（1）当齿轮 1 的转速 $n_1 = 300$ r/min（逆时针），齿轮 3 的转速 $n_3 = 300$ r/min（顺时针）时，求行星架的转速 n_H 的大小、方向和传动比 i_{1H}；

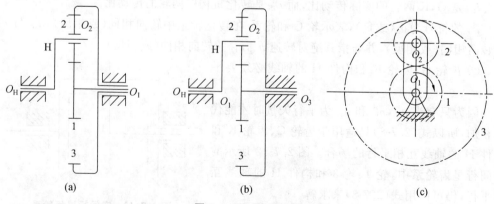

图 2.7-13 行星轮系

（2）当齿轮 1 的转速 $n_1 = 400$ r/min（顺时针），行星架的转速 $n_H = 300$ r/min（逆时针）时，求齿轮 3 的转速 n_3 的大小、方向；

（3）当齿轮 3 固定，行星架的转速 $n_H = 300$ r/min（逆时针），求轮 1 的转速的大小和方向。

解　（1）设逆时针转向为正（见图 2.7-13 b）

有
$$n_1 = 300 \text{ r/min}, n_3 = -300 \text{ r/min}$$

由
$$i_{13}^H = \frac{n_1^H}{n_3^H} = \frac{n_1 - n_H}{n_3 - n_H} = -\frac{z_2 z_3}{z_1 z_2} = -\frac{z_3}{z_1} = -\frac{64}{32} = -2$$

得
$$\frac{300 - n_H}{-300 - n_H} = -2$$

即
$$n_H = -100 \text{ r/min（顺时针转）}$$

从而
$$i_{1H} = \frac{n_1}{n_H} = -3$$

（2）设逆时针转向为正（见图 2.7-13 b）

有
$$n_1 = -400 \text{ r/min}, n_H = 300 \text{ r/min}$$

由
$$i_{13}^H = \frac{n_1^H}{n_3^H} = \frac{n_1 - n_H}{n_3 - n_H} = -2$$

得
$$\frac{-400 - 300}{n_3 - 300} = -2$$

即
$$n_3 = 650 \text{ r/min（逆时针转）}$$

（3）设逆时针转向为正（见图 2.7-13 a）

因齿轮 3 固定，所以有
$$n_3 = 0 \text{ r/min}, n_H = 300 \text{ r/min}$$

由
$$i_{13}^H = \frac{n_1^H}{n_3^H} = \frac{n_1 - n_H}{n_3 - n_H} = -2$$

得
$$\frac{n_1 - 300}{0 - 300} = -2$$

即
$$n_1 = 900 \text{ r/min（逆时针转）}$$

从本题中可以看出，在计算行星齿轮系的传动比时，必须注意以下两个符号：

① 齿数比前的符号，由转化机构中两轮的转向来确定。

② 转速的符号，由题目给定的转向来确定。

例 4　在图 2.7-14 所示的大传动比减速器中，已知其各轮的齿数为 $z_1 = 100, z_2 = 101, z_{2'} = 100, z_3 = 99$，求输入件 H 对输出件 1 的传动比 i_{H1}。

解　该行星齿轮系的中心轮 3 是固定的，故 $n_3 = 0$ r/min。

由转化轮系动比公式
$$i_{13}^H = \frac{n_1^H}{n_3^H} = \frac{n_1 - n_H}{n_3 - n_H} = (-1)^2 \frac{z_2 z_3}{z_1 z_{2'}}$$

得
$$i_{13}^H = \frac{n_1 - n_H}{0 - n_H} = \frac{101 \times 99}{100 \times 100} = \frac{9\,999}{10\,000}$$

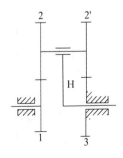

图 2.7-14　大传动比行星轮系

即
$$-\frac{n_1}{n_H} + 1 = \frac{9\,999}{10\,000}$$

所以
$$i_{1H}=\frac{n_1}{n_H}=1-\frac{9\ 999}{10\ 000}=\frac{1}{10\ 000}$$
故
$$i_{H1}=10\ 000$$

本例说明,行星齿轮系可以用少数几对齿轮得到很大的传动比,结构比定轴齿轮系紧凑、轻便得多。但传动比大时,它的效率很低,且反行程会发生自锁。在上述 $i_{H1}=$ 10 000 的行星轮系中,机械效率 $\eta_{H1}=0.25\%$。这种齿轮系常用在仪表中测量高速转动或作为精密微调机构,而不适合传递动力。

二、组合行星齿轮系传动比的计算

对于组合行星齿轮系,不能将其视为单一的定轴齿轮系来计算传动比,也不能视为单一的周转轮系来计算传动比。组合行星轮传动比计算具体步骤是:

(1) 将整个组合轮系划分为各基本周转轮系与定轴齿轮系。方法是首先找行星轮,即找出几何轴线不固定的齿轮就是行星轮,支持着行星轮的构件就是行星架,再找到与行星轮啮合的中心轮。这些行星轮、行星架和中心轮就组成基本周转轮系。

(2) 注意符号。即注意传动比计算公式中的两个符号(齿数比前的符号和转速符号),千万不能弄错或遗漏。

(3) 联立求解。对每一个基本周转轮系以及定轴齿轮系分别列出传动比计算公式,然后联立求解。

例5 在图 2.7-15 双螺桨飞机减速器中,已知:$z_1=26,z_2=20,z_4=30,z_5=18$,试求 i_{1P} 和 i_{1Q}。

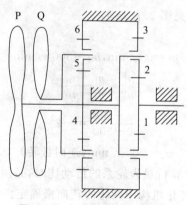

图 2.7-15 双螺桨飞机减速器

解 (1) 分清轮系

该轮系由两个基本周转轮系 1-2-3-P(H) 和 4-5-6-Q(H) 组成.

由轮 1 和轮 2 的中心距与轮 2 和轮 3 的中心距相等,可知
$$z_3=z_1+2z_2=66$$
同理
$$z_6=z_4+2z_5=66$$

(2) 计算基本周转轮系传动比

周转轮系 $1-2-3-P(H)$ 中
$$i_{13}^P=\frac{n_1-n_P}{n_3-n_P}=\frac{n_1-n_P}{0-n_P}=-i_{1P}+1=-\frac{z_3}{z_1}=-\frac{66}{26}$$
$$i_{1P}=\frac{46}{13}$$

周转轮系 $4-5-6-Q(H)$ 中

$$i_{46}^{Q}=\frac{n_4-n_Q}{n_6-n_Q}=\frac{n_4-n_Q}{0-n_Q}=-i_{4Q}+1=-\frac{z_6}{z_4}=-\frac{66}{30}$$

$$i_{4Q}=\frac{13}{5}$$

（3）联立求解

因为

$$n_P=n_4$$

而

$$i_{1Q}=\frac{n_1}{n_Q}=\frac{n_1}{n_P}\cdot\frac{n_4}{n_Q}=i_{1P}\cdot i_{4Q}=\frac{46}{5}=9.2$$

例 6 在图 2.7-16 所示的电动卷扬机减速器中，齿轮 1 为主动轮，动力由卷筒 H 输出。各轮齿数为 $z_1=24$，$z_2=33$，$z_{2'}=21$，$z_3=78$，$z_{3'}=18$，$z_4=30$，$z_5=78$，求 i_{1H}。

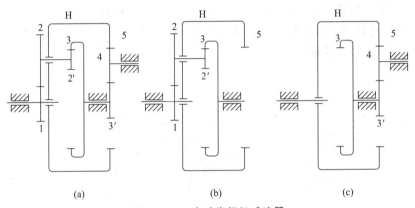

图 2.7-16 电动卷扬机减速器

解 （1）分解轮系

在该轮系中，双联齿轮 $2-2'$ 的几何轴线是绕着齿轮 1 和 3 的轴线转动的，所以是行星轮，支持它运动的构件（卷筒 H）就是系杆，和行星轮相啮合且绕固定轴线转动的齿轮 1 和 3 是两个中心轮。这两个中心轮都能转动，所以齿轮 $1,2-2',3$ 和系杆 H 组成一个 $2K-H$ 型双排内外啮合的差动轮系（见图 2.7-16 b），剩下的齿轮 $3',4,5$ 是一个定轴轮系（见图 2.7-16 c）。二者合在一起便构成一个混合轮系。

（2）分析混合轮系的内部联系

定轴轮系中内齿轮 5 与差动轮系中系杆 H 是同一构件，因而 $n_5=n_H$；定轴轮系中齿轮 $3'$ 与差动轮系中心轮 3 是同一构件，因而 $n_{3'}=n_3$。

（3）求传动比

对定轴轮系，齿轮 4 是惰轮，根据式（2.7-6）得到

$$i_{3'5}=\frac{n_{3'}}{n_5}=-\frac{z_5}{z_{3'}}=-\frac{78}{18}=-\frac{13}{3} \tag{a}$$

对差动轮系的转化机构，根据式（2.7-8）得到

$$i_{13}^{H}=i_{13}^{5}=\frac{n_1-n_H}{n_3-n_H}=-\frac{z_2 z_3}{z_1 z_{2'}}=-\frac{33\times78}{24\times21}=-\frac{143}{28} \tag{b}$$

由式（a）得

$$n_{3'}=n_3=-\frac{13}{3}n_5=-\frac{13}{3}n_H$$

代入式(b)

$$\frac{n_1 - n_H}{-\frac{13}{3}n_H - n_H} = -\frac{143}{28}$$

得 $$i_{1H} = 28.24$$

知识拓展

——齿轮系的应用

齿轮系在实际机械中应用广泛,其功用主要归纳如下。

1. 实现远距离的传动

当主动轴和从动轴相距较远而传动比不大时,如果只用一对齿轮传动,则两轮尺寸会很大,常用多个惰轮来进行两轴间的传动。如图 2.7-17 所示,用 1,2,3,4 四个齿轮连接轴Ⅰ和轴Ⅳ比仅用一对齿轮 $1'$ 和 $4'$ 大大缩小了径向尺寸,使传动装置结构紧凑,从而达到节约材料、减轻机器重量的目的。

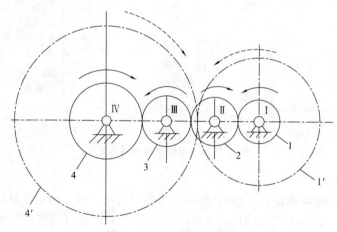

图 2.7-17 远距离的传动

2. 获得大传动比

如果两轴间需要较大传动比时,如只用一对齿轮来传动必然使两轮尺寸相差很大,如图 2.7-18 中虚线所示。这不仅使传动机构尺寸庞大,而且小齿轮容易损坏。如改成实线所示的齿轮系来传动,就可以满足要求。特别是行星齿轮系更容易得到大传动比,如例 4 所示的齿轮系。

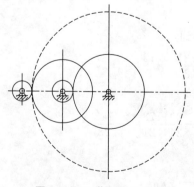

图 2.7-18 获得大传动比

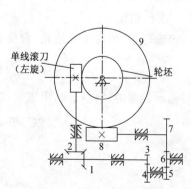

图 2.7-19 实现分路传动

3. 实现分路传动

利用齿轮系可以使一个主动轴带动若干个从动轴同时转动,从不同的传动路线传给执行构件以实现分路传动。图 2.7-19 所示为滚齿机范成运动的传动简图。主动轴Ⅰ通过锥齿轮 1 经轮 2 将运动传给蜗轮滚刀;同时主动轴又通过直齿轮 3 经轮 4~5,6,7~9 传至蜗轮 9,带动待加工齿轮,以满足滚刀与齿坯的传动比要求。

4. 实现变向、变速传动

在主轴转向不变的条件下,利用轮系可以改变从动轴的转向。图 2.7-20 所示即为车床走刀丝杠的三星轮换向机构。

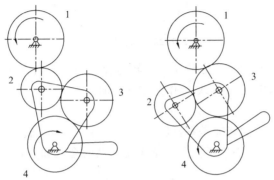

图 2.7-20 实现变向传动

机器中主动轴的转速一般也不变,利用齿轮系可以实现变速传动,如图 2.7-21 所示的汽车变速箱的传动机构,利用双联齿轮 4、齿轮 6 以及离合器 x,y 的不同组合可以得到四挡输出转速。

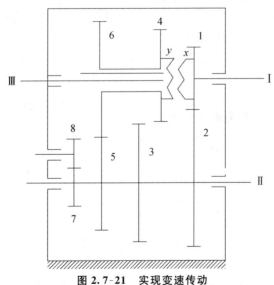

图 2.7-21 实现变速传动

5. 实现运动的合成或分解

(1) 运动的合成

在图 2.7-22 所示的由圆锥齿轮组成的行星轮系中,中心轮 1 与 3 都可以转动,而且 $z_1 = z_3$。

$$i_{13}^{H}=\frac{n_1^{H}}{n_3^{H}}=\frac{n_1-n_H}{n_3-n_H}=-\frac{z_3}{z_1}=-1$$

233

即

$$n_H = \frac{n_1 + n_3}{2}$$

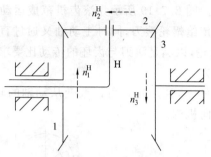

图 2.7-22　加(减)法机构

上式说明,系杆的转速是中心轮 1 与 3 转速合成的一半,它可以用作加法机构。

如果以系杆 H 和中心轮 3(或 1)作为主动件时,上式可以写成

$$n_1 = 2n_H - n_3$$

此式说明,中心轮 1 的转速是系杆转速的 2 倍与中心轮 3 转速的差,它可以用作减法机构。在机床和补偿装置中广泛应用轮系实现运动的合成和分解。

(2) 运动的分解

差动轮系还可以将一个主动的基本构件的转动按所需的可变的比例分解为另两个从动基本构件的两个不同的转动。如图 2.7-23 所示的汽车后桥上的差动器,即可以实现运动分解。当汽车沿直行时,要求 $n_1 = n_3$;当汽车转弯时,由于两轮走的路径不同,要求 $n_1 \neq n_3$。由于两个后轮的转速与弯道半径成正比

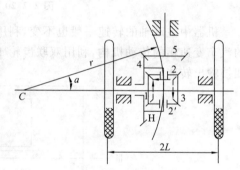

图 2.7-23　实现运动分解

$$\frac{n_1}{n_2} = \frac{r-L}{r+L}$$

式中,r 为弯道平均半径;L 为后轮距之半。

又在该差动轮系中,$z_1 = z_3$,$n_H = n_4$,于是

$$\frac{n_1 - n_4}{n_3 - n_4} = -1$$

则有

$$\begin{cases} n_1 = \dfrac{r-L}{r}n_4 \\ n_3 = \dfrac{r+L}{r}n_4 \end{cases}$$

上式说明,两后轮的转速是随弯道的半径的不同而不同的。当汽车为直线行驶时,两后轮的转速相等,且 $n_1 = n_3 = n_4$。

思考与练习

1. 定轴轮系与周转轮系有何区别?如何计算定轴齿轮系和单级行星齿轮系的传动比及确定它们转向?

2. 何谓惰轮? 惰轮在轮系中有何作用?

3. 什么是转化轮系? i_{AK}^H 与 i_{AK} 是否相同? 若 $i_{AK}^H < 0$,是否是轮 A 与轮 B 的转向相同?

4. 如何从组合齿轮系中区分出各单级行星齿轮系来? 如何来计算组合齿轮系的传动比?

5. 齿轮系有哪些应用?

6. 下图所示为一电动提升装置,其中各轮齿数均为已知,试求传动比 i_{15},并画出当提升重物时电动机的转向。

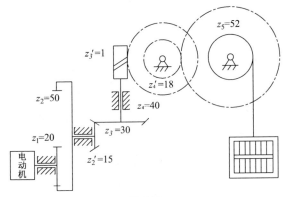

题 6 图

7. 如图所示的行星轮系中,已知:电机转速 $n_1 = 300$ r/min(顺时针转动),$z_1 = 17$, $z_2 = 40$,$z_2' = 20$,$z_3 = 85$,求分别当 $n_3 = 0$ 和 $n_3 = 120$ r/min(逆时针转动)时的 n_H。

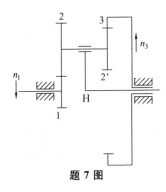

题 7 图

8. 如图所示为驱动输送带的行星减速器,各齿轮均为标准齿轮,动力由电动机输给轮 1,由轮 4 输出。已知 $z_1 = 18$,$z_2 = 36$,$z_2' = 33$,$z_4 = 87$,求传动比 i_{14}。

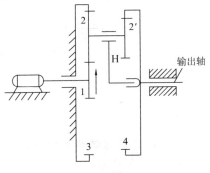

题 8 图

9. 如图所示的齿轮系中,已知 $z_1=20$, $z_2=40$, $z_2'=20$, $z_3=30$, $z_4=80$,均为标准齿轮传动。试求 i_{1H}。

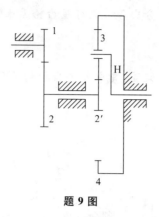

题 9 图

10. 在下图所示的轮系中,各轮齿数 $z_1=32$, $z_2=34$, $z_2'=36$, $z_3=64$, $z_4=32$, $z_5=17$, $z_6=24$,均为标准齿轮传动。轴 1 按图示方向以 1 250 r/min 的转速回转,而轴 Ⅵ 按图示方向以 600 r/min 的转速回转。求轮 3 的转速 n_3。

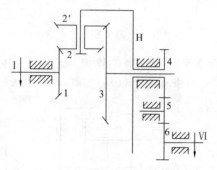

题 10 图

11. 如图所示自行车里程表机构中,C 为车轮轴,已知: $z_1=17$, $z_3=23$, $z_4=19$, $z_4'=20$, $z_5=24$,假设车轮行驶时的有效直径为 0.7 m,当车行 1 km 时,表上指针刚好回转一周。试求齿轮 2 的齿数 z_2,并且说明该轮系的类型和功能。

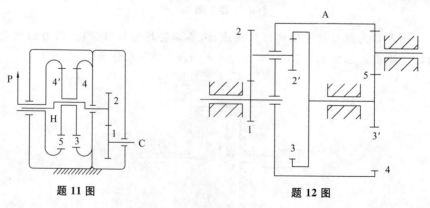

题 11 图　　　　　　　　　**题 12 图**

12. 如图所示为一电动卷扬机减速器的机构运动简图,已知: $z_1=21$, $z_2=52$, $z_2'=21$, $z_3=z_4=78$, $z_3'=18$, $z_5=30$。试计算传动比 i_{1A}。

工作任务8 减速器齿轮轴设计

任务导入

带式输送机齿轮减速器中的齿轮等回转零件要靠轴支承才能传递运动和动力,轴的结构和尺寸直接影响轴上回转零件的安装及其功能的实现。因此,需正确设计轴的强度、刚度和稳定性,以及轴的精度、结构和尺寸,以满足轴传动的功能要求。

学习目标

知识目标 掌握轴按载荷分类及其相应的载荷和应用;掌握轴最常用的材料及设计轴的基本要求;掌握常用转轴的结构设计有关的轴上零件的轴向固定、周向固定、轴上零件的布置及轴的结构工艺性等基本知识;掌握轴的强度计算及设计轴的一般步骤;了解轴的刚度计算。

能力目标 掌握常用转轴的材料选择、结构设计、强度计算及刚度计算等基本能力。

知识与技能

一、轴的功用、分类与材料选择

1. 辅助的功用与分类

单级圆柱齿轮减速器中的齿轮轴是组成机器的重要零件之一,其主要功用是支持机器中作回转运动的零件并传递运动和动力。机器中各种作回转运动的零件,如齿轮、带轮、链轮、车轮等都必须安装在轴上,才能实现其功能。

根据轴的受载情况,轴可分为3类:

① 心轴。只承受弯矩不承受扭矩的轴,称为心轴。心轴又分为固定心轴(见图2.8-1)和转动心轴(见图2.8-2)。

② 传动轴。只承受扭矩不承受弯矩或弯矩很小的轴称为传动轴,如汽车变速箱至后桥差速器的轴(见图2.8-3)。

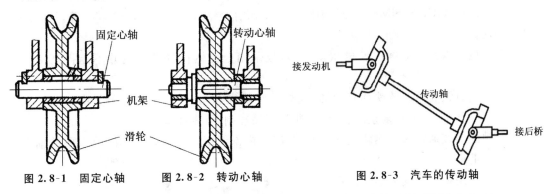

图2.8-1 固定心轴　　图2.8-2 转动心轴　　图2.8-3 汽车的传动轴

③ 转轴。同时承受弯矩和扭矩的轴。如减速器的输入或输出轴(见图2.8-4)。

轴按其轴线形状不同可分为直轴(见图2.8-1～图2.8-4)和曲轴(见图2.8-5)两大

237

类。曲轴常用于往复式机械中。

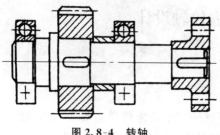

图 2.8-4　转轴

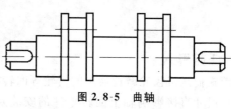

图 2.8-5　曲轴

直轴按其外形不同,又可分为光轴(见图 2.8-6)和阶梯轴(见图 2.8-4)两种。光轴主要用作传动轴,阶梯轴便于轴上零件的装拆和定位,在机器中应用最为广泛。

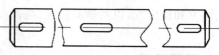

图 2.8-6　光轴

直轴一般都制成实心的,当结构需要或为了减轻重量时,可采用空心轴,如机床主轴(见图 2.8-7)。此外还有一些特殊用途的轴,如能把转矩和回转运动灵活地传到任何位置的挠性轴(见图 2.8-8)。挠性轴常用于振捣器等移动设备中。

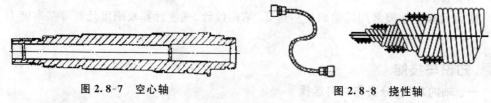

图 2.8-7　空心轴　　　　　　　　　图 2.8-8　挠性轴

2. 轴的材料及选用

由于轴工作时大多受变应力作用,因此,轴的材料应具有足够的疲劳强度,且对应力集中的敏感性低。另外,轴还应有足够的耐磨性,同时还应考虑工艺性和经济性等因素。轴常用的材料为碳素钢和合金钢。

碳素钢比合金钢价廉,对应力集中敏感性低,并可经过调质或正火处理改善其综合力学性能,故应用广泛。常用的有 35,40,45,50 等优质中碳钢,其中以 45 钢最为常用,对于不重要或受力较小的轴,可用 Q235,Q275 等普通碳素结构钢。

合金钢比碳素钢具有更高的力学性能和更好的淬透性,但对应力集中较敏感且价格较贵,故常用于高速、重载及要求耐磨、耐腐蚀、非常温等特殊条件下工作的轴。常用的中碳合金钢有 40Cr,35SiMn 等,经调质处理;低碳合金钢有 20Cr,20,CrMnTi 等,经渗碳淬火处理。

合金钢与碳素钢的弹性模量相差不多,故采用合金钢代替碳素钢并不能提高轴的刚度。

高强度铸铁和球墨铸铁具有价廉,良好的吸振性和耐磨性,且对应力集中敏感性低等特点,常用于制造形状复杂的轴,但其质量不易控制,可靠性差。

钢轴的毛坯通常采用热轧圆钢或锻件,锻件内部组织均匀,强度较好,故重要的轴应采用锻造毛坯。

轴的常用材料及其力学性能列于表 2.8-1。

表 2.8-1 轴的常用材料及其主要力学性能

材料及热处理	毛坯直径/mm	硬度/HBS	抗拉强度极限 σ_B/MPa	屈服强度极限 σ_s/MPa	弯曲疲劳极限 σ_{-1}/MPa	剪切疲劳极限 τ_{-1}/MPa	许用弯曲应力 $[\sigma_{-1}]_b$/MPa	应用说明
Q235-A，热轧或锻后空冷	≤100		400～420	225	170	105	40	用于不重要及受载荷不大的轴
	>100～250		375～390	215				
35，正火	≤100	149～187	520	270	250	140	45	有好的塑性和适当的强度，可做一般的转轴
45，正火回火	≤100	170～217	590	295	255	140	55	用于较重要的轴，应用最广泛
	>100～300	162～217	570	285	245	135		
45，调质	≤200	217～255	640	355	275	155	60	
40Cr，调质	≤100	241～286	735	540	355	200	70	用于载荷较大而无很大冲击的重要轴
	>100～300		685	490	335	185		
35SiMn，调质	≤100	229～285	800	520	400	205	69	性能接近40Cr，用于重要的轴
	>100～300	217～269	750	450	350	190		
38SiMnMo，调质	≤100	229～286	735	590	365	210	70	用于重要的轴
	>100～300	217～269	685	540	345	195		
35CrMo，调质	≤100	207～269	750	550	390	215	70	用于重载荷的轴
20Cr，渗碳淬火回火	15	56～62	850	550	375	215	60	用于强度、韧性和耐磨性均较高的轴
	≤60		650	400	280	160		
QT600-3		190～270	600	370	215	185		用于制造复杂外形的轴
QT800-2		245～335	800	480	290	250		

注：碳素钢，$\psi_\sigma=0.1\sim0.2$，$\psi_\tau=0.05\sim0.1$；合金钢，$\psi_\sigma=0.2\sim0.3$，$\psi_\tau=0.1\sim0.5$。

常用转轴的设计包括两部分内容：一部分是强度设计，即保证轴具有足够的强度；有些机器的轴还应进行刚度计算，如机床主轴；对高速轴，应进行振动稳定性计算。另一部分是结构设计，即合理地确定轴各部分的结构形状和尺寸。

二、轴的结构设计

1. 轴的结构应满足的基本要求

影响轴结构的因素很多，如零件在轴上的位置及其和轴的联接方式，作用在轴上的载荷性质、大小及分布，轴在机器中的安装位置和形式，轴的加工工艺和装配工艺等。所以，轴没有标准的结构形式，设计时，应针对不同情况进行具体分析。通常轴的结构应满足的基本要求是：① 轴上零件有准确的位置和可靠的相对固定；② 轴上零件应便于装拆和调整；③ 轴应具有良好的制造和装配工艺性；④ 应使轴受力合理，应力集中少；⑤ 应有利于减轻重量，节约材料。

2. 轴的组成

如图 2.8-9 所示，轴上被轴承支承部分称为轴颈（①和⑤处）；与传动零（带轮、齿轮、联轴器)轮毂配合部分称为轴头(④和⑦处);联接轴颈和轴头的非配合部分称为轴身(⑥处)。阶梯轴上直径变化处称为轴肩,起轴向定位作用。图中⑥与⑦间的轴肩使联轴器在轴上定位;①与②间的轴肩使左端滚动轴承定位,③处为轴环。

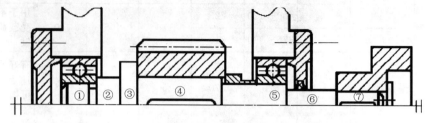

图 2.8-9 轴的组成

3. 轴的结构设计的一般步骤和方法

以单级圆柱齿轮减速器的输入轴为例,轴结构设计的一般步骤和方法如下。

图 2.8-10 所示为减速器结构简图,图中给出了减速器主要零件的相互位置关系。轴设计时,即可按此确定轴上主要零件的安装位置(见图 2.8-11 a)。考虑到减速器箱体可能有铸造误差,故使齿轮距箱体内壁的距离为 a,滚动轴承内侧与箱体内壁的距离为 l_2,带轮与轴承端盖的距离为 l_4(a,l_2 和 l_4 均为经验数据)。

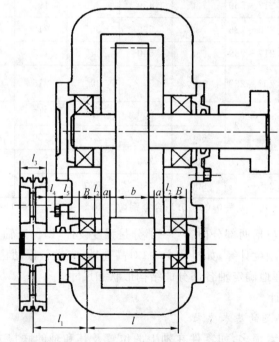

图 2.8-10 单级圆柱齿轮减速器结构简图

(1)拟定轴上零件的装配方案

轴的结构形式取决于轴上零件的装配方案,因而在进行轴的结构设计时,必须先拟定几种不同的装配方案,以便进行比较与选择。图 2.8-11 a 所示为单级减速器输入轴的一种装配方案,即依次将平键,齿轮,套筒,左轴承,从左端装入,从右端装入右轴承,然后将轴置于减速器箱体的轴承孔中,装上左、右轴承盖,再自左端依次装入平键,联轴器和轴端压板。图 2.8-11 b 所示为输入轴的另一种装配方案。

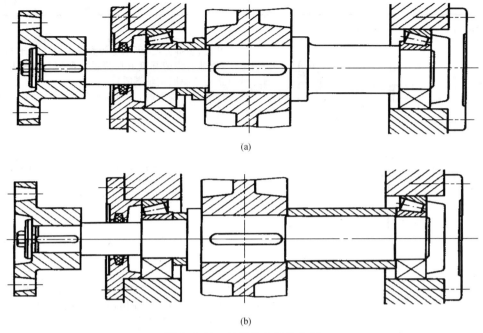

(a)

(b)

图 2.8-11 轴的结构设计分析

（2）轴上零件的定位和固定

为了保证轴上零件在轴上有准确可靠的工作位置，进行轴的结构设计时，必须考虑轴上零件的轴向定位和周向定位。

① 轴上零件的轴向定位及固定。轴上零件的轴向定位和固定常采用的方式有轴肩、轴环、弹性挡圈、套筒、圆螺母和止动垫圈、轴端挡圈、螺钉锁紧挡圈以及圆锥面和轴端挡圈等。其特点和应用见表 2.8-2。

② 轴上零件的周向固定。轴上零件常用的周向固定方法有：键、花键、销、弹性环、过盈配合及成形联接等，其中以键和花键联接应用最广，其结构、特性、应用及设计计算见任务 9。在传力不大时，也可用紧定螺钉做周向固定。

表 2.8-2 轴上零件的轴向定位和固定的特点与应用

方法	简图	特点与应用
轴肩 轴环		结构简单，定位可靠，可承受较大轴向力。常用于齿轮、带轮、链轮、联轴器、轴承等的轴向定位。 为保证零件紧靠定位面，应使 $v<C$ 或 $r<R$。 轴肩高度 h 应大于 R 或 C，通常可取 $h=(0.07\sim 0.1)d$。 轴环宽度 $b\approx 1.4h$。 滚动轴承相配合处的 h 与 r 值应根据滚动轴承的类型与尺寸确定。
套筒		结构简单，定位可靠，轴上不需开槽、钻孔和切制螺纹，因而不影响轴的疲劳强度。一般用于零件间距较小的场合，以免增加结构重量。轴的转速很高时不宜采用

方法	简图	特点与应用
圆螺母	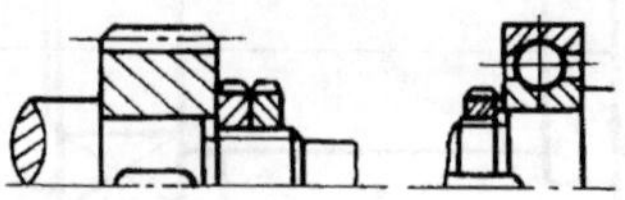	固定可靠,装拆方便,可承受较大轴向力。由于轴上切制螺纹,使轴的疲劳强度有所降低。常用双圆螺母或圆螺母与止动垫圈固定轴端零件。 当零件间距离较大时,亦可用圆螺母代替套筒以减少结构重量。
弹性挡圈	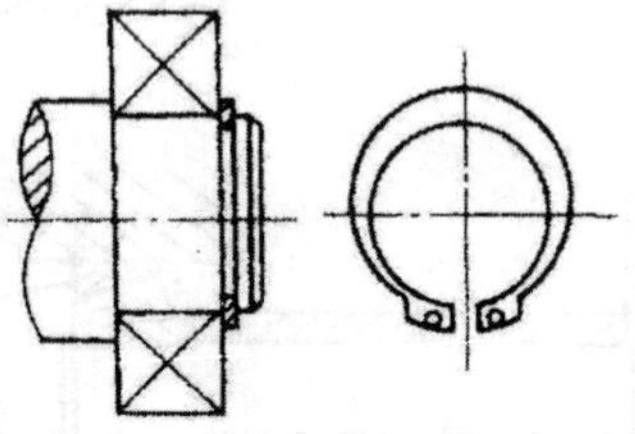	结构简单紧凑,只能承受很小的轴向力,常用于固定滚动轴承。 轴用弹性挡圈的具体尺寸参见 GB 894.1—1986。
圆锥面	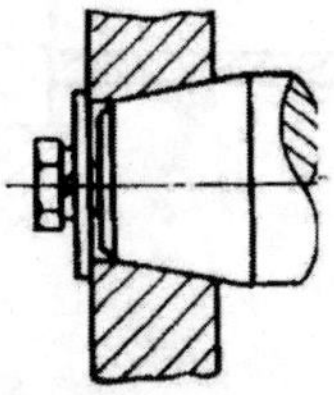	能消除轴与轮毂间的径向间隙,装拆较方便,可兼做周向固定,能承受冲击载荷。大多用于轴端零件固定,常与轴端挡圈或圆螺母联合使用,使零件获得双向轴向固定。但锥形表面加工较困难。
轴端挡圈	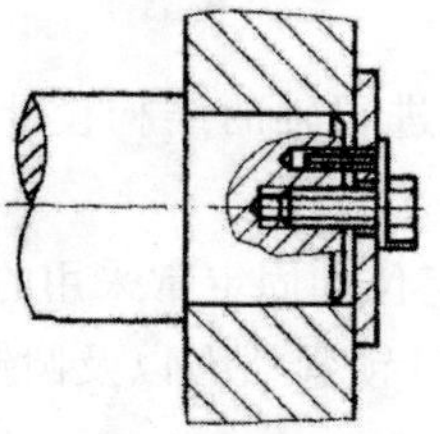	适用于固定轴端零件。可以承受剧烈的振动和冲击载荷。 轴端挡圈的具体尺寸参看 GB 891—1986 和 GB 892—1986。
紧定螺钉	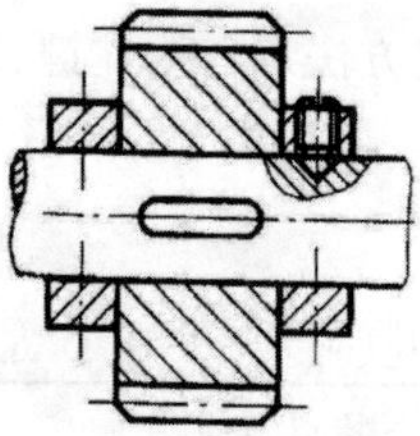	适用于轴向力很小,转速很低或仅为防止零件偶然沿轴向滑动的场合。 紧定螺钉同时亦可起周向固定作用。 紧定螺钉的尺寸见 GB 71—1985。

（3）轴各段直径和长度的确定

进行轴的结构设计时,由于轴上支反力作用点的位置还没有确定,因而不能按轴所受的实际载荷来确定轴的直径。这时通常先根据轴所传递的转矩,按扭转强度来初步估算轴的直径,并圆整成标准值,作为整根轴的最小直径 d_{min},再按照装配方案和结构要求,确定各轴肩高度,从而得到各轴段直径。

各轴段的长度,主要是根据该段所装零件与其配合部分的轴向尺寸与相邻零件的间距以及机器(或部件)的总体布局要求而确定的,如图 2.8-10 所示。

在确定轴的结构尺寸时,必须注意:

① 仅受扭矩的那段轴上如有键槽,应适当增大轴径 3%～7%(见工作任务 9)。

② 轴各段直径应与装配在该轴段上所装零件的标准孔径相匹配,并取标准值;而非配合轴径可不取标准值,但亦应取整数,相邻两段直径之差,通常可取为 5～10 mm。

③ 若轴上零件需在轴上做轴向固定时,应使该轴段长度略小于(大约2~3 mm)所装零件与其配合部分的轴向尺寸,以保证轴上零件轴向固定可靠,如图 2.8-9 中安装齿轮段和联轴器段的轴长均小于轮毂宽度。

④ 安装标准件(如轴承)的轴段长度由标准件与其配合部分的轴向尺寸确定。

4. 轴的结构工艺性

轴的结构应便于加工和轴上零件的装拆。为了便于加工,同一根轴上有两个以上键槽时,键槽应开在同一条母线上,且键槽尺寸也应尽可能一致;同一根轴上的圆角应尽可能取相同半径;当轴需磨削或切制螺纹时,应设有砂轮越程槽(见图 2.8-12 a)或退刀槽(见图 2.8-12 b),并且其尺寸应取相同的标准值,轴上倒角也应取相同尺寸;为了便于轴上零件装拆,轴应设计成阶梯形,轴端应加工出 45°(或 30°,60°)倒角;对于采用过盈联接的轴段,压入端常加工出导向锥面(见图 2.8-12 c);安装轴承处的定位轴肩(或套筒)的定位高度应小于轴承内圈的厚度,以便于拆卸轴承(见图 2.8-13)。

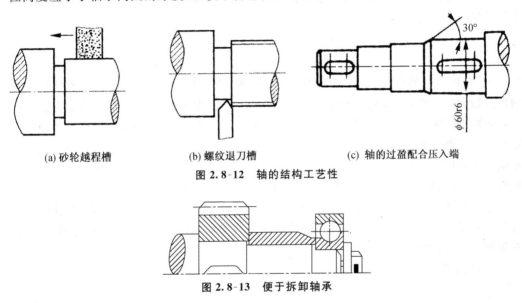

(a) 砂轮越程槽　　　　(b) 螺纹退刀槽　　　　(c) 轴的过盈配合压入端

图 2.8-12　轴的结构工艺性

图 2.8-13　便于拆卸轴承

三、轴的强度计算

轴的强度计算应根据轴上所受载荷情况采用相应的计算方法。对仅传递扭矩的传动轴,按扭转强度条件计算;对于既受弯矩又受扭矩的转轴应按弯扭合成强度条件计算。

1. 按扭转强度计算

对于圆截面轴,其扭转强度条件为

$$\tau_{\mathrm{T}} = \frac{T}{W_{\mathrm{T}}} = \frac{9.55 \times 10^{6}}{0.2 d^{3}} \cdot \frac{P}{n} \leqslant [\tau_{\mathrm{T}}] \qquad (2.8\text{-}1)$$

式中,τ_{T} 为轴的扭转剪应力,MPa;T 为轴传递的转矩,N·mm;W_{T} 为轴的抗扭截面系数,mm³;P 为轴传递的功率,kW;n 为轴的转速,r/min;d 为危险截面处的轴的直径,mm;$[\tau_{\mathrm{T}}]$为许用扭转剪应力,MPa,见表 2.8-3。

由式(2.8-1)可得轴直径的设计公式

$$d \geqslant \sqrt[3]{\frac{9.55 \times 10^{6} P}{0.2 [\tau_{\mathrm{T}}] n}} = \sqrt[3]{\frac{9.55 \times 10^{6}}{0.2 [\tau_{\mathrm{T}}]}} \sqrt[3]{\frac{P}{n}} = C \sqrt[3]{\frac{P}{n}} \text{ mm} \qquad (2.8\text{-}2)$$

式中,C 为由轴的材料和承载情况及相应的值确定的系数,见表 2.8-2。

式(2.8-1)及式(2.8-2)可用于传动轴强度计算,亦可用于转轴结构设计时初步估算轴的最小直径 d_{min}。当轴截面上开有键槽时,应适当增大轴径,以考虑键槽对轴强度的削弱,一般有一个键槽时需加大 3%～5%,有两个键槽时需加大 7%。

表 2.8-3 轴常用材料的 $[\tau_T]$ 和 C 值

轴的材料	Q235,20	35	45	40Cr,35SiMn,38SiMnMo
$[\tau_T]$/MPa	12～20	20～30	30～40	40～52
C	160～135	135～118	118～107	107～98

注:① 当只受扭矩或弯矩相对扭矩较小时,C 取较小值,$[\tau_T]$ 取较大值。
   ② 当用 Q235 及 35SiMn 钢时,$[\tau_T]$ 取较小值,C 取较大值。

2. 按弯扭合成强度计算

在初步进行了轴的结构设计后,轴的支点位置已确定,可以对轴进行受力计算,并绘制出轴的弯矩图和扭矩图,进而可按弯扭合成强度计算轴的直径。对于常用的钢制轴可按第三强度理论计算,其强度条件为

$$\sigma_e = \frac{M_e}{W} = \frac{\sqrt{M^2 + (\alpha T)^2}}{0.1d^3} \leqslant [\sigma_{-1}]_b \tag{2.8-3}$$

式中,σ_e 为轴危险截面的当量应力,MPa;M_e 为轴危险截面的当量弯矩,N·mm;M 为轴的危险截面的合成弯矩,N·mm,$M = \sqrt{M_H^2 + M_V^2}$;M_H 为水平面上的弯矩;M_V 为垂直面上的弯矩;W 为轴危险截面的抗弯截面系数,对圆截面轴,$W \approx 0.1d^3$,mm³;α 为考虑由弯矩产生的弯曲应力 σ_b 和由扭矩产生扭转剪应力 τ_T 循环特性不同而引入的校正系数。对不变的扭矩取 $\alpha = [\sigma_{-1}]_b/[\sigma_{+1}]_b \approx 0.3$;对脉动循环扭矩取 $\alpha = [\sigma_{-1}]_b/[\sigma_0]_b \approx 0.6$;对于频繁正、反转的轴,可视为对称循环的扭矩,取 $\alpha = [\sigma_{-1}]_b/[\sigma_{-1}]_b = 1$。$[\sigma_{-1}]_b$,$[\sigma_0]_b$,$[\sigma_{+1}]_b$ 分别为轴材料在对称循环、脉动循环及静应力状态下的许用弯曲应力,其值可查有关设计手册。设计时,当转矩变化规律不同时或即使转矩大小不变,但考虑到启动、停车等因素,一般按脉动循环计算。

由式(2.8-3)可推得轴设计公式为

$$d \geqslant \sqrt[3]{\frac{M_e}{0.1[\sigma]_b}} \tag{2.8-4}$$

3. 轴的刚度计算

轴的刚度不足,工作时将产生过大的弹性变形而影响机器的正常工作,轴的刚度分为弯曲刚度和扭转刚度两种,弯曲刚度以挠度 y 或偏转角 θ 度量(见图 2.8-14),足够的弯曲刚度是轴上传动零件和轴承正常工作所必需的。扭转刚度以扭转角 ϕ 来度量(见图 2.8-15),轴的刚度不足会影响机器的工作精度和性能。所以,对于有刚度要求的轴必须进行刚度计算。

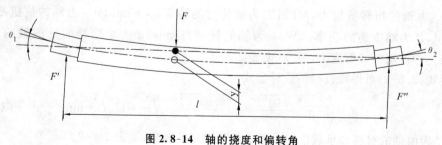

图 2.8-14 轴的挠度和偏转角

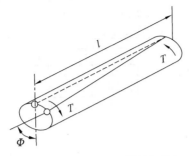

图 2.8-15　轴的扭转角

轴的刚度计算,就是验算轴在工作受载时的变形量,并控制在允许的范围内,即为 $y \leqslant [y]$ 或 $\theta \leqslant [\theta]$;$\phi \leqslant [\phi]$。$[y]$,$[\theta]$,$[\phi]$ 分别为轴的许用挠度、许用偏转角和许用扭转角,其值可从有关参考书查取。轴在工作受载时的变形量 y,θ,ϕ 可按材料力学公式计算。

4. 转轴设计的一般步骤

(1) 选择轴的材料。根据轴的工作要求,并考虑工艺性和经济性,选择合适的材料。

(2) 初估轴的最小直径 $d_{\min}$。可按扭转强度条件由式(2.8-2)计算轴最小直径 $d_{\min}$,也可采用类比法确定。

(3) 轴的结构设计。根据轴上安装零件的数量,工作情况及选定的装配方案,画出阶梯轴结构设计草图;由轴的最小直径 $d_{\min}$ 逐渐递推各段轴直径;再根据轴上安装零件与其配合部分的轴向尺寸、与相邻零件间距要求和机器的总体布局等,确定各轴段的长度。

(4) 轴的强度校核。首先对轴上传动零件进行受力分析,并分别画出其受力简图,计算出水平面支反力和垂直面支反力;画出水平面上的弯矩 M_H 图和垂直面上的弯矩 M_V 图,再画合成弯矩 M 图;作扭矩图;画出当量弯矩图;求出危险截面处的当量弯矩 M_e。按式(2.8-3)或式(2.8-4)对轴的危险截面进行强度校核。当校核不合格时,还要修改轴的结构,改变危险截面尺寸,重新校核。因此,轴的设计过程是反复、交叉进行的。对有刚度要求的轴还要进行刚度校核。

对于一般用途的轴,按上述方法设计计算已足够精确,但对于重要的轴,还应按疲劳强度条件精确校核安全系数。其计算方法可查阅有关参考书。

 任务实施

——带式输送机中的单级斜齿圆柱齿轮减速器输出轴设计

例 1　图 2.8-16 所示为带式输送机,其中的单级斜齿圆柱齿轮减速器,由电动机驱动。已知输出轴传递的功率 $P=11$ kW,转速 $n=210$ r/min,作用在齿轮上的圆周力 $F_t=2\,618$ N,径向力 $F_r=982$ N,轴向力 $F_a=653$ N,大齿轮分度圆直径 $d_{\parallel}=382$ mm,轮毂宽度 $b=80$ mm。试设计该减速器的输出轴。

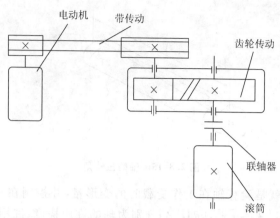

图 2.8-16　带式输送机的单级斜齿圆柱齿轮减速器

解　列表给出本设计的计算过程和结果。

设计项目	计算与说明	结　果
1. 选择轴的材料并确定许用应力	(1) 选用 45 钢正火处理。 (2) 由表 2.8-1 查得强度极限 $\sigma_B=600$ MPa。 (3) 由表 2.8-1 查得其许用弯曲应力 　　　　　$[\sigma_{-1}]_b=55$ MPa	选用 45 钢 $[\sigma_{-1}]_b=55$ MPa
2. 确定轴输出端直径 d_{min}	(1) 按扭转强度估算轴输出端直径。 (2) 由表 2.8-3 取 $C=110$,则 $$d=C\sqrt[3]{\frac{P}{n}}=110\sqrt[3]{\frac{11}{210}}=41.2 \text{ mm}$$ (3) 考虑有键槽,将直径增大 5%,则 　　　　　$d=41.2\times(1+5\%)=43.3$ mm (4) 此段轴的直径和长度应和联轴器相符,选取 TL7 型弹性柱销联轴器,其轴孔直径为 45 mm,轴配合部分长度为 84 mm,故轴输出端直径 $d_{min}=45$ mm。	$d_{min}=45$ mm。
3. 轴的结构设计	(1) 轴上零件的定位、固定和装配。 　　单级减速器中,可将齿轮安排在箱体中间,相对两轴承对称分布(见图 2.8-17),齿轮左面由轴肩定位,右面用套筒轴向固定,周向靠平键和过渡配合固定。两轴承分别以轴肩和套筒定位,周向则采用过渡配合或过盈配合固定。联轴器以轴肩轴向定位,右面用轴端挡圈轴向固定,平键联接做周向固定。轴做成阶梯形,左轴承从左面装入,齿轮、套筒、右轴承和联轴器依次从右面装到轴上。 　　　　　　　　图 2.8-17　轴的结构设计	

设计项目	计算与说明	结 果
3. 轴的结构设计	(2) 确定轴各段直径和长度。 Ⅰ段即外伸端直径 $d_1 = 45$ mm，其长度应比联轴器轴孔的长度稍短一些，取 $L_1 = 80$ mm。 Ⅱ段直径 $d_2 = 55$ mm，(由机械设计手册查得轮毂孔倒角 $C_1 = 2.5$ mm，取轴肩高度 $h = 2C_1 = 2 \times 2.5 = 5$ mm，故 $d_2 = d_1 + 2h = 45 + 2 \times 5 = 55$ mm)，亦符合毡圈密封标准轴径。 初选 311 型深沟球轴承，其内径为 55 mm，宽度为 29 mm。 考虑齿轮端面和箱体内壁、轴承端面与箱体内壁应有一定距离，则取套筒长为 20 mm。通常密封轴段长度应根据密封盖的宽度，并考虑联轴器和箱体外壁应有一定距离而定，为此取该段长为 55 mm。安装齿轮段长度应比轮毂宽度小 2 mm，故Ⅱ段长 $L_2 = 2 + 20 + 29 + 55 = 106$ mm。 Ⅲ段直径 $d_3 = 60$ mm，长度 $L_3 = 80 - 2 = 78$ mm。 Ⅳ段直径 $d_4 = 72$(由手册查得出 $C_1 = 3$ mm 取 $h = 2C_1 = 2 \times 3 = 6$ mm，$d_4 = d_3 + 2h = 60 + 2 \times 6 = 72$ mm)，其长度和右面套筒长度相同，即 $L_4 = 20$ mm。但此轴段左面为滚动轴承的定位轴肩，考虑便于轴承的拆卸，应按轴承标准查取。由机械设计手册查得其安装尺寸为 $D_1 = 66$ mm，它和 d_4 不符，故把Ⅳ段设计成阶梯形(或锥形)，左段直径为 66 mm。 Ⅴ段直径 $d_5 = 55$，长度 $L_5 = 29$ mm。 (3) 绘制轴的结构设计草图，如图 2.8-17 所示。 (4) 由上述轴各段长度可算得轴支承跨距 $L = 149$ mm。	$d_1 = 45$ mm $L_1 = 80$ mm $d_2 = 55$ mm $L_2 = 106$ mm $d_3 = 60$ mm $L_3 = 78$ mm d_4 左段直径为 66 mm $L_4 = 20$ mm $d_5 = 55$ mm $L_5 = 29$ mm 轴支承跨距 $L = 149$ mm
4. 按弯扭合成强度校核轴的强度	(1) 绘制轴受力简图(见图 2.8-18 a)。 (2) 绘制垂直面弯矩图(见图 2.8-18 b)。 轴承支反力： $$F_{RAV} = \frac{F_a \cdot \dfrac{d_{\text{II}}}{2} - F_r \cdot \dfrac{L}{2}}{L}$$ $$= \frac{653 \times \dfrac{0.382}{2} - 982 \times \dfrac{0.149}{2}}{0.149} = 345.6 \text{ N}$$ 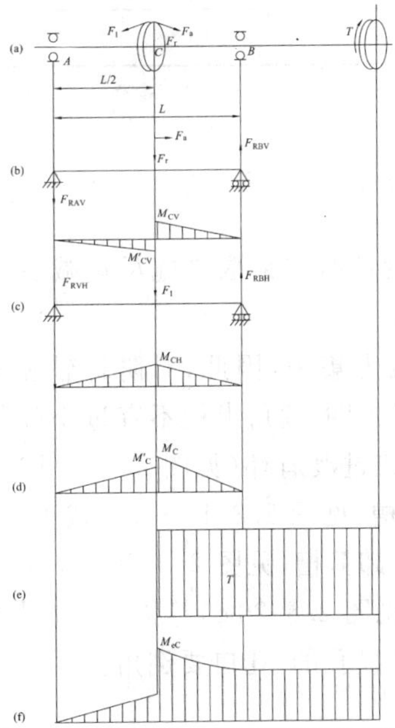 图 2.8-18 轴的受力图和弯扭矩图	

续表

设计项目	计算与说明	结　果
	$F_{RBV}=F_r+F_{RAV}=982+345.6=1327.6$ N 计算弯矩： 截面 C 右侧弯矩为 $$M_{CV}=F_{RBV}\cdot\frac{L}{2}=1327.6\times\frac{0.149}{2}=99\ \text{N}\cdot\text{m}$$ 截面 C 左侧弯矩： $$M'_{CV}=F_{RAV}\cdot\frac{L}{2}=345.6\times\frac{0.149}{2}=25.7\ \text{N}\cdot\text{m}$$ (3) 绘制水平面弯矩图（见图 2.8-18 c）。 　　轴承支反力为 $$F_{RAH}=F_{RBH}=\frac{F_t}{2}=\frac{2618}{2}=1309\ \text{N}$$ 截面 C 处的弯矩为 $$M_{CH}=F_{RAH}\cdot\frac{L}{2}=1309\times\frac{0.149}{2}=97.5\ \text{N}\cdot\text{m}$$ (4) 绘制合成弯矩图（见图 2.8-18 d）。 $$M_C=\sqrt{M_{CV}^2+M_{CH}^2}=\sqrt{99^2+97.5^2}=139\ \text{N}\cdot\text{m}$$ $$M'_C=\sqrt{(M'_{CV})^2+M_{CH}^2}=\sqrt{25.7^2+97.5^2}=100.8\ \text{N}\cdot\text{m}$$ (5) 绘转矩图（见图 2.8-18 e）。 转矩　$T=9.55\times10^3\dfrac{P}{n}=9.55\times10^3\times\dfrac{11}{210}=500\ \text{N}\cdot\text{m}$ (6) 绘制当量弯矩图（见图 2.8-18 f）。 　　转矩产生的扭转剪应力按脉动循环变化，取 $\alpha=0.6$ 　　截面 C 处的当量弯矩为 $$M_{eC}=\sqrt{M_C^2+(\alpha T)^2}=\sqrt{139^2+(0.6+500)^2}=331\ \text{N}\cdot\text{m}$$ (7) 校核危险截面 C 的强度。 　　由式（2.8-3）得 $$\sigma_e=\frac{M_{eC}}{0.1d_3^3}=\frac{331\times10^3}{0.1\times60^3}\times15.3\ \text{N/mm}^2<55\ \text{N/mm}^2$$ 即强度足够。	$M_{eC}=331$ Nm 强度足够
5. 绘制轴的工作图	（略）	（略）

知识拓展

——提高轴强度的措施

　　轴大多在变应力下工作，结构设计时应采取措施尽量减少应力集中，以提高其疲劳强度，这对合金钢轴尤为重要。

　　轴的截面尺寸突变处会造成应力集中，因此，对阶梯轴相邻段轴径变化不宜过大（$D/d<1.15\sim1.2$）；在轴径变化处的过渡圆角半径不宜过小（$r/d>0.1$）；在重要的结构中可采用凹切圆角（见图 2.8-19 a）或过渡肩环（见图 2.8-19 b），以增加轴肩处过渡圆角半径，减小应力集中，在轴上设卸载槽（见图 2.8-19 c）；为减小轮毂和轴过盈配合引起的应力集中（见图 2.8-20 a），轮毂上开卸荷槽（见图 2.8-20 b），可采取轴上开卸荷槽并辊压（见图 2.8-20 c），增大配合处直径（见图 2.8-20 d）等措施；应尽量避免在轴上开横孔（尤其是盲孔）、切口和加工螺纹，必须开横孔的，孔口要倒角。

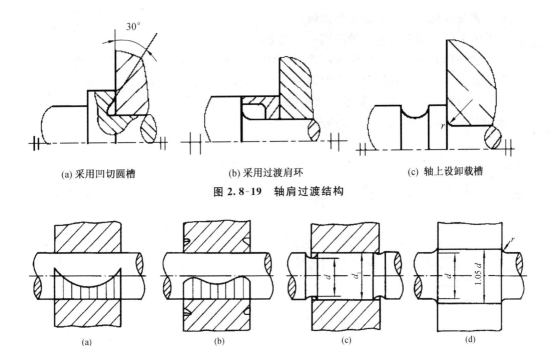

(a) 采用凹切圆槽　　　　　(b) 采用过渡肩环　　　　　(c) 轴上设卸载槽

图 2.8-19　轴肩过渡结构

图 2.8-20　减少轴上过盈配合处应力集中的措施

此外,合理选择轴的表面粗糙度,对轴表面采用辗压、淬火、喷丸等强化处理,均可提高轴的疲劳强度。

在进行轴的结构设计时,还可采用合理布置轴上零件的措施,以改善轴的受力情况,提高其强度。如当轴上的转矩需由两轮输出时,按图 2.8-21 b 所示布置,则轴传递的最大转矩等于输入转矩(T_1+T_2)。若将输入轮布置在中间,如图 2.8-21 a 所示,则轴传递的最大转矩减小为 T_1 或 T_2。又如图 2.8-22 所示的起重机卷筒机构,将大齿轮和卷筒装配在一起,转矩经大齿轮直接传给卷筒,使卷筒轴只受弯矩,不受转矩,减轻了轴所受的载荷。

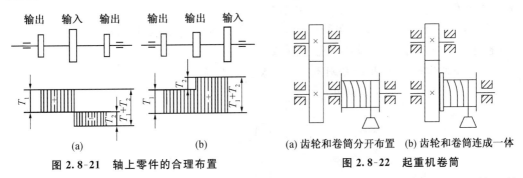

(a)　　　　　　(b)

图 2.8-21　轴上零件的合理布置

(a) 齿轮和卷筒分开布置　(b) 齿轮和卷筒连成一体

图 2.8-22　起重机卷筒

例 2　指出图 2.8-23 a 中轴的结构设计有哪些不合理之处? 并画出改进后轴的结构图。

解　根据结构设计的几项基本要求来检查,共有下列几处不合理(不考虑轴承外圈的定位):

(1) 轴上多处未倒角;

(2) 齿轮右侧未做轴向固定;

249

(3) 轴与齿轮配合处平键键槽太短；

(4) 轴上 2 个键未设置在轴的同一母线上；

(5) 轴端挡圈可能压不紧轴端零件，因为该轴段长度等于其上配合零件的宽度；

(6) 轴上与齿轮和右轴承配合的轴段均太长，导致齿轮与右轴承装拆不便；

(7) 左轴承处轴肩过高，轴承无法拆卸。

改进后的结构如图 2.8-23 b 所示。

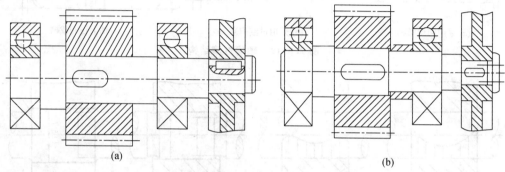

(a)   (b)

图 2.8-23 轴结构设计改进

 思考与练习

1. 试分析自行车的前轴、中轴、后轴的受力情况，并指出它们各属于什么类型的轴？

2. 什么是心轴、传动轴、转轴？试举例说明。

3. 对轴的材料有哪些要求？轴的常用材料有哪些？各有什么特点和应用？

4. 影响轴结构的主要因素有哪些？一般轴的结构设计应满足哪些基本要求？

5. 观察多级齿轮减速器，为什么高速轴的直径总是比低速轴的直径小？

6. 在进行轴的结构设计时，应考虑哪些方面的问题？轴上零件的定位和固定方法有哪些？各适用于什么场合？轴的结构工艺方面应注意哪些问题？提高轴的疲劳强度的基本方法有哪些？

7. 如图所示的提重机传动系统，齿轮 2 空套在轴Ⅲ上，齿轮 1，齿轮 3 均和轴用键联接；卷筒和齿轮 3 固联而和轴空套。试回答：

(1) 轴工作时，Ⅰ～Ⅲ轴分别承受何种类型的载荷？

(2) 说明各轴产生什么应力？

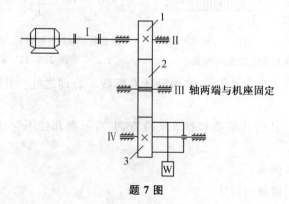

题 7 图

8. 分析如图所示的减速器的输出轴的结构错误,并加以改正。

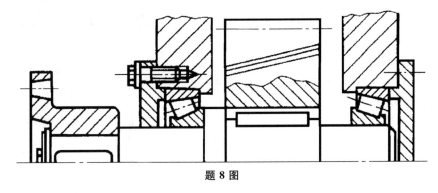

题 8 图

9. 如图所示的轴上装有 4 个带轮,有两种布置方案:由轮 4 输入功率,其余三轮输出;由轮 2 输入功率,其余三轮输出。试画出两种方案所受转矩的示意图,并比较哪种方案轴受力情况较合理?

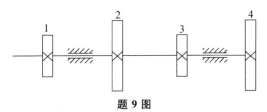

题 9 图

10. 设计如图所示的斜齿圆柱齿轮减速器的输出轴。已知:该轴传递功率 $P = 12$ kW,转速 $n = 235$ r/min,从动齿轮齿数 $z_2 = 72$,模数 $m = 4$ mm,轮毂宽度 $b = 80$ mm,选用轻系列深沟球轴承,两轴承中心间距离为 140 mm。

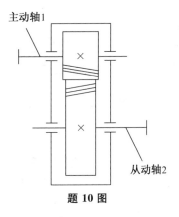

题 10 图

11. 设计本任务例 2 中的输入轴,带传动对轴的压力 $F_Q = 1\,850$ N,带轮轮毂宽度为 52 mm,小齿轮分度圆直径 $d_1 = 120$ mm,其轮毂宽度为 85 mm。

工作任务 9　轴-毂联接设计

任务导入

机器中各种做回转运动的零件,如齿轮、带轮、链轮、车轮等都必须安装在轴上,轴和轴上零件的轮毂必须进行周向联接,才能传递转矩,实现其功能。

任务目标

知识目标　了解键联接的类型、特点及其应用;了解平键联接的主要失效形式及可提高联接强度的措施;了解花键联接的类型、特点及其应用;了解销联接的类型、特点及其应用。

能力目标　掌握平键联接的选择与相应的强度校核。

知识与技能

一、平键联接的特点和类型

轴与轴上零件的轮毂之间的联接,称为轴-毂联接,其作用主要是实现轴和轴上零件之间的周向固定,以传递转矩和运动。最常用的轴-毂联接是平键联接。

平键是矩形截面的联接件。如图 2.9-1 a 所示,键的两个侧面为工作面,工作时靠键和键槽侧壁的挤压来传递扭矩。平键的上表面与轮毂槽底之间留有间隙,相互之间没有挤压,故对中性好。

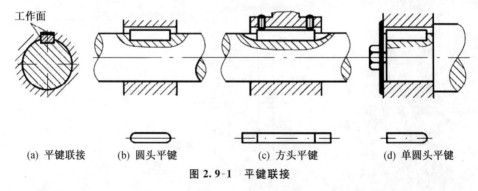

(a) 平键联接　　(b) 圆头平键　　　　(c) 方头平键　　　　(d) 单圆头平键

图 2.9-1　平键联接

平键不能承受轴向力,所以对轴上零件不能起到轴向固定作用。由于轴上开有键槽,对轴的强度有一定影响。但平键联接结构简单,装拆方便,对中性好,所以得到广泛应用。按用途不同,平键可分为普通平键、导向平键和滑键 3 种。

1. 普通平键

普通平键用于轴和毂之间没有轴向移动的静联接。如图 2.9-1 所示,按键的形状又分为 A 型、B 型、C 型 3 种。A 型平键又称圆头平键,其轴上键槽是用端铣刀加工的,键在键槽中轴向固定良好,但键槽端部的应力集中较大。B 型平键又称方头平键,其轴上键槽是用圆盘铣刀加工的。键槽端部的应力集中较小,但键在键槽中轴向固定不好,当键的尺寸较大时,需用紧定螺钉将键固定在键槽中。C 型键又称单圆头平键,适合在轴端使用。轮毂上的键槽一般用插刀、刨刀或拉刀加工。

2.导向平键和滑键

导向平键和滑键用于轮毂需在轴上做轴向移动的动联接。如图 2.9-2 所示,导向平键是一种较长的键,键与轮毂上的键槽采用间隙配合。为防止导向平键因轮毂在轴上作轴向移动时脱落,用两个小螺钉将键固联在轴上的键槽中。为便于拆卸,在键的中部有螺孔,用于起键。适用于轴上零件轴向移动量不大的场合,如变速箱中的前移齿轮。

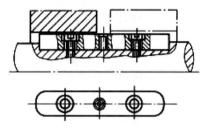

图 2.9-2　导向平键联接

滑键如图 2.9-3 所示,键固定在轮毂上,键与轮毂一同沿着轴上的键槽移动,适用于轴上零件滑移距离较大的场合。

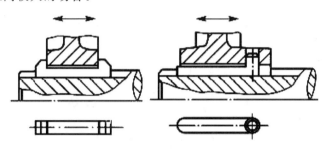

图 2.9-3　滑键联接

二、平键的选择和联接强度校核

平键的尺寸已经标准化,选择的办法是先根据工作要求选择其类型,再按照轴径 d 的大小从国家标准(见表 2.9-1)中选出平键的宽度 b 和高度 h,然后按轮毂宽度确定键的长度 L,L 应小于轮毂的宽度且符合键的长度系列。

键的材料常用抗拉强度不小于 590 MPa 的钢,如 45 钢,当轮毂材料为非金属或有色金属时,也可用 20 钢或 Q235 钢制造。

表 2.9-1　普通平键的主要尺寸　　　　　　　　　　　mm

轴的直径 d	$6<d\leqslant8$	$8<d\leqslant10$	$10<d\leqslant12$	$12<d\leqslant17$	$17<d\leqslant22$	$22<d\leqslant30$
键宽 b×键高 h	2×2	3×3	4×4	5×5	6×6	8×7
轴的直径 d	$30<d\leqslant38$	$38<d\leqslant44$	$44<d\leqslant50$	$50<d\leqslant58$	$58<d\leqslant65$	$65<d\leqslant75$
键宽 b×键高 h	10×8	12×8	14×9	16×10	18×11	20×12
轴的直径 d	$75<d\leqslant85$	$85<d\leqslant95$	$95<d\leqslant110$	$110<d\leqslant130$		
键宽 b×键高 h	22×14	25×14	28×16	32×18		
键的长度系列 L	6,8,10,12,14,16,18,20,22,25,28,32,36,40,45,50,56,63,70,80,90,100,110,125,140,180,200,220,250,280,320,360,…					

注:本表摘自 GB/T 1095—2003 和 GB/T 1906—2003。

普通平键联接的主要失效形式是键、轴和轮毂中强度较弱的工作表面被压溃,对于导向平键和滑键联接,其主要失效形式是工作面的过度磨损。因此,通常按工作面上的压力进行条件性的强度校核计算。如图 2.9-4 所示,若键传递的转矩为 T,载荷在键的

工作面上均匀分布,则普通平键联接的强度条件为

$$\sigma_p = \frac{2T}{dkl} \leqslant [\sigma_p] \qquad (2.9\text{-}1)$$

导向平键和滑键的强度条件为

$$p = \frac{2T}{dkl} \leqslant [p] \qquad (2.9\text{-}2)$$

式中,T 为轴传递的转矩,N·mm;k 为键与轮毂的接触高度,近似可取 $k = h/2$,mm;l 为键的工作长度,对 A 型键 $l = L - b$,对 B 型键 $l = L$,对 C 型键 $l = L - b/2$,mm;d 为轴的直径,mm;$[\sigma_p]$ 为键、轴、轮毂三者中最弱材料的许用挤压应力,MPa,其值见表 2.9-2;$[p]$ 为键、轴、轮毂三者中最弱材料的许用压力,MPa,其值见表 2.9-2。

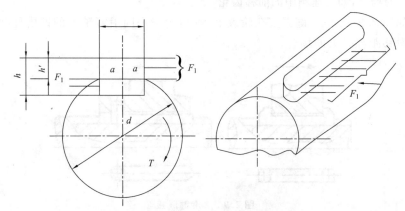

图 2.9-4 平键的受力分析

表 2.9-2 键联接的许用挤压应力[σ_p]和许用压强[p]

许用应力	联接工作方式	键或毂、轴的材料	载荷性质		
			静载荷/N	轻微冲击/N	冲击/N
[σ_p]	静联接	钢	120~150	100~120	60~90
		铸铁	70~80	50~60	30~45
[p]	动联接	钢	50	40	30

注:如与键有相对滑动的被联接件表面经过淬火,则动联接的许用压强[p]可提高 2~3 倍。

如校核结果强度不够时,则可采取以下措施:

① 如果轮毂允许适当加长,可增加键的长度,以提高键联接的强度。但由于传递转矩时键上载荷沿其长度分布不均,故键的长度不宜过大。当键的长度大于 $2.25d$ 时,其多余的长度实际上可认为并不承受载荷,故一般键长不宜超过 $(1.6\sim1.8)d$。

② 采用双键。两个键沿周向相隔 180° 布置。考虑到两个键上载荷分配的不均匀性,在强度校核中只按 1.5 个键计算。

 知识拓展

一、其他形式的键联接

轴-毂联接的形式很多,有键联接、花键联接、销联接、成形联接、过盈联接等。

键联接要主要用于轴上零件轮毂与轴之间的周向固定并传递转矩;有的在轴上沿轴

向移动时起导向作用。

键是标准件,可分为平键、半圆键、楔键和切向键等。平键和半圆键构成松键联接,楔键和切向键构成紧键联接。

除了平键之外,键联接还有半圆键联接、楔键联接和切向键联接。

1. 半圆键联接

图 2.9-5 所示为半圆键联接。轴上键槽用半径和宽度均与半圆键相同的键槽铣刀铣出,因而键在键槽中能绕其几何中心摆动以适应轮毂中键槽的斜度。半圆键工作时,和平键一样,靠其侧面来传递转矩。这种键联接的优点是工艺性好、装配方便,尤其适用于锥形轴端与轮毂的联接。其缺点是轴上键槽较深,对轴的削弱较大,故一般只用于轻载联接中。

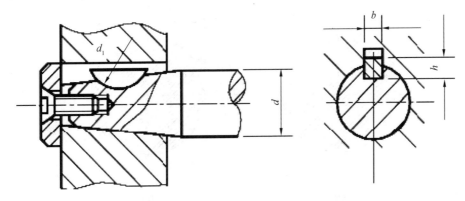

图 2.9-5　半圆键联接

2. 楔键联接

楔键联接如图 2.9-6 所示。楔键的上下两面是工作面,键的上表面和与它相配合的轮毂槽底面均具有 1:100 的斜度。装配后,键即楔紧在轴和轮毂的键槽里。工作时,靠键的楔紧力所产生的摩擦力来传递转矩,同时还可以承受单向的轴向载荷。楔键联接的主要缺点是键楔紧后,轴和轮毂的配合产生偏心和偏斜,因此主要用于定心精度不高和转速低的轮毂类零件。

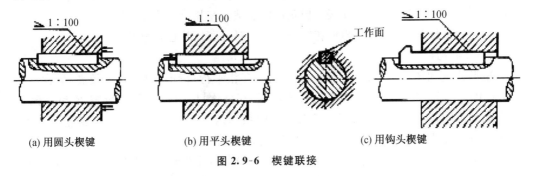

(a) 用圆头楔键　　(b) 用平头楔键　　(c) 用钩头楔键

图 2.9-6　楔键联接

楔键分普通楔键和钩头楔键两种,普通楔键有圆头、平头和单圆头 3 种。装配时,圆头楔键要先放入轴上键槽中,然后打紧轮毂;平头、单圆头和钩头楔键则在轮毂装好后才将键放入键槽并打紧。钩头楔键的钩头供拆卸用,如装在轴端时,应注意加装防护罩。

楔键因能承受单向轴向力,故设计时应特别注意拆卸问题,必须留有足够的拆卸空间和拆卸手段。

3. 切向键

切向键是由一对斜度为 1：100 的楔键组成,如图 2.9-7 所示。切向键的工作面是一对楔键沿斜面拼合后相互平行的两个窄面,其中一个窄面通过轴心线的平面。被联接的轴和轮毂上都制有相应的键槽。装配时,把一对楔键分别从轮毂的两端打入,拼合后的切向键沿轴的切线方向楔紧在轴和轮毂之间。工作时,靠工作面上的挤压力和轴与轮毂之间的摩擦力来传递转矩。用一个切向键时,只能传递单向的转矩,当要传递双向转矩时,必须用两个切向键,两者的夹角为 $120°\sim135°$。这种键联接对中性差,对轴的强度削弱较大,因此常用于对中性要求不高且直径大于 100 mm 的轴上。

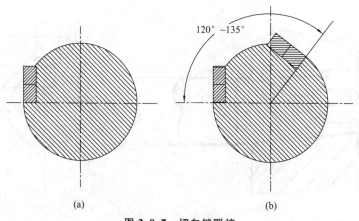

图 2.9-7　切向键联接

二、花键联接

由于平键联接的承载能力低,轴被削弱和应力集中程度都比较严重,为改善这些缺点,将多个平键与轴形成一体,便形成花键轴(或称外花键),同它配合的便是花键孔(或称内花键),如图 2.9-8 所示。

花键轴和花键孔组成的联接,称为花键联接。与平键联接相比,花键联接承载能力强,轴被削弱和应力集中程度有所改善,并且有良好的定心精度和导向性能,适用于定心精度高,载荷大的静联接和动联接。但花键的制造要采用专用设备,成本较高。

花键联接按其齿形,分为矩形花键、渐开线花键两种,均已标准化。

1. 矩形花键

矩形花键如图 2.9-8 所示,齿的两个侧面互相平行,齿形简单、精度较高,导向性能好,应用最广泛。矩形花键的主要参数为小径 d(公称尺寸)、大径 D、齿宽 B 和齿数 z。按齿高的不同,国家标准中规定了轻系列和中系列两个系列。轻系列的承载能力较小,多用于静联接或轻载联接,中系列用于中等载荷的联接。

矩形花键的定心方式为小径定心(见图 2.9-9),即外花键和内花键的小径为配合面。其特点是定心精度高,定心的稳定性好,能用磨削的方法消除热处理后的变形。

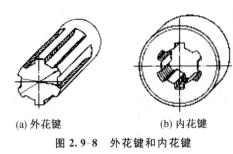

(a) 外花键   (b) 内花键
图 2.9-8 外花键和内花键

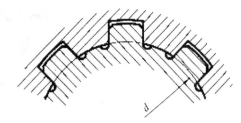

图 2.9-9 矩形花键的定心

2. 渐开线花键

渐开线花键的齿廓为渐开线如图 2.9-10 所示。分度圆压力角有 30°和 45°两种。与渐开线齿轮相比,渐开线花键的齿较短,齿根较宽,不发生根切的齿数较少。

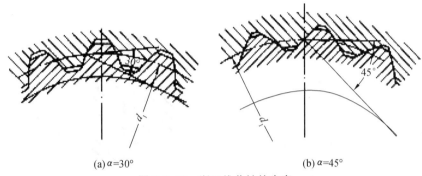

(a)α=30°   (b)α=45°
图 2.9-10 渐开线花键的齿廓

渐开线花键的定心方式为齿形定心,当齿受载时,齿上的径向力能起到自动定心作用,有利于各齿均匀承载。

渐开线花键可以用制造齿轮的方法来加工,工艺性较好,制造精度也高,花键齿的根部强度高,应力集中小,易于定心。当传递的转矩较大且轴径也大时,宜采用渐开线花键。

压力角为 45°的渐开线花键,由于齿形钝而短,与压力角 30°的渐开线花键相比,对联接件的削弱较少,但齿的工作面的高度较小,故承载能力低,多用于载荷较强、直径较小的静联接,特别适用于薄壁零件的轴毂联接。

三、销联接

按销的用途,销可分为联接销、定位销、安全销 3 种。联接销用于轴-毂联接,如图 2.9-11 所示,可传递不大的载荷,实现周向、轴向固定。定位销用于确定零件之间的相对位置,通常不承受载荷,数目一般为两枚,如图 2.9-12 所示。安全销用于安全装置中,作为过载剪断元件,如图 2.9-13 所示。

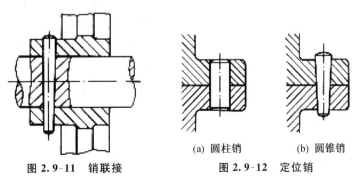

                              (a) 圆柱销   (b) 圆锥销
图 2.9-11 销联接   图 2.9-12 定位销

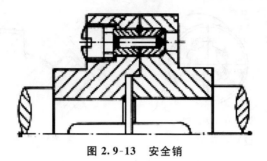

图 2.9-13　安全销

按销的形状不同,销可分为圆柱销、圆锥销两大类。圆柱销靠过盈配合固定在孔中,不宜经常拆装。圆锥销具有 1∶50 的锥度,小头直径为标准值,销在孔中可以自锁。圆锥销装拆方便,用于需多次装拆的场合,为便于拆卸,圆锥销的端部可带螺纹,如图 2.9-14 所示。

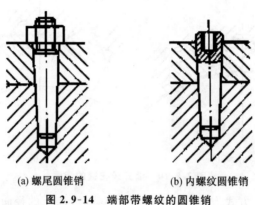

(a) 螺尾圆锥销　　　　　(b) 内螺纹圆锥销

图 2.9-14　端部带螺纹的圆锥销

思考与练习

1. 试比较平键联接及楔键联接在结构、工作面、传力方式、定心精度等方面的区别。

2. 与普通平键相比,花键有什么特点?

3. 导向平键与滑键在结构上各有什么特点? 分别适用于什么场合?

4. 普通平键的尺寸是如何确定的? 它的主要失效形式是什么?

5. 销联接有几类? 各用在什么场合? 什么时候用圆柱销? 什么时候用圆锥销?

6. 某减速器的低速轴与凸缘联轴器及圆柱齿轮之间分别用键联接,结构尺寸如图所示,轴的材料为 45 钢,联轴器材料为铸铁,齿轮材料为锻钢,齿轮分度圆直径 $d_1 = 350$ mm,齿轮上的圆周力 $F_t = 2\,000$ N,有轻微冲击,试选择两处的 A 型键的尺寸,并进行强度校核。

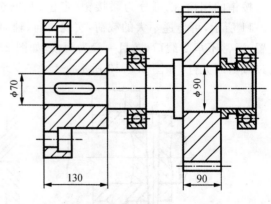

题 6 图

工作任务 10　滚动轴承选择计算

任务导入

带式输送机等机械中都有旋转轴,旋转轴和固定机架之间会产生很大的摩擦,从而造成磨损,降低机器的使用寿命。因此,在旋转轴和固定机架之间需要采用轴承来支撑轴及轴上的传动零件,以减轻磨损,并提高轴的旋转精度。

任务目标

知识目标　了解轴承的功用与类型;了解滚动轴承构造;熟练掌握滚动轴承的类型、特点及其应用;熟练掌握滚动轴承代号的具体意义;理解基本额定寿命、轴承寿命可靠度、基本额定动负荷、当量动负荷概念;掌握角接触轴承轴向负荷的计算;了解滚动轴承尺寸选择;掌握滚动轴承轴向定位、调整、配合与装拆等组合知识;了解滚动轴承的润滑和密封方式的特点及选择;了解滑动轴承的类型、结构、材料、特点及其应用;了解滑动轴承的润滑剂和润滑方式的选择。

能力目标　掌握滚动轴承类型的选择原则,能根据工作要求合理地选择轴承型号;掌握滚动轴承的失效形式及计算准则;掌握滚动轴承的寿命计算及静强度计算,能熟练查阅有关手册;掌握滚动轴承轴向定位、调整、配合与装拆等组合设计。

知识与技能

一、轴承的功用、组成、代号

1. 轴承的功用和类型

轴承是用于支承轴和轴上零件绕固定轴线转动的零部件。轴承的功用有:

① 支承轴及轴上转动的零件;

② 保持一定的旋转精度;

③ 减少摩擦和磨损。

根据工作时摩擦类型的不同,轴承可分为滚动轴承和滑动轴承两大类。

2. 滚动轴承的组成

滚动轴承是机械中最常用的标准件之一,具有摩擦阻力小、启动灵活、效率高的优点,而且由专业厂家批量生产,类型尺寸齐全,标准化程度高,对设计、使用、维护都很方便,因此在一般机器中应用较广泛。滑动轴承常用在高速、高精度、重载、结构上要求剖分等场合,如汽轮机、大型电机、轧钢机等机器中。

滚动轴承一般由内圈、外圈、滚动体和保持架组成,如图 2.10-1 所示。内圈装在轴颈上,外圈装在机座或零件的轴承孔内。多数情况下,外圈不转动,内圈与轴一起转动。当内外圈之间相对旋转时,滚动体沿着滚道滚动。保持架使滚动体均匀分布在滚道上,并减少滚动体之间的碰撞和磨损。

滚动轴承的内、外圈及滚动体一般是用含铬轴承钢制成,常用材料有 GCr15,

GCr15SiMn 等,工作表面经磨削和抛光,硬度一般不低于 60 HRC,保持架多数用低碳钢冲压而成,也有用铜合金、铝合金或塑料等制成的实体式。滚动体的类型如图 2.10-2 所示。

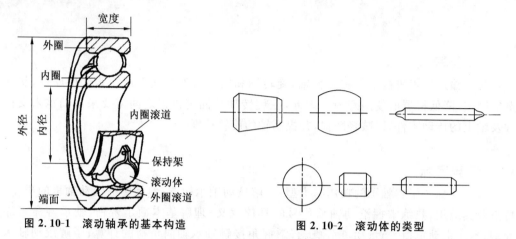

图 2.10-1　滚动轴承的基本构造　　　　图 2.10-2　滚动体的类型

滚动轴承已经标准化,由轴承厂大量生产。在设计时只需根据具体工作条件从轴承手册中选择适当的轴承类型和尺寸,并进行轴承的组合设计,解决诸如轴承的配合、调整、润滑、密封等问题。

3. 滚动轴承的代号

滚动轴承的规格、品种繁多,国家标准规定统一的代号来表征滚动轴承在结构、尺寸、精度、技术性能等方面的特点和差异。根据国家标准 GB/T 272—1993,我国滚动轴承的代号由基本代号、前置代号和后置代号构成,用字母和数字等表示,其排列顺序见表 2.10-1。其中基本代号是轴承代号的基础,前置代号和后置代号都是轴承代号的补充,只有在遇到对轴承结构、形状、材料、公差等级、技术要求等有特殊要求时才使用,一般情况可部分或全部省略。

表 2.10-1　滚动轴承代号的构成及排列顺序(摘自 GB/T 272—1993)

前置代号	基本代号					后置代号						
	五	四	三	二	一							
		尺寸系列代号										
轴承分部件	类型代号	宽(高)度系列	直径系列	内径代号		内部结构	密封与防尘及套圈变形	保持架及其材料	轴承材料	公差等级	游隙	配置	其他

(1) 基本代号

基本代号表示轴承的基本类型、结构和尺寸。一般滚动轴承(滚针轴承除外)的基本代号由类型代号、尺寸系列代号和内径代号构成,见表 2.10-1。滚针轴承的基本代号由轴承类型代号和表示轴承配合安装特征的尺寸构成,具体见 GBI/T 272—1993。

① 轴承内径代号。

基本代号右起第一、第二位数字代表内径尺寸,表示方法见表 2.10-2。

表 2.10-2　轴承内径代号

内径代号	04～99(代号乘以 5 即为内径)	00	01	02	03
内径尺寸 d/mm	20～480	10	12	15	17

对于内径小于 10 mm 或大于 480 mm 的轴承,其内径表示方法可参看 GB/T 272—1993。

② 尺寸系列代号。

为了满足不同承载能力的需要,把同一内径的轴承做成不同的外径和宽度,这种内径相同而外径和宽度不同的变化系列称为尺寸系列。GB/T 272—93 规定轴承的尺寸系列代号由基本代号右起第三、四位数字表示。尺寸系列代号包括直径系列代号和宽(高)度系列代号。

直径系列代号直径系列代号用基本代号右起第三位数字表示。所谓直径系列是指结构相同、内径相同而外径不同的尺寸系列,其代号为 7,8,9,0,1,2,3,4,5,尺寸依次递增,见图 2.10-3。

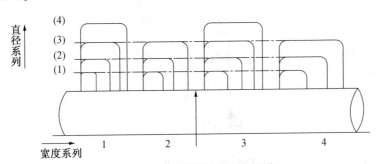

图 2.10-3　直径系列和宽度系列

宽(高)度系列代号右起第四位数字代表宽(高)度系列代号。宽(高)度系列是指结构、内径和直径系列都相同的轴承,对向心轴承,配有不同宽度的尺寸系列,代号取 8,0,1,2,3,4,5,6,尺寸依次递增;当宽度系列为 0 时,多数轴承可将 0 省略,但圆锥滚子轴承不可省略 0。对推力轴承,配有不同高度的尺寸系列,代号取 7,9,1,2,尺寸依次递增。

③ 轴承类型代号。

轴承类型用右起第五位数字或字母表示,见表 2.10-3。

(2) 前置代号

前置代号表示轴承的分部件,以字母表示,如 K 代表滚子轴承的滚子和保持架组件,L 代表可分离轴承的可分离套圈等。

以上内容仅介绍了轴承代号中最基本、最常用的部分。对于未涉及的部分,可查阅 GB/T 272—1993。

(3) 后置代号

轴承的后置代号表示轴承的内部结构、密封、材料、公差、游隙、配置及其他特性要求,用数字和字母表示。后置代号共分 8 组,排列顺序见表 2.10-1。

(1) 内部结构代号

内部结构代号是表示同一类型轴承的不同内部结构,用字母紧跟着基本代号表示。如用 C,AC 和 B 表示接触角为 15°,25°和 40°的角接触球轴承。

（2）公差等级代号

轴承公差等级，是指不同的尺寸精度和旋转精度的特定组合。精度由高到低有 /P2,/P4,/P5,/P6X,/P6 和 /P0 共 6 个级别，其中/P0 级为普通级，在轴承代号中可不标出。

（3）游隙代号

轴承的滚动体与内、外圈滚道之间的间隙称为游隙。游隙按大小分组，由小到大依次有 /C1,/C2,/C0,/C3,/C4 和 /C5 共 6 个组别。其中，/C0 为常用游隙组，在轴承代号中可不标出。公差代号与游隙代号同时标注时，可省去后者字母，如/P6,/C3,应标注为/P63。

（4）配置代号

成对安装的轴承有 3 种配置方式，如图 2.10-4 所示，分别用 3 种代号表示：/DB——背对背安装；/DF——面对面安装；/DT——串联安装。代号示例如 7210ClDF，30208/DB。

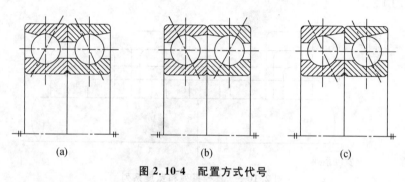

图 2.10-4　配置方式代号

例 1　试说明 30412,N208/P54 轴承代号的意义。

解　30412 轴承代号的意义为：

3 表示圆锥滚子轴承,0(圆锥滚子轴承宽度系列代号不省略)表示宽度系列 0,4 表示直径系列 4,12 表示内径 60 mm,公差等级/P0,游隙组别/C0。

N208/P54 轴承代号的意义为：

N 表示圆柱滚子轴承,宽度系列 0(省略),2 表示直径系列为 2,08 表示内径为 40 mm,公差等级别/P5,游隙组别/C4。

二、滚动轴承的主要类型及选择

1. 滚动轴承的主要类型

如图 2.10-5 及表 2.10-3 所示,滚动轴承按其所受外载荷方向的不同可分为向心轴承和推力轴承两大类。

滚动轴承的滚动体与外圈滚道接触处的法线方向与轴承径向平面之间所夹的锐角 α 称为(公称)接触角。接触角越大,轴承能承受的轴向载荷的相对值也越大。

根据公称接触角的不同,滚动轴承可分为向心轴承($0°\leqslant\alpha\leqslant45°$)、推力轴承($45°<\alpha\leqslant90°$)。

向心轴承又可分为径向接触轴承和角接触向心轴承,推力轴承又可分为角接触推力轴承和轴向接触轴承。

262

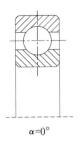 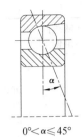 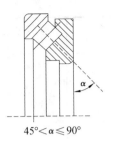 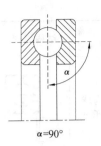

$\alpha=0°$	$0°<\alpha\leqslant45°$	$45°<\alpha\leqslant90°$	$\alpha=90°$
(a) 径向接触轴承	(b) 向心角接触轴承	(c) 推力角接触轴承	(d) 轴向推力轴承

图 2.10-5　轴承的主要类型(按公称接触角分类)

表 2.10-3　滚动轴承的主要类型和特性

轴承名称 类型代号	结构简图	承载 方向	极限 转速	内外圈轴线间 允许的角偏斜	主要特性和应用
调心球 轴承1		中	2°～3°	主要承受径向载荷,同时也能承受少量的轴向载荷。因为外圈滚道表面是以轴承中点为中心的球面,故能调心,允许角偏斜为在保证轴承正常工作条件下内、外圈轴线间的最大夹角
调心滚子 轴承2		低	0.5°～2°	能承受很大的径向载荷和少量轴向载荷,承载能力较强。滚动体为鼓形,外圈滚道为球面,因而具有调心性能
推力调心 滚子 轴承2		低	2°～3°	能同时承受很大的轴向载荷和不大的径向载荷。滚子呈腰鼓形,外圈滚道是球面,故能调心
圆锥滚子 轴承3		中	2′	能同时承受较大的径向、轴向联合载荷,因为是线接触,承载能力大于"7"类轴承。内、外圈可分离,装拆方便,成对使用
推力球 轴承5	(a) 单列　(b) 双列	低	不允许	只能承受轴向载荷,而且载荷作用线必须与轴线相重合,不允许有角偏差。具体有两种类型:单列承受单向推力、双列承受双向推力。高速运转时,因滚动体离心力大,球与保持架摩擦发热严重,寿命缩短,故仅适用于轴向载荷大、转速不高之处。紧圈内孔直径小,装在轴上;松圈内孔直径大,与轴之间有间隙,装在机座上

轴承名称 类型代号	结构简图	承载 方向	极限 转速	内外圈轴线间 允许的角偏斜	主要特性和应用
深沟球 轴承 6		高	$8'\sim16'$		主要承受径向载荷,同时也可以承受一定量的轴向载荷。当转速很高而轴向载荷不太大时,可代替推力球轴承承受纯轴向载荷
角接触球 轴承 7		较高	$2'\sim10'$		能同时承受径向、轴向联合载荷,公称接触越大,轴向承载能力也越强,公称接触角 α 有 $15°,25°,40°$ 三种,内部结构代号分别为 C、AC 和 B,通常成对使用,可以分装于两个支点或同装于一个支点上
圆柱滚子 轴承 N		较高	$2'\sim4'$		能承受较大的径向载荷,不能承受轴向载荷,因是线接触,内、外圈只允许有极小的相对偏转,轴承内、外圈可分离
滚针轴承 NA		低	不允许		只能承受径向载荷,承载能力强,径向尺寸很小,一般无保持架,因而滚针间有摩擦,轴承极限转速低。这类轴承不允许有角偏差。轴承内、外圈可分离,可以不带内圈

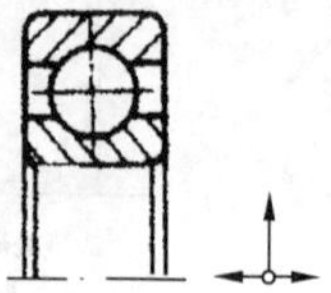

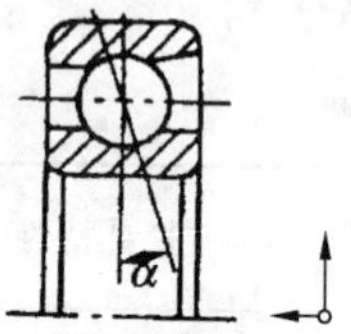

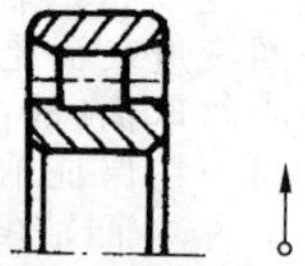

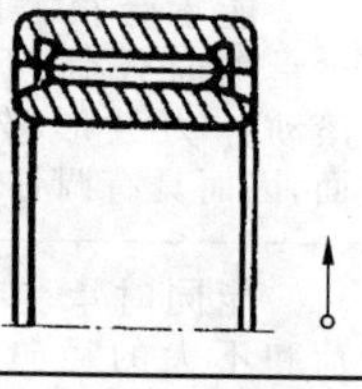

2. 滚动轴承类型的选择

选择滚动轴承的类型非常重要,选择不当,会使机器的性能要求得不到满足或降低了轴承寿命。由于滚动轴承类型很多,在选用时首先要解决如何选择合适的类型。而类型选择的主要依据是:轴承工作载荷的大小、方向和性质;转速的高低及回转精度的要求;调心性能要求;安装空间的大小、装拆方便程度及经济性等。选择滚动轴承类型时,可参考下列原则:

① 如果转速较高,载荷不大,旋转精度要求较高,宜选用点接触的球轴承。因为滚子轴承是线接触,多用于载荷较大、速度较低的情况。

② 如果是纯径向载荷可选择深沟球轴承、圆柱滚子轴承及滚针轴承;纯轴向载荷可选择推力轴承,但其允许的工作转速较低;当转速较高而载荷又不大时,可采用深沟球或角接触轴承。

当径向载荷及轴向载荷都较大时,若转速高,宜选用角接触球轴承;如果转速不高,宜用圆锥滚子轴承。

当径向载荷比轴向载荷大很多,且转速较高时,常用深沟球轴承或角接触球轴承,若转速较低,也可采用圆锥滚子轴承;当轴向载荷比径向载荷大很多,且转速不高时,常采用推力轴承与圆柱滚子轴承或深沟球轴承的组合结构,以分别承受轴向载荷和径向载荷。

③ 有冲击载荷时宜选用滚子轴承。

④ 各类轴承内外圈轴线的偏斜角是有限制的,超过允许值,会使轴承的寿命降低。由于各种原因导致弯曲变形大的轴以及多支点轴,应选择具有调心作用的轴承;线接触轴承(如圆柱滚子轴承、圆锥滚子轴承、滚针轴承等)对偏斜角较为敏感,轴应有足够的刚度,且对同一轴上各轴承座孔的同轴度要求较高。

⑤ 在要求安装和拆卸方便的场合,常选用内、外圈能分离的可分离型轴承,如圆锥滚子轴承、圆柱滚子轴承等。

⑥ 选择轴承类型时要考虑经济性。通常外廓尺寸接近时,球轴承比滚子轴承价格低,深沟球轴承价格最低;公差等级愈高,价格也愈高,选用高等级轴承应特别慎重。

三、滚动轴承的受力分析失效形式和计算准则

1. 滚动轴承受力分析

(1) 向心轴承中的载荷分布

滚动轴承内、外套圈间有相对运动,滚动体既有自转又围绕轴承中心公转。以径向接触轴承为例,轴承承受中心轴向力 F_a(见图 2.10-6 a)与径向力 F_r(见图 2.10-6 b)。在理想状态下,轴向力由各滚动体均匀分担,而径向力只由半圈滚动体承受,最下面的滚动体所受载荷最大。轴承在工作状态下,滚动体与旋转套圈承受变化的脉动接触应力,固定套圈上最下端一点承受最大脉动接触应力(见图 2.10-6 c)。

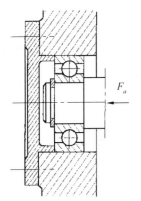
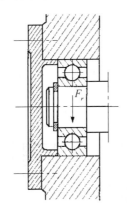
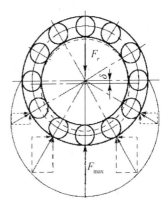

(a) 受轴向载荷作用　　　　(b) 受径向载荷作用　　　(c) 径向载荷作用时的滚动体载荷分布

图 2.10-6　向心轴承载荷分析

(2) 角接触轴承的内部派生轴向力

角接触球轴承和圆锥滚子轴承承受径向载荷时,在滚动体与外圈滚道接触处存在着接触角。当它承受径向载荷时,作用在滚动体上的法向力可分解为径向分力和轴向分力(见图 2.10-7)。各个滚动体上所受轴向分力的合力即为轴承的内部轴向力 F_S。内部轴向力 F_S 的大小的近似计算式见表 2.10-4。内部轴向力 F_S 的方向为从外圈的宽边指向窄边。

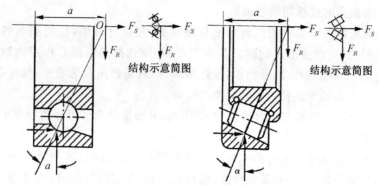

图 2.10-7　角接触向心轴承轴向载荷分析

表 2.10-4　角接触向心轴承的派生轴向力 F_S 的计算公式

轴承类型	角接触球轴承			圆锥滚子轴承 30000 型
	70000C($\alpha=15°$)	70000AC($\alpha=25°$)	70000B($\alpha=40°$)	
附加轴向力 F_S	eF_R	$0.68\,F_R$	$1.15\,F_R$	$F_R/(2Y)$

注:① 表中的 Y 值为表 2.10-5 中 $F_A/F_R>e$ 时的 Y 值。

　② 表中的 e 由表 2.10-5 查出。

（3）角接触轴承轴向载荷 F_{A1} 与 F_{A2} 的计算

F_a 为作用于轴上的轴向工作载荷，F_{R1}，F_{R2} 为两轴承所受径向力，可求得的附加轴向力分别为 F_{S1} 和 F_{S2} 方向如图 2.10-8 所示。根据轴上轴向力的平衡关系可确定轴承1、轴承2所受的轴向力。

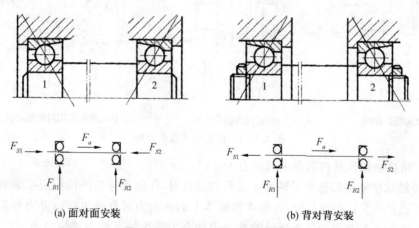

(a) 面对面安装　　　　　　(b) 背对背安装

图 2.10-8　角接触向心轴承轴向力

如果 $F_{S2}+F_a>F_{S1}$，则轴有向右移动的趋势，因轴承 1 外圈的右端受到轴承盖的限位，从而使轴承 1 被"压紧"，轴承 2 被"放松"。实际上，轴必须处于平衡位置。因此，轴承 1 的总轴向力 F_{A1} 必须与 $F_{S2}+F_a$ 相平衡，则有 $F_{A1}=F_{S2}+F_a$。由于轴承 2 相右移动，轴承 2 外匡的右端无限位，故轴承 2 被"放松"，所受轴向力仅仅是其内部产生的附加轴向力，即 $F_{A2}=F_{S2}$。

如果 $F_{S2}+F_a<F_{S1}$，则轴有向左移动的趋势，轴承 2 被"压紧"，$F_{A2}=F_{S1}-F_a$；轴承 1

被"放松"，$F_{A1}=F_{S1}$。

综上所述，计算轴向力的步骤如下：

① 求出每个轴承所受的径向力；

② 求出每个轴承的派生轴向力，派生轴向力的指向为轴承外圈的宽边指向窄边；

③ 计算轴上总的轴向力的指向，判别哪个轴承被"压紧"，哪个轴承被"放松"；

④ "放松"端轴承的轴向力等于其自身派生的轴向力，"压紧端"轴承的轴向力等于外部轴向力与"放松"端轴承派生轴向力的代数和。

例 2 如图 2.10-9 所示，一台斜齿轮减速器中的输出轴采用一对角接触轴承正装支承。已知轴上的斜齿轮为右旋，分度圆直径 $d=205$ mm，啮合点位于分度圆上的图示位置，圆周力 $F_t=3\,000$ N，径向力 $F_r=1\,116$ N，轴向力 $F_a=638$ N，轴承型号为 7206AC，试求两轴承的轴向力。

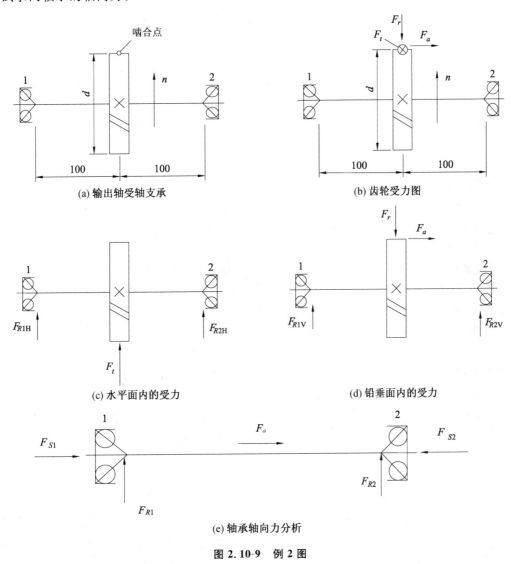

图 2.10-9 例 2 图

解 （1）求两轮承所受径向力

画齿轮受力分析，如图 2.10-9 b 所示。

求垂直平面支反力 F_{RV}：

$$F_{RV1} = \frac{F_r \times 100 - F_a \times \dfrac{d}{2}}{100 + 100} = 231 \text{ N}$$

$$F_{RV2} = \frac{F_r \times 100 + F_a \times \dfrac{d}{2}}{100 + 100} = 885 \text{ N}$$

求水平面的支反力 F_{RH}：

$$F_{RH1} = F_{RH2} = \frac{F_t}{2} = 1\,500 \text{ N}$$

由水平面和铅垂面内的径向力合成得

$$F_{R1} = \sqrt{F_{RH1}^2 + F_{RV1}^2} = \sqrt{1\,500^2 + 231^2} = 1\,518 \text{ N}$$

$$F_{R2} = \sqrt{F_{RH2}^2 + F_{RV2}^2} = \sqrt{1\,500^2 + 885^2} = 1\,742 \text{ N}$$

（2）求轴承的轴向力

由表 2.10-4 知 7206AC 轴承的附加轴向力为 $F_S = 0.68 F_R$，所以有

$$F_{S1} = 0.68 F_{R1} = 0.68 \times 1\,518 = 1\,032 \text{ N}$$

$$F_{S2} = 0.68 F_{R2} = 0.68 \times 1\,742 = 1\,185 \text{ N}$$

其方向如图 2.10-9 e 所示。

因为 $F_{S1} + F_a = 1\,032 + 638 = 1\,670 > F_{S2}$

所以，轴承 2 被"压紧"，轴承 1 被"放松"。

因此，$F_{A1} = F_{S1} = 1\,032 \text{ N}$，$F_{S2} = F_{S1} + F_a = 1\,670 \text{ N}$

2. 滚动轴承的主要失效形式

滚动轴承的失效形式主要有：疲劳点蚀、永久变形、磨损等。

（1）疲劳点蚀

外载荷作用下，由于内外圈和滚动体有相对运动，滚动体和内外圈接触处将产生接触应力。轴承元件上任一点处的接触应力都可看作是脉动循环应力，在长时间作用下，内外圈滚道或滚动体表面将形成疲劳点蚀，从而产生噪声和振动，致使轴承失效。

（2）塑性变形

当轴承转速很低或间歇摆动时，如果有过大的静载荷或冲击载荷，会使轴承工作表面的局部应力超过材料的屈服点而出现塑性变形，从而使轴承不能正常工作而失效。

（3）磨损

在密封不可靠、润滑剂不洁净，或在多尘环境下，轴承极易发生磨粒磨损；当润滑不充分时，会发生黏着磨损直至胶合。速度越高，磨损越严重。

3. 滚动轴承的计算准则

在确定轴承尺寸时，必须针对主要失效形式进行必要的计算。计算准则为：① 正常工作条件下做回转运动的攥动轴承，主要是疲劳点蚀破坏，故应进行接触疲劳寿命计算，当载荷变化较大或有较大冲击载荷时，还应做静强度校核；② 对于转速很低（$n < 10$ r/min）或摆动的轴承，主要是失效形式是塑性变形，按静强度计算即可；③ 对高速轴承，为防止发生黏着磨损，除进行寿命计算外，还要校验极限转速。

四、滚动轴承的寿命和载荷

1. 基本额定寿命和基本额定动载荷

在脉动循环变化的接触应力作用下,轴承中任何一个元件出现疲劳点蚀以前运转的总转数,或一定转速下工作的小时数,称为轴承的寿命。

大量实验证明,由于材料、热处理和加工等因素不可能完全一致,即使同类型、同尺寸的轴承在相同条件下运转,其寿命也不会完全相同,甚至相差很大。因此,必须采用数理统计的方法,确定一定可靠度下轴承的寿命,如图 2.10-10 所示。

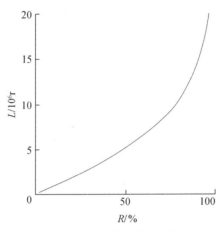

图 2.10-10　轴承寿命分布曲线

(1) 基本额定寿命

一批相同的轴承,在相同的条件下运转,90%以上的轴承在疲劳点蚀前能达到的总转数或一定转速下工作的小时数,称为轴承的基本额定寿命,以 L_{10}（10^6 r 为单位）或 L_{10h}（h 为单位）表示。寿命计算时,通常以基本额定寿命作为辅承的寿命指标。

(2) 基本额定动载荷

基本额定寿命为 10^6 r 时,轴承所能承受的最大载荷称为轴承的基本额定动载荷,以 C 表示。轴承在基本额定动载荷作用下,运转 10^6 r 而不发生疲劳点蚀的可靠度为 90%。基本额定动载荷是衡量轴承抵抗疲劳点蚀能力的主要指标,其值越大,抗点蚀能力越强。

轴承基本额定动载荷的大小与轴承类型、结构、尺寸和材料等有关,由轴承样本或设计手册提供。

基本额定动载荷可分为径向基本额定动载荷（C_r）和轴向基本额定动载荷（C_a）。前者对于向心轴承（角接触轴承除外）是指径向载荷,对于角接触轴承是指使轴承套圈间产生相对于径向位移的载荷径向分量;后者对于推力轴承,为中心轴向载荷。

2. 滚动轴承的当量动载荷

在实际使用中,当轴承既承受径向载荷又承受轴向载荷时,将实际的轴向、径向载荷等效为一假想的当量动载荷来处理,在此载荷作用下,轴承的工作寿命与在实际工作载荷下的寿命相等。此种假定载荷就称为当量动载荷,用 P 表示。

当量动载荷的计算如下:

$$P = f_P(XF_R + YF_A) \tag{2.10-1}$$

式中,X 为径向载荷系数;Y 为轴向载荷系数;F_R 为轴承所受的径向载荷;F_A 为轴承所受的轴向载荷。

X,Y 的值在表 2.10-5 中查取,表中 e 值反映了轴向载荷对轴承承载能力的影响,它与轴承类型和 F_A/C_{0r} 有关。

f_P 为载荷系数,在表 2.10-6 中查取,在实际支承中还会出现一些附加载荷,如冲击力、不平衡作用力、惯性力等的影响。

表 2.10-5 单列轴承当量动载荷计算的 X,Y 系数

轴承类型		相对轴向载荷 F_A/C_{0r} [1]	判断系数 e	$F_A/F_R \leq e$		$F_A/F_R > e$	
名称	代号			X	Y	X	Y
圆锥滚子轴承	30000	—	$1.5\tan\alpha$ [2]	1	0	0.4	$0.4\cot\alpha$ [2]
深沟球轴承	60000	0.015	0.19	1	0	0.56	2.30
		0.028	0.22				1.99
		0.056	0.26				1.71
		0.084	0.28				1.55
		0.11	0.30				1.45
		0.17	0.34				1.31
		0.28	0.38				1.15
		0.42	0.42				1.04
		0.56	0.44				1.00
角接触球轴承	70000C($\alpha=15°$)	0.015	0.38	1	0	0.44	1.47
		0.029	0.40				1.40
		0.058	0.43				1.30
		0.087	0.46				1.23
		0.12	0.47				1.19
		0.17	0.50				1.12
		0.29	0.55				1.02
		0.44	0.56				1.00
		0.58	0.56				1.00
	70000AC($\alpha=25°$)		0.68	1	0	0.41	0.87
	70000B($\alpha=40°$)		1.15	1	0	0.35	0.57

注:[1] 按 GB/T 6391—1995,深沟球轴承的 F_A/C_{0r} 值应依次为 0.012,0.023,0.046,0.067,0.089,0.132,0.217,0.321,0.427;$\alpha=15°$ 的角接触球轴承的 F_A/C_{0r} 应依次为 0.012,0.024,0.047,0.070,0.092,0.136,0.225,0.332,0.438。但为使计算时能查到资料,故本表仍沿用吴宗泽、罗圣国主编的高等学校教材《机械设计课程设计手册》所列数据。

[2] α 具体数值按不同型号轴承由产品目录或有关手册给出,有一些手册直接列 e 值、Y 值。

表 2.10-6 载荷系数 f_P

载荷性质	应用举例	载荷系数 f_P
无冲击或轻微冲击	电机、汽轮机、通风机、水泵等	1.0~1.2
中等冲击或中等惯性力	车辆、动力机械、起重机、造纸机、冶金机械、选矿机械、水力机械、卷扬机、木材加工机械、机床、传动装置、内燃机等	1.2~1.8
强大冲击	破碎机、轧钢机、钻探机、振动筛等	1.8~3.0

3. 滚动轴承的静载荷

在较大工作载荷作用下不旋转或作低速旋转以及缓慢摆动的轴承,由于滚动体接触表面上接触应力过大而产生永久性的凹坑,应按照轴承静强度来选择轴承的尺寸。

使受载最大的滚动体与滚道接触中心处引起的接触应力达到一定值(对于向心球轴承为 4 200 MPa,调心轴承 4 600 MPa,滚子轴承 4 000 MPa)的载荷,称为基本额定静载荷,用 C_0 表示,其具体数值可查轴承手册。应该指出,上述接触应力作用下产生的永久变形,除了对那些要求转动灵活性高和振动低的轴承外,一般不会影响其正常工作。

轴承上作用的径向载荷 F_R 和轴向载荷 F_A 应折合成一个当量静载荷 P_0。

$$P_0 = X_0 F_R + Y_0 F_A \tag{2.10-2}$$

式中,X_0,Y_0 分别为径向静载荷系数和轴向静载荷系数,见表 2.10-7。

表 2.10-7 单列轴承当量静载荷计算的 X_0,Y_0 系数

轴承类型		X_0	Y_0
圆锥滚子轴承		0.5	$0.22\cot\alpha$
深沟球轴承		0.6	0.5
角接触球轴承	70000C	0.5	0.46
	70000AC	0.5	0.38
	70000B	0.5	0.26

轴承静载能力选择轴承的公式为

$$C_0 \geqslant S_0 P_0 \tag{2.10-3}$$

式中,S_0 称为轴承静强度安全系数,见表 2.10-8。

表 2.10-8 静强度安全系数 S_0

使用要求或载荷性质	S_0
对于旋转精度和平稳性要求高或受较大冲击载荷的轴承	1.2～2.5
一般工作精度和轻微冲击情况下	0.8～1.2
旋转精度要求较低,允许摩擦力矩较大,没有冲击振动的轴承	0.5～0.8

 任务实施

由于滚动轴承的类型、尺寸以及精度等级等已有国家标准,因此,在机械设计中需要解决的问题主要有:① 根据工作条件合理选择滚动轴承的类型;② 滚动轴承的承载能力计算;③ 滚动轴承部件的组合设计。

一、滚动轴承的寿命计算

如图 2.10-11 所示,大量的实验表明,滚动轴承的基本额定寿命 L 与当量动载荷 P 有如下关系:

$$P^\varepsilon L = 常数 \qquad (2.10\text{-}4)$$

式中 ε 为轴承寿命指数。对于球轴承，$\varepsilon = 3$；对于滚子轴承，$\varepsilon = 10/3$。

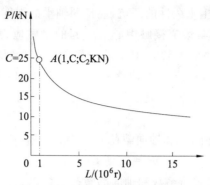

图 2.10-11　滚动轴承的 *P-L* 曲线

当基本额定寿命 $L = 1(10^6 \text{ r})$ 时，轴承的载荷为基本额定动载荷 C，由式（2.10-4）可得

$$P^\varepsilon L_{10} = C^\varepsilon 10^6$$

即

$$L_{10} = 10^6 \left(\frac{C}{P} \right)^\varepsilon \qquad (2.10\text{-}5)$$

通常，轴承寿命是按一定转速下的工作小时计算的，此时

$$L_{10h} = \frac{10^6}{60n} \left(\frac{C}{P} \right)^\varepsilon$$

当轴承温度高于 120° 时，轴承的寿命会降低，影响基本额定动载荷，应引入温度系数 f_t（见表 2.10-9），于是有

$$L_{10h} = \frac{10^6}{60n} \left(\frac{f_t C}{P} \right)^\varepsilon \qquad (2.10\text{-}6)$$

如果已知轴承的当量动载荷 P、转速 n，设计机器时所要求的轴承预期寿命 L'_{10h} 也已确定，推荐的轴承预期使用寿命如表 2.10-10 所示，则可计算出轴承应具有的基本额定动载荷 C' 值，从而可根据 C' 值选用所需要的轴承：

$$C' = \frac{P}{f_t} \sqrt[\varepsilon]{\frac{60nL'_{10h}}{10^6}} \qquad (2.10\text{-}7)$$

表 2.10-9　温度系数 f_t

轴承工作温度 $t/℃$	≤120	125	150	175	200	225	250	300	350
温度系数 f_t	1	0.95	0.9	0.85	0.80	0.75	0.7	0.6	0.50

表 2.10-10　推荐的轴承预期寿命值

使用条件		示例	预期寿命/h
不经常使用的仪器设备		闸门启闭装置等	300～3 000
间断使用的机械	中断使用不致引起严重后果	手动机械、农业机械、自动送料装置等	3 000～8 000
	中断使用将引起严重后果	发电站辅助设备、带式运输机、车间起重机等	8 000～12 000

续表

使用条件		示例	预期寿命/h
每日工作 8 h 的机械	经常不满载使用	电动机、压碎机、起重机、一般齿轮装贸等	10 000～25 000
	满载荷使用	机床、木材加工机械、工程机械、印刷机械等	20 000～30 000
24 h 连续工作的机械	正常使用	压缩机、泵、电动机、纺织机械等	40 000～50 000
	中断使用将引起严重后果	电站主要设备、纤维机械、造纸机械、给排水设备等	≈10 0000

由式(2.10-6)可计算在实际工作条件下已定轴承的寿命，可对轴承寿命进行校核；由式(2.10-7)可计算出基本额定动载 C'，以选择合适的轴承尺寸和型号。

二、滚动轴承的尺寸选择

滚动轴承在类型选择好以后，接下来就是尺寸的选择。尺寸选择主要指轴承内径和尺寸系列的选择。一般情况下，轴承的内径在轴的设计中已经决定，所以轴承尺寸选择计算是在轴承的类型决定后，针对轴承的失效形式，选定轴承的尺寸系列代号。

(1) 已知轴承内径尺寸，结合选定的轴承类型，从轴承样本中预选某一型号的轴承，查出其所具有的基本额定动载荷 C。

(2) 利用式(2.10-6)，算出预选轴承的寿命 L_h，并与预期使用寿命 L_h' 比较，看是否满足 $L_h \geq L_h'$ 的要求，如不满足，可更换型号尺寸，重新计算，直到满足寿命要求为止；或利用式(2.10-7)求出在预期使用寿命 L_h' 下，轴承应具有的基本额定动载荷 C'，然后与预选轴承所具有的基本额动载荷 C 相比较，看是否满足 $C \geq C'$ 的要求，如不满足，可更换型号尺寸，重新计算，直到满足要求为止。

(3) 对于转速较高又同时承受冲击载荷的轴承，除进行寿命计算外，还要进行轴承的静强度校核。

(4) 对于高速轴承，除进行寿命计算外还应检验极限转速。若不能满足要求则可放大轴承尺寸。

例 2　如图 2.10-12 所示，在轴上正装一对圆锥滚子轴承，其型号为 30305，已知轴承的径向载荷分别为 $F_{R1}=2\,500$ N，$F_{R2}=5\,000$ N，外加轴向力 $F_A=2\,000$ N，该轴承在常温下工作，预期工作寿命为 $L_h'=2\,000$ h，载荷系数 $f_P=1.5$，转速 $n=1\,000$ r/min。试校核该对轴承是否满足寿命要求。

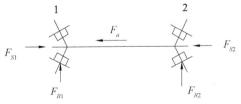

图 2.10-12　例 2 图

解　由轴承手册得 30305 型轴承基本额定动载荷 $C_r=44\,800$ N，$e=0.30$，$Y=2$。

(1) 计算两轴承的派生轴向力 F_S

由表 2.10-4 查得，圆锥滚子轴承的派生轴向力为 $F_S=F_R/(2Y)$，则

$$F_{S1}=\frac{F_{R1}}{2Y}=\frac{2\,500}{4}=625\text{ N,方向向右}$$

$$F_{S2}=\frac{F_{R2}}{2Y}=\frac{2\,500}{4}=625\text{ N,方向向左}$$

（2）计算两轴承的轴向载荷 F_{A1}，F_{A2}

$$F_{S2}+F_a=1\,250+2\,000=3\,250\text{ N,}$$

因为 $\qquad\qquad\qquad F_{S2}+F_a > F_{S1}$

所以，轴承1被"压紧"，轴承2被"放松"，故

$$F_{A1}=F_{S2}+F_a=3\,250\text{ N}$$

$$F_{A2}=F_{S2}=1\,250\text{ N}$$

（3）计算两轴承的当量动载荷 P

轴承1的当量动载荷 P_1：

$$\frac{F_{A1}}{F_{R1}}=\frac{3\,250}{2\,500}=1.3 > e=0.30$$

查表 2.10-5 得 $X_1=0.4$，$Y_1=2$。

查表 2.10-6 得 $f_P=1.5$。

$$P_1=f_P(X_1F_{R1}+Y_1F_{R2})=1.5(0.4\times2\,500+2\times3\,250)=11\,250\text{ N}$$

轴承2的当量动载荷 P_2：

$$\frac{F_{A2}}{F_{R2}}=\frac{1\,250}{5\,000}=0.25 < e=0.30$$

查表 2.10-5 得 $X_2=1$，$Y_2=0$

$$P_2=f_PF_{R2}=1.5\times5\,000=7\,500\text{ N}$$

（4）验算两轴承的寿命

由于轴承是在正常温度下工作，$t<120\text{ ℃}$，查表 2.10-9 得 $f_t=1$；

滚子轴承的 $\varepsilon=10/3$，则轴承1的寿命

$$L_{10h1}=\frac{10^6}{60n}\left(\frac{f_tC}{P}\right)^\varepsilon=\frac{10^6}{60\times1\,000}\left(\frac{1\times44\,800}{11\,250}\right)^{\frac{10}{3}}=1\,668\text{ h}$$

轴承2的寿命

$$L_{10h2}=\frac{10^6}{60n}\left(\frac{f_tC}{P}\right)^\varepsilon=\frac{10^6}{60\times1\,000}\left(\frac{1\times44\,800}{7\,500}\right)^{\frac{10}{3}}=6\,445\text{ h}$$

由此可见，轴承1不满足寿命要求，而轴承2满足要求。

三、滚动轴承的组合设计

要保证滚动轴承的正常工作和有效发挥其支承作用，除了正确地选择轴承的类型和尺寸外，还必须正确地解决轴承的组合结构设计问题。包括轴承的固定、配合、间隙调整、装拆、润滑、密封等一系列问题。

1. 滚动轴承的轴向固定

滚动轴承内、外圈与轴的轴向固定取决于载荷的性质、大小和方向，以及轴承的类型和支承情况。

（1）常用的轴承外圈轴向固定方法有：① 轴承端盖（见图 2.10-13 a）；② 孔用弹性挡圈和轴承座凸肩（见图 2.10-13 b）；③ 嵌入轴承外圈的轴用弹性挡圈和轴承端盖（见图 2.10-13 c）；④ 轴承座凸肩和轴承端盖（见图 2.10-13 a,d）等。

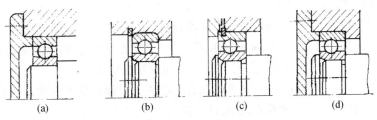

图 2.10-13　滚动轴承外圈与轴承座的固定

（2）常用轴承内圈固定方法有：① 轴肩（见图 2.10-14 a）；② 轴用弹性挡圈和轴肩（见图2.10-14 b）；③ 轴端挡圈和轴肩（见图 2.10-14 c）；④ 圆螺母、止动垫片和轴肩（见图 2.10-14 d)等。

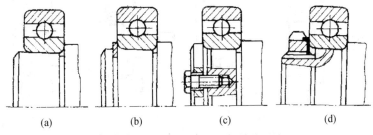

图 2.10-14　滚动轴承内圈与轴的固定

2. 轴的支承结构形式

滚动轴承是轴的支承部件,合理的轴的支承结构形式,应使轴和轴上零件在机器中有确定的位置,能够承受径向载荷和轴向载荷,并能在由于工作温度升高使轴受热膨胀时,轴和轴上零件也能顺利工作。轴的支承结构形式有以下 3 种。

（1）两端单向固定

轴的两个支点分别限制轴在不同方向的单向移动,两个支点合起来便可限制轴的双向移动,这种固定方式称为双支承单向固定。它适用于工作温度变化不大的短轴（支承跨距小于 350 mm）。考虑到轴因受热伸长,对于深沟球轴承,如图 2.10-15 a 所示,可在轴承盖与外圈端面之间,留出热补偿间隙 $c=0.2\sim0.4$ mm。该间隙可通过调整垫片组的厚度或修磨轴承端盖的端面获得。对于角接触球轴承和圆锥滚子轴承,不仅可以用垫片调节,也可用调整螺钉调整轴承外圈的方法来调节,如图 2.10-15 b 所示。

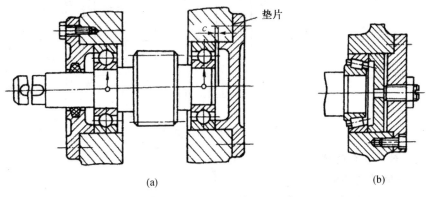

图 2.10-15　两端支承单向固定

（2）一端双向固定一端游动

当支承跨距较大（l＞350 mm）、工作温度较高（Δt≥50 ℃）时，轴受热伸长量较大，必须给轴系以热膨胀的余地，以免轴承被卡死，同时又要保证轴系相对固定以实现其正确的工作位置，应采用一端双向固定，另一支点游动的配置形式。

如图 2.10-16 所示，轴的两个支点中只有一个支点限制轴的双向移动，另一个支点则可做轴向游动，这种固定方式称单支承双向固定。固定支承的轴承的内、外圈都必须做双向固定。游动支承的轴承可选用深沟球轴承或内、外圈可做轴向移动的 N 类轴承。使用 N 类轴承时（见图 2.10-16 a）内外圈均应作双向固定。使用深沟球轴承时（见图 2.10-16 b），内圈应在轴上双向固定，允许外圈在轴承座中做轴向游动。

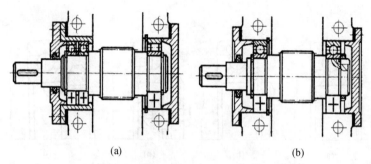

(a)   (b)

图 2.10-16　一端双向固定一端游动

（3）两端游动

如图 2.10-17 所示的人字齿轮传动的高速轴，为了使轮齿受力均匀或防止齿轮卡死，轴的两端均使用 N 类游动轴承，轴在两个方向均不固定，这种方式称为双支承游动，又称全游式支承。这种方式只在人字齿轮的高速轴或其他特殊情况中使用。

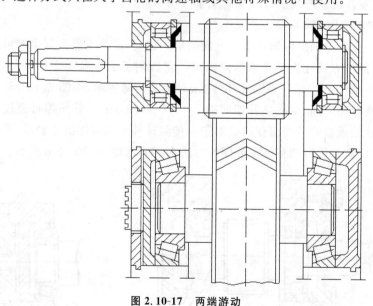

图 2.10-17　两端游动

3. 滚动轴承组合的调整

（1）轴承间隙的调整

采用两端固定支承的轴承部件，为补偿轴在工作时的热伸长，在装配时应留有相应的轴承间隙。轴承间隙的调整方法有：① 通过加减轴承端盖与轴承座端面间的垫片厚度来实现，如图 2.10-15 a 所示；② 通过调整螺钉，经过轴承外圈压盖，移动外圈来实现，在调整后，应拧紧防松螺母，如图 2.10-15 b 所示。

（2）轴承的预紧

在安装轴承时加一定的轴向预紧力，消除轴承内部的原始游隙，并使套圈与滚动体产生预变形，在承受外载后，仍不出现游隙，这种方法称为轴承的预紧。轴承预紧的目的是为了提高轴承的旋转精度、刚度以及减少振动和噪音。

预紧力可以利用金属垫片（见图 2.10-18 a）、磨窄套圈（见图 2.10-18 b）、用螺纹端盖推压轴承外圈（见图 2.10-18 c）用于圆锥滚子轴承）等方法获得。

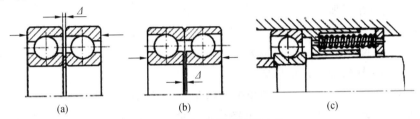

图 2.10-18 轴承的预紧方法

（3）轴承组合位置的调整

蜗杆传动要求蜗轮的中间平面通过蜗杆轴线（见图 2.10-19 a），圆锥齿轮传动要求两圆锥齿轮的节锥顶点重合（见图 2.10-19 b），故要求整个轴系可以作轴向调整。图 2.10-19 c 是圆锥齿轮传动轴的结构图，轴系位置可以通过增减垫片 1 的厚度得以改变。垫片 2 则是用来调整轴承的轴向游隙。

图 2.10-19 c 所示为这种轴承组合形式，整个轴系装在套杯中，通过调整套杯与机座间的垫片 1，即可调整锥齿轮的轴向位置。

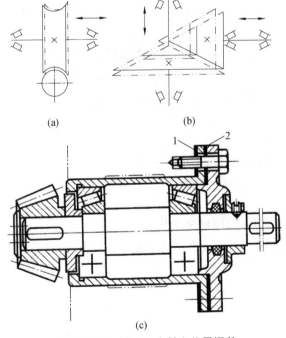

图 2.10-19 轴承组合轴向位置调整

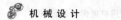

4. 滚动轴承的配合

滚动轴承的周向固定是靠轴承内圈与轴颈、轴承外圈与座孔之间的配合来实现的。

滚动轴承是标准件,它在配合方面有下述特点:

(1) 轴承内孔与轴的配合采用基孔制,轴承外圈与轴承座孔的配合采用基轴制。

(2) 轴承的内孔与外径均为上偏差为零、下偏差为负的公差带,这与普通圆柱体公差的国家标准不同,这一规定使轴承内孔与轴的配合比通常的基孔制同类配合要紧得多。

(3) 在装配图上不需标注轴承内径和外径的公差符号,只需标注轴和轴承座孔的公差符号。

轴常用的公差代号有 j6,k6,m6,n6,座孔常用的公差代号有 G7,H7,J7 等。选择具体配合时,请查轴承手册。

5. 支承部位的刚度和同轴度

轴和轴承座的刚度不足、变形过大,或两端轴颈和轴承座孔不能保证同轴度时,将使滚动体运动受阻,导致轴承过早损坏。

为了提高轴的刚度,要尽可能缩短轴的跨距或悬壁长;为了提高轴承座的刚度,应在机座支承轴承处适当加厚或加筋;对于轻合金或非金属制成的机壳,在安装轴承处应采用钢制的套杯,如图 2.10-20 所示。

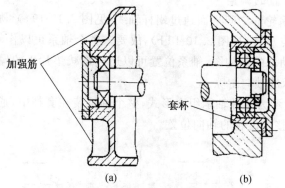

图 2.10-20 支承外的加强筋和套杯

为了保证两个支承的同轴度,两个座孔应一次镗出;当机壳是剖分式时,则应将两半个机壳组装在一起镗孔;当两个轴承的外径不同时,按大孔直径一次镗出,然后在较小的轴承上加装套杯结构。

6. 滚动轴承的装拆

为了不损伤轴承及轴颈部位,中小型轴承可用手锤敲击装配套筒(一般用铜套)安装轴承(见图 2.10-21 a,b);尺寸大的轴承,可先在油中加热(不超过 80~90 ℃),使轴承内孔胀大后再套在轴上。

拆卸轴承一般也要用专门的拆卸工具——顶拔器(见图 2.10-21 c)。为便于安装顶拔器,应使轴承内圈比轴肩、外圈比凸肩露出足够的高度 h,对于盲孔,可在端部开设专用拆卸螺纹孔(见图 2.10-21 d)。

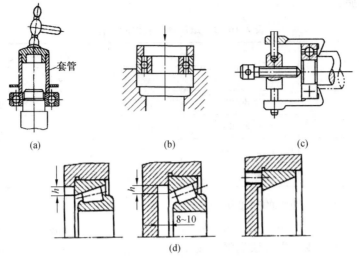

图 2.10-21 轴承的装拆

7. 滚动轴承的润滑

（1）滚动轴承润滑的目的

轴承的润滑不仅可以减少摩擦、降低磨损，还可以散热、缓冲吸振和防止锈蚀。润滑不良，易引起轴承早期失效，所以必须十分重视轴承的润滑问题。

轴承润滑的主要目的是减少摩擦和磨损，还有吸收振动、降低温度等作用。滚动轴承的润滑方式可根据速度因数 dn（见表 2.10-11）值来选择。d 为轴承内径（mm），n 为轴承转速（r/min）。dn 值间接反映了轴颈的线速度。浸油润滑是使轴承浸入油中，浸入深度一般不得超过滚动体直径的 $1/3$，以免搅油损耗过大。

表 2.10-11 适用于脂润滑和油润滑的 dn 值界限　　　　mm·r/min

	脂润滑	油润滑			
		油浴润滑	滴油润滑	循环油润滑	喷雾润滑
深沟球轴承	160 000	250 000	400 000	600 000	>600 000
调心球轴承	160 000	250 000	400 000		
角接触球轴承	160 000	250 000	400 000	600 000	>600 000
圆柱滚子轴承	120 000	250 000	400 000	600 000	
圆锥滚子轴承	100 000	160 000	230 000	300 000	
调心滚子轴承	80 000	120 000		250 000	
推力球轴承	40 000	60 000	120 000	150 000	

（2）润滑油与润滑脂的选择

当 $dn<(1.5\sim2)\times10^5$ mm·r/min 时，可选用脂润滑。当超过时，宜选用油润滑。脂润滑可承受较大载荷，且便于密封及维护，充填一次润滑脂可工作较长时间。油润滑的优点是比脂润滑摩擦阻力小，并能散热，主要用于高速或工作温度较高的轴承。润滑脂不易流失，便于密封、不会污染，使用周期长。润滑脂的填充量不得超过轴承空隙的 $1/3\sim1/2$，过多则阻力大，易引起轴承发热。可按轴承工作温度、dn 值，由表 2.10-12 选

用合适的润滑脂。

表 2.10-12 滚动轴承润滑脂选择

轴承工作温度/℃	dn 值/(mm·r/min)	使用环境	
		干燥	潮湿
0～40	>80 000	2号钙基脂、2号钠基脂	2号钙基脂
	<80 000	3号钙基脂、3号钠基脂	3号钙基脂
40～80	>80 000	2号钠基脂	3号钡基脂、3号锂基脂
	<80 000	3号钠基脂	

润滑油的黏度可按轴承的速度因数 dn 和工作温度 t 来确定。油量不宜过多,如果采用浸油润滑则油面高度不超过最低滚动体的中心,以免产生过大的搅油损耗和热量。高速轴承通常采用滴油或喷雾方法润滑。按 dn 值和工作温度,由图 2.10-22 选择润滑油的黏度,图中值为 40 ℃ 时的运动黏度,单位为 mm²/s。

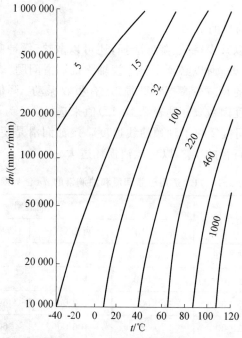

图 2.10-22 润滑油的黏度选择

8. 滚动轴承的密封

滚动轴承的密封是为了防止外界灰尘、水及其他杂物进入轴承,同时也为了防止润滑剂的流失,造成环境污染和产品污染。密封按其原理的不同可分为接触式密封和非接触式密封两大类。密封的主要类型和适用范围见表 2.10-13。选择密封方式时应考虑密封的目的、润滑剂的种类、工作环境、温度、密封表面的线速度等。

表 2.10-13 轴承密封装置

密封类型		结构	使用条件	原理和特点
接触式密封	毛毡圈密封	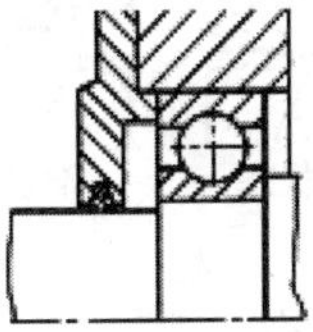	脂润滑。要求环境清洁,轴颈圆周速度不大于 4~5 m/s,工作温度不大于 90 ℃	矩形截面毡圈嵌入梯形截面槽内,压紧在轴上。毡圈上需加油或脂,以便润滑轴颈
	皮碗密封	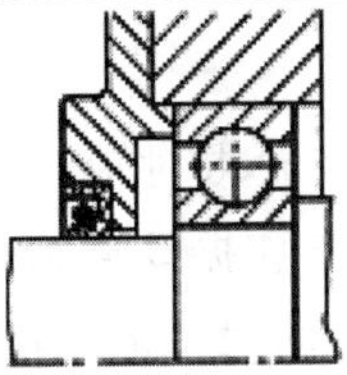	脂或油润滑。圆周速度小于 7 m/s,工作温度不大于100 ℃	唇口用环形弹簧压紧在轴表面上。密封有单向性,分有骨架和无骨架两种
非接触式密封	油沟式密封	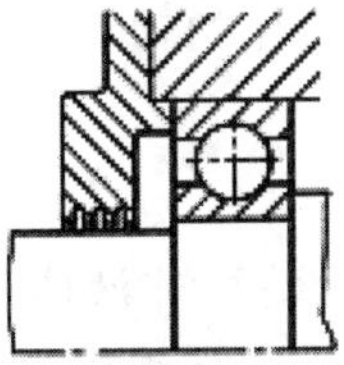	脂润滑。干燥清洁环境	靠轴与盖间的细小环形间隙密封,间隙愈小愈长,效果愈好,间隙 0.1~0.3 mm
	迷宫式密封	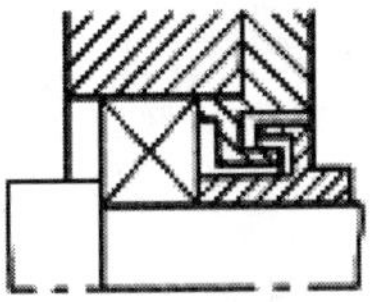	脂或油润滑。密封效果可靠	旋转件与静止件之间间隙做成迷宫形式,在间隙中充填润滑油或润滑脂以加强密封效果
组合密封		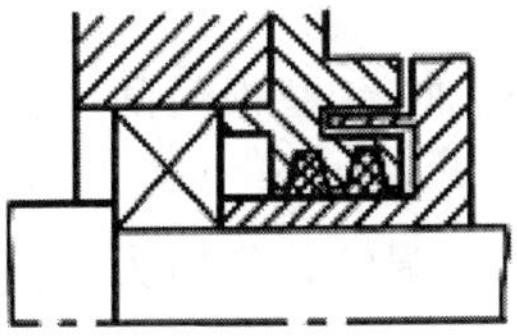	脂或油润滑	组合密封的一种形式,毛毡加迷宫,可充分发挥各自优点,提高密封效果

 **知识拓展**

一、滑动轴承

滑动轴承用于转速高、旋转精度高、能承受重载和冲击载荷场合,结构简单,成本较低。

1. 滑动轴承的应用和类型

由于滑动轴承摩擦损耗大,维护也较复杂,所以在很多场合常为滚动轴承所取代。但是在高速、高精度、重载、结构上要求剖分等情况下,滑动轴承有其独特的优点,在某些场合仍占有重要地位。

(1)滑动轴承摩擦状态

按表面润滑情况,将摩擦分为以下几种状态:干摩擦、边界摩擦、液体摩擦和混合摩擦等,如图 2.10-23 所示。

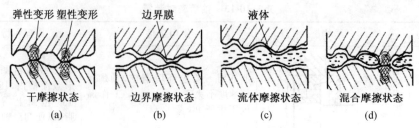

图 2.10-23　滑动轴承的摩擦状态

（2）滑动轴承的应用

滑动轴承目前主要用于：① 工作转速极高的轴承；② 要求对轴的支承特别精确的轴承；③ 特别重型的轴承和特别小的轴承；④ 承受巨大冲击和振动载荷的轴承；⑤ 根据装配要求必须做成剖分式的轴承；⑥ 当轴排列紧密、由于空间尺寸的限制，必须采用径向尺寸较小的轴承；⑦ 在水或腐蚀性介质等特殊工作条件下工作的轴承。

（3）滑动轴承的类型

按受载荷方向不同可分为径向轴承和止推轴承。

按润滑状态不同可分为液体摩擦（润滑）轴承和混合摩擦（非液体润滑）轴承。其中，液体摩擦（润滑）轴承又可分为液体动压润滑轴承和液体静压润滑轴承。

本节主要介绍混合摩擦（润滑）轴承。

2. 滑动轴承的结构

（1）径向滑动轴承

常用的径向滑动轴承的结构形式可分为整体式（见图 2.10-24 a）和剖分式（见图 2.10-24 b）。

整体式滑动轴承结构简单，成本低，装拆时必须通过轴端，磨损后间隙无法调整用于低速、轻载等场合径向滑动轴承。

剖分式滑动轴承装拆方便，轴承间隙可在一定范围内调整。径向力方向应在剖分面垂线左右各 35°范围内。

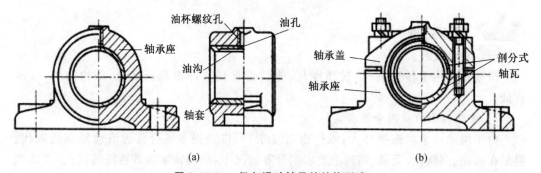

图 2.10-24　径向滑动轴承的结构形式

（2）调心式滑动轴承

当轴承宽度 B 与轴颈直径 d 之比 $B/d > 1.5$ 时，轴的变形可能会使轴瓦端部和轴颈出现边缘接触，导致轴承过早被损坏。将轴瓦与轴承座配合表面做成球面，使其自动适应轴或机架工作时的变形造成轴颈与轴瓦不同轴的情况，避免出现边缘接触。这种轴承称为调心轴承，如图 2.10-25 所示。

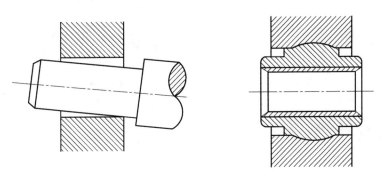

图 2.10-25　调心轴承

（3）止推滑动轴承

止推面可以利用轴的端面，也可在轴的中段做出凸肩或装上推力圆盘。空心式止推滑动轴承轴颈剖面的中空部分可贮油，压强比较均匀，承载能力不大。多环式止推滑动轴承压强较均匀，能承受较大载荷。由于各环承载不均匀，环数不能太多。普通止推滑动轴承的结构如图 2.10-26 所示。

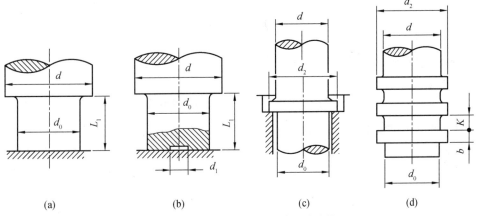

(a)　(b)　(c)　(d)

图 2.10-26　普通止推滑动轴承的结构

3．轴瓦的结构和轴瓦材料

（1）轴瓦的结构

轴瓦分为剖分式（见图 2.10-27）和整体式（见图 2.10-28）结构。

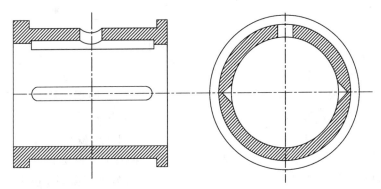

图 2.10-27　剖分式轴瓦

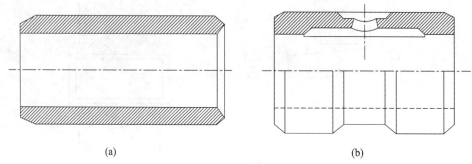

(a)   (b)

图 2.10-28   整体式轴套

剖分轴瓦的结构如图 2.10-27 所示。为改善轴瓦表面的摩擦性质,常在其内表面上浇注一层或两层减摩材料,通常称为轴承衬,所以轴瓦又有双金属轴瓦和三金属轴瓦。轴承衬的厚度应随轴承直径的增大而增大,一般由十分之几到 6 mm。为了使轴承衬与轴瓦基体联接可靠,可采用图 2.10-29 所示的沟槽形式。

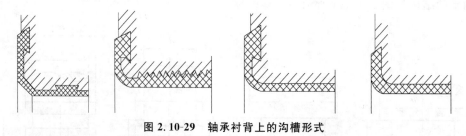

图 2.10-29   轴承衬背上的沟槽形式

为了使润滑油能够很好地分布到轴瓦的整个工作表面,在轴瓦的非承载区上要开出油孔和油沟,常见的油沟类型如图 2.10-30 所示。轴向油沟的长度一般取轴瓦轴向长度的 80%。

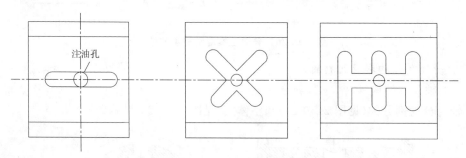

注油孔

图 2.10-30   常见油沟类型

(2) 滑动轴承的失效形式和轴承材料

滑动轴承的主要失效形式有磨粒磨损、刮伤、胶合(咬黏磨损)、疲劳剥落、腐蚀 5 种,有时还会出现气微动磨损和侵蚀(包括气蚀、流体侵蚀、电蚀)。

所谓轴承材料就是指轴瓦和轴承衬的材料。根据轴瓦失效形式及工作时轴瓦不损伤轴颈的原则,轴瓦材料应满足下列要求:① 良好的减摩性、耐磨性和磨合性;② 足够的强度;③ 良好的顺应性和嵌藏性;④ 耐腐蚀性;⑤ 良好的导热性;⑥ 良好的工艺性。其中,顺应性是指轴瓦材料补偿对中误差和其他几何误差的能力;嵌藏性是指轴瓦材料容纳污物和外来微粒,防止刮伤和磨损的能力。

常用的滑动轴承材料有三大类：金属材料、粉末冶金材料、非金属材料。

（1）金属材料

轴承合金（巴氏合金、白合金）：它是锡、铅、锑、铜的合金，又分为锡锑轴承合金和铅锑轴承合金两类。它们各以较软的锡或铅作基体，悬浮以锑锡和铜锡的硬晶粒，常用作轴承衬。

铜合金：铜合金是传统的轴瓦材料，品种很多，可分为青铜和黄铜两类。青铜的性能仅次于轴承合金的轴瓦材料，应用较多。黄铜为铜锌合金，减摩性不及青铜，但易于铸造及机加工，可作为低速、中载下青铜的代用品。

铝合金：这种轴瓦材料强度高，耐腐蚀，导热性良好，但顺应性、嵌藏性、磨合性较差，要求轴颈表面硬度高、粗糙度低以及配合间隙较大，一般作为轴承衬材料。

铸铁：有普通灰铸铁、耐磨铸铁或球墨铸铁，所含石墨具有润滑作用。耐磨铸铁表面经磷化处理可形成一多孔性薄层，有利于提高耐磨性。

（2）粉末冶金材料

粉末冶金材料是由铜、铁、石墨等粉末经压制，烧结而成的多孔隙（约占总体积的10%～35%）轴瓦材料。常用的粉末冶金材料有多孔铁、多孔青铜、多孔铝等。

（3）非金属材料

橡胶轴承具有较大的弹性，可以减小振动使运转平稳，还可以用水润滑，常用于潜水泵、沙石清洗机、钻机等有泥沙的场合。

塑料轴承具有摩擦系数低，可塑性、跑合性良好，耐磨，耐腐蚀，可以用水、油及化学溶液润滑等优点。但它的导热性差，膨胀系数较大，容易变形。为了改善这些缺陷，可将薄层塑料作为轴承衬材料布附在金属轴瓦上使用。

碳石墨具有良好的自润滑性能，高温稳定性好，常用于要求清洁的工作场合。

常用的轴承材料见表 2.10-14。

表 2.10-14　常用轴瓦材料的性能及应用

轴承材料		最大许用值		最高工作温度/℃	最小轴颈硬度/HBS	应用范围
名称	牌号	$[p]$/MPa	$[pv]$/MPa·(m/s)			
锡锑轴承合金	ZSnSb11Cu6	平稳、载荷		150	150	用于高速、重载的重要轴承，变载荷下易疲劳价格贵
		25	20			
	ZSnSb16Cu4	冲击载荷				
		20	15			
铅锑轴承合金	ZPbSbl6Snl6Cu2	15	10	150	150	用于中速、中载的轴承、不宜承受显著的冲击载荷
	ZPbSb15Sn15Cu3	5	5			
锡青铜	ZcuSn1OP1	15	15	280	300～400	用于中速、重载及受变载荷的轴承
	ZCuSn5Pb5Zn5	5	10			用于中速、中载的轴承

轴承材料		最大许用值		最高工作温度/℃	最小轴颈硬度/HBS	应用范围
名称	牌号	$[p]$/MPa	$[pv]$/MPa·(m/s)			
铅青铜	ZCuPb30	25	30	250～280	300	用于高速、重载的轴承,能承受变载荷和冲击载荷
铝青铜	ZcuAl1OFe3	15	12	280	280	用于润滑良好的低速、重载轴承
	ZcuAl1OFe3Mn2	20	15			
灰铸铁	HT150～HT250	0.1～6	0.3～4.5	150	200～250	用于低速、轻载的不重要轴承

4. 混合摩擦滑动轴承校核计算

不完全油膜滑动轴承工作时,轴颈与轴瓦表面间处于边界摩擦或混合摩擦状态,其主要的失效形式是磨粒磨损和黏附磨损。因此,防止失效的关键是在轴颈与轴瓦表面之间形成一层边界油膜,以避免轴瓦的过度磨粒磨损和因轴承温度上升过高而引起黏附磨损。

目前对不完全油膜滑动轴承的设计计算主要是进行轴承压强 p(避免过度磨损)、轴承滑动速度 v(限制滑动速度以防止因滑动速度过高而加速磨损)和 pv 值(限制轴承压强—速度值以控制发热)的验算,使它们不超过轴承材料的相应许用值。

混合摩擦滑动轴承的设计计算步骤:

设计时,一般已知轴颈直径 d,轴的转速 n 及径向载荷 F_R。其设计计算步骤如下:

(1)根据轴承使用要求和工作条件,确定轴承的结构形式,选择轴承材料;

(2)选定轴承宽径比 B/d,一般取 $B/d \approx 0.7 \sim 1.3$,确定轴承宽度 B;

(3)验算轴承的工作能力。

① 验算比压 p,保证工作时不致过度磨损。比压应满足

$$p = \frac{F_R}{Bd} \leqslant [p] \tag{2.10-8}$$

式中,$[p]$ 为许用比压,MPa,见表 2.10-15;F_R 为轴承的径向载荷,N;d 为轴颈直径,mm;B 为轴承宽度,mm。

② 验算 pv。对于载荷较大和速度较高的轴承,为保证工作时不致因过度发热产生胶合,应限制轴承单位面积上的摩擦功耗 fpv(f 为材料的摩擦系数)。在稳定的工作条件下,f 可近似地看作常数,因此,pv 反映了轴承的温升。

pv 应满足下列条件:

$$pv = \frac{F_R}{Bd} \frac{\pi dn}{60 \times 1\,000} = \frac{F_R n}{19\,100 B} \leqslant [pv] \tag{2.10-9}$$

式中,n 为轴的转速,r/min;$[pv]$ 为许用 pv 值,MPa·m/s,见表 2.10-14。

③ 验算轴颈的滑动速度 v。轴颈速度太高,易使轴承剧烈磨损。v 应满足

$$v = \frac{\pi dn}{60 \times 1\,000} \leqslant [v] \tag{2.10-10}$$

式中,$[v]$ 为滑动速度的许用值,见表 2.10-14。

④ 选择轴承的配合。不同的使用条件要求轴承具有不同的间隙,一般靠所选配合来保证。

常用的配合有 H7/g6,H7/f7,H7/f9,H7/e8 等。

非液体摩擦止推滑动轴承的计算与向心轴承相似,只是对止推轴承用环形面积计算比压,用平均直径计算速度。[pv]值则大致取 2～4 MPa·m/s。

5．滑动轴承的润滑

(1) 润滑方法的选择

滑动轴承的润滑方法可根据由经验公式求得的 k 值选择。

$$k=\sqrt{pv^3} \tag{2.10-11}$$

式中,p 为轴承压强,MPa;v 为轴颈圆周速度,m/s。

当 k≤2 时,用润滑脂润滑;2<k≤15,用润滑油润滑(可用针阀式注油油杯等);15<k≤30,用油环润滑或飞溅润滑;k>30 时,必须用压力循环润滑。

脂润滑。旋盖油杯:润滑方式简单,加一次脂可用较长时间。适用于低速轻载场合,k≤2。

油润滑。压注油杯(见图 2.10-31 a)或旋套式注油杯(见图 2.10-31 b),用油壶或油枪手工定期加油。用于轻载、低速、不重要场合,k≤2。

芯捻油杯(见图 2.10-31 d):连续供油。如要调节油量,可使用针阀式油杯(见图 2.10-31 c)。用于载荷、速度都不太大的场合 k 值在 2～16 范围。

油环(见图 2.10-32):适用于 1<v<10 m/s 的水平轴,低速时可用油链代替油环,在减速箱内,也用浸油的大齿轮溅起来的油来润滑轴承,k 值在 16～32 范围。

压力供油:润滑可靠,结构复杂,费用高油压一般为(0.1～0.5)MPa,k>32。

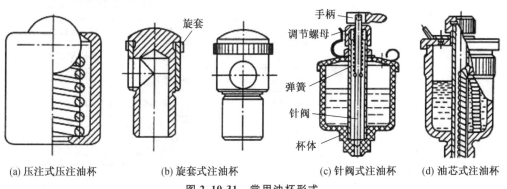

(a) 压注式压注油杯　　(b) 旋套式注油杯　　(c) 针阀式注油杯　　(d) 油芯式注油杯

图 2.10-31　常用油杯形式

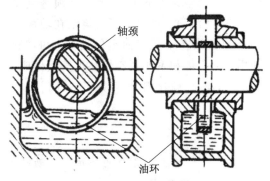

图 2.10-32　油环润滑

287

（2）滑动轴承的润滑剂及其选择

① 润滑油的选择。

滑动轴承常用润滑油牌号见表 2.10-15。

表 2.10-15　滑动轴承常用润滑油牌号选择

轴颈圆周速度 $v/(\mathrm{m \cdot s}^{-1})$	轻载($P_\mathrm{m}<3$ MPa) 工作温度（10～60 ℃）		中载($P_\mathrm{m}=3\sim7.5$ MPa) 工作温度（10～60 ℃）		重载($P_\mathrm{m}>7.5\sim30$ MPa) 工作温度（20～80 ℃）	
	运动黏度 ν_{40}/cSt	适用油牌号	运动黏度 ν_{40}/cSt	适用油牌号	运动黏度 ν_{40}/cSt	适用油牌号
0.3～1.0	60～80	L-AN[①]46, L-AN68	85～115	L-AN100	10～20	L-AN100 L-AN150
1.0～2.5	40～80	L-AN46, L-AN68	65～90	L-AN100 L-AN150		
5.0～9.0	15～50	L-AN15, L-AN22, L-AN32				
>9	5～22	L-AN7, L-AN10, L-AN15				

② 润滑脂的选择。

滑动轴承常用润滑脂牌号见表 2.10-16。

表 2.10-16　滑动轴承润滑脂选择

轴承压强 p/MPa	轴颈圆周速度 $v/(\mathrm{m \cdot s}^{-1})$	最高工作温度 /℃	选用润滑脂牌号
<1.0	≤1.0	75	钙、锂基脂 L-XAAMHA3,ZL-3
1.0～6.5	0.5～5.0	55	钙、锂基脂 L-XAAMHA2,ZL-2
>6.5	≤0.5	75	钙、锂基脂 L-XAAMHA3,ZL-3
≤6.5	0.5～5.0	120	钙、锂基脂 L-XAAMHA2,ZL-2
1.0～6.5	≤0.5	110	钙钠基脂 ZGN-2
1.0～6.5	≤1.0	50～100	锂基脂 ZL-3

③ 固体润滑剂。

当轴承在高温、低速、重载、真空条件下工作,或者必须避免润滑油污染,不宜使用润滑油、脂的场合,可以采用固体润滑剂。可以涂覆或烧结在轴瓦表面,或者混入轴瓦材料中,或者将固体润滑剂成形再镶嵌在轴瓦表面上使用。也可将这些固体润滑剂做成粉剂,与润滑油或脂混合使用。炭石墨和聚四氟乙烯还可直接做成不需润滑的轴瓦。滑动轴承常用的固体润滑剂有炭石墨、二硫化铝、聚四氟乙烯等。

 思考与练习

1. 试说明滚动轴承的基本零件组成和各自的作用。滚动轴承有哪些基本类型? 各有何特点? 选择滚动轴承应考虑哪些因素?

2. 什么是滚动轴承的尺寸系列？如何选择尺寸系列？

3. 说明下列滚动轴承代号的意义：N208/P5,6208,5208,7308C,并指出上述轴承中精度最高的轴承、承受轴向载荷最大的轴承、承受径向载荷最大的轴承和极限转速最高的轴承。

4. 什么是滚动轴承的额定动载荷、当量动载荷？轴承的失效形式和计算准则是什么？

5. 哪些类型的滚动轴承在承载时将产生内部轴向力？是什么原因造成的？哪些类型的滚动轴承在使用中应成对使用？

6. 某向心球轴承承载 10 kN,寿命为 10 000 h,若其他条件不变,承载增为 20 kN,寿命是否降为 5 000 h,为什么？

7. 应该怎样选择轴的支承结构形式？

8. 滚动轴承的配合有何特点？应如何选择配合？

9. 滑动轴承的润滑状态有哪几种？润滑油的主要性能指标是什么？滑动轴承常用的润滑装置有哪些？

10. 滑动轴承适用于哪些场合？滑动轴承的常用材料有哪些？

11. 滑动轴承的失效形式有哪些？对于非液体摩擦滑动轴承,需要做哪些校核？

12. 如图所示斜齿圆柱齿轮减速器低速轴转速 $n=196$ r/min,$F_t=1\,890$ N,$F_r=700$ N,$F_a=360$ N,轴颈直径 $d=30$ mm,轴承预期寿命 $L_h=20\,000$ h,$f_p=1.2$。试选择轴承型号：

(1) 选用深沟球轴承；

(2) 选用圆锥滚子轴承。

13. 如图所示某轴用一对 30309 轴承支承。轴上载荷 $F=6\,000$ N,$F_a=1\,000$ N,已知,$L_1=100$ mm,$L_2=200$ mm,轴的转速 $n=960$ r/min,轴承受轻微冲击,载荷系数 $f_p=1.2$。30309 轴承特性参数：$C=64\,800$ N；$Co=61\,200$ N,派生轴向力 $F_s=F_R/(2Y)$,$Y=2.1$。试分析：

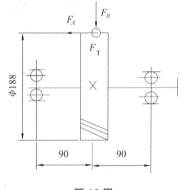

题 12 图

(1) 轴承 I,II 所受的轴向力及当量动载荷；

(2) 哪个轴承危险？

(3) 若预期寿命 $L_h'=15\,000$ h,该轴承能否合用？

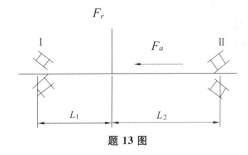

题 13 图

工作任务 11　减速器机件联接的分析与设计

 任务导入

图 2.11-1 所示单级圆柱齿轮减速器是带式输送机中的重要部件,为了便于箱体内传动零件装配,箱体往往做成剖分式,即将箱体分为箱盖和底座两部分,安装好箱体内传动零件后再将箱盖和底座联接起来。此外,轴承的端盖与箱体、视孔盖与箱体等的联接,应如何设计是本任务所要解决的问题。

图 2.11-1　减速器机件联接

 任务目标

知识目标　了解联接的概念;熟悉机械制造中常用螺纹的形成原理、特点和应用;掌握螺纹的主要参数及相互责任制间的关系;理解螺旋副的自锁条件及螺旋副的效率计算;熟悉螺纹联接的基本类型、特点和应用;理解螺纹联接预紧的目的;掌握防松的原理、措施及应用;了解螺纹联接件常用材料;了解螺旋传动的类型、特点和应用。

能力目标　理解掌握螺栓组联接的结构设计与受力分析;熟练掌握受横向载荷和轴向载荷的紧螺栓联接的强度计算;能熟练查阅有关国家标准和规范。

 知识与技能

一、螺纹

机器由许多零、部件所组成,在零、部件间广泛采用各种联接。联接是构成机器的重要环节。根据拆开时是否需要把联接件破坏,联接可分为可拆联接和不可拆联接两类。不损坏联接中的任一零件就可将被联接件拆开的联接称为可拆联接,这类联接经多次装拆无损于使用性能,如螺纹联接、销联接、楔联接、键联接和花键联接等。采用可拆联接通常是因为结构、维护、制造、装配、运输和安装等的需要。不可拆联接是指至少必须破坏联接中的某一部分才能拆开的联接,如铆接、焊接和胶接等。采用不可拆联接通常是因为工艺上的要求。

螺纹联接和螺旋传动都是利用具有螺纹的零件进行工作的。把需要相对固定在一起的零件用螺纹零件联接起来,作为紧固联接件用,这种联接称为螺纹联接;利用螺纹零件实现把回转运动变为直线运动的传动,称为螺旋传动,可作为传动件用。

1. 螺纹的形成

平面图形(三角形、矩形、梯形等)绕一圆柱(圆锥)作螺旋运动,形成一圆柱(圆锥)螺旋体(见图 2.11-2)。常将平面图形在空间形成的螺旋体称为螺纹。

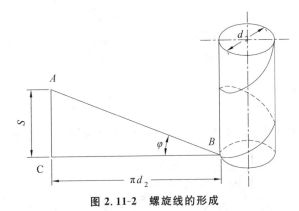

图 2.11-2　螺旋线的形成

在圆柱(或圆锥)外表面上所形成的螺纹称外螺纹;在圆柱(或圆锥)内表面上所形成的螺纹称内螺纹。

2. 螺纹的类型、特点和应用

常用螺纹的类型主要有普通螺纹、管螺纹、矩形螺纹、梯形螺纹、锯齿形螺纹和圆弧螺纹。除矩形螺纹和圆弧螺纹外,其他螺纹都已标准化。我国除管螺纹为英制螺纹外,其他各类螺纹都为米制螺纹。普通螺纹,管螺纹和圆弧螺纹主要用作螺纹联接,其余三种螺纹主要用于螺旋传动。常用螺纹的特点和应用见表 2.11-1。

表 2.11-1　常用螺纹的特点和应用

螺纹类型	牙形图	特点和应用
普通螺纹	60°	牙型角 $\alpha=60°$,当量摩擦系数大,自锁性能好。同一公称直径,按螺距 P 的大小分为粗牙和细牙。粗牙螺纹用于一般联接,细牙螺纹常用于细小零件和薄壁件,也可用于微调机构
圆柱管螺纹	55°	牙型角 $\alpha=55°$,牙顶有较大圆角,内外螺纹旋合后无径向间隙。该螺纹为英制细牙螺纹,公称直径近似为管子内径,紧密性好,用于压力在 1.5 MPa 以下的管路联接

螺纹类型	牙形图	特点和应用
梯形螺纹	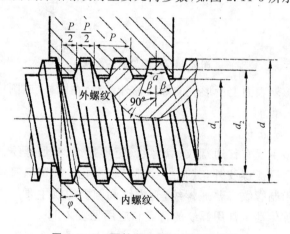	牙型角 $\alpha = 30°$,牙根强度高,对中性好,传动效率较高是应用较广的传动螺纹
锯齿形螺纹		工作面的牙型斜角为 $3°$,非工作面的牙型斜角为 $30°$,传动效率较梯形螺纹高,牙根强度也高,用于单向受力的传动螺旋机构,如用于轧钢机的压下螺旋和螺旋压力机等机械
矩形螺纹		牙型斜角为 $0°$,传动效率高,但牙根强度差,磨损后无法补偿间隙,定心性能差,一般很少采用

3. 螺纹的主要参数

以圆柱普通螺纹为例介绍螺纹的主要几何参数,如图 2.11-3 所示。

图 2.11-3 圆柱普通螺纹的主要参数

(1) 大径 d(或 D):它是与外螺纹牙顶或内螺纹牙底相切的假想圆柱的直径,一般在标准中作为螺纹的公称直径。

(2) 小径 d_1(或 D_1):它是与外螺纹牙底或内螺纹牙顶相切的假想圆柱的直径,在强度计算中常作为外螺纹螺杆危险剖面的直径。

(3) 中径 d_2(或 D_2):它是一个假想圆柱的直径,该圆柱的母线上的牙厚与和牙间宽度相等。中径近似地等于螺纹的平均直径,即 $d_2 \approx (d_1 + d)/2$。

(4) 螺纹线数 n:螺纹的螺旋线数目。沿一条螺旋线形成的螺纹称为单线螺纹,沿 n 条等距螺旋线形成的螺纹称为 n 线螺纹(见图 2.11-3)。联接螺纹要求自锁性,多用单线螺纹;传动螺纹要求传动效率高,多用双线或三线螺纹。为便于制造,一般 $n < 4$。

(5) 螺距 P:螺纹相邻二牙在中径线上对应两点间的轴向距离。

（6）导程 S：同一条螺旋线上的相邻两牙在中径线上对应两点间的轴同距离。$S = nP$。

（7）升角 λ：中径 d_2 圆柱上，螺旋线的切线与垂直于螺纹轴线的平面间的夹角。

$$\tan \lambda = nP/(\pi d_2) = S/(\pi d_2)$$

所以

$$S = \pi d_2 \tan \lambda$$

（8）牙型角 α：轴向截面内，螺纹牙型相邻两侧边的夹角。

（9）牙型斜角 β：牙型侧边与螺纹垂线间的夹角。对于对称牙型 $\beta = \alpha/2$。

（10）螺纹接触高度 h：在两个相互配合螺纹的牙型上，牙侧重合部分在垂直于螺纹轴线方向上的距离。常用作螺纹工作高度。

（11）螺纹的旋向：图 2.11-4 中，螺纹按旋向可分为左旋螺纹和右旋螺纹，将螺旋体的轴线垂直放置，螺旋线的可见部分自左向右上升的，为右旋（见图 2.11-4 a）；反之为左旋（见图 2.11-4 b）。常用螺纹为右旋螺纹，只有在特殊情况下才采用左旋螺纹。

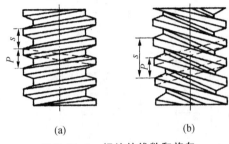

(a)   (b)

图 2.11-4　螺纹的线数和旋向

（12）当量摩擦角、螺旋副效率及自锁条件：

当量摩擦角：$\varphi_v = \arctan \dfrac{f}{\cos \beta}$

螺旋副效率：$\eta = \dfrac{\tan \lambda}{\tan(\lambda + \varphi_v)}$（拧紧时），$\eta = \dfrac{\tan(\lambda - \varphi_v)}{\tan \lambda}$

自锁条件：$\lambda \leqslant \varphi_v$

其中，φ_v 为当量摩擦角，η 为螺旋副效率，f 为摩擦系数。

普通螺纹的基本尺寸见表 2.11-2。

表 2.11-2　普通螺纹基本尺寸（GB 196—81 摘录）　　　　mm

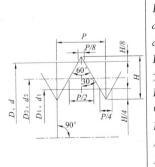	$H = 0.866P$ $d_2 = d - 0.6495P$ $d_1 = d - 1.0825P$ D, d—内、外螺纹大径 D_2, d_2—内、外螺纹中径 D_1, d_1—内、外螺纹小径 P—螺距	标记示例： M20—6H 公称直径 20 粗牙右旋内螺纹，中径和大径公差带均为 6H M20—6g 公称直径 20 粗牙右旋外螺纹，中径和大径公差带为 6g M20—6H/6g（上述规格的螺纹副） M20×2 左—5g6g—S 公称直径 20、螺距 2 细牙左旋外螺纹，中径和大径公差带分别为 5g，6g，短旋合长度

公称直径 D,d 第一系列	第二系列	螺距 P	中径 D₂,d₂	小径 D₁,d₁
3		0.5	2.675	2.459
		0.35	2.773	2.621
	3.5	(0.6)	3.110	2.850
		0.35	3.273	3.121
4		0.7	3.545	3.242
		0.5	3.675	3.459
	4.5	(0.75)	4.013	3.688
		0.5	4.175	3.959
5		0.8	4.480	4.134
		0.5	4.675	4.459
6		1	5.350	4.917
		0.75	5.513	5.188
8		1.25	7.188	6.647
		1	7.350	6.917
		0.75	7.513	7.188
10		1.5	9.026	8.376
		1.25	9.188	8.647
		1	9.350	8.917
		0.75	9.513	9.188
12		1.75	10.863	10.106
		1.5	11.026	10.376
		1.25	11.188	10.647
		1	11.350	10.917
	14	2	12.701	11.835
		1.5	13.026	12.376
		1	13.350	12.917
16		2	14.701	13.835
		1.5	15.026	14.376
		1	15.350	14.917
	18	2.5	16.376	15.294
		2	16.701	15.835
	18	1.5	17.026	16.376
		1	17.350	16.917
20		2.5	18.376	17.294
		2	18.701	17.835
		1.5	19.026	18.376
		1	19.350	18.917
	22	2.5	20.376	19.294
		2	20.701	19.835
		1.5	21.026	20.376
		1	21.350	20.917
24		3	22.051	20.752
		2	22.701	21.835
		1.5	23.026	22.376
		1	23.350	22.917
27		3	25.051	23.752
		2	25.701	24.835
		1.5	26.026	25.376
		1	26.350	25.917
30		3.5	27.727	26.211
		2	28.701	27.853
		1.5	29.026	28.376
		1	29.350	28.917
	33	3.5	30.727	29.211
		2	31.701	30.835
		1.5	32.026	31.376
36		4	33.402	31.670
		3	34.051	32.752
		2	34.701	33.835
		1.5	35.026	34.376
	39	4	36.402	34.670
		3	37.051	35.572
	39	2	37.701	36.835
		1.5	38.026	37.376
42		4.5	39.077	37.129
		3	40.051	38.752
		2	40.701	39.835
		1.5	41.026	40.376
	45	4.5	42.077	40.129
		3	43.051	41.752
		2	43.701	42.835
		1.5	44.026	43.376
48		4	44.752	42.587
		3	46.051	44.752
		2	46.701	45.835
		1.5	47.026	46.376
	52	5	48.752	46.587
		3	50.051	48.752
		2	50.701	49.835
		1.5	51.026	50.376
56		5.5	52.428	50.046
		4	53.402	51.670
		3	54.051	52.752
		2	54.701	53.835
		1.5	55.026	54.376
	60	(5.5)	56.428	54.046
		4	57.402	55.670
		3	58.051	56.752
		2	58.701	57.835
		1.5	59.026	58.376
64		6	60.103	57.505
		4	61.402	59.670
		3	62.051	60.752

注：① "螺距 P"栏中第一个数值为粗牙螺距，其余为细牙螺距。

② 优先选用第一系列，其次第二系列，第三系列（表中未列出）尽可能不用。

③ 括号内尺寸尽可能不用。

二、螺纹联接的主要类型、标准螺纹联接件

1. 螺纹联接的主要类型、特点和应用

（1）螺栓联接

螺栓联接分普通螺栓联接（螺栓与孔之间有间隙）和铰制孔用螺栓联接（螺杆外径与螺栓孔的内径具有同一基本尺寸，并常采用过渡配合）。普通螺栓联接（见图 2.11-5 a）的螺栓杆与被联接件的孔之间存在间隙，这种联接的螺栓杆受拉。铰制孔用螺栓联接（见图 2.11-5 b）的螺栓杆与被联接件孔采用基孔制过渡配合，这种联接的螺栓杆受剪切和挤压。

螺栓联接只需在被联接件上钻孔，而不必切制螺纹，使用不受被联接件材料的限制，

其结构简单,装拆较方便,广泛用于被联接件总厚度不大的场合,使用时被联接件两边需有足够的装配空间。

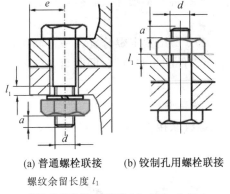

(a) 普通螺栓联接　　(b) 铰制孔用螺栓联接

螺纹余留长度 l_1

普通螺栓联接:静载荷 $l_1 \geqslant (0.3 \sim 0.5)d$;

变载荷 $l_1 \geqslant 0.75d$;

冲击载荷或弯曲载荷 $l_1 \geqslant d$

铰制孔用螺栓联接: l_1 尽可能小

螺纹伸出长度: $a \approx (0.2 \sim 0.3)d$

螺栓轴线到被联接件边缘的距离: $e = d + (3 \sim 6)$mm

通孔直径: $d_0 \approx 1.1d$

图 2.11-5　螺栓联接

(2) 螺钉联接

如图 2.11-6 a 所示,螺钉直接旋入被联接件的螺纹孔中,省去了螺母,因此结构上比较简单,但经常装拆易损坏被联接件上的螺纹孔,适用于被联接件之一较厚,不需要经常装拆的场合。

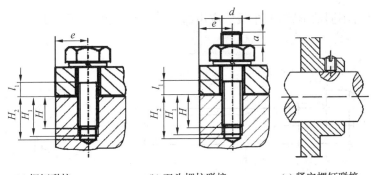

(a) 螺钉联接　　　　(b) 双头螺柱联接　　　(c) 紧定螺钉联接

螺纹旋入深度 H,当螺纹孔材料为:

钢或青铜时 $H \approx d$;

铸铁时 $H \approx (1.25 \sim 1.5)d$;

铝合金时 $H \approx (1.5 \sim 2.5)d$。

螺纹孔深度 H_1: $H_1 \approx H + (2 \sim 2.5)p$

钻孔深度 H_2: $H_2 \approx H_1 + (0.5 \sim 1.0)d$

图中 l_1, a, e, d_0 值同螺栓联接。

图 2.11-6　双头螺柱联接、螺钉联接

（3）双头螺柱联接

双头螺柱（见图 2.11-6 b)多用于被联接件之一较厚或为了结构紧凑而采用盲孔的联接。双头螺柱联接允许多次装拆而不损坏被联接零件。

（4）紧定螺钉联接

紧定螺钉联接（见图 2.11-6 c)用紧定螺钉旋入一被联接件上的螺纹孔内,其末端顶紧另一被联接件,从而固定两零件的相对位置,同时可传递不大的力或转矩,多用于轴与轴上零件间的固定。

2. 标准螺纹联接件的主要类型

螺纹联接中常采用标准螺纹联接件（见图 2.11-7),设计时尽可能从有关国家标准中选用具体的尺寸和型号。

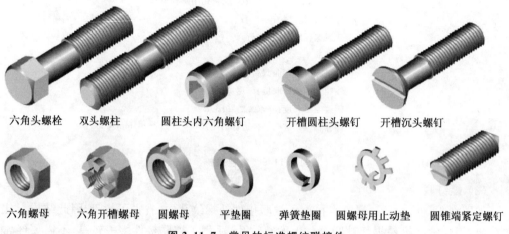

六角头螺栓　　双头螺柱　　圆柱头内六角螺钉　　开槽圆柱头螺钉　　开槽沉头螺钉

六角螺母　六角开槽螺母　圆螺母　平垫圈　弹簧垫圈　圆螺母用止动垫　圆锥端紧定螺钉

图 2.11-7　常见的标准螺纹联接件

（1）螺栓

螺栓头部有不同的形式,其中最常应用的是六角头螺栓（见图 2.11-8)。

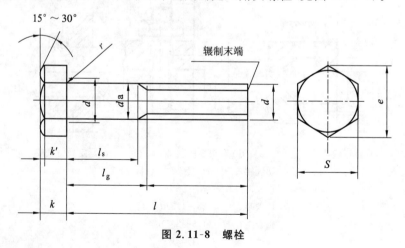

图 2.11-8　螺栓

（2）双头螺柱

双头螺柱的两端均制有螺纹,旋入被联接件螺纹孔的一端称为座端,另一端为螺母端（见图 2.11-9)。

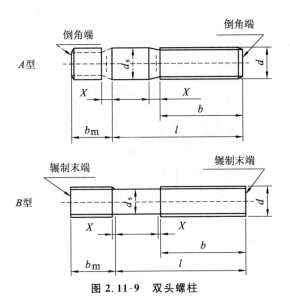

图 2.11-9 双头螺柱

（3）螺钉

螺钉的结构形状与螺栓相似,但其头部形式较多,有六角头、内六角圆柱头、开槽沉头及盘头、十字槽沉头及盘头等(见图 2.11-10)。六角头、内六角头可施加较大的拧紧力矩,而开槽或十字槽头都不便于施加较大的拧紧力矩。

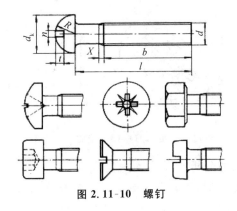

图 2.11-10 螺钉

（4）紧定螺钉

紧定螺钉的头部形式很多(见图 2.11-11),可以适应不同的拧紧程度,而末端的不同形状可用来顶住被联接件之一的表面或相应的凹坑,一般要求末端具有足够的硬度。

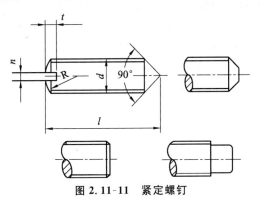

图 2.11-11 紧定螺钉

(5) 螺母

螺母用来与螺栓、双头螺柱配合使用。螺母有六角形、圆形、方形等(见图 2.11-12),其中六角形螺母的应用最为广泛。

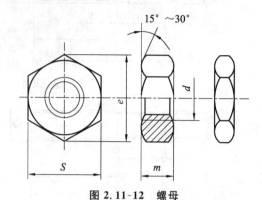

图 2.11-12　螺母

(6) 垫圈

螺纹联接中常采用垫圈(见图 2.11-13)。平垫圈可增加被联接件的支承面积,减小接触处的压强,并避免旋紧螺母时刮伤被联接件的表面;弹簧垫圈还具有防松作用。其他形式的垫圈可参考有关资料。

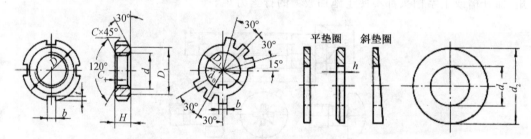

图 2.11-13　垫圈

三、螺栓组联接的受力分析

螺栓组联接的受力分析时,通常假设螺栓组内各螺栓的材料、直径、长度和预紧力均相同;螺栓组的几何中心与联接接合面的形心重合;受载后联接接合面仍保持为平面;螺栓的变形在弹性变形范围内。

进行螺栓组联接受力分析的关键是根据联接的结构和受载情况,找出受力最大的螺栓,确定其受力的大小、方向和性质,以便对其进行强度计算。4 种典型的受载情况分析如下。

1. 受轴向载荷的螺栓组联接

图 2.11-14 所示为压力容器的螺栓组联接,所受轴向载荷 F_Q 的作用线过螺栓组的几何中心。此时认为各螺栓所受工作载荷 F 相等,即

$$F_Q = \frac{\pi D^2}{4} p$$

$$F = \frac{F_Q}{z} \tag{2.11-1}$$

式中,F_Q 为轴向外载荷;D 为压力容器内径;z 为螺栓数目;p 为容器压力。

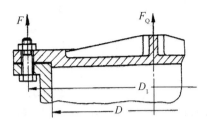

图 2.11-14 受轴向载荷的螺栓组联接

此外,单个螺栓还受到剩余预紧力 F_0' 的作用,其总拉力等于 F 与 F_0' 之和。剩余预紧力 F_0' 的求法见螺栓联接强度计算所述。

2. 受横向载荷的螺栓组联接

图 2.11-15 所示为受横向载荷作用的螺栓组联接,横向载荷 F_R 的作用线与螺栓轴线垂直且通过螺栓组中心。横向载荷可通过两种不同方式传递,图 2.11-15 a 中用普通螺栓联接,图 2.11-15 b 中用铰制孔用螺栓联接。

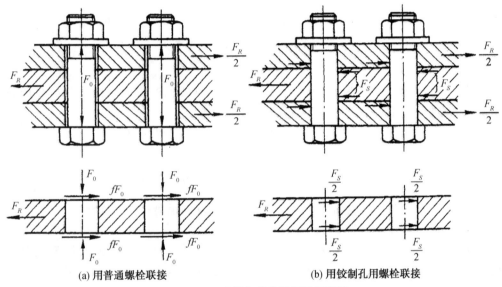

(a) 用普通螺栓联接   (b) 用铰制孔用螺栓联接

图 2.11-15 受横向载荷的螺栓组联接

(1)普通螺栓联接

螺栓只受预紧力 F_0 作用,横向载荷 F_R 靠预紧后在接合面间产生的摩擦力来传递。由被联接件的平衡条件得

$$f \cdot F_0 \cdot m \cdot z \geqslant k_n \cdot F_R$$

$$即 \quad F_0 \geqslant \frac{k_n \cdot F}{f \cdot m \cdot z} \tag{2.11-2}$$

式中,f 为接合面摩擦因数;k_n 为可靠性系数,一般取 $k_n = 1.1 \sim 1.3$;m 为接合面数(图 2.11-15 中,$m = 2$);z 为螺栓数目。

求得 F_0 后可按式(2.11-11)、式(2.11-12)进行强度计算。

(2)铰制孔用螺栓联接

横向载荷 F_R 靠螺栓杆的剪切和螺栓杆与孔壁间的挤压来承受。设各螺栓所受的横向工作载荷 F_S 相同,即

$$F_S = \frac{F_R}{z} \qquad (2.11\text{-}3)$$

求得 F_S 后可按式(2.11-16)、式(2.11-17)进行强度计算。

3. 受转矩的螺栓组联接

图 2.11-16 为受转矩 T 作用的螺栓组联接,要求工作时被联接件底板与基础间不得有相对转动,但有绕螺栓组形心转动的趋势,受力情况与承受横向工作载荷相似。

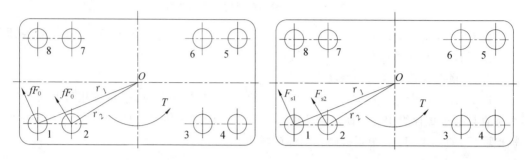

(a) 用普通螺栓联接   (b) 用铰制孔用螺栓联接

图 2.11-16 受转矩的螺栓组联接

(1) 普通螺栓联接

设各螺栓的预紧力均为 F_0,转矩靠预紧后在接合面间产生的摩擦力对点 O 的力矩平衡。由底板的平衡条件可得

$$f \cdot F_0 r_1 + f \cdot F_0 r_2 + \cdots + f \cdot F_0 r_z \geqslant k_n \cdot T$$

即

$$F_0 = \frac{k_n T}{f(r_1 + r_2 + \cdots + r_z)} \geqslant \frac{k_n T}{f \cdot \sum\limits_{i=1}^{z} r_i} \qquad (2.11\text{-}4)$$

式中,$r_1, r_2, \cdots, r_z$ 为各螺栓轴线至螺栓组几何中心 O 的距离;k_n,f 同前。

(2) 铰制孔用螺栓联接

在转矩 T 的作用下,各螺栓受到剪切和挤压。设各螺栓所受的剪力为 F_{si} 与其到螺栓组形心的距离 r_i 成正比。由分析可知:离点 O 最远的螺栓(见图 2.11-16b)中 1,4,5,8 螺栓)所受的工作剪力最大。最大工作剪力 F_{Smax} 为

$$F_{\text{Smax}} = \frac{T r_{\max}}{r_1^2 + r_2^2 + \cdots + r_z^2} = \frac{T r_{\max}}{\sum\limits_{i=1}^{z} r_i^2} \qquad (2.11\text{-}5)$$

4. 受倾覆力矩的螺栓组联接

图 2.11-17 所示为受倾覆力矩的螺栓组联接。分析时假定底板为刚体,与底板接合的基础为弹性体,同时认为在 M 的作用下,被联接件结合面仍保持为平面,底板有绕对称轴 $O\text{-}O$ 倾转的趋势,即在 $O\text{-}O$ 左侧,底板与基础趋于分离,在 $O\text{-}O$ 右侧,底板与基础进一步压紧。设各螺栓轴线到对称轴 $O\text{-}O$ 的距离分别为 l_i。由分析可知:螺栓所承受轴向工作载荷 F_i 与各螺栓轴线到螺栓组对称轴线 $O\text{-}O$ 的距离 l_i 成正比;在底板与基础有分离趋势的一侧(如图 2.11-17 中对称轴 $O\text{-}O$ 的左侧),离 $O\text{-}O$ 最远的螺栓(如图 2.11-17 中 1,10 螺栓)所受的工作载荷 $F_{\max}$ 最大,即

$$F_{\max} = \frac{M l_{\max}}{l_1^2 + l_2^2 + \cdots + l_z^2} \qquad (2.11\text{-}6)$$

应注意此时螺栓所受的总拉力并不等于工作拉力与预紧力之和,总拉力的求法见后。

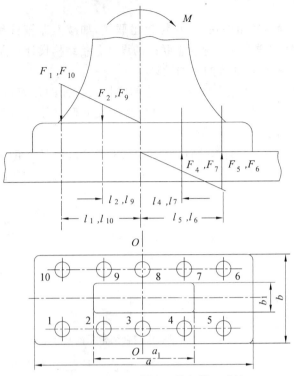

图 2.11-17　受倾覆力矩的螺栓组联接

此外,还应要求对称轴 O-O 左侧的底板与基础接合面间不出现间隙,及对称轴 O-O 右侧的底板与基础接合面不被压溃破坏。

受拉侧(左侧边缘)挤压应力最小处满足

$$\sigma_{p\min} = \frac{zF_0}{A} - \frac{M}{W} > 0 \qquad (2.11\text{-}7)$$

受压侧(右侧边缘)挤压应力最大处满足

$$\sigma_{p\max} = \frac{zF_0}{A} + \frac{M}{W} \leqslant [\sigma_p] \qquad (2.11\text{-}8)$$

式中,A 为接合面的有效面积,mm^2;W 为接合面的有效抗弯截面模量,mm^3,图 2.11-17 中,$W = \frac{1}{6a}(ba^3 - b_1 a_1^3)$;$[\sigma_p]$ 为联接接合面材料的许用挤压应力(见表 2.11-3),MPa。

表 2.11-3　接合面材料的许用挤压应力 $[\sigma_p]$

结合面材料	混凝土	木材	铸铁	钢	砖(水泥浆缝)
$[\sigma_p]$	2~3 MPa	2~4 MPa	$(0.4\text{~}0.5)\sigma_b$	$0.8\sigma_b$	1.5~2 MPa

当螺栓组联接受到比较复杂的工作载荷作用时,可先将各载荷向螺栓组的几何中心简化,即将复杂的受力状态简化为以上四种典型受载情况,再将各典型受载情况下的计算结果进行矢量叠加,便可求得各螺栓的总工作载荷。

任务实施

工程实际中，螺栓常成组使用，组成螺栓组联接，如减速器箱盖和底盖的螺纹联接、轴承端盖与箱体的螺纹联接等。螺栓组联接的设计包括结构设计和强度设计两部分。

一、减速器机件螺栓组联接的结构设计

螺栓组联接的结构设计主要是选择合适的联接接合面的几何形状和螺栓的布置形式，确定螺栓的数目，选用防松装置等，以便使各螺栓和联接接合面受力均匀，便于加工和装配。设计时应综合考虑以下几个方面：

① 结合面几何形状力求简单（圆形、三角形、矩形等），且螺栓组的对称中心与结合面形心重合，结合面受力均匀，如图 2.11-18 所示。这样便于加工和装配，接合面受力比较均匀，计算也较简单。

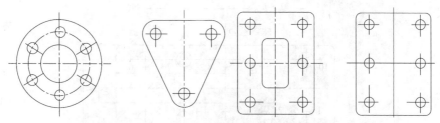

图 2.11-18 螺栓组联接接合面常用的几何形状

② 传递转矩或受倾覆力矩的螺栓组联接，应使螺栓的位置适当远离对称轴，并靠近接合面边缘以减小螺栓的受力，同一圆周上的螺栓，为便于钳工划线、钻孔，数目应取易等分的数字，如 3，4，6，8，12 等。

③ 铰制孔用螺栓联接时，不要在外载作用方向布置 8 个以上的螺栓，以免受力不均匀。对于承受较大横向载荷的螺栓组联接，可采用销、套筒、键等抗剪零件来承受部分横向载荷（见图 2.11-19），以减少螺栓的预紧力及其结构尺寸。

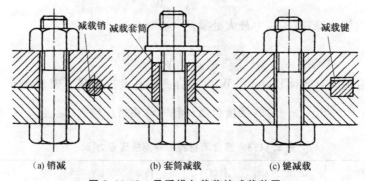

（a）销减　　　（b）套筒减载　　　（c）键减载

图 2.11-19 承受横向载荷的减载装置

④ 螺栓的布置应有合理的间距和边距。设计螺纹联接时要考虑到安装和拆卸。在布置螺栓时，螺栓与螺栓之间的间距以及螺栓轴线到箱壁之间距离应满足扳手活动空间的要求。相邻螺栓的中心间距一般应小于 $10d$（d 为螺栓公称直径），对于压力容器等紧密性要求较高的重要联接，螺栓间距 t（见图 2.11-20 a）不得大于表 2.11-4 所给出的数值。螺栓组的相邻螺栓之间、螺栓与被联接件的机体壁间要留有足够的扳手活动空间（见图 2.11-20 b），以便于装配。

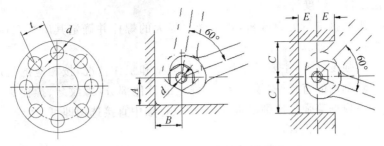

(a) 螺栓间距 t　　　　　　　　(b) 扳手活动空间

图 2.11-20　螺栓间距 t 和扳手活动空间

表 2.11-4　压力容器的螺栓间距 t

工作压力 p/MPa	螺栓间距 t	工作压力 p/MPa	螺栓间距 t
≤1.6	<7d	16～20	3.5d
1.6～10	<4.5d	20～30	3d
10～16	<4d		

　　⑤ 避免附加弯曲应力。由于设计,制造和装配不良等原因,会导致螺栓承受偏心载荷,如图 2.11-21 所示。偏心载荷会在螺栓中引起附加弯曲应力,大大降低螺栓的强度。所以应从结构上和工艺上采取措施,避免产生附加弯曲应力。

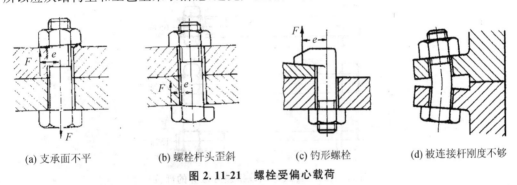

(a) 支承面不平　　　(b) 螺栓杆头歪斜　　　(c) 钓形螺栓　　　(d) 被连接杆刚度不够

图 2.11-21　螺栓受偏心载荷

　　为保证螺栓和被连接件的各支承面平整并与螺栓轴线垂直,在粗糙表面上制出凸台或沉头座(见图 2.11-22),采用球面垫圈或斜垫圈(见图 2.11-23)等。

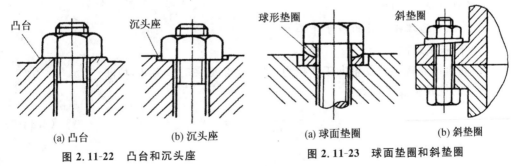

(a) 凸台　　　(b) 沉头座　　　　　　(a) 球面垫圈　　　(b) 斜垫圈

图 2.11-22　凸台和沉头座　　　　**图 2.11-23　球面垫圈和斜垫圈**

　　⑥ 同一螺栓组中各螺栓的材料、性能等级、直径和长度应尽可能相同。

二、螺栓联接的强度计算

在对螺栓组联接进行受力分析，找出受力最大的螺栓并确定其所受载荷后，还必须对其进行必要的强度计算。

螺栓联接的强度计算，主要是根据联接的类型和工作情况，按相应的强度条件确定或验算螺栓危险剖面的直径（螺纹小径）。螺栓的其他部分（螺纹牙、螺栓头等）和螺母、垫圈等的尺寸是根据等强度原则确定的，一般从标准中直接选用即可。

螺栓的主要失效形式有：

① 在轴向力作用下，静载荷螺栓的损坏多为螺纹部分的塑性变形和断裂。

② 变载荷螺栓的损坏多为螺栓杆部分的疲劳断裂，发生在从传力算起第一圈旋合螺纹处的约占 65％，光杆与螺纹部分交接处的约占 20％，螺栓头与杆交接处的约占 15％。

③ 如果螺纹精度低或联接时常装拆，很可能发生滑扣现象。

④ 在横向载荷作用下，当采用铰制孔用螺栓时，螺栓在联接接合面处受剪，并与被联接件孔壁互相挤压。联接损坏的可能形式有：螺栓被剪断，螺栓杆或孔壁被压溃等。

螺栓联接的主要计算是确定螺纹小径 d_1，然后按照标准选定螺纹公称直径（大径）d 及螺距 P 等。

对普通螺栓联接，螺栓工作时主要受轴向拉力作用，主要的破坏形式是螺栓杆螺纹部分发生疲劳断裂或过载断裂。疲劳断裂的破坏部位如图 2.11-24 所示，其设计准则是保证螺栓的抗拉强度。

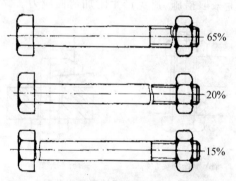

图 2.11-24　普通螺栓联接疲劳破坏的部位

对铰制孔用螺栓联接，螺栓工作时主要受横向力作用，主要的破坏形式是螺栓杆和孔壁的挤压破坏，也可能发生螺栓杆的剪切破坏，因而其设计准则是保证联接的挤压强度和螺栓杆的剪切强度。

1. 单个普通螺栓联接的强度计算

（1）松联接螺栓

如：起重滑轮螺栓仅受轴向工作拉力 F（见图 2.11-25）。失效：拉断。

螺栓的抗拉强度条件为

$$\sigma=\frac{F}{\pi d_1^2/4}\leqslant[\sigma] \tag{2.11-9}$$

设计公式为

$$d_1\geqslant\sqrt{\frac{4F}{\pi[\sigma]}} \tag{2.11-10}$$

式中，σ 为螺栓的拉应力，MPa；d_1 为螺栓的小径，mm；$[\sigma]$ 为松联接时螺栓材料的许用拉应力，MPa，$[\sigma]$ 的值见表 2.11-8。

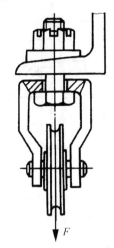 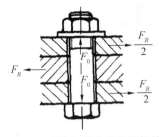

图 2.11-25　起重机滑轮的松螺栓联接　　图 2.11-26　受横向载荷的普通螺栓联接

（2）紧联接的普通螺栓

① 只受预紧力作用。

紧螺栓连接装配时需要拧紧，在工作状态下可能还需要补充拧紧。这时螺栓危险截面（即螺纹小径 d_1 处）除受拉应力 $\sigma = \dfrac{F_0}{\pi d_1^2/4}$ 外，还受到螺纹力矩 T_1 所引起的扭切应力

$$\tau_T = \frac{T_1}{W_T} = \frac{F_0 \tan(\lambda + \varphi_v) \cdot d_2/2}{\pi d_1^3/16} = \frac{2d_2}{d_1} \tan(\lambda + \varphi_v) \cdot \frac{F_0}{\pi d_1^2/4}$$

对钢制 M10～ M68 螺栓：$\tau_T \approx 0.5\sigma$。

故螺栓螺纹部分的强度条件为

$$\sigma = \frac{1.3 F_0}{\pi d_1^2/4} \leqslant [\sigma] \tag{2.11-11}$$

设计公式为

$$d_1 \geqslant \sqrt{\frac{4 \times 1.3 F_0}{\pi [\sigma]}} \tag{2.11-12}$$

式中，$[\sigma]$ 为螺栓的许用应力，MPa。

由式（2.11-12）可知，紧联接螺栓受拉伸和扭转的联合作用，但在计算时，可只按拉伸强度计算，而用将螺栓拉力增大 30% 的方法来考虑扭转的影响。

② 受预紧力和工作拉力同时作用。

在受预紧力和工作拉力的同时作用下，由于螺栓和被联接件的弹性变形，螺栓所受的总拉力并不等于预紧力与工作拉力之和。

由图 2.11-27 a 可知，预紧前，螺栓与被联接件均未受力，也不产生变形。预紧后未受工作拉力时（见图 2.11-27 b），螺栓仅受预紧力 F_0 的拉伸作用，其伸长量为 δ_1；被联接件受预紧力 F_0 的压缩作用，其压缩量为 δ_2。在受到工作拉力 F 作用后（见图 2.11-27 c），螺栓的拉力由 F_0 增大到总拉力 F_Σ，增加量为 ΔF，同时螺栓的伸长量增加了 δ_1；而被联接件由于螺栓的伸长而被放松，所受的压力由 F_0 减小至 F_0'，F_0' 称为剩余预紧力，并且被联接件的压缩量随之减小了 δ_2。由分析可知，螺栓的总拉力为工作拉力与剩余预紧力之和，即

$$F_\Sigma = F_0 + \Delta F = F + F_0' \tag{2.11-13}$$

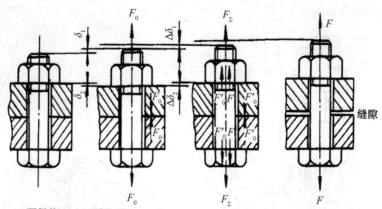

(a) 预紧前　(b) 预紧后未受工作拉力　(c) 受工作拉力后　(d) 工作载荷过大时

图 2.11-27　受预紧力和工作拉力同时作用时螺栓和被联接件的受力与变形情况

为了防止联接接合面间产生缝隙，保证联接的紧密性，应使剩余预紧力 $F_0' > 0$。表 2.11-5 给出了剩余预紧力的推荐值。选定剩余预紧力 F_0' 后，即可由式 (2.11-13) 求出螺栓所受的总拉力 F_Σ。

表 2.11-5　剩余预紧力 F_0' 的推荐值

联接情况		剩余预紧力 F_0'
紧固	工作拉力 F 稳定	$(0.2 \sim 0.6)F_0'$
	工作拉力 F 不稳定	$(0.6 \sim 1.0)F_0'$
紧密性		$(1.5 \sim 1.8)F_0'$

同理，考虑扭转作用，强度条件为

$$\sigma_c = \frac{1.3F_\Sigma}{\pi d_1^2/4} \leqslant [\sigma] \tag{2.11-14}$$

设计公式为

$$d_1 \geqslant \sqrt{\frac{4 \times 1.3F_\Sigma}{\pi[\sigma]}} \tag{2.11-15}$$

2. 单个铰制孔用螺栓联接的强度计算

铰制孔用螺栓联接，工作中主要承受横向力（见图 2.11-28），螺栓杆与孔壁间的接触表面受挤压作用，螺栓杆部受剪切作用，应分别计算其挤压强度和抗剪强度。

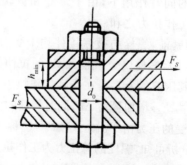

图 2.11-28　受横向力的铰制孔用螺栓联接

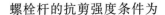

螺栓杆的抗剪强度条件为

$$\tau = \frac{F_S}{m \cdot \pi d_0^2/4} \leqslant [\tau] \qquad (2.11\text{-}16)$$

螺栓与孔壁的挤压强度条件为

$$\sigma_p = \frac{F_S}{d_0 \cdot h_{min}} \leqslant [\sigma_p] \qquad (2.11\text{-}17)$$

式中, d_0 为螺栓杆剪切面的直径, mm; h_{min} 为螺栓杆与孔壁间的最小接触高度, mm, 设计时应使 $h_{min} \geqslant 1.25 d_0$; m 为螺栓受剪面面数; $[\sigma_p]$ 为螺栓与孔壁材料的许用挤压应力, MPa, 见表 2.11-9; $[\tau]$ 为螺栓材料的许用切应力, MPa, 见表 2.11-9。

3. 螺纹联接件的材料和许用应力

(1) 螺纹联接件的材料

螺栓的常用材料为 Q215, Q235, 10, 35 和 45 钢, 重要和特殊用途的螺纹联接件可采用 15Cr, 40Cr, 30CrMnSi 等力学性能较高的合金钢。表 2.11-6 列出了螺纹联接件常用材料的抗拉伸力学性能。螺纹联接件的力学性能见表 2.11-7。

表 2.11-6　螺纹联接件的常用材料及其力学性能

钢号	抗拉强度极限 σ_b	屈服极限 σ_s	钢号	抗拉强度极限 σ_b	屈服极限 σ_s
10	340～420	210	35	540	320
Q215	340～420	220	45	650	360
Q235	410～470	240	40Cr	750～1 000	650～900
25	500	300			

表 2.11-7　螺栓、螺钉、螺柱和螺母的力学性能等级

(摘自 GB/T 3098.1—2000 和 GB/T 3098.2—2000)

		性能级别	3.6	4.6	4.8	5.6	5.8	6.8	8.8 ≤ M16	8.8 > M16	9.8	10.9	12.9
螺栓 螺钉 螺柱	抗拉强度 /MPa	公称值	300	400	400	500	500	600	800	800	900	1 000	1 200
		最小值	330	400	420	500	520	600	800	830	900	1 040	1 220
	屈服强度 /MPa	公称值	180	240	320	300	400	480	640	640	720	900	1 080
		最小值	190	240	340	300	420	480	640	660	720	940	1 100
	硬度 HBS	最小值	90	114	124	147	152	181	238	242	276	304	366
	推荐材料		10 Q215	15 Q235	15 Q215	25 35	15 Q235	45	35	35	35 45	40Cr 15MnVB	30CrMnSi 15MnVB
相配 螺母	性能级别		4 或 5			5		6	8 或 9		9	10	12
	推荐材料		10Q215					10Q215	35			40Cr 15MnVB	30CrMnSi 15MnVB

注: ① 性能等级的标记代号含义: ". "前的数字为公称抗拉强度 σ_b 的 1/100, ". "后的数字为公称屈服强度 σ_s 与公称抗拉强度比值的 10 倍。

② 9.8 级仅适于螺纹大径 $d \leqslant 16$ mm 的螺栓、螺钉和螺柱。

③ 8.8 级及其以上性能等级的屈服强度为屈服点 $\sigma_{0.2}$。

④ 计算时 σ_b 与 σ_s 取表中最小值。

（2）螺纹联接件的许用应力

螺纹联接的许用应力及安全系数见表 2.11-8 和表 2.11-9。

表 2.11-8　普通螺栓(受拉)的许用应力

类型	许用应力	相关因数			安全系数 S		
普通螺栓接(受拉)	$[\sigma]=\sigma_s/S$			松联接	1.2～1.5		
		紧联接	控制预紧力	测力矩或定力矩扳手	1.6～2		
				测量螺栓伸长量	1.3～1.5		
			不控制预紧力	材料	M6～M16	M16～M32	M30～M60
				碳钢	4～3	3～2	2～1.3
				合金钢	5～4	4～2.5	2.5

表 2.11-9　铰制孔用螺栓(受剪)的许用应力

材料		剪切		挤压	
		许用应力	S	许用应力	S
静载	钢	$[\tau]=\sigma_s/S$	2.5	$[\sigma]_p=\sigma_s/S$	1.25
	铸铁			$[\sigma]_p=\sigma_s/S$	2～2.5
变载	钢	$[\tau]=\sigma_s/S$	3.5～5	按静载降低 20%～30%	
	铸铁				

例 1　如图 2.11-29 所示的紧螺栓联接,已知横向载荷 $F_S=20\,000$ N,接合面数 $m=2$,摩擦系数 $f=0.12$,螺栓数 $z=2$。不严格控制预紧力,试确定螺栓的公称直径。

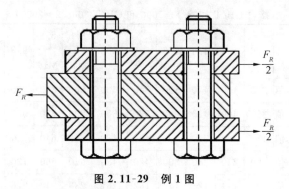

图 2.11-29　例 1 图

解　（1）计算所需预紧力。

此例为工作中只受预紧力的紧螺栓联接。

$$F_0 \geqslant \frac{K_n F_S}{fmz}$$

取联接的可靠性系数 $K_n=1.2$,并将已知值代入上式,得

$$F_0 \geqslant \frac{1.2 \times 20\,000}{0.12 \times 2 \times 2} = 50\,000 \text{ N}$$

（2）螺栓的材料选用 Q235,由表 2.11-6 查其 $\sigma_s=240$ MPa。

（3）按式(2.11-11)用试算法计算螺栓的公称直径 d。

假设螺栓为 M20,由 GB/T196—1981 查得 $d_1=17.294$ mm。计算许用应力 $[\sigma]$,查

表 2.11-8,取 $S=3$。

$$[\sigma]=\frac{\sigma_s}{S}=\frac{240}{3}=80 \text{ MPa}$$

计算螺纹小径 d'_1。由式(2.11-11)得

$$d'_1\geqslant\sqrt{\frac{5.2F}{\pi[\sigma]}}=\sqrt{\frac{5.2\times50\ 000}{\pi\times80}}=32.16 \text{ mm}>17.294 \text{ mm}$$

计算所得的螺纹小径。d'_1 大于假设的 d_1,故需重新计算。

假设螺栓为 M36,由 GB/T196—1981 查得 $d_1=31.670$ mm。

计算许用应力 $[\sigma]$,查表 2.11-8,取 $S=2$。

$$[\sigma]=\frac{\sigma_s}{S}=\frac{240}{2}=120 \text{ MPa}$$

再计算螺纹小径 d'_1,有

$$d'_1\geqslant\sqrt{\frac{5.2F_0}{\pi[\sigma]}}=\sqrt{\frac{5.2\times50\ 000}{\pi\times120}}=26.26<31.670 \text{ mm}$$

故 M36 满足要求。

 **知识拓展**

一、螺纹联接的预紧和防松

1. 螺纹联接的预紧

除个别情况外,螺纹连接在装配时都必须拧紧,这时螺纹联接受到预紧力的作用。对于重要的螺纹联接,预紧力的大小对螺纹联接的可靠性、强度和密封性均有很大的影响。过大的预紧力会导致整个联接的结构尺寸增大,也可能会使螺栓在装配时或在工作中偶然过载时被拉断。因此,对重要的螺纹联接,为了保证所需的预紧力,又不使联接螺栓过载,在装配时应控制预紧力。一般规定,拧紧后螺纹联接件的预紧力不得超过其材料屈服极限 σ_s 的 80%。通常是通过控制拧紧螺母时的拧紧力矩来控制预紧力的大小。

在拧紧螺母时,拧紧力矩 T 等于螺纹副间的摩擦力矩 T_1 和螺母环形支承面上的摩擦阻力矩 T_2 之和。由分析可知,对于 M10～M68 的米制粗牙普通螺纹的钢制螺栓,螺纹副中无润滑时,有

$$T\approx0.2F_0d \tag{2.11-18}$$

式中,F_0 为预紧力,N;d 为螺纹大径,mm。

当预紧力 F_0 和螺纹大径 d 已知后,由式(2.11-18)即可确定所需的拧紧力矩 T。一般标准扳手的长度 $L=15d$,加在扳手上的拧紧力为 F,由 $T=FL$ 得,$F_0=75F$。若 $F=200$ N,则在螺栓中将产生的预紧力为 $F_0=15\ 000$ N,这样大的预紧力很可能使直径较小的螺栓被拉断。

因此,对于重要的螺栓联接,应避免采用小于 M12 的螺栓,必须使用时,应严格控制其拧紧力矩。

在工程实际中,常用指针式扭力扳手或预置式扭力扳手来控制拧紧力矩(见图 2.11-30)。指针式扭力扳手可由指针的指示直接读出拧紧力矩的数值。预置式扭力扳手可利用螺钉调整弹簧的压紧力,预先设置拧紧力矩的大小,当扳手力矩过大时,弹簧被压缩,扳手卡盘与圆柱销之间打滑,从而控制预紧力矩不超过规定值。

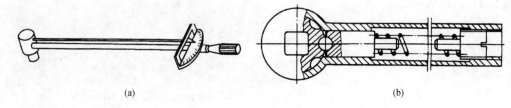

(a)   (b)

(a) 指针式扭力扳手   (b) 预置式扭力扳手

图 2.11-30   指针式扭力扳手和预置式扭力扳手

采用指针式扭力扳手或预置式扭力扳手来控制预紧力,操作简便,但准确性较差,也不适用于大型的联接螺栓。对大型的螺栓联接,可采用测量预紧时螺栓伸长量的方法来控制预紧力,所需的伸长量可由规定的预紧力确定。

2. 螺纹联接的防松

在静载荷作用下,联接螺纹的螺旋升角 λ 较小,能满足自锁条件($\lambda \leq \varphi_v$);但在受冲击、振动或变载荷以及温度变化大时,联接有可能自动松脱,容易发生事故。因此,在设计螺纹联接时,为了保证螺纹联接的安全可靠,防止松脱,设计时必须采取有效的防松措施。

防松就是防止螺纹联接件间的相对转动。按防松装置的工作原理不同可分为摩擦防松、机械防松和破坏螺纹副关系防松等。

(1) 摩擦防松

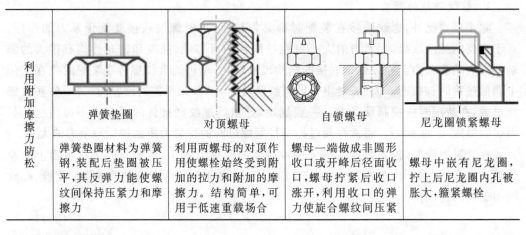

利用附加摩擦力防松	弹簧垫圈	对顶螺母	自锁螺母	尼龙圈锁紧螺母
	弹簧垫圈材料为弹簧钢,装配后垫圈被压平,其反弹力能使螺纹间保持压紧力和摩擦力	利用两螺母的对顶作用使螺栓始终受到附加的拉力和附加的摩擦力。结构简单,可用于低速重载场合	螺母一端做成非圆形收口或开峰后径面收口,螺母拧紧后收口涨开,利用收口的弹力使旋合螺纹间压紧	螺母中嵌有尼龙圈,拧上后尼龙圈内孔被胀大,箍紧螺栓

(2) 机械防松

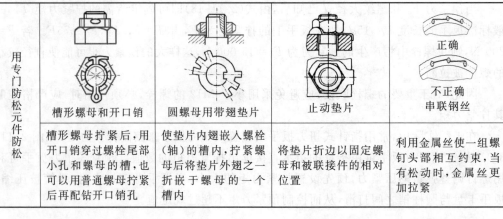

用专门防松元件防松	槽形螺母和开口销	圆螺母用带翅垫片	止动垫片	串联钢丝
	槽形螺母拧紧后,用开口销穿过螺栓尾部小孔和螺母的槽,也可以用普通螺母拧紧后再配钻开口销孔	使垫片内翅嵌入螺栓(轴)的槽内,拧紧螺母后将垫片外翅之一折嵌于螺母的一个槽内	将垫片折边以固定螺母和被联接件的相对位置	利用金属丝使一组螺钉头部相互约束,当有松动时,金属丝更加拉紧

（3）破坏螺纹副关系防松

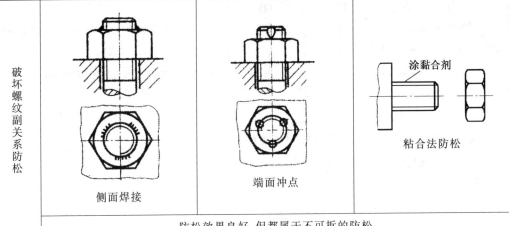

破坏螺纹副关系防松	侧面焊接	端面冲点	涂黏合剂 粘合法防松
	防松效果良好，但都属于不可拆的防松		

二、螺纹标记

1. 普通螺纹的标记

按 GB/T 197—2003《普通螺纹公差》的规定，完整的普通螺纹标记由螺纹特征代号、尺寸代号、公差带代号及其他有必要做进一步说明的个别信息组成。普通纹的特征代号用字母"M"表示。单线螺纹的尺寸代号为"公称直径×Ph 螺距"。对粗牙螺纹，可以省略标注螺距项。多线螺纹的尺寸代号为"公称直径×Ph 导程 P 螺距"。如果要进一步说明螺纹的线数，可在后面加括号用英文说明。双线螺纹为"two starts"，三线螺纹为"three starts"，四线螺纹为"four starts"，等等。例如，公称直径为 16 mm、螺距为 1.5 mm、导程为 3 mm 的双线普通螺纹应标记为 M16×Ph3P1.5(two starts)。

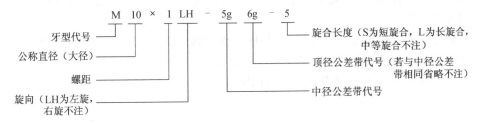

2. 管螺纹标记

管螺纹应标注标记，其内容和格式如下：

特征代号	尺寸代号	旋向

例如，G1/2−LH 的含义如下所示：

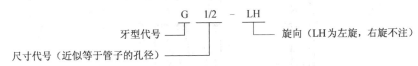

3. 梯形螺纹标记

梯形螺纹应标注标记，其内容和格式如下：

梯形螺纹代号	公称直径×螺距	旋向	中径公差带代号	旋合长度代号

例如，Tr32×12(P6)LH−8e−L 的含义如下所示：

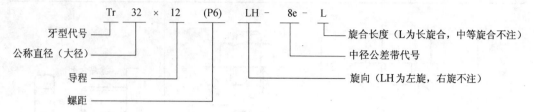

牙型代号 ── Tr   32 × 12 (P6) LH − 8e − L
公称直径（大径）   旋合长度（L为长旋合，中等旋合不注）
导程   中径公差带代号
螺距   旋向（LH为左旋，右旋不注）

4. 锯齿形螺纹标记

锯齿形螺纹应标注标记，其内容和格式如下：

| 锯齿螺纹代号 | 公称直径 | × | 螺距 | 旋向 | 中径公差带代号 | 旋合长度代号 |

例如，B32×12(P6)LH−8H−L 的含义如下所示：

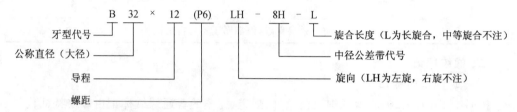

牙型代号 ── B   32 × 12 (P6) LH − 8H − L
公称直径（大径）   旋合长度（L为长旋合，中等旋合不注）
导程   中径公差带代号
螺距   旋向（LH为左旋，右旋不注）

三、提高螺栓联接强度的措施

螺栓联接承受轴向变载荷时，其损坏形式多为螺栓杆部分的疲劳断裂，通常都发生在应力集中较严重之处，即螺栓头部、螺纹收尾部和螺母支承平面所在处的螺纹。

1. 降低螺栓的应力幅

螺栓所受的轴向工作载荷 F_Σ 在 $0 \sim F_\Sigma$ 间变化时，总拉伸载荷 F_Σ 的变化范围为 $F_0 \sim F_a$。若减小螺栓刚度或增大被联接件刚度都可以减小 F_Σ 的变化范围。这对防止螺栓的疲劳损坏是十分有利的。

为了减小螺栓刚度，可减小螺栓光杆部分直径或采用空心螺杆（见图 2.11-31），有时也可增加螺栓的长度。

被联接件本身的刚度是较大的，但被联接件的接合面因需要密封而采用软垫片（见图 2.11-32 a）时将降低其刚度。若采用全属薄垫片或采用 O 形密封圈作为密封元件（见图 2.11-32 b），则仍可保持被联接件原来的刚度值。

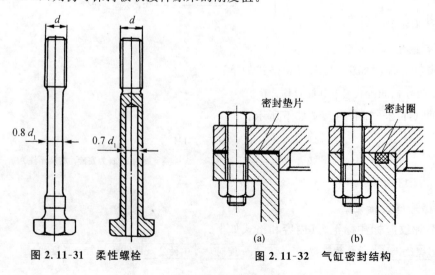

$0.8\,d_1$ $0.7\,d_1$

密封垫片   密封圈

(a)   (b)

图 2.11-31　柔性螺栓　　　图 2.11-32　气缸密封结构

2. 改善螺纹牙间的载荷分配不均匀现象

采用普通螺母时,图 2.11-33 所示轴向不均的程度也越显著。在旋合螺纹各圈间的分布是不均匀的,旋合圈数越多,载荷分布不均的程度也越显著。所以,采用圈数多的厚螺母并不能提高联接强度,若采用悬置(受拉)螺母和环槽螺母(见图 2.11-34),则有助于减小螺母与栓杆的螺距变化差,从而使载荷分布比较均匀。

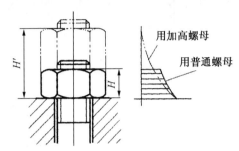

图 2.11-33 旋合螺纹间的载荷分布

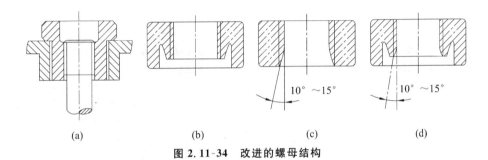

图 2.11-34 改进的螺母结构

3. 减小应力集中

如图 2.11-35 所示,增大过渡处圆角(见图 2.11-35 a)、切制卸载槽(见图 2.11-35 b,c)都是使螺栓截面变化均匀减小应力集中的有效方法。

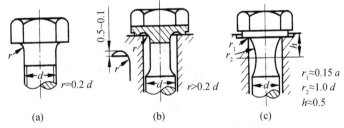

图 2.11-35 减小应力集中的措施

4. 避免附加弯曲应力

由于设计、制造或安装上的疏忽,有可能使螺栓受到附加弯曲应力(见图 2.11-36),这对螺栓疲劳强度影响很大,应设法避免。

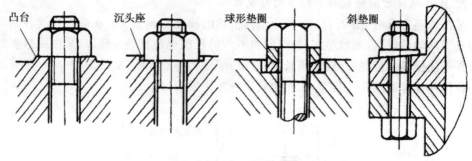

图 2.11-36　支撑面结构

四、螺旋传动机构

螺旋机构是利用螺旋副联接两相邻构件的一种常用机构。螺旋机构中除了螺旋副之外,通常还有转动副和移动副。最简单的三构件螺旋机构如图 2.11-37 所示,它由螺杆、螺母和机架组成。

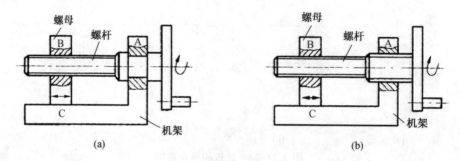

图 2.11-37　滑动螺旋机构

1. 差动螺旋机构

图 2.11-37 a 中 B 为螺旋副,导程为 P_B,A 为转动副,C 为移动副。当螺杆转过 φ 角时,螺母沿螺杆的轴向位移 s 为

$$s = P_B \frac{\varphi}{2\pi} \tag{2.11-19}$$

如果把图 2.11-37 a 中的转动副 A 也换成螺旋副,其导程为 P_A,可得到图 2.11-37 b 所示的螺旋机构。如果螺旋副 A 和 B 的螺纹旋向相同,则当螺杆转过 φ 角时,螺母的轴向位移 s 为两个螺旋副移动量之差,即

$$s = (P_B - P_A) \frac{\varphi}{2\pi} \tag{2.11-20}$$

由式(2.11-20)可知,当 P_A 和 P_B 相差很小时,螺母的位移会很小。这种含双螺旋副且两螺旋副旋向相同的螺旋机构称为差动螺旋机构,常用于微量调节、测微和分度装置中,图 2.11-38 a 所示为镗床调节镗刀进刀量的差动螺旋机构。

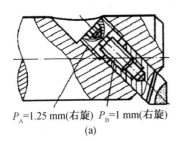

P_A=1.25 mm(右旋)　P_B=1 mm(右旋)

(a)

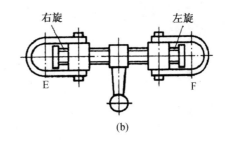

(b)

图 2.11-38　螺旋机构的应用

2. 复式螺旋机构

在图 2.11-38 b 所示的螺旋机构中,若 A,B 两螺旋副旋向相反(一为左旋,一为右旋),当螺杆转过 φ 角时,螺母相对机架的位移为

$$s=(P_B+P_A)\frac{\varphi}{2\pi} \tag{2.11-21}$$

由式(2.11-21)可知,螺母可产生很快的移动。这种含双螺旋副且两螺旋副旋向相反的螺旋机构称为复式螺旋机构。图 2.11-38 b 所示为用于车辆连接的复式螺旋机构,它可以使车钩 E 和 F 较快地靠近或离开。

3. 滚动螺旋机构

为了降低螺旋传动的摩擦,提高效率,用滚动摩擦代替普通螺旋机构中的滑动摩擦,制成了滚动螺旋。其工作原理如图 2.11-39 所示。当螺杆或螺母转动时,滚珠依次沿螺纹滚道滚动,借助于返回装置使滚珠不断循环。滚珠返回装置的结构可分为外循环和内循环两种。图 2.11-39 a 为外循环,滚珠在螺母的外表面经返回通道循环。图 2.11-39 b 为内循环,每一圈螺纹有一反向器,滚珠只在本圈内循环。

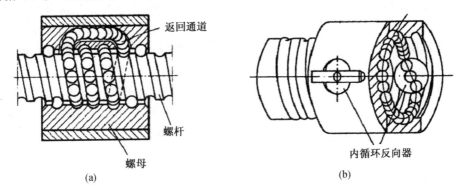

(a)　　　　　　　　　　(b)

图 2.11-39　滚动螺旋机构

4. 静压螺旋机构

图 2.11-40 所示为静压螺旋机构,是螺纹工作面间形成液体静压油膜润滑的螺旋传动。静压螺旋传动摩擦系数小,传动效率可达 99%,无磨损和爬行现象,无反向空程,轴向刚度很高,不自锁,具有传动的可逆性,但螺母结构复杂,而且需要有一套压力稳定、温度恒定和过滤要求高的供油系统。静压螺旋常被用作精密机床进给和分度机构的传导螺旋。这种螺旋采用牙较高的梯形螺纹。

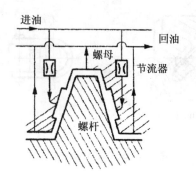

图 2.11-40　静压螺旋机构

5. 滑动螺旋传动材料和设计计算

（1）滑动螺旋传动材料

螺杆材料要有足够的强度和耐磨性，以及良好的加工性；不经热处理的螺杆一般可用 Q255,Y40Mn,45,50 钢；重要的经热处理的螺杆可用 65Mn,40Cr 或 20CrMnTi 钢；精密传动螺杆可用 9MnV,CrWMn,38CrMoAl 钢等。

螺母材料除要有足够的强度外，还要求在与螺杆材料配合时摩擦系数小和耐磨；常用的材料是铸锡青铜 ZCuSn10P1,ZCuSn5Pb5Zn5；重载低速时用高强度铸造铝青铜 ZCuAl10Fe3 或铸造黄铜 ZCuZn25Al6Fe3Mn3；重载时可用 35 钢或球墨铸铁；低速轻载时也可用耐磨铸铁。尺寸大的螺母可用钢或铸铁作外套，内部浇注青铜。高速螺母可浇注锡锑或铅锑轴承合金（即巴氏合金）。

（2）滑动螺旋传动设计计算

滑动螺旋在工作时主要承受转矩和轴向力作用，并在螺纹副间存在相对滑动。由于主要失效形式是螺纹磨损，因此滑动螺旋的设计准则是先由耐磨性条件确定螺杆的基本尺寸（如螺杆直径、螺母高度等），并参照标准确定螺杆各主要参数，然后对可能发生的其他失效进行校核。例如，对于受力较大的传力螺旋，要校核螺杆危险剖面及螺母牙的强度；对于长径比很大的受压螺杆，要校核其稳定性；对于有自锁要求的传力、调整螺旋，要校核其自锁性；对于精密的传导螺旋，要校核螺杆的刚度；对于高速旋转的长螺杆，还要校核其临界转速等。具体设计时，要根据传动的类型、工作条件及主要失效形式来确定其设计准则。

思考与练习

1. 如何判断螺纹的旋向？螺纹的导程和螺距是什么关系？

2. 为什么绝大多数螺纹联接都要预紧？主要有哪些防松措施？

3. 为避免螺纹联接承受过大的轴向载荷或横向载荷，可分别采用哪些措施？

4. 螺纹联接预紧力的大小如何确定？怎样控制？为什么对重要的螺栓联接不宜采用小于 M12～M16 的螺栓？

5. 进行螺栓组联接的结构设计时应考虑哪些方面的问题？

6. 螺纹联接的主要类型有哪几种？各使用在什么场合？

7. 承受横向工作载荷时，采用普通螺栓联接和铰制孔用螺栓联接各有何特点？其强度计算方法有何不同？

8. 通常采用凸台或沉头座来支承螺母,理由何在?

9. 在受锁紧力和工作拉力作用的螺栓联接中,螺栓所受的总拉力 F_Σ 与工作拉力 F 及剩余预紧力 F_0 有何关系?

10. 在变载荷作用下,一般采取哪些措施可使螺栓的疲劳强度提高?

11. 如图所示,用 8 个 5.6 级普通螺栓与两块钢盖板相联接,拉力 $F=30$ kN,摩擦系数 $f=0.2$,控制预紧力,试确定所需螺栓的直径。

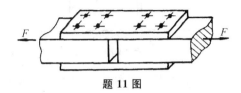

题 11 图

12. 如图所示,已知:联轴器接合面外径 $D=300$ mm,内径 $D_1=150$ mm,接合面对数 $m=1$,其摩擦系数 $f=0.14$,螺栓数目 $Z=6$,所应传递的计算扭矩 $T=1\,600$ N·m。试确定铸铁凸缘联轴器的紧联接螺栓的公称直径 d。

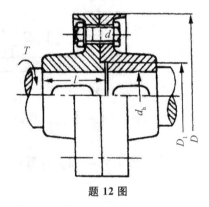

题 12 图

13. 如图所示为一气缸盖螺栓组联接。已知气缸内的工作压力 p 在 $0\sim1.5$ MPa 间变化,缸盖与缸体均为钢制。为保证气密性要求,试选择螺栓材料,并确定螺栓数目和尺寸。

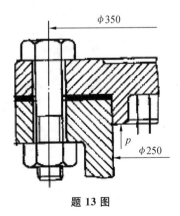

题 13 图

14. 如图所示凸缘联轴器,两半联轴器采用 8 个铰制孔用螺栓联接,螺栓的性能等级为 6.8 级,联轴器材料为 HT200,允许传递的最大转矩 $T=650$ N·m,试确定螺栓的直径。

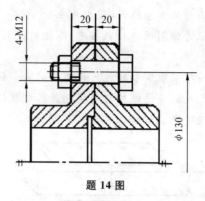

题 14 图

15. 差动螺旋装置如图所示。螺杆 1 与机架 2 的螺母组成螺旋副 A,与滑板 3 的螺母组成螺旋副 B,滑板 3 与机架 2 的导轨组成移动副。螺旋副 A 的直径 $d_A = 16$ mm,螺距 $P_A = 1.5$ mm,螺旋副 B 的直径 $d_B = 12$ mm,螺距 $P_B = 1$ mm,且均为单线螺纹。

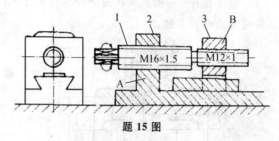

题 15 图

(1) 若螺旋副 A,螺旋副 B 均为右旋,当螺杆按图示转向转动一周时,滑板相对机架移动了多少距离？方向如何？

(2) 若螺旋副 A 为左旋,螺旋副 B 为右旋,当螺杆按图示转向转动一周时,滑板相对机架移动了多少距离？方向如何？

实训 8　减速器的拆装和结构分析

一、实训目的

1. 熟悉减速器的基本结构,了解常用减速器的用途和特点。

2. 了解减速器各组成零件的结构特点及功用,并分析其结构工艺性。

3. 了解减速器中零件的装配关系及安装调整过程。

4. 了解轴承和齿轮的润滑及减速器的密封。

5. 掌握减速器基本参数的测定方法。

6. 为进行机械设计基础课程设计时,能设计一台会理的减速器打下良好的基础。

二、实训内容

1. 按步骤拆装一种减速器,分析减速器的结构及各零件的功用。

2. 测量并计算所拆减速器的主要参数,绘制其传动示意图。

3. 测量减速器传动副的接触精度和齿侧间隙,测量轴承的轴向间隙。

4. 分析轴系部件的结构、周向和轴向定位、固定及调整方法。

三、实训设备与工具

1. 单级减速器。

2. 拆装工具。

3. 测量工具。

四、实训步骤

1. 观察减速器的外形,判断传动方式、级数、输入/输出轴等,用手来回推动减速器的输入/输出轴,体会轴向窜动;打开窥视孔盖,转动高速轴,观察齿轮的啮合情况。注意窥视孔开设的位置及尺寸大小,通气器的结构及特点,螺栓凸台位置(并注意扳手空间是否合理),轴承座加强肋的位置及结构,吊环及吊钩的形式,减速器箱体的铸造工艺特点及加工方法。特别要注意观察箱体与轴承盖接合面的凸台结构。

2. 观察定位销孔的位置,取出定位销,再用扳手旋下箱盖上的相应螺钉,借助于启盖螺钉将箱盖打开,并翻转 180°将其放置平稳,以免损坏接合面。

3. 观察箱体内轴及轴系零件的结构及各零、部件间的相互位置,分析传动零件所受的径向力和轴向力向机座传递的过程,并进行必要的测量,将测量结果记录于实验报告的表格中,画出减速器的传动示意图。

4. 取出轴承压盖,将轴系部件取出并放在胶皮上,详细观察轴系部件上齿轮、轴承、密封圈等零件的结构,分析轴及轴上零件的轴向定位、固定方法和轴上零件的周向定位、固定方法;分析由于轴的热胀冷缩时,轴承预紧力的调整方法和零件的安装、拆卸方法。

5. 观察减速器润滑与密封结构装置,分析齿轮与轴承的润滑方法及轴承的密封方法;油槽及封油环、挡油环的应用;加油方式及放油螺塞、油面指示器的位置和结构。

6. 利用钢卷尺、卡尺等简单工具,根据实验收报告的要求,测量减速器各主要部分参数与尺寸。如测出外廓尺寸、中心距、中心高及轴承的型号、螺栓规格等。将测量结果记录于实验报告的相关表格中。

7. 按拆卸的相反顺序将减速器装配复原,并拧紧螺钉。

8. 整理工具,经指导老师检查后,才能离开实验室。

工作任务 12　减速器的结构设计与润滑、密封选择

任务导入

箱体是减速器的一个重要零件,其重量约占整台减速器总重的一半,主要用于支承和固定轴系部件,并保证传动零件的啮合精度,使箱内零件具有良好的润滑和密封。所以,箱体结构对减速器的工作性能、加工工艺、材料消耗、重量及成本等有很大影响。因此,对箱体设计必须给予足够重视。

任务目标

知识目标　了解减速器的常用结构,了解减速器附件的作用,了解减速器的润滑与密封设计。

能力目标　掌握减速器的箱体、附件的结构设计及减速器的润滑和密封设计。

知识与技能

减速器已有系列标准,即标准减速器,并由专业厂生产。一般情况下应尽量选用标准减速器,但在生产实际中,标准减速器不能完全满足机器的功能要求,有时还需设计非标准减速器,非标准减速器有通用和专用两种。

通用减速器的结构随其类型和要求不同而异,其基本结构如图 2.12-1、图 2.12-2 所示。主要由传动零件(齿轮或蜗杆、蜗轮),轴和轴承,联接零件(螺钉、销钉、键),箱体和附属零件,润滑和密封装置等部分组成。箱体一般为剖分式结构,由箱座和箱盖组成,箱盖与箱座用螺栓联接起来构成一个整体。剖分面与减速器内传动零件轴心线重合,有利于轴系部件的安装和拆卸。为了确保箱盖和箱座在加工轴承孔及装配时的相互位置,在剖分面凸缘上设有两个圆锥销用于精确定位。起盖螺钉是便于拆卸时揭开箱盖。箱盖顶部开有窥视孔,用于检查齿轮啮合情况及润滑情况,并用于加注润滑油。窥视孔平时用垫有密封垫片的盖板封住。通气器用来及时排放因箱体内温度升高而膨胀的空气,以防止高压气冲破各隙缝处的密封而造成漏油等。吊环螺栓用于提升箱盖,而整台减速器的提升应使用与箱座铸成一体的吊钩。油标尺用于检查箱内油面的高低。为了排除油液和清洗减速器内腔,在箱体底部设有放油螺塞,其头部支承面上垫有封油垫片。减速器用地脚螺栓固定在机架或地基上。

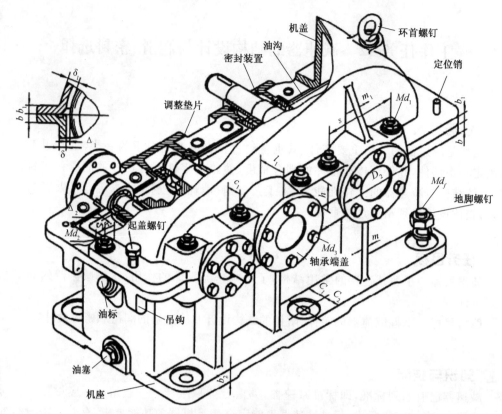

图 2.12-1 两级圆柱齿轮减速器

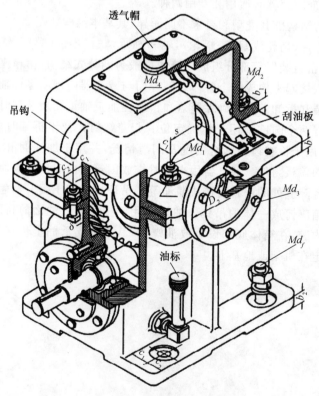

图 2.12-2 蜗杆—蜗轮减速器

任务实施

一、减速器箱体的结构及尺寸设计

1．箱体的结构

减速器箱体根据结构形状不同分为剖分式箱体和整体式箱体；根据制造方式不同分为铸造箱体和焊接箱体。

① 铸造箱体和焊接箱体。减速器箱体多用灰铸铁（HT150 或 HT200）铸造而成。对重型减速器，为了提高箱体强度，也有用铸钢（ZG15，ZG25）铸造。铸造箱体刚性好，易获得合理和复杂的外形。用灰铸铁制造的箱体具有良好的铸造性能和减振性能、易切削加工，但工艺复杂、制造周期长、重量大，适合于成批生产。

在单件生产中，特别是大型减速器，为了减轻重量和缩短生产周期，箱体也有用Q215 或 Q235 钢板焊接而成。此时，轴承座部分可用圆钢、锻钢或铸钢制造。焊接箱体的壁厚可以比铸造箱体减薄 20%～30%，但焊接箱体易产生热变形，要求有较高的焊接技术且焊后要进行退火处理。

② 剖分式箱体和整体式箱体。为便于箱体内零件装拆，箱体多采用剖分式，其剖分面常与减速器内传动零件轴心线重合，有水平式和倾斜式两种，前者加工方便，在减速器中被广泛采用；后者有利于多级齿轮传动的等油面浸油润滑，但剖分接合处加工困难，应用较少。

对于小型圆锥齿轮或蜗杆-蜗轮减速器，为使结构紧凑，重量较轻，常又用整体式箱体。它易于保证轴承与应孔的配合要求，但装拆及调整往往不如剖分式箱体方便。

2．箱体的结构尺寸设计

箱体结构与受力均较复杂，目前尚无成熟的计算方法，所以箱体各部分尺寸一般按经验公式在减速器装配草图的设计和绘制过程中确定。

齿轮及蜗杆-蜗轮减速器铸铁箱体的结构尺寸见表 2.12-1 和图 2.12-3、图 2.12-4。

表 2.12-1　减速器铸铁箱体的结构尺寸

名称	符号		减速器型式、尺寸关系/mm		
			齿轮减速器	圆锥齿轮减速器	蜗杆减速器
箱座壁厚	δ	一级	$0.025+1 \geqslant 8$	$0.0125(d_{1m}+d_{2m}) \geqslant 8$ 或 $0.01(d_1+d_2)+1 \geqslant 8$ d_1, d_2 —小、大锥齿轮的大端直径	$0.04a+3 \geqslant 8$
		二级	$0.025a+3 \geqslant 8$		
		三级	$0.025a+5 \geqslant 8$	d_1, d_2 —小、大锥齿轮的平均直径	
名称	符号		减速器型式、尺寸关系/mm		
			齿轮减速器	锥齿轮减速器	蜗杆减速器
箱盖壁厚	b_1	一级	$0.02a+3 \geqslant 8$	$0.01(d_{1m}+d_{2m})+1 \geqslant 8$ 或 $0.085(d_1+d_2)+1 \geqslant 8$	蜗杆上置： $\approx \delta$ 蜗杆下置： $=0.85\delta \geqslant 8$
		二级	$0.02a+3 \geqslant 8$		
		三级	$0.02a+5 \geqslant 8$		
箱盖凸缘厚度	b_1		$15\delta_1$		
箱座凸缘厚度	b		1.5δ		

名称	符号	减速器型式、尺寸关系/mm		
		齿轮减速器	圆锥齿轮减速器	蜗杆减速器
箱座底凸缘厚度	b_2	2.5δ		
地脚螺钉直径	d_1	$0.036a+12$	$0.018(d_{1m}+d_{2m})+1\geqslant12$ 或 $0.015(d_1+d_2)+1\geqslant8$	$0.036a+12$
地脚螺钉数目	n	$a\leqslant250$ 时,$n=4$ $a>250\sim500$ 时,$n=6$ $a>500$ 时,$n=8$	$n=\dfrac{\text{底凸缘周长之半}}{200\sim300}\geqslant4$	4
轴承旁联接螺栓直径	d_1	$0.75d_1$		
盖与座联接螺栓直径	d_2	$(0.5\sim0.6)d_1$		
联接螺栓 d_2 的间距	I	$150\sim200$		
轴承端盖螺钉直径	d_2	$(0.4\sim0.5)d_1$		
检查孔盖螺钉直径	d_1	$(0.3\sim0.4)d_1$		
定位销直径	d	$(0.7\sim0.8)d_2$		
d_L,d_1,d_2 至外箱壁距离	C_1	见表 2.12-2		
d_1,d_2 至凸缘边缘距离	C_2	见表 2.12-2		
轴承旁凸台半径	R_1	C_2		
凸台高度	h	根据低速级轴承座外径确定,以便于扳手操作为准		
外箱壁至轴承座面的距离	I_1	$C_1+C_2+(5\sim10)$		
齿轮顶圈(蜗轮外围) 与内箱壁间的距离	Δ_1	$>1.2\delta$		
齿轮(锥齿轮或蜗轮轮毂) 端面与内箱壁间的距离	Δ_2	$>\delta$		
箱盖、箱座肋厚	m_1 m_2	$m_1=0.85\delta_1$ $m_2=0.85\delta$		
轴承端盖外径	D_2	$D+(5\sim5.5)d_3$,D—轴承外径(嵌入式轴承盖尺寸见表 2.12-19)		
轴承旁联接螺栓距离	S	尽量靠近,以 Md_1 和 Md_2 互不干涉为准,一般取 $S=D_2$		

注:多级时,a 取低速级中心距。对圆锥—圆柱齿轮减速器,按圆柱齿轮传动中心距取。

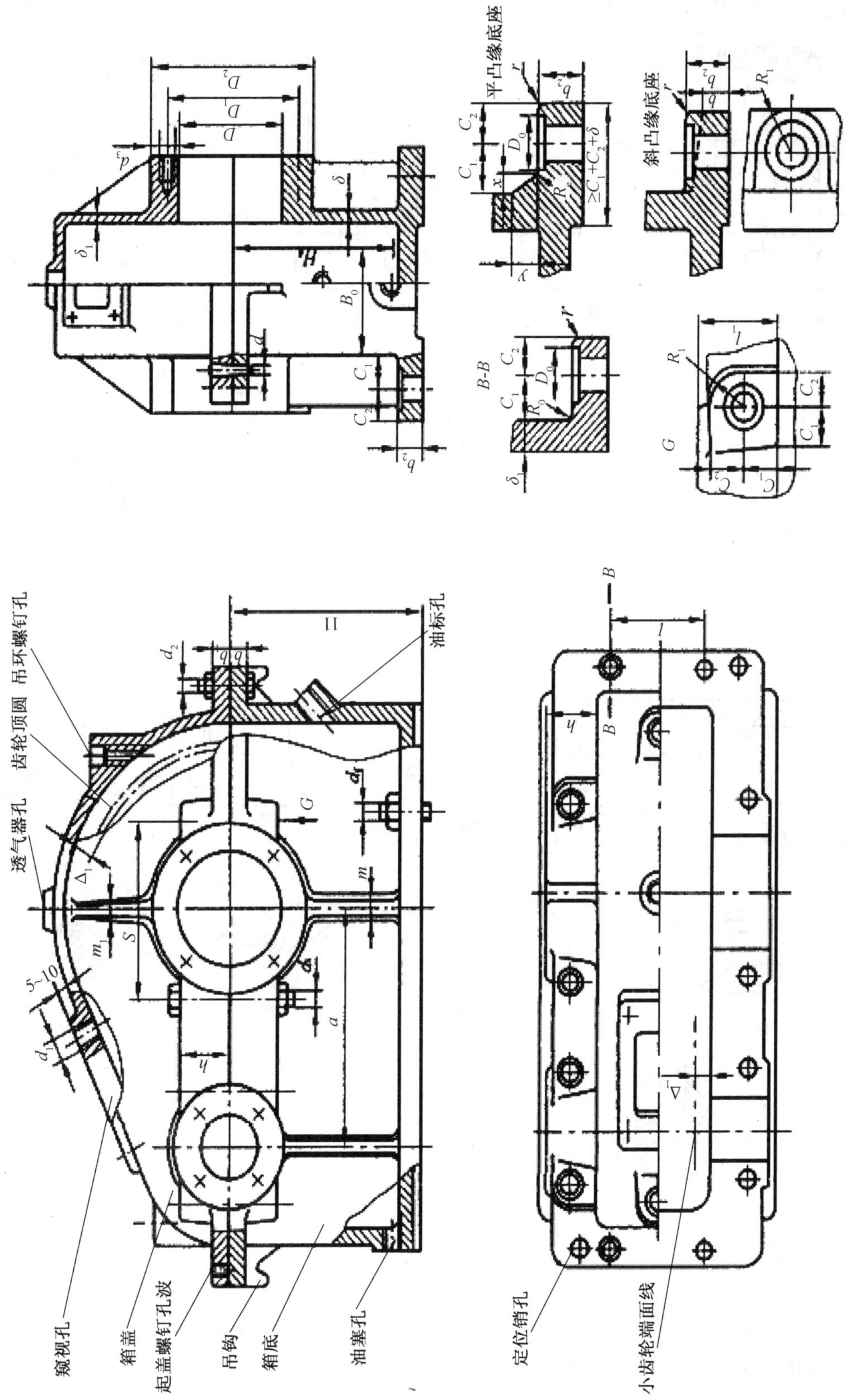
透气器孔
齿轮顶圆
吊环螺钉孔
油标孔
窥视孔
箱盖
起盖螺钉孔波
吊钩
箱底
油塞孔
定位销孔
小齿轮端面线
平凸缘底座
斜凸缘底座
B-B
G

图 2.12-3　齿轮减速器箱体结构尺寸

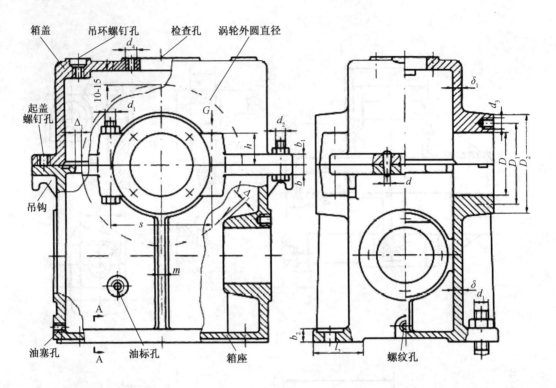

箱盖　吊环螺钉孔　检查孔　涡轮外圆直径

起盖
螺钉孔

吊钩

油塞孔　油标孔　箱座

螺纹孔

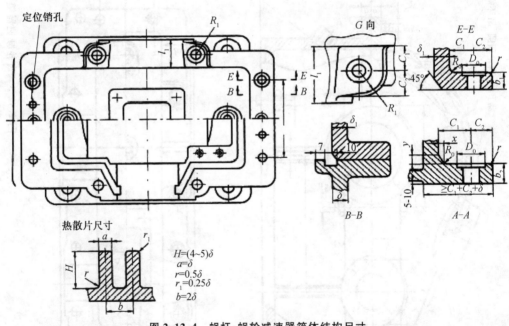

定位销孔

G 向

E-E

B-B

A-A

热散片尺寸

$H=(4\sim5)\delta$
$a=\delta$
$r=0.5\delta$
$r_1=0.25\delta$
$b=2\delta$

图 2.12-4　蜗杆-蜗轮减速器箱体结构尺寸

二、减速器箱体的刚度设计

1. 设置加强肋

箱体刚度不足,会在加工和工作过程中产生过大的变形,引起轴承座孔中心线歪斜,使齿轮在传动中产生偏斜,破坏减速器的正常工作。提高箱体刚度的有效办法是增加轴承座处的壁厚和在轴承座外设加强筋,加强筋厚度通常取壁厚的 0.85 倍。

箱体的加强肋有外肋和内肋两种,内肋刚度大,外表面光滑美观,但阻碍润滑油的流动,工艺较复杂,一般外肋结构采用较多。箱体的加强肋结构如图 2.12-5 所示。

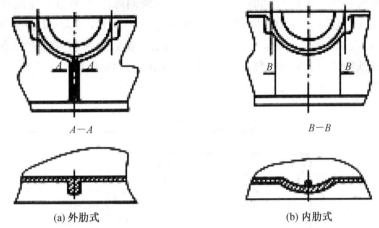

(a) 外肋式 (b) 内肋式

图 2.12-5　加强肋结构

2. 轴承座螺栓凸台及联接凸缘的设计

对于剖分式箱体,需保证箱盖、箱座的联接刚度。为此,轴承座两侧的螺栓应尽量靠近。为使联接螺栓紧靠座孔,应在轴承座旁设置凸台结构,如图 2.12-6 所示。有关凸台的结构尺寸参见表 2.12-2。

箱盖和箱座的联接凸缘及箱座凸缘都应有足够的厚度,因为它们是承载体力的重要部分,要求较高的强度和刚度。为确保箱座刚性,底部凸缘的接触宽度应超过箱座内壁位置,即 $B \geqslant C_1 + C_2 \delta$,如图 2.12-7 所示。

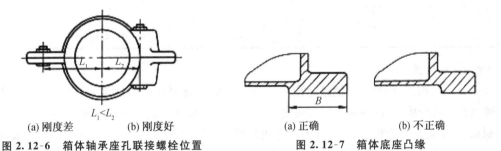

(a) 刚度差　(b) 刚度好　　　　(a) 正确　　　(b) 不正确

图 2.12-6　箱体轴承座孔联接螺栓位置　　图 2.12-7　箱体底座凸缘

表 2.12-2　凸台及凸缘的结构尺寸

螺栓直径	M6	M8	M10	M12	M14	M16	M18	M20	M22	M24	M27	M30
C_{1min}	12	14	16	18	20	22	24	26	30	34	38	40
C_{2min}	10	12	14	16	18	20	22	24	26	28	32	35
D_0	13	18	22	26	30	33	36	40	43	48	53	61
R_{amax}	5						8			10		
r_{min}	3						5			8		

三、减速器附件的结构设计

1. 窥视孔和视孔盖

为了检查传动零件的啮合、润滑、接触斑点、齿侧间隙以及向箱内注油等,应在箱盖顶部设置窥视孔。窥视孔应设在能够看到齿轮啮合区的位置,其大小以手能伸入箱体进行检查操作为宜。窥视孔处应设计凸台以便于加工。在固定视孔盖时应加密封垫,盖板常用钢板或铸铁制成,用 M5～M10 螺钉紧固。视孔盖结构参考尺寸见表 2.12-3 所示,也可自行设计。

表 2.12-3　视孔盖结构参考尺寸

A	B	A_1	B_1	A_2	B_2	h	R	螺钉		
								d	L	个数
115	90	75	50	95	70	3	10	M8	15	4
160	135	100	75	130	105	3	15	M10	20	4
210	160	150	100	180	130	3	15	M10	20	6
260	210	200	150	230	150	4	20	M12	25	8
360	260	300	200	330	230	4	25	M12	25	8

2. 通气器

为沟通箱内外的气流,使箱体内的气压不会因减速器运转时的温升而增大,从而造成减速器密封处渗漏,应在箱体顶部或窥视孔盖板上安装通气器。简易的通气器用带孔螺钉制成,为了防止灰尘进入,通气孔不能直通顶端。这种通气器没有防尘功能,所以一般用于比较清洁的场合。较完善的通气器内部一般做成各种曲路,并有防尘金属网,可以防止吸入空气中的灰尘进入箱体内。减速器常用通气器的结构尺寸见表 2.12-4～表 2.12-6。选择通气器类型时应考虑其对环境的适应性,规格尺寸应与减速器大小相适应。

表 2.12-4　简易式通气器

注:1. S 为扳手口宽;
2. 材料为 Q235;
3. 适用于清洁的工作环境。

d	D	D_1	S	L	l	a	d_1
M20×1.25	18	16.5	14	19	10	2	4
M16×1.5	22	19.6	17	23	12	2	5
M20×1.5	30	25.4	22	28	15	4	6
M22×1.5	32	25.4	22	29	15	4	7
M27×1.5	38	31.2	27	34	18	4	8

表 2.12-5　通气帽

d	D_1	D_2	D_3	D_4	B	h	H	H_1
M27×1.5	15	36	32	18	30	15	45	32
M36×2	20	48	42	24	40	20	60	42
M48×3	30	62	56	36	45	25	70	52
d	a	δ	k	b	h_1	b_1	S	孔数
M27×1.5	6	4	10	8	22	6	32	6
M36×2	8	4	12	11	29	8	41	6
M48×3	10	5	15	13	32	10	55	8

注：有过滤网，适用于有尘的工作环境。

表 2.12-6　通气器

d	d_1	d_2	d_3	d_4	D	a	b	c
M18×1.5	M33×1.5	8	3	16	40	12	7	16
M27×1.5	M48×1.5	12	4.5	24	60	15	10	22
d	h	h_1	D_1	R	k	e	f	S
M18×1.5	40	18	25.4	40	6	2	2	22
M27×1.5	65	24	39.6	60	7	2	2	32

注：此通气器经过两次过滤，防尘性能好。

3. 启盖螺钉

箱盖、箱座装配时在剖分面上所涂的密封胶给拆卸箱盖带来不便，为此常在箱盖侧边的凸缘上装 1～2 个启盖螺钉，如图 2.12-8 所示。启盖螺钉的直径一般与箱体凸缘联接螺栓直径相同，启盖螺钉上的螺纹长度要大于箱盖联接凸缘的厚度，钉杆端部要做成圆柱形、大倒角或半圆形，以免顶坏螺纹。

4. 定位销

为了确定箱座与箱盖的相互位置，保证轴承座孔的镗孔精度和重复装配精度，应在箱体的联接凸缘的长度方向的对角位置安置两个定位销，如图 2.12-9 所示。两销相距尽量远些，以提高定位精度。定位销的公称直径可取 $d \approx (0.7 \sim 0.8)d_2$。定位销的总长度应稍大于箱体联接凸缘的总厚度。圆柱销和圆锥销的结构尺寸见附表 4-2。

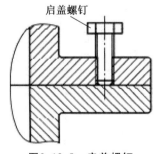

图2.12-8　启盖螺钉

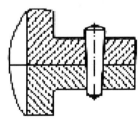

图2.12-9　圆锥定位销

5. 放油螺塞

为了换油及清洗箱体时排出油污，在箱体底部设有排油孔。排油孔的位置应在油池最低处,并保证螺孔内径低于箱座底内壁。排油孔用螺塞堵住,安装时应加封油圈以加强密封,如图 2.12-10 所示。排油孔等结构尺寸参见表 2.12-7。

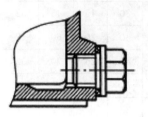 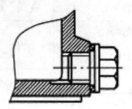 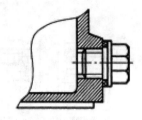

(a) 正确 (b) 正确(有半边孔攻丝,工艺性较差) (c) 不正确

图 2.12-10 油塞及其位置

表 2.12-7 外六角螺塞、纸封油圈

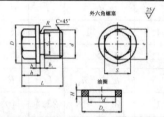

d	d_1	D	e	S	L	h	b	b_1	R	C	D_0	H 纸圈	H 皮圈
M10×1	8.5	18	12.7	11	20	10		2	0.5	0.7	18		
M12×1.25	10.2	22	15	13	24	12	3			1.0	22	2	2
M14×1.5	11.8	23	20.8	18	25								
M18×1.5	15.8	28	24.2	21	27			3			25		
M20×1.5	17.8	30			30	15					30		
M22×1.5	19.8	32	27.7	24					1.0		32		
M24×2	21	34	31.2	27	32	16	4			1.5	35	3	2.5
M27×2	24	38	34.6	30	30	17		4			40		
M30×2	27	42	39.3	34	34	18					45		

标记示例:螺塞 M20×1.5JB/ZQ4450—1986

油圈 30×20ZB71—30(D_0=30,d=20 的纸封油圈)

油圈 30×20ZB70—62(D_0=30,d=20 的纸封油圈)

材料:纸封油圈—石棉橡胶纸;皮封油圈—工业用革;螺塞—Q235

6. 油标

为了检查减速器内的油面高度,应在箱体便于观察、油面稳定的部位设置油标。常用的油标有杆式油标(见表 2.12-8)、圆形油标(见表 2.12-9)、长形油标(见表 2.12-10)等。杆式油标的结构简单,在减速器中较常采用,如图 2.12-11 所示。杆式油标上有表示最高及最低油面的刻线。装有隔离套的油标尺,可以减轻油搅动对其的影响,如图

2.12-11 b 所示。杆式油标的安装位置不能太低,以避免油溢出油标尺座孔。箱座油标尺座孔的倾斜位置应便于加工和使用,如图 2.12-12 所示。

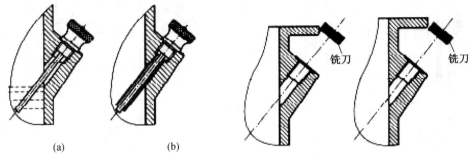

图 2.12-11　杆式油标　　　　　　图 2.12-12　杆式油标结构设计

表 2.12-8　杆式油标结构尺寸

	d	d_1	d_2	d_3	h	a	b	c	D	D_1
	M12	4	12	6	28	10	6	4	20	16
	M16	4	16	6	35	12	8	5	26	22
	M20	6	20	8	42	15	10	6	32	26

表 2.12-9　圆形油标结构尺寸

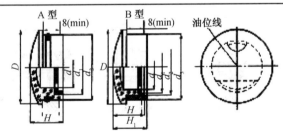

d	D	d_1		d_2		d_3		H	H_1	O 型橡胶密封圈
		基本尺寸	极限偏差	基本尺寸	极限偏差	基本尺寸	极限偏差			
12	22	12	−0.050 −0.160	17	−0.050 0.016	20	−0.065 −0.195	14	16	15×2.65
16	27	18		22	−0.065 0.195	25				20×2.65
20	34	22	−0.065 −0.195	28		32	−0.080 −0.240	16	18	25×3.55
25	40	28		34	−80 −240	38				31.5×3.55
32	48	35	−0.080 −0.240	41		45		18	20	38.7×3.55
40	58	45		51		55				48.7×3.55
50	70	55	−0.100 −0.290	61	−100 −290	65	−0.100 −0.290	22	24	
63	85	70		76		80				

表 2.12-10　长形油标结构尺寸

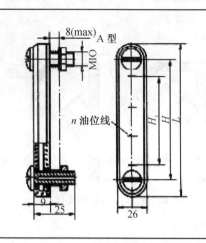

H		H_1	L	n(条数)
基本尺寸	极限偏差			
80	+0.17 −0.17	40	110	2
100		60	130	3
125	+0.20 −0.20	80	155	4
160		120	190	6

O 型橡胶密封圈 (按 GB/T 345.21)	六角螺母 (按 GB/T 6172)	弹性垫圈 按(GB/T 861)
10×2.65	M10	10

标记示例：H=80。A 型长形油标的标记：油标 A80 GB/T1161

7. 吊环螺钉、吊耳和吊钩

为了拆卸和搬运方便,应在箱盖上装吊环螺钉、吊耳和吊钩,并在箱座上铸出吊钩。吊环螺钉主要用于拆卸箱盖,也允许用来吊运轻型减速器。吊环螺钉为标准件,可按起吊重量从表 2.12-11 中选取。由于吊环螺钉的使用,增加了箱盖加工的工序。为了便于加工,常采用在箱盖上直接铸出吊耳和吊钩。为了起吊或搬运较重的减速器,应在箱座两端铸出吊钩,一端可铸出一个或两个吊钩。吊耳和吊钩的结构尺寸见表 2.12-12。

表 2.12-11　吊环螺钉(摘自 GB/T 825—1988)

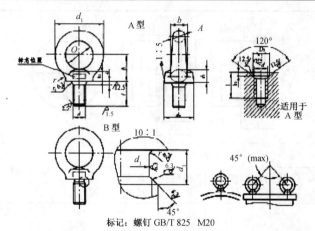

标记：螺钉 GB/T 825 M20

螺纹规格(d)		M8	M10	M12	M16	M20	M24	M30	M36	M42	M48
h_1	max	7	9	11	13	15.1	19.1	23.2	27.4	31.7	36.9
l	公称	16	20	22	28	35	40	45	55	65	70
d_2	参考	36	44	52	62	72	88	104	123	144	171
	h	18	22	26	31	36	44	53	63	74	87
	r_1	4	4	6	6	8	12	15	18	20	22
r	min	1	1	1	1	1	2	2	3	3	3

螺纹规格(d)		M8	M10	M12	M16	M20	M24	M30	M36	M42	M48
a_1	max	3.75	4.5	5.25	6	7.5	9	10.5	12	13.5	15
d_3	公称(max)	6	7.7	9.4	12	16.4	19.6	25	30.8	35.6	41
a	max	2.5	3	3.5	4	5	6	7	8	9	10
b		10	12	12	16	19	24	28	32	38	46
D_2	公称(min)	13	15	17	22	28	32	38	45	52	60
h_2	公称(min)	2.5	3	3.5	4.5	5	7	8	9.5	10.5	11.5
最大起吊重量 t	单螺钉起吊	0.16	0.25	0.4	0.63	1	1.6	2.5	4	6	8
	双螺钉起吊	0.08	0.125	0.2	0.32	0.5	0.8	1.25	2	3.2	4

减速器类型	一级圆柱齿轮减速器						二级圆柱齿轮减速器			
中心距/mm	100	125	160	200	250	315	100×140	140×200	180×250	200×280	250×335
重量 W/kN	0.26	0.52	1.05	2.1	4	8	1	2.6	4.8	6.8	12.5

表 2.12-12 吊耳和吊钩

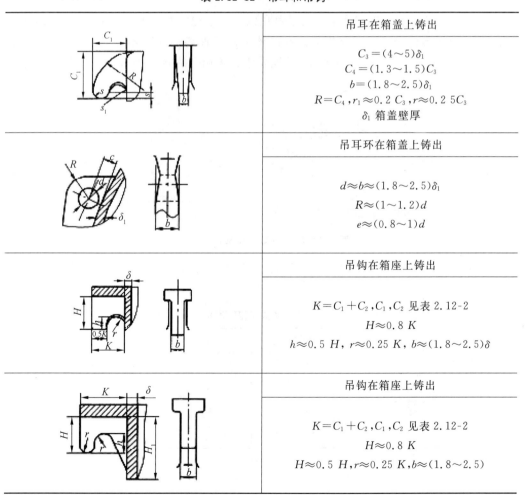

	吊耳在箱盖上铸出
	$C_3=(4\sim5)\delta_1$ $C_4=(1.3\sim1.5)C_3$ $b=(1.8\sim2.5)\delta_1$ $R=C_4,r_1\approx0.2C_3,r\approx0.25C_3$ δ_1 箱盖壁厚
	吊耳环在箱盖上铸出
	$d\approx b\approx(1.8\sim2.5)\delta_1$ $R\approx(1\sim1.2)d$ $e\approx(0.8\sim1)d$
	吊钩在箱座上铸出
	$K=C_1+C_2,C_1,C_2$ 见表 2.12-2 $H\approx0.8K$ $h\approx0.5H,r\approx0.25K,b\approx(1.8\sim2.5)\delta$
	吊钩在箱座上铸出
	$K=C_1+C_2,C_1,C_2$ 见表 2.12-2 $H\approx0.8K$ $H\approx0.5H,r\approx0.25K,b\approx(1.8\sim2.5)$

四、减速器箱体的结构工艺性设计

箱体结构工艺性的好坏对于提高加工精度和装配质量,提高劳动生产率和经济效益,以及便于检修维护等方面均有直接影响。箱体的结构工艺性主要注意以下两方面。

1. 铸造工艺性

① 箱体的壁厚应合理。在设计铸造箱体时,应考虑铸造工艺特点,力求形状简单、壁厚均匀、过渡平缓、金属无局部积聚。

考虑到液态金属的流动性,一般砂型铸件有最小壁厚的限制,见表 2.12-13。壁厚太薄可能出现铸件充填不满的严重缺陷。

表 2.12-13　铸铁件最小壁厚

铸造方法	铸件尺寸	铸钢	灰铸铁	球量铸铁
砂型铸造	200×200 以下	8	6	6
	200×200～500×500	10～12	6～10	12
金属型铸造	70×70 以下	5	4	—
	70×70～150×150	—	5	—
	150×150 以上	10	6	—

② 箱体铸件壁的连接和圆角。为了避免因冷却不均匀而产生内应力、裂纹或缩孔等缺陷,箱体各部分的壁厚应力求均匀。在结构要求壁厚各处厚薄不等时,应由厚到薄采用平缓过渡结构。为了避免金属积聚,不能采用锐角相交的筋和壁,如图 2.12-13 所示。

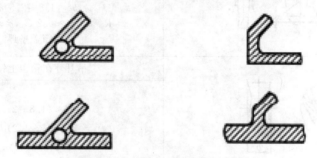

图 2.12-13　箱体筋和壁相交结构

铸件过渡连接尺寸见表 2.12-14,铸造内圆角见表 2.12-15,铸造外圆角半径见表 2.12-16。

表 2.12-14　铸造过渡斜度(JB/ZQ 4254—1997)

铸件壁厚	K	H	R
10～15	3	15	5
>15～20	4	20	5
>20～25	5	25	5
>25～30	6	30	8

334

表 2.12-15 铸造内圆角(JB/ZQ 4255—1997)

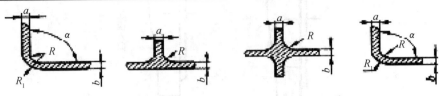

$a=b$ 时, $R_1=R+a$ 　　　　　 $b<0.8a$ 时, $R_1=R+b+a$

圆角半径			$(a+b)/2$/mm								
			≤8		9～12		13～16		17～20		21～27
			钢	铁	钢	铁	钢	铁	钢	铁	钢	铁
圆角半径 R/mm	外圆角 α	76°～105°	6	4	6	6	8	6	10	8	12	10
		106°～135°	8	6	10	8	12	10	16	12	20	16

表 2.12-16 铸造外圆角(JB/ZQ 4256—1997)

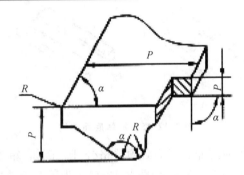

圆角半径 R/mm			表面最小尺寸 P/mm			
			≤25	>25～60	>60～160	>160～250
圆角半径 R/mm	外圆角 α	76°～105°	2	4	6	8
		106°～135°	4	6		12

③ 改进妨碍箱体铸件起模的结构。为了便于起模,铸件沿起模方向应有起模斜度,见表 2.12-17。

表 2.12-17 起模斜度(JB/ZQ 4257—1997)

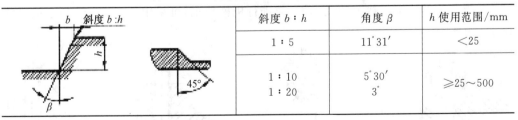

	斜度 $b:h$	角度 β	h 使用范围/mm
	1:5	11°31′	<25
	1:10	5°30′	≥25～500
	1:20	3°	

在沿起模方向的表面上,应尽量减少凸起结构,当铸件表面有几个凸起结构时,应尽量将其连成一体,便于木模的制造和造型,如图 2.12-14 所示。

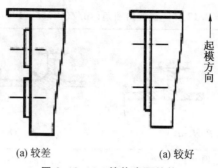

(a) 较差　　　　　　　(a) 较好

图 2.12-14　箱体底面结构

2. 箱体的加工工艺性

在设计箱体的结构形状时,应尽可能减小机械加工面积,以提高劳动生产率,并减小刀具磨损。在图 2.12-15 所示的箱座底面结构中,图 2.12-15 a 所示的结构加工面积大,且难以支承平稳;图 2.12-15 b 和图 2.12-15 d 所示为较好的结构;小型箱体则多采用图 2.12-15 c 所示的结构。

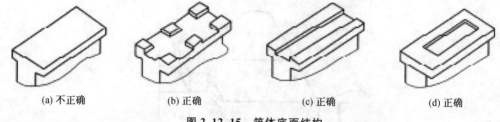

(a) 不正确　　　(b) 正确　　　(c) 正确　　　(d) 正确

图 2.12-15　箱体底面结构

箱体的任何一处加工面与非加工面必须严格分开。例如,箱盖的轴承座端面需要加工,因而应凸出,如图 2.12-16 b 所示,而图 2.12-16 a 为不合理结构。

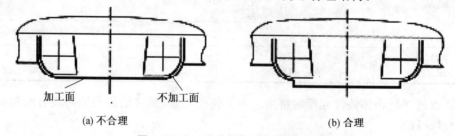

加工面　　　不加工面

(a) 不合理　　　　　　　　　(b) 合理

图 2.12-16　区分加工面与非加工面

与螺栓头部或螺母接触的支承面,应进行机械加工,可采用图 2.12-17 所示的结构和加工方法。

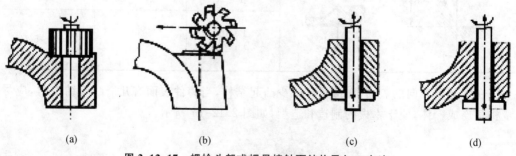

(a)　　　　(b)　　　　(c)　　　　(d)

图 2.12-17　螺栓头部或螺母接触面结构及加工方法

3. 箱体的高度设计

对于采用浸油润滑的减速器,箱体高度应满足齿顶圆到油池底面的距离不小于 30～50 mm,且还应使箱体能容纳一定量的润滑油,以保证润滑和散热。对于单级传动,每传递 1 kW 需油量 $V_0 = 350～700 \ \text{cm}^3$;对于多级传动,按级数成比例增加,如不满足,应适当增加箱体高度。

设计时,在离大齿轮顶圆为 30～50 mm 处,画出箱体油池底面线,并初步确定箱体高度为

$$H \geqslant \frac{d_{a2}}{2} + (30～50) + \Delta$$

式中,d_{a2} 为大齿轮齿顶圆直径;Δ 为箱体底面到箱体油池底面的距离。

根据传动零件的浸油深度确定油面高度,即可计算出箱体的贮油量。若贮油量不足,应适当将箱底面下移,增加箱体的容积。

4. 箱盖外轮廓的设计

箱盖顶部外轮廓常以圆弧和直线组成。大齿轮所在一侧的箱盖外表面圆弧与大齿轮成同心圆。内壁到齿轮顶的距离和壁厚按表 2.12-1 选择。通常轴承座旁螺栓凸台应处于箱盖圆弧的内侧。

由于高速轴上齿轮较小,所以高速轴一侧的箱盖外表面不能按齿顶到箱体内壁距离和壁厚确定,通常是根据轴承座凸台的结构尺寸来确定。一般可使高速轴的轴承座旁螺栓凸台位于箱盖圆弧内侧,如图 2.12-18 所示。首先确定轴承座螺栓凸台的位置与高度,再取 $R > R'$ 画出箱盖圆弧。

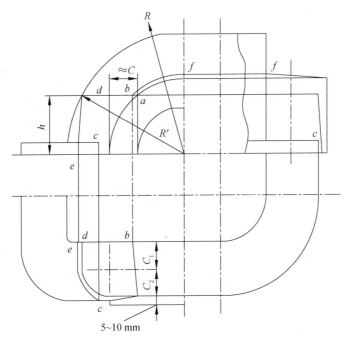

图 2.12-18　减速器高速轴一侧箱盖外廓设计

当主视图上确定了箱盖基本外廓后,便可在三个视图上详细画出箱盖的结构。

5. 导油沟的形式和尺寸

当轴承采用飞溅润滑时,通常在箱座的凸缘面上开设导油沟,使飞溅到箱盖内壁上

的油经导油沟进入轴承。导油沟尺寸如图 2.12-19 所示,可以铸造成型如图 2.12-20 a 所示,也可铣制而成。图 2.12-20 b 为用圆柱端铣刀铣制的油沟,图 2.12-20 c 为用盘铣刀铣制的油沟。铣制油沟加工方便,油流阻力小,故应用较广。设计时应注意,导油沟的位置要有利于使箱盖斜口处的油进入,并经轴承端盖上的十字形缺口流入轴承。此外,导油沟不应与联接螺钉的孔相通。

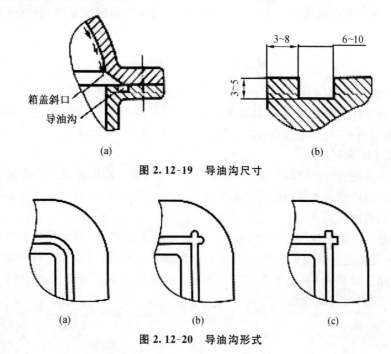

图 2.12-19 导油沟尺寸

图 2.12-20 导油沟形式

6. 轴承盖和套杯

① 轴承盖。轴承盖的作用是用来固定轴承及调整轴承间隙,并承受轴向力。

轴承盖的结构型式可分为凸缘式和嵌入式两类。每一类又有透盖(有通孔,供轴穿出)和闷盖(无通孔)之分。其材料一般为铸铁(HT150)或钢(Q215,Q235)。

凸缘式轴承盖装拆、调整轴承间隙较为方便,密封性好,故应用普遍;但外缘尺寸大,需用一组螺钉固定。凸缘式轴承盖的结构尺寸见表 2.12-18。

表 2.12-18 凸缘式轴承盖

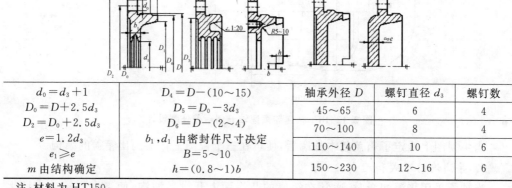

$d_0 = d_3 + 1$	$D_4 = D - (10 \sim 15)$	轴承外径 D	螺钉直径 d_3	螺钉数
$D_0 = D + 2.5d_3$	$D_5 = D_0 - 3d_3$	$45 \sim 65$	6	4
$D_2 = D_0 + 2.5d_3$	$D_6 = D - (2 \sim 4)$	$70 \sim 100$	8	4
$e = 1.2d_3$	b_1, d_1 由密封件尺寸决定	$110 \sim 140$	10	6
$e_1 \geqslant e$	$B = 5 \sim 10$	$150 \sim 230$	$12 \sim 16$	6
m 由结构确定	$h = (0.8 \sim 1)b$			

注:材料为 HT150。

嵌入式轴承盖结构简单、紧凑,无需固定螺钉,重量轻及外伸轴的伸出长度短,有利于提高轴的强度和刚度。但装拆端盖和调整轴承间隙时需打开箱体机盖,密封性较差,座孔上需开环形槽,加工费时,常用于要求重量轻及尺寸紧凑的场合。嵌入式轴承盖的结图构尺寸见表 2.12-19。

表 2.12-19　嵌入式轴承盖

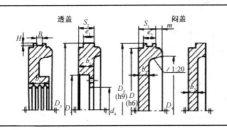	$S_1=15\sim20$ $S_2=10\sim15$ $e_2=8\sim12$ $e_3=5\sim8$ m 由结构确定 $D_3=D+e_2$,装有 O 型密封圈时,按 O 型圈外径取整 $b_2=8\sim10$ 其余尺寸由密封尺寸确定

注:材料为 HT150。

② 套杯。当同一转轴两端轴承型号不同时,可利用套杯结构使箱体上的轴承座孔直径一致,以便一次镗出,保证加工精度;当几个轴承组合在一起时,采用套杯结构将使轴承固定和装拆更为方便;可用来调整支承的轴向位置;避免因轴承座孔的铸造或机械加工缺陷而造成整个箱体报废。套杯的结构尺寸见表 2.12-20。

表 2.12-20　套杯

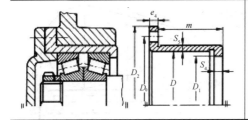	S_3,S_4,$e_4=(7\sim12)$ $D_0=D+2S_3+2.5d_3$ D_1 由轴承安装尺寸确定 $D_2=D_0+2.5d_3$ m 由结构确定 d_3 见表 2.12-18

注:材料为 HT150。

 知识拓展

一、减速器的润滑和密封

1. 减速器的润滑

减速器的润滑分为齿轮传动的润滑和轴承的润滑两大部分。减速器的润滑直接影响到它的寿命、效率及工作性能。

(1)齿轮和蜗杆传动的润滑

对齿轮和蜗杆传动时进行润滑,可以减少磨损和发热,还可以防锈、降低噪声。对防止和延缓轮齿失效,改善齿轮和蜗杆传动的工作状况起着重要的作用。

除少数低速($v\leqslant0.5$ m/s)以及小型减速器采用脂润滑外,绝大多数减速器的齿轮和蜗杆传动都采用油润滑,其主要润滑方式如下。

① 浸油润滑。当齿轮圆周速度 $v\leqslant12$ m/s、蜗杆圆周速度 $v\leqslant10$ m/s 时,常采用浸油润滑。即将齿轮、蜗杆或蜗轮浸入箱内油液中,当传动件回转时粘在其上的油液被带到啮合区进行润滑,同时油池的油被甩上箱壁,有助散热。对于圆柱齿轮、蜗杆和蜗轮,传动零件浸在油中的深度 H_1 最少应为 1 个齿高,对于圆锥齿轮,则最少为 $0.7\sim1$ 个齿

宽,但不得小于 10 mm,如图 2.12-21 所示。为避免搅油损失过大,传动零件浸油深度 H_1 不能太深,否则会增大齿轮的运动阻力并使油温升高。对于多级传动,若低速级大齿轮的圆周速度 $v \leqslant 0.5 \sim 0.8$ m/s,H_1 可适当大一些,可达 1/6~1/3 分度圆半径。

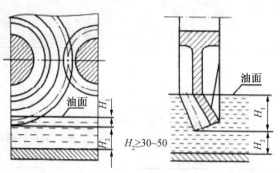

图 2.12-21　油池深度与浸油深度

在多级传动中,若低速级大齿轮的圆周速度较高,高速级的大齿轮浸油深度为一个齿高时,为避免低速级大齿轮的浸油深度过大,可制成倾斜式箱体剖分面,或只将低速级大齿轮按合适的深度浸在油池中,不浸入油池中的高速级齿轮采用溅油轮将油带到未浸入油池内的轮齿齿面上,同时可将油甩到齿轮箱壁面上散热,使油温下降,如图 2.12-22 所示。

(a) 倾斜式箱体剖分面　　　　　　　　　(b) 溅油轮润滑

图 2.12-22　保持浸油深度均一的结构

对蜗杆减速器,当蜗杆圆周速度 $v \leqslant 4 \sim 5$ m/s,建议采用下置式蜗杆传动;当 $5 < v < 10$ m/s 时,为不使搅油损失太大,建议采用上置式蜗杆传动。

下置式蜗杆传动的油面高度约为浸入蜗杆螺纹的牙高,但一般不应超过支承蜗杆的滚动轴承最低滚珠(柱)中心,以免增加功耗。但如果满足后者而使蜗杆未能浸入油中(或浸油深度不足)时,则可在蜗杆轴两侧分别装上带油轮,使其浸入油中,旋转时将油甩到蜗轮端面上,然后流入啮合区进行润滑。

② 喷油润滑。当齿轮圆周速度 $v > 12$ m/s 或蜗杆圆周速度 $v > 10$ m/s 时,则不宜采用浸油润滑,因为粘在齿轮上的油会被离心力甩出而达不到啮合区,而且搅动太大会使油温升高、油起泡沫和氧化等降低润滑性能。此时宜采用喷油润滑,即利用油泵将润滑油从喷嘴直接喷到啮合面上,如图 2.12-23 所示。喷油孔的距离应沿齿轮宽度均匀分布。

喷油润滑也常用于速度不高但工作条件繁重,或需用大

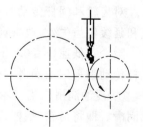

图 2.12-23　喷油润滑

量润滑油进行冷却的重要减速器。喷油润滑效果好,润滑油可以不断冷却和过滤。但需专门的管路、滤油器、冷却及油量调节装置,因而成本较高。

（2）滚动轴承的润滑

滚动轴承润滑的目的主要是减少摩擦、磨损,同时也有冷却、吸振、防锈和减少噪声的作用。减速器中的滚动轴承常采用脂润滑和油润滑。

① 脂润滑。当轴的直径 d(mm)和转速 n(r/min)之积(速度因素)$dn<(1.5\sim2)\times10^5$ 时,可采用脂润滑。

采用润滑脂润滑,不需供油系统,滚动轴承密封装置简单,容易密封,并且润滑脂不易流失,便于密封和维护,且一次充填润滑脂可运转较长时间,但润滑脂黏性很大,高速时摩擦阻力大、散热效果差,且在高温时易变稀而流失,所以脂润滑只用于轴转速较低、温度不高的场合。

填入轴承室中的润滑脂应当适量,过多易发热,过少则达不到预期的润滑效果。通常以填满轴承室空间 1/3～1/2 为宜。填入量与转速有关,转速较高($n=1\,500\sim3\,000$ r/min)时,一般不应超过 1/3;转速较低($n<300$ r/min)或润滑脂易于流失时,填充量可适当多一些,但不应超过轴承室空间的 2/3。添加润滑脂时,可拆去轴承盖,也可采用添加润滑脂的装置。采用脂润滑时,为防止箱体内润滑油飞溅到轴承内,稀释润滑脂而变质,同时防止油脂泄入箱内,轴承面向箱体内壁一侧应加挡油环,如图 2.12-24 所示。

② 飞溅润滑。减速器中只要有一个浸油齿轮的圆周速度 $v>1.5\sim2$ m/s 时,可利用该零件的旋转将油甩到箱体内壁上,然后使油顺着箱体上特制的输油沟流入轴承内进行润滑,如图 2.12-25 所示。当圆周速度 $v>3$ m/s 时,飞溅的油可形成油雾,并能直接溅入轴承内进行润滑。

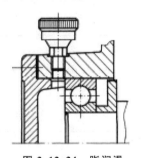
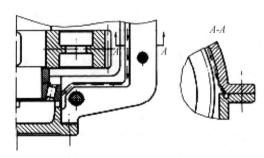

图 2.12-24　脂润滑　　　　图 2.12-25　飞溅润滑

③ 刮板润滑。当浸入油中齿轮的圆周速度 $v<2\sim5$ m/s 时,油飞溅不起来;下置式蜗杆的圆周速度即使大于 2 m/s,但因蜗杆的位置太低,且与蜗轮轴线成空间垂直方向安置,故飞溅的油难以进入蜗轮轴轴承,此时可采用刮板润滑。图 2.12-26 所示是蜗杆-蜗轮减速器中刮板将油从蜗轮轮缘侧面刮下,油沿油槽流入蜗轮的轴承中。刮板润滑装置中,刮油板与轮缘之间应保持一定的间隙(约 0.5 mm),轮缘的端面跳动和轴的轴向窜动也应加以限制。

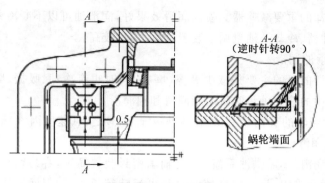

图 2.12-26 刮板润滑

④ 浸油润滑。下置式蜗杆的轴承常浸在油中润滑。此时,油面一般不应高于轴承最下面滚动体的中心,以免油搅动的功率损耗太大。

(3) 润滑油的选择

减速器中齿轮、蜗杆、蜗轮和轴承大都依靠箱体中的油进行润滑,这时润滑油的选择主要考虑箱内传动零件的工作条件,适当考虑轴承的工作情况。

对于闭式齿轮传动,润滑油黏度推荐值见表 2.12-21。

表 2.12-21 闭式齿轮传动的润滑油黏度推荐值   m²/s

齿轮材料及热处理	齿面硬度 HBS	齿轮圆周速度 v/(m/s)						
		<0.5	0.5~1.0	1.0~2.5	2.5~5.0	5.0~12.5	12.5~25	>25
钢:调质	<280	266 (32)	177 (21)	118 (11)	82	59	44	32
	280~350	266 (32)	266 (32)	177 (21)	118 (11)	82	59	44
钢:整体淬火,表面淬火或调质	40~64	444 (52)	266 (32)	266 (32)	177 (21)	118 (11)	82	59
铸铁、青铜、塑料		177	118	82	59	44	32	—

注:① 表中括号内为 100 ℃时的黏度,不带括号的为 50 ℃时的黏度;
② 对于多级减速器,润滑油黏度取各级传动所需黏度的平均值;
③ 对于 HBS>230 的非渗碳镍铬钢齿轮,润滑油黏度应取相应纵列较高一挡的数值。

对于蜗杆传动,润滑油黏度推荐值见表 2.12-22。

表 2.12-22 蜗杆传动的润滑油黏度推荐值

滑动速度/(m/s)	0~1	1~2.5	2.5~5	5~10	10~15	15~25	>25
工作条件	重型	重型	中型				
运动黏度/(m²/s)	444 (52)	266 (32)	177 (21)	118 (11)	82	58	44
润滑方式	浸油润滑			浸油润滑或喷油润滑	喷油压力/MPa		
					0.07	0.2	0.3

注:表中括号内为 100 ℃时的黏度,不带括号的为 50 ℃时的黏度。

多级传动中,由于高、低速级传动对润滑油黏度要求不同,选用时可取平均值。确定了润滑油的黏度值后,再查表附 7-1 选取润滑油的牌号。

尽管润滑油品种繁多,性能不一,但单品种油仍难完全满足近代减速器的全部使用要求。为此,常采用几种不同的油按一定比例组成混合油,或在润滑油中加入各种添加剂,以改善或获得润滑油的某些特殊要求,如抗高温或抗低温性、抗高压性、抗乳化性和抗泡沫性等。

(4)润滑脂的选择

润滑脂主要用于减速器中滚动轴承的润滑,也用于开式齿轮传动和开式蜗杆传动的润滑。润滑脂主要根据工作温度和工作环境选择,见表 2.12-23。滚子轴承用润滑脂的选择见表 2.12-24。常用润滑脂的牌号及主要性质和用途见附表 7-2。

表 2.12-23 球轴承用润滑脂的选择

轴承工作温度/℃	$dn/(mm \cdot r/min)$	干燥环境使用	潮湿环境使用
0～40	<8 000	钙基2号,钠基2号	钙基2号
	>8 000	钙基2号,钙基3号 钙基2号,钠基3号	钙基2号,钙基3号
轴承工作温度/℃	$dn/(mm \cdot r/min)$	干燥环境使用	潮湿环境使用
40～80	<8 000	钠基2号,钠基3号	ZL-2,ZL-3
	>8 000	钠基2号,钠基3号	ZL-2,ZL-3
80～120	>8 000	钠基3号,钠基4号	ZL-1,ZL-2,ZL-3,ZL-4

表 2.12-24 滚子轴承用润滑脂的选择

轴承转速 $n/(r/min)$	轴承工作温度/℃	
	0～60	>60
<30 000	钙基2号	钠基3号,ZL-2,ZL-3
30 000～50 000	钙基1号	钠基3号,ZL-2,ZL-3
>50 000	钙基1号	钠基3号,ZL-2,ZL-3,ZL-4

2. 减速器的密封

减速器需要的密封处一般有轴的出端、滚动轴承室内侧、箱体结合面、轴承盖、观察孔和放油孔等。密封的形式应根据其特点和使用要求来合理选择和设计。

(1)轴伸出端的密封

此处密封是为了防止轴承的润滑剂漏失及箱外杂质、水分、灰尘等浸入,避免轴承急剧磨损和腐蚀。常用的密封种类及特性、各种密封件的结构和尺寸见附录7(润滑与密封)。

① 毡圈式密封。毡圈式密封结构简单、价格低廉、安装方便,但对轴颈接触面的摩擦较严重,因而功耗大,毡圈寿命短。主要用于脂润滑、工作温度 $t<90$ ℃以及密封处轴颈圆周速度 $v<5m/s$ 的场合,如图 2.12-27 所示。毡圈粉槽的尺寸系列见附表 7-3。

② O 形橡胶圈密封。利用箱体上沟槽使 O 形橡胶圈受到压缩而实现密封,在介质作用下产生自紧作用而增强密封效果。O 形圈有双向密封的能力,其密封结构简单,如图 2.12-28 所示。O 形橡胶圈的尺寸系列见附表 7-4。

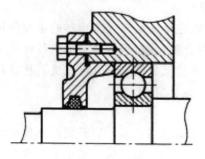
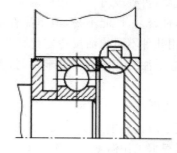

图 2.12-27　毡圈式密封　　　　　　图 2.12-28　O 形橡胶圈密封

③ 唇形密封圈密封。利用耐油橡胶圈唇形结构部分的弹性和螺旋弹簧圈的扣紧力,使唇形部分紧贴轴表面而实现密封。唇形密封圈密封效果比毡圈式好,工作可靠,便于安装和更换,可用于油润滑和脂润滑。图 2.12-29 a 所示为唇部向着轴承,密封的主要作用是防止漏油,而且随着油压增大,唇部与轴贴得更紧,密封效果也随之增强;图 2.12-29 b 所示为唇部背着轴承,其主要作用是防止外界灰尘和水进入轴承与箱体内;图 2.12-29 c 所示为采用双向密封形式,即两个密封圈相对安装,同时具备防漏油和防尘能力。

唇形密封圈和槽的尺寸系列见附表 7-5 及附表 7-6。

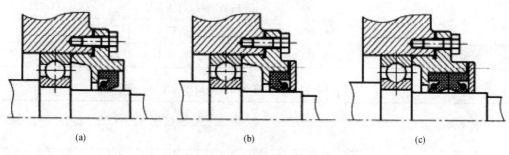

(a)　　　　　　　　　　(b)　　　　　　　　　　(c)

图 2.12-29　唇形密封圈密封

④ 沟槽密封。所谓沟槽密封就是利用在环形间隙或沟槽填满润滑脂实现密封。图 2.12-30 a 为环形间隙式密封装置,其密封性能主要取决于间隙大小。间隙小则密封效果好,但要求制造精度高,一般取间隙为 0.2～0.5 mm,但应注意轴与孔不能相接触且间隙应均匀。图 2.12-30 b 为沟槽式密封装置,沟槽数目应不少于 3,其密封性能比间隙式好,如要提高密封性能,可减少轴与孔的间隙和增加沟槽数目。

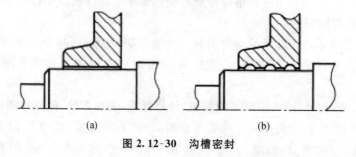

(a)　　　　　　　　　　(b)

图 2.12-30　沟槽密封

⑤ 迷宫式密封。利用转动元件与固定元件间所构成的曲折、狭小缝隙及缝隙内充满油脂实现密封叫迷宫式密封。迷宫式润滑和脂润滑均可适用,对防尘和防漏也有较好的效果,且密封可靠,无摩擦磨损,是较理想的一种密封方式。缺点是结构较复杂,制造和

安装均不便,如图 2.12-31 所示。

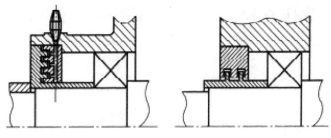

图 2.12-31 迷宫式密封

（2）滚动轴承的密封

为了防止减速器轴承孔座内的润滑脂泄入箱内,同时防止箱内润滑油溅入轴承室而稀释、带走润滑脂,应在近箱体内壁的轴承旁设置封油环,如图 2.12-32 所示。而当轴承采用油润滑时,若轴承旁小齿轮的直径小于轴承外径,为了防止过多的经啮合处挤压出来的可能带有金属屑等杂物的高温油涌入轴承室,应加挡油环,如图 2.12-33 所示。

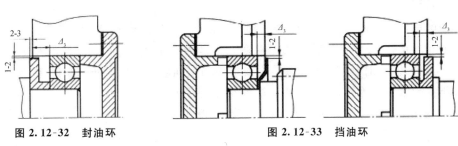

图 2.12-32 封油环　　　　图 2.12-33 挡油环

（3）箱体结合面的密封

为了保证箱座箱盖连接处的密封,联接凸缘应有足够的宽度,接合表面要精加工。联接螺栓间距不应过大(小于 150～200 mm),以保证足够的压紧力。为了保证轴承孔的精度,剖分面间不得加垫片,只允许在剖分面间涂以密封胶。为提高密封性,在箱座凸缘上面常铣出回油沟,使渗入凸缘联接缝隙面上的油重新流回箱体内,回油沟的形状及尺寸如图 2.12-34 所示。

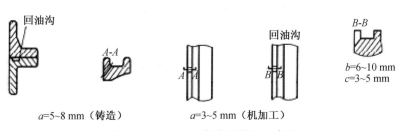

图 2.12-34 回油沟的形状及尺寸图

 思考与练习

设计带式输送机减速器的箱体结构及其润滑与密封。

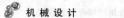

工作任务 13　减速器装配图的设计与绘制

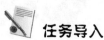 **任务导入**

减速器的主要零件都已设计完成,接着可以绘制减速器的装配图,以检查各零件间的相互位置、尺寸、结构及装配关系。

 任务目标

知识目标　理解减速器附件的功用及设置要求。

能力目标　掌握一般减速器装配图的绘制方法和步骤。

 知识与技能

装配图表达了机器总体结构的设计构思、部件的工作原理和装配关系,也表达出各零件间的相互位置、尺寸及结构形状。它是绘制零件图,进行部件装配、调试及维护的技术依据。设计装配图时要综合考虑工作要求、材料、强度、刚度、磨损、加工、装拆、调整、润滑和维护等多方面因素,并用合适的视图及方式表达清楚。

由于装配图的设计和绘制涉及的内容较多,既包括结构设计又包括校核计算,设计过程比较复杂,常常需要边绘图、边计算、边修改。因此,为了保证设计质量,初次设计时应先绘制草图。一般先绘制装配草图,经过设计过程中不断修改,待全部完成并经检查、审查后再重新绘制正式装配图。

减速器的装配工作图可按以下步骤进行设计:

① 装配图设计的准备。

② 绘制装配草图。画出传动零件及箱体内壁线的位置,进行轴的结构设计,计算轴的强度和轴的寿命。

③ 进行传动零件的结构设计、轴承端盖的结构设计,选择轴承的润滑及密封方式。

④ 设计减速器的箱体和附件。

⑤ 检查装配草图。

⑥ 完成装配图。

 任务实施

一、装配图设计的准备阶段

根据减速器设计任务书上的技术数据和设计要求,选择计算出有关零部件的结构和主要尺寸,并汇总和检查绘制装配图时所必需的技术资料和数据。具体内容有:

① 电动机型号,电动机输出轴的轴径、轴伸长度,电动机的中心高等结构尺寸。

② 联轴器的型号、半联轴器毂孔长度、毂孔直径和装拆尺寸要求。

③ 传动零件的主要参数和尺寸。如齿轮和蜗杆传动的中心距、分度圆直径、齿顶圆直径以及轮齿的宽度。

④ 初选滚动轴承的类型及轴的支承形式。

⑤ 确定箱体的结构方案（剖分式或整体式）。

装配图应用 A0 或 A1 图纸绘制。画装配图时，先应选好比例尺，布置好图面位置。画草图的比例尺应与正式图的比例尺相同，并优先选用 1∶1 的比例尺，以便于绘图并有真实感。一般装配图的三视图、预留明细栏和技术要求等的布置如图 2.13-1 所示。

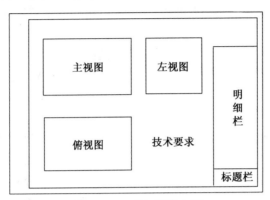

图 2.13-1　装配图的布置

二、装配图设计的第一阶段

这一阶段主要确定各传动零件之间以及与箱体内壁之间的相对位置；进行轴的结构设计；确定轴承的型号和位置；找出轴承支点和轴系上作用力的大小、方向及作用点的位置；对轴、轴承及键联接进行校核计算。

画图时由箱体内的传动零件画起，由内向外面，内外兼顾。三视图中以俯视图为主，兼顾其他视图。

1. 确定各传动零件的轮廓及其相对位置

绘制圆柱齿轮减速器及圆锥齿轮减速器时，首先画箱体内传动零件的中心线、齿顶圆（或蜗轮外圆）、节圆、齿根圆、轮缘及轮毂宽等轮廓尺寸，如图 2.13-2 和图 2.13-3 所示。

要注意各零件间的相互位置和间隙。如设计二级齿轮减速器时，应注意轴上齿轮的齿顶不能与另一轴表面相碰，而两级齿轮端面的间距 Δ_4 要大于 $2m$（m 为齿轮模数），并大于 8 mm，并使中间轴上大齿轮齿顶圆与输出轴外表面之间的距离 Δ_5 应大于 10 mm，如图 2.13-3 所示。

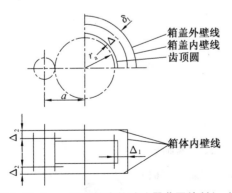

图 2.13-2　一级圆柱齿轮减速器草图绘制（一）

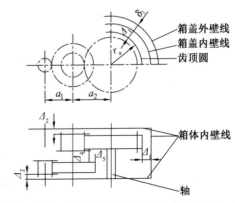

图 2.13-3　二级圆柱齿轮减速器草图绘制（一）

347

2. 箱体内壁位置的确定

箱体内壁与传动零件应留有一定的间距,如齿轮的齿顶圆至箱体内壁间应留有间隙 Δ_1,齿轮端面至箱体内壁间应留有间隙 Δ_2,如图 2.13-2 所示。Δ_1 和 Δ_2 值见表 2.12-1。

设计减速器结构时,必须全面考虑箱体与传动零件的尺寸和箱体各部位的结构关系。例如,设计某些圆柱齿轮减速器高速级小齿轮处的箱体形状和尺寸时,要考虑到轴承处上下箱联接螺栓的布置和凸台的高度和尺寸,由此确定箱体内外壁的位置。可同时画两个视图,注意各部位结构尺寸的投影关系。图 2.13-2 和图 2.13-3 为这一阶段所绘制的一级圆柱齿轮减速及二级圆柱齿轮减速器的装配草图。

对于圆锥齿轮减速器,由于圆锥齿轮的轮毂宽度常大于轮齿宽度,为避免干涉,应使箱体内壁与轮毂端面之间的间距 $\Delta_3=(0.3\sim0.6)\delta$,$\Delta_2=\Delta_3$,$\delta$ 为箱座壁厚。图 2.13-4 为这一阶段所绘制的圆锥-圆柱齿轮减速的装配草图。

由于蜗杆减速器箱体内壁之间的距离由蜗杆轴系的结构尺寸确定,蜗轮外圆和蜗轮轮毂端面与箱体内壁间应留有间距 Δ_1 和 Δ_2。对于蜗杆减速器,由于要提高蜗杆轴的刚度,应尽量缩小其支点距离。因此,蜗杆轴承座常伸至箱体内部,内伸部分的端面确定,应使轴承座与蜗轮外圆之间留有一定的距离 Δ_1。同时为使轴承座尽量内伸,可将轴承座内伸端制成斜面,并使斜面端部具有一定的厚度(一般取其厚度 $\approx0.4\times$ 内伸轴承座壁厚)。而轴承外端面位置是在主视图上根据箱体外壁凸台高为 $5\sim10$ mm 来确定。通常取箱体的宽度等于蜗杆轴承座外径,即 $B_2\approx D_2$,由此画出箱体宽度方向的外壁和内壁。取蜗轮轴承座宽度 $L_1=\delta+C_1+C_2+(5\sim10)$ mm,可确定蜗轮轴承外端面位置。图 2.13-5 为这一阶段所绘制的蜗杆减速器的装配草图。

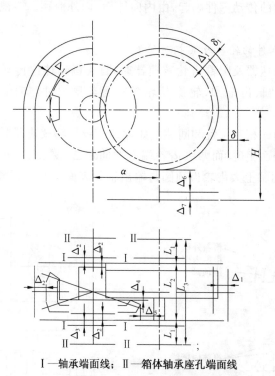

Ⅰ—轴承端面线; Ⅱ—箱体轴承座孔端面线

图 2.13-4 圆锥-圆柱齿轮减速器装配草图(一)

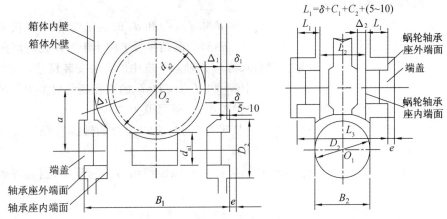

图 2.13-5　蜗杆轮减速器装配草图(一)

3. 轴承座端面位置的确定

为了增加轴承的刚性,轴承旁的螺栓应尽量靠近轴承。

轴承座端面的位置由箱体的结构。当采用剖分式箱体时,轴承座的宽度 L 由轴承盖、箱座联接螺栓 md_1 的大小确定,即由考虑螺栓 md_1 扳手空间尺寸 C_1 和 C_2 确定,如图 2.13-6 所示。

一般要求轴承座的宽度 $L \geqslant \delta + C_1 + C_2 + (5 \sim 10) \text{mm}$,其中 C_1 和 C_2 可由表 2.12-2 查出,δ 为箱体壁厚,$5 \sim 10$ mm 为轴承座端面凸出箱体外表面的尺寸,以便于进行轴承端面的加工。

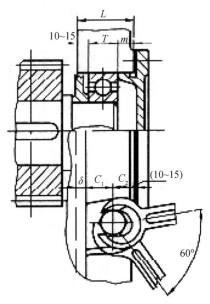

图 2.13-6　轴承座端面的位置的确定

4. 轴的结构设计

轴的结构设计是在初算轴径的基础上进行的。为了满足轴上零件的定位和紧固要求,同时便于轴的加工和轴上零件的装拆,通常将轴设计成阶梯轴。轴结构设计的任务是确定合理的阶梯轴形状和结构尺寸。具体参见工作任务 8。

（1）确定轴的各段直径

① 定位轴肩的尺寸。图 2.13-7 中直径 d 和 d_1，d_3 和 d_4 的变化处，轴肩高度 h 应比零件孔的倒角 C 或圆角半径 r 大 2～3 mm，轴肩的圆角半径 r 应小于零件孔的倒角 C 或圆角半径 r'。安装滚动轴承的定位轴肩尺寸应查轴承标准中的有关安装尺寸。

② 非定位轴肩的尺寸。图 2.13-7 中 d_1 和 d_2，d_2 和 d_3 的直径变化仅是为了轴上零件的装拆方便或区分加工面，其直径变化量较小，一般可取为 0.5～3 mm。

③ 轴颈尺寸。初选滚动轴承的类型及尺寸，则与之相配合的轴颈直径即被确定下来。同一轴上要尽量选择同一型号的轴承。

④ 加工工艺要求。当轴段需磨削时，应在相应轴段留出砂轮越程槽；当轴段需切制螺纹时，应留出螺纹退刀槽。

⑤ 与轴上零件相配合的轴段直径应尽量取标准直径系列值。

⑥ 当外伸轴通过联轴器与电动机联接时，则初算直径 d 必须与电动机轴和联轴器孔相匹配，必要时应适当增减轴径 d 的尺寸。

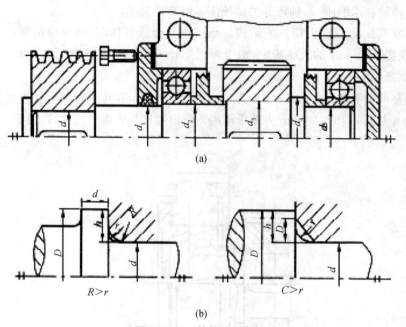

(a)

(b)

图 2.13-7　轴的结构设计

（2）确定轴的轴向尺寸

轴的轴向尺寸决定了轴上零件的轴向位置，确定轴向尺寸时应考虑以下几点。

① 保证传动零件在轴上固定可靠。为使传动零件在轴上的固定可靠，应使轮毂的宽度大于与之配合轴段的长度，以使其他零件顶住轮毂，而不是顶在轴肩上，如图2.13-8 a 所示。一般取轮毂宽度与轴段长度之差 $\Delta=1～2$ mm。图 2.13-8 b 为错误结构，当制造有误差时，这种结构不能保证零件的轴向固定及定位。

② 当周向联接用平键时，键应较配合长度稍短，并应布置在偏向传动零件装入一侧，以便于装配，如图 2.13-9 所示。

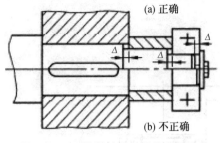

(a) 正确

(b) 不正确

图 2.13-8　轴段长度与零件定位要求

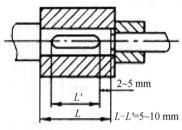

图 2.13-9　键槽位置

③ **轴承位置应适当。** 轴承的内侧至箱体内壁应留有一定的间距,其大小取决于轴承的润滑方式。采用脂润滑时所留间距较大,一般所留间距为 10~15 mm,以便放置挡油环,防止润滑油溅入而带走润滑脂,如图 2.13-10a 所示;若采用油润滑,一般所留间距为 3~5 mm 即可,如图 2.13-10b 所示。

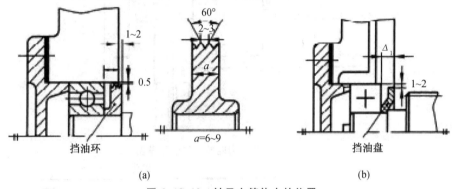

(a)

挡油环

$a=6\sim9$

(b)

挡油盘

图 2.13-10　轴承在箱体中的位置

④ **轴上零件的设置应便于零件的装拆。** 当轴上零件彼此靠得很近,图 2.13-11 a 所示的 C 很小时,不利于零件的拆卸,需要适当增加有关轴段的轴向尺寸,如图 2.13-11 b 所示,将轴段长度 l 增加到 l'。

轴伸出箱体外的长度与箱外及固定端盖螺钉的装拆有关。如果轴伸出箱体外的长度过小,端盖螺钉和箱外传动零件的装拆均不方便,如图 2.13-12 所示。轴承端盖至箱外传动零件间的距离 l' 应大于 15~20 mm。

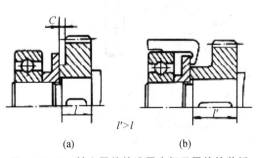

$l'>l$

(a)

(b)

图 2.13-11　轴上零件的设置应便于零件的装拆

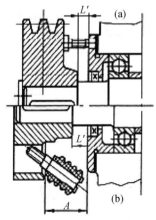

(a)

(b)

图 2.13-12 轴上外装零件与端盖间的距离

351

图 2.13-13～图 2.13-15 为装配图设计第一阶段的装配草图,主要绘制轴的结构,为轴的校核、轴承的校验准备数据。

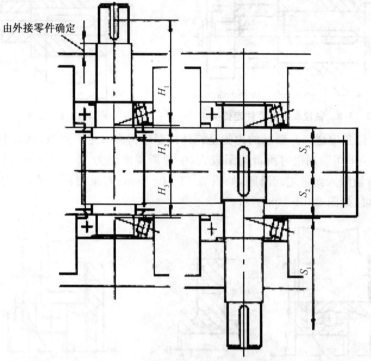

由外接零件确定

图 2.13-13　一级圆柱齿轮减速器装配草图(二)

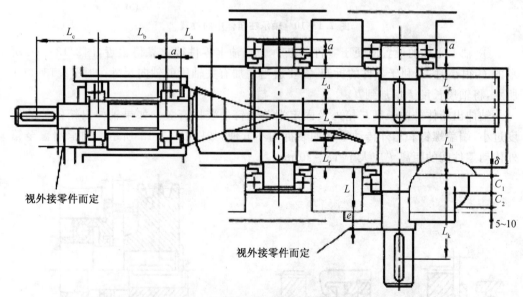

视外接零件而定

视外接零件而定

图 2.13-14　圆锥-圆柱齿轮减速器装配草图(二)

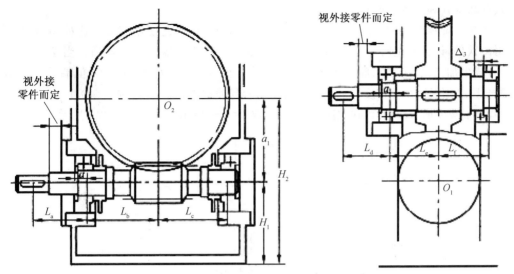

图 2.13-15　蜗杆减速器装配草图(二)

5．轴、轴承及键联接的校核计算

(1) 确定轴上力作用点和轴承支点距离。由减速器装配草图,可确定轴上传动零件受力点的位置和轴承支点间的距离。圆锥滚子轴承和角接触球轴承的支点与轴承端面间的距离可查轴承标准。

(2) 轴强度的校核计算。在确定了轴承支点距离及零件的力作用点后,即可进行轴的受力分析,并画出力矩图。根据轴各处所受力、力矩大小及应力集中情况,确定 $2\sim3$ 个危险截面进行轴的强度校核验算。轴强度校核计算按照工作任务 8 中介绍的方法进行。若强度不够,可通过增大轴的直径、修改轴的结构、改变轴的材料等方法提高轴的强度;若强度富裕过多,可待轴承寿命及键联接的强度校核后,再综合考虑决定如何修改轴的结构或尺寸。

(3) 滚动轴承寿命的校核计算。滚动轴承的寿命可与减速器的寿命或减速器的检修期($2\sim3$ 年)大致相符。若计算出的寿命不符合要求,可考虑选另一型号的轴承,必要时可改换轴承类型。具体参见工作任务 10。

(4) 键联接强度的校核计算。对键联接主要进行挤压强度校核,若键联接的强度不够时,应采取必要的修改措施,如适当增加键长或改用双键等。具体参见工作任务 9。

三、装配图设计的第二阶段

这一阶段的主要工作是进行传动零件的结构设计和轴承的组合设计。

1．传动零件的结构设计

传动零件的结构与所选材料、毛坯尺寸及制造方法等有关。如果圆柱齿轮直径和轴径相差不大时,可制成齿轮轴;如圆柱齿轮的齿根圆至键槽底部的距离 $s\geqslant2.5m_t(m_t$ 为端面模数),锥齿轮 $s\geqslant1.6m(m$ 为大端模数)时,齿轮可与轴分开制造。当直径不大时,可制成实心式齿轮;当齿顶直径 $d_a=200\sim500$ mm 时,可采用腹板式结构;当 $d_a>500$ mm 时,可采用轮辐式结构。

齿轮结构的尺寸可参考工作任务 5 或机械设计手册。

2．轴承端盖结构

轴承端盖是用来固定轴承的位置、调整轴承间隙并承受轴向力的,轴承端盖的结构形式有凸缘式和嵌入式两种。

凸缘式轴承端盖的密封性能好,调整轴承间隙方便,因此使用较多。这种端盖大多采用铸铁件,设计制造时要考虑铸造工艺性,尽量使整个端盖的厚度均匀。当端盖较宽时,为减少加工量,可在端部铸造出一段较小的直径 D',使其直径 $D'<D$,但端盖与箱体的配合段必须保留足够长度 l,否则拧紧螺钉时容易使端盖歪斜,一般取 $l=(0.1\sim0.15)D$。另外,为了减少加工面积,可在端面铸出凹面,取 $\delta=1\sim2$ mm。如图 2.13-16 所示。

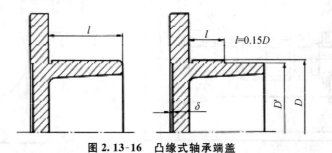

图 2.13-16　凸缘式轴承端盖

嵌入式轴承端盖结构简单,密封性能差,调整间隙不方便,只适用于深沟球轴承(不用调整间隙)。如用于角接触轴承,应增加调整螺钉。

3. 轴组件的轴向固定和调整

轴组件的轴向固定和调整设计详细内容参阅工作任务 8 及工作任务 10。这里仅介绍轴组件轴向固定与调整方法的选择。

(1) 两端固定。这种固定方式适用于一般减速器和轴承支点跨距小于 300 mm 的蜗杆减速器中。在轴承盖与轴承间应留有适量的间隙,一般为 0.25~0.4 mm,间隙量是靠调整垫片来控制的。

(2) 一端固定、另一端游动。它适用于轴系有较大的热伸长的场合,但结构较复杂。当轴上两轴承支点跨距大于 300 mm 时,可采用一端固定、另一端游动的支承结构。

(3) 轴系轴向位置调整的目的是保证传动零件的正确啮合,对圆锥齿轮传动及蜗杆传动调整方法见工作任务 10。

(4) 滚动轴承的润滑与密封参阅工作任务 12。

四、装配图设计的第三阶段

这一阶段的主要工作是进行减速器箱体及其附件的设计。具体内容参阅工作任务 12。

五、装配草图的检查

首先检查主要问题,然后检查细部,检查的主要内容如下。

(1) 总体布置方面。检查装配草图与传动装置方案简图是否一致;轴伸端的方位是否符合要求;轴伸端的结构尺寸是否符合设计要求;箱外零件是否符合传动方案的要求。

(2) 计算方面。传动零件、轴、轴承及箱体等主要零件是否满足强度、刚度等要求;计算结果(如齿轮中心距、传动零件与轴的尺寸、轴承型号与跨距等)是否与草图一致。

(3) 轴系结构方面。传动零件、轴、轴承和轴上其他零件的结构是否合理;定位、固定、调整、装拆、润滑和密封是否合理。

(4) 箱体和附件结构方面。箱体的结构和加工工艺性是否合理;附件的布置是否恰当,结构是否正确。

（5）绘图规范方面。减速器中所有零件的基本外形及相互位置是否表达清楚；视图选择是否恰当，投影是否正确；螺纹联接、弹簧垫圈、键联接、齿轮啮合以及其他零件的画法是否符合机械制图国家标准的规定。应特别注意同一零件在各视图上，其剖面线的方向和间距应一致；装配图中某些结构可以采用简化画法，如对于相同类型、相同尺寸的螺栓联接，可以只画一个，其他用中心线表示。螺栓、螺母、滚动轴承可以采用机械制图标准中规定的简化画法。

六、完成减速器装配图

这一阶段是最终完成课程设计的关键阶段，应认真完成其中的每一项内容。这一阶段的主要内容是：标注必要的尺寸及配合关系；编注零件部件的序号；绘制标题栏及明细表；编制减速器技术特性表；编注技术要求等。

1. 标注必要的尺寸

装配图上应标注的尺寸有以下几类：

（1）特性尺寸：传动零件中心距及其偏差。

（2）最大外形尺寸：减速器的总长、总宽、总高，供包装运输及安装时参考。

（3）安装外形尺寸：箱座底面尺寸（包括底座长、宽、厚），地脚螺栓孔中心的定位尺寸，地脚螺栓孔之间的中心距和地脚螺栓孔的直径及个数，减速器中心高尺寸，外伸轴端的配合长度和直径等。

（4）主要零件的配合尺寸：凡有配合要求的结合部位都应标注出尺寸、配合性质和精度等级。如传动零件与轴头，轴承内孔与轴颈，外圈与箱座孔，轴承盖与箱座孔等。对于这些零件应选择恰当的配合与精度等级，这与提高减速器的工作性能、方便拆拆、改善加工工艺性及降低成本等有密切的关系。

表 2.13-1 列出了减速器主要零件的荐用配合，应根据具体情况进行选用。一般应优先采用基孔制，但滚动轴承是标准件，其外圈与座孔相配用基轴制，内孔与轴须相配用基孔制；轴承配合的标注方法也与其他零件不同，只需标出与轴承相配合的座孔和轴颈的公差带符号。

标注尺寸时应使尺寸排列整齐、标注清晰，多数尺寸应尽量布置在反映主要结构的视图上，并尽量降布置在视图的外面。

表 2.13-1　减速器主要零件的荐用配合

配合零件	荐用配合	装拆方法
大中型减速器的低速级齿轮（蜗轮）与轴的配合，轮缘与轮芯的配合	$\dfrac{H7}{r6},\dfrac{H7}{s6}$	用压力机和温差法（中等压力的配合，小过盈配合）
一般齿轮、蜗轮、带轮、联轴器与轴的配合	$\dfrac{H7}{r6}$	用压力机（中等压力的配合）
要求对中性良好及很少装拆的齿轮、蜗轮、联轴器与轴的配合	$\dfrac{H7}{n6}$	用压力机（较紧的过渡配合）
小锥齿轮及较常装拆的齿轮、联轴器与轴的配合	$\dfrac{H7}{m6},\dfrac{H7}{k6}$	手锤打入（过渡配合）
滚动轴承内孔与轴的配合（内侧旋转）	j6（轻负荷）、k6、m6（中等负荷）	用压力机（实际为过盈配合）

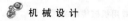

续表

配合零件	荐用配合	装拆方法
滚动轴承外圈与轴的配合 与箱体孔的配合(外圈不转)	H7,H6	木锤或徒手装拆
轴承套环与箱体孔的配合	$\dfrac{H7}{r6}$	木锤或徒手装拆

2. 写明减速器的技术特性

应在装配工作图的适当位置列表写出减速器的技术特性,内容包括输入功率和转速,传动效率、总传动比和各级传动比、传动特性(各级传动零件的主要几何参数和精度等级)等。表 2.13-2 为二级圆柱斜齿轮减速器的技术特性表格式。

表 2.13-2　技术特性表的格式

输入功率 /kW	输入转速 /(r/min)	效率 η	总传动率 i	传动特性							
				第一级				第二级			
				m_n	z_2/z_1	β	精度等级	m_n	z_2/z_1	β	精度等级

3. 编写技术要求

装配图的技术要求是用文字说明在视图上无法表达的有关装配、调整、检验、润滑、维护等方面的内容,它和图面表示的内容是同等重要的。正确制订技术要求将有助于保证减速器的工作性能。技术要求与设计要求有关,主要包括以下几方面的内容。

(1) 对零件的要求。装配前所有合格的零件要用煤汽油清洗,箱体内不许有任何杂物存在。箱体内表面和齿轮(蜗轮)等未加工表面应先后涂底漆和红色耐油漆。箱体外表面应先后涂底漆及油漆;零件配合面洗净后应涂润滑油。

(2) 对润滑剂的要求。润滑剂对传动性能有很大的影响,在技术要求中应写明传动零件及轴承的润滑剂品种、用量及更换时间。

更换润滑油时间:一般新减速器第一次使用时,运转 7～14 天后换油,以后可根据情况每隔 3～6 个月换一次油。

(3) 对滚动轴承轴向间隙及其调整的要求。对于固定间隙的向心球轴承,一般留轴向间隙 $\Delta = 0.25 \sim 0.4$ mm。对可调间隙轴承的轴向间隙须查机械设计手册,并应注明轴向间隙值。

(4) 传动侧隙量和接触斑点。传动侧隙和接触斑点的要求是根据传动零件的精度等级确定的,查出后标注在技术要求中,供装配时检查用。

检查侧隙的方法可用塞尺测量,或用铅丝放进传动零件啮合间隙中,然后测量铅丝变形后的厚度即可。

检查接触斑点的方法是在主动件齿面上涂色,使其转动,观察从动件齿面的着色情况,由此分析接触区的位置及接触面积大小。

(5) 减速器的密封。减速器箱体的剖分面、各接触面及密封处均不允许漏油;剖分面允许涂密封胶和水玻璃,不允许使用任何垫片或填料;轴伸处密封应涂上润滑脂。

(6) 对试验的要求。减速器装配好后应做空载试验,正反转各一小时,要求运转平稳、噪声小、连接固定处不得松动。做负载试验时,对齿轮减速器油池温升不超过 35 ℃,

轴承温升不超过 40 ℃;对蜗杆减速器,要求油池温升不超过 85 ℃,轴承温升不超过 65 ℃。

(7) 对外观、包装和运输的要求。箱体表面应涂漆,外伸轴及零件包装严密,运输和装卸时不可倒置。

4. 对全部零件进行编号

零件编号时可不区分标准件和非标准件而统一编号,也可以分别编号。零件编号要完全,不能重复,相同的零件只能有一个零件编号。编号引线不能相交,并尽量不与剖面线平行。独立组件(如滚动轴承,通气器等)可作为一个零件编号。对装配关系清楚的零件组(螺栓、螺母及垫圈)可利用公共引线,如图 2.13-17 所示。编号应按顺时针或逆时针方向顺次排列,编号的数字高度应比图中所注尺寸数字的高度大一号。

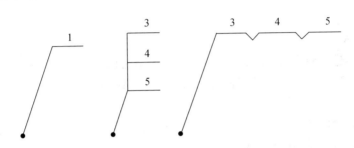

图 2.13-17 零件编号的引线和数字写法

5. 编制零件明细栏及标题栏

减速器的所有零件均应列入明细栏中,并应注明每个零件的材料和件数。对于标准件,则应注明名称、件数、材料、规格及标准代号。对齿轮应注明模数 m、齿数 z、螺旋角 β 等。

机械设计所用的标题栏及明细栏格式见附表 1-2。

思考与练习

设计带式输送机减速器装配图。

工作任务 14　零件工作图的设计与绘制

 任务导入

　　在机器或部件中,每个零件的结构尺寸和加工要求,在装配图中没有反映出来,若要把装配图中的各个零件制造出来,还必须绘制出每一个零件的零件图。因此,带式输送机减速器装配图设计绘制完成后,即可设计并拆绘齿轮减速器中的齿轮、轴、箱体等主要零件工作图了。

 任务目标

　　知识目标　进一步理解掌握齿轮、轴等零件的结构设计。
　　能力目标　理解掌握减速器零件工作图的设计与绘制。

 知识与技能

　　——零件图设计与绘制基本要求
　　零件工作图简称零件图,它是生产中的重要技术文件,是制造和检验零件的依据。在机器或部件中,每个零件的结构尺寸和加工要求,在装配图中没有反映出来,若要把装配图中的各个零件制造出来,还必须绘制出每一零件的零件图。零件图的结构和装配尺寸应与装配图上一致。零件图是零件制造、检验和制订工艺规程的基本技术资料,它既反映设计的意图,又考虑制造的可能性和合理性。正确设计零件图,可以起到减少废品、降低生产成本、提高生产率和机械使用性能的作用。
　　对零件图的设计与绘制有如下要求:
　　(1) 视图的选择。零件工作图必须单独绘制在一个标准图幅中,并用尽可能少的视图、剖视、剖面及其他机械制图中规定的画法,清晰而正确地表达出零件的结构形状和几何尺寸。
　　(2) 尺寸标注。尺寸必须齐全、清楚,并且标注合理,无遗漏,不重复;对配合尺寸和要求较高的尺寸,应标注尺寸的极限偏差,并根据不同的使用要求,标注表面形状公差和位置公差;所有加工表面都应注明表面粗糙度。
　　(3) 技术要求的编写。零件在制造、检验或作用上必须达到的要求,当不便在图上用图形或规定符号标注时,可集中书写在图纸的右下角。它的内容广泛,需视具体零件的要求而定。有关轴、齿轮和箱体类零件技术要求的具体内容,详见后面各节。
　　(4) 零件图标题栏绘制。标题栏的格式和尺寸见附表 1-2。

 任务实施

一、轴类零件工作图的设计及绘制
1. 视图的选择
　　轴类零件图,一般只需一个主视图。在有键槽和孔的地方,可增加局部剖面;对轴上的中心孔、退刀槽、砂轮越程槽等,可采用局部放大图表达。

2．标注尺寸

轮类零件主要标注各轴段的直径尺寸和长度尺寸。

轴的直径尺寸标注时,应注意有配合关系的部位。当各轴段直径有几段相同时,应逐一标注,不得省略。

标注长度尺寸时,要根据零件尺寸的精度要求、机械加工工艺过程,确定加工基准后,选择合理的标注形式。对于尺寸精度要求高的长度尺寸,应直接注出,避免加工过程中的尺寸换算。不允许尺寸链封闭。

3．标注尺寸的极限偏差和形位公差

(1) 轴上的配合部位(如轴头、轴颈、密封装置处等)的直径尺寸,要根据装配图中的配合性质,从公差配合表中查出公差值,并标出各个尺寸的极限偏差。

(2) 键槽的极限偏差及标注方法可按键联接标准从附表 4-1 中查出。

(3) 轴上的各重要表面,应标注形状公差和位置公差,以保证减速器的装配质量及工作性能。轴的形位公差推荐项目见表 2.14-1。形位公差数值,按传动精度和工作条件,参阅表 2.14-1 选取。轴类零件尺寸的极限偏差和形位公差标注可参考图 2.14-1。

表 2.14-1　轴的形位公差推荐项目

内容	项目	符号	推荐精度等级	对工作性能的影响
形状公差	与传动零件轴孔、轴承孔相配合的圆柱面的圆柱度	⌭	7～8	影响传动零件、轴承与轴的配合松紧及对中性
位置公差	与传动零件、轴承相配合的圆柱面相对于轴心线的径向全跳动	⌰	6～8	影响传动零件与轴承的运转偏心
	与传动零件、轴承定位的端面相对于轴心线的端面圆跳动	⌯	6～7	影响传动零件与轴承的定位及受载均匀性
	键槽对轴中心线的对称度	⌱	8～9	影响键受载的均匀性及装拆的难易

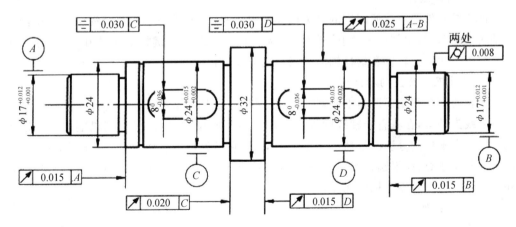

图 2.14-1　轴类零件形位公差标注示例

4．标注表面粗糙度

轴的各个表面,一般都要进行加工,其表面粗糙度数值可按表 2.14-2 选取。

表 2.14-2　轴的表面粗糙度 Ra 推荐值

加工表面	Ra		
与传动零件、联轴器配合的表面	3.2～0.8		
传动零件及联轴器的定位端面	6.3～1.6		
与普通精度滚动轴承配合的表面	1.0(轴承内径≤80)		1.6(轴承内径>80)
普通精度滚动轴承的定位端面	2.0(轴承内径≤80)		2.5(轴承内径>80)
平健健槽	3.2(键槽侧面)		6.3(键槽底面)
密封处表面	毡圈	橡胶密封圈	油沟、迷宫式
	密封处圆周速度/(m/s)		
	≤3	>3～5　　>5～10	3.2～1.6
	1.6～0.8	0.8～0.4　　0.4～0.2	

5. 编写技术要求

轴类零件的技术要求一般包括以下内容:

(1) 对材料机械性能、化学成分的要求及允许的代用材料。

(2) 对材料表面机械性能的要求,如热处理方法、热处理后的硬度、渗碳层深度及淬火深度等。

(3) 对机械加工的要求,如与其他零件配作的要求、中心孔的要求(不保留中心孔等)。

(4) 图上未注圆角、倒角的说明及其他一些特殊要求(如镀铬)等。

二、齿轮类零件工作图的设计与绘制

齿轮类零件包括圆柱齿轮、圆锥齿轮、蜗杆、蜗轮。这类零件图除视图和技术要求外,还应有啮合特性表。

1. 视图的选择

齿轮类零件图应按照国家的有关标准规定绘制,一般需一个或两个视图。主视图可将轴线水平布置,用剖视表达孔、轮毂、轮辐和轮缘的结构。键槽的尺寸和形状,亦可用局部视图表达。齿轮轴和蜗杆轴的视图与轴类零件相似。

2. 尺寸及其公差的标注

齿轮的轴孔和端面既是工艺基准,也是测量和安装的基准。所以标注尺寸时以轴孔的中心线为基准,在垂直于轴线的视图上注出各径向尺寸,轴向尺寸则以端面为基准标出。齿轮类零件的分度圆虽然不能直接测量,但它是设计的基本尺寸,应在图上标注;标注尺寸时应注意;齿根圆是按齿轮参数切齿后形成的,按规定在图上不标注;倒角、圆角和铸(锻)造斜度应逐一标注在图上或写在技术要求中。

3. 啮合特性表

齿轮类零件图上的啮合特性表应安置在图纸在右上角。表中内容由两部分组成:第一部分是齿轮的基本参数和精度等级;第二部分是齿轮和传动检验项目及其偏差值或公差值。

4. 形位公差和表面粗糙度

齿轮的形位公差和各个加工表面的表面粗糙度表面粗糙度数值可参照图例选取。

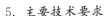

5. 主要技术要求

(1) 对铸件、锻件或其他类型坯件的要求;

(2) 对材料机械性能和化学成分的要求及允许代用的材料;

(3) 材料、齿部热处理方法、热处理后的硬度要求;

(4) 未注明的圆角半径、倒角的说明及锻造或铸造斜度要求等;

(5) 对大型齿轮或高速齿轮的平衡试验要求等。

 知识拓展

1. 视图的选择

箱体(箱座及箱盖)的视图通常采用三个视图,即主视图、俯视图、左视图。根据结构的复杂程度可增加一些必要的局部视图、向视图及局部放大图,例如,排油孔、油标孔、检查孔等细部结构。

2. 尺寸及其公差的标注

箱体零件形状复杂,尺寸繁多。标注尺寸时,既要考虑铸造、加工工艺、测量、检验的要求,又要做到尺寸多而不乱、不重复、无遗漏。为此,必须注意以下几点:

(1) 形状尺寸应直接标出,不应有任何运算。这类尺寸有:箱体的壁厚、长、高、宽、孔径及其深度、螺纹孔尺寸、凸缘尺寸、加强筋尺寸、槽宽及槽深、曲线的曲率半径等。

(2) 定位尺寸和相对位置尺寸是确定箱体各部分相对于基准的位置尺寸。标注时最好选择加工基准面作为标注尺寸的基准,以利于加工和测量。如剖分式箱体的箱座和箱盖的高度方向的相对位置尺寸应以剖分面和底面为标注尺寸的基准;圆柱齿轮减速器的箱体,其轴承座孔中心线可作为沿箱体长度方向标注尺寸的基准;沿箱体宽度方向的基准面可以纵向对称中心线作为基准。

(3) 直接标出影响机械工作性能的尺寸,确保加工的准确性。如箱体轴承孔的中心距及其偏差,嵌入式轴承端盖的沟槽位置等。

3. 形位公差和表面粗糙度

箱体的形位公差值可参阅表 2.14-3 选择,箱体的表面粗糙度值可参阅表 2.14-4 选择。

表 2.14-3 箱体的形位公差推荐项目

加工表面和标注项目	精度等级
箱体部分面的平行度	7～8
轴承座的圆柱度	7(使用于普通公差等级轴承)
轴承孔端面对孔中心线的垂直度	7～8
两座孔的同轴度	6～7
轴承座孔轴线的平行度	6～7(应参考齿轮副轴线平行度公差)

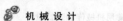

表 2.14-4　箱体表面粗糙度 Ra 推荐值

加工表面	Ra
箱体剖体面	3.2~1.6
定位销孔	1.6~0.8
轴承座孔（适用于普通公差等级）	3.2~1.6
轴承座孔外端面	3.2
其他配合面	6.3~3.2
其他非配合面	12.5~6.3

4. 编写技术要求

箱体零件的主要技术要求有：

（1）箱座与箱盖的轴承孔必须配镗；

（2）剖分面上的定位销孔应在镗轴承孔前配钻、配铰；

（3）铸造斜度、铸造圆角的说明；

（4）铸件的时效处理及清砂，自然时效不少于 6 个月；

（5）铸件不得有裂纹和超过规定的缩孔等缺陷；

（6）剖分面应无蜂窝状缩孔，每个缩孔深度不得大于 3 mm，直径不得大于 5 mm，其位置距外缘不得超过 15 mm，全部缩孔面积不得大于接合面面积的 5%；

（7）轴承孔端面的缺陷尺寸不大于加工表面的 5%，深度不大于 2 mm，位置应在轴承盖螺钉孔外面；

（8）箱体内表面用煤油洗净并涂漆；

（9）箱座不得有渗漏现象。

以上技术要求可根据具体需要选列。

 思考与练习

设计绘制带式输送机单级圆柱齿轮减速器中的轴及齿轮零件图。

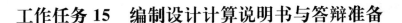

工作任务 15　编制设计计算说明书与答辩准备

 任务导入

前面带式输送机设计计算及主要图的绘制任务都已完成,最后需要将带式输送机设计计算的主要内容编制成为带式输送机设计计算说明书。

 任务目标

知识目标　了解一般机械传动装置设计计算说明书的主要内容和编写格式。

能力目标　能编写一般机械传动装置设计计算说明书。

 知识与技能

设计计算说明书主要是阐明设计者思想、设计计算方法与计算数据的说明资料,是审查设计合理性的重要技术依据。为此,对设计说明书的要求如下:

(1) 系统地说明设计过程中所考虑的问题及全部计算项目。阐明设计的合理性、经济性、装拆、润滑密封等方面的有关问题。

(2) 计算要正确完整、文字简洁通顺、书写整齐清晰。计算部分只须列出公式、代入数据,略去演算过程,直接得出结果。说明书中所引用的重要计算公式、数据,应注明来源(注出参考资料的统一编号、页次、公式号或表号等)。对所得结果,应有一个简要的结论。

(3) 说明书应包括与计算有关的必要简图(如轴的受力分析、弯矩、扭矩、结构等图)。

(4) 说明书须用设计专用纸,按统一格式书写(见表 2.15-1)。说明书左栏写计算内容的标题、计算过程、说明的内容,右栏写出计算结果及结论。

(5) 待说明书全部编写后,标出页次,编好目录,装订成册。

表 2.15-1　设计计算说明书的书写格式示例

设计项目	设计公式与说明	结　果
1. 选择齿轮材料、热处理方法及精度等级	为了使传动结构紧凑,选用硬齿面的齿轮传动。小齿轮用 20CrMnTi 渗透淬火,HRCI = 58(查表 2.5-13);大齿轮用 40Cr,表面淬火,HRC2＝54(查表 2.5-13)。由于是矿山卷扬机齿轮,由表 2.5-14 选 8 级精度	小齿轮:20CrMnTi 渗碳淬火;大齿轮:40Cr 表面淬火;8 级精度
2. 齿根弯曲疲劳强度设计 (1) 齿数 z_1、螺旋角 β; (2) 系数	由式(2.5-43)$m_n \geqslant 3\sqrt{\dfrac{2kT_1\cos^3\beta}{\psi_d z_1^2 [\sigma_F]}Y_{Fa}Y_{Sa}Y_\rho Y_z}$ 确定有关参数与系数如下: 取小齿轮齿数 $z_1＝20$,则 $z_2＝iz_1＝2.5×20＝50$ 初选螺旋角 $\beta＝15°$ 当量齿数 $z_{v1}＝\dfrac{z_1}{\cos^3\beta}＝\dfrac{20}{\cos^3 15°}＝22.19$ $z_{v2}＝\dfrac{z_2}{\cos^3\beta}＝\dfrac{50}{\cos^3 15°}＝55.48$ 由表 2.5-8 选取 $\psi_d＝\dfrac{b}{d_1}＝0.7$	$z_1＝20, z_2＝50$ $\beta＝15°$ $\psi_d＝0.7$

任务实施

编制带式输送机单级圆柱齿轮减速器设计计算说明书的主要内容如下：

（1）目录：全部说明书的标题及页码。

（2）设计任务书：一般由教师下达设计任务书。

（3）传动方案的拟定：其内容为简要说明可满足设计任务存在的多个方案，并对多个方案进行比较，最后确定的传动方案，一般应附相应的传动方案简图。

（4）电动机的选择：根据分析、计算、比较，从多个可选电机中选定电动机，并列出电动机的技术参数和安装尺寸等。

（5）传动装置的运动和动力参数计算：主要内容为传动比的分配依据和具体的传动比分配，传动装置的运动和动力参数计算公式、计算过程，并将最终计算结果列在表中。

（6）传动零件的设计计算：主要内容是带传动、链传动和齿轮传动等的设计计算。包括设计依据、设计计算过程、校核计算和结论，最后应将设计结果列在相应的表中以便查阅。

（7）轴与键的强度计算：主要内容应包括估算每根轴的直径，每根轴的结构设计方案分析，轴上所受的全部外力分析，并画出受力图、弯矩图、扭矩图及当量弯矩图等，根据应力分布和轴段结构与尺寸，找出可能出现的多个危险截面，进行危险截面的校核计算，列出全部的校核计算过程和结论。另外，还应对轴上的键联接进行强度校核，列出校核计算过程和结论。

（8）滚动轴承的选择与寿命计算：主要内容应包括滚动轴承类型的选择、型号的选择，并列出全部的寿命计算过程和结论。

（9）联轴器的选择计算：主要内容应包括联轴器类型的选择和型号选择。

（10）箱体的设计：主要内容应包括箱体结构尺寸的设计及必要的说明。

（11）减速器的润滑与密封：主要内容应包括润滑及密封方式的选择，润滑剂牌号及容量的计算说明。

（12）减速器附件：主要内容应包括减速器附件设计及说明。

（13）设计小结：简要说明设计的体会、分析设计方案的优缺点及改进的意见等。

（14）致谢：对在设计过程中给予指导和帮助的老师、工程技术人员、同学表示感谢。

（15）参考文献：应在说明书的最后列出全部的参考文献。文献的编号、作者姓名、文献名称、出版单位、出版日期。

 知识拓展

答辩是课程设计最后一个重要环节。通过答辩的准备和答辩，可以系统地分析所作设计的优缺点，发现问题，总结初步掌握的设计方法和步骤，提高独立工作的能力。也可以使教师更全面、深层次的检查学生掌握设计知识、设计成果的情况。通过系统、全面的总结和回顾，把还不懂、不大清楚、未考虑或考虑不周的问题进一步弄懂弄清楚，以取得更大的收获，更好地达到课程设计提出的目的和要求。

（1）完成设计后，主要围绕下列问题准备答辩：

① 机械设计的一般方法和步骤；

② 传动方案的确定；

③ 电动机的选择、传动比的分配；

④ 各零件的构造和用途；

⑤ 各零件的受力分析；

⑥ 材料选择和承载能力的计算；

⑦ 主要参数尺寸和结构形状的确定；

⑧ 工艺性和经济性；

⑨ 各零部件间的相互关系；

⑩ 资料、手册、标准和规范的应用；

⑪ 选择公差、配合、技术要求；

⑫ 减速器各零件的装配、调整、维护和润滑的方法等。

（2）供准备答辩时参考的一些答辩思考题：

① 叙述对传动方案的分析理解。

② 电动机的功率是怎样确定的？

③ 选择电动机的同步转速应考虑哪些因素？同步转速与满载转速有什么不同？设计计算时用哪个转速？

④ 你在分配传动比时考虑了哪些因素？在带传动—单级齿轮传动系统中，为什么带传动的传动比应小于齿轮传动的传动比？

⑤ 在计算各轴功率时，通用减速器与专用减速器的计算方法有什么不同？

⑥ 带传动设计计算中，怎样合理地确定小带轮的直径？若带速 $v<5$ m/s，应如何处理？若小带轮包角 $\alpha<20°$，应怎么办？

⑦ 简述齿轮传动的设计方法和步骤。

⑧ 软齿面齿轮传动和硬齿面齿轮传动各有什么特点？

⑨ 对于开式齿轮传动和闭式齿轮传动设计，其小齿轮齿数 z_1 的选择有什么不同？

⑩ 一对啮合的齿轮，大、小齿轮为什么采用不同的材料和热处理方法？

⑪ 由公式 $b=\Psi_d \cdot d$ 求出的 b 值为哪个齿轮的宽度？b_1 与 b_2 哪个数值大些？为什么？

⑫ 斜齿轮传动有什么优点？螺旋角对传动有什么影响？

⑬ 怎样确定斜齿轮及蜗杆蜗轮所受的轴向力方向？

⑭ 为什么蜗杆常用钢而蜗轮常用青铜？

⑮ 初步估算出的轴径应根据什么圆整？

⑯ 画出主动轴和从动轴的受力简图。

⑰ 齿轮轮毂宽度与轴头长度是否相同？

⑱ 外伸轴与轴承端盖间是否应该有间隙？

⑲ 在滚动轴承组合设计中，你采用了哪些固定方式？为什么？

⑳ 在圆柱齿轮、圆锥齿轮及蜗杆传动中，为了达到正确的装配位置（圆柱齿轮全齿宽接触、圆锥齿轮共顶点、蜗杆轴线位于蜗轮主平面内），你是如何从结构和尺寸上保证的？

㉑ 如何选择联轴器？高速级和低速级常用联轴器有何不同？

㉒ 怎样选择轴承的润滑方式？如何从结构上保证采用脂润滑和油润滑时润滑剂供应充分？

㉓ 箱座剖分面上的油沟怎样正确开设？你设计的油沟是怎样加工的？

㉔ 怎样确定轴承座的宽度？

㉕ 你设计的减速器选用何种润滑剂？是什么牌号？

㉖ 怎样确定减速器的中心高？箱体中的油量是怎样确定的？

㉗ 结合装配图说明轴的各段直径与长度是怎样确定的？说明轴上零件的装拆顺序。

㉘ 挡油环与封油环的作用是什么？分别在什么情况下使用？

㉙ 外伸轴与轴承盖、箱盖与箱座结合面各采用什么方法密封？为什么？

㉚ 同一轴心线的两个轴承座孔直径为什么要尽量一致？

㉛ 箱体同侧轴承座端面为什么要尽量位于同一平面上？

㉜ 减速器中各附件的作用是什么？

㉝ 定位销与箱体的加工装配有什么关系？如何布置定位销？

㉞ 轴承座旁联接螺栓为什么要尽量靠近？

㉟ 螺纹联接处的凸台或鱼眼坑有什么用途？

㊱ 普通螺栓联接和铰制孔螺栓联接各用在什么地方？画图时有什么不一样？

㊲ 箱体的刚性对减速器的工作性能有什么影响？你所设计的箱体如何考虑具有足够的刚性？轴承孔处的壁厚、筋和联接螺栓的凸台对刚性有什么影响？

㊳ 齿轮在箱体内非对称布置时，为什么齿轮安放在远离轴输出端？

㊴ 如何确定放油塞的位置？它为什么用细牙螺纹？

㊵ 箱体各表面是如何进行切削加工的？什么情况下要求箱座和箱盖配成一体进行加工？

㊶ 轴系各零件（包括轴承）如何定位和固定？

㊷ 箱体结合面轴承座宽度的确定与哪些因素有关？如何确定？

㊸ 装配图上应标注哪些尺寸？各主要零件间的配合如何选择？

㊹ 如何检查齿侧间隙和接触斑点？如不合格应采取什么措施？

㊺ 在轴的零件工作图中，对轴的形位公差有哪些基本要求？

㊻ 圆柱齿轮精度的检验项目常用的是哪几项？

㊼ 在圆柱齿轮的零件工作图中，对圆柱齿轮形位公差有哪些基本要求？

将装订好的设计说明书和折叠好的装配图、零件图一同装入资料袋，交指导教师，准备答辩。

实训9　带式输送机单级圆柱齿轮减速器设计

《机械设计》课程实训任务书
（Ⅰ）

班级 _____　姓名 _____　学号 _____

设计期限 _____　指导教师 _____

一、设计课题

带式输送机单级直齿圆柱齿轮减速器设计。

二、减速器传动简图

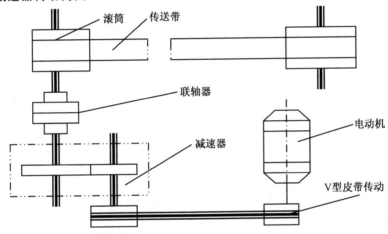

三、减速器用途及工作条件

用于带式输送机传动装置，运输机两班制室内工作，大修周期为 3 年，工作载荷稳定。一般机械厂小批量生产。

四、原始数据

原始数据 题号	减速器输出转速/(r/min)	减速器输出功率/kW	使用期限/h	学　号
Ⅰ-1	75	3.0	18 000	
Ⅰ-2	85	3.2	18 000	
Ⅰ-3	90	3.4	18 000	
Ⅰ-4	100	3.5	18 000	
Ⅰ-5	110	3.6	21 600	
Ⅰ-6	120	3.8	21 600	
Ⅰ-7	125	4.0	21 600	

原始数据 题号	减速器输出转速/ (r/min)	减速器输出功率/ kW	使用期限/ h	学　号
I - 8	150	4.5	21 600	
I - 9	80	3.5	16 000	
I - 10	88	4.0	18 500	
I - 11	95	3.0	17 000	
I - 12	105	3.2	17 500	
I - 13	115	4.2	20 000	
I - 14	130	3.7	19 000	
I - 15	140	3.6	22 000	

五、设计任务

1. 减速器装配图；

2. 减速器从动轴和从动齿轮零件工作图；

3. 减速器设计计算说明书。

《机械设计》课程实训任务书
（Ⅱ）

班级 _____ 姓名 _____ 学号 _____

设计期限 _____ 指导教师 _____

一、设计课题

带式输送机单级斜齿圆柱齿轮减速器设计。

二、减速器传动简图

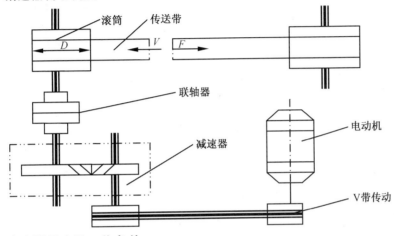

三、减速器用途及工作条件

用于带式输送机传动装置，运送谷物、型砂等散粒物料，运输机运转方向不变，有轻度振动。输送带鼓轮的传动效率为 0.97，工作寿命为 15 年，大修周期为 3 年，两班制工作。一般机械厂小批量生产。

四、原始数据

题号　原始数据	输送带牵引力 F /kN	输送带速度 v /(m/s)	输送带鼓轮直径 D /mm	学　号
Ⅱ-1	2.2	1.1	170	
Ⅱ-2	2	1.3	180	
Ⅱ-3	1.8	1.5	220	
Ⅱ-4	1.9	1.4	200	
Ⅱ-5	1.6	1.6	230	
Ⅱ-6	1.5	1.7	260	
Ⅱ-7	1.4	1.7	240	
Ⅱ-8	1.25	1.8	250	
Ⅱ-9	2.5	1	175	
Ⅱ-10	2.4	1.2	185	
Ⅱ-11	1.7	1.5	210	
Ⅱ-12	2.1	1.4	190	
Ⅱ-13	1.5	1.5	215	
Ⅱ-14	1.8	1.8	235	
Ⅱ-15	1.3	1.4	225	

五、设计任务

1. 减速器设计计算说明书；

2. 减速器装配图；

3. 减速器从动轴和从动齿轮零件工作图。

思考与练习

折叠单级圆柱齿轮减速器设计图纸。

附录 1 一般机械标准

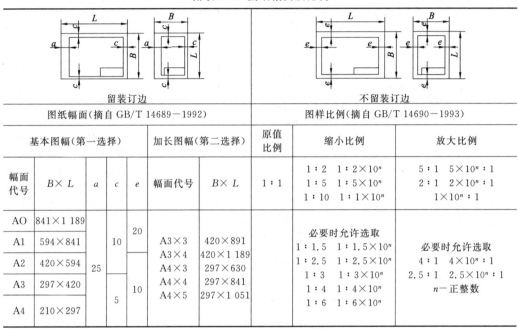

图纸幅面(摘自 GB/T 14689—1992)						图样比例(摘自 GB/T 14690—1993)		
基本图幅(第一选择)				加长图幅(第二选择)		原值比例	缩小比例	放大比例
幅面代号	$B \times L$	a	c	e	幅面代号	$B \times L$	$1 : 1$	$1:2 \quad 1:2\times10^n$ $1:5 \quad 1:5\times10^n$ $1:10 \quad 1:1\times10^n$	$5:1 \quad 5\times10^n:1$ $2:1 \quad 2\times10^n:1$ $1\times10^n:1$

幅面代号	$B \times L$	a	c	e	幅面代号	$B \times L$	缩小比例	放大比例
AO	841×1 189	25	10	20			必要时允许选取 $1:1.5 \quad 1:1.5\times10^n$ $1:2.5 \quad 1:2.5\times10^n$ $1:3 \quad 1:3\times10^n$ $1:4 \quad 1:4\times10^n$ $1:6 \quad 1:6\times10^n$	必要时允许选取 $4:1 \quad 4\times10^n:1$ $2.5:1 \quad 2.5\times10^n:1$ n—正整数
A1	594×841	25	10	20	A3×3	420×891		
A2	420×594	25	10	20	A3×4	420×1 189		
A3	297×420	25	5	10	A4×3	297×630		
A4	210×297	25	5	10	A4×4	297×841		
					A4×5	297×1 051		

注:① 加长幅面的图框尺寸,按所选用的基本幅面大一号图框尺寸确定。例如,A3×4,按 A2 的图框尺寸确定,即 e 为 10(或 c 为 10)。

② 加长幅面(第三选择)的尺寸见 GB/T 14689。

标题栏格式	(标题栏图示)
明细表格式	(明细表图示)

附表 1-3　标准尺寸(直径、长度、高度等)(摘自 GB/T 2822—1981)

R10	R20	R40	Ra10	Ra20	Ra40
2.50	2.50	2.50	2.5	2.5	2.5
	2.80	2.80		2.8	2.8
3.15	3.15	3.15	3.0	3.0	3.0
	3.55	3.55		3.5	3.5
4.00	4.00	4.00	4.0	4.0	4.0
	4.50	4.50		4.5	4.5
5.00	5.00	5.00	5.0	5.0	5.0
	5.60	5.60		5.5	5.5
6.30	6.30	6.30	6.0	6.0	6.0
	7.10	7.10		7.0	7.0
8.00	8.00	8.00	8.0	8.0	8.0
	9.00	9.00		9.0	9.0
10.0	10.0	10.0	10.0	10.0	10.0
	11.2	11.2		11	11
12.5	12.5	12.5	12	12	12
		13.2			13
	14.0	14.0		14	14
		15.0			15
16.0	16.0	16.0	16	16	16
		17.0			17
	18.0	18.0		18	18
		19.0			19
20.0	20.0	20.0	20	20	20
		21.2			21
	22.4	22.4		22	22
		23.6			24
25.0	25.0	25.0	25	25	25
		26.5			26
	28.0	28.0		28	28
		30.0			30
31.5	31.5	31.5	32	32	32
		33.5			34
	35.5	35.5		36	36
		37.5			38
40.0	40.0	40.0	40	40	40
		42.5			42
	45.0	45.0		45	45
		47.0			48
50.0	50.0	50.0	50	50	50
		53.0			53
	56.0	56.0		56	56
		60.0			60
63.0	63.0	63.0	63	63	63
		67.0			67
	71.0	71.0		71	71
		75.0			75
80.0	80.0	80.0	80	80	80
		85.0			85
	90.0	90.0		90	90
		95.0			95
100	100	100	100	100	100
		106			105
	112	112		110	110
		118			120
125	125	125	125	125	125
		132			130
	140	140		140	140
		150			150
160	160	160	160	160	160
		170			170
	180	180		180	180
		190			190
200	200	200	200	200	200
		212			210
	224	224		220	220
		236			240
250	250	250	250	250	250
		265			260
	280	280		280	280
		300			300
315	315	315	320	320	320
		335			340
	355	355		360	360
		375			380
400	400	400	400	400	400
		425			420
	450	450		450	450
		475			480
500	500	500	500	500	500
		530			530
	560	560		560	560
		600			600
630	630	630	630	630	630
		670			670
	710	710		710	710
		750			750
800	800	800	800	800	800
		850			850
	900	900		900	900
		950			950
1 000	1 000	1 000	1 000	1 000	1 000
		1 060			
	1 120	1 120			
		1 180			
1 250	1 250	1 250			
		1 320			
	1 400	1 400			
		1 500			
1 600	1 600	1 600			
		1 700			
	1 800	1 800			
		1 900			

注:① 选择系列及单个尺寸时,应首先在优先数系 R 系列中选用标准尺寸。选用顺序为:R10,R20,R40。如果必须将数值圆整,可在相应的 Ra 系列中选用标准尺寸。

　　② 本标准适用于机械制造业中有互换性或系列化要求的主要尺寸,其他结构尺寸也应尽量采用。对于由主要尺寸导出的因变量尺寸和工艺上工序间的尺寸,不受本标准限制。对已有专业标准规定的尺寸,可按专业标准选用。

附表 1-4　零件倒圆与倒角(摘自 GB/T 6403.4－1986)

倒圆、倒角形式	倒圆、倒角(45°)的四种装配形式
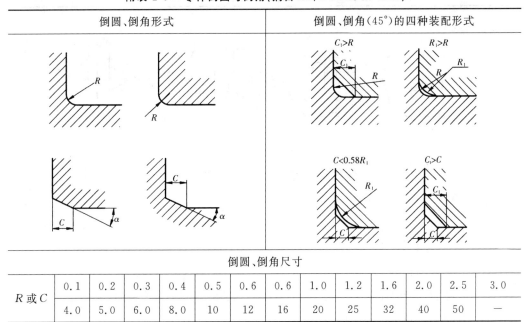	

倒圆、倒角尺寸

R 或 C	0.1	0.2	0.3	0.4	0.5	0.6	0.6	1.0	1.2	1.6	2.0	2.5	3.0
	4.0	5.0	6.0	8.0	10	12	16	20	25	32	40	50	—

附表 1-5　回转面及端面砂轮越程槽(摘自 GB/T 6403.5－1986)

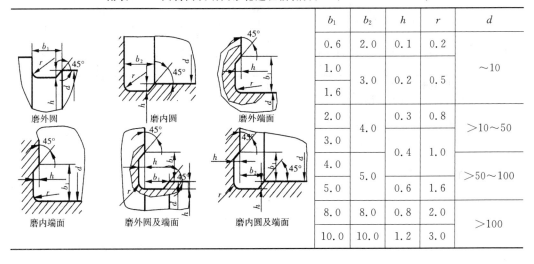

	b_1	b_2	h	r	d
	0.6	2.0	0.1	0.2	~10
	1.0	3.0	0.2	0.5	
	1.6				
	2.0	4.0	0.3	0.8	>10~50
	3.0		0.4	1.0	
	4.0	5.0			>50~100
	5.0		0.6	1.6	
	8.0	8.0	0.8	2.0	>100
	10.0	10.0	1.2	3.0	

磨外圆　　磨内圆　　磨外端面

磨内端面　　磨外圆及端面　　磨内圆及端面

附表 1-6　中心孔(摘自 GB/T 145－1985)

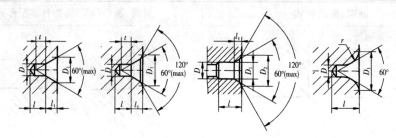

D	D_1		l_1 (参考)		t (参考)	l_{min}	r_{max}	r_{min}	D	D_1	D_2	l	l_1 (参考)
A,B,R 型	A,R 型	B 型	A 型	B 型	A,B 型	R 型			C 型				
1.60	3.35	5.00	1.52	1.99	1.4	3.5	5.00	4.00					
2.00	4.25	6.30	1.95	2.54	1.8	4.4	6.30	5.00					
2.50	5.30	8.00	2.42	3.20	2.2	5.5	8.00	6.30					
3.15	6.70	10.00	3.07	4.03	2.8	7.0	10.00	8.00	M3	3.2	5.8	2.6	1.8
4.00	8.50	12.50	3.90	5.05	3.5	8.9	12.50	10.00	M4	4.3	7.4	3.2	2.1
(5.00)	10.60	16.00	4.85	6.41	4.4	11.2	16.00	12.50	M5	5.3	8.8	4.0	2.4
									M6	6.4	10.5	5.0	2.8
6.30	13.20	18.00	5.98	7.36	5.5	14	20.00	16.00					
									M8	8.4	13.2	6.0	3.3
(8.00)	17.00	22.40	7.79	9.36	7.0	17.9	25.00	20.00	M10	10.5	16.3	7.5	3.8
10.00	21.20	28.00	9.70	11.66	8.7	22.5	31.50	25.00	M12	13.0	19.8	9.5	4.4

注:① A 型和 B 型中心孔的尺寸 l 取决于中心钻的长度,此值不应小于 t 值。
②　括号内的尺寸尽量不采用。

附录 2 常用金属材料

附表 2-1 普通碳素结构钢（摘自 GB/T 700－1988）

牌号	等级	力学性能														冲击实验		应用实例
		屈服点 σ_s/MPa						拉强度 σ_b/MPa	伸长率 δ_s/MPa						温度/(℃)	V型冲击功（纵向）/J	
		钢材厚度（直径）/mm							钢材厚度（直径）/mm								
		≤16	>16~40	>40~60	>60~100	>60~150	>150		≤16	>16~40	>40~60	>60~100	>60~150	>150			
		不小于							不小于							不小于	
Q195	—	(195)	(185)	—	—	—	—	315~390	33	32	—	—	—	—	—	—	塑性好，常用其轧制薄板、拉制线材、制钉和焊接钢管
Q215	A	215	205	195	185	175	165	335~410	31	30	29	28	27	26	—	—	金属结构件、拉杆、套圈、铆钉、螺栓、短轴、心轴、凸轮（载荷不大的）、垫圈、渗碳零件及焊接件
	B														20	27	
Q235	A	235	225	215	205	195	185	375~460	26	25	24	23	22	21	—	—	金属结构构件,心部强度要求不高的渗碳或渗氮共渗零件、吊钩、拉杆、套圈、气缸、齿轮、螺栓、螺母、连杆、轮轴、盖及焊接件
	B														20	27	
	C														0		
	D														−20		

机 械 设 计

牌号	等级	力学性能														冲击实验		应用实例
		屈服点 σ_s/MPa						拉强度 σ_b/MPa	伸长率 δ_s/MPa						温度/(℃)	V型冲击功(纵向)/J	
		钢材厚度(直径)/mm							钢材厚度(直径)/mm								
		≤16	>16~40	>40~60	>60~100	>60~150	>150		≤16	>16~40	>40~60	>60~100	>60~150	>150			
		不小于							不小于							不小于	
Q255	A	255	245	235	225	215	205	410~510	24	23	22	21	20	19		—	轴、轴销、刹车杆、螺母、螺栓、垫圈、连杆、齿轮以及其他强度较高的零件,焊接性尚可
	B														20	27	
Q275	—	275	265	255	245	235	225	490~610	20	19	18	17	16	15	—	—	

注:括号内的数值仅供参考。

附表 2-2 优质碳素结构钢(摘自 GB/T 699—1999)

牌号	推荐热处理/(℃)			试机毛坯尺寸/mm	力学性能					钢材交货状态硬度 HBS		应用举例
	正火	淬火	回火		抗拉强度 σ_b	屈服强度 σ_s	伸长率 δ_s	收缩率 Ψ	冲击功 A_K	不大于		
										未热处理	退火钢	
					MPa		%		J			
					不小于							
08F	930			25	295	175	35	63		131		用于需塑性好的零件,如管子、垫片、热圈;心部强度要求不高的渗碳和碳氮共渗零件,如套筒、短轴、挡块、支架、靠模、离合器盘
10	930			25	335	205	31	55		137		用于制造拉杆、卡头、钢管、垫片、垫圈、铆钉。这种钢无回火脆性,焊接性好,用来制造焊接零件
15	920			25	375	225	27	55		143		用于受力不大韧性要求较高的零件、渗碳零件,紧固件、冲模锻件及不需要热处理的低负荷零件,如螺栓、螺钉、拉条、法兰盘及化工贮器、蒸汽零件
20	910			25	410	245	25	55		156		用于不经受很大应力而要求很大韧性的机械零件,如杠杆、轴套、螺钉、起重钩等。也用于制造压力小于 60 MPa、温度小于 450 ℃、在非腐蚀介质中使用于表面硬度高而心部强度要求不大的渗碳与氰化零件

续表

牌号	推荐热处理/(℃)			试机毛坯尺寸/mm	力学性能					钢材交货状态硬度HBS 不大于		应用举例
	正火	淬火	回火		抗拉强度 σ_b	屈服强度 σ_s	伸长率 δ_s	收缩率 Ψ	冲击功 A_K	未热处理	退火钢	
					MPa		%		J			
					不小于							
25	900	870	600	25	450	275	23	50	71	170		用于制造焊接设备,以及经锻造、热冲压和机械加工的不承受高应力的零件,如轴、辊子、连接器、热圈、螺栓、螺钉及螺母
35	870	850	600	25	530	315	20	45	55	197		用于制造曲轴、转轴、轴销、杠杆、横梁、链轮圆盘、套筒钩环、垫圈、螺钉、螺母。这种钢多在正火和调质状态下使用,一般不作焊接
40	860	840	600	25	570	335	19	45	47	217	187	用于制造辊子、轴、曲柄销、活塞杆、圆盘
45	850	840	600	25	570	335	19	45	47	217	187	用于制造齿轮、齿条、链轮、轴、键销、蒸汽透平机的叶轮、压缩机及泵的零件、轧辊等。可以替代渗碳钢做齿轮、轴、活塞销等,但要经高频或火焰表面淬火
50	830	830	600	25	630	375	14	40	31	241	207	用于制造齿轮、拉杆、轧辊、轴、圆盘
55	820	820	600	25	645	380	13	35		255	217	用于制造齿轮、连杆、轮缘、扁弹簧及轧辊等
60	810			25	675	400	12	35		255	229	用于制造轧辊、轴、轮箍、弹簧、弹簧垫圈、离合器、凸轮、钢绳等
20Mn	910			25	450	275	24	50		197		用于制造凸轮轴、齿轮联轴器、铰链、拖杆等
30Mn	880	860	600	25	540	315	20	45	63	217	187	用于制造螺栓、螺母、螺钉、杠杆及刹车踏板等
40Mn	860	840	600	25	590	355	17	45	47	229	207	用于制造承受疲劳负荷的零件,如轴、万向联轴器、曲轴、连杆及在高应力下工作的螺栓、螺母等
50Mn	830	830	600	25	645	390	13	40	31	255	217	用于制造耐磨性要求很高,在高负荷作用下的热处理零件,如齿轮、齿轮轴摩擦盘、凸轮和截面在 80 mm 以下的心轴等
50Mn	810			25	695	410	44	35		269	229	适于制造弹簧、弹簧垫圈、弹簧环和片以及冷拔钢丝(≤7 mm)和发条

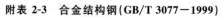

附表 2-3 合金结构钢(GB/T 3077—1999)

钢号	热处理				试机毛坯尺寸/mm	力学性能					钢材退火或高温回火供应状态的布氏硬度 HBS 不大于	特性及应用举例
	淬火		回火			抗拉强度 σ_b	屈服强度 σ_s	伸长率 δ_s	收缩率 Ψ	冲击功 A_K		
	温度 ℃	冷却剂	温度 ℃	冷却剂		MPa		%		J		
						≥						
20Mn2	850 880	水、油 水、油	200 440	水、空 水、空	15	785	590	10	40	47	187	截面小时与 20Cr 相当,用于做渗碳小齿轮、小轴、钢套、链板等。渗碳淬火后硬度 56~62 HRC
35Mn2	840	水	500	水	25	835	685	12	45	55	207	对于截面较小的零件可代替 40Cr,可做直径<15mm 的重要用途的冷镦螺栓及小轴等,表面淬火后硬度 40~50 HRC
45Mn2	840	油	550	水、油	25	885	735	10	45	47	217	用于制造在较高应力与磨损条件下的零件。在直径≤60mm 时,与 40Cr 相当。可做万向联轴器、齿轮、齿轮轴、蜗杆、曲轴、连杆、花键轴和摩擦盘等,表面淬火后硬度 45~55 HRC
35SiMn	900	水	570	水、油	25	885	735	15	45	47	229	除了要求低温(−20℃以下)及冲击韧性很高的情况外,可全面代替 40CrNi 作调质刚,亦可部分代替 40CrNi,可做中小型轴类、齿轮零件以及在 430℃ 以下工作的重要紧固件,表面淬火后硬度 45~55 HRC
42SiMn	880	水	590	水	25	885	735	15	40	47	229	与 35SiMn 钢同。可代替 40Cr、34CrMo 钢做大齿圈。适于作表面淬火件,表面淬火后硬度 45~55 HRC
20MnV	880	水、油	200	水、空	15	785	590	10	45	55	187	相当于 20CrNi 的渗碳钢,渗碳淬火后硬度 56~62 HRC
20SiMn VB	900	油	200	水、空	15	1175	980	10	45	55	207	可代替 20CrNiTi 做高级渗碳齿轮等零件,渗碳淬火后硬度 56~62 HRC
40MnB	850	油	500	水、油	25	980	785	10	45	47	207	可代替 40Cr 做重要调质件,如齿轮、轴、连杆、螺栓等

续表

钢号	热处理				试机毛坯尺寸 /mm	力学性能					钢材退火或高温回火供应状态的布氏硬度 HBS 不大于	特性及应用举例
	淬火		回火			抗拉强度 σ_b	屈服强度 σ_s	伸长率 δ_s	收缩率 ψ	冲击功 A_K		
	温度 ℃	冷却剂	温度 ℃	冷却剂		MPa		%		J		
						≥						
37SiMn2MoV	870	水、油	650	水、空	25	980	835	12	50	63	269	可代替 34CrNiMo 等做高强度重负荷轴、曲轴、齿轮、蜗杆等零件,表面淬火后硬度 50～55 HRC
20CrMnTi	第一次 880 第二次 870	油	200	水、空	15	1080	835	10	45	55	217	强度、韧性均高,是铬镍钢的代用品。用于承受高速、中等或重负荷以及冲击磨损等重要零件,如渗碳齿轮、凸轮等,渗碳淬火后硬度 56～62 HRC
20CrMnMo	850	油	200	水、空	15	1175	885	10	45	55	217	用于要求表面硬度高、耐磨、心部有较高强度、韧性的零件,如传动齿轮和曲轴等,渗碳淬火后硬度 56～62 HRC
38CrMoAl	940	水、油	640	水、油	30	980	825	14	50	71	229	用于要求高耐磨性、高疲劳强度和相当高的强度且热处理变形最小的零件,如镗杆、主轴、蜗杆、齿轮、套筒、套环等,渗碳后表面硬度 1 100 HV
20Cr	第一次 880 第二次 780～820	水、油	200	水、空	15	835	540	10	40	47	179	用于要求心部强度较高,承受第一次磨损,尺寸较大的渗碳件,如齿轮、齿轮轴、蜗杆、凸轮、活塞销等;也用于速度较大受 780～820 中等冲击的调质零件,渗碳淬火后硬度 56～62 HRC
40Cr	850	油	520	水、油	25	980	785	9	45	47	207	用于承受交变负荷、中等速度、中等负荷、强烈磨损而无很大冲击的重要零件,如重要的齿轮、轴、曲轴、连杆、螺栓、螺母等零件并适用于直径大于 400mm 要求低温冲击韧性的轴与齿轮等,表面淬火后硬度 48～55 HRC
20CrNi	850	水、油	460	水、油	25	785	590	10	50	63	197	用于制造承受较高载荷的渗碳零件、如齿轮、轴、花键轴、活塞销等

钢号	热处理				试机毛坯尺寸/mm	力学性能					钢材退火或高温回火供应状态的布氏硬度 HBS 不大于	特性及应用举例
	淬火		回火			抗拉强度 σ_b	屈服强度 σ_s	伸长率 δ_s	收缩率 Ψ	冲击功 A_K		
	温度 ℃	冷却剂	温度 ℃	冷却剂		MPa		%		J		
						≥						
40CrNi	820	油	500	水、油	25	980	785	10	45	55	241	用于制造要求强度高,韧性高的零件、齿轮、链条连杆等

附表 2-4 一般工程用铸钢(摘自 GB/T 11352—1989)

牌号	抗拉强度 σ_b	屈服强度 σ 或 $\sigma_{0.2}$	伸长率 δ_s	根据合同选择		硬度		应用举例
				收缩率 ψ	冲击功 A_K	正火回火/HBS	表面淬火/HRC	
	MPa		%		J			
	最小值							
ZG200-400	400	200	25	40	30			各种形状的机件,如机座、变速箱壳等
ZG230-450	450	230	22	32	25	≥131		铸造平坦的零件,如机座、机盖、箱体、铁钻台,工作温度在450 ℃以下的管路附件等。焊接性良好
ZG270-500	500	270	18	25	22	≥143	40~45	各种形状的机件,如飞轮、机架、蒸汽锤、桩锤、联轴器、水压机工作缸、横梁等焊接性尚可
ZG310-570	570	310	15	21	15	≥153	40~50	各种形状的机件,如联轴器、气缸、齿轮、齿轮圈及重要负荷机架等
ZG340-640	640	340	10	18	10	169~229	45~55	起重运输机中的齿轮、联轴器及重要的机件等

注:① 各牌号铸钢的性能,适用于厚度为 100 mm 以下的铸件,当厚度超过 100 mm 时,仅表中规定的屈服强度 $\sigma_{0.2}$ 可供设计使用。

② 表中力学性能的试验环境温度为 20±10 ℃。

③ 表中硬度值非 GB/T 11352—1989 内容,仅供参考。

附表 2-5　灰铸铁(摘自 GB/T 9439－1988)

牌号	铸件壁厚/mm		最小抗拉强度 σ_b/MPa	硬度 HBS	应用举例
	大于	至			
HT100	2.5	10	130	110～116	盖、外罩、油盘、手轮、手把、支架等
	10	20	100	93～140	
	20	30	90	87～131	
	30	50	80	82～122	
HT150	2.5	10	175	137～205	端盖、气轮泵体、轴承座、阀壳、管子及管路附件、手轮、一般机床底座、床身及他复杂零件、滑座、工作台等
	10	20	145	119～179	
	20	30	130	110～166	
	30	50	120	141～157	
HT200	2.5	10	220	157～236	气缸、齿轮、底架、箱体、飞轮、齿条、一般机床轴有导轨的床身及中等压力(8 MPa 以下)油缸、液压泵和阀的壳体等
	10	20	195	148～222	
	20	30	170	134～200	
	30	50	10	128～192	
HT250	4.0	10	270	175～262	阀壳、油缸、气缸、联轴器、箱体、齿轮、齿轮箱外壳、飞轮、凸轮、轴承座
	10	20	240	164～246	
	20	30	220	157～236	
	30	50	200	150～225	
HT300	10	20	290	182～272	齿轮、凸轮、车床卡盘、剪床、压力机的机身、导板、转塔自动机床及其他重载荷机床铸有导轨的床身、高压油缸、液压泵和滑阀的壳体等
	20	30	250	168～251	
	30	50	230	161～241	
HT350	10	20	340	199～299	
	20	30	290	182～272	
	30	50	260	171～257	

注:灰铸铁的硬度,系由经验公式计算:$\sigma_b \geqslant 196$ MPa 时,HBS＝RH(100＋0.438σ_b);当 $\sigma_b < 196$ MPa 时,HBS＝RH(44＋0.724σ_b)。RH 一般取 0.8～1.20。

附表 2-6　球墨铸铁(摘自 GB/T 1348－1988)

牌号	抗拉强度 σ_b	屈服强度 σ_s	伸长率 ψ	供参考	用途
	MPa	MPa	%	布氏硬度 HBS	
	最小值				
QT400－18	400	250	18	130～180	减速器箱体、管路、阀体、阀盖、压缩机气缸、拨叉、离合器壳等
QT400－15	400	250	15	130～180	
QT450－10	450	310	10	160～210	油泵齿轮、阀门体、车辆轴瓦、凸轮、犁铧、减速器箱体、轴承座等
QT500－7	500	320	7	170～230	

牌号	抗拉强度 σ_b	屈服强度 σ_s	伸长率 ψ	供参考	用途
	MPa		%	布氏硬度 HBS	
	最小值				
QT600-3	600	370	3	190～270	曲轴、凸轮轴、齿轮轴、机床主轴、缸体、缸套、连杆、矿车轮、农机零件等
QT700-2	700	420	2	225～305	
QT800-2	800	480	2	245～335	
QT900-2	900	600	2	280～360	曲轴、凸轮轴、连杆、履带式拖拉机链轨板等

注：表中牌号系由单铸试块测定的性能。

附录3　联接与紧固

附表 3-1　普通螺纹基本尺寸(摘自 GB/T 196—2003)

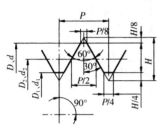

$H=0.866P$
$d_2=d-0.6495P$
$d_1=d-1.0825P$
D,d——内外螺纹大径
D_2,d_2——内外螺纹中径
D_1,d_1——内外螺纹小径
P——螺距

标记示例:
M20—6H(公称直径 20 粗牙右旋内螺纹,中径和大径的公差带径均为 6H)
M20—6g(公称直径 20 粗牙右旋外螺纹,中径和大径的公差带径均为 6g)
M20—6H/6g(上述规格的螺纹副)
M20×2 左—5g6g—S(公称直径 20、螺距 2 的细牙左旋外螺纹,中径、大径的公差带径分别为 5g,6g,短旋合长度)

公称直径 D,d 第一系列	第二系列	螺距 P	中径 D_2,d_2	小径 D_1,d_1	公称直径 D,d 第一系列	第二系列	螺距 P	中径 D_2,d_2	小径 D_1,d_1	公称直径 D,d 第一系列	第二系列	螺距 P	中径 D_2,d_2	小径 D_1,d_1
3		0.5	2.675	2.459		18	1.5	17.026	16.376		39	2	37.701	36.835
		0.35	2.773	2.621			1	17.350	16.917			1.5	38.026	37.376
	3.5	(0.6)	3.110	2.850	20		2.5	18.376	17.294	42		4.5	39.077	37.129
		0.35	3.273	3.121			2	18.701	17.835			3	40.051	38.752
4		0.7	3.545	3.242			1.5	19.026	18.376			2	40.701	39.835
		0.5	3.675	3.459			1	19.350	18.917			1.5	41.026	40.376
	4.5	0.75	4.013	3.688	22		2.5	20.376	19.294	45		4.5	42.077	40.129
		0.5	4.175	3.959			2	20.701	17.835			3	43.051	41.752
5		0.8	4.480	4.134			1.5	21.026	20.376			2	46.701	42.835
		0.5	4.675	4.459			1	21.350	20.917			1.5	44.026	43.376

公称直径 D,d 第一系列	第二系列	螺距 P	中径 D_2,d_2	小径 D_1,d_1	公称直径 D,d 第一系列	第二系列	螺距 P	中径 D_2,d_2	小径 D_1,d_1	公称直径 D,d 第一系列	第二系列	螺距 P	中径 D_2,d_2	小径 D_1,d_1
6		1	5.350	4.917		24	3	22.051	20.752	48		5	44.752	42.587
		0.75	5.513	5.188			2	25.701	21.835			3	46.051	41.752
8		1.25	7.188	6.647			1.5	23.026	22.376			2	46.701	45.835
		1	7.350	6.917			1	23.350	22.971			1.5	47.026	43.376
		0.75	7.513	7.188		27	3	25.051	23.752		52	5	48.752	46.587
10		1.5	9.026	8.176			2	25.701	24.835			3	46.051	44.752
		1.25	9.188	8.647			1.5	26.026	25.376			2	50.701	49.835
		1	9.350	8.917			1	26.350	25.917			1.5	51.026	50.376
		0.75	9.513	9.188		30	3.5	27.727	26.211	56		5.5	52.428	50.046
12		1.75	10.863	10.106			2	28.701	27.835			4	53.401	51.670
		1.5	11.026	10.376			1.5	29.026	28.376			3	54.051	52.752
		1.25	11.188	10.647			1	29.350	28.917			2	54.701	53.835
		1	11.350	10.917		33	3.5	30.727	29.211			1.5	55.026	54.376
	14	2	12.701	11.835			2	31.701	30.835		60	(5.5)	56.428	54.046
		1.5	13.026	12.376			1.5	32.026	31.376			4	57.402	55.670
		1	13.350	13.971		36	4	33.402	31.760			3	58.042	56.752
16		2	14.701	13.835			3	34.051	32.752			2	58.701	57.835
		1.5	15.026	14.376			2	34.701	33.835			1.5	59.026	58.376
		1	15.350	14.917			1.5	35.026	34.376	64		6	60.103	57.505
	18	2.5	16.376	15.294		39	4	36.402	34.670			4	61.402	59.670
		2	16.735	15.835			3	37.051	35.572			3	62.051	60.752

注：① "螺距 P"栏中第一个数值（黑体字）为粗牙螺距，其余为细牙螺距。
② 优先选用第一系列，其次第二系列，第三系列（表中未列出）尽可能不用。
③ 括号内的尺寸尽量不用。

附表 3-2　普通螺纹旋合长度(摘自 GB/T 197—1981)

公称直径 D,d >	公称直径 D,d ≤	螺距 P	旋合长度 S ≤	旋合长度 N >	旋合长度 N ≤	旋合长度 L >
2.8	2.6	0.35	1	1	3	3
		0.5	1.5	1.5	4.5	4.5
		0.6	1.7	1.7	5	5
		0.7	2	2	6	6
		0.75	2.2	2.2	6.7	6.7
		0.8	2.5	2.5	7.5	7.5
5.6	11.2	0.5	1.6	1.6	4.7	4.7
		0.75	2.4	2.4	7.1	7.1
		1	3	3	9	9
		1.25	4	4	12	12
		1.5	5	5	15	15
11.2	22.4	0.5	1.8	1.8	5.4	5.4
		0.75	2.7	2.7	8.1	8.1
		1	3.8	3.8	11	11
		1.25	4.5	4.5	13	13
		1.5	5.6	5.6	16	16
		1.75	6	6	18	18
		2	8	8	24	24
		2.5	10	10	30	30

公称直径 D,d >	公称直径 D,d ≤	螺距 P	旋合长度 S ≤	旋合长度 N >	旋合长度 N ≤	旋合长度 L >
22.4	45	0.75	3.1	3.1	9.4	9.4
		1	4	4	12	12
		1.5	6.3	6.3	19	19
		2	8.5	8.5	25	25
		3	12	12	36	36
		3.5	15	15	45	45
		4	18	18	53	53
		4.5	21	21	63	63
45	90	1	4.8	4.8	14	14
		1.5	7.5	7.5	22	22
		2	9.5	9.5	28	28
		3	15	15	45	45
		4	19	19	56	56
		5	24	24	71	71
		5.5	28	28	85	85
		6	32	32	95	95
0	180	1.5	8.3	8.3	25	25
		2	12	12	36	36
		3	18	18	53	53
		4	24	24	71	71

注：S—短旋合长度；N—中等旋合长度；L—长旋合长度。

附表 3-3　六角头螺栓——A 和 B 级(摘自 GB/T 5782—2000)

六角头螺栓——全螺纹——A 和 B 级(摘自 GB/T 5783—2000)

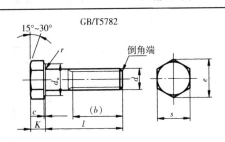

GB/T5782

标记示例：
螺纹规格 $d=$ M12、公称长度 $l=$ 80、性能等级 8.8 级、表面氧化、A 级的六角头螺栓的标记为：
螺栓 GB/T 5782 M12×80

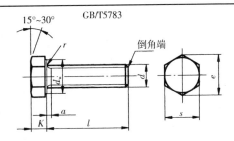

GB/T5783

标记示例：
螺纹规格 $d=$ M12、公称长度 $l=$ 80、性能等级 8.8 级、表面氧化、A 级的六角头螺栓的标记为：
螺栓 GB/T 5783 M12×80

螺纹规格 d	M3	M4	M5	M6	M8	M10	M12	M(14)	M16	(M18)	M20	(M22)	M24	(M27)	M30	M36
b 参考 l≤125	12	14	16	18	22	26	30	34	38	42	46	50	54	60	60	78
b 参考 125<l≤200	—	—	—	—	28	32	36	40	44	48	52	56	60	66	72	84
b 参考 l>200	—	—	—	—	—	—	—	53	57	61	65	69	73	79	85	97
a max	1.5	2.1	2.4	3	3.75	4.5	5.25	6	6	7.5	7.5	7.5	9	9	10.5	12
c max	0.4	0.4	0.5	0.5	0.6	0.6	0.6	0.6	0.8	0.8	0.8	0.8	0.8	0.8	0.8	0.8
c min	0.15	0.15	0.15	0.15	0.15	0.15	0.15	0.15	0.2	0.2	0.2	0.2	0.2	0.2	0.2	0.2
d_W min A	4.6	5.9	6.9	8.9	11.6	14.6	16.6	19.6	22.5	25.3	28.2	31.7	33.6	—	—	—
d_W min B	—	—	6.7	8.7	11.4	14.4	16.4	19.2	22	24.8	27.7	31.4	33.2	38	42.7	51.1
e min A	6.07	7.66	8.79	11.05	14.38	17.77	20.03	23.35	26.75	30.14	33.53	37.72	39.98	—	—	—
e min B	—	—	8.63	10.89	14.20	17.59	19.85	22.78	26.17	29.56	32.95	37.29	39.55	45.2	50.85	60.79
K 公称	2	2.8	3.5	4	5.3	6.4	7.5	8.8	10	11.5	12.5	14	15	17	18.7	22.5
r min	0.1	0.2	0.2	0.25	0.4	0.4	0.6	0.6	0.6	0.6	0.8	0.8	0.8	1	1	1
S 公称	5.5	7	8	10	13	16	18	21	24	27	30	34	36	41	45	55
l 范围	20~30	25~40	25~50	30~60	35~80	40~100	45~120	60~140	55~160	60~180	65~200	70~220	80~240	90~260	90~300	110~360
l 范围(全螺纹)	6~30	8~40	10~50	12~60	16~80	20~100	25~100	30~140	35~100	35~180	40~100	45~200	40~100	55~200	40~100	40~100
l 系列	6,8,10,12,16,20~70(5 进位),80~160(10 进位),180~360(20 进位)															

技术条件	材料	力学性能等级	螺纹公差	根据产品等级	表面处理
	钢	8.8	6g	A 级用于 d≤24 和 l≤或 l≤150；A 级用于 d>24 和 l>10d 或 l>150	氧化或镀锌钝化

注：① A、B 为产品等级，A 为最精确，C 为最不精确。C 产品详见 GB/T5780、GB/T5781。
② l 系列中，M14 中的 55,56，M18 和 M20 中的 65，全螺纹中的 55,65 等规格尽量不采用。
③ 括号内为第二系列螺纹直径规格，尽量不采用。

附表 3-4 六角头铰制孔用螺栓——A 和 B 级(摘自 GB/T 27—1988)

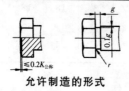 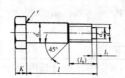

允许制造的形式

标记示例：

螺纹规格 d＝M12,公称长度 l＝80、机械性能 8.8 级、表面氧化处理、A 级的六角铰制孔用螺栓标记为：

螺栓 GB/T 27 M12×80

螺纹规格 d	M6	M8	M10	M12	M(14)	M16	(M18)	M20	(M22)	M24	(M27)	M30	M36
$d_s(h9)$ max	7	9	11	13	15	17	19	21	23	25	28	32	38
s max	10	13	16	18	21	24	27	30	34	36	41	46	55
K 公称	4	5	6	7	8	9	10	11	12	13	15	17	20
r min	0.25	0.4	0.4	0.6	0.6	0.6	0.6	0.8	0.8	0.8	1	1	1
d_p	4	5.5	7	8.5	10	12	13	15	17	18	21	23	28
l_2	1.5	1.5	2	2	3	3	3	4	4	4	5	5	6
e_{min} A	11.05	14.38	17.77	20.03	23.35	26.75	30.1	33.53	37.72	39.98	—	—	—
e_{min} B	10.89	14.20	17.59	19.85	22.78	26.17	29.56	32.95	37.29	39.55	45.2	50.85	60.79
g	2.5	2.5	2.5	2.5	3.5	3.5	3.5	3.5	5	5	5	5	5
l_0	12	15	18	22	25	28	30	32	35	38	42	50	55
l 范围	25~65	25~80	30~120	35~180	40~180	45~200	50~200	55~200	60~200	65~200	75~200	80~230	90~300

续表

螺纹规格 d	M6	M8	M10	M12	M(14)	M16	(M18)	M20	(M22)	M24	(M27)	M30	M36
l 系列	25,(28),30,(32),35,(38),40,50,(55),60,(65),70,(75),80,85,90,(95),100～260(10 进位) 280,300												

注：① 技术条件见附表 3-3。

② 尽可能不采用括号内的规格。

③ 根据使用要求，螺杆上无螺纹部分杆径(d_s)允许按 m6,u8 制造。

附表 3-5 地角螺栓(摘自 GB/T 799—1988)

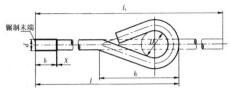

标记示例：

$D=20$、$l=400$、性能等级为 3.6 级、不经表面处理的

地角螺栓的标记为：

螺栓 GB/T 799 M20×400

螺纹规格 d		M6	M8	M10	M12	M16	M20	M24	M30	M36	M42
b	max	27	31	36	40	50	58	68	80	94	106
	min	24	28	32	36	44	52	60	72	84	96
X	max	2.5	3.2	3.8	4.2	5	6.3	7.5	8.8	10	11.3
D		10	10	15	20	20	30	30	45	60	60
h		41	46	65	82	93	127	139	192	244	261
l_1		$l+37$	$l+37$	$l+53$	$l+72$	$l+72$	$l+110$	$l+110$	$l+165$	$l+217$	$l+217$
l 范围		80～160	120～220	160～300	160～400	220～500	300～600	300～800	400～1 000	500～1 000	600～1 250
L 系列		80,120,160,220,300,400,500,600,1 000,1 250									
技术条件	材料	力学性能等级			公差等级		产品等级		表面处理		
	钢	$d<39$,3.6 级；$d>39$, 按协议			8g		C		1. 不处理；2. 氧化；3. 镀锌		

附表 3-6 螺栓螺钉的拧入深度和螺纹尺寸(参考)

d	用于钢或青铜				用于铸铁				用于铝			
	h	L	L_1	L_2	h	L	L_1	L_2	h	L	L_1	L_2
6	8	6	10	12	12	10	14	16	22	19	24	26
8	10	8	12	16	15	12	16	20	25	22	26	30
10	12	10	16	20	18	15	20	24	36	28	34	38
12	15	12	18	22	22	18	24	28	38	32	38	42
14	18	14	22	26	24	20	28	32	42	36	44	48
16	20	16	24	28	26	22	30	34	50	42	50	54
18	22	18	28	34	30	25	35	40	55	46	56	62
20	24	20	30	35	32	28	38	44	60	52	62	68
22	27	22	32	38	36	30	40	46	65	58	68	74
24	30	24	36	42	42	35	48	54	75	65	78	84
27	32	27	40	45	45	38	50	56	80	70	82	88
30	36	30	44	52	48	42	56	62	90	80	94	102
36	42	36	52	60	55	50	66	74	105	90	106	114

附表 3-7　双头螺柱 $b_m = d$(GB/T 897—1988)；$b_m = 1.25d$(GB/T 898—1988)；

$b_m = d$(GB/T 899—1988)

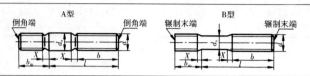

末端按 GB/T 2 规定

$d_{smax} = d$(A 型)

$d_s \approx$ 螺纹中径(B 型)

$X_{max} = 1.5P$

标记示例：

两端均为粗牙普通螺纹，$d=10$、$l=50$，性能等级为 4.8 级、不经表面处理、B 型、$b_m = 1.25d$ 的双头螺柱的标记为：GB/T 898 M10×50

旋入机体一端为粗牙普通螺纹，旋螺母一端为螺距 $P=l$ 的细牙普通螺纹，$d=10$、$l=50$，性能等级为 4.8 级、不经表面处理、A 型、$b_m = 1.25d$ 的双头螺柱的标记为：GB/T 898 AM10—M10×1×50

旋入机体的一端为过渡配合螺纹的第一种配合，旋螺母一端为粗牙普通螺纹，$d=10$、$l=50$，性能等级为 8.8 级、镀锌钝化、B 型、$b_m = 1.25d$ 的双头螺柱的标记为：GB/T 898 GM10—M10×50—8.8—Zn.D

螺纹规格 d		M5	M6	M8	M10	M12	(M14)	M16
b_m (公称)	$b_m = d$	5	6	8	10	12	14	16
	$b_m = 1.25d$	6	8	10	12	15	18	20
	$b_m = 1.5d$	8	10	12	15	18	21	24
l(公称)/b		16～22/10	20～22/10	20～22/12	25～28/14	25～30/16	30～35/18	30～38/20
		25～50/16	45～30/14	25～30/16	30～38/16	32～40/20	38～45/25	40～55/30
			32～75/18	32～90/22	40～120/26	45～120/30	50～120/34	60～120/38
					130/32	130～180/36	130～180/40	130～200/44

螺纹规格 d	(M18)	M20	(M22)	M24	(M27)	M30	M36

螺纹规格 d		M5	M6	M8	M10	M12	(M14)	M16
b_m (公称)	$b_m = d$	18	20	22	24	27	30	36
	$b_m = 1.25d$	22	25	28	30	35	38	45
	$b_m = 1.5d$	27	30	33	36	40	45	54
l(公称)/b		35～40/22	35～40/25	40～45/30	45～50/30	50～60/35	60～65/40	65～75/45
		65～120/42	70～120/46	75～120/50	80～120/54	90～120/60	95～120/66	120/78
		130～200/48	130～200/52	130～200/56	130～200/60	130～200/66	130～200/72	130～200/84
							210～250/85	210～300/974

公称长度 l 的系列	16,18,20,22,25,(28),30,(32),35,(38),40,50,(55),60,(65),70,(75),80,85, 90,(95),100～260(10 进位)280,300

附表 3-8　内六角圆柱头螺钉(摘自 GB/T 70.1—2000)

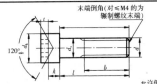

标记示例：

螺纹规格 d＝M25、公称长度 l＝20 mm、性能等级为 8.8 级、表面氧化的 A 级内六角圆柱头螺钉的标记：

螺钉　GB/T 70.1 M5×20

螺纹规格 d	M5	M6	M8	M10	M12	M16	M20	M24	M30	M36
b(参考)	22	24	28	32	36	44	52	60	72	84
d_k(max)	8.5	10	13	16	18	24	30	35	45	54
c(min)	4.58	5.72	6.86	9.15	11.43	16	19.44	21.73	25.15	30.85
k(max)	5	6	8	10	12	16	20	25	30	36
s(参考)	4	5	6	8	10	14	17	19	22	27
t(min)	2.5	3	4	5	6	8	10	12	15.5	19
l 范围(公称)	8～50	10～60	12～80	16～100	20～120	25～160	30～200	40～200	45～200	55～200
制成全螺纹时 $l\leqslant$	25	30	35	40	45	55	65	80	90	110
l 系列(公称)	8,10,12,(14),16,20～50(5 进位),(55),60,(65),70～160(10 进位)180,200									

附表 3-9　紧定螺钉

开槽锥端紧定螺钉
(GB/T 71—1985)

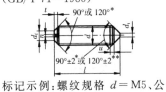

标记示例：螺纹规格 d＝M5、公称出纳长度 l＝12 mm、性能等级为 14H 级、表面氧化的开槽锥端紧定螺钉的标记为：

螺钉　(GB/T 71 M5×12)

开槽平端紧定螺钉
(GB/T 73—1985)

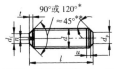

标记示例：螺纹规格 d＝M5、公称出纳长度 l＝12mm、性能等级为 14H 级、表面氧化的开槽平端紧定螺钉的标记为：

螺钉　GB/T 71 M5×12

开槽长圆柱端紧定螺钉
(GB/T 75—1985)

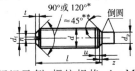

标记示例：螺纹规格 d＝M5、公称长度 l＝12mm、性能等级为 14H 级、表面氧化的开槽长圆柱端紧定螺钉的标记为：螺钉　GB/T 71 M5×12

螺纹规格 d		M3	M4	M5	M6	M8	M10	M12
螺距 P		0.5	0.7	0.8	1	1.25	1.5	1.75
$d_1\approx$		螺纹小径						
d_1	max	0.3	0.4	0.5	1.5	2	2.5	3
d_v	max	2	2.5	3.5	4	5.5	7	8.5
n	公称	0.4	0.6	0.8	1	1.2	1.6	2
t	min	0.8	1.12	1.28	1.6	2	2.4	2.8
z	max	1.75	2.25	2.75	3.25	4.3	5.3	6.3
不完整螺纹的长度 u		$\leqslant 2P$						
l 范围 (商品 规格)	GB/T71	4～16	6～20	8～25	8～30	10～40	12～50	14～60
	GB/T73	3～16	4～20	5～25	8～30	8～40	10～50	12～60
	GB/T75	5～16	6～20	8～25	8～30	10～40	12～50	14～60
	短螺钉 GB/T73	3	4	5	6	—	—	—
	短螺钉 GB/T75	5	6	8	8,10	10,12,14	12,14,16	14,16,20
公称长度 l 的系列		3,4,5,6,8,10,12,(14),16,20,25,30,35,40,45,50,(55),60						

注：① 尽可能不采用括号内的规格。

　　② 表图中 * 公称长度在表中 l 范围内的短螺钉应制成 120°；* * 公称长度在 t 范围外的长螺钉应制成 90°；120°和 90°仅适用于螺纹小径以内的末端部分。

附表 3-10　六角螺母(摘自 GB/T 6170—2000,GB/T 6172.1—2000)

图(略)

螺纹规格 D	d_a		d_w	e	GB/T6170								GB/T6172				
					c	m		m'	m''	s		m		m'		s	
	min	max	min	min	max	max	min	min	min	max	min	max	min	min	max	min
M3	3	3.45	4.6	6.01	0.4	2.4	2.15	1.7	1.5	5.5	5.32	1.8	1.55	1.24	5.5	5.32
M4	4	4.6	5.9	7.66		3.2	2.9	2.3	2	7	6.78	2.2	1.95	1.56	7	6.78
M5	5	5.75	6.9	8.79	0.5	4.7	4.4	3.5	3.1	8	7.78	2.7	2.45	1.96	8	7.78
M6	6	6.78	8.9	11.05		5.2	4.9	3.9	3.4	10	9.78	3.2	2.9	2.32	10	9.78
M8	8	8.75	11.6	14.38		6.8	6.44	5.1	4.5	13	12.73	4	3.7	2.96	13	12.73
M10	10	10.8	14.6	17.77	0.6	8.4	8.04	6.4	5.6	16	42.73	5	4.7	3.76	16	15.73
M12	12	13	16.6	20.03		10.8	10.37	8.3	7.3	18	17.73	6	5.7	4.56	18	17.73
M16	16	17.3	22.5	26.75		14.8	14.1	11.3	9.9	24	23.67	8	7.42	5.94	24	23.67
M20	20	21.6	27.7	32.95		18	16.9	13.5	11.8	30	29.16	10	9.10	7.28	30	29.16
M24	24	25.9	33.2	39.55	0.8	21.5	20.0	16.2	14.1	36	35	12	10.9	8.72	36	35
M30	30	32.4	42.7	50.85		25.6	24.3	19.4	17	46	45	15	13.6	11.1	46	45
M36	36	38.9	51.1	60.79		31	29.4	23.5	20.6	55	53.8	18	16.9	13.5	55	53.8

注：① A 级用于 $D \leqslant 16$ 的螺母、B 级用于 $D > 16$ 的螺母。

　　② 本表所列为部分优选螺纹规格,其他还有:M1.6,M2,M2.5,M42,M48,M56,M64。

　　③ GB/T 6172.1—2000 代替了 GB/T 6172—1986,新增 GB/T 6172.2—2000《非金属嵌件六角锁紧薄螺母》,本表未摘录。

附表 3-11　Ⅰ型六角开槽螺母—A 和 B 级(摘自 GB/T 6178—1986)

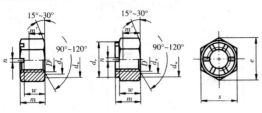

标记示例：螺纹规格 D＝M5、性能等级为 8 级、不经表面处理、A 级的Ⅰ型六角开槽螺母的标记为：
螺母　GB/T 6178 M5

螺纹规格 D		M4	M5	M6	M8	M10	M12	(M14)	M16	M20	M24	M30	M36
d_a	min	4	5	6	8	10	12	14	16	20	24	30	36
	max	4.6	5.75	6.75	8.75	40.8	13	15.1	17.3	21.6	25.9	324	38.9
d_e	max	—	—	—	—	—	—	—	—	28	34	42	50
	min	—	—	—	—	—	—	—	—	27.16	33	41	49
d_w	min	5.9	6.9	8.9	1.6	14.6	16.6	19.61	22.5	27.7	33.2	42.7	51.1
e	min	7.66	8.79	11.05	14.38	17.77	20.03	23.35	26.75	32.95	39.55	50.85	60.79
m	max	5	6.7	7.7	9.8	12.4	15.8	17.8	20.8	24	29.5	34.6	40
	min	4.7	6	7.34	9.44	11.97	15.37	17.37	20.28	23.16	28.66	33.6	39
m'	min	2.32	3.52	3.92	5.15	6.43	8.3	9.68	11.28	13.52	16.16	19.44	23.52
n	min	1.2	1.4	2	2.5	2.8	3.5	3.5	4.5	4.5	5.5	7	7
	max	1.8	2	2.6	3.1	3.4	4.25	4.25	5.7	5.7	6.7	8.5	8.5
s	max	7	8	10	12	16	18	21	24	30	36	46	55
	min	6.78	7.78	9.78	12.73	15.73	17.73	20.67	23.67	29.16	35	45	53.8
w	max	3.2	4.7	5.2	6.8	8.4	10.8	12.8	14.8	18	21.5	25.6	31
	min	2.9	4.4	4.9	6.44	8.04	10.37	13.37	14.37	17.37	20.88	24.98	30.38
开口销		1×10	1.2×12	1.6×14	2×16	2.5×16	3.2×22	3.2×25	4×28	4×36	5×40	6.3×50	6.3×63

注：① 尽可能不采用括号内的规格。
　　② A 级用于 D≤16 的螺母、B 级用于 D>16 的螺母。

附表 3-12　圆螺母(摘自 GB/T 812—1988)、小圆螺母(摘自 GB/T 810—1988)

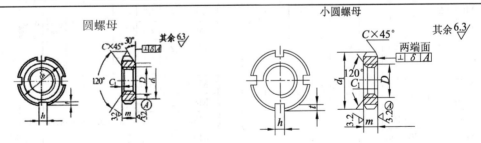

标记示例：螺母　GB/T 812—1988 M16×1.5
螺母　GB/T 810—1988 M16×1.5
(螺纹规格　D＝M16×1.5、材料为 45 钢、槽或全部热处理硬度 35～45 HRC、表面氧化的圆螺母和小圆螺母)

圆螺母（GB/T 812—1988）

螺纹规格 D×P	d_k	d_1	m	h max	h min	t max	t min	C	C_1
M10×1	22	16	8	4.3	4	0.5	0.5	0.5	0.5
M12×1.25	25*	19							
M14×1.5	28	20							
M16×1.5	30	22							
M18×1.5	32	24							
M20×1.5	35*	27							
M22×1.5	38	30		5.3	5	1			
M24×1.5	42	34							
M25×1.5	42	34							
M27×1.5	45*	37							
M30×1.5	48	40						1	
M33×1.5	52	43	10	6.3	6	1.5			
M35×1.5	52	43							
M36×1.5	55	46							
M39×1.5	58	49							
M40×1.5	58	49							
M42×1.5	62	53							
M45×1.5	68	59							
M48×1.5	72	61							
M50×1.5	72	61							
M52×1.5	78	67							
M55×2	78	67	12	8.36	8			1.5	1
M56×2	85	74							
M60×2	90	79							
M64×2	95	84							
M65×2	95	84							
M68×2	100	88							
M72×2	105	93	15	10.36	10	4.75	4		
M75×2	105	93							
M76×2	110	98							
M80×2	115	103							
M85×2	120	108							
M90×2	125	112							
M95×2	130	117							
M100×2	135	122	18	12.43	12	5.75	5		
M105×2	140	127							

小圆螺母（GB/T 810—1988）

螺纹规格 D×P	d_k	m	h max	h min	t max	t min	C	C_1
M10×1	20	6	4.3	4	2.6	2	0.5	0.5
M12×1.25	22							
M14×1.5	25*							
M16×1.5	28							
M18×1.5	30							
M20×1.5	32							
M22×1.5	35		5.3	5	3.1	2.5		
M24×1.5	38							
M27×1.5	42							
M30×1.5	45*	8						
M33×1.5	48							
M36×1.5	52		6.3	6	3.6	3		
M39×1.5	55*							
M42×1.5	58							
M45×1.5	62							
M48×1.5	68							
M52×1.5	72							
M56×2	78	10	8.36	8	4.25	3.5	1	
M60×2	80							
M64×2	85							
M68×2	90							
M72×2	95							
M76×2	100							
M80×2	105							
M85×2	110	12	10.36	10	4.75	4	1.5	
M90×2	115							
M95×2	120							
M100×2	125							1
M105×2	130	15	12.43	12	5.75	5		

注：① 槽数 n：当 $D \leqslant M100 \times 2$，$n=4$；当 $D \geqslant M105 \times 2$，$n=6$。

　　② *仅用于滚动轴承锁紧装置。

附表 3-13　小垫圈、平垫圈

小垫圈—A 级(摘自 GB/T 848—2002)　　　　平垫圈—A 级(摘自 GB/T 97.1—2002)
平垫圈—倒角型—A 级(摘自 GB/T 97.2—2002)

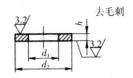
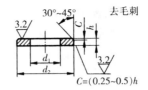

$C=(0.25\sim0.5)h$

标记示例:

小系列(标准系列)、公称尺寸 d＝8、性能等级为 140HV 级、不经表面处理的小垫圈(或平垫圈或倒角型平垫圈)的标记为: 垫圈 GB/T 848 8—140HV(或 GB/T 97.1 8—140HV 或 GB/T 97.2 8—140HV)

公称尺寸(螺纹规格)		1.6	2	2.5	3	4	5	6	8	10	12	14	16	20	24	30	36
d_1	GB/T 848—1985	1.7	2.2	2.7	3.2	4.3	5.3	6.4	8.4	10.5	13	15	17	21	25	31	37
	GB/T 87.1—1985																
	GB/T 97.2—1985	—	—	—	—	—											
d_2	GB/T 848—1985	3.5	4.5	5	6	8	9	11	15	18	20	24	28	34	39	50	60
	GB/T 87.1—1985	4	5	6	7	9	10	12	16	20	24	28	30	37	44	56	66
	GB/T 97.2—1985	—	—	—	—	—											
h	GB/T 848—1985	0.3	0.3	0.5	05	0.5				1.6	2		2.5	3	4	4	5
	GB/T 87.1—1985					0.8	1	1.6	1.6	2	2.5	2.5	3				
	GB/T 97.2—1985					—											

附表 3-14　标准型弹簧垫圈(摘自 GB/T 93—1987)、轻型弹簧垫圈(摘自 GB/T 859—1987)

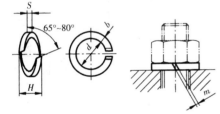

标记示例:
规格为 16、材料为 65Mn、表面氧化的标准型(或轻型)弹簧垫圈的标记为:
垫圈　GB/T 93 16(或 GB/T 859 16)

规格(螺纹大径)			3	4	5	6	8	10	12	(14)	16	(18)	20	(22)	24	(27)	30	(33)	36
GB/T 93 —1987	$S(b)$	公称	0.8	1.1	1.3	1.6	2.1	2.6	3.1	3.6	4.1	4.5	5.0	5.5	6.0	6.8	7.5	8.5	9
	H	min	1.6	2.2	2.6	3.2	4.2	5.2	6.2	7.2	8.2	9	10	11	12	13.6	15	17	18
		max	2	2.75	3.25	4	5.26	6.2	7.72	9	10.25	11.25	12.5	13.75	15	17	18.75	21.25	22.5
	m	≤	0.5	0.55	0.65	0.8	1.05	1.3	1.55	1.8	2.05	2.25	2.5	2.75	3	3.4	3.75	4.25	4.5
GB/T 859 —1987	S	公称	0.6	0.8	1.1	1.3	1.6	2	2.5	3	3.2	3.6	4	4.5	5	5.5	6	—	—
	b	公称	1	1.2	1.5	2	2.5	3	3.5	4	4.5	5	5.5	6	7	8	9	—	—
	H	min	1.2	1.6	2.2	2.6	3.2	4	5	6	6.4	7.2	7	8	10	11	12	—	—
		max	1.5	2	2.75	3.25	4	5	6.25	7.5	8	9	10	11.25	12.5	13.75	15	—	—
	m	≤	0.3	0.4	0.55	0.65	0.8	1.0	1.25	1.5	1.6	1.8	2.0	2.25	2.5	2.75	3.0	—	—

注: 尽可能不采用括号内的规格。

附表 3-15　圆螺母止动垫圈(摘自 GB/T 858—1988)

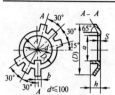 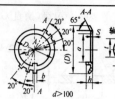

标记示例：

垫圈 GB/T 858 16(规格为 16mm、材料为 Q235-A、经退火、表面氧化的圆螺母用止动垫圈)

规格(螺纹大径)	d	D(参考)	D₁	S	h	b	a
18	18.5	35	24				15
20	20.5	38	27				17
22	22.5	42	30		4		19
24	24.5	45	34	1.0		4.8	21
25*	25.5						22
27	27.5	48	37				24
30	30.5	52	40				27
33	33.5	56	43				30
35*	35.5						32
36	36.5	60	46				33
39	39.5	62	49		5	5.7	36
40*	40.5						37
42	42.5	66	53				39
45	45.5	72	59				42
48	48.5	76	61				45
50*	50.5						47
52	52.5	82	67	1.5			49
55*	56					7.7	52
56	57	90	74				53
60	61	94	79		6		57
64	65	100	84				61
65*	66						62
68	69	105	88				65
72	73	110	93				69
75*	76					9.6	71
76	77	115	98				72
80	81	120	105				76
85	86	125	108				81
90	91	130	112		7		86
95	96	135	117			11.6	91
100	101	140	122	2			96
105	106	145	127				101
110	111	156	135				106
115	116	160	140			13.5	111
120	121	166	145				116

注：* 仅用于滚动轴承锁紧装置。

附表 3-16 外舌止动垫圈(摘自 GB/T 858—1988)

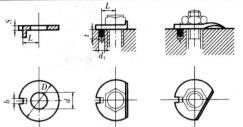

标记示例:

规格为 10、材料为 Q235 - A、经退火、不经表面处理的外舌止动垫圈的标记为:

垫圈 GB/T 856 10

规格(螺纹大径		3	4	5	6	8	10	12	(14)	16	(18)	20	(22)	24	(27)	30	36
d	max	3.5	4.5	5.6	6.76	8.76	10.93	13.43	15.43	17.43	19.52	21.52	23.52	25.52	28.52	31.62	37.62
	min	3.2	4.2	5.3	6.4	8.4	10.5	13	15	17	19	21	23	25	28	31	37
D	max	12	14	17	19	22	26	32	32	40	45	45	50	50	58	63	75
	min	11.57	13.57	16.57	18.48	21.48	25.48	31.38	31.38	39.38	44.38	44.38	49.38	49.38	57.26	62.26	74.26
b	max	2.5	2.5	3.5	3.5	3.5	4.5	4.5	4.5	5.5	6	6	7	7	8	8	11
	min	2.25	2.25	3.2	3.2	3.2	4.2	4.2	4.2	5.2	5.7	5.7	6.64	6.64	7.64	7.64	10.57
L		4.5	5.5	7	7.5	8.5	10	12	12	15	18	18	20	20	23	25	31
S		0.4	0.4	0.5	0.5	0.5	0.5	1	1	1	1	1	1	1	1.5	1.5	1.5
d_1		3	3	4	4	4	5	5	5	7	7	7	8	8	9	9	10
t		3	3	4	4	4	5	6	6	6	7	7	7	7	10	10	10

注:尽可能不采用括号内的规格。

附表 3-17 螺钉紧固轴端挡圈

螺钉紧固轴端挡圈(摘自 GB/T 891—1986)　螺栓紧固轴端挡圈(摘自 GB/T 892—1986)

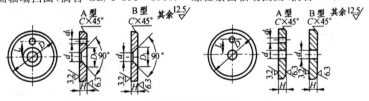

轴端单孔挡圈的固定

轴径 ≤	公称直径 D	H	L	d	d_1	C	螺钉紧固轴端挡圈			螺栓紧固轴端挡圈		
							D_1	螺钉 GB/T 819	圆柱销 GB/T 119	螺栓 GB/T 5783 (推荐)	圆柱销 GB/T 119 (推荐)	垫圈 GB/T 93 (推荐)
18	25	4	—	5.5	2.1	0.5	11	M5×12	A2×10	M5×12	M5×16	5
20	28		7.5									
22	30											

轴径≤	公称直径 D	H	L	d	d_1	C	螺钉紧固轴端挡圈			螺栓紧固轴端挡圈		
							D_1	螺钉 GB/T 819	圆柱销 GB/T 119	螺栓 GB/T 5783（推荐）	圆柱销 GB/T 119（推荐）	垫圈 GB/T 93（推荐）
25	32											
28	35		10									
30	38	5		6.6	3.2	1	13	M6×16	A3×12	M6×20	A3×12	6
32	40											
35	45		12									
40	50											
45	55											
50	60		16									
55	65											
60	70	6		9	4.2	1.5	17	M8×20	A4×14	M8×25	A4×14	8
65	75		20									
70	80											
75	90	8	25	13	5.2	2	25	M12×25	A5×16	M12×30	A5×16	12
85	100											

注：根据使用要求，挡圈可进行热处理。

附表 3-18　孔用弹性挡圈——A 型（摘自 GB/T 893.1—1986）

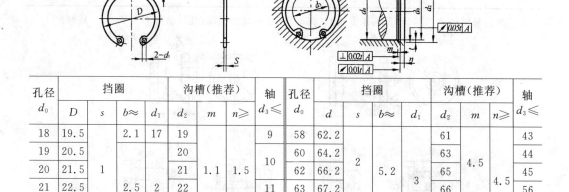

孔径 d_0	挡圈				沟槽（推荐）			轴 $d_3 \leq$	孔径 d_0	挡圈				沟槽（推荐）			轴 $d_3 \leq$
	D	s	$b \approx$	d_1	d_2	m	$n \geq$			d	s	$b \approx$	d_1	d_2	m	$n \geq$	
18	19.5		2.1	17	19			9	58	62.2				61			43
19	20.5				20				60	64.2	2	5.2	3	63		4.5	44
20	21.5	1			21	1.1	1.5	10	62	66.2				65	4.5		45
21	22.5		2.5	2	22			11	63	67.2				66			56
22	23.5				23			12	65	69.2	2.5	5.7		68	2.7		48
24	25.9	1.2			25.2	1.3	1.8	13	68	72.5				71			50

续表

孔径 d_0	D	s	$b\approx$	d_1	d_2	m	$n\geq$	轴 $d_3\leq$	孔径 d_0	d	s	$b\approx$	d_1	d_2	m	$n\geq$	轴 $d_3\leq$
25	26.9		2.8		26.2			14	70	74.5				73			53
26	27.9				27.2			15	72	76.5				75			55
28	30.1		3.2		29.4		2.1	17	75	79.5		6.3		78			56
30	32.1				31.4			18	78	82.5				81			60
31	33.4				32.7		2.6	19	80	85.5		6.8		83.5			63
32	34.4				33.7			20	82	87.5				85.5			65
34	36.5		3.6	2.5	35.7		3	22	85	90.5		7.3		88.5			68
35	37.8				37			23	88	93.5				91.5			70
36	38.8				38			24	90	95.5				93.5		5.3	72
37	39.8				39			25	92	97.5				95.5			73
38	40.8				40			26	95	100.5		7.7		98.5			75
40	43.5	1.5	4		42.5	1.7		27	98	103.5				101.5			78
42	45.5				44.5			29	100	105.5				103.5			80
45	48.5			3	47.5		3.8	31	102	108		8.1		106			82
47	50.5				49.5			32	105	112				109			83
48	51.5		4.7		50.5			33	108	115		8.8		112			86
50	54.2				53			36	110	117	3		4	114	3.2	6	88
52	56.2	2			55	2.2	4.5	38	112	119				116			89
55	59.2				58			40	115	122		9.3		119			90
56	60.2		5.2		59			41	120	127				124			95

附表 3-19　轴用弹性挡圈——A 型(摘自 GB/T 894.1—1986)

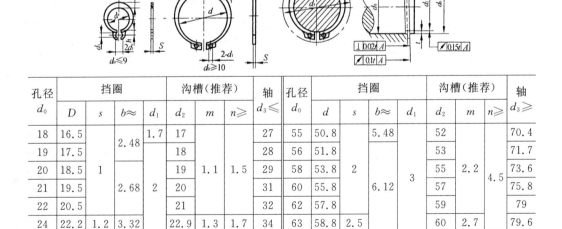

孔径 d_0	D	s	$b\approx$	d_1	d_2	m	$n\geq$	轴 $d_3\leq$	孔径 d_0	d	s	$b\approx$	d_1	d_2	m	$n\geq$	轴 $d_3\geq$
18	16.5		2.48	1.7	17			27	55	50.8		5.48		52			70.4
19	17.5	1			18	1.1	1.5	28	56	51.8	2			53	2.2	4.5	71.7
20	18.5				19			29	58	53.8			3	55			73.6
21	19.5		2.68	2	20			31	60	55.8		6.12		57			75.8
22	20.5				21			32	62	57.8				59			79
24	22.2	1.2	3.32		22.9	1.3	1.7	34	63	58.8	2.5			60	2.7		79.6

续表

孔径 d_0	挡圈				沟槽（推荐）			轴 $d_3 \leqslant$	孔径 d_0	挡圈				沟槽（推荐）			轴 $d_3 \geqslant$
	D	s	$b\approx$	d_1	d_2	m	$n\geqslant$			d	s	$b\approx$	d_1	d_2	m	$n\geqslant$	
25	23.2				23.9			35	65	60.8				32			81.6
26	24.2				24.9			36	68	63.5				65			85
28	25.9		3.60		26.6			38.4	70	65.5				67			87.2
29	26.9		3.72		27.6		2.1	39.8	72	67.5		6.32		69			89.4
30	27.9				28.6			42	75	70.5				72			92.8
32	29.6		3.92		30.3		2.6	44	78	73.5				75			96.2
34	31.5		4.32		32.3			46	80	74.5				76.5			98.2
35	32.2				33			48	82	76.5		7.0		78.5			101
36	33.2		4.52		34			49	85	79.5				81.5			104
37	34.2				35		3	50	88	82.5				84.5		5.3	107.3
38	35.5	1.5		2.5	36	1.7		51	90	84.5		7.6		86.5			110
40	36.5				37.5			53	95	80.5		9.2		91.5			115
42	38.5		5.0		39.5			56	100	94.5				96.5			121
45	41.5				42.5		3.8	59.4	105	98		10.7		101			132
48	44.5				45.5			62.8	110	103		11.3		106			136
50	45.8	2	5.48	3	47	2.2	4.5	64.8	115	108	4		4	111	3.2	6	142
52	47.8				49			67	20	113		12		116			145

注：d_3——允许套入的最小孔径。

附录4　键与销联接

附表 4-1　平键联接的剖面和键槽(摘自 GB/T 1095—1979)

普通平键的形式和尺寸(摘自 GB/T 1096—1979)

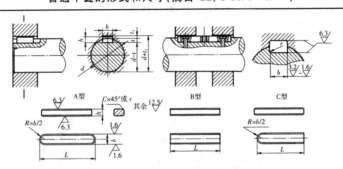

标记示例:

键 16×100 GB/T 1096[圆头普通平键(A 型),b=16,h=10,L=100]

键 B16×100 GB/T 1096[圆头普通平键(B 型),b=16,h=10,L=100]

键 C16×100 GB/T 1096[圆头普通平键(C 型),b=16,h=10,L=100]

轴	键		键						槽					
			宽度 b						深　度				半径 r	
公称直径 d	公称尺寸 $b \times h$	公称尺寸 b	极限偏差						轴 t		毂 t_1			
			较松键联结		一般键联结		较紧键联结							
			轴 H9	毂 D10	轴 N9	毂 Js9	轴和毂 P9		公称尺寸	极限偏差	公称尺寸	极限偏差	最小	最大
自 6～8	2×2	2	+0.0250	+0.060 +0.020	−0.004 −0.029	+0.0125 −0.0125	−0.006 −0.031		1.2	+0.1 0	1	+0.1 0	0.08	0.16
>8～10	3×3	3							1.8		1.4			
>10～12	4×4	4	+0.030 0	+0.078 +0.030	0 −0.030	+0.015 −0.015	−0.012 −0.042		2.5		1.8		0.16	0.25
>12～17	5×5	5							3.0		2.3			
>17～22	6×6	6							3.5		2.8			
>22～30	8×7	8	+0.036 0	+0.098 +0.040	0 −0.043	+0.018 −0.018	−0.015 −0.051		4.0	+0.2 0	3.3	+0.2 0	0.25	0.40
>30～38	10×8	10							5.0		3.3			
>38～44	12×8	12	+0.043 0	+0.120 +0.050	0 −0.043	+0.0215 −0.0215	−0.018 −0.061		5.0		3.3			
>44～50	14×9	14							5.5		3.8			
>50～58	16×10	16							6.0		4.3			
>58～65	18×11	18							7.0		4.4			
>65～75	20×12	20	+0.052 0	+0.149 +0.065	0 −0.052	+0.026 −0.026	0.022 0.074		7.5		4.9		0.40	0.60
>75～85	22×14	22							9.0		5.4			
>85～95	25×14	25							9.0		5.4			
>95～110	28×16	28							10.0		6.4			

键的长度系列　6,8,1012,15,16,18,20,22,25,28,32,36,40,45,50,56,63,70,80,90,100,110,125,140,160,180,200,225,250,280,320,360

注:① 在工作图中,轴槽深用 t 或$(d-t)$标注,轮毂槽深用$(d+t_1)$标注。

② $(d-t)$和$(d+t_1)$两组合尺寸的极限偏差按相应的 t 和 t_1 极限偏差选取,但$(d-t)$极限偏差值应取负号(一)。

③ 键尺寸的极限偏差 b 为 h9,h 为 h11,L 为 h14。

④ 平键的常用材料为 45 钢。

⑤ 本标准经 1990 年确认有效。

附表 4-2　圆柱销(摘自 GB/T 119—1986)、圆锥销(摘自 GB/T 117—1986)

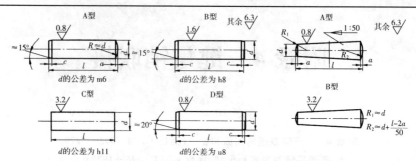

标记示例:公称直径 $d=8$、长度 $l=30$、材料为 35 钢、热处理硬度 28～38 HRC、表面氧化处理的 A 型圆柱销(A 型圆锥销)的标记为:销　GB/T 119　A8×30(GB/T 117　A8×30)

公称直径 d		3	4	5	6	8	10	12	16	20	25
圆柱销	$a\approx$	0.4	0.5	0.63	0.8	1.0	1.2	1.6	2.0	2.5	3.0
	$c\approx$	0.5	0.63	0.8	1.1	1.6	2.0	2.5	3.0	3.5	4.0
	l(公称)	8～30	8～40	10～50	12～60	14～80	18～95	22～140	26～180	35～200	50～200
圆锥销	d　min	2.96	3.95	4.95	5.95	7.94	9.94	11.93	15.93	19.92	24.92
	d　max	3	4	5	6	8	10	12	16	20	25
	$a\approx$	0.4	0.5	0.63	0.8	1.0	1.2	1.6	2.0	2.5	3.0
	l(公称)	12～45	14～55	18～60	22～90	22～120	26～160	32～180	40～200	45～200	50～200
l(公称)的系列		12～32(2 进位),35～100(5 进位),100～200(20 进位)									

附表 4-3　螺尾锥销(摘自 GB/T 881—1986)

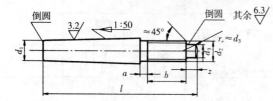

标记示例:

公称直径 $d=8$、长度 $l=60$、材料为 35 钢、热处理硬度 28～38 HRC、表面氧化处理的 A 型

螺尾锥销的标记为:

销　GB/T 881　8×60

	公称	5	6	8	10	12	16	20	25	30	40	50
d_1	min	4.952	5.952	7.942	9.942	11.930	15.930	19.916	24.916	29.916	39.90	49.90
	max	5	6	8	10	12	16	20	25	30	40	50
a	max	2.4	3	4	4.5	5.3	6	6	7.5	9	10.5	12
b	max	15.6	20	24.5	27	30.5	39	39	45	52	65	78
	min	14	18	22	24	27	35	35	40	46	58	70
d_2		M5	M6	M8	M10	M12	M16	M16	M20	M24	M30	M36
d_3	max	3.5	4	5.5	7	8.5	12	12	15	18	23	28
	min	3.25	3.7	5.2	6.6	8.1	11.5	11.5	14.5	17.5	22.5	27.5
z	max	1.5	1.75	2.25	2.75	3.25	4.3	4.3	5.3	6.3	7.5	9.4
	min	1.25	1.5	2	2.5	3	4	4	5	6	7	9
l	公称	40～50	45～60	55～75	65～100	85～140	100～160	120～220	140～250	160～250	190～360	220～400
l 的系列		40～75(5 进位),85,100,120,140,160,190,220,280,320,360,400										

附表 4-4　内螺纹圆柱销(摘自 GB/T 120—1986)、内螺纹圆锥销(摘自 GB/T 118—1986)

内螺纹圆柱销　　　　　　　　　内螺纹圆锥销

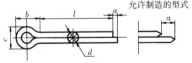

标记示例:公称直径 $d=10$、长度 $l=60$、材料为 35 钢,热处理硬度 28～38HRC、表面氧化处理的 A 型内螺纹圆柱销(A 型内螺纹圆锥销)的标记为:销 GB/T 120　A10×60 (GB/T 118　A10×60)

公称直径 d			6	8	10	12	16	20	25	30	40	50
a			0.8	1	1.2	1.6	2	2.5	3	4	5	6.3
内螺纹圆柱销	d_1	min	6.004	8.006	10.006	12.007	16.007	20.008	25.008	30.008	40.009	50.009
		max	6.012	8.015	10.015	12.018	16.018	20.021	25.021	30.021	40.025	50.025
	$c\approx$		1.2	1.6	2	2.5	3	3.5	4	5	6.3	8
	d_1		M4	M5	M6	M6	M8	M10	M16	M20	M20	M24
	t min		6	8	10	12	16	18	24	30	30	36
	t_1		10	12	16	20	25	28	35	40	40	50
	$b\approx$				1				1.5		2	
	l(公称)		16～60	18～80	22～100	26～120	30～160	40～200	50～200	60～200	80～200	100～200
内螺纹圆锥销	d	min	5.952	7.942	9.942	11.93	15.93	19.916	24916	29.916	39.9	49.9
		max	6	8	10	12	16	20	25	30	40	50
	d_1		M4	M5	M6	M8	M10	M12	M16	M20	M20	M24
	t		6	8	10	12	16	18	24	30	30	36
	t_1 min		10	12	16	20	25	28	35	40	40	50
	$C\approx$		0.8	1	1.2	1.6	2	2.5	3	4	5	6.3
	l(公称)		16～60	18～85	22～100	26～120	30～160	45～200	50～200	60～200	90～200	120～200
l(公称)的系列			16～32(2 进位),35～100(5 进位),100～200(20 进位)									

附表 4-5　开口销(摘自 GB/T 91—1986)

标记示例:

公称直径 $d=5$、长度 $l=50$、材料为低碳钢,不经表面处理的开口销标记为:

销　GB/T 91　5×50

公称直径 d		0.6	0.8	1	1.2	1.6	2	2.5	3.2	4	5	6.3	8	10	12
a	max	1.6			2.5				3.2	4			6.3		
c	max	1	1.4	1.8	2	2.8	3.6	4.6	5.9	7.4	9.2	11.8	15	19	24.8
	min	0.9	1.2	1.6	1.7	2.4	3.2	4	5.1	6.5	8	10.3	13.1	16.6	21.7
$b\approx$		2	2.4	3	3	3.2	4	5	6.4	8	10	2.6	16	20	26
L(公称)		4～12	5～16	6～20	8～26	8～32	10～40	12～50	14～65	18～80	22～100	30～120	40～160	45～200	70～200
L(公称)的系列		6～32(2 进位),36,40～100(5 进位),100～200(20 进位)													

附录5   滚动轴承

附表 5-1   深沟球轴承(摘自 GB/T 276—1994)

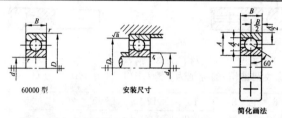

60000 型   安装尺寸   简化画法

标记示例：滚动轴承 6210   GB/T 276—1994

F_a/C_{or}	e	Y	径向当量动载荷	径向当量静载荷
0.014	0.19	2.30		
0.028	0.22	1.99		
0.056	0.26	1.71	当 $\dfrac{F_a}{F_r} \leqslant e$, $P_f = F_r$	$P_{0r} = F_r$
0.084	0.28	1.55		$P_{0r} = 0.6 F_r + 0.5 F_a$
0.11	0.30	1.45		取上列两式计算结果的最大值
0.17	0.34	1.31	当 $\dfrac{F_a}{F_r} > e$, $P_r = 0.56 F_r$	
0.28	0.38	1.15	$+ Y F_a$	
0.42	0.42	1.04		
0.56	0.44	1.00		

轴承代号	基本尺寸/mm				安装尺寸/mm			基本额定动载荷 C_r	基本额定静载荷 C_{or}	极限转速/(r/min)		原轴承代号
	d	D	B	r_s min	d_g min	D_a max	r_{as} max	kN		脂润滑	油润滑	
(1) 0 尺寸系列												
6000	10	26	8	0.3	12.4	23.6	0.3	4.58	1.98	20 000	28 000	100
6001	12	28	8	0.3	14.4	25.6	0.3	5.10	2.38	19 000	26 000	101
6002	15	32	9	0.3	17.4	29.6	0.3	5.58	2.85	18 000	24 000	102
6003	17	35	10	0.3	19.4	32.6	0.3	6.00	3.25	17 000	22 000	103
6004	20	42	12	0.6	25	37	0.6	9.38	5.02	15 000	19 000	104
6005	25	47	12	0.6	30	42	0.6	10.0	5.85	13 000	17 000	105
6006	30	55	13	1	36	49	1	13.2	8.30	10 000	14 000	106
6007	35	62	14	1	41	56	1	16.2	10.5	9 000	12 000	107
6008	40	68	15	1	46	62	1	17.0	11.8	8 500	11 000	108
6009	45	75	16	1	51	69	1	21.0	14.8	8 000	10 000	109
6010	50	80	16	1	56	74	1	22.0	16.2	7 000	9 000	110
6011	55	90	18	1.1	62	83	1	30.2	21.8	6 300	8 000	111
6012	60	95	18	1.1	67	88	1	31.5	24.2	6 000	7 500	112
6013	65	100	18	1.1	72	93	1	32.0	24.8	5 600	7 000	113
6014	70	110	20	1.1	77	103	1	38.5	30.5	5 300	6 700	114
6015	75	115	20	1.1	82	108	1	40.2	33.2	5 000	6 300	115

轴承代号	基本尺寸/mm				安装尺寸/mm			基本额定动载荷 C_r	基本额定静载 C_{or}	极限转速/(r/min)		原轴承代号
	d	D	B	r_s min	d_g min	D_a max	r_{as} max	kN		脂润滑	油润滑	
(1) 0 尺寸系列												
6016	80	125	22	1.1	87	118	1	47.5	39.8	4 800	6 000	116
6017	85	130	22	1.1	92	123	1	50.8	42.8	4 500	5 600	117
6018	90	140	24	1.5	99	131	1.5	58.0	49.8	4 300	5 300	118
6019	95	145	24	1.5	104	136	1.5	57.8	50.0	4 000	5 000	119
6020	100	150	24	1.5	109	141	1.5	64.5	56.2	3 800	4 800	120
(0) 2 尺寸系列												
6200	10	30	9	0.6	15	25	0.6	5.10	2.38	19 000	26 000	200
6201	12	32	10	0.6	17	27	0.6	6.82	3.05	18 000	24 000	201
6202	15	35	11	0.6	20	30	0.6	7.65	3.72	17 000	22 000	202
6203	17	40	12	0.6	22	35	0.6	9.58	4.78	16 000	20 000	203
6204	20	47	14	1	26	41	1	12.8	6.65	14 000	18 000	204
6205	25	52	15	1	31	46	1	14.0	7.88	12 000	16 000	205
6206	30	62	16	1	36	56	1	19.5	11.5	9 500	13 000	206
6207	35	72	17	1.1	42	65	1	25.5	15.2	8 500	11 000	207
6208	40	80	18	1.1	47	73	1	29.5	18.0	8 000	10 000	208
6209	45	65	19	1.1	52	78	1	31.5	20.5	7 000	9 000	209
6210	50	90	20	1.1	57	83	1	35.0	23.2	6 700	8 500	210
6211	55	100	21	1.5	64	91	1.5	43.2	29.2	6 000	7 500	211
6212	60	110	22	1.5	69	101	1.5	47.8	32.8	5 600	7 000	212
6213	65	120	23	1.5	74	111	1.5	57.2	40.0	5 000	6 300	213
6214	70	120	24	1.5	79	116	1.5	60.8	45.0	4 800	6 000	214
6215	75	130	25	1.5	84	121	1.5	66.0	49.5	4 500	5 600	215
6216	80	140	26	2	90	130	2	71.5	54.2	4 300	5 300	216
6217	85	150	28	2	95	140	2	83.2	63.8	4 000	5 000	217
6218	90	160	30	2	100	150	2	95.8	71.5	3 800	4 800	218
6219	95	170	32	2.1	107	158	2.1	110	82.8	3 600	4 500	219
6220	100	180	34	2.1	112	168	2.1	122	92.8	3 400	4 300	220
(0) 3 尺寸系列												
6300	10	35	11	0.6	15	30	0.6	7.65	3.48	18 000	24 000	300
6301	12	37	12	1	18	31	1	9.72	5.08	17 000	22 000	301
6302	15	42	13	1	21	36	1	11.5	5.42	16 000	20 000	302
6303	17	47	14	1	23	41	1	13.5	6.58	15 000	19 000	303
6304	20	52	15	1.1	27	45	1	15.8	7.88	13 000	17 000	304
6305	25	62	17	1.1	32	55	1	22.2	11.5	10 000	14 000	305
6306	30	72	19	1.1	37	65	1	27.0	15.2	9 000	12 000	306
6307	35	80	21	1.5	44	71	1.5	33.2	19.2	8 000	10 000	307
6308	40	90	23	1.5	49	81	1.5	40.8	24.0	7 000	9 000	308
6309	45	100	25	1.5	54	91	1.5	52.8	31.8	6 300	8 000	309
6310	50	110	27	1.6	60	100	2	61.8	38.0	6 000	7 500	310
6311	55	120	29	2	65	110	2	71.5	44.8	5 300	6 700	311
6312	60	130	31	2.1	72	118	2.1	81.8	51.8	5 000	6 300	312
6313	65	150	33	2.1	77	128	2.1	93.8	60.5	4 500	5 600	313
6314	70	150	35	2.1	82	138	2.1	105	68.0	4 300	5 300	314
6315	75	160	37	2.1	87	148	2.1	112	76.3	4 000	5 000	315

续表

轴承代号	基本尺寸/mm				安装尺寸/mm			基本额定动载荷 C_r	基本额定静载 C_{or}	极限转速/(r/min)		原轴承代号
	d	D	B	r_s min	d_g min	D_a max	r_{as} max	kN		脂润滑	油润滑	
(0) 3 尺寸系列												
6316	80	170	39	2.1	92	158	2.1	122	86.5	3 800	4 800	316
6317	85	180	41	3	99	166	2.5	132	96.5	3 600	4 500	317
6318	90	190	43	3	104	176	2.5	145	108	3 400	4 300	318
6319	95	200	45	3	109	186	2.5	155	122	3 200	4 000	319
6320	100	215	47	3	114	201	2.5	172	140	2 800	3 600	320
(0) 4 尺寸系列												
6403	17	62	17	1.1	24	55	1	22.5	10.8	11 000	15 000	403
6404	20	72	19	1.1	27	65	1	31.0	15.2	9 500	13 000	404
6405	25	80	21	1.5	34	71	1.5	38.2	19.2	8 500	11 000	405
6406	30	90	23	1.5	39	81	1.5	47.5	24.5	8 000	10 000	406
6407	35	100	25	1.5	44	91	1.5	56.8	29.5	6 700	8 500	407
6408	40	110	27	2	50	100	2	65.5	37.5	6 300	8 000	408
6409	45	120	29	2	55	110	2	77.5	45.5	5 600	7 000	409
6410	50	130	31	2.1	62	118	2.1	92.2	55.2	5 300	6 700	410
6411	55	140	33	2.1	67	128	2.1	100	62.5	4 800	6 000	411
6412	60	150	35	2.1	72	138	2.1	108	70.0	4 500	5 600	412
6413	65	160	37	2.1	77	148	2.1	118	78.5	4 300	5 300	413
6414	70	180	42	3	84	166	2.5	140	99.5	3 800	4 800	414
6415	75	190	45	3	89	176	2.5	155	115	3 600	4 500	415
6416	80	200	48	3	94	186	2.5	162	125	3 400	4 300	416
6417	85	210	52	4	103	192	3	175	138	3 200	4 000	417
6418	90	225	54	4	108	207	3	192	158	2 800	3 600	418
6420	100	250	58	4	118	232	3	222	195	2 400	3 200	420

注：① 表中 C_r 值适用于轴承为真空脱气轴承材料钢，如为普通电炉钢，C_r 值降低；如为真空重熔或电渣熔，C_r 值提高。

② r_{min} 为 r 的单向最小倒角尺寸；r_{max} 为 r_{as} 的单向最大倒角尺寸。

附表 5-2 调心球轴承(摘自 GB/T 281—1994)

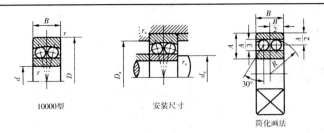

10000型　　　安装尺寸　　　简化画法

标记示例：滚动轴承 1207　GB/T 281

径向当量动载荷	径向当量动载荷
当 $\dfrac{F_a}{F_r} \leqslant e$，$P_r = F_r + Y_1 F_a$ 当 $\dfrac{F_a}{F_r} > e$，$P_r = 0.65 F_r + Y_2 F_a$	$P_{0r} = F_r + Y_0 F_{a_s}$

轴承代号	基本尺寸/mm				安装尺寸/mm			计算系数				基本额定动载荷 C_r	基本额定静载荷 C_{or}	极限转速/(r/min)		原轴承代号
	d	D	B	r_a min	d_a min	D_x max	r_m max	e	Y_1	Y_2	Y_0	kN		润滑脂	油润滑	
(0) 2 尺寸系列																
1200	10	30	9	0.6	15	25	0.6	0.32	2.0	3.0	2.0	5.48	1.20	24 000	28 000	1200
1201	12	32	10	0.6	17	27	0.6	0.33	1.9	2.9	2.0	5.55	1.25	22 000	26 000	1201
1202	15	35	11	0.6	20	30	0.6	0.33	1.9	3.0	2.0	7.48	1.75	18 000	22 000	1202
1203	17	40	12	0.6	22	35	0.6	0.31	2.0	3.2	2.1	7.90	2.02	16 000	20 000	1203
1204	20	47	14	1	26	41	1	0.27	2.3	3.6	2.4	9.95	2.65	14 000	17 000	1204
1205	25	52	15	1	31	46	1	0.27	2.3	3.6	2.4	12.0	3.30	12 000	14 000	1205
1206	30	62	16	1	36	56	1	0.24	2.6	4.0	2.7	15.8	4.70	10 000	12 000	1206
1207	35	72	17	1.1	42	65	1	0.23	2.7	4.2	2.9	15.8	5.08	8 500	10 000	1207
1208	40	80	18	1.1	47	73	1	0.22	2.9	4.4	3.0	19.2	6.40	7 500	9 000	1208
1209	45	85	19	1.1	52	78	1	0.21	2.9	4.6	3.1	21.8	7.32	7 100	8 500	1209
1210	50	90	20	1.1	57	83	1	0.20	3.1	4.8	3.3	22.8	8.08	6 300	8 000	1210
1211	55	100	21	1.5	64	91	1.5	0.20	3.2	5.0	3.4	26.8	10.0	6 000	7 100	1211
1212	60	110	22	1.5	69	101	1.5	0.19	3.4	5.3	3.6	30.2	11.5	5 300	6 300	1212
1213	65	120	23	1.5	74	111	1.5	0.17	3.7	5.7	3.9	31.0	12.5	4 800	6 000	1213
1214	70	125	24	1.5	79	116	1.5	0.18	3.5	5.4	3.7	34.5	13.5	4 800	5 600	1214
1215	75	130	25	1.5	84	121	1.5	0.17	3.6	5.6	3.8	38.8	15.2	4 300	5 300	1215
1216	80	140	26	2	90	130	2	0.18	3.6	5.5	3.7	39.5	16.8	4 000	5 000	1216
1217	85	150	28	2	95	140	2	0.17	3.7	5.7	3.9	48.8	20.5	3 800	4 500	1217
1218	90	160	30	2	100	150	2	0.17	3.8	5.7	4.0	56.5	23.2	3 600	4 300	1218
1219	95	170	32	2.1	107	158	2.1	0.17	3.7	5.7	3.9	63.5	27.0	3 400	4 000	1219
1220	100	180	34	2.1	112	168	2.1	0.18	3.5	5.4	3.7	68.5	29.2	3 200	3 800	1220
(0) 3 尺寸系列																
1300	10	35	11	0.6	15	30	0.6	0.33	1.9	3.0	2.0	7.22	1.62	20 000	24 000	1300
1301	12	37	12	1	18	31	1	0.35	1.8	2.8	1.9	9.42	2.12	18 000	22 000	1301
1302	15	42	13	1.	21	36	1	0.33	1.9	2.9	2.0	9.50	2.28	16 000	20 000	1302
1303	17	47	14	1	23	41	1	0.33	1.9	3.0	2.0	12.5	3.18	14 000	17 000	1303
1304	20	52	15	1.1	27	45	1	0.29	2.2	3.4	2.3	12.5	3.38	12 000	15 000	1304

机械设计

续表

轴承代号	基本尺寸/mm				安装尺寸/mm			计算系数				基本额定动载荷 C_r	基本额定静载荷 C_{or}	极限转速/(r/min)		原轴承代号
	d	D	B	r_a min	d_a min	D_x max	r_m max	e	Y_1	Y_2	Y_0	kN		润滑脂	油润滑	
(0) 3 尺寸系列																
1305	25	62	17	1.1	32	55	1	0.27	2.3	3.5	2.4	17.8	5.05	10 000	13 000	1305
1306	30	72	19	1.1	37	65	1	0.26	2.4	3.8	2.6	21.5	6.28	85 000	11 000	1306
1307	35	80	21	1.5	44	71	1.5	0.25	2.6	4.0	2.7	25.0	7.95	7 500	9 500	1307
1308	40	90	23	1.5	49	81	1.5	0.24	2.6	4.0	2.7	29.5	9.50	6 700	85 000	1308
1309	45	100	25	1.5	54	91	1.5	0.25	2.5	3.9	2.6	38.0	12.8	6 000	7 500	1309
1310	50	110	27	2	60	100	2	0.24	2.7	4.1	2.8	43.2	14.2	5 600	6 700	1310
1311	55	120	29	2	65	110	2	0.23	2.7	4.2	2.8	51.5	18.2	5 000	6 300	1311
1312	60	130	31	2.1	72	118	2.1	0.23	2.8	4.3	2.9	57.2	20.8	4 500	5 600	1312
1313	65	140	33	2.1	77	128	2.1	0.23	2.8	4.3	2.9	61.8	22.8	4 300	5 300	1313
1314	70	150	35	2.1	82	138	2.1	0.22	2.8	4.4	2.9	74.5	27.5	4 000	5 000	1314
1315	75	160	37	2.1	87	148	2.1	0.22	2.8	4.4	3.0	79.0	29.5	3 800	4 500	1315
1316	80	170	39	2.1	92	158	2.1	0.22	2.9	4.5	3.1	88.5	32.8	3 600	4 300	1316
1317	85	180	41	3	99	166	2.5	0.22	2.9	4.5	3.0	97.8	37.8	3 400	4 000	1317
1318	90	190	43	3	104	176	2.5	0.22	2.8	4.4	2.9	115	44.5	3 200	3 800	1318
1319	95	200	45	3	109	186	2.5	0.23	2.8	4.3	2.9	132	50.8	3 000	3 600	1319
1320	100	215	47	3	114	201	2.5	0.24	2.7	4.1	2.8	142	57.2	2 800	3 400	1320
22 尺寸系列																
2200	10	30	14	0.6	15	25	0.6	0.62	1.0	1.6	1.1	7.12	1.58	24 000	28 000	1500
2201	12	32	14	0.6	17	27	0.6	—	—	—	—	8.80	1.80	22 000	26 000	1501
2202	15	35	14	0.6	20	30	0.6	0.50	1.3	2.0	1.3	7.65	1.80	18 000	22 000	1502
2203	17	40	16	0.6	22	35	0.6	0.50	1.2	0.9	1.3	9.00	2.45	16 000	20 000	1503
2204	20	47	18	1	26	41	1	0.48	1.3	2.0	1.4	12.5	3.28	14 000	17 000	1504
2205	25	52	18	1	31	46	1	0.41	1.5	2.3	1.5	12.5	3.40	12 000	14 000	1505
2206	30	62	20	1	36	56	1	0.39	1.6	2.4	1.7	15.2	4.60	10 000	12 000	1506
2207	35	72	23	1.1	42	65	1	0.38	1.7	2.6	1.8	21.8	6.65	8 500	10 000	1507
2208	40	50	23	1.1	47	73	1	0.24	1.9	2.9	2.0	22.5	7.38	7 500	9 000	1508
2209	45	85	23	1.1	52	78	1	0.31	2.1	3.2	2.2	23.2	8.00	7 100	8 500	1509
2210	50	90	23	1.1	57	83	1	0.29	2.2	3.4	2.3	23.2	8.45	6 300	8 000	1510
2211	55	100	25	1.5	64	91	1.5	0.28	2.3	3.5	2.4	26.8	9.95	6 000	7 100	1511
2212	60	110	28	1.5	69	101	1.5	0.28	2.3	3.5	2.4	34.0	12.5	5 300	6 300	1512
2213	65	120	31	1.5	74	111	1.5	0.28	2.3	3.5	2.4	43.5	16.2	4 800	6 000	1513
2214	70	125	31	1.5	79	116	1.5	0.27	2.4	3.7	2.5	44.0	17.0	4 500	5 600	1514
2215	75	130	31	1.5	84	121	1.5	0.25	2.5	3.9	2.6	44.2	18.0	4 300	5 300	1515
2216	80	140	33	2	90	130	2	0.25	2.5	3.9	2.6	48.8	20.2	4 000	5 000	1516
2217	85	150	36	2	95	140	2	0.25	2.5	3.8	2.6	58.2	23.5	3 800	4 500	1517
2218	90	160	40	2	100	150	2	0.27	2.4	3.7	2.6	70.0	28.5	3 600	4 300	1518
2219	95	170	43	2.1	107	158	2.1	0.26	2.4	3.7	2.5	82.8	33.8	3 400	4 000	1519
2220	100	180	46	2.1	112	168	2.1	0.27	2.3	3.6	2.5	97.2	40.5	3 200	3 800	1520
23 尺寸系列																
2300	10	35	17	0.6	15	30	0.6	0.66	0.95	1.5	1.0	11.0	2.45	18 000	22 000	1600
2301	12	37	17	1	18	31	1	—	—	—	—	12.5	2.72	17 000	22 000	1601
2302	15	42	17	1	21	36	1	0.51	1.2	1.9	1.3	12.0	2.88	14 000	18 000	1602
2303	17	47	19	1	23	41	1	0.52	1.2	1.9	1.3	14.5	3.58	13 000	16 000	1603
2304	20	52	21	1.1	27	45	1	0.51	1.2	1.9	1.3	17.8	4.75	11 000	14 000	1604
2305	25	62	24	1.1	32	55	1	0.47	1.3	2.1	1.4	24.5	6.48	9 500	12 000	1605

续表

轴承代号	基本尺寸/mm				安装尺寸/mm			计算系数				基本额定动载荷 C_r	基本额定静载荷 C_{0r}	极限转速/(r/min)		原轴承代号
	d	D	B	r_a min	d_a min	D_x max	r_m max	e	Y_1	Y_2	Y_0	kN		润滑脂	油润滑	
23 尺寸系列																
2306	30	72	27	1.1	37	65	1	0.44	1.4	2.2	1.5	31.5	8.68	8 000	10 000	1606
2307	35	80	31	1.5	44	71	1	0.46	1.4	2.1	1.4	39.2	11.0	7 100	9 000	1607
2308	40	90	33	1.5	49	81	1	0.43	1.5	2.3	1.5	44.8	13.2	6 300	8 000	1608
2309	45	100	36	1.5	54	91	1.5	0.42	1.5	2.3	1.6	55.0	16.2	5 600	7 100	1609
2310	50	110	40	2	60	100	1.5	0.43	1.5	2.3	1.6	64.5	19.8	5 000	6 300	1610
2311	55	120	43	2	65	110	2	0.41	1.5	2.4	1.6	75.2	23.5	4 800	6 000	1611
2312	60	130	46	2.1	72	118	2.1	0.41	1.6	2.5	1.6	86.8	27.5	4 300	5 300	1612
2313	65	140	48	2.1	77	128	2.1	0.38	1.6	2.6	1.7	96.0	32.5	3 800	4 800	1613
2314	70	150	51	2.1	82	138	2.1	0.38	1.7	2.6	1.8	110	37.5	3 600	4 500	1614
2315	75	160	55	2.1	87	148	2.1	0.38	1.7	2.6	1.7	122	42.8	3 400	4 300	1615
2316	80	170	58	2.1	92	158	2.1	0.39	1.6	2.5	1.7	128	45.5	3 200	4 000	1616
2317	85	180	60	3	99	166	2.5	0.38	1.7	2.6	1.7	140	51.0	3 000	3 800	1617
2318	90	190	64	3	104	176	2.5	0.39	1.6	2.5	1.7	142	57.2	2 800	3 600	1618
2319	95	200	67	3	109	186	2.5	0.38	1.7	2.6	1.8	162	64.2	2 800	3 400	1619
2320	100	215	73	3	114	201	2.5	0.37	1.7	2.6	1.8	192	78.5	2 400	3 200	1620

附表 5-3 圆柱滚子轴承(摘自 GB/T 283—1994)

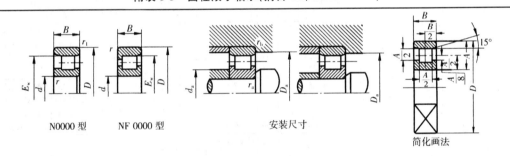

N0000 型　　　NF 0000 型　　　安装尺寸　　　简化画法

标记示例：滚动轴承 N216　GB/T 283

径向当量动载荷		径向当量动载荷
$P_r = F_r$	对轴向承载的轴承(NF 型 2,3 系列) $P_r = F_r + 0.3F_a \ (0 \leqslant F_a/F_r \leqslant 0.12)$ $P_r = 0.94F_r + 0.8F_a \ (0.12 \leqslant F_a/F_r \leqslant 0.3)$	$P_{0r} = F_r$

轴承代号		尺寸/mm							安装尺寸/mm				基本额定动载荷 C_r/kN		基本额定静载荷 C_r/kN		极限转速/(r/min)		原轴承代号
		d	D	B	r_a	r_{1s}	E_w		d_0	D_a	r_m	r_{1a}	N 型	NF 型	N 型	NF 型	脂润滑	油润滑	
					min		N 型	NF 型	min	max									
(0) 2 系列																			
N204E	NF204	20	47	14	1	0.6	41.5	40	25	42	1	0.6	25.8	12.5	24	11	12 000	16 000	2204E	12204
N205E	NF205	25	52	15	1	0.6	46.5	45	30	47	1	0.6	27.5	14.2	26.8	12.8	10 000	14 000	2205E	12205
N206E	NF206	30	62	16	1	0.6	55.5	53.5	36	56	1	0.6	36.0	19.5	35.5	18.2	8 500	11 000	2206E	12206
N207E	NF207	35	72	17	1.1	0.6	64	61.5	42	64	1	0.6	46.5	28.5	48	28.0	7 500	9 500	2207E	12207
N208E	NF208	40	80	18	1.1	1.1	71.5	70	47	72	1	1	51.5	37.5	38.2	39.2	7 000	9 000	2208E	12208
N209E	NF209	45	85	19	1.1	1.1	76.5	75	52	77	1	1	58.5	39.5	41.0	41.0	6 300	8 000	2209E	12209

轴承代号 N型	轴承代号 NF型	d	D	B	r_a min	r_{1s} min	E_w N型	E_w NF型	d_0 min	D_a min	r_m max	r_{1a} max	动载荷 C_r/kN N型	动载荷 C_r/kN NF型	静载荷 C_r/kN N型	静载荷 C_r/kN NF型	极限转速 脂润滑	极限转速 油润滑	原轴承代号	原轴承代号
(0) 2 系列																				
N210E	NF210	50	90	20	1.1	1.1	81.5	80.4	57	83	1	1	61.2	43.2	69.2	48.5	6 000	7 500	2210E	12210
N211E	NF211	55	100	21	1.5	1.1	90	88.5	64	91	1.5	1	80.2	52.8	95.5	60.2	5 300	6 700	2212E	12211
N212E	NF212	60	110	22	1.5	1.5	100	97	69	100	1.5	1.5	89.8	62.8	102	73.5	5 000	6 300	2213E	12212
N213E	NF213	65	120	23	1.5	1.5	108.5	105.5	74	108	1.5	1.5	102	73.2	118	87.5	4 500	5 600	2214E	12213
N214E	NF214	70	125	24	1.5	1.51	113.5	110.5	79	114	1.5	1.5	112	73.2	135	87.5	4 300	5 300	2215E	12214
N215E	NF215	75	130	25	1.5	1.5	118.5	118.3	84	120	1.5	1.5	125	89.0	155	110	4 000	5 000	2216E	12215
N216E	NF216	80	140	26	2	2	127.3	125	90	128	2	2	132	102	165	125	3 800	4 800	2216E	12216
N217E	NF217	85	150	28	2	2	136.5	135.5	95	137	2	2	158	115	192	145	3 600	4 500	2217E	12217
N218E	NF218	90	160	30	2	2	145	143	100	146	2	2	172	142	215	178	3 400	4 300	2218E	12218
N219E	NF219	95	170	32	2.1	2.1	154.5	151.5	107	155	2.1	2.1	208	152	262	190	3 200	4 000	2219E	12219
N220E	NF220	100	180	34	2.1	2.1	163	160	112	164	2.1	2.1	235	168	302	212	3 000	3 800	2220E	12220
(0) 3 尺寸系列																				
N304E	NF304	20	52	15	1.1	0.6	45.5	44.5	26.5	47	1	0.6	29	18	25.5	15	11 000	15 000	2304E	12304
N305E	NF305	25	62	17	1.1	1.1	54	53	31.5	55	1	1	38.5	25.5	35.8	22.5	9 000	12 000	2305E	12305
N306E	NF306	30	72	19	1.1	1.1	62.5	62	37	64	1	1	49.2	33.5	48.2	31.5	8 000	10 000	2306E	12306
N307E	NF307	35	80	21	1.5	1.1	70.2	68.5	44	71	1.5	1	62.0	41.0	63.2	39.2	7 000	9 000	2307E	12307
N308E	NF308	40	90	23	1.5	1.5	80	77.5	49	80	1.5	1.5	76.8	48.8	77.8	47.5	6 300	8 000	2308E	12308
N309E	NF309	45	100	25	1.5	1.5	88.5	86.5	54	89	1.5	1.5	93	66.8	98	66.8	5 600	7 000	2309E	12309
N310E	NF310	50	110	27	2	2	97	95	60	98	2	2	105	76.0	112	79.5	5 300	6 700	2310E	12310
N311E	NF311	55	120	29	2	2	106.5	104.5	65	107	2	2	128	97.8	138	105	4 800	6 000	2311E	12311
N312E	NF312	60	130	31	2.1	2.1	115	113	72	116	1.5	2.1	142	118	155	128	4 500	5 600	2312E	12312
N313E	NF313	65	140	33	2.1		124.5	121.5	77	125		2.1	170	125	188	135	4 000	5 000	2313E	12313
N314E	NF314	70	150	35	2.1		133	130	82	134		2.1	195	145	220	162	3 800	4 800	2314E	12314
N315E	NF315	75	160	37	2.1		143	139.5	87	143		2.1	228	165	260	188	3 600	4 500	2315E	12315
N316E	NF316	80	170	39	2.1		151	147	92	151		2.1	245	175	282	200	3 400	4 300	2316E	12316
N317E	NF317	85	180	41	3		160	156	99	160		2.5	280	212	332	242	3 200	4 000	2317E	12317
N318E	NF318	90	190	43	3		169.5	165	104	169		2.5	298	228	348	265	3 000	3 800	2318E	12318
N319E	NF319	95	200	45	3		177.5	173.5	109	178		2.5	315	245	380	288	2 800	3 600	2319E	12319
N320E	NF320	100	215	47	3		191.5	185.5	114	190		2.5	365	282	425	340	2 600	3 200	2320E	12320
(0) 4 尺寸系列																				
N406		30	90	23	1.5		73		39	—		1.5	57.2		53.0		7 000	9 000	2406	
N407		35	100	25	1.5		83		44	—		1.5	70.8		68.2		6 000	7 500	2407	
N408		40	110	27	2		92		50	—		2	90.5		89.8		5 600	7 000	2408	
N409		45	120	29	2		100.5		55	—		2	102		100		5 000	6 300	2409	
N410		50	130	31	2.1		110.8		62	—		2.1	120		120		4 800	6 000	2410	
N411		55	140	33	2.1		117.2		67	—		2.1	128		132		4 300	5 300	2411	
N412		60	150	35	2.1		127		72	—		2.1	155		162		4 000	5 000	2412	
N413		65	160	37	2.1		135.3		77	—		2.1	170		178		3 800	4 800	2413	
N414		70	180	42	3		152		84	—		2.5	215		232		3 400	4 300	2414	
N415		75	190	45	3		160.5		89	—		2.5	250		272		3 200	4 000	2415	
N416		80	200	48	3		170		94	—		2.5	285		315		3 000	3 800	2416	
N417		85	210	52	4		179.5		103	—		3	312		345		2 800	3 600	2417	
N418		90	225	54	4		191.5		108	—		3	352		392		2 400	3 200	2418	
N419		95	240	55	4		201.5		113	—		3	378		428		2 200	3 000	2419	
N420		100	250	58	4		211		118	—		3	418		480		2 000	2 800	2420	
22 尺寸系列																				
N2204E		20	47	18		0.6		41.5	25	42	1	0.6	30.8		30		12 000	16 000		
N2205E		25	52	18	1	0.6		46.5	30	47	1	0.6	32.8		33.8		11 000	14 000		
N2206E		30	62	20	1	0.6		55.5	36	56	1	0.6	45.5		48		8 500	11 000		
N2207E		35	72	23	1.1	0.6		64	42	64	1	0.6	57.5		63		7 500	9 500		
N2208E		40	80	23	1.1	1.1		71.5	47	72	1	1	67.5		75.2		7 000	9 000		
N2209E		45	85	23	1.1	1.1		76.5	52	77	1	1	71.0		82.0		6 300	8 000		

轴承代号	尺寸/mm					E_w		d_0	D_a	r_m	r_{1a}	基本额定动载荷 C_r/kN		基本额定静载荷 C_r/kN		极限转速/(r/min)		原轴承代号
	d	D	B	r_a	r_{1s}	N型	NF型	min	max			N型	NF型	N型	NF型	脂润滑	油润滑	
				min														
22 尺寸系列																		
N2210E	50	90	23	1.1	1.1	81.5		57	83	1	1	74.2		88.8		6 000	7 500	
N2211E	55	100	25	1.5	1.1	90		64	91	1.5	1	94.8		118		5 300	6 700	
N2212E	60	110	28	1.5	1.1	100		69	100	1.5	1.5	122		152		5 000	6 300	
N2213E	65	120	31	1.5	1.5	108.5		74	108	1.5	1.5	142		180		4 500	5 600	
N2214E	70	125	31	1.5	1.5	113.5		79	114	1.5	1.5	148		192		4 300	5 300	
N2215E	75	130	31	1.5	1.5	118.5		84	120	1.5	1.5	155		205		4 000	5 000	

注：① 表中 C_r 值适用于轴承为真空脱气轴承材料钢，如为普通电炉钢，C_r 值降低；如为真空重熔或电渣熔，C_r 值提高。

② r_{smin}，r_{1smin} 分别为 r_1，r_2 的单向最小倒角尺寸；r_{asmax}，r_{bsmax} 分别为 r_{as}，r_{bs} 的单向最大倒角尺寸。

③ 后缀带 E 为加强型圆柱滚子轴承，应优先选用。

附表 5-4　调心滚子轴承(摘自 GB/T 288—1994)

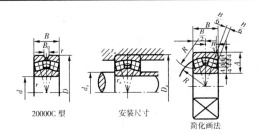

20000C 型　　　安装尺寸　　　简化画法

标记示例：滚动轴承 22210C/W33　GB/T 288

径向当量动载荷	径向当量静载荷
当 $\dfrac{F_a}{F_r} \leqslant e$，$P_r = F_r + Y_1 F_a$ 当 $\dfrac{F_a}{F_r} > e$，$P_r = 0.67F_r + Y_2 F_a$	$P_{0r} = F_r + Y_0 F_a$

轴承代号	基本尺寸/mm					安装尺寸/mm			计算系数				基本额定动载荷 C_r	基本额定静载荷 C_{or}	极限转速/(r/min)		原轴承代号
	d	D	B	r_a min	B_a 参考	d_x max	D_a max	R_m max	e	Y_1	Y_2	Y_0	kN		润滑脂	油润滑	
22 尺寸系列																	
22206C	30	62	20	1	—	36	56	1	0.33	2.0	3.0	2.0	51.8	56.8	6 300	8 000	53506
22207C/W33	35	72	23	1.1	5.5	42	65	1	0.31	2.1	3.2	2.1	66.5	76.0	5 309	6 700	53507
22208C/W33	40	80	23	1.1	5.5	47	73	1	0.28	2.4	3.6	2.3	78.5	90.8	5 000	6 000	53508
22209C/W33	45	85	23	1.1	5.5	52	78	1	0.27	2.5	3.8	2.5	82.0	97.5	4 500	5 600	53509
22210C/W33	50	90	23	1.1	5.5	57	83	1	0.24	2.8	4.1	2.7	84.5	105	4 000	5 000	53510
22211C/W33	55	100	25	1.5	5.5	64	91	1.5	0.24	2.8	4.1	2.7	102	125	3 600	4 500	53511
22212C/W33	60	110	28	1.5	5.5	69	101	1.5	0.24	2.8	4.1	2.7	122	155	3 200	4 000	53512
22213C/W33	65	120	31	1.5	5.5	74	111	1.5	0.25	2.7	4.0	2.6	150	195	2 800	3 600	53513
22214C/W33	70	125	31	1.5	5.5	79	116	1.5	0.23	2.9	4.3	2.8	158	205	2 600	3 400	53514
22215C/W33	75	130	31	1.5	5.5	84	121	1.5	0.22	3.0	4.5	2.9	162	215	2 400	3 200	53515

轴承代号	基本尺寸/mm					安装尺寸/mm			计算系数				基本额定动载荷 C_r	基本额定静载荷 C_{or}	极限转速/(r/min)		原轴承代号
	d	D	B	r_a min	B_a 参考	d_x max	D_a max	R_m max	e	Y_1	Y_2	Y_0	kN		润滑脂	油润滑	
22 尺寸系列																	
22216C/W33	80	140	33	2	5.5	90	130	2	0.22	3.0	4.5	2.9	175	238	2 200	3 000	53516
22217C/W33	85	150	36	2	8.3	95	140	2	0.22	3.0	4.4	2.9	210	278	2 000	2 800	53517
22218C/W33	90	160	40	2	8.3	100	150	2	0.23	2.9	4.4	2.8	240	322	1 900	2 600	53518
22219C/W33	95	170	43	2.1	8.3	107	158	2.1	0.24	2.9	4.4	2.7	278	380	1 900	2 600	53519
22220C/W33	100	180	46	2.1	8.3	112	168	2.1	0.23	2.9	4.4	2.8	310	425	1 800	2 400	53520
23 尺寸系列																	
22308C/W33	40	90	33	1.5	5.5	49	81	1.5	0.38	1.8	2.6	1.7	120	138	4 300	5 300	53608
22309C/W33	45	100	36	1.5	5.5	54	91	1.5	0.38	1.8	2.6	1.7	142	170	3 800	4 800	53069
22310C/W33	50	110	40	2	5.5	60	100	2	0.37	1.8	2.7	1.7	175	210	3 400	4 300	53610
22311C/W33	55	120	43	2	5.5	65	110	2	0.37	1.8	2.7	1.8	208	250	3 000	3 800	53611
22312C/W33	60	130	46	2.1	5.5	72	118	2.1	0.37	1.8	2.7	1.8	238	285	2 800	3 600	53612
22313C/W33	65	140	48	2.1	5.5	77	128	2.1	0.35	1.9	2.9	1.9	260	315	2 400	3 200	53613
22314C/W33	70	150	51	2.1	8.3	82	138	2.1	0.35	1.9	2.9	1.9	292	362	2 200	3 000	53614
22315C/W33	75	160	55	2.1	8.3	87	148	2.1	0.35	1.9	2.9	1.9	342	438	2 000	2 800	53615
22316C/W33	80	170	58	2.1	8.3	92	158	2.1	0.35	1.9	2.9	1.9	385	498	1 900	2 600	53616
22317C/W33	85	180	60	3	8.3	99	166	2.1	0.34	1.9	3.0	2.0	420	540	1 800	2 400	53617
22318C/W33	90	190	64	3	8.3	104	176	2.5	0.34	2.0	2.9	2.0	475	622	1 800	2 400	53618
22319C/W33	95	200	67	3	8.3	109	186	2.5	0.34	2.0	3.0	2.0	520	688	1 700	2 200	53619
22320C/W33	100	215	73	3	11.1	114	201	2.5	0.35	1.9	2.9	1.9	608	815	1 400	1 800	53620

注:① 表中 C_r 值适用于轴承为真空脱气轴承材料钢,如为普通电炉钢,C_r 值降低;如为真空重熔或电渣熔,C_r 值提高。

② r_{min} 为 r 的单向最小倒角尺寸;r_{max} 为 r_{as} 的单向最大倒角尺寸。

③ 代号中 W33 表示轴承外圈有润滑油槽和三个润滑油孔。

附表 5-5 角接球轴承(摘自 GB/T 292—1994)

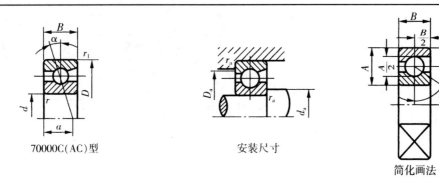

70000C(AC)型   安装尺寸   简化画法

标记示例：滚动轴承 7210C　GB/T 292

iF_a/C_{or}	e	Y	7000C 型	7000AC 型
0.015	0.38	1.17		
0.029	0.40	1.40	径向当量动载荷	径向当量动载荷
0.058	0.43	1.30	当 $F_a/F_r \leqslant e$，$P_r = F_r$	当 $F_a/F_r \leqslant 0.68$，$P_r = F_r$
0.087	0.46	1.23	当 $F_a/F_r > e$，$P_r = 0.44F_r + YF_a$	当 $F_a/F_r > 0.68$，$P_r = 0.41F_r + 0.87F_a$
0.12	0.47	1.19		
0.17	0.50	1.12		
0.29	0.55	1.02	径向当量静载荷	径向当量静载荷
0.44	0.56	1.00	$P_{0r} = 0.5F_r + 0.46F_a$	$P_{0r} = 0.5F_r + 0.38F_a$
0.58	0.56	1.00	当 $P_r < F_r$ 取 $P_r = F_r$	当 $P < F_r$ 取 $P_r = F_r$

轴承代号		基本尺寸/mm					安装尺寸/mm			70000 ($\alpha=15°$)			7000AC ($\alpha=25°$)			极限转速 /(r/min)		原轴承代号	
		d	D	E	r_a	r_{ls}	d_a min	D_a	r_{as}	a min	基本额定 动载荷	静载荷	a min	基本额定 动载荷	静载荷	润滑脂	油润滑		
					min			max			kN			kN					
(1) 0 尺寸系列																			
7000C	7000AC	10	26	8	0.3	0.15	12.4	23.6	0.3	6.4	4.92	2.25	8.2	4.75	2.12	19 000	28 000	36100	46 000
7001C	7001AC	12	28	8	0.3	0.15	14.4	25.6	0.3	6.7	5.42	2.65	8.7	5.20	2.55	18 000	26 000	36101	46101
7002C	7002AC	15	32	9	0.3	0.15	17.4	29.6	0.3	7.6	6.25	3.42	10	5.95	3.25	17 000	24 000	36102	46102
7003C	7003AC	17	35	10	0.3	0.15	19.4	32.6	0.3	8.5	6.60	3.85	11.1	6.30	3.68	16 000	22 000	36103	46103
7004C	7004AC	20	42	12	0.6	0.15	25	37	0.6	10.2	10.5	6.08	13.2	10.0	5.78	14 000	19 000	36104	46104
7005C	7005AC	25	47	12	0.6	0.15	30	42	0.6	10.8	11.5	7.45	14.4	11.2	7.08	12 000	17 000	36105	46105
7006C	7006AC	30	55	13	1	0.3	36	49	1	12.2	15.2	10.2	16.4	14.5	9.85	9 500	14 000	36106	46106
7007C	7007AC	35	62	14	1	0.3	41	56	1	13.5	19.5	14.2	18.3	18.5	13.5	8 500	12 000	36107	46107
7008C	7008AC	40	68	15	1	0.3	46	62	1	14.7	20.0	15.2	20.1	19.0	14.5	8 000	11 000	36108	46108
7009C	7009AC	45	75	16	1	0.3	51	69	1	16	25.8	20.5	21.9	25.8	19.5	7 500	10 000	36109	46109
7010C	7010AC	50	80	16	1	0.3	56	74	1	16.7	26.5	22.0	23.2	25.2	21.0	6 700	9 000	36110	46110
7011C	7011AC	55	90	18	1.1	0.6	62	83	1	18.7	37.2	30.5	25.9	35.2	29.2	6 000	8 000	36111	46111
7012C	7012AC	60	95	18	1.1	0.6	67	88	1	19.4	38.2	32.8	27.1	36.2	31.5	2 600	7 500	36112	46112
7013C	7013AC	65	100	18	1.1	0.6	72	93	1	20.1	40.0	35.5	28.2	38.0	33.8	5 300	7 000	36113	46113
7014C	7014AC	70	110	20	1.1	0.6	77	103	1	22.1	48.2	43.5	30.9	45.8	41.5	5 000	6 700	36114	46114
7015C	7015AC	75	115	20	1.1	0.6	82	108	1	22.7	49.5	46.5	32.2	46.8	44.2	4 800	6 300	36115	46115
7016C	7016AC	80	125	22	1.5	0.6	89	116	1.5	24.7	58.5	55.8	34.9	55.5	53.2	4 500	6 000	36116	46116
7017C	7017AC	85	130	22	1.5	0.6	94	121	1.5	25.4	62.5	30.2	36.1	59.2	57.2	4 300	5 600	36117	46117
7018C	7018AC	90	140	24	1.5	0.6	99	131	1.5	27.4	71.5	69.8	38.8	67.5	66.5	4 000	5 300	36118	46118
7019C	7019AC	95	145	24	1.5	0.6	104	136	1.5	28.1	73.5	40	73.2	69.5	69.5	3 800	5 000	36119	46119
7020C	7020AC	100	150	24	1.5	0.6	109	141	1.5	28.7	79.2	41.2	78.5	75	74.8	3 800	5 000	36120	46120

续表

轴承代号		基本尺寸/mm					安装尺寸/mm			70000 (α=15°)			7000AC (α=25°)			极限转速 /(r/min)		原轴承代号	
		d	D	E	r_a	r_{ls}	d_a min	D_a	r_{as}	a min	动载荷	静载荷	a min	动载荷	静载荷	润滑脂	油润滑		
		min					max			kN			kN					
(0) 2 尺寸系列																			
7200C	7200AC	10	30	9	0.6	0.15	15	25	0.6	7.2	5.82	2.95	9.2	5.58	2.82	18 000	26 000	36200	46200
7201C	7201AC	12	32	10	0.6	0.15	17	27	0.6	8	7.35	3.52	10.2	7.10	3.35	17 000	24 000	36201	46201
7202C	7202AC	15	35	11	0.6	0.15	20	30	0.6	8.9	8.68	4.62	11.4	8.35	4.40	16 000	22 000	36202	46202
7203C	7203AC	17	40	12	0.6	0.3	22	35	0.6	9.9	10.8	5.95	12.8	10.5	5.65	15 000	20 000	36203	46203
7204C	7204AC	20	47	14	1	0.3	26	41	1	11.5	14.5	8.22	14.9	14.0	7.82	13 000	18 000	36204	46204
7205C	7205AC	25	52	15	1	0.3	31	46	1	12.7	16.5	10.5	16.4	15.8	9.88	11 000	16 000	36205	46205
7206C	7206AC	30	62	16	1	0.3	36	56	1	14.2	23.0	15.0	18.7	22.0	14.2	9 000	13 000	36206	46206
7207C	7207AC	35	72	17	1.1	0.6	42	65	1	15.7	30.5	20.0	21	29.0	19.2	8 000	11 000	36207	46207
7208C	7208AC	40	80	18	1.1	0.6	47	73	1	17	36.8	25.8	23	35.2	24.5	7 500	10 000	36208	46208
7209C	7209AC	45	85	19	1.1	0.6	52	78	1	18.2	38.5	28.5	24.7	36.8	27.2	6 700	9 000	36209	46209
7210C	7210AC	50	90	20	1.1	0.6	57	83	1	19.4	42.8	32.0	26.3	40.8	30.5	6 300	8 500	36210	46210
7211C	7211AC	55	100	21	1.5	0.6	64	91	1.5	20.9	52.8	40.5	28.6	50.5	38.5	5 600	7 500	36211	46211
7212C	7212AC	60	110	22	1.5	0.6	69	101	1.5	22.4	61.0	48.5	30.8	58.2	46.2	5 300	7 000	36212	46212
7213C	7213AC	65	120	23	1.5	0.6	74	111	1.5	24.2	69.8	55.2	33.5	66.5	52.5	4 800	6 300	36213	46213
7214C	7214AC	70	125	24	1.5	0.6	79	116	1.5	25.3	70.2	60.0	35.1	69.2	57.5	4 500	6 000	36214	46214
7215C	7215AC	75	130	25	1.5	0.6	84	121	1.5	26.4	79.2	65.8	36.6	75.2	63.0	4 300	5 600	36215	46215
7216C	7216AC	80	140	26	2	1	90	130	2	27.7	89.5	78.2	38.9	85.0	74.5	4 000	5 300	36216	46216
7217C	7217AC	85	150	28	2	1	95	140	2	29.9	99.8	85.0	41.6	94.8	81.5	3 800	5 000	36217	46217
7218C	7218AC	90	160	30	2	1	100	150	2	31.7	122	105	44.2	118	118	3 600	4 800	36218	46218
7219C	7219AC	95	170	32	2.1	1.1	107	158	2.1	33.8	135	115	46.9	128	128	3 400	4 500	36219	46219
7220C	7220AC	100	180	34	2.1	1.1	112	168	2.1	35.8	148	128	49.7	142	142	3 200	4 300	36220	46220
(0) 3 尺寸系列																			
7301C	7301AC	15	37	12	1	0.3	18	31	1	8.6	8.10	5.22	12	8.08	4.88	16 000	22 000	36301	46301
7302C	7302AC	12	42	13	1	0.3	21	36	1	9.6	9.38	5.95	13.5	9.08	5.58	15 000	20 000	36302	46302
7303C	7303AC	17	47	14	1	0.3	23	41	1	10.4	12.8	8.62	14.8	11.5	7.08	14 000	19 000	36303	46303
7304C	7304AC	20	52	15	1.1	0.6	27	45	1	11.3	14.2	9.68	16.8	13.8	9.10	12 000	17 000	36304	46304
7305C	7305AC	25	62	17	1.1	0.6	32	65	1	13.1	21.5	15.8	19.1	20.8	14.8	9 500	14 000	36305	46305
7306C	7306AC	30	72	19	1.1	0.6	37	55	1	15	26.5	19.8	22.2	25.2	18.5	8 500	12 000	36306	46306
7307C	7307AC	35	80	21	1.5	0.6	44	71	1.5	16.6	34.2	26.8	24.5	32.8	24.8	7 500	10 000	36307	46307
7308C	7308AC	40	90	23	1.5	0.6	49	81	1.5	18.5	40.2	32.3	27.5	38.5	30.5	6 700	9 000	36308	46308
7309C	7309AC	45	100	25	1.5	0.6	54	91	1.5	20.2	49.2	39.8	30.2	47.5	37.2	6 000	8 000	36309	46309
7310C	7310AC	50	110	27	2	1	60	100	2	22	53.5	47.2	33	55.5	44.5	5 600	7 500	36310	46310
7311C	7311AC	55	120	29	2	1	65	110	2	23.8	70.5	60.5	35.8	67.2	56.8	5 000	6 700	36311	46311
7312C	7312AC	60	130	31	2.1	1.1	72	118	2.1	25.6	80.5	70.2	38.7	77.8	65.8	4 800	6 300	36312	46312
7313C	7313AC	65	140	33	2.1	1.1	77	128	2.1	27.4	91.5	80.5	41.5	89.8	75.5	4 300	5 600	36313	46313
7314C	7314AC	70	150	35	2.1	1.1	82	138	2.1	29.2	102	44.3	91.5	98.5	86.0	4 000	5 300	36314	46314
7315C	7315AC	75	160	37	2.1	1.1	87	148	2.1	31	112	105	47.2	108	97.0	3 800	5 000	36315	46315
7316C	7316AC	80	170	39	2.1	1.1	92	158	2.1	32.8	122	118	50	118	108	3 600	4 800	36316	46316
7317C	7317AC	85	180	41	3	1.1	99	166	2.5	34.6	132	128	52.8	125	122	3 400	4 500	36317	46317
7318C	7318AC	90	190	43	3	1.1	104	176	2.5	36.4	142	142	55.6	135	135	3 200	4 300	36318	46318
7319C	7319AC	95	200	45	3	1.1	109	186	2.5	38.2	152	158	58.5	145	148	3 000	4 000	36319	46319
7320C	7320AC	100	215	47	3	1.1	114	201	2.5	40.2	162	175	61.9	165	178	2 600	3 600	36320	46320
(0) 4 尺寸系列																			
	7406AC	30	90	26	1.5	0.6	39	81	1				26.1	42.5	32.2	7 500	10 000		46406
	7407AC	35	100	25	1.5	0.6	44	91	1.5				29	53.8	42.5	6 300	8 500		46407
	7408AC	40	110	27	2	1	50	100	2				31.8	62.0	49.5	6 000	8 000		46408
	7409AC	45	120	29	2	1	55	110	2				34.6	66.8	52.8	5 300	7 000		46409
	7410AC	50	130	31	2.1	1.1	62	118	2.1				37.4	76.5	64.2	5 000	6 700		46410
	7412AC	60	150	35	2.1	1.1	72	138	2.1				43.1	102	90.8	4 300	5 600		46412
	7414AC	70	180	42	3	1.1	84	166	2.5				51.5	125	125	3 600	4 800		46414
	7416AC	80	200	48	3	1.1	94	186	2.5				58.1	152	162	3 200	4 300		46416

注：表中 C_r 值对 (0)1,(0)2 系列为真空脱气轴承钢的负载能力,对 (0)3,(0)4 系列为电炉轴承钢的负载能力。

附表 5-6　圆锥滚子轴承（摘自 GB/T 297—1994）

径向当量动载荷　当 $F_a/F_r \leqslant e$ 时 $P_r = F_r$；当 $F_a/F_r > e$ 时 $P_r = 0.4F_r + YF_a$

径向当量静载荷　$P_{0r} = F_r$；$P_{0r} = 0.5F_r + Y_0 F_a$；取上列两式计算结果较大值

标记示例：滚动轴承 30310 GB/T 297

30000型　简化画法

轴承代号	尺寸/mm d	D	T	B	C	r_s min	r_{1s} min	a min	安装尺寸/mm d_a min	d_b max	d_a min	d_s max	D_a min	a_1 min	a_2 min	r_{as} max	r_{bs} max	计算系数 e	Y	Y_0	基本额定 动载荷 kN	静载荷 kN	极限转速/(r/min) 脂润滑	油润滑	原轴承代号
												02 尺寸系列													
30203	17	40	13.25	12	11	1	1	9.9	23	23	34	34	37	2	2.5	1	1	0.35	1.7	1	20.8	21.8	9 000	12 000	7203E
30204	20	47	15.25	14	12	1	1	11.2	26	27	40	41	43	2	3.5	1	1	0.35	1.7	1	28.2	30.5	8 000	10 000	7204E
30205	25	52	16.25	15	13	1	1	12.5	31	31	44	46	48	2	3.5	1	1	0.37	1.6	0.9	32.2	37.0	7 000	9 000	7205E
30206	30	62	17.25	16	14	1	1	13.8	36	37	53	56	58	3	3.5	1	1	0.37	1.6	0.9	43.2	50.5	6 000	7 500	7206E
30207	35	72	18.25	17	15	1.5	1.5	15.3	42	44	62	65	67	3	3.5	1.5	1.5	0.37	1.6	0.9	54.2	63.5	5 300	6 700	7207E
30208	40	80	19.75	18	16	1.5	1.5	16.9	47	49	69	73	75	3	4	1.5	1.5	0.37	1.6	0.9	63	74.0	5 000	6 300	7208E
30209	45	85	20.75	19	16	1.5	1.5	18.6	52	53	74	78	80	3	5	1.5	1.5	0.4	1.5	0.8	67.8	83.5	4 500	5 600	7209E
30210	50	90	21.75	20	17	1.5	1.5	20	57	58	79	83	86	3	5	1.5	1.5	0.42	1.4	0.8	73.2	92.0	4 300	5 300	7210E
30211	55	100	22.75	21	18	2	1.5	21	64	64	88	91	95	4	5	2	1.5	0.4	1.5	0.8	90.8	115	3 800	4 800	7211E
30212	60	110	23.75	22	19	2	1.5	22.3	69	69	96	101	103	4	5	2	1.5	0.4	1.5	0.8	102	130	3 600	4 500	7212E
30213	65	120	24.75	23	20	2	1.5	23.8	74	77	106	111	114	4	5	2	1.5	0.4	1.5	0.8	120	152	3 200	4 000	7213E
30214	70	125	26.25	24	21	2	1.5	25.8	79	81	110	116	119	4	5.5	2	1.5	0.42	1.4	0.8	132	175	3 000	3 800	7214E
30215	75	130	27.25	25	22	2	1.5	27.4	84	85	115	121	125	4	5.5	2	1.5	0.44	1.4	0.8	138	185	2 800	3 600	7215E
30216	80	140	28.25	26	22	2.5	2	28.1	90	90	124	130	133	4	6	2.1	2	0.42	1.4	0.8	160	212	2 600	3 400	7216E
30217	85	150	30.5	28	24	2.5	2	30.3	95	96	132	140	142	5	6.5	2.1	2	0.42	1.4	0.8	178	238	2 400	3 200	7217E
30218	90	160	32.5	30	26	2.5	2	32.3	100	102	140	150	151	5	6.5	2.1	2	0.42	1.4	0.8	200	270	2 200	3 000	7218E
30219	95	170	34.5	32	27	3	2.5	34.2	107	108	149	158	160	5	7.5	2.5	2.1	0.42	1.4	0.8	228	308	2 000	2 800	7219E
30220	100	180	37	34	29	3	2.5	36.4	112	114	157	168	169	5	8	2.5	2.1	0.42	1.4	0.8	255	350	1 900	2 600	7220E

续表

轴承代号	尺寸/mm d	D	T	B	C	r_s min	r_{ls} min	a min	安装尺寸/mm d_a min	d_b max	d_a min	d_s max	D_a min	a_1 min	a_2 min	r_{as} max	r_{bs} max	计算系数 e	Y	Y_0	基本额定 静载荷 (kN)	动载荷 (kN)	极限转速/(r/min) 脂润滑	油润滑	原轴承代号
03 尺寸系列																									
30302	15	42	14.25	13	11	1	1	9.6	21	22	36	36	38	2	3.5	1	1	0.29	2.1	1.2	22.8	21.5	9 000	12 000	7320E
30303	17	47	15.25	14	12	1	1	10.4	23	25	40	41	43	3	3.5	1	1	0.29	2.1	1.2	28.2	27.2	8 500	11 000	7303E
30304	20	52	16.25	15	13	1.5	1.5	11.1	27	28	44	45	48	3	3.5	1.5	1.5	0.3	2	1.1	33.0	33.2	7 500	9 500	7304E
30305	25	62	18.25	17	15	1.5	1.5	13	32	34	54	55	58	3	3.5	1.5	1.5	0.3	2	1.1	46.8	48	6 300	8 000	7305E
30306	30	72	20.75	19	16	1.5	1.5	15.3	37	40	62	65	66	3	5	1.5	1.5	0.31	1.9	1.1	59.0	63	5 600	7 000	7306E
30307	35	80	22.75	21	18	2	1.5	16.8	44	45	70	71	74	3	5	2	1.5	0.31	1.9	1.1	75.2	82.5	5 000	6 300	7307E
30308	40	90	25.25	23	20	2	1.5	19.5	49	52	77	81	84	3	5.5	2	1.5	0.35	1.7	1	90.8	108	4 500	5 600	7308E
30309	45	100	27.25	25	22	2	1.5	21.3	54	59	86	91	94	3	5.5	2	1.5	0.35	1.7	1	108	130	4 000	5 000	7309E
30310	50	110	29.25	27	23	2.5	2	23	60	65	95	100	103	4	5.5	2.5	2	0.35	1.7	1	130	158	3 800	4 800	7310E
30311	55	120	31.5	29	25	2.5	2	24.9	65	70	104	110	112	4	5.5	2.5	2	0.35	1.7	1	132	188	3 400	4 300	7311E
30312	60	130	33.5	31	26	3	2.5	26.2	72	76	112	118	121	5	7.5	2.5	2.1	0.35	1.7	1	170	210	3 200	4 000	7312E
30313	65	140	36	33	28	3	2.5	28.7	77	83	122	128	131	5	8	2.5	2.1	0.35	1.7	1	195	242	2 800	3 600	7313E
30314	70	150	38	35	30	3	2.5	30.7	82	89	130	138	141	5	8	2.5	2.1	0.35	1.7	1	218	272	2 600	3 400	7314E
30315	75	160	40	37	31	3	2.5	32	87	95	139	148	150	5	9	2.5	2.1	0.35	1.7	1	252	318	2 400	3 200	7315E
30316	80	170	42.5	39	33	3	2.5	34.4	92	102	148	158	160	5	9.5	2.5	2.1	0.35	1.7	1	278	352	2 200	3 000	7316E
30317	85	180	44.5	41	34	4	3	35.9	99	107	156	166	168	6	10.5	3	2.5	0.35	1.7	1	305	388	2 000	2 800	7317E
30318	90	190	46.5	43	36	4	3	37.5	104	113	165	176	178	6	10.5	3	2.5	0.35	1.7	1	342	440	1 900	2 600	7318E
30319	95	200	49.5	45	38	4	3	40.1	109	118	172	186	185	6	11.5	3	2.5	0.35	1.7	1	370	478	1 800	2 400	7319E
30320	100	215	51.5	47	39	4	3	42.2	114	127	184	201	199	6	11.5	3	2.5	0.35	1.7	1	405	525	1 600	2 000	7320E
22 尺寸系列																									
32206	30	62	21.25	20	17	1	1	15.6	36	36	52	56	58	3	4.5	1	1	0.37	1.6	0.9	51.8	63.8	6 000	7 500	7506E
32207	35	72	24.25	23	19	1.5	1.5	17.9	42	42	61	65	68	3	5.5	1.5	1.5	0.37	1.6	0.9	70.5	89.5	5 300	6 700	7507E
32208	40	80	24.75	23	19	1.5	1.5	18.9	47	48	68	73	75	3	6	1.5	1.5	0.37	1.6	0.9	77.8	97.2	5 000	6 300	7508E
32209	45	85	24.75	23	19	1.5	1.5	20.1	52	53	73	78	81	3	6	1.5	1.5	0.4	1.5	0.8	80.8	105	4 500	5 600	7509E
32210	50	90	24.75	23	19	1.5	1.5	21	57	57	78	83	86	3	6	1.5	1.5	0.42	1.4	0.8	82.8	108	4 300	5 300	7510E
32211	55	100	26.75	25	21	2	1.5	22.8	64	62	87	91	96	4	6	2	1.5	0.4	1.5	0.8	108	142	3 800	4 800	7511E
32212	60	110	29.75	28	24	2	1.5	25	69	68	95	101	105	4	6	2	1.5	0.4	1.5	0.8	132	180	3 600	4 500	7512E
32213	65	120	32.75	31	27	2	1.5	27.3	74	75	104	111	115	4	6	2	1.5	0.4	1.5	0.8	160	222	3 200	4 000	7513E

续表

轴承代号	尺寸/mm d	D	T	B	C	r_s min	r_{1s} min	a min	安装尺寸/mm d_a min	d_b max	d_s max	D_a min	a_1 min	a_2 min	r_{as} max	r_{bs} max	计算系数 e	Y	Y_0	基本额定/kN 静载荷	动载荷	极限转速/(r/min) 脂润滑	油润滑	原轴承代号
22 尺寸系列																								
32214	70	125	33.25	31	27	2	1.5	28.8	79	79	116	120	4	6.5	2	1.5	0.42	1.4	0.8	168	238	3 000	3 800	7514E
32215	75	130	33.25	31	27	2	1.5	30	84	84	121	126	4	6.5	2	1.5	0.44	1.4	0.8	170	242	2 800	3 600	7515E
32216	80	140	35.25	33	28	2.5	2	31.4	90	89	130	135	5	7.5	2.1	2	0.42	1.4	0.8	198	278	2 600	3 400	7516E
32217	85	150	38.5	36	30	2.5	2	33.9	95	95	140	143	5	8.5	2.1	2	0.42	1.4	0.8	228	325	2 400	3 200	7517E
32218	90	160	42.5	40	34	2.5	2	36.8	100	101	150	153	5	8.5	2.1	2	0.42	1.4	0.8	270	395	2 200	3 000	7518E
32219	95	170	45.5	43	37	3	2.5	39.2	107	106	158	163	5	8.5	2.5	2.1	0.42	1.4	0.8	302	448	2 000	2 800	7519E
32220	100	180	49	46	39	3	2.5	41.9	112	113	168	172	5	10	2.5	2.1	0.42	1.4	0.8	340	512	1 900	2 600	7520E
23 尺寸系列																								
32303	17	47	20.25	19	16	1	1	12.3	23	24	41	43	3	4.5	1	1	0.29	2.1	1.2	35.2	36.2	8 500	11 000	7603E
32304	20	52	22.25	21	18	1.5	1.5	13.6	27	26	45	48	3	4.5	1.5	1.5	0.3	2	1.1	42.8	46.2	7 500	9 500	7604E
32305	25	62	25.25	24	20	1.5	1.5	15.9	32	32	55	58	3	5.5	1.5	1.5	0.3	2	1.1	61.5	68.8	6 300	8 000	7605E
32306	30	72	28.75	27	23	1.5	1.5	18.9	37	38	65	66	4	6	1.5	1.5	0.31	1.9	1.1	81.5	96.5	5 600	7 000	7606E
32307	35	80	32.75	31	25	2	1.5	20.4	44	43	71	74	4	8.5	2	1.5	0.31	1.9	1.1	99	118	5 000	6 300	7607E
32308	40	90	35.25	33	27	2	1.5	23.3	49	49	81	83	4	8.5	2	1.5	0.35	1.7	1	115	148	4 500	5 600	7608E
32309	45	100	38.25	36	30	2	1.5	25.6	54	56	91	93	4	8.5	2	1.5	0.35	1.7	1	145	188	4 000	5 000	7609E
32310	50	110	42.25	40	33	2.5	2	28.2	60	61	100	102	5	9.5	2.5	2	0.35	1.7	1	178	235	3 800	4 800	7610E
32311	55	120	45.5	43	35	2.5	2	30.4	65	66	110	111	5	10	2.5	2	0.35	1.7	1	202	270	3 400	4 300	7611E
32312	60	130	48.5	46	37	3	2.5	32	72	72	118	122	6	11.5	2.5	2.1	0.35	1.7	1	228	302	3 200	4 000	7612E
32313	65	140	51	48	39	3	2.5	34.3	77	79	128	131	6	12	2.5	2.1	0.35	1.7	1	260	350	2 800	3 600	7613E
32314	70	150	54	51	42	3	2.5	36.5	82	84	138	141	6	12	2.5	2.1	0.35	1.7	1	298	408	2 600	3 400	7614E
32315	75	160	58	55	45	3	2.5	39.4	87	91	148	150	7	13	2.5	2.1	0.35	1.7	1	348	482	2 400	3 200	7615E
32316	80	170	61.5	58	48	3	2.5	42.1	92	97	158	160	7	13.5	3	2.5	0.35	1.7	1	388	542	2 200	3 000	7616E
32317	85	180	63.5	60	49	4	3	43.5	99	102	166	168	8	14.5	3	2.5	0.35	1.7	1	422	592	2 000	2 800	7617E
32318	90	190	67.5	64	53	4	3	46.2	104	107	176	178	8	14.5	3	2.5	0.35	1.7	1	478	682	1 900	2 600	7618E
32319	95	200	71.5	67	55	4	3	49	109	114	186	187	8	16.5	3	2.5	0.35	1.7	1	515	738	1 800	2 400	7619E
32320	100	215	77.5	73	60	4	3	52.9	114	122	201	201	8	17.5	3	2.5	0.35	1.7	1	600	872	1 600	2 000	7620E

附表 5-7　推力球轴承轴承(摘自 GB/T 297—1994)

标记示例：
滚动轴承 51208 GB/T 301
轴向当量动载荷 $P_a = F_a$
轴向当量静载荷 $P_{0a} = F_a$

12(51 000)型尺寸系列

轴承代号	轴承代号	d	d_2	D	T	T_1	d_1 min	D_1 max	D_2 max	B	r_s min	r_{1s} min	d_a min	D_a min	D_b max	d_b max	r_{as} max	r_{1as} max	动载荷 C_a/kN	静载荷 C_{0a}/kN	脂润滑	油润滑	原轴承代号	原轴承代号
51200	—	10	—	26	11	—	12	26	—	—	0.6	—	20	16		—	0.6	—	12.5	17.0	6 000	8 000	8200	—
51201	—	12	—	28	11	—	14	28	—	—	0.6	—	22	18		—	0.6	—	13.2	19.0	5 300	7 500	8201	—
51202	52202	15	10	32	12	22	17	32	32	5	0.6	0.3	25	22		15	0.6	0.3	16.5	24.8	4 800	6 700	8202	38202
51203	—	17	—	35	12	—	19	35	—	—	0.6	—	28	24		—	0.6	—	17.0	27.2	4 500	6 300	8203	—
51204	52204	20	15	40	14	26	22	40	40	6	0.6	0.3	32	28		20	0.6	0.3	22.2	37.5	3 800	5 300	8204	38204
51205	52205	25	20	47	15	28	27	47	47	7	0.6	0.3	38	34		25	0.6	0.3	27.8	50.5	3 400	4 800	8205	38205
51206	52206	30	25	52	16	29	32	52	52	7	0.6	0.3	43	39		30	0.6	0.3	28.0	54.2	3 200	4 500	8206	38206
51207	52207	35	30	62	18	34	37	62	62	8	1	0.3	51	46		35	1	0.3	39.2	78.2	2 800	4 000	8207	38207
51208	52208	40	30	68	19	36	42	68	68	9	1	0.6	57	51		40	1	0.6	47.0	98.2	2 400	3 600	8208	38208
51209	52209	45	35	73	20	37	47	73	73	9	1	0.6	62	56		45	1	0.6	47.8	105	2 200	3 400	8209	38209
51210	52210	50	40	78	22	39	52	78	78	9	1	0.6	67	61		50	1	0.6	48.5	112	2 000	3 200	8210	38210
51211	52211	55	45	90	25	45	57	90	90	10	1	0.6	76	69		55	1	0.6	67.5	158	1 900	3 000	8211	38211
51212	52212	60	50	95	26	46	62	95	95	10	1	0.6	81	74		60	1	0.6	73.5	178	1 800	2 800	8212	38212

51000型　52000型　安装尺寸　简化画法

续表

12(51 000 型)尺寸系列

轴承代号		d	d_2	D	T	T_1	d_1 min	D_1 D_2 max	B	r_s min	r_{ls} min	d_a min	D_a min	D_b max	d_b max	r_{as} max	r_{ias} max	动载荷	静载荷	脂润滑	油润滑	原轴承代号	
51213	52213	65	55	100	27	47	67	100	10	1	0.6	86	79	79	65	1	0.6	74.8	188	1 700	2 600	38213	8213
51214	52214	70	55	105	27	47	72	105	10	1	1	91	84	84	70	1	1	73.5	188	1 600	1 400	34214	8214
51215	52215	75	60	110	27	47	77	110	10	1	1	96	89	89	75	1	1	74.8	198	1 500	2 200	38215	8215
51216	52216	80	65	115	28	48	82	115	10	1	1	101	94	94	80	1	1	83.8	222	1 400	2 000	38216	8216
51217	52217	85	70	125	31	55	88	125	12	1	1	109	109	109	85	1	1	102	280	1 300	1 900	38217	8217
51218	52218	90	75	135	35	62	93	135	14	1.1	1	117	108	108	90	1	1	115	315	1 200	1 800	38218	8218
51220	52220	100	85	150	38	67	103	150	15	1.1	1	130	120	120	100	1	1	132	375	1 100	1 700	38220	8220

13(51 000 型),23(52 000 型)尺寸系列

轴承代号		d	d_2	D	T	T_1	d_1 min	D_1 D_2 max	B	r_s min	r_{ls} min	d_a min	D_a min	D_b max	d_b max	r_{as} max	r_{ias} max	动载荷	静载荷	脂润滑	油润滑	原轴承代号	
51304	—	20	—	47	18	—	22	47	—	1	—	36	31	36	—	1	—	35	55.8	3 600	4 500	—	8304
51305	52305	25	20	52	18	34	27	52	8	1	0.3	41	36	42	25	1	0.3	35.5	61.5	3 000	4 300	38305	8305
51306	52306	30	25	60	21	38	32	60	9	1	0.3	48	42	48	30	1	0.3	42.8	78.5	2 400	3 600	38306	8306
51307	52307	35	30	68	24	44	37	68	10	1	0.3	55	48	55	35	1	0.3	55.2	105	2 000	3 200	38307	8307
51308	52308	40	30	78	26	49	42	78	12	1	0.3	63	55	61	40	1	0.6	69.2	135	1 900	3 000	38308	8308
51309	52309	45	35	85	28	52	47	85	12	1	0.6	69	61	68	45	1	0.6	75.8	150	1 700	2 600	38309	8309
51310	52310	50	40	95	31	58	52	95	14	1.1	0.6	77	68	75	50	1	0.6	96.5	202	1 600	2 400	38310	8310
51311	52311	55	45	105	35	64	57	105	15	1.1	0.6	85	75	80	55	1	0.6	115	242	1 500	2 200	38311	8311
51312	52312	60	50	110	35	64	62	110	15	1.1	0.6	90	80	85	60	1	0.6	118	262	1 400	2 000	38312	8312
51313	52313	65	55	115	36	65	67	115	15	1.1	0.6	95	85	92	65	1	0.6	115	262	1 300	1 900	38313	8313
51314	52314	70	55	125	40	72	72	125	16	1.1	1	103	92	99	70	1.5	1	148	340	1 200	1 800	38314	8314
51315	52315	75	60	135	44	79	77	135	18	1.5	1	111	99	104	75	1.5	1	162	380	1 100	1 700	38315	8315
51316	52316	80	65	140	44	79	82	140	18	1.5	1	116	104	114	80	1.5	1	160	380	1 000	1 600	38316	8316
51317	52317	85	70	150	49	87	88	150	19	1.5	1	124	111	116	85	1.5	1	208	495	950	1 500	38317	8317
51318	52318	90	75	155	50	88	93	155	19	1.5	1	129	116	116	90	1.5	1	205	495	900	1 400	38318	8318
51320	52320	100	85	170	55	97	103	170	21	1.5	1	142	128	128	100	1.5	1	235	595	800	1 200	38320	8320

续表

14(51000 型),24(52000 型)尺寸系列

轴承代号		尺寸/mm											安装尺寸/mm					基本额定 (kN)		极限转速/(r/min)		原轴承代号	
		d	d_2	D	T	T_1	d_1 min	D_1 max	D_2 max	B	r_s min	r_{1s} min	d_a	D_b min	d_b max	r_{as} max	r_{1as} max	动载荷	静载荷	脂润滑	油润滑		
52405	51405	25	15	60	24	45	27	60	60	11	1	0.6	46	39	25	1	0.6	55.5	89.2	2 200	3 400	8405	38405
52406	51406	30	20	70	28	52	32	70	70	12	—	0.6	54	46	30	1	0.6	72.5	125	1 900	3 000	8406	38406
52407	51407	35	25	80	32	59	37	80	80	14	1.1	0.6	62	53	35	1	0.6	86.5	155	1 700	2 600	8407	38407
52408	51408	40	30	90	36	65	42	90	90	15	1.1	0.6	70	60	40	1	0.6	112	205	1 500	2 200	8408	38408
52409	51409	45	35	100	39	72	47	100	100	17	1.1	0.6	78	67	45	1	0.6	140	262	1 400	2 000	8409	68409
52410	51410	50	40	110	43	78	52	110	110	18	1.5	0.6	86	74	50	1.5	0.6	160	302	1 300	1 900	8410	38410
52411	51411	55	45	120	48	87	57	120	120	20	1.5	0.6	94	81	55	1.5	0.6	182	355	1 100	1 700	8411	38411
52412	51412	60	50	130	51	93	62	130	130	21	1.5	0.6	102	88	60	1.5	0.6	200	395	1 000	1 600	8412	38412
52413	51413	65	50	140	56	101	68	140	140	23	2	1	110	95	65	2.0	1	215	448	900	1 400	8413	38413
52414	51414	70	55	150	60	107	73	150	150	24	2	1	118	102	70	2.0	1	255	560	850	1 300	8414	38414
52415	51415	75	60	160	65	115	78	160	160	26	2	1	125	110	75	2	1	268	615	800	1 200	8415	38415
—	51416	80	—	170	68	—	83	170	—	—	2.1	—	133	117	—	2.1	—	292	692	750	1 100	8416	—
52417	51417	85	65	180	72	128	88	177	179.5	29	2.1	1.1	141	124	85	2.1	1	318	782	700	1 000	8417	38417
52418	51418	90	70	190	77	135	93	187	189.5	30	2.1	1.1	149	131	90	2.1	1	325	825	670	950	8418	38418
52420	51420	100	80	200	85	150	103	205	209.5	33	3	1.1	165	145	100	2.5	1	400	1080	600	850	8420	38420

附表 5-8　安装向心轴承和角接触轴承的轴公差带(摘自 GB/T 275—1974)

内圈工作条件		应用举例	向心轴承和角接触轴承	圆柱滚子轴承和圆锥滚子轴承	调心滚子轴承	公差带
旋转状态	负　荷		轴承公称内径/mm			
内圈相对于负载方向旋转或摆动	轻载荷	电器仪表、机床(主轴)、精密机械、泵、通风机、传送带	≤18 >18~100 >140~200	— ≤40 >40~140	≤40 >40~140	h5 j6① k6①
	正常载荷	一般通用机械、电动机、涡轮机、泵、内燃机、变速箱、木工机械	≤18 >18~100 >100~140 >140~200	— ≤40 >40~100 >100~140	≤40 >40~65 >100~140	j5 k5② m5② m6
	重载荷	铁路车辆和电力机车的轴箱、牵引电动机轧机、破碎机等重型机械	— —	>50~140 >140~200	>50~100 >100~140	m6③ p6③
内圈相对于负载方向静止	所有负荷	内圈必须在轴向容易移动	静止轴上的各种轮子	所有尺寸		g6①
		内圈不必要须在轴向容易移动	张紧滑轮、绳索轮	所有尺寸		h6①
纯轴向载荷		所有场合	所有尺寸			j6 或 js6

注：① 凡对精度有较高要求的场合,应用 j5,k5 代替 j6,k6 等。
　　② 单列圆锥滚子轴承和单列角接触轴承,因内部的游隙不甚重要,可以用 k6,m6 代替 k5,m5。
　　③ 应选用轴承径向游隙大于基本组的轴承。

附表 5-9　安装向心球轴承和角接触轴承的外壳孔公差带(摘自 GB 275—7)

外圆工作条件				应用举例	公差带
旋转状态	负荷	轴向位移限度	其他情况		
外圈相对于负荷方向静止	轻、正常和种重负荷	轴向容易移动	轴处于高温场合	烘干筒、有调心轴承的大电机	G7
			剖分式外壳	一般机械、铁路车辆轴箱	H7
	冲击负荷	轴向能移动	整体式或剖分式外壳	铁路车辆轴箱轴承	J7
外圈相对于负荷方向摆动	轻和正常负荷			电动机、泵、曲轴主轴承	
	正常和重负荷	轴向不移动	整体式外壳	电动机、泵、曲轴主轴承	K7
	重冲击负荷			牵引电动机	M7
外圈相对于负荷方向旋转	轻负荷			张紧滑轮	M7
	正常和重负荷			装用球轴承的轮毂	N7
	重冲击负荷		薄壁、整体式外壳	装用滚子轴承的轮毂	P7

注：① 凡对精度有较高要求的场合,应选标准公差 P6,N6,M6,K6,J6 和 H6,分别代替 P7,N7,M7,K7,J7 和 H7,并应同时选整体式外壳。
　　② 对于轻合金外壳,应选用比钢或铸铁外壳较紧的配合。

附录6 联 轴 器

附表 6-1 轴孔和键槽的形式、代号及系列尺寸（摘自 GB/T 3852—1983）

	长圆柱形轴孔 （Y 型）	有沉孔的短圆柱形轴孔 （J 型）	无沉孔的短圆柱形轴孔 （J₁ 型）	有沉孔的圆锥形轴孔 （Z 型）
轴孔				
键槽		A 型 B 型 b, t 尺寸见 GB/T 1095—1979		C 型

轴孔和 C 型键槽尺寸/mm

直径	轴孔长度			沉孔		C 型键槽			直径	轴孔长度			沉孔		C 型键槽		
	L						t_2			L						t_2	
d, d_z	Y 型	J,J₁, Z 型	L_1	d_1	R	b	公称 尺寸	极限 偏差	d, d_z	Y 型	J,J₁, Z 型	L_1	d_1	R	b	公称 尺寸	极限 偏差
16						3	8.7		55	112	84	112	95		14	29.2	
18	42	30	42				10.1		56							29.7	
19				38		4	10.6		60				105		16	31.7	
20							10.9		63	142	107	142				32.2	
22	52	38	52		1.5		11.9		65				120	2.5		34.2	
24							13.4		70							36.8	
25	62	44	62	48		5	13.7	±0.1	71						18	37.3	
28							15.2		75				140			39.3	
30							15.8		80	172	132	172			20	41.6	±0.2
32	82	60	82	55			17.3		85							44.1	
35						6	18.3		90				160		22	47.1	
38							20.3		95					3		49.6	
40				65	2	10	21.2		100				180		25	51.3	
42							22.2		110	212	167	212				56.3	
45	112	84	112	80			23.7	±0.2	120				210			62.3	
48						12	25.2		125					4	28	64.8	
50				95			26.2		130	252	202	252	235			66.4	

轴孔与轴伸的配合、键槽宽 b 的极限偏差

d, d_z/mm	圆柱形轴孔与轴伸的配合	圆锥形轴孔的直径偏差	键槽宽度 b 的极限偏差
6～30	H7/j6		
>30～50	H7/k6	根据使用要求 也可选 H7/r6 H7/n6	Js10 （圆锥角度及圆锥形状公 差应小于直径公差）	P9 （或 Js9,D10）
>50	H7/m6		

附表 6-2 凸缘联轴器(摘自 GB/T 5843—1986)

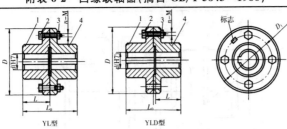

YL型   YLD型

标记示例:YL5 联轴器 $\dfrac{J30 \times 60}{J_1 B28 \times 44}$ GB/T 5843—1986

主动端:J 型轴孔、A 型键槽、$d=30$ mm、$L=60$ m

从动端:J1 型轴孔、B 型键槽、$d=28$ mm、$L=44$ m

1,4—半联轴器

2—螺栓

3—尼龙锁紧螺帽

型号	公称扭矩 /(N·m)	许用转速 /(r/min)		轴孔直径 d(H7)/mm	轴孔长度 L /mm		D /mm	D_1 /mm	螺栓		L_n /mm	
		铁	钢		Y 型	J,J_1 型			数量	直径 /mm	Y 型	J,J_1 型
YL1 YLD1	10	8 100	13 000	10,11	25	22	71	53	3(3)	M6	54	48
				12,14	32	27					68	58
				16,18,19	42	30					88	64
				20,(22)	52	38					108	80
YL2 YLD2	16	7 200	12 000	12,14	32	27	80	64	4 (4)	M 6	68	58
				16,18,19	42	30					88	64
				20,(22)	52	38					108	84
YL3 YLD3	25	6400	10 000	14	32	27	90	69	3 (3)	M8	68	58
				16,18,19	42	30					88	64
				20,22,(24)	52	38					108	80
				(25)	62	44					128	92
YL4 YLD4	40	5 700	9 500	18,19	42	30	100	80	3 (3)	M8	88	61
				20,22,24	52	38					108	80
				25,28	62	44					128	92
YL5 YLD5	63	5 500	9 000	22,24	52	38	105	85	4 (4)	M8	108	80
				25,28	62	44					128	92
				30,(32)	82	60					168	124
YL6 YLD6	100	5 200	8 000	24	52	38	110	90	4 (4)	M8	108	80
				25,28	62	44					128	92
				30,32	82	60					168	124
YL7 YLD7	160	4 800	7 600	28	62	44	120	95	4 (3)	M10	128	92
				30,32,35,38	82	60					168	124
				(40)	112	82					228	172
YL8 YLD8	250	4 300	7 000	32,35,38	82	60	130	105	4 (3)	M10	169	125
				40,42,(45)	112	84					229	173
YL9 YLD9	400	4 100	6 800	38	82	60	140	115	6 (3)	M10	169	125
				40,42,45,48(50)	112	84					229	173
YL10 YLD10	630	3 600	6 000	45,48,50,55,(56)	112	84	160	130	6 (4)	M12		
				(60)	142	107					289	219

注:① 括号内的轴孔直径仅适合用于钢制联轴器;

② 括号内的螺纹数量为铰孔用螺纹栓数量。

附表 6-3　十字联轴器(摘自 GB/T 5843—1986)

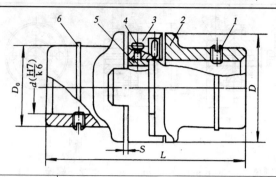

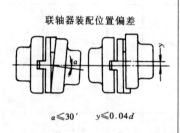

联轴器装配位置偏差

$a \leqslant 30'$　　$y \leqslant 0.04d$

序号	名称	数量	材料
1	平端紧定螺钉 GB 73—85	2	35
2	半联轴器	2	ZG 310—570
3	圆盘	1	45
4	压配式油杯 GB 1155—89	2	
5	套筒	1	Q235
6	锁圈	2	弹簧钢丝

d/mm	许用转矩 /(N·m)	许用转速 /rpm	D_0/mm	D/mm	L/mm	S/mm
15,17,18	120	250	32	70	95	$0.5^{+0.3}$
20,25,30	250	250	45	90	115	$0.5^{+0.3}$
36,40	500	250	60	110	160	$0.5^{+0.3}$
45,50	800	250	80	130	200	$0.5^{+0.3}$
55,60	1 250	250	95	150	240	$0.5^{+0.3}$
65,70	2 000	250	105	170	275	$0.5^{+0.3}$
75,80	3 200	250	115	190	310	$0.5^{+0.3}$
85,90	5 000	250	130	210	355	$1.0^{+0.5}$
95,100	9 000	250	140	240	395	$1.0^{+0.5}$
110,120	10 000	100	170	280	485	$1.0^{+0.5}$
130,140	16 000	100	190	320	485	$1.0^{+0.5}$
150	20 000	100	210	340	550	$1.0^{+0.5}$

附表 6-4　弹性套柱销联轴器(摘自 GB/T 4323—1984)

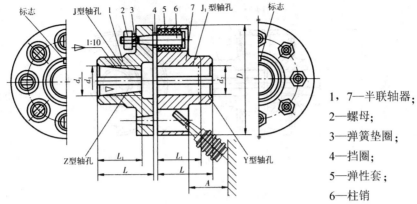

1，7—半联轴器；

2—螺母；

3—弹簧垫圈；

4—挡圈；

5—弹性套；

6—柱销

标记示例：TL3 联轴器 $\dfrac{\text{ZC16}\times30}{\text{JB18}\times42}$ GB/T 4323—1984

主动端：Z 型轴孔、C 型键槽、d=16 mm、L=30 m

从动端：J 型轴孔、B 型键槽、d=18 mm、L=42 m

型号	公称扭矩/(N·m)	许用转速/(r/min) 铁	钢	轴孔直径 d_1,d_2,d_z mm	轴孔长度/mm Y型 L	J,J1,Z型 L1	L	D mm	A mm	质量/kg	转动惯量/kg	许用补偿量 径向 ΔY/mm	角向 Δα
TL1	6.3	6 600	8 800	9	20	14	—	71	18	1.16	0.000 4	0.2	1°30′
				10,11	25	17							
				12,(14)	32	20							
TL2	16	5 500	7 600	12,14	42	30	42	80		1.64	0.001		
				16,(18),(19)									
TL3	31.5	4 700	6 300	16,18,19	52	38	52	95	35	1.9	0.002		
				20,(22)									
TL4	63	4 200	5 700	20,22,24	62	44	62	106		2.3	0.004		
				(25),(28)									
TL5	125	3 600	4 600	25,28	82	60	82	130		8.36	0.011	0.3	
				30,32,(35)									
TL6	250	3 300	3 800	32,35,38				160	45	10.36	0.026		
				40,(42)									
TL7	500	2 800	3 600	40,42,45,(48)	112	84	112	190		15.6	0.06		
TL8	710	2 400	3 000	45,48,50,55,(56)	142	107	142	224		25.4	0.13		1°
				(60),(63)									
TL9	1 000	2 100	2 850	50,55,56	112	84	112	250	65	30.9	0.20	0.4	
				60,63,(65),(70),(71)	142	107	142						
TL10	2 000	1 700	2 300	63,65,70,71,75	172	132	172	315	80	65.9	0.64		
				80,85,(90),(95)									
TL11	4 000	1 350	1 800	80,85,90,95	212	167	212	400	100	122.6	2.06	0.5	
				100,110									
TL12	8 000	1 100	1 450	100,110,120,125	212	167	212	475	130	218.4	5.00		0°30′
				(130)	252	202	252						
TL13	16 000	800	1 150	120,125	212	167	212	600	180	425.8	16.00	0.6	
				130,140,150	252	202	252						
				160,(170)	302	242	302						

注：① 括号内的值仅适合用于钢制联轴器。

② 短时过载不得超过公称矩值的 2 倍。

③ 本联轴器具有一定补偿两轴线相对偏移和减振缓冲能力,适用于安装底座刚性好,冲击载荷不大的中、小功率轴系传动。可用于经常正反转,起动频繁的场合,工作温度为 $-20\sim+70\ ℃$。

附表 6-5　弹性柱销联轴器(摘自 GB/T 5843—1986)

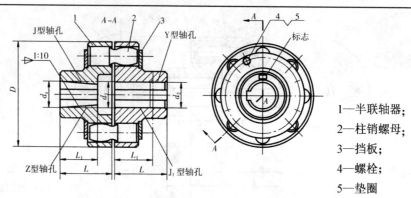

1—半联轴器；

2—柱销螺母；

3—挡板；

4—螺栓；

5—垫圈

标记示例：HL7 联轴器 $\dfrac{ZC75\times107}{JB70\times107}$ GB/T 5014—1984

主动端：Z 型轴孔、C 型键槽、d=75 mm、L=107 m

从动端：J 型轴孔、B 型键槽、d=70 mm、L=107 m

型号	公称扭矩 /(N·m)	许用转速 /(r/min) 铁	许用转速 /(r/min) 钢	轴孔直径 d_1,d_2,d_z mm	轴孔长度/mm Y 型 L	轴孔长度/mm J,J_1,Z 型 L_1	轴孔长度/mm J,J_1,Z 型 L	D mm	质量 /kg	转动惯量 /kg	许用补偿量 径向 ΔY	许用补偿量 轴向 ΔX mm	许用补偿量 角向 $\Delta\alpha$
HL1	160	7 100	7 100	12,14	32	27	32	90	2	0.0064	0.15	±0.5	≤0°30′
				16,18,19	42	30	42						
				20,22,(24)	52	38	52						
HL2	315	5 600	5 600	20,22,24				120	5	0.253		±1	
				25,28	62	44	62						
				30,32,(35)	82	60	82						
HL3	630	5 000	5 000	30,32.,35,38				160	8	0.6			
				40,42,(45),(48)	112	84	112						
HL4	1 250	2 800	4 000	40,42,45,48,50,55,56 (60),(63)				195	22	3.4		±1.5	
HL5	2 000	2 500	3 550	50,55,56,60,63, 65,70(71),(75)	142	107	142	220	30	5.4			
HL6	3 150	2 100	2 800	60,63,65,70,71,75,80 (85)	172	132	172	280	53	15.6			
HL7	6 300	1 700	2 240	70,71,75	142	107	142	320	98	41.1	0.20	±2	
				80,85,90,95	172	132	172						
				100,(110)									
HL8	10 000	1 600	2 120	80,85,90,95,100, 110,(120),(125)	212	167	212	360	119	56.5			
HL9	16 000	1 250	1 800	100,110,120,125 130,(140)	252	202	252	410	197	133.3			
HL10	25 000	1120	1 560	110,120,125	212	167	212	480	322	273.2	0.25	±2.5	
				130,140,150	252	202	252						
				160,(170),(180)	302	242	302						

注：① 括号内的值仅适合用于钢制联轴器。

② 本联轴器结构简单，制造容易，装拆更换弹性元件方便，有微量补偿两轴线偏移和缓冲吸振能力，主要用于载荷较平稳、起动频繁、对缓冲要求不高的中、低速轴系传动，工作温度为－20～＋70 ℃。

附表 6-6　梅花形弹性联轴器(摘自 GB/T 5272—1985)

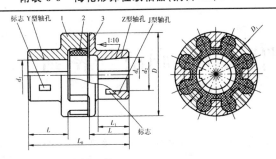

标志 Y型轴孔　1　2　3　Z型轴孔　J型轴孔

1,3—半联轴器；
2—梅花形弹性体

标记示例：ML3 联轴器 $\dfrac{ZA30\times60}{YB25\times62}$ MT3a GB/T 5272—1985

主动端：Z 型轴孔、A 型键槽、$d=30$ mm、$L=60$ m

从动端：Y 型轴孔、B 型键槽、$d=25$ mm、$L=62$ m

MT3 型弹性件硬度为 a

| 型号 | 公称转矩/(N·m) 弹性件硬度 HA | | | 许用转速/(r/min) | 轴孔直径 d_1,d_2,d_z | 轴孔长度 mm | | L_0 | D | D_1 | 弹性件型号 | 质量 kg | 转动惯量/(Kg·m²) | 许用补偿量 | | |
	a ≥75	b ≥85	c ≥94	铁(钢)	mm	Y型 L	ZJ型 L_1	mm						径向 ΔY	轴向 ΔX	角向 $\Delta\alpha$ mm
MLI	16	25	45	11500(15300)	12,14 / 16,18,19 / 20,22,24	32 / 42 / 52	27 / 30 / 38	80 / 100 / 120	50	30	MT1—a/b/c	0.66	0.014	0.5	1.2	2°
ML2	63	100	200	8200(10900)	20,22,24 / 25,28 / 30,32	52 / 62 / 82	38 / 44 / 60	127 / 147 / 187	70	48	MT2—a/b/c	1.55	0.075		1.5	
ML3	90	140	280	6700(9000)	22,24 / 25,28 / 30,32,35,38	52 / 62 / 82	38 / 44 / 60	128 / 148 / 188	85	60	MT3—a/b/c	2.5	0.178	0.8	2	
Ml4	140	250	400	5500(7300)	25,28 / 30,32,35,38 / 40,42	62 / 82 / 112	44 / 60 / 84	151 / 191 / 251	105	72	MT4—a/b/c	4.3	0.142		2.5	
ML5	250	400	710	4600(6100)	30,32,35,38 / 40,42,45,48	82 / 112	60 / 84	197 / 257	125	90	MT5—a/b/c	6.2	0.73		3	
ML6	400	630	1 120	4000(5300)	35*,38* / 40*,42*,45,48,50,55	82 / 112	60 / 84	203 / 263	145	104	MT6—a/b/c	8.6	1.85	1.0	3.5	1.5°
ML7	710	1 120	2 240	3500(4500)	45*,48*,50,55 / 60,63,65	112 / 142	84 / 107	265 / 325	170	130	MT7—a/b/c	14	3.88		4	
ML8	1 120	1 800	3 550	2900(3800)	50*,55* / 60,63,65,70,71,75	112 / 142	84 / 107	272 / 332	200	156	MT8—a/b/c	25.7	9.22		4.5	
ML9	1 800	2 800	600	2500(3300)	60*,62*,65*,70,71,75 / 80,85,90,95	142 / 172	107 / 132	334 / 394	230	182	MT9—a/b/c	41	18.95	1.5		1°
ML10	2 800	4 500	9 000	2200(2900)	70*,71*,75* / 80*,85*,90*,95* / 100,110	142 / 172 / 212	107 / 132 / 167	344 / 104 / 484	260	205	MT10—a/b/c	59	39.68		5.0	
ML11	4 000	6 300	12 500	1900(2500)	80*,85*,90*,95* / 100,110,120	172 / 212	132 / 167	411 / 491	300	245	MT11—a/b/c	87	73.43	1.8		

注：① 带"＊"者轴孔直径可用于 Z 型轴孔。

② 表中 a,b,c 为弹性件硬度代号。

③ 本联轴器补偿两轴的位移量较大,有一定弹性和缓冲性。常用于中、小功率、中高速、起动频繁、正反转变化和要求工作可靠的部位,由于安装时需轴向移动两半联轴器,不适宜用于大型、重型设备上,工作温度为 $-35\sim+80$ ℃。

附录 7　润滑与密封

附表 7-1　常用润滑剂的主要性质和用途(摘自 GB/T 3852—1983)

名称	代号	运动粘度/(mm²/s)		倾点≤℃	闪点（开口）≥℃	主要用途
		40/℃	100/℃			
全损耗系统用油 (GB 433—1989)	L-AN5	41.4~5.06			80	用于各种高速轻载机械轴承的润滑和冷却（循环式油箱式），如转速在 1000 r/min 以上的精密机械，机床及纺织纱锭的润滑和冷却
	L-AN7	6.12~7.48			110	
	L-AN10	9.00~11.0			130	
	L-AN15	13.5~16.5				用于小型机床齿轮箱、传动装置轴承，中小型机电，风动工具等
	L-AN22	19.8~24.2	—	−5	150	
	L-AN32	28.8~35.2				用于一般机床齿轮变速箱、中小型机床导轨及 100 kW 以上电机轴承
	L-AN46	41.4~50.6				
	L-AN68	61.2~74.8			160	主要用在大型机床、大型刨床上
	L-AN100	90.0~100				
	L-AN150	135~165			180	主要用在低速重载的纺织机械及重型机床、锻压、铸工设备上
工业闭式齿轮油 (GB 5906—1995)	L-CKC68	61.2~74.8			180	适用于煤炭、水泥、冶金工业部门大型封闭式齿轮传动装置的润滑
	L-CKC100	90.0~110				
	L-CKC150	135~165		−8		
	L-CKC220	198~242			200	
	L-CKC320	288~352				
	L-CKC460	414~506				
	L-CKC680	612~748		−5	220	
液压油 (GB 1111.81—1994)	L-HL15	13.5~16.5		−12	140	适用于机床和其他设备的低压齿轮泵，也可以用于其他抗氧防锈型润滑油的机械设备（如轴承和齿轮等）
	L-HL22	19.8~24.2		−9		
	L-HL32	28.8~35.2	—			
	L-HL46	41.4~50.6			160	
	L-HL68	61.2~74.8		−6	180	
	L-HL100	90.0~110				
汽轮机油 (GB 11120—1989)	L-STA32	28.8~35.2			180	适用于电力、工业、船舶及其他工业汽轮机组、水轮机组的润滑和密封
	L-STA46	41.4~50.6		−7		
	L-STA68	61.2~74.8			195	
	L-STA100	30.0~110				
QB 汽油机润滑油 (GB 485—1984) (1988 年确认)	20 号		6~9.3	−20	185	用于汽车、拖拉机汽化器、发动机气缸活塞的润滑，以及各种中、小型柴油机等动力设备的润滑
	30 号		10~<12.5	−15	200	
	40 号		12.5~<16.3	−5	210	

名称	代号	运动粘度/(mm²/s)		倾点≤℃	闪点（开口）≥℃	主要用途
		40/℃	100/℃			
L-CPE/P 蜗轮蜗杆油 (SH 0095－1991)	220	198～242		−12		用于铜-钢配对的圆柱型、承受重负荷、传动中有振动和冲击的蜗轮蜗杆副
	320	288～352				
	460	414～506				
	680	612～748				
	100	900～1100				
仪表油 (GB 487－1984)		12～14		−60 (凝点)	125	适用于各种仪表（包括低温下操作)的润滑

附表 7-2　常用润滑脂的主要性质和用途

名称	代号	滴点℃ 不低于	工作锥入度 (25 ℃,150 g) 1/10 mm	主要用途
钙基润滑脂 (GB/T 491－1987)	L-XAAMHA1	80	310～340	有耐水性能。用于工作温度低于55～60 ℃的各种工农业、交通运输机械设备的轴承润滑,特别是有水或潮湿处
	L-XAAMHA2	85	265～295	
	L-XAAMHA3	90	220～250	
	L-XAAMHA4	95	175～205	
纳基润滑脂 (GB/T 492－1989)	L-XACMGA2	160	265～295	不耐水（或潮湿)。用于工作温度在−10～100 ℃ 的一般中负荷机械设备轴承润滑
	L-XACMGA3		220～250	
通用锂基润滑脂 (GB/T 7324－1987)	ZL-1	170	310～340	有良好的耐水性和耐热性。适用于−20～120 ℃范围内各种机械的滚动轴承、滑动轴承及其他摩擦部位的润滑
	ZL-2	175	265～295	
	ZL-3	180	220～250	
钙纳基润滑脂 (ZBE 36001－1988)	ZGN-1	120	250～290	用于工作温度在80～100 ℃,有水分或较潮湿环境中工作的机械润滑,多用于铁路机车、列车、小电动机、发动机滚动轴承(温度较高者)的润滑。不适于低温工作
	ZGN-2	135	200～240	
石墨钙基润滑脂 (ZBE36002－1988)	ZG-S	80	—	人字齿轮,起重机、挖掘机的底盘齿轮,矿山机械、绞车钢丝绳等高负荷、高压力、低速度的粗糙机械润滑及一般开式齿轮润滑。能耐潮湿
滚珠轴承脂 (SY 1514－1982)	ZGN69-2	120	250～290 (−40 ℃时为30)	用于机车、汽车、电机及其他机械的滚动轴承润滑
7407 号齿轮润滑脂 (SY 4036－1984)		160	75～90	适用于各种低速,中、重载荷齿轮、链和连轴器等的润滑,使用温度≤120 ℃,可承受冲击载荷
高温润滑脂 (GB/T 11124－1989)	7014-1 号	280	62～75	适用于高温下各种滚动轴承的润滑,也可用于一般滑动轴承和齿轮的润滑和齿轮润滑。使用温度为−40～＋200 ℃
工业用凡士林 (GB/T 6731－1986)		54	—	适用于作金属零件、机器的防锈,在机械的温度不高和负荷不大时,可用作减摩润滑油

附表 7-3　毡圈油封及槽(摘自 JB/TQ 4606—1986)

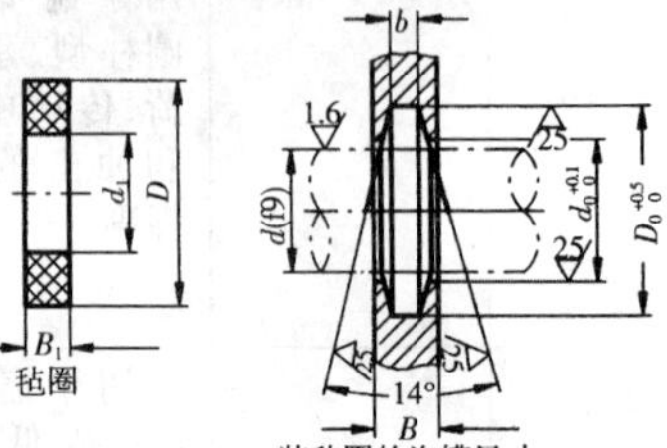

毡圈

装毡圈的沟槽尺寸

标记示例:

毡圈 40 JB/TQ 4606—1986

(d=40 的毡圈)

材料：半粗羊毛毡

轴径 d	毡圈			槽				
	D	d_1	B_1	D_0	d_0	b	B_{min}	
							钢	铸铁
15	29	14	6	28	16	5	10	12
20	33	19		32	21			
25	39	24	7	38	26	6	12	15
30	45	29		44	31			
35	49	34		48	36			
40	53	39		52	41			
45	61	44	8	60	46	7		
50	69	49		68	51			
55	74	53		72	56			
60	80	58		78	61			
65	84	63		82	66			
70	90	68		88	71			
75	94	73		92	77			
80	102	78	9	100	82	8	15	18
85	107	83		105	87			
90	112	88		110	92			
95	117	93	10	115	97			
100	122	98		120	102			

附表 7-4　O形橡胶密封圈(摘自 GB/T 3452.1—1992)

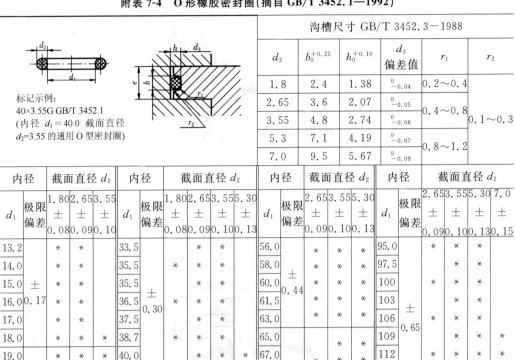

标记示例:
40×3.55G GB/T 3452.1
(内径 $d_1 = 40.0$　截面直径 $d_2 = 3.55$ 的通用 O 型密封圈)

沟槽尺寸 GB/T 3452.3—1988

d_2	$b_0^{+0.25}$	$h_0^{+0.10}$	d_3 偏差值	r_1	r_2
1.8	2.4	1.38	$0_{-0.04}$	0.2~0.4	0.1~0.3
2.65	3.6	2.07	$0_{-0.05}$	0.4~0.8	
3.55	4.8	2.74	$0_{-0.06}$	0.4~0.8	
5.3	7.1	4.19	$0_{-0.07}$	0.8~1.2	
7.0	9.5	5.67	$0_{-0.09}$	0.8~1.2	

内径 d_1 与截面直径 d_2

内径 d_1	极限偏差	1.80 ±0.08	2.65 ±0.09	3.55 ±0.10
13.2		*	*	
14.0		*	*	
15.0	±0.17	*	*	
16.0		*	*	
17.0		*	*	
18.0		*	*	*
19.0		*	*	*
20.0		*	*	*
21.2		*	*	*
22.4		*	*	*
23.6	±0.22	*	*	*
25.0		*	*	*
25.8		*	*	*
26.5		*	*	*
28.0		*	*	*
30.0		*	*	*
31.5	±0.30		*	*
32.5		*	*	*

内径 d_1	极限偏差	1.80 ±0.08	2.65 ±0.09	3.55 ±0.10	5.30 ±0.13
33.5			*	*	
35.5		*	*	*	
35.5	±0.30		*	*	
36.5			*	*	
37.5			*	*	
38.7		*	*		
40.0				*	*
14.2			*	*	*
42.5		*	*	*	*
43.7			*	*	*
45.0	±0.36		*	*	*
46.2		*	*	*	*
47.5			*	*	*
15.4			*	*	
50.0		*	*	*	
51.5			*	*	
53.0	±0.44		*	*	
54.5		*	*	*	

内径 d_1	极限偏差	2.65 ±0.09	3.55 ±0.10	5.30 ±0.13
56.0		*	*	*
58.0	±0.44	*	*	*
60.0		*	*	*
61.5		*	*	*
63.0		*	*	*
65.0			*	*
67.0		*		
69.0		*	*	
71.0	±0.53	*	*	
73.0		*	*	
75.0		*	*	
77.5		*	*	
80.0		*	*	
82.5			*	*
85.0	±0.65	*	*	*
87.5		*	*	
90.0			*	
92.5		*	*	*

内径 d_1	极限偏差	2.65 ±0.09	3.55 ±0.10	5.30 ±0.13	7.0 ±0.15
95.0		*	*	*	
97.5			*	*	
100			*	*	
103	±0.65		*	*	
106			*	*	
109			*	*	*
112			*	*	*
115			*	*	*
118			*	*	*
122			*	*	*
125			*	*	*
128			*	*	*
132			*	*	*
136	±0.90		*	*	*
140			*	*	*
145			*	*	*
150			*	*	*
155			*	*	*

附表 7-5　J 形无骨架橡胶油封

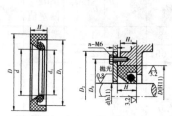

标记示例：J 型油封 50×75×12 橡胶 I -I HG-338-66
(d=50，D=75，H=12，材料为耐油橡胶 I -I 的 J 型无骨架橡胶油封)

		30～95 (按 5 进位)	100～170 (按 10 进位)
油封尺寸	D	$d+25$	$d+30$
	D_1	$d+16$	$d+20$
	d_1	$d-1$	
	H	12	16
	S	6～8	8～10
油封槽尺寸	D_0	$D+15$	
	D_2	D_0+15	
	n	4	6
	H_1	$H-(1～2)$	

附表 7-6　旋转轴唇形密封圈的形式尺寸及安装要求(摘自 GB/T 13871—1992)

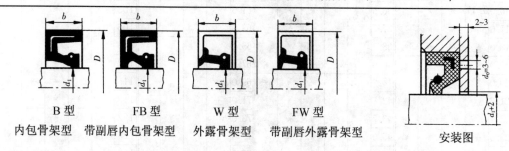

B 型　　　　FB 型　　　　W 型　　　　FW 型

内包骨架型　带副唇内包骨架型　外露骨架型　带副唇外露骨架型　　　安装图

标记示例：(F)B　120　150　GB/T 13871—1992

(带副唇的内包骨架型旋转轴唇型密封圈，d_1=120，D=150)

d_1	D	b	d_1	D	b	d_1	D	b
6	16,22		25	40,47,52		55	72,(75),80	
7	22		28	40,47,52	7	60	80,85	8
8	22,24		30	42,47,(50)		65	85,90	
9	22		30	52		70	90,95	
10	22,25		32	45,47,52		75	95,100	10
12	24,25,30	7	35	50,52,55		80	100,110	
15	26,30,35		38	52,58,62	8	85	110,120	
13	30,(35)		40	55,(60),62		90	(115),120	
18	30,35		42	55,62		95	120	12
20	35,40,(45)		45	62,65		100	125	
22	35,40,47		50	68,(70),72		120	(130)	

螺旋轴唇形密封的安装要求

轴导入角　　　　　　　　　　　　　腔体内孔尺寸

	d_1	$d_1 \sim d_2$	d_1	$d_1 - d_2$		基本宽度 b	最小内孔深 h	倒角长度 C	r_{max}
轴导入角	$d_1 \leqslant 10$	1.5	$40 < d_1 \leqslant 50$	3.5	腔体内孔尺寸	$\leqslant 10$	$b+0.9$	$0.70 \sim 1.00$	0.50
	$10 < d_1 \leqslant 20$	2.0	$50 < d_1 \leqslant 70$	4.0					
	$20 < d_1 \leqslant 30$	2.5	$70 < d_1 \leqslant 95$	4.5		$> b$	$b+1.2$	$1.20 \sim 1.50$	0.75
	$30 < d_1 \leqslant 40$	3.0	$95 < d_1 \leqslant 130$	5.5					

注：① 标准中考虑到国内实际情况,除全部采用国际标准的基本尺寸外,还补充了若干种国内常用的规格,并加括号以示区别。

② 安装要求中若轴端采用倒圆导入倒角,则倒圆的圆角半径不小于表中的 $d_1 - d_2$ 之值。

附表 7-7 油沟式密封槽

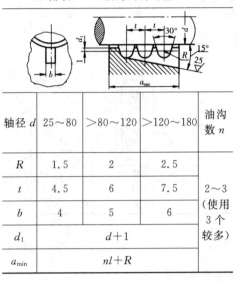

轴径 d	$25 \sim 80$	$> 80 \sim 120$	$> 120 \sim 180$	油沟数 n
R	1.5	2	2.5	
t	4.5	6	7.5	$2 \sim 3$ （使用 3 个较多）
b	4	5	6	
d_1	$d+1$			
a_{min}	$nl+R$			

附表 7-8 迷宫式密封槽

轴径 d	$10 \sim 50$	$50 \sim 80$	$80 \sim 110$	$110 \sim 180$
e	0.2	0.3	0.4	0.5
f	1	1.2	2	2.5

附录8 公差配合与表面粗糙度

附表 8-1 标准公差数值(摘自 1800.3—1998)

基本尺寸 /mm	标准公差等级																	
	IT1	IT2	IT3	IT4	IT5	IT6	IT7	IT8	IT9	IT10	IT11	IT12	IT13	IT14	IT15	IT16	IT17	IT18
≤3	0.8	1.2	2	3	4	6	10	14	25	40	60	100	140	250	400	600	1 000	1 400
>3~6	1	1.5	2.5	4	5	8	12	18	30	48	75	120	180	300	480	750	1 200	1 800
>6~10	1	1.5	2.5	4	6	9	15	22	36	58	90	150	220	360	580	900	1 500	2 200
>10~18	1.2	2	3	5	8	11	18	27	43	70	110	180	270	430	700	1 100	1 800	2 700
>18~30	1.5	2.5	4	6	9	13	21	33	52	84	130	210	330	520	840	1 300	2 100	3 300
>30~50	1.5	2.5	4	7	11	16	25	39	62	100	160	250	390	620	1 000	1 600	2 500	3 900
>50~80	2	3	5	8	13	19	30	46	74	120	190	300	460	740	1 200	1 900	3 000	4 600
>80~120	2.5	4	6	10	15	22	35	54	87	140	220	350	540	870	1 400	2 200	3 500	5 400
>120~180	3.5	5	8	12	18	25	40	63	100	160	250	400	630	1 000	1 600	2 500	4 000	6 300
>180~250	4.5	7	10	14	20	29	46	72	115	185	290	460	720	1 150	1 850	2 900	4 600	7 200
>250~315	6	8	12	16	23	32	52	81	130	210	320	520	810	1 300	2 100	3 200	5 200	8 100
>315~400	7	9	13	18	25	36	57	89	140	230	360	570	890	1 400	2 300	3 600	5 700	8 900
>400~500	8	10	15	20	27	40	63	97	155	250	400	630	970	1 550	2 500	4 000	6 300	9 700
>500~630	9	11	16	22	30	44	70	110	175	280	440	700	1 100	1 750	2 800	4 400	7 000	11 000
>630~800	10	13	18	25	35	50	80	125	200	320	500	800	1 250	2 000	3 200	5 000	8 000	12 500

注:① 基本尺寸大于 500 mm 的 IT1 至 IT5 的数值为试行的;

② 基本尺寸小于或等于 1 mm 时,无 IT4 至 IT8。

附表 8-2 轴的各种基本偏差的应用

配合种类	基本偏差	配合特性及应用
间隙配合	a,b	可得到特别大的间隙,很少应用
	c	可得到很大的间隙,一般应用于缓慢、松弛的动配合.用于工作条件较差(如农业机械)、受力变形,或为了便于装配,而必须保证有较大的间隙时。推荐配合为 H11/c11,其较高级的配合,如 H8/c7 适用于在高温工作的紧密间隙配合,例如内燃机排气与导管
	d	一般用于 IT7~IT11 级,适用于松的转动配合,如密封盖、滑轮、空转带轮等与轴的配合,也适用于大直径滑动轴承配合,如透平机、球磨机、轧辊成型和重型弯曲机及其他重型机械中的一些滑动支承
	e	多用于 IT7~IT9 级,通常适用于要求有明显间隙,易于转动的支承配合,如大跨距、多支点支承等。高等级的 e 轴适用于大型、高速、重载支承配合,如涡轮发电机、大型电动机、内燃机、凸轮轴及摇臂支承等
	f	多用于 IT6~IT8 级的一般转动配合。当温度影响不大时,被广泛应用于普通润滑油(或润滑脂)滑动的支承,如齿轮箱、小电动机、泵等的转轴与滑动支承配合
	g	配合间隙很小,制造成本高,除很轻负荷的精密装置外,不推荐用于转动配合。多用于 IT5~IT7 级最适合不回转的精密滑动配合,也用于插销等定位配合,如精密连杆轴承、活塞、滑阀及连杆销等
	h	多用于 IT4~IT11 级。广泛用于无相对转动的零件,作为一般的定位配合。若没有温度、变形影响,也用于精密滑动配合

配合种类	基本偏差	配合特性及应用
过渡配合	js	为完全对称偏差（±IT/2），平均为稍有间隙的配合，多用于 IT4～IT7 级，要求间隙比 h 轴小，并允许略有过盈的定位配合，如联轴器，可用手或木锤装配
	k	平均没为有间隙的配合，适用于 IT4～IT7 级。推荐用于稍有过盈的定位配合，例如为了消除振动用的定位配合，一般用木锤装配
	m	平均为具有小过盈的过度配合，适用于 IT4～IT7 级，一般用木锤装配，但在最大过盈时，要求相当的压入力
	n	平均过盈比 m 轴稍大，很少得到间隙，适用于 IT4～IT7 级，用锤或压力机装配，通常推荐用于紧密的组件配合。H6/n5 配合为过盈配合
过盈配合	p	与 H6 孔或 H7 孔配合时是过盈配合，与 H8 孔配合时则为过渡配合。对非铁类零件，为较轻的压入力配合，易于折卸。对钢、铸铁或铜、钢组件装配是标准压入配合
	r	对铁类零件为中等打入配合；对非铁类零件，为打入的配合。与 H8 孔配合，直径在 100 mm 以上时为过盈配合，直径小时为过度配合
	s	用于钢和铁制零件的永久性和半永久性装配，可产生相当大的结合力。当用弹力材料，如轻合金时，配合性质与铁类零件的 P 轴相当，例如用于套环压装在轴上、阀座与机体等配合。尺寸较大时，为了避免损坏配合表面，需要热胀或冷缩法装配
	t,u,v x,y,z	过盈量依次增大，一般不推荐采用

附表 8-3 公差等级与加工方法的关系

加工方法	公差等级（IT）																
	01	0	1	2	3	4	5	6	7	8	9	10	11	12	13	14	15	16
研磨																	
珩																	
圆磨、平磨																	
金刚石车 金刚石镗																	
拉削																	
铰孔																	
车、镗																	
铣																	
刨、插																	
钻孔																	
滚压、挤压																	
冲压																	
压铸																	
粉末冶金成型																	
粉末冶金烧结																	
砂型铸造、气割																	
锻造																	

附表 8-4 优先配合特性及其应用举例

基孔制	基轴制	优先配合特性及应用举例
$\dfrac{H11}{c11}$	$\dfrac{C11}{h11}$	间隙非常大,用于松的、转动很慢的间隙配合,或要求大公差与大间隙的外露组件,或要求装配方便的很松的配合
$\dfrac{H9}{d9}$	$\dfrac{D9}{h9}$	间隙很大的自由转动配合,用于精度非主要要求时,或有大的温度变动、高速或大的轴颈压力时
$\dfrac{H8}{f7}$	$\dfrac{F8}{h7}$	间隙不大的转动配合,用于中等转速与中等轴颈压力的精确转动,也用于装配较易的中等定位配合
$\dfrac{H7}{g6}$	$\dfrac{G7}{h6}$	间隙很小的滑动配合,用于不希望自由转动,也可用于要求明确的定位配合
$\dfrac{H7}{h6},\dfrac{H8}{h7},$ $\dfrac{H9}{h9},\dfrac{H11}{h11}$	$\dfrac{H7}{h6},\dfrac{H8}{h7},$ $\dfrac{H9}{h9},\dfrac{H11}{h11}$	均为间隙定位配合,零件可自由装拆而工作时一般相对静止不动。在最大实体条件下的间隙为零,在最小实体条件下的间隙由公差等级决定
$\dfrac{H7}{k6}$	$\dfrac{K7}{h6}$	过度配合,用于精密定位
$\dfrac{H7}{n6}$	$\dfrac{N7}{h6}$	过度配合,允许有较大过盈的更精密定位
$\dfrac{H7}{p6}$	$\dfrac{P7}{h6}$	过盈定位配合,即小过盈配合,用于定位精度特别重要时,能以最好的定位精度达部件的刚性及中性要求,而对内孔承受压力无特殊要求,不依靠配合的紧固传递摩擦负荷
$\dfrac{H7}{s6}$	$\dfrac{S7}{h6}$	中等压入配合,适用于一般刚件,或用于薄壁件的冷缩配合,用于铸铁件可得到最紧的配合
$\dfrac{H7}{u6}$	$\dfrac{U7}{h6}$	压入配合,适用于可以承受大压入力的零件或不宜承受大压入力的冷缩配合

附表 8-5 优先配合中轴的极限偏差(摘自 1800.4—1999)

基本尺寸 /mm		公差带											
		c	d	f	g	h				k	n	p	s	u
大于	至	11	9	7	6	6	7	9	11	6	6	6	6	6
—	3	−60 −120	−20 −45	−6 −16	−2 −8	0 −6	0 −10	0 −25	0 −60	+6 0	+10 +4	+12 +6	+20 +14	+24 +18
3	6	−70 −145	−30 −60	−10 −22	−4 −12	0 −8	0 −12	0 −30	0 −75	+9 +1	+16 +8	+20 +12	+27 +19	+31 +23
6	10	−80 −170	−40 −76	−13 −28	−5 −14	0 −9	0 −15	0 −36	0 −90	+10 +1	+19 +10	+24 +15	+32 +23	+37 +28
10	14	−95 −205	−50 −93	−16 −34	−6 −17	0 −11	0 −18	0 −43	0 −110	12 1	+23 +12	+29 +18	+39 +28	+44 +33
14	18													
18	24	−110 −240	−65 −117	−20 −41	−7 −20	0 −13	0 −21	0 −52	0 −130	+15 +2	+28 +15	+35 +22	+48 +35	+54 +41
24	30													+61 +48
30	40	−120 −280	−80 −142	−25 −50	−9 −25	0 −16	0 −25	0 −62	0 −160	+18 +2	+33 +17	+42 +26	+59 +43	+76 +60
40	50	−130 −290												+86 +70

基本尺寸/mm		公差带											s	u
		c	d	f	g	h				k	n	p		
50	65	-140 -330	-100 -174	-30 -60	-10 -29	0 -19	0 -30	0 -74	0 -190	+21 +2	+39 +20	+51 +32	+72 +53	+106 +87
65	80	-150 -340											+78 +59	+121 +102
80	100	-170 -390	-120 -207	-36 -71	-12 -34	0 -22	0 -35	0 -87	0 -220	+25 +3	+45 +23	+59 +37	+93 +71	+146 +124
100	120	-180 -400											+101 +79	+166 +144
120	140	-200 -450	-145 -245	-43 -83	-14 -39	0 -25	0 -40	0 -100	0 -250	+28 +3	+52 +27	+68 +43	+117 +92	+195 +170
140	160	-210 -460											+125 +100	+215 +190
160	180	-230 -480											+133 +108	+235 +210
180	200	-240 -530	-170 -285	-50 -96	-15 -44	0 -29	0 -46	0 -115	0 -290	+33 +4	+60 +31	+79 +50	+151 +122	+265 +236
200	225	-260 -550											+159 +130	+287 +258
225	250	-280 -570											+169 +140	+313 +284
250	280	-300 -620	-190 -320	-56 -108	-17 -49	0 -32	0 -52	0 -130	0 -320	+36 +4	+66 +34	+88 +56	+190 +158	+347 +315
280	315	-330 -650											+202 +170	+382 +350
315	255	-360 -720	-210 -350	-62 -119	-18 -54	0 -36	0 -57	0 -140	0 -140	+40 +4	+73 +37	+98 +62	+226 +190	+426 +390
355	400	-400 -760											+244 +208	+471 +435
400	450	-440 -840	-230 385	-68 -131	-20 -60	0 -40	0 -63	0 -155	0 -400	+45 +5	+80 +40	108 +68	+272 +232	+530 +490
450	500	-480 -980											+292 +252	+580 +540

附表 8-6 优先配合中孔的极限偏差(摘自 1800.4—1999)

基本尺寸/mm		公差带												
大于	至	C	D	F	G	H				K	N	P	S	U
		11	9	8	7	7	8	9	11	7	7	7	7	7
—	3	+120 +60	+45 +20	+20 +6	+12 +2	+10 0	+14 0	+25 0	+60 0	0 -10	-4 -14	-6 -16	-14 -24	-18 -28
3	6	+145 +70	+60 +30	+28 +10	+16 +4	+12 0	+18 0	+30 0	+75 0	+3 -9	-4 -16	-8 -20	-15 -27	-19 -31
6	10	+170 +80	+76 +40	+35 +13	+20 +5	+15 0	+22 0	+36 0	+90 0	+5 -10	-4 -19	-9 -24	-17 -32	-22 -37
10	14	+205 +95	+93 +50	+43 +16	+24 +6	+18 0	+27 0	+43 0	+110 0	+6 -12	-5 -23	-11 -29	-21 -39	-26 -44
14	18													
18	24	+240 +110	+117 +65	+53 +20	+28 +7	+21 0	+33 0	+52 0	+130 0	+6 -15	-7 -28	-14 -35	-27 -48	-33 -54
24	30													-40 -61

435

基本尺寸 /mm		公差带												
		C	D	F	G	H				K	N	P	S	U
30	40	+280/+120	+142/+80	+64/+25	+34/+9	+25/0	+39/0	+62/0	+160/0	+7/-18	-8/-33	-17/-42	-34/-59	-51/-76
40	50	+290/+130												-61/-86
50	65	+330/+140	+174/+100	+76/+30	+40/+10	+30/0	+46/0	+74/0	+190/0	+9/-21	-9/-39	-21/-51	-42/-72	-76/-106
65	80	+340/+150											-48/-78	-91/-121
80	100	+390/+170	+207/+120	+90/+36	+47/+12	+35/0	+54/0	+87/0	+220/0	+10/-25	-10/-45	-24/-59	-58/-93	-111/-146
100	120	+400/+180											-66/-101	-131/-166
120	140	+450/+200	+245/+145	+106/+43	+54/+14	+40/0	+63/0	+100/0	+250/0	+12/-28	-12/-52	-28/-68	-77/-117	-155/-195
140	160	+460/+210											-85/-125	-175/-215
160	180	+480/+230											-93/-133	-195/-235
180	200	+530/+240	+285/+170	+122/+50	+61/+15	+46/0	+72/0	+115/0	+290/0	+13/-33	-14/-60	-33/-79	-105/-151	-219/-265
200	225	+550/+260											-113/-159	-241/-287
225	250	+570/+280											-123/-169	-267/-313
250	280	+620/+300	+320/+190	+137/+56	+69/+17	+52/0	+81/0	+130/0	+320/0	+16/-36	-14/-66	-36/-88	-138/-190	-295/-347
280	315	+650/+330											-150/-202	-330/-382
315	355	+720/+360	+350/+210	+151/+62	+75/+18	+57/0	+89/0	+140/0	+360/0	+17/-40	-16/-73	-41/-98	-169/-226	-369/-426
355	400	+760/+400											-187/-224	-414/-471
400	450	+840/+440	+385/+230	+165/+68	+83/+20	+63/0	+97/0	+155/0	+400/0	+18/-45	-17/-80	-45/-108	-209/-272	-467/-530
450	500	+880/+480											-229/-292	-517/-580

附表 8-7 线性尺寸的未注公差 (GB/T 1804—1992)

公差等级	线性尺寸的极限偏差数值								倒圆半径与倒角高度尺寸的极限偏差数值			
	尺寸分段								尺寸分段			
	0.5~3	>3~6	>6~30	>30~120	>120~400	>400~1000	>1000~2000	>2000~4000	0.5~3	>3~6	>6~30	>30
f(精密级)	±0.05	±0.05	±0.1	±0.15	±0.2	±0.3	±0.5	—	±0.2	±0.5	±1	±2
m(中等级)	±0.1	±0.1	±0.2	±0.3	±0.5	±0.8	±1.2	±2				
c(粗糙级)	±0.2	±0.3	±0.5	±0.8	±1.2	±2	±3	±4	±0.4	±1	±2	±4
v(最粗级)	—	±0.5	±1	±1.5	±2.5	±4	±6	±8				

附表 8-8　形状和位置公差（摘自 GB/T 1182—1996）　　　　　　续表

公差特征项目的符号						被测要素、基准要素的标注要求及其他附加符号				
公差	特征项目	符号	公差	特征项目	符号	说明		符号	说明	符号
形状	形状	直线度	定向	平行度	∥	被测要素的标注	直接	⌿⌿	最大实体要求	Ⓜ
		平面度		垂直度	⊥		用字母	A	最小实体要求	Ⓛ
		圆度		倾斜度	∠	基准要素的标注		Ⓐ	可逆要求	Ⓡ
		圆柱度	位置	同轴度	◎	基准目标的标注		φ2 / A1	延伸公差带	Ⓟ
形状或位置	轮廓	线轮廓度		对称度	=	理论正确尺寸		50	自由状态（非刚性零件）条件	Ⓕ
		面轮廓度	定位	位置度	⊕	包容要求		Ⓔ		
			跳动	圆跳动	↗	全周（轮廓）				
				全跳动	↗↗					

附表 8-9 直线度、平面度公差(GB/T 1184—1996)

主参数 L 图例

| 精度等级 | 主参数 L/mm | | | | | | | | | | | | | 应用举例 |
	≤10	>10~16	>16~25	>25~40	>40~63	>63~100	>100~160	>160~250	>250~400	>400~630	>630~1 000	>1 000~1 600	>1 600~2 500	
5	2	2.5	3	4	5	6	8	10	12	15	20	25	30	普通精度机床导轨,柴油机进、排气门导杆
6	3	4	5	6	8	10	12	15	20	25	30	40	50	
7	5	6	8	10	12	15	20	25	30	40	50	60	80	轴承体的支承面,压力机导轨及滑块,减速器箱体、油泵、轴系支承轴承的结合面
8	8	10	12	15	20	25	30	40	50	60	80	100	120	
9	12	15	20	25	30	40	50	60	80	100	120	150	200	辅助机构及手动机械的支承面,液压管件和法兰的连接面
10	20	25	30	40	50	60	80	100	120	150	200	250	300	
11	30	40	50	60	80	100	120	150	200	250	300	400	500	离合器的摩擦片,汽车发动机缸盖结合面
12	60	80	100	120	150	200	250	300	400	500	600	800	1 000	

标注示例	说明	标注示例	说明
	圆柱表面上任一素线必须位于轴向平面内,距离为公差值 0.02 mm 的两平行平面之间		Φd 圆柱体的轴线必须位于直径为公差值 0.04 mm 的圆柱面内
	棱线必须位于箭头所示方向,距离为公差值 0.02 mm 的两平行平面内		上表面必须位于距离为公差值 0.1 mm 的两平行平面内

注:表中"应用举例"非 GB/T 1184—1996 内容,仅供参考。

附表 8-10　圆度、圆柱度公差(摘自 GB/T 1184—1996)

主参数 $d(D)$图例

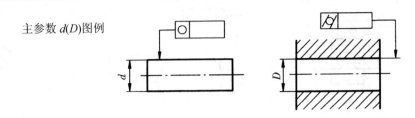

精度等级	主参数 $d(D)$/mm										应用举例
	>10 ~18	>18 ~30	>30 ~50	>50 ~80	>80 ~120	>120 ~180	>180 ~250	>250 ~315	>315 ~400	>400 ~500	
7	5	6	7	8	10	12	14	16	18	20	发动机的胀圈、活塞销及连杆中装衬套的孔等,千斤顶或压力油缸活塞,水泵及减速器轴颈,液压传动系统的分配机构,拖拉机气缸体与气缸套配合面,炼胶机冷铸轧辊
8	8	9	11	13	15	18	20	23	25	27	
9	11	13	16	19	22	25	29	32	36	40	起重机、卷扬机用的滑动轴承,带软密封的低压泵的活塞或气缸,通用机械杠杆与拉杆、拖拉机的活塞环与套筒孔
10	18	21	25	30	35	40	46	52	57	63	

标注示例	说　明
○ 0.02	被测圆柱(或圆锥)面任一正截面的圆周必须位于半径为公差值 0.02 mm 的两同心圆之间
⌭ 0.05	被测圆柱面必须位于半径差为公差值 0.05 mm 的两同轴圆柱面之间

注:表中"应用举例"非 GB/T 1184—1996 内容,仅供参考。

附表 8-11　平行度、垂直度、倾斜度公差(摘自 GB/T 1184—1996)

主参数
L,d(D)图例

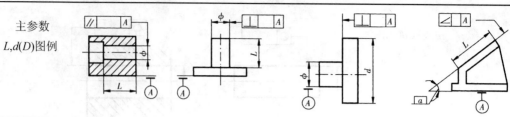

精度等级	主参数 L,d(D)/mm													应用举例	
	≤10	>10~16	>16~25	>25~40	>40~63	>63~100	>100~160	>160~250	>250~400	>400~630	>630~1 000	>1 000~1 600	>1 600~2 500	平行度	垂直度
7	12	15	20	25	30	40	50	60	80	100	120	150	200	一般机床零件的工作面或基准面,压力机和锻锤的工作面,中等精度钻模的工作面,一般刀、量、模具。机床一般轴承孔对基准面的要求,床头箱一般孔间要求,气缸轴线,变速器箱孔,主轴花键对定心直径,重型机械轴承盖的端面,卷扬机、手动传动装置中的传动轴	低精度机床主要基准面和工作面、回转工作台端面跳动,一般导轨,主轴箱孔,刀架,砂轮架及工作台,机床轴肩、气缸配合面对其轴线,活塞销孔对活塞中心线以及 P6,P0 级轴承壳体孔的轴线等
8	20	25	30	40	50	60	80	100	120	150	200	250	300		
9	30	40	50	60	80	100	120	150	200	250	300	400	500	低精度零件,重型机械滚动轴承端盖柴油机和发动机的曲轴孔、轴颈等	花键轴轴肩端面、带式传动机法兰盘等端面对轴心线,手动卷扬机及传动装置中轴承壳体平面等
10	50	60	80	100	120	150	200	250	300	400	500	600	800		

续表

标注示例	说明	标注示例	说明
	上表面必须位于距离为公差值 0.05mm，且平行于基准表面 A 的两平行平面之间		Φd 的轴线必须位于距离为公差值 0.1 mm，且垂直于基准平面的两平行平面之间（若框格内数字标注为 Φ 0.1 mm，则说明 Φd 的轴线必须位于直径为公差值 0.1 mm，且垂直于基准平面 A 的圆柱面内）
	孔的轴线必须位于距离为公差值 0.03 mm，且平行于基准面 A 的两平行平面之间		左侧端面必须位于距离为公差值 0.05 mm，且垂直于基准轴线的两平行平面之间

注：表中"应用举例"非 GB/T 1184—1996 内容，仅供参考。

附表 8-12　同轴度、对称度、圆跳动和全跳动公差（摘自 GB/T 1184—1996）

主参数 $d(D)$，B,L 图

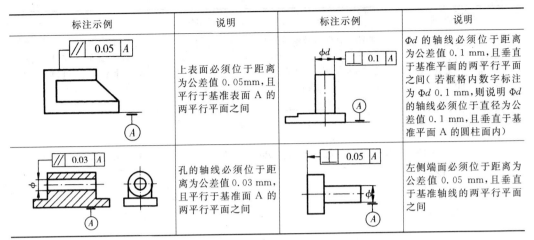

精度等级	主参数 $d(D)$,B,L/mm											应用举例
	>3~6	>6~10	>10~18	>18~30	>30~50	>50~120	>120~250	>250~500	>500~800	>800~1 250	>1 250~2 000	
7	8	10	12	15	20	25	30	40	50	60	80	8 级和 9 级精度齿轮轴的配合面，拖拉机发动机分配轴轴颈，普通精度高速轴（1 000 r/min 以下），长度在 1m 以下的主传动轴，起重运输机的鼓轮配合孔和导轮的滚动面
8	12	15	20	25	30	40	50	60	80	100	120	
9	25	30	40	50	60	80	100	120	150	200	250	10 级和 11 级精度齿轮轴的配合面，发动机气缸套配合面，水泵叶轮，离心泵泵件，摩托车活塞，自行车中轴
10	50	60	80	100	120	150	200	250	300	400	500	

标注示例	说明	标注示例	说明
	Φd 的轴线必须位于直径为公差值 0.1 mm，且与公共基准轴线 A-B 同圆柱面内		Φd 圆柱面绕公共基准轴线作无轴向移动旋转一周时，在任一测量平面内的径向跳动量均不得大于公差值 0.05 mm

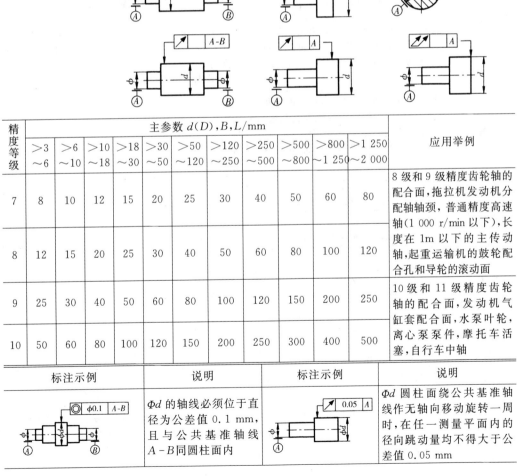

续表

标注示例	说明	标注示例	说明
	键槽的中心面必须位于距离为公差值 0.1 mm 且相对于基准中心平面 A 对称配置的两平行平面之间		当零件绕基准轴线作无轴向移动旋转一周时,在右端面上任一测量圆柱面内轴向跳动量均不得大于公差值 0.05 mm

注:表中"应用举例"非 GB/T 1184—1996 内容,仅供参考。

附表 8-13　表面粗糙度主要评定参数 Ra 的数值系列(摘自 GB/T 3505—2000) μm

Ra	0.012	0.2	3.2	50	Ra	0.05	0.8	12.5	—
	0.025	0.4	6.3	100		0.1	1.6	25	—

注:在表面粗糙度参数常用的参数范围内(Ra 为 0.025～6.3 μm),推荐优先选用 Ra。

附表 8-14　表面粗糙度符号代号及其注法

表面粗糙度符号及意义		表面粗糙度数值及其有关的规定在符号中注写的位置
符号	意义及说明	
	基本符号,表示表面可用任意方法获得,当不加粗糙度参数值或有关说明(例如:表面处理、局部热处理状况等)时,仅适用于简化代号标注	a_1　　　b a_2　　$c(f)$ (e)　d
	基本符号上加一短划,表示表面是用去除材料的方法获得。例如:车、铣、钻、磨、剪切、抛光、腐蚀、电火花加工、气割等	a_1, a_2—粗糙度高度参数代号及其数值(μm); b—加工要求、镀覆、涂覆、表面处理或其他说明等; c—取样长度(mm);或波纹度(μm)
	基本符号加一小圆,表示表面是用不去除材料的方法获得。例如:铸、煅、冲压变形、热轧、冷轧、粉末冶金等。或是用于保持原供应状态的表面(包括保持上道工序的状况)	d—加工纹理方向符号; e—加工余量;
	在上述三个符合的长边上均可加一横线,用于标注有关参数和说明	f—粗糙度间距参数值(mm)或轮廓支承长度率
	在上述三个符合上均可加一小圆,表示所有表面具有相同的表面粗糙度要求	

Ra 的标注

代号	意义	代号	意义
3.2	用任何方法获得的表面粗糙度,Ra 的上限值为 3.2 μm	3.2max	用任何方法获得的表面粗糙度,Ra 的最大值为 3.2 μm
3.2	用去除材料方法获得的表面粗糙度,Ra 的上限值为 3.2 μm	3.2max	用去除材料方法获得的表面粗糙度,Ra 的最大值为 3.2 μm
3.2	用去不除材料方法获得的表面粗糙度,Ra 的上限值为 3.2 μm	3.2max	用去不除材料方法获得的表面粗糙度,Ra 的最大值为 3.2 μm
3.2 1.6	用去除材料方法获得的表面粗糙度,Ra 的上限值为 3.2 μm,Ra 的下限值为 1.6 μm	3.2max 1.6min	用去除材料方法获得的表面粗糙度,Ra 的最大值为 3.2 μm,Ra 的最小值为 1.6 μm

附录 9 电 动 机

附表 9-1 Y 系列(IP44)电动机的技术数据

电动机型号	额定功率/kW	满载转速/(r/min)	堵转转矩 额定转矩	最大转矩 额定转矩	质量/kg	电动机型号	额定功率/kW	满载转速/(r/min)	堵转转矩 额定转矩	最大转矩 额定转矩	质量/kg
同步转速 3 000 r/min,2 极						同步转速 1 500 r/min,4 极					
Y801-2	0.75	2 825	2.2	2.2	16	Y801-4	0.55	1 390	2.2	2.2	17
Y802-2	1.1	2 825	2.2	2.2	17	Y802-4	0.75	1 390	2.2	2.2	18
Y90S-2	1.5	2 840	2.2	2.2	22	Y90S-4	1.1	1 400	2.2	2.2	22
Y90L-2	2.2	2 840	2.2	2.2	25	Y90L-4	1.5	1 400	2.2	2.2	27
Y100L-2	3	2 880	2.2	2.2	33	Y100L1-4	2.2	1 420	2.2	2.2	34
Y112M-2	4	2 890	2.2	2.2	45	Y100L2-4	3	1 420	2.2	2.2	38
Y132S1-2	5.5	2 900	2.0	2.2	64	Y112M-4	4	1 440	2.2	2.2	43
Y132S2-2	4.5	2 900	2.0	2.2	70	Y132S-4	5.5	1 440	2.2	2.2	68
Y160M1-2	11	2 930	2.0	2.2	117	Y132M-4	7.5	1 440	2.2	2.2	81
Y160M2-2	15	2 930	2.0	2.2	125	Y160M-4	11	1 460	2.2	2.2	123
Y160L-2	18.5	2 930	2.0	2.2	147	Y160L-4	15	1 460	2.2	2.2	144
Y180M-2	22	2 940	2.0	2.2	180	Y180M-4	18.5	1 470	2.0	2.2	182
Y200L1-2	30	2 950	2.0	2.2	240	Y180L-4	22	1 470	2.0	2.2	190
Y200L2-2	37	2 950	2.0	2.2	255	Y200L-4	30	1 470	2.0	2.2	270
Y225M-2	45	2 970	2.0	2.2	309	Y225S-4	37	1 480	1.9	2.2	284
Y250M-2	55	2 970	2.0	2.2	403	Y225M-4	45	1 480	1.9	2.2	320
同步转速 10 000 r/min,6 极						Y250M-4	55	1 480	2.0	2.2	427
Y90S-6	0.75	910	2.0	2.0	23	Y280S-4	75	1 480	1.9	2.2	562
Y90L-6	1.1	910	2.0	2.0	25	Y280M-4	90	1 480	1.9	2.2	667
Y100L-6	1.5	940	2.0	2.0	33	同步转速 750 r/min,8 极					
Y112M-6	2.2	940	2.0	2.0	45	Y132S-8	2.2	710	2.0	2.0	63
Y132S-6	3	960	2.0	2.0	63	Y132M-8	3	710	2.0	2.0	79
Y132M1-6	4	960	2.0	2.0	73	Y160M1-8	4	720	2.0	2.0	118

电动机型号	额定功率/kW	满载转速/(r/min)	堵转转矩 额定转矩	最大转矩 额定转矩	质量/kg	电动机型号	额定功率/kW	满载转速/(r/min)	堵转转矩 额定转矩	最大转矩 额定转矩	质量/kg
Y132M2－6	5.5	960	2.0	2.0	84	Y160M2－8	5.5	720	2.0	2.0	119
Y160M－6	7.5	970	2.0	2.0	119	Y160L－8	7.5	720	2.0	2.0	145
Y160L－6	11	970	2.0	2.0	147	Y180L－8	11	730	1.7	2.0	184
Y180L－6	15	970	1.8	2.0	195	Y200L－8	15	730	1.8	2.0	250
Y200L1－6	18.5	970	1.8	2.0	220	Y225S－8	18.5	730	1.7	2.0	266
Y200L2－6	22	970	1.8	2.0	250	Y225M－8	22	730	1.8	2.0	292
Y225M－6	30	980	1.7	2.0	292	Y580M－8	30	730	1.8	2.0	405
Y250M－6	37	980	1.8	2.0	408	Y280S－8	37	740	1.8	2.0	520
Y280S－6	45	980	1.8	2.0	536	Y280M－8	45	740	1.8	2.0	592
Y280M－6	55	980	1.8	2.0	596	Y315S－8	55	740	1.6	2.0	1000

注:电动机型号的意义:以 Y132S2－2－B3 为例,Y 表示系列代号,132 表示中心高,S 表示短机座第 2 种铁心长度(M—中机座,L 长机座),2 为电动机级数,B3 表示安装型式。

附表 9-2　Y 系列(IP44)电动机的安装代号

安装型式	基本安装型	由 B3 派生安装型				
	B3	V5	V6	B6	B7	B8
示意图						
轴中心高/mm	80～280	80～160				

安装型式	安装型	由 B5 派生安装型		基本安装型	由 B35 派生安装型	
	B5	V1	V3	B35	V15	V36
示意图						
轴中心高/mm	80～225	80～280	80～160	80～280	80～160	

附表 9-3　机座带底脚、端盖无凸缘电动机的安装及外形尺寸

Y80～Y132

Y160～Y280

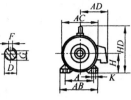

机座号	极数	A	B	C	D		E	F	G	H	K	AB	AC	AD	HD	BB	L
80	2,4	125	100	50	19		40	6	15.5	801	10	165	165	150	170	130	285
90S	2,4,6	140		56	24	+0.009 −0.004	50	8	20	90		180	175	155	190		310
90L			125													155	335
100L		160	140	63	28		60		24	100		205	205	180	245	170	380
112M		190		70						112	12	245	230	190	265	180	400
132S	2,4,6,8	216	178	89	38	+0.018 +0.002	80	10	33	132		280	270	320	315	200	475
132M																238	515
160M		254	210	108	42		110	12	37	160	15	330	325	255	385	270	600
160L			254													314	645
180M		279	241	121	48			14	42.5	180		355	360	285	430	311	670
180L			279													349	710
200L		318	305	133	55			16	49	200	19	395	400	310	475	379	775
225S	4,8	356	286	149	60	+0.030 +0.011	140	18	53	225		435	450	345	530	368	820
225M	2		311		55		110	16	49							393	815
	4,6,8				60		140	18	53		24						845
250M	2	406	349	168	60				53	250		490	495	385	575	455	930
	4,6,8				65			18	58								
280S	2	457	368	190	65			20	67.5	280		550	555	410	640	530	1000
	4,6,8				75				58								
280M	2		419		65			18	58							581	1050
	4,6,8				75			20	67.5								

附表 9-4　机座带底脚、端盖有凸缘电动机的安装及外形尺寸

Y80~Y132　　Y160~Y280

机座号	极数	A	B	C_1	D	E	F	G	H	K	M	N	P	R	S	T	凸缘孔数	AB	AC	AD	HD	BB	L
80	2,4	125	100	50	19	40	6	15.5	80	10	165	130	200	0	12	3.5	4	165	165	150	170	130	285
90S	2,4,6	140	100	56	24	50	8	20	90	10	165	130	200	0	12	3.5	4	180	175	155	190	155	310
90L	2,4,6	140	125	56	24	50	8	20	90	10	165	130	200	0	12	3.5	4	180	175	155	190	155	355
100L	2,4,6	160	140	63	28	60	8	24	100	12	215	180	250	0	15	3.5	4	205	205	180	245	176	380
112M	2,4,6	190	140	70	28	60	8	24	112	12	215	180	250	0	15	3.5	4	245	230	190	265	180	400
132S	2,4,6	216	140	89	38	80	10	33	132	12	265	230	300	0	15	4	4	280	270	210	315	200	475
132M	2,4,6,8	216	178	89	38	80	10	33	132	12	265	230	300	0	15	4	4	280	270	210	315	238	515
160M	2,4,6,8	254	210	108	42	110	12	37	160	15	300	250	350	0	19	4	4	330	325	255	385	270	600
160L	2,4,6,8	254	254	108	42	110	12	37	160	15	300	250	350	0	19	4	4	330	325	255	385	314	645
180M	2,4,6,8	279	241	121	48	110	14	42.5	180	15	300	250	350	0	19	4	8	355	360	280	430	311	670
180L	2,4,6,8	279	279	121	48	110	14	42.5	180	15	300	250	350	0	19	4	8	355	360	280	430	349	710
200L	2,4,6,8	318	305	133	55	110	16	49	200	19	350	300	400	0	19	5	8	395	400	310	475	379	775
225S	4,8	356	286	149	60	140	18	53	225	19	400	350	450	0	19	5	8	435	450	345	530	368	820
225M	2	356	311	149	55	110	16	49	225	19	400	350	450	0	19	5	8	435	450	345	530	393	815
225M	4,6,8	356	311	149	60	140	18	53	225	19	400	350	450	0	19	5	8	435	450	345	530	393	845
250M	2	406	349	168	60	140	18	53	250	24	400	350	450	0	19	5	8	490	490	385	575	455	930
250M	4,6,8	406	349	168	65	140	18	58	250	24	400	350	450	0	19	5	8	490	490	385	575	455	930
280S	2	457	368	190	65	140	18	58	280	24	500	450	550	0	19	5	8	550	555	410	640	530	1000
280S	4,6,8	457	368	190	75	140	20	67.5	280	24	500	450	550	0	19	5	8	550	555	410	640	530	1000
280M	2	457	419	190	65	140	18	58	280	24	500	450	550	0	19	5	8	550	555	410	640	581	1050
280M	4,6,8	457	419	190	75	140	20	67.5	280	24	500	450	550	0	19	5	8	550	555	410	640	581	1050

D 的极限偏差：$\varnothing19\sim\varnothing28$ 为 $^{+0.009}_{-0.004}$；$\varnothing38\sim\varnothing48$ 为 $^{+0.018}_{+0.002}$；$\varnothing55\sim\varnothing75$ 为 $^{+0.030}_{+0.011}$。

注：① Y80~Y200 时,γ=45°；
　　　Y225~Y280 时,γ=45°；
　　② N 的极限偏差 130 和 180 为 $^{+0.014}_{-0.011}$,230 和 250 为 ±0.016,300 为 ±0.018,450 为 ±0.020。

附表 9-5　立式安装、机座不带底脚、端盖有凸缘、轴伸向下电动机的安装及外形尺寸

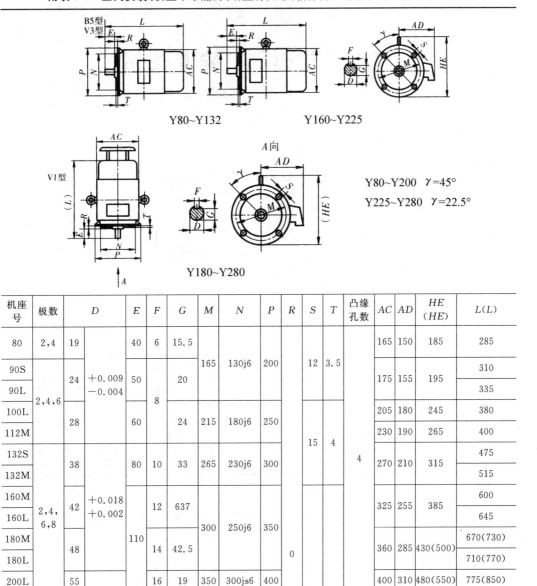

Y80~Y132　　　Y160~Y225

Y80~Y200　γ=45°
Y225~Y280　γ=22.5°

Y180~Y280

机座号	极数	D	E	F	G	M	N	P	R	S	T	凸缘孔数	AC	AD	HE (HE)	L(L)
80	2,4	19		40	6	15.5							165	150	185	285
90S	2,4,6	24	+0.009 −0.004	50	8	20	165	130j6	200	12	3.5	4	175	155	195	310
90L																335
100L		28		60		24	215	180j6	250				205	180	245	380
112M										15	4		230	190	265	400
132S	2,4,6,8	38		80	10	33	265	230j6	300				270	210	315	475
132M																515
160M		42	+0.018 +0.002		12	637	300	250j6	350				325	255	385	600
160L																645
180M		48		110	14	42.5				0			360	285	430(500)	670(730)
180L																710(770)
200L		55			16	19	350	300js6	400				400	310	480(550)	775(850)
225S	4,8	60		140	18	53							450	345	535(610)	820(910)
225M	2	55		110	16	49	400	350js6	450	19	5					815(905)
	4,6,8	60				53										845(935)
250M	2		+0.030 +0.011	18		53						8	495	385	(650)	(1 035)
	4,6,8	65				58										
280S	2			140			500	450js6	550				555	410	(720)	(1 120)
	4,6,8	75			20	67.5										
280M	2	65			18	58										(1 170)
	4,6,8	75			20	67.5										

附录 10　设计参考题目

题目 1　设计带式输送机传动装置

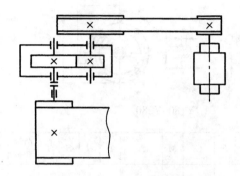

1. 原始数据

已知条件	题　目				
	1	2	3	4	5
输送带工作拉力 F/kN	3.2	3.0	2.8	2.6	2.4
输送带工作速度 v/(m/s)	1.7	1.7	1.7	1.7	1.7
滚筒直径 D/mm	400	400	450	450	450

2. 已知条件

（1）工作情况：两班制工作，连续单向运转，载荷较平稳，允许输送带速度误差为 ±0.5%。

（2）使用期限：5 年。

（3）动力来源：电力，三相交流，电压 380/220 V。

（4）滚筒效率为 0.96(包括滚筒与轴承)。

3. 设计工作量

（1）减速器装配图 1 张。

（2）零件工作图 1~3 张。

（3）设计计算说明书 1 份。

题目 2　设计带式输送机传动装置

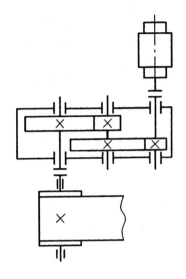

1. 原始数据

已知条件	题　目				
	1	2	3	4	5
输送带工作拉力 F/kN	7.0	6.5	6.0	5.5	5.2
输送带工作速度 v/(m/s)	1.1	1.2	1.3	1.4	1.5
滚筒直径 D/mm	400	400	450	450	400

2. 已知条件

（1）工作情况：两班制工作，连续单向运转，载荷较平稳，允许输送带速度误差为 $\pm 0.5\%$。

（2）使用期限：8 年。

（3）动力来源：电力，三相交流，电压 380/220 V。

（4）滚筒效率为 0.96（包括滚筒与轴承）。

3. 设计工作量

（1）减速器装配图 1 张。

（2）零件工作图 1～3 张。

（3）设计计算说明书 1 份。

题目3 设计带式输送机传动装置

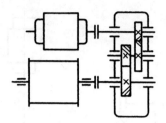

1. 原始数据

已知条件	题　目				
	1	2	3	4	5
输送带工作拉力 F/kN	3.0	3.4	4.0	4.2	4.5
输送带工作速度 v/(m/s)	0.9	1.0	1.1	1.2	1.3
滚筒直径 D/mm	350	300	400	420	450

2. 已知条件

（1）工作情况：两班制工作，连续单向运转，载荷较平稳，允许输送带速度误差为 ±0.5%。

（2）使用期限：5 年。

（3）动力来源：电力，三相交流，电压 380/220 V。

（4）滚筒效率为 0.96（包括滚筒与轴承）。

3. 设计工作量

（1）减速器装配图 1 张。

（2）零件工作图 1～3 张。

（3）设计计算说明书 1 份。

题目 4　设计带式输送机传动装置

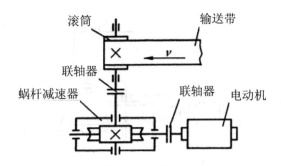

1. 原始数据

已知条件	题　　　目				
	1	2	3	4	5
输送带工作拉力 F/kN	2.0	2.2	2.5	3.0	3.2
输送带工作速度 v/(m/s)	0.8	0.9	1.0	1.1	1.2
滚筒直径 D/mm	350	320	300	275	250

2. 已知条件

(1) 工作情况：两班制工作，连续单向运转，载荷较平稳，允许输送带速度误差为 ±0.5%。

(2) 使用期限：8 年。

(3) 动力来源：电力，三相交流，电压 380/220 V。

(4) 滚筒效率为 0.96（包括滚筒与轴承）。

3. 设计工作量：

(1) 减速器装配图 1 张。

(2) 零件工作图 1～3 张。

(3) 设计计算说明书 1 份。

题目 5 设计带式输送机传动装置

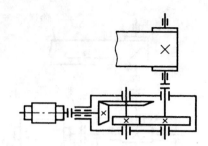

1. 原始数据

已知条件	题 目				
	1	2	3	4	5
输送带工作拉力 F/kN	5.0	4.8	4.5	4.2	4.0
输送带工作速度 $v/(\text{m/s})$	1.6	1.7	1.8	1.9	2.0
滚筒直径 D/mm	500	450	400	400	420

2. 已知条件

（1）工作情况：两班制工作，连续单向运转，载荷较平稳，允许输送带速度误差为 $\pm 0.5\%$。

（2）使用期限：10 年。

（3）动力来源：电力，三相交流，电压 380/220 V。

（4）滚筒效率为 0.96（包括滚筒与轴承）。

3. 设计工作量

（1）减速器装配图 1 张。

（2）零件工作图 1～3 张。

（3）设计计算说明书 1 份。

题目6 设计螺旋输送机传动装置

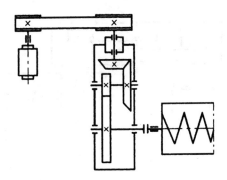

1. 原始数据

已知条件	题 目				
	1	2	3	4	5
螺旋筒轴上的功率 P/kW	0.68	0.7	0.75	0.8	0.85
螺旋筒轴上的转速 $n/(r/min)$	11	11.5	12	12.5	13

2. 已知条件

(1) 工作情况:三班制工作,连续单向运转,载荷较平稳,允许输送带速度误差为 $\pm 0.5\%$。

(2) 使用期限:10 年。

(3) 动力来源:电力,三相交流,电压 380/220 V。

(4) 滚筒效率为 0.96(包括滚筒与轴承)。

3. 设计工作量

(1) 减速器装配图 1 张。

(2) 零件工作图 1~3 张。

(3) 设计计算说明书 1 份。

题目 7 设计螺旋输送机传动装置

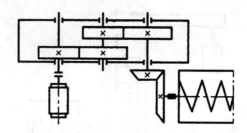

1. 原始数据

已知条件	题　目				
	1	2	3	4	5
螺旋筒轴上的功率 P/kW	1.5	1.8	2.0	2.5	3.0
螺旋筒轴上的转速 $n/(\text{r/min})$	25	28	30	32	35

2. 已知条件

(1) 工作情况:三班制工作,连续单向运转,载荷较平稳,允许输送带速度误差为 $\pm0.5\%$。

(2) 使用期限:10 年。

(3) 动力来源:电力,三相交流,电压 380/220 V。

(4) 滚筒效率为 0.96(包括滚筒与轴承)。

3. 设计工作量

(1) 减速器装配图 1 张。

(2) 零件工作图 1～3 张。

(3) 设计计算说明书 1 份。

附录 11　机械设计课程设计参考图例

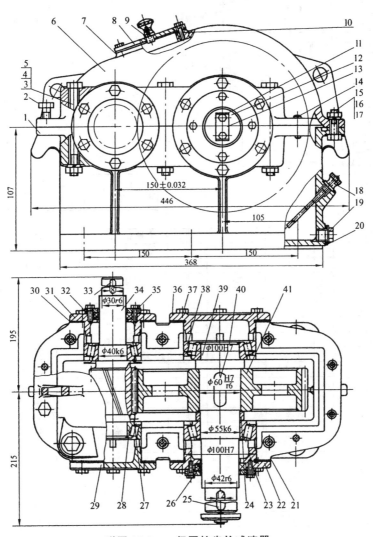

附图 11-1　一级圆柱齿轮减速器

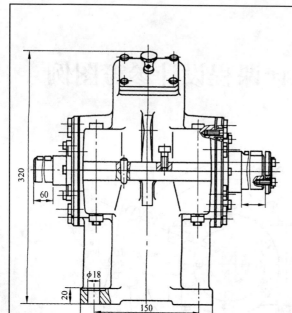

技术条件

1. 装配前,全部零件用煤油清洗,箱体内不需有杂物存在。在内壁涂两次不被机油侵蚀的涂料;
2. 用铅丝检验啮合侧隙。其侧隙不小于0.16 mm,铅丝不得大于最小侧隙的4倍;
3. 用涂色检验斑点。齿高接触点斑点不小于40%;齿长接触斑点不小于50%。必要时可采用研磨或刮后研磨,以便改善接触情况;
4. 调整轴承时所留轴向间隙如下:ø40 的为0.05~0.1 mm;ø55 的为0.08~0.15 mm;
5. 装配时,剖分面不允许使用任何填料,可涂以密封胶或水玻璃。试转达时应检查部分面、各接触面及密封处,均不准漏油;
6. 箱座内装 SH0537—1992 中的 50 号工业齿轮油至规定高度;
7. 表面涂灰色油漆。

功率	4.5 kW	高速轴转速	480 r/min	传动比	4.16

序号	名称	数量	材料	标准	备注
41	大齿轮	1	45		
40	键 18×50	1	Q275A	GB 1096—1979	
39	轴	1	45		
38	轴承 30311E	2		GB/T 297—1994	
37	螺栓 M8×25	24	Q235A	GB 5782—1986	
36	轴承端盖	1	HT200		
35	J 型油封 35×60×12	1	耐油橡胶	HG 4—338—66	
34	齿轮轴	1	45		
33	键 8×50	1	Q275A	GB 1096—1979	
32	密封盖板	1	Q235A		
31	轴承端盖	1	HT200		
30	调整垫片	2	成组		
29	轴承端盖	1	HT200		
28	轴承 30308E	2		GB/T 297—1994	
27	挡油环	2	Q215A		
26	J 型油封 50×72×12	1	耐油橡胶	HG 4—338—66	
25	键 12×56	1	Q275A	GB 1096—1979	
24	定距环	1	Q235A		
23	密封盖板	1	Q235A		
22	轴承端盖	1	HT200		
21	调整垫片	2组	08F		
20	油圈 25×18	1	工业用革	ZB 70—62	
序号	名称	数量	材料	标准	备注

序号	名称	数量	材料	标准	备注
19	六角螺塞 M18×1.5	1	Q235A	Q/ZB 220—1977	
18	油标	1	Q235A		
17	垫圈 10	2	65Mn	GB 93—1987	
16	螺母 M10	2	Q235A	GB 6170—1986	
15	螺栓 M10×35	4	Q235A	GB 5782—1986	
14	销 8×30	2	35	GB 117—1986	
13	防松垫片	1	Q215A		
12	轴端挡圈	1	Q235A		
11	螺栓 M6×25	2	Q235A	GB 5782—1986	
10	螺栓 M6×20	4	Q235A	GB 5782—1986	
9	通气器	1	Q235A		
8	窥视孔盖	1	Q215A		
7	垫片	1	石棉橡胶纸		
6	箱盖	1	HT200		
5	垫圈 12	6	65Mn	GB 93—1987	
4	螺母 M12	6	Q235A	GB 6170—1986	
3	螺栓 M12×100	6	Q235A	GB 5782—1986	
2	起盖螺钉 M10×30	1	Q235A	GB 5782—1986	
1	箱塞	1	HT200		
序号	名称	数量	材料	标准	备注

(标题栏)

附图 11-1(续)

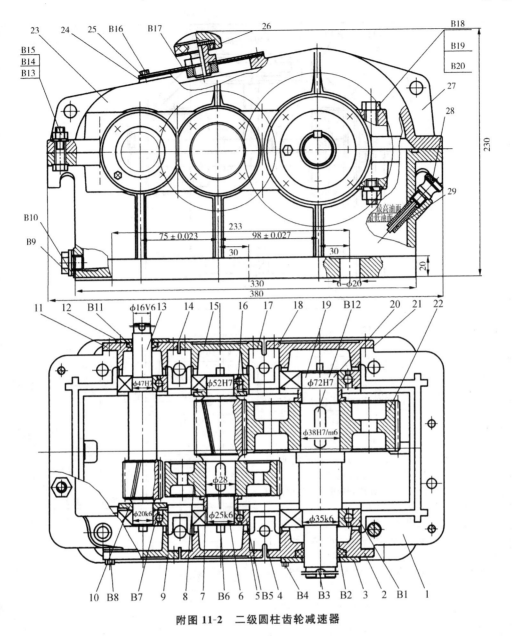

附图 11-2　二级圆柱齿轮减速器

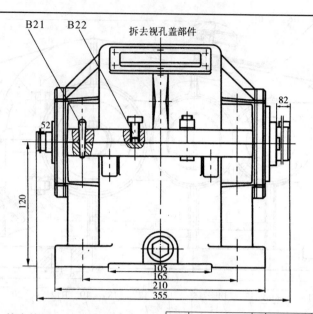

拆去视孔盖部件

技术特性

输入功率 /kW	输入轴转速 /(r/min)	效率 η	总传动比 i	传动特性			
				第一级		第二级	
				m_n	β	m_n	β
4	1 440	0.93	11.99	2	$13°43'48''$	2.5	$11°2'38''$

技 术 要 求

1. 装配前箱体与其他铸件不加工面应清理干净,除去毛边毛刺,并浸涂防锈漆;

2. 零件在装配前用煤油清洗,轴承用汽油清洗干净,晾干后表面应涂油;

3. 齿轮装配后应用涂色法检查接触斑点,圆柱齿轮沿齿高不小于 40%,沿齿长不小于50%;

4. 调整、固定轴承时应留有轴向间隙0.2~0.5 mm;

5. 减速器内装 N220 工业齿轮油,油量达到规定深度;

6. 箱体内壁涂耐油油漆,减速器外表面涂灰色油漆;

7. 减速器剖分面、各接触面及密封处均不允许漏油,箱体剖分面应涂以密封胶或水玻璃,不允许使用其他任何填充料;

8. 按试验规程进行试验。

高速轴方案

高速轴采用两端全对称结构,当一端齿轮损坏时,便于调头继续使用。

B13	螺 栓	1	Q235	GB/T 5782M10×35
B12	键	1	45	键 8×40 GB/T 1096
B11	毡圈	1	半粗羊毛毡	毡圈 30 JB/ZQ 4606
B10	封油圈	1	软钢纸板	
B9	油 塞	1	Q235	
B8	螺 钉	24	Q235	GB/T 5783 M8×12
B7	角接触球轴承	2		36204 GB/T 292
B6	键	1	45	键 8×28 GB/T 1096
B5	角接触球轴承	2		3605 GB/T 292
B4	螺 钉	4	Q235	GB/T 5782 M5×10
B3	键	1	45	键 C8×52 GB/T 1096
B2	毡圈	1	半粗羊毛毡	毡圈 30 JB/ZQ 4606
B1	角接触球轴承	2		36207 GB/T 292

12	密封盖	1	Q235	
11	轴承盖	1	HT200	
10	扫油盘	1	Q235	
9	轴承盖	1	HT200	
8	大齿轮	1	45	
7	套 筒	1	Q235	
6	轴	1	45	
5	轴承盖	1	HT200	
4	调整垫片	2组	08F	
3	密封盖	1	Q235	
2	轴承盖	1	HT200	
1	箱座	1	HT200	
序号	零件名称	数量	材料	规格及标准代号	备注

双级圆柱齿轮减速器	比例		图号	
	数量		重量	
设计		年月	机械设计课程设计	(校名)
审核				(班号)

附图 11-2(续)

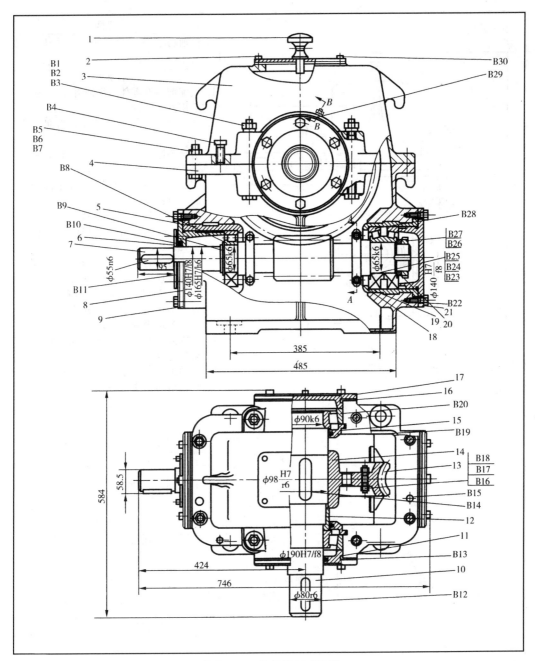

附图 11-3　单级蜗杆减速器

技术特性		
主动轴功率	主动轴转速度	传动比
17 kW	1 000 r/min	16.33

技术要求

1. 装配前所有零件用煤油清洗,滚动轴承用汽油清洗。
2. 各配合,密封、螺钉联接处用润滑脂润滑。
3. 啮合侧隙不小于 0.19 mm,检验锡丝不得大于最小侧隙的四倍。
4. 用涂色法检验斑点,按齿高不得小于 60%,按齿长不得小于 65%。
5. 蜗杆轴承的轴向游隙为 0.05~0.1 mm,蜗轮轴承的轴向游隙为 0.12~0.20 mm。
6. 装成后进行空载荷试验,条件为:高速轴转速度 $n=1\ 000$ r/min 正反转各 1h。运转平稳,无噪声和撞击声,温升不得超过 60 ℃,不漏油(试车用 L-AN32 全损耗系统用油)。
7. 箱座内装 L-AN65 全损耗系统用油至规定高度。
8. 未加工外表面涂灰色油漆,内表面涂红色耐油油漆。

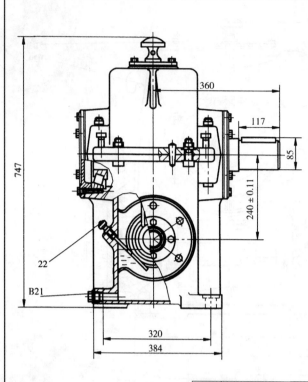

A-A 放大

B-B 旋转放大

序号	名称	数量	材料	标准	备注
⋮					
B12	键 22×100	1		GB/T 1096	
B11	螺栓 M10×40	4		GB/T 5780	
B10	B60807D	1		GB/T 9877.1	
B9	档圈 65	2		GB/T 894.1	
B8	轴承 N313E	1		GB/T 283	
B7	垫圈 12	4		GB/T 93	
B6	螺母 M12	4		GB/T 41	
B5	螺栓 M12×70	4		GB/T 5780	
B4	螺栓 M12×55	2		GB/T 5780	
B3	垫圈 16	4		GB/T 93	
B2	螺母 M16	4		GB/T 41	
B1	螺栓 M16×160	4		GB/T 5780	
序号	名称	数量	材料	标准	备注

序号	名称	数量	材料	标准	备注
⋮					
12	套筒	1	Q235		
11	轴承端盖	1	HT150		
10	轴	1	45		
9	调整垫片	2 组	08F		
8	轴承端盖	1	HT150		
7	蜗杆	1	45		
6	密封盖	1	Q235		
5	套筒	1	Q235		
4	箱座	1	HT200		
3	箱盖	1	HT200		
2	窥视孔盖	1	Q235		
1	通气器	1	Q235		组合件
序号	名称	数量	材料	标准	备注

附图 11-3(续)

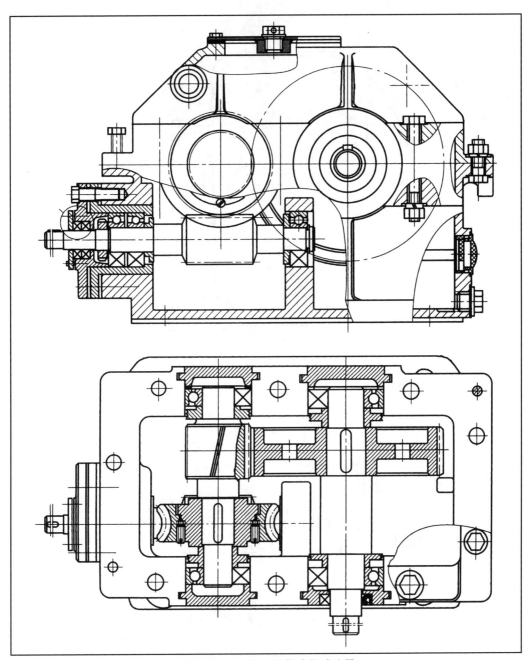

附图 11-4 蜗杆—圆柱齿轮减速器

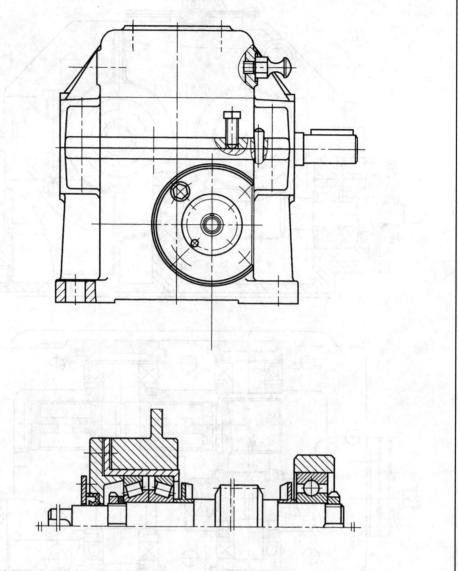

这是由圆锥滚子轴承组成固定端的轴系结构。轴向力由左端承受,右端的深沟球轴承只承受径向载荷并作为游动端,适用于载荷较大、轴较长和温升较大的场合。

附图 11-4(续)

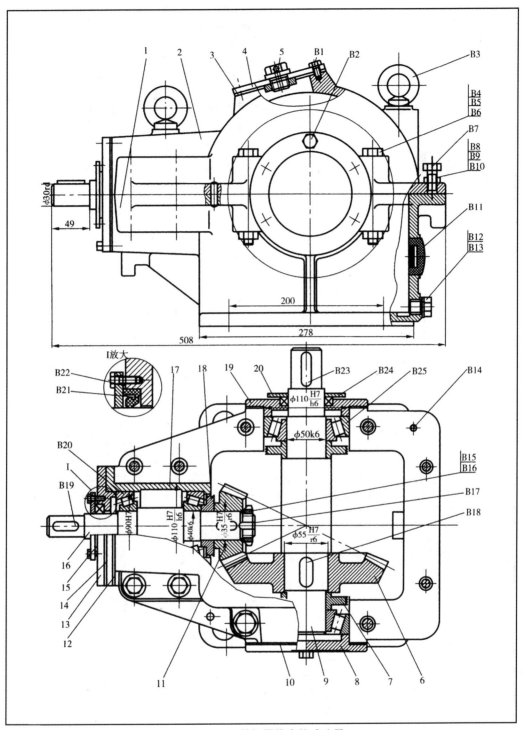

附图 11-5 单级圆锥齿轮减速器

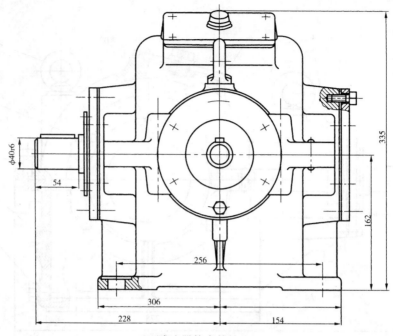

减速器技术特性

输入功率/kW	输入轴转速/(r·min⁻¹)	总传动比 i	效率 η
4.5	420	2.1	0.94

技术要求

1. 装配前,所有零件进行清洗,箱体内壁涂耐油油漆。
2. 啮合侧隙 j_{nmin} 的大小用锡丝检验。保证侧隙不小于 0.12 mm,所用锡丝直径不得大于最小侧隙的两倍。
3. 用涂色法检验齿面接触斑点。按齿高和齿长的接触斑点都不少于 50%。
4. 调整、固定轴承时,应留轴向间隙 0.04～0.07 mm。
5. 减速器剖分面、各接触面及密封处均不许漏油,剖分面允许涂密封胶或水玻璃。
6. 箱内装全损耗系统用油 L-AN68 至规定高度。
7. 减速器表面涂灰色油漆。

20	密封盖	1	Q235A		
19	穿通轴承盖	1	HT150		
18	挡油环	1	Q235A		
17	套环	1	HT150		
16	轴	1	45		
15	密封盖	1	Q235A		
14	调整垫片	1组	08F		
13	穿通轴承盖	1	HT150		
12	调整垫片	1组	08F		
11	圆锥小齿轮	1	45		$m=5, z_1=20$
10	调整垫片	2组	08F		
9	轴	1	45		
8	轴承盖	1	HT150		
7	挡油环	2	Q235A		
6	圆锥大齿轮	1	45		$m=5, z_1=20$
5	通气器	1	Q235A		
4	窥视孔盖	1	Q235A		
3	垫片	1	软钢纸板		
2	箱盖	1	HT150		
1	箱座	1	HT150		
序号	名称	数量	材料	标准	备注

单级圆锥齿轮减速器		比例		图号	
		数量		重量	
设计		(日期)	机械设计		(校名)
审核			课程设计		(班号)

⋮					
⋮					
B7	螺钉 M10×40	2	Q235	GB/T 5782	标准件
B6	垫圈 12	8	65Mn	GB/T 93	标准件
B5	螺母 M12	8	Q235	GB/T 41	标准件
B4	螺栓 M12×120	8	Q235	GB/T 5782	标准件
B3	螺钉 M20	2	20	GB/T 825	标准件
B2	螺钉 M8×25	12	Q235	GB/T 5782	标准件
B1	螺钉 M6×20	4	Q235	GB/T 5782	标准件
序号	名称	数量	材料	标准	备注

附图 11-5(续)

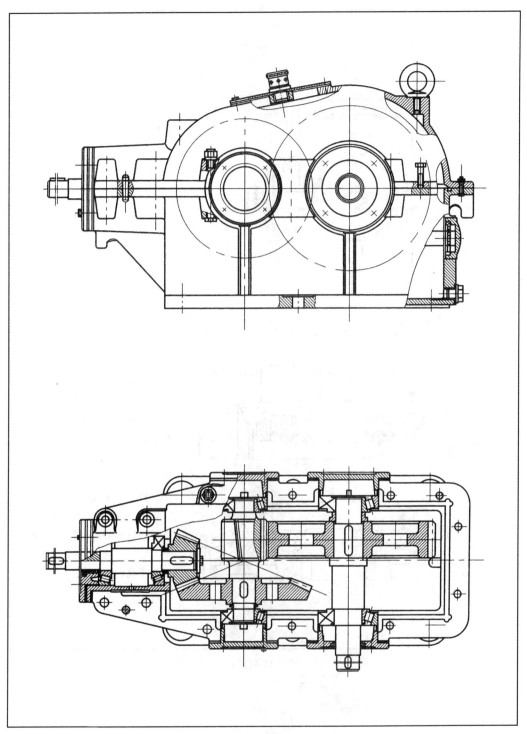

附图 11-6　圆锥－圆柱齿轮减速器

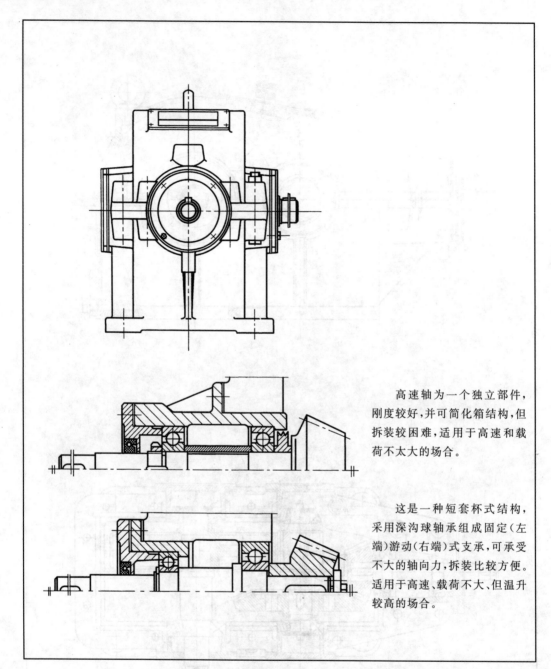

高速轴为一个独立部件，刚度较好，并可简化箱结构，但拆装较困难，适用于高速和载荷不太大的场合。

这是一种短套杯式结构，采用深沟球轴承组成固定（左端）游动（右端）式支承，可承受不大的轴向力，拆装比较方便。适用于高速、载荷不大、但温升较高的场合。

附图 11-6(续)

466

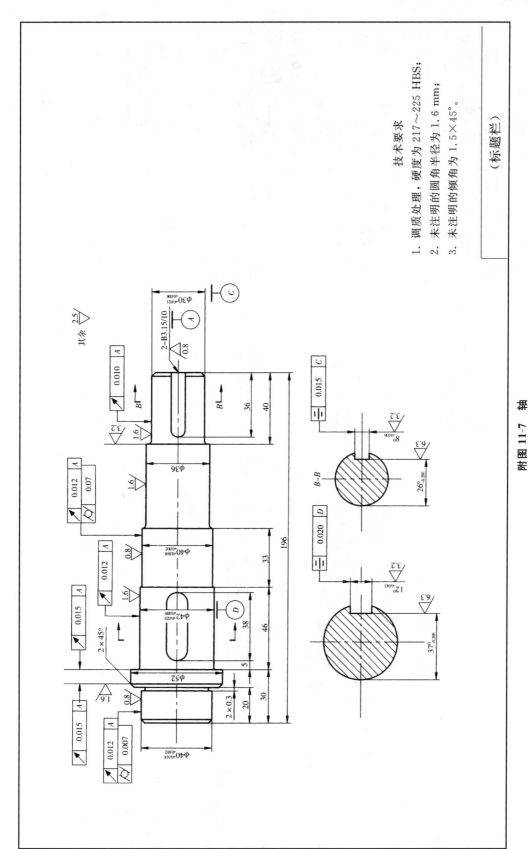

附图 11-7 轴

（标题栏）

技术要求

1. 调质处理，硬度为 217～225 HBS；
2. 未注明的圆角半径为 1.6 mm；
3. 未注明的倾角为 1.5×45°。

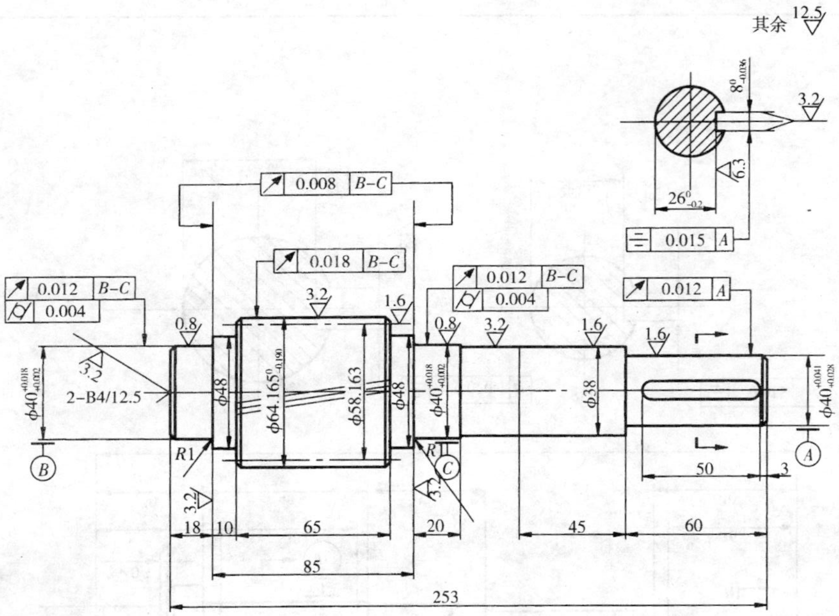

法向模数	m_n		3
齿数	z		19
齿形角	α		20°
齿顶高系数	h_n^1		1
螺旋角	β		11°28′42″
螺旋方向		左旋	
径向变位系数	x		0
法向齿厚			4.712⁻
精度等级	7GJ GB/T 10095—1988		
齿轮副中心距及其极限偏差	$a \pm f_a$		150±0.032
配对齿轮	图号		图 12-1
	齿数		79
公差组	检验项目	代号	公差（或值）（限偏差）值
I		F_r	0.050
I		F_w	0.028
II		f_f	0.011
II		f_{pb}	±0.013
III		F_1	0.016
公法线平均长度公差		E_x	22.986⁻
跨测齿数		K	3

（标题栏）

技术条件

1. 调质处理，表面硬度 220～250HBS；
2. 未注圆角半径 R=2；
3. 未注倒角为 1.5×45°；
4. 未注尺寸公差按 GB/T 18204。

附图 11-8 圆柱轴齿轮轴

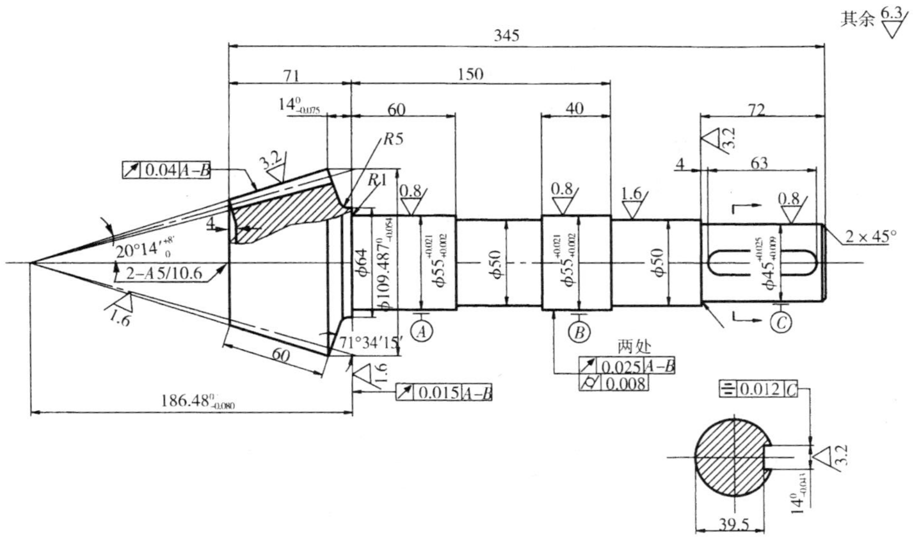

模数	m	5	
齿数	z_2	20	
法向齿形角	α_n	20°	
分度圆直径	d_2	100	
分锥角	δ	18°26′	
根锥角	δ_1	16°15′	
锥距	R	158.114	
螺旋角及方向	β	直 齿	
变位系数	高度	x	0
	切向		0
测 量	齿厚	$\bar{s}$	7.847
	齿高	$\bar{h}_n$	5.147
精度等级		7cB	GB/T 11365
接触斑点 %	齿高		≥65%
	齿长		≥60%
全齿高	h	11	
轴交角	Σ	90°	
侧 隙	j	0.087	
配对齿轮齿数	z_m	60	
配对齿轮图号			

公差组	项目 代号	公差值
I	F_r	0.04
II	f_m	±0.018

(标题栏)

技术条件

1. 调质处理,齿面硬度180～210 HBS;
2. 未注明圆角半径 $R=2$;
3. 未注明倒角为 1.6×45°。

附图 11-9 圆锥齿轮轴

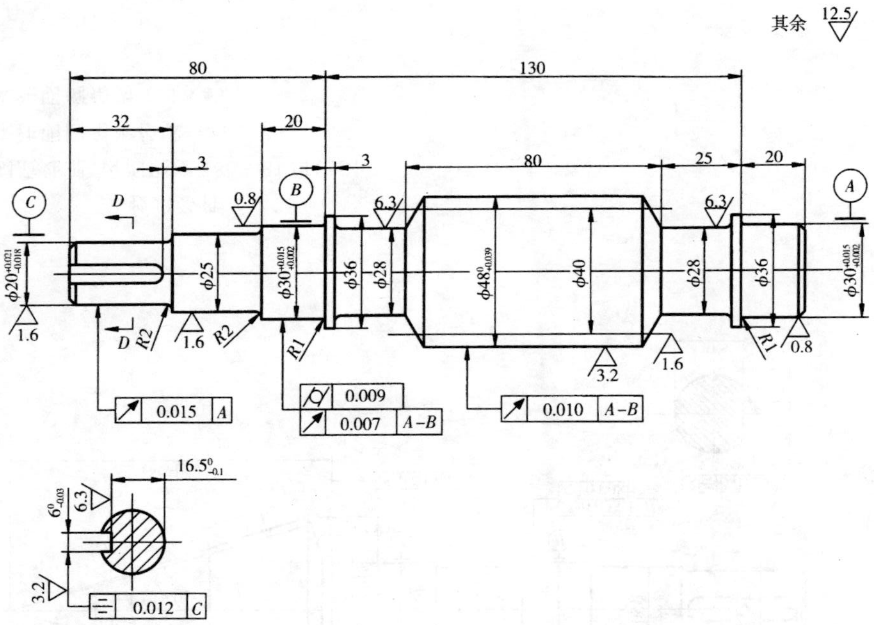

蜗杆类型		阿基米德
模数	m	4
齿数	z_1	2
齿形角	α	20°
齿顶高系数	h_{a1}^*	1
导程	P_z	
导程角	γ	11°18′36″
螺旋方向		右旋
法向齿厚	s_1	$6.16_{-0.225}^{-0.154}$
精度等级		8c GB/T 10089
配对蜗轮	图号	
	齿数	
公差组	检验项目	公差（或极限偏差）值
II	f_{px}	±0.020
	f_{px1}	0.034
III	f_{f1}	0.032

（标题栏）

其余 $\sqrt{12.5}$

技术条件

1. 表面淬火处理，硬度为 45～50 HRC；
2. 未注明倒角为 1.5×45°；
3. 未注明圆角半径 $R=3$；
4. 两端中心孔 B3.15/10 GB/T 145。

附图 11-10　蜗杆

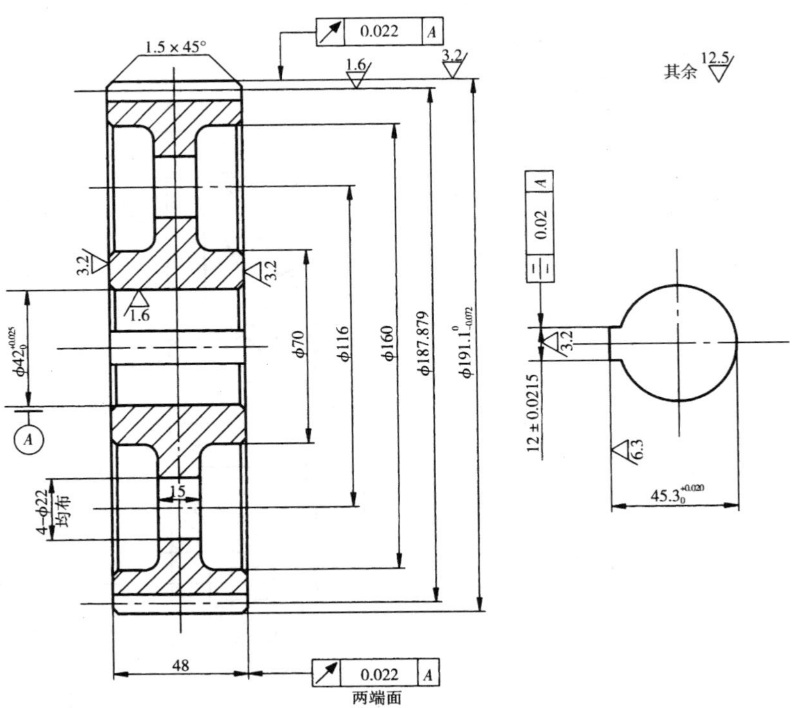

备　注		
法向模数	m_n	2
齿数	z	93
齿形角	α	20°
齿顶高系数	h_a^*	1
螺旋角	β	8′6′34″
螺旋方向	右	旋
径向变位系数	x	0
公法线长度及其偏差	W_n	$64.674_{-0.166}^{-0.108}$
跨测齿数	K	11
精度等级		7HK(GB/T 10095)
齿轮副中心距及其极限偏差	$\alpha\pm f_a$	120±0.027
配对齿轮	图号	
	齿数	28
公差组	检验项目代号	公差(或极限偏差)值
I	F_x	0.05
	F_w	0.036
I	f_f	0.013
	f_{pt}	±0.016
III	F_β	0.016

技术要求

1. 正火处理,齿面硬度为 180～210 HBS;
2. 未注明倒角为 2×45°;
3. 未注明圆角半径 5 mm。

(标题栏)

其余 12.5

45.3$_0^{+0.020}$　6.3
12±0.0215　3.2　⊥ 0.02 A

$\phi191.1_{-0.072}^{0}$
$\phi187.879$
$\phi160$
$\phi116$
$\phi70$
$\phi42_{-0.025}^{0}$
$4-\phi22$ 均布
48　1.5×45°　3.2　1.6　0.022 A　两端面

附图 11-11　圆柱齿轮

471

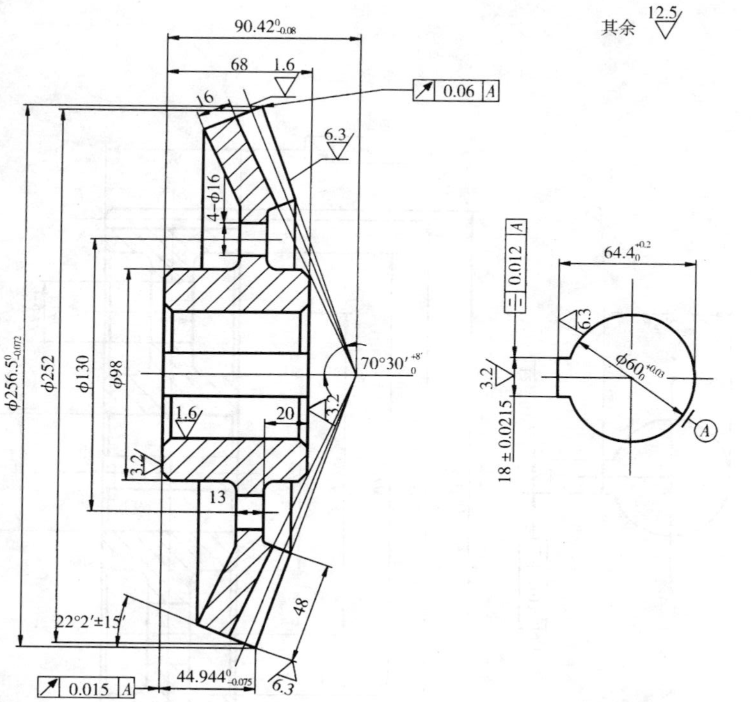

模数	m	6	备
齿数	z	42	
法向齿形角	α_n	20°	
分度圆直径	d	252	
分锥角	δ	67°58′	
根锥角	δ_f	64°56′	
锥距	R	135.93	
螺旋角及方向	β	0	直齿
变位系数	高度 x	0	
	切向	0	
测量	齿厚 $\bar{s}$	$9.424_{-0.200}^{-0.090}$	
	齿高 $\bar{h}_a$	6.033	
精度等级		8c	GB/T 11365
接触斑点 %	齿高	≥55%	
	齿长	≥50%	
全齿高	h	13.2	
轴交角	Σ	90°	注
侧隙	j	0.087	
配对齿轮齿数	z_m		
配对齿轮图号			
公差组	项目代号	公差值	
I	F_r	0.071	
II	f_{pt}	±0.028	

其余 $\sqrt{\dfrac{12.5}{}}$

技术条件

1. 正火处理,硬度为 170～200 HBS;
2. 圆角半径 $R=3$;
3. 倒角为 $2\times45°$。

(标题栏)

附图 11-12 圆锥齿轮

472

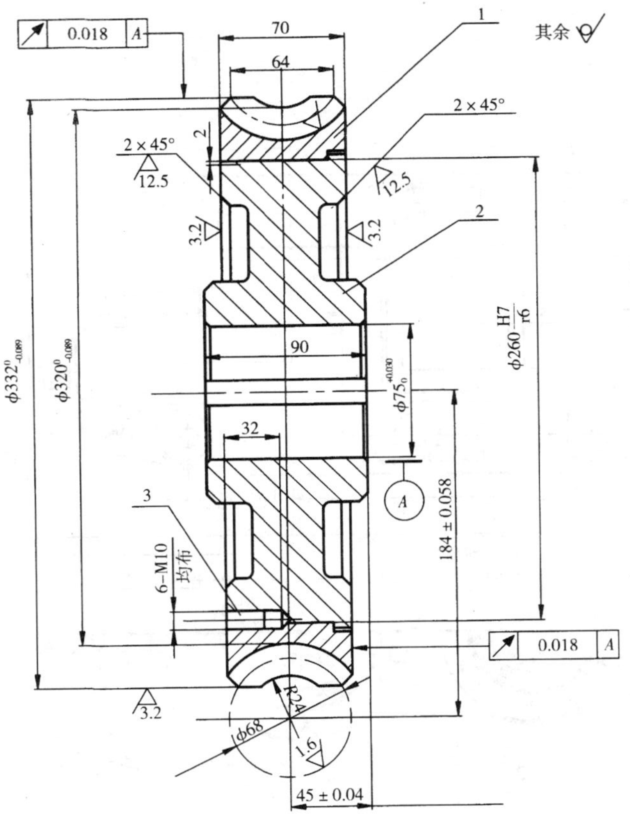

备注										
模数	m	8								
齿数	z_2	38								
分度圆直径	d_2	304								
齿顶高系数	h^*_{a2}	1								
变位系数	x_2	0								
分度圆齿厚	s_2	$12.566^{0}_{-0.160}$								
精度等级		8c GB/T 10089								
配对蜗杆	图号									
	齿数									
公差组	检验项目	公差（或极限偏差）值								
Ⅰ	F_{pk}	0.125								
	F_r	0.080								
Ⅱ	f_{pt}	±0.032								
Ⅲ	f_{f2}	0.028								
	f_Σ	±0.024								

技术条件

1. 轮缘和轮芯装配后再精车和切削轮齿；
2. 件3拧紧后沿件1和件2端面锯平。

（标题栏）

附图 11-13 蜗轮

473

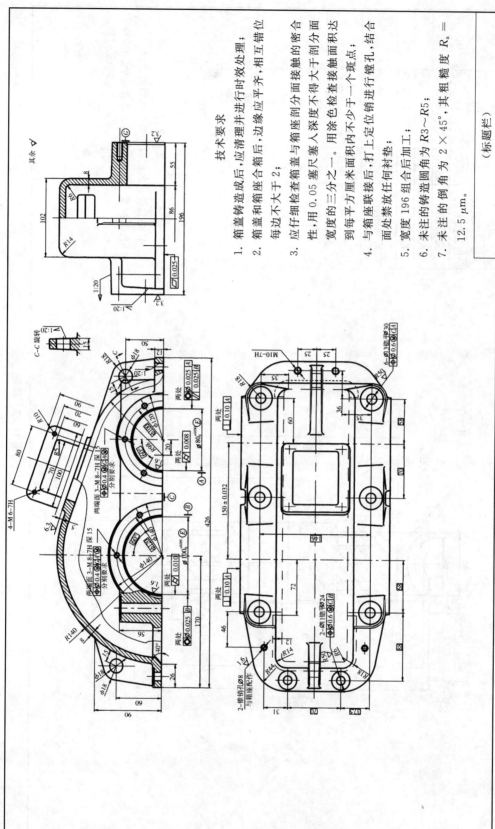

技术要求

1. 箱盖铸造成后，应清理并进行时效处理；
2. 箱盖和箱座合箱后，边缘应平齐，相互错位每边不大于 2；
3. 应仔细检查箱与箱盖剖分面接触的密合性，用 0.05 塞尺塞入箱体深不得大于剖分面宽度的三分之一。用涂色检查接触斑点，到每箱平方厘米面积内不少于一个斑点；与箱座联接后，打上定位销进行镗孔，结合面处禁放任何衬垫；
4. 与箱座联接后，打上定位销进行镗孔，结合面处禁放任何衬垫；
5. 宽度 196 组合后加工；
6. 未注的铸造圆角为 R3～R5；
7. 未注的倒角为 2×45°，其粗糙度 R_a = 12.5 μm。

（标题栏）

附图 11-14　箱盖

机械设计

474

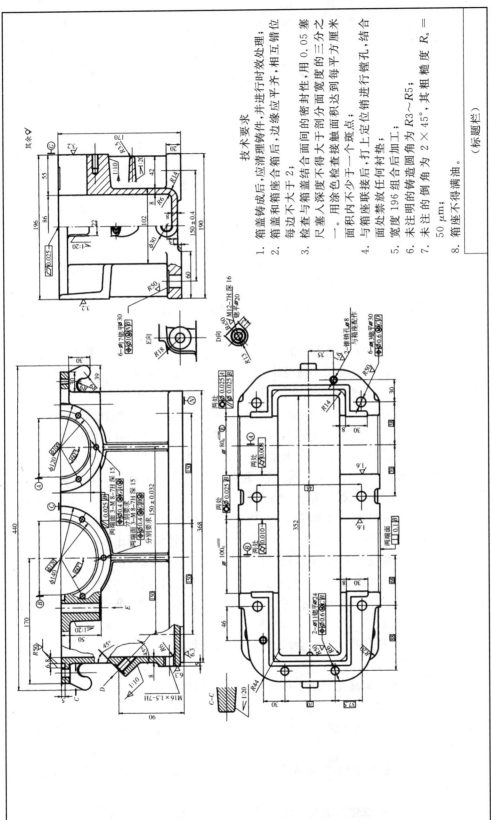

技术要求

1. 箱盖铸成后,应清理铸件,并进行时效处理;
2. 箱盖和箱座合箱后,边缘应平齐,相互错位每边不大于 2;
3. 检查与箱盖结合面间的密封性,用 0.05 塞尺塞入深度大于剖分面宽度的三分之一,用涂色检查接触面积达到每平方厘米面积内不少于一个斑点;
4. 与箱座联接后,打上定位销进行镗孔,结合面处禁放任何衬垫;
5. 宽度 196 组合后加工;
6. 未注明的铸造圆角为 R3～R5;
7. 未注明的倒角为 2×45°,其粗糙度 R_a = 50 μm;
8. 箱座不得漏油。

(标题栏)

附图 11-15 箱座

475

参 考 文 献

［1］朱家诚.机械设计课程设计［M］.合肥:合肥工业大学出版社,2005.

［2］邱宣怀.机械设计.第4版［M］.北京:高等教育出版社,2003.

［3］张策.机械原理与机械设计［M］.北京:机械工业出版社,2004.

［4］黄泽森,沈利剑.机械设计基础课程设计［M］.北京:北京大学出版社,2008.

［5］陈立德.机械设计基础.第1版［M］.北京:高等教育出版社,2004.

［6］周志平,欧阳中和.机械设计基础与实践［M］.北京:冶金工业出版社,2008.

［7］郑志祥,徐锦康,张磊.机械零件［M］.北京:高等教育出版社,2000.

［8］徐锦康. 机械设计［M］.北京:高等教育出版社,2002.

［9］徐春燕.机械设计基础［M］.北京:北京理工大学出版社,2006.

［10］吴宗泽.机械零件设计手册［M］.北京:机械工业出版社,2003.

［11］王少岩.机械设计基础实训指导书［M］.大连:大连理工大学出版社,2004.

［12］杨可桢,程光蕴,李仲生.机械设计基础.第5版［M］.北京:高等教育出版社,2006.

［13］李国斌,梁建和.机械设计基础［M］.北京:清华大学出版社,2007.1.

［14］濮良贵,纪名刚.机械设计.第7版［M］.北京:高等教育出版社,2001.

［15］陈立德.机械设计基础课程设计指导书［M］.北京:高等教育出版社,2002.

［16］申永胜.机械原理教程［M］.北京:清华大学出版社,2000.

［17］张龙.机械设计课程设计手册［M］.北京:国防工业出版社,2006.

［18］王云,潘玉安.机械设计基础案例教程［M］.北京:北京航空航天大学出版社,2006.

［19］吕慧瑛.机械设计基础学习与训练指导［M］.北京:清华大学出版社,2002.

［20］机械设计手册编委会.机械设计手册［M］.北京:机械工业出版社,2005.

［21］成大先.机械设计手册.第4版［M］.北京:化学工业出版社,2002.

［22］徐灏.机械设计手册.第2版［M］.北京:机械工业出版社,2003.

［23］全国机器轴与附件标准化技术委员会.花键与键联结卷.第2版［M］.北京:中国标准出版社,2005.

［24］全国齿轮标准化技术委员会.齿轮与齿轮传动卷(上、下)［M］.北京:中国标准出版社,2004.

［25］全国滚动轴承标准化技术委员会.滚动轴承用材料和热处理卷［M］.北京:中国标准出版社,2004.

［26］全国滚动轴承标准化技术委员会.滚动轴承(上、下).第2版［M］.北京:中国标准出版社,2004.

［27］全国螺纹标准化技术委员会.螺纹卷.第3版［M］.北京:中国标准出版社,2005.

［28］全国链传动标准化技术委员会.链传动卷［M］.北京:中国标准出版社,2002.

［29］马贵飞.机械设计基础［M］.上海:上海交通大学出版社,2013.